MATLAB und SIMULINK

Josef Hoffmann

MATLAB und SIMULINK

Beispielorientierte Einführung in die Simulation dynamischer Systeme

ADDISON-WESLEY

An imprint of Addison Wesley Longman, Inc.

Bonn · Reading, Massachusetts · Menlo Park, California · New York · Harlow, England
Don Mills, Ontario · Sydney · Mexico City · Madrid · Amsterdam

Die Deutsche Bibliothek - CIP-Einheitsaufnahme

Hoffmann, Josef.:
MATLAB und SIMULINK : Beispielorientierte Einführung in die Simulation dynamischer Systeme / Josef Hoffmann . - Bonn : Addison-Wesley-Longman, 1998.
ISBN 3-8273-1077-6

1., korrigierter Nachdruck

Satz: Ewa Obszarski, Ratingen, gesetzt aus der Palatino 10 pt
Lektorat: Irmgard Wagner & Andrea Stumpf, München
Belichtung, Druck und Bindung: Kösel, Kempten
Produktion: TYP*isch* Müller, München
Umschlaggestaltung: Hommer Grafik-Design, Haar bei München

Das verwendete Papier ist aus chlorfrei gebleichten Rohstoffen hergestellt und alterungsbeständig. Die Produktion erfolgt mit Hilfe umweltschonender Technologien und unter strengsten Auflagen in einem geschlossenen Wasserkreislauf unter Wiederverwendung unbedruckter, zurückgeführter Papiere.

Dieses Buch ist auf 100% chlorfrei gebleichtem Papier gedruckt.

Inhalt

Vorwort

Die MATLAB-Software mit ihrer SIMULINK-Erweiterung und den zusätzlichen Toolboxen stellt in allen technischen Bereichen das populärste Werkzeug für die Simulation und Analyse von linearen und nichtlinearen dynamischen Systemen dar. Sie ist weltweit als Standard und als zuverlässigstes numerisches Analysewerkzeug anerkannt. Der Name MATLAB kommt von MATrix-LABoratory und verweist auf die zwei Überlegungen, die bei der Entwicklung verfolgt wurden. Grundelemente sind Matrizen und ihre Manipulation, die in numerischen Verfahren optimal einzusetzen sind, gleichzeitig beschwört man über „Laboratory" den Gedanken der Entwicklung und Erweiterung, daß man sowohl der Lehre als auch der technischen und wissenschaftlichen Forschung dienen möchte.

SIMULINK ist eine Erweiterung von MATLAB, die speziell für die Simulation mit Hilfe einer graphischen Darstellung des dynamischen Systems eingesetzt wird. Funktionsblöcke aus verschiedenen Bibliotheken werden in einem graphischen Fenster so verbunden, daß ein Modell des Systems entsteht. Dieses Modell ist eine aussagekräftige Darstellung des Systems, die leicht zu verstehen, zu ändern und zu untersuchen ist. Die Bibliotheken beinhalten Blöcke für verschiedene Funktionen wie z.B. lineare, nichtlineare, kontinuierliche, diskrete etc. Man kann die vorhandenen Blöcke erweitern, neue definieren und eigene Bibliotheken kreieren. Die Toolboxen sind eine Ansammlung von MATLAB-Funktionen und SIMULINK-Blöcken (*Blocksets*) für Anwendungen in einem bestimmten Bereich. Mittlerweile gibt es über 40 Toolboxen, die in renommierten Universitäten und in technisch-wissenschaftlichen Einrichtungen weltweit entwickelt wurden. Die Familie dieser zusätzlichen Werkzeuge wird ständig mit neuen Funktionsklassen erweitert.

Die Einführung von MATLAB und SIMULINK in der Lehre an Hochschulen entspricht einer Notwendigkeit. Diese Werkzeuge ermöglichen eine neue und effiziente Art, die gegenwärtigen komplexen Inhalte der Vorlesungen zu vermitteln. Sie erlauben den Studierenden durch Experimente, die mit diesen Werkzeugen leicht zu programmieren sind, komplexe Zusammenhänge zu verstehen, zu vertiefen und Problemlösungen, die der Realität sehr nahe liegen, zu finden. Auch in der Industrie werden diese Softwarepakete zunehmend eingesetzt. Ein Grund dafür ist die verkürzte Entwicklungszeit bei der Lösung eines technischen Problems und die Möglichkeit aus der MATLAB- und SIMULINK-Umgebung heraus direkt die Programme z.B. in der Programmiersprache C für die Implementierung der Lösung auf einem Mikrocontroller oder einem Digital-Signal-Prozessor zu erhalten.

Ich hoffe, daß mein Buch einen Beitrag zur weiteren Verbreitung von MATLAB und SIMULINK in der Lehre an Hochschulen und in der industriellen Entwicklung leisten wird. Anregungen, Fehlermeldungen und Hinweise nehme ich dankend entgegen und für Meinungsaustausch und Hilfestellung stehe ich gerne zur Verfügung über meine E-Mail: J.Hoffmann@FH-Karlsruhe.de

Danksagung

Ich möchte mich vor allem bei meinem Kollegen Prof. Dr. Kessler von der Fachhochschule Karlsruhe bedanken. Er hat zusammen mit Dipl. Ing. Schultz von der gleichen Fachhochschule eine Simulationssprache (Tephys genannt) mit eigenem Compiler und eigenem Integrationsverfahren entwickelt. Viele Beispiele stammen aus den Berichtsheften von Prof. Kessler und wurden aus Tephys in MATLAB und SIMULINK übertragen. Gleichfalls möchte ich mich beim Kollegen Prof. Scherf vom Fachbereich Mechatronik und Prof. Dr. Diewald vom Fachbereich Energietechnik bedanken. Sie haben mir geholfen, einige Feinheiten mechanischer Beispiele zu verstehen und zu vertiefen. Bei meinem Freund und ehemaligen Kollegen Prof. Dr. Klepp bedanke ich mich besonders für die Durchsicht des 4. Kapitels und die darauf bezogenen Bemerkungen.

Dank gebührt Frau Naomi Bulock und der Firma *The MathWorks* (USA), die mir die neuen Versionen von MATLAB und SIMULINK mit allen Erweiterungen und Toolboxen beizeiten zur Verfügung gestellt haben und auch Herrn Dr. Stahl und seinen Mitarbeitern von der Firma Scientific-Computing (Filiale München), die diese Software hier vertreibt und die mir Ihre volle Unterstützung gewährt haben. Mein Dank geht auch an Frau I. Wagner und ihr Team vom Addison Wesley Longman Verlag und an Prof. Dr. Sirrenberg, der mich ermutigt hat dieses Buch zu schreiben, nachdem er mein Skript (Einführung in MATLAB und SIMULINK FH-Karlsruhe) gesichtet hatte.

Last but not least möchte ich mich bei meiner Ehefrau und meinem Sohn Uwe für ihre Geduld beim Lesen des Manuskripts und für ihr Verständnis bezüglich meiner Abwesenheit von vielen häuslichen Verpflichtungen während der Arbeit an diesem Buch bedanken.

Josef Hoffmann

Sept. 1997

1 Kapitel 1

Über dieses Buch

Dieses Buch zeigt, wie die wissenschaftlich-technische MATLAB- und SIMULINK-Software für die Simulation dynamischer Systeme aus den Gebieten der technischen Mechanik, Elektrotechnik und Regelungstechnik einzusetzen ist. Es ist für Studenten der technischen Universitäten und Fachhochschulen sowie für Entwicklungsingenieure aus der Industrie gedacht.

MATLAB und SIMULINK, mit allen Erweiterungen in Form von Toolboxen, sind Werkzeuge, die sowohl neue Wege in der Vermittlung von wissenschaftlichen und technischen Kenntnissen eröffnen, als auch neue Möglichkeiten bieten, um Problemlösungen für Anwendungen zu finden, für die noch keine vollständige theoretische Lösung existiert. Die meisten technischen Anwendungen sind nichtlinear und viele Aspekte der Lösungen können nur durch Simulationen geklärt werden.

Die rasante Entwicklung in der Wissenschaft und Technik führt dazu, daß in einer begrenzten Studiendauer immer mehr und immer komplexere Inhalte zu vermitteln sind. Dieses Problem kann nur bewältigt werden, wenn Werkzeuge und Hilfsmittel wie MATLAB und SIMULINK für das Lehren und Lernen bereitgestellt und eingesetzt werden.

An technischen Hochschulen, seien es Universitäten oder Fachhochschulen, werden oft aufwendige, theoretische und technische Sachverhalte bezüglich der Dynamik von Systemen erläutert und im Anschluß werden als Beispiele und Aufgaben nur einfache Systeme 2. oder 3. Ordnung, die mit der Hand durchzurechnen sind, gezeigt. Für Systeme, die in der Praxis vorkommen, müßten Rechner eingesetzt werden. Wenn den Studenten Aufgaben gegeben werden, die nur mit Rechnern zu lösen sind, dann wird sehr viel Zeit für das Programmieren verwendet und die eigentlichen zu vermittelnden Inhalte müssen gekürzt werden. Hinzu kommt die Tatsache, daß Studierende mit guten Programmierkenntnissen Berichte liefern können, die inhaltlich und in der Präsentation der Ergebnisse sehr gut sind. Die Studierenden, die schwache Programmierkenntnisse besitzen, die aber die Thematik beherrschen, sind dadurch frustriert. Für den Dozenten ergeben sich auch Probleme, wenn in der Vorlesung Beispiele gebracht werden, für deren Lösung Programme einzusetzen sind, oder wenn die Studierenden verschiedene Programmiersprachen für ihre Projekte und Berichte benutzen.

MATLAB und SIMULINK sind Werkzeuge, mit denen diese Probleme ausgezeichnet zu lösen sind. MATLAB hat eine sehr einfache Syntax mit vielen der C-Sprache ähnlichen Anweisungen. Man kann gleich im interaktiven Modus arbeiten, die Funktionen der Sprache sind mit einigen Anweisungen leicht zu verstehen und anzuwenden. Die unmittelbaren vielfältigen graphischen Möglichkeiten, die einfache Programmierung und Erzeugung eigener Funktionen sind Eigenschaften, die in der Lehre und in der industriellen Entwicklung sehr geschätzt sind. SIMULINK, als Erweiterung von MATLAB, benötigt ein Minimum an Programmierkenntnissen, die Modelle sind sehr anschaulich leicht zu erstellen und ermöglichen dadurch, daß die Inhalte in den Vordergrund rücken. Die Vorlesungen erhalten eine realistische Dimension. Es werden Modelle erstellt, mit denen Unsicherheiten in Form von Toleranzen, Nichtlinearitäten, Störungen und Rauscheinflüssen berücksichtigt und dadurch praktische Problemlösungen ermöglicht werden.

Die Betreuung einer Übung, in der MATLAB und SIMULINK eingesetzt werden und bei der in kleinen Gruppen an PCs gearbeitet wird, hat noch den Vorteil, daß der Kreativität der Studierenden keine Grenzen gesetzt sind. Sie erleben oft die Genugtuung der selbst gefundenen Problemlösung. Durch Simulationen werden anfänglich empirische Lösungen angestrebt, und man kommt rasch zur Erkenntnis, daß nur durch Experimentieren, in einem Raum z.B. mit mehr als drei Parametern, die optimale Lösung nicht gefunden werden kann. Auch eine auf vielen vereinfachenden Annahmen beruhende Theorie kann die Strategie für die Steuerung eines Experimentes ergeben. Der Lernprozeß gestaltet sich logisch in Form einer steigenden Spirale, die von Experimenten über Modelle zur Theorie und zurück zu den Modellen führt.

Das Buch kann in zwei Teile aufgeteilt werden. Die **Kapitel 2** und **3** als erster Teil enthalten eine kurze Einführung in MATLAB und eine etwas erweiterte Einführung in SIMULINK. Sie beschreiben die Funktionen, welche für die Thematik dieses Buches wichtig sind.

Im zweiten Teil, bestehend aus den **Kapiteln 4** bis **8,** werden die Funktionen dieser Werkzeuge exemplarisch in Simulationen und Problemlösungen von Aufgaben mit ausdrücklich praktischem Charakter eingesetzt. Am Ende der Kapitel sind Projekte vorgeschlagen, für die ausführliche Hinweise und Hilfestellung gewährt ist.

Kapitel 4 beinhaltet Anwendungen aus dem Bereich der technischen Mechanik und behandelt mechanische und elektromechanische Schwingungssysteme. Es beginnt mit einfachen Systemen (wie z.B. der Piezosensor) und geht bis zu Unwuchtsystemen und deren Interaktion mit ihrem elektrischen Antrieb.

In **Kapitel 5,** mit Anwendungen aus den Bereichen Elektrotechnik, Meßtechnik und Elektronik, werden anfänglich Beispiele gezeigt, bei deren Lösung die vielfältigen Funktionen von MATLAB und SIMULINK für die Untersuchung linearer Systeme eingesetzt werden, um danach typische, nichtlineare, technische Probleme zu untersuchen. Als Beispiele sind hier die PLL-Schleife, das *Lock-In*-Messverfahren und der Delta-Sigma-A/D-Wandler zu erwähnen.

Kapitel 6, mit Anwendungen aus dem Bereich der Regelungstechnik, beginnt mit Simulationen von einfachen Regelungssystemen, die auf PID-Reglern basieren. Es wird ausführlich der PID-Regler mit Vermeidung des Aufintegrierens besprochen und mit Beispielen sein Verhalten erläutert. Auch die digitale Version ist abgeleitet und eingesetzt. Die selbsteinstellenden Regler werden auch kurz eingeführt und das Problem der Identifikation bei diesen Systemen mit einem Beispiel, das erweitert werden kann, dokumentiert. Hier werden Funktionen aus der *System-Identification-Toolbox* ([2] Kapitel 6) eingesetzt. Die für viele einfache Regelungssysteme (Heizanlagen, Klimaanlagen etc.) wichtige Zweipunktregelung schließt dieses Kapitel der klassischen Regelungstechnik.

Die Simulationen der Beobachter, der optimalen Regelungen und der Kalman-Filter im Zustandsraum bilden den Inhalt des **7. Kapitels**. Die Schwierigkeiten vieler Generationen von Studierenden, die keine Möglichkeiten hatten, die aufwendige Theorie der Regelung im Zustandsraum mit Experimenten zu ergänzen und zu verstehen, können mit den Funktionen von MATLAB aus der *System-Control-Toolbox* ([1] Kapitel 6) und der anschaulichen Darstellung solcher Systeme in SIMULINK ein für allemal verschwinden. Diese Thematik, die als moderne Regelung bekannt ist, erarbeitet die Grundlagen für das Verstehen der neuen robusten Regelungen ([2] Kapitel 7), die schon mit Toolboxen in MATLAB vertreten sind ([6], [9] und [10] Kapitel 6), aber im vorliegendem Buch nicht besprochen werden.

In **Kapitel 8** wird ein kurzer Einblick in die Signalverarbeitung für die Regelungstechnik gegeben. Es werden am Anfang einfache Experimente bezüglich des Abtasttheorems durchgeführt und danach einige Probleme der analogen und kombinierten analogen- und digitalen Signalverarbeitung besprochen.

Im **Anhang** sind Hinweise zum Gebrauch der Simulationsprogramme, die das Buch begleiten, und einige Tips und Tricks enthalten. Die Begleitprogramme sind so gestaltet, daß sie leicht zu verstehen sind und als Gerüst für aufwendigere Programme dienen können. In den Anwendungen werden hauptsächlich Funktionen aus dem Grundpaket von MATLAB und SIMULINK und aus der *Control-System-* und *Signal-Processing-Toolbox* eingesetzt. Vereinzelt werden auch Funktionen aus der *System-Identification-Toolbox* verwendet.

Viele der Anwendungen, die beschrieben sind, wurden im Laufe der Jahre entwickelt und im Unterricht in verschiedenen Fachgebieten an der Fachhochschule Karlsruhe, Hochschule für Technik, vorgetragen. Während der Arbeit an diesem Buch stand am Anfang die MATLAB- und SIMULINK-Version 4.2c bzw. 1.3 zur Verfügung. Inzwischen sind die neuen Versionen (MATLAB 5 und SIMULINK 2) [1], [2], die viele Neuerungen enthalten, verfügbar. Soweit sie für die Thematik dieses Buches relevant sind, werden sie in den Kapiteln 2 und 3 besprochen und erläutert. Für die Anwendungskapitel sind die Programme für die neuen Versionen in separaten Verzeichnissen enthalten, der Text wurde mit den nötigen Erläuterungen ergänzt. Das Konzept von MATLAB und SIMULINK hat sich nicht geändert ([3] bis [7]) und so ist der Umstieg oder Einstieg in die neuen Versionen ohne zusätzliche Komplikationen möglich.

Kapitel 2

Einführung in MATLAB

2.1 Einleitung

Die letzte MATLAB-Version 4.2 c1 zusammen mit der SIMULINK-Erweiterung Version 1.3 c und den entsprechenden Toolboxen ist sehr verbreitet und erfüllt die Bedürfnisse vieler Anwender. Auch im Unterricht an Fachhochschulen und Universitäten hat sich diese Software bewährt und wird sicherlich weiterhin im Einsatz bleiben.

Mit der neuen Version 5, die eine volle 32-Bit-PC-Software ist, hat MATLAB einen großen technologischen Sprung gemacht, der viele Anwender veranlassen wird, auf diese Version aufzurüsten. Der Umstieg ist für die Anwender der vorherigen Version problemlos. Dazu trägt auch das Versprechen der Aufwärtskompatibilität bei. Viele Wünsche der Anwender, die im Laufe der letzten Jahre bei MathWorks eingegangen sind, wurden in der neuen Version umgesetzt.

Prinzipiell ist MATLAB 5 eine Erweiterung der vorherigen Version mit vielen zusätzlichen Erneuerungen. Da das Auflisten dieser Erneuerungen zuviel Platz einnehmen würde, wird in dieser kurzen MATLAB-Einführung hauptsächlich auf Funktionen eingegangen, die in den Anwendungskapiteln (Kapitel 4 bis 8) eingesetzt werden. Sie enthalten die jetzt schon klassischen Funktionen der früheren Versionen, in denen sich die Prinzipien der Software widerspiegeln, und einige Erweiterungen der Version 5, die in den Anwendungen einzubringen wären.

„Das MATLAB User's Guide" der Version 4.2 c [1] ist sehr didaktisch, in Form eines *Tutorials* aufgebaut und beginnt mit den einfachsten Elementen der Sprache, so daß man im interaktiven Modus gleich beginnen kann. Dies führt zu der Erkenntnis, daß hier ein wertvolles, leicht zu bedienendes Werkzeug vorliegt, mit dem es sich lohnt zu arbeiten. In der neuen Version gibt das Büchlein „Getting Started with MATLAB Version 5" [2] eine Einführung in die Grundelemente, und das „Using MATLAB Version 5" [3], welches die neue Software begleitet, beschreibt die leistungsfähigen Funktionen dieser Software. Die Begleitbücher der Studentenversionen (die ältere für die DOS und die neuere für Windows) [4], [5] sind ähnlich aufgebaut und finden bei den Studierenden viel Akzeptanz. Das im Addison-Wesley-Verlag erschienene Buch „MATLAB für Ingenieure" [6] bietet eine sehr gute Einführung in die Anwendung von MATLAB.

2.2 Arbeiten im interaktiven Modus

Nach dem Start (bei PCs und Macintosh-Systemen) wird das Kommandofenster (*Command Window*) eröffnet, aus dem heraus man mit dem MATLAB-Interpreter kommunizieren kann. Er meldet sich mit einem Prompt >> und wartet auf eine Eingabe. Man kann jetzt beliebige gültige mathematische Ausdrücke eingeben, die gleich ausgeführt werden (interaktiver Modus). Am Ende einer Zeile oder eines Ausdruckes betätigt man die *Enter*- oder *Return*-Taste. Zwei einfache Eingaben sollen die ersten Versuche darstellen:

```
» 2+2
ans = 4
» 2*sin(pi/4)
ans = 1.4142
```

Die Variable **pi** = 3,14... ist in MATLAB enthalten. Man sollte dieser Variablen keinen anderen Wert zuweisen. Nach jeder eingegebenen Zeile speichert MATLAB die Antwort in einer Variablen *ans* für *answer*, die dann angezeigt wird.

Ausdrücke kann man mit Hilfe der üblichen arithmetischen Operatoren bilden. Die Klammern werden dann eingesetzt, wenn die Reihenfolge der Operationen gesteuert werden soll und wenn die impliziten Prioritäten der Operatoren zu falschen Reihenfolgen führt.

Arithmetische Operatoren:

+ Addition;	- Subtraktion;	* Multiplikation;
/ Rechte Division;	\ Linke Division;	^ Potenzieren;

Die linke und rechte Division ergibt bei Skalaren denselben Wert: 1 / 4 und 4 \ 1 ist 0,25. Bei Matrizen sind die Ergebnisse verschieden.

2.3 MATLAB-Variablen

Die Ergebnisse, die man zwischenspeichern möchte, werden Variablen (die verschieden von *ans* sind) zugewiesen. Zum Beispiel

```
» x = pi/7
```

ergibt die Antwort

```
x = 0.4488.
```

Das Format der Anzeige kann mit dem Befehl **format** gewählt werden. Durch den Befehl **format short e** wird der Wert der Variable x, in einem anderen Format dargestellt. Es genügt, x danach einzugeben und *Enter* zu drücken.

```
» format short e
» x
x = 4.4880e-001
```

Über alle Operatoren und Befehle (oder Funktionen) können kurze Angaben mit dem Befehl **help** erhalten werden. So z.B. ergibt

```
» help format
```

eine kurze Beschreibung aller möglichen Formate. Über den interaktiven Modus kann man so durch Experimentieren die Formate kennenlernen.

Wenn am Ende der Eingabe das Semikolon-Zeichen (`;`) eingegeben wird, wie in

```
» y = sin(x)^2 + cos(x)^2;
```

dann wird die Anzeige des Wertes von y unterdrückt. Die Variable *y* ist erzeugt und der entsprechende Wert zugewiesen worden. Dieser kann durch die Eingabe `» y` (ohne Semikolon) und *Enter* angezeigt werden.

In einem Programm, in dem man die Zwischenergebnisse nicht zeigen möchte, werden alle Zeilen des Programms mit Semikolon beendet. Die Möglichkeit einige Variablen eines Programms anzuzeigen, wenn das Semikolon weggelassen wird, kann sehr gut beim Testen oder Debuggen der Programme benutzt werden. Wenn große Felder oder Matrizen in einer Zeile manipuliert werden und das Semikolon weggelassen wird, werden alle Werte der Elemente dieser Felder oder Matrizen am Bildschirm angezeigt. Diese unerwünschte Auflistung und die Ausführung des Programms kann jederzeit mit der Tastenkombination *Ctrl-C* beendet werden.

Die Namen der Variablen müssen mit einem alphabetischen Zeichen beginnen und dürfen nicht länger als 19 Zeichen sein. Die Variable

`» spannung = 3.4e-3;` und die Variable `» Spannung = x + 2.56e+2;`

sind zwei verschiedene Variablen mit korrektem Namen. MATLAB unterscheidet zwischen Groß- und Kleinbuchstaben. Diese Unterscheidung kann mit **`casesen off`** unterdrückt oder mit **`casesen on`** wieder aktiviert werden. In MATLAB 5 gibt es keinen **`casesen`**-Befehl mehr.

Die MATLAB-Schlüsselworte, wie z.B. die Namen der Funktionen **`sin`**, **`cos`**, **`sqrt`**, usw. müssen klein geschrieben werden. Die Befehle **`who`** und **`whos`** listen alle Variablen auf, die bis dahin erzeugt wurden und im Speicher noch zur Verfügung stehen. Mit **`clear`** werden Variablen gelöscht. Das ist sinnvoll, wenn große Felder oder Matrizen nicht mehr gebraucht werden und Platz im Speicher freigemacht werden soll. Zu beachten ist, daß alle Variablen gelöscht werden, wenn das Kommando **`clear`** ohne Parameter benutzt wird.

Reicht eine Zeile für einen Ausdruck oder ein Kommando nicht, wird diese mit drei oder mehreren Punkten beendet und in der nächsten Zeile weiter geschrieben:

```
» y_1 = 2*sin(pi*2)+...
        10.e-4*cos(5.7+2);
```

In einer Zeile können mehrere Komandos oder Ausdrücke eingegeben werden. Um die Anzeige zu unterdrücken werden sie mit Semikolon getrennt. Mit Komma werden sie getrennt, wenn die Anzeige der Zwischenwerte erwünscht ist. In der Eingabe

```
» y2 = y1 + 2.3e-3;   x = 7.5*exp(3),   y3 = 3.5*pi;
```

die auch die Zeile eines Programms sein kann, wird nur die Variable x angezeigt.

2.4 Komplexe Variablen

Die Zahl $\sqrt{-1}$ ist in MATLAB vordefiniert und ihr sind zwei Variablen **i** und **j** zugewiesen. Man sollte diese Variablen nicht für andere Zwecke (z.B. in Schleifensteuerungen) benutzen. Mit `j = 5;` z.B. ist die implizite Vereinbarung gestört. Sie kann rückgängig gemacht werden mit `j = sqrt(-1);`. Komplexe Variablen bestehen immer aus zwei Teilen und werden auch so angezeigt. Mit der Eingabe

```
» i
```

(ohne Semikolon am Ende) wird die Variable **i** in Form

```
ans = 0+ 1.0000e+000i
```

angezeigt. Mit den Variablen **i** und **j** können komplexe Variablen definiert werden:

```
» z1 = 1.2 + i*2.8;   z2 = 1.23e-4 + j*5.6e-2;
```

Es ist ersichtlich, daß sowohl **i** als auch **j** Variablen sind und die Bildung des Imaginärteils über eine Multiplikation erreicht wird. Nach außen verhält sich MATLAB, als gebe es keinen Unterschied zwischen realen und komplexen Variablen. Die Summe

```
» p = z1 + 3.3;
```

führt zu einem Ergebnis `p = 4.5000e+000 + 2.8000e+000i`, das zeigt, daß eine reale Konstante zum realen Teil der komplexen Variablen z1 addiert wird. Man kann also alle Variablen real oder komplex addieren, subtrahieren, multiplizieren, dividieren und potenzieren. Es werden dabei die Regeln der Rechnung mit komplexen Zahlen eingehalten.

Die Transformation in die polare Form wird durch zwei Kommandos unterstützt: **abs**(z) und **angle**(z), wobei mit z eine beliebige reelle oder komplexe Variable bezeichnet wurde. Zum Beispiel führen die Befehle

```
» abs(2+j*3), angle(2+j*3)
```

zur Antwort `ans=3.6056e+000` für den Betrag und `ans=9.8279e-001` für den Winkel (oder Phase) in Radiant. Der Winkel einer reellen negativen Zahl wird **pi** (3,14...) sein. Auch eine direkte Schreibweise in polarer Form ist möglich:

```
» z = 7.5*exp(j*2.4)
```

Die Antwort lautet dann z = -5.5305e+000 + 5.0660e+000**i** (im **format short e**). Die zwei Teile einer komplexen Variablen z.B. von z sind über die Kommandos **real**(z) und **imag** (z) zu erhalten. Die Funktion **conj**(z) liefert die komplex Konjugierte der Variable z.

Die Variablen **ans** und **eps** sind permanente Variablen, die nicht gelöscht werden können. Die Letztgenannte besitzt bei PCs einen Wert von ca. 2.22e-16 (sehr klein) und kann immer dort eingesetzt werden, wo ein solcher kleiner Wert benötigt wird. Als Beispiel sei die Berechnung der Funktion sin(x)/x für x zwischen -10 und +10. Wenn x = 0 wird, erhält man die Warnung: `Divide by zero` und das Ergebniss ist `ans=Inf` (kein Wert). Um das zu vermeiden, wird die Funktion mit `sin(x+eps)/(x+eps)` berechnet und man erhält für `x = 0` annähernd den Wert 1, wie aus der Mathematik zu erwarten ist.

2.5 Vektoren und Matrizen

MATLAB ist darauf getrimmt, Operationen mit Matrizen optimal durchzuführen. Eine Matrix ist allgemein ein zweidimensionales Feld bestehend aus Zeilen und Spalten. Als Beispiel sei die (3 x 4)-Matrix A (aus drei Zeilen und vier Spalten) mit beliebigen Werten für die Elemente angenommen:

$$A = \begin{vmatrix} 2.1 & 3 & 5.4 & -7.1 \\ -1 & 0 & 4.6 & 0.45 \\ 5.7 & -3 & 2.9 & 10.2 \end{vmatrix}$$

In MATLAB wird sie in der Matrixvariable A mit folgender Syntax gebildet:

```
» A = [2.1,3,5.4,-7.1; -1,0,4.6,0.45; 5.7,-3,2.9,10.2];
```

Auf die Elemente der Matrix wird mit Hilfe von Indizes zugegriffen. So z.B. ergibt

```
» A(2,3)
ans = 4.6000,
```

weil das Element der zweiten Zeile und der dritten Spalte diesen Wert besitzt. Ein Vektor ist in MATLAB eine Matrix mit nur einer Zeile oder nur einer Spalte. Die Elemente der Vektoren oder Matrizen können auch Ausdrücke sein, wie z.B. im Zeilenvektor x

```
» x = [-1.3, sqrt(3), (1+2+3)*4/5];
```

bestehend aus drei Komponenten. Die Funktion **sqrt**(3) bildet die Quadratwurzel von 3. Auch hier greift man auf die einzelnen Elemente über Indizes zu. Alle Indizes beginnen mit 1 (und nicht mit Null). Dadurch ist `x(3) = 4.8` und kann auch mit `x(1,3)` erreicht werden. Neue Komponenten werden direkt über einen entsprechenden Index hinzugefügt, durch `x(4)=2.4` z.B. wird dem Vektor noch ein Element hinzugefügt. Durch

```
» y = [1, x];
```

entsteht ein neuer Zeilenvektor mit 5 Elementen (`x(4)=2.4`), wobei das erste Element Eins ist und die restlichen vier vom Vektor x stammen.

Spaltenvektoren werden durch Trennung der Komponenten (Zahlen, Variablen, Ausdrücken) mit Semikolon (**;**) eingegeben, wie z.B. in

```
» y = [1; 3.4; 5.6; 7.9; -2.3]
```

Der Zugriff kann mit einem oder zwei Indizes stattfinden. Mit `y(4)` oder `y(4,1)` erhält man den gleichen Wert von 7,9. Mehrere Vektoren oder Matrizen können auch zusammengesetzt werden. Als einfaches Beispiel werden die Vektoren

```
» x1 = [1, 2, 3, 4]; x2 = [5, 6, 7, 8];
```

zuerst zu einem Vektor `x3 = [x1, x2];` zusammengefaßt. Es resultiert ein Zeilenvektor der Länge 8. Durch `X = [x1; x2];` erhält man eine Matrix, deren erste und zweite Zeile die Vektoren x1 bzw. x2 sind. Auch `A = [X, [2.3; -5]];` ist eine korrekte Zusammensetzung, die zu einer Matrix mit zwei Zeilen und 5 Spalten führt.

Man muß beachten, daß sich immer eine rechteckige Struktur bildet, die im Grenzfall aus einer Zeile oder einer Spalte besteht.

Die Größe einer Matrixvariablen wird mit der Funktion **size**(y) ermittelt. Die Antwort auf

```
» size(X)
ans = 2   4
```

zeigt, daß die Matrix X aus zwei Zeilen und 4 Spalten besteht. Sie kann auch in der Form

```
» [m, n] = size(X)
m = 2                    n = 4
```

aufgerufen werden und liefert dann in der Variablen m die Anzahl der Zeilen und in der Variablen n die Anzahl der Spalten der Matrix X. Die Länge eines Vektors (einer Zeile oder Spalte) wird mit dem Befehl **length** erhalten.

Die Matrizen und Vektoren können auch komplexe Zahlen oder Variablen beinhalten. Da auch die *Blanks* als Trennzeichen zwischen den Elementen einer Matrix zugelassen sind, muß man unnötige *Blanks* in der Eingabe vermeiden, um eine korrekte Interpretation der komplexen Zahlen zu sichern.

2.5.1 Die Manipulation von Matrizen

Auf die Elemente einer Matrix wird über ihre Indizes zugegriffen und mit diesen werden auch ganze Zeilen oder Spalten manipuliert. Bei großen Matrizen kann man nicht mehr per Hand die Zeilen oder Spalten eingeben, und deshalb stehen in MATLAB für die Generierung solcher Matrizen mehrere Möglichkeiten zur Verfügung.

Das *Colon*-Zeichen (**:**) spielt in diesem Zusammenhang eine wichtige Rolle. Als Beispiel erhält man mit der Anweisung

```
» x = 1:6
```

einen Zeilenvektor mit Werten von 1 bis 6 und einem Inkrement von 1

```
x =  1     2     3     4     5     6
```

Die Anweisung

```
» y = 5:-1:-2
```

zeigt explizit das Inkrement (in diesem Fall mit negativem Vorzeichen als Abnahmeschritt) und den ersten und letzten Wert des zu erzeugenden Vektors

```
y =  5     4     3     2     1     0    -1    -2
```

Der Zuwachs- oder Abnahmeschritt (Inkrement bzw. Dekrement) können auch rationale Werte sein; es lassen sich so, sehr einfach, beliebige Sequenzen generieren. Der letzte Wert des Vektors bei der Generierung z.B. mit Inkrementieren wird kleiner oder gleich dem Wert sein, der in der Anweisung angegeben ist. Die Anweisung

```
» z = 0:1.5:5
```

wird folgenden Zeilenvektor generieren:

```
z =  0      1.5000      3.0000      4.5000
```

Das letzte Element des Vektors plus Inkrement würde den Grenzwert 5 überschreiten und dadurch hört der Zuwachs bei dem Wert 4,5 auf. Bei der Abnahme ist der Endwert größer oder gleich dem Grenzwert aus der Anweisung:

```
» z = 6:-1.5:-2
z =  6.0000     4.5000     3.0000     1.5000      0   -1.5000
```

MATLAB besitzt mehrere Funktionen für die Manipulation von Matrizen und Vektoren. Das spezielle Zeichen `'` (Hochkomma) nach einer Matrixvariablen bildet die Transponierte [7] dieser Matrix. Die Transponierte besitzt als Zeilen die Spalten der ursprünglichen Matrix. Die Eingabe `A = [1 2 3; 4 5 6; 7 8 9]'` (wobei die Elemente der Matrix jetzt durch *Blanks* getrennt sind) ergibt die Transponierte. Wenn eine komplexe Matrix transponiert wird, dann bewirkt das Transponieren auch die Konjugierung der Elemente und ist als hermitisches Transponieren [7] bekannt. Um die Konjugierung zu unterdrücken, wird der Operator (`.'`) eingesetzt, z.B. in Form `A.'`.

Spaltenvektoren kann man aus Zeilenvektoren durch Transponieren erhalten; so können Tabellen einfach erzeugt werden. Als Beispiel sollen folgende Anweisungen dienen:

```
» t = (0:0.1:1)';
» u = 2.5*sin(2*pi*t/0.25);
» Y = [t, u]
```

Die erste Anweisung bildet ein Zeitspaltenvektor `t` mit Werten zwischen 0 und 1 und Auflösung 0,1 (Inkrement). Mit der zweiten Anweisung wird ein Spannungsvektor `u` über die mathematische Funktion **`sin`** gebildet. Da auf der rechten Seite `t` ein Spaltenvektor ist, wird `u` auch als Spaltenvektor mit gleicher Anzahl von Elementen generiert. Über die dritte Anweisung wird der Spaltenvektor `t` und `u` zu einer Matrix `Y` zusammengefaßt.

Die Indizes der Matrizen oder der Vektoren können auch Vektoren sein. Das im Verbund mit dem *Colon*-Zeichen eröffnet schnelle und flexible Manipulationsmöglichkeiten der Matrizen. Als Beispiel für die Anwendung dieser Möglichkeit soll folgende Anweisung dienen, welche die letzten 201 Elemente des Vektors `x` extrahiert:

```
x_a = x(800:1000);
```

Bei Matrizen ergibt sich auf diese Weise die Möglichkeit, Teilmatrizen zu bilden. Mit `A(1:5,7)` ist die Untermatrix (eigentlich ein Vektor) bestehend aus Zeile 1 bis 5 und Spalte 7 gemeint. Ähnlich wird durch `A(5,6:9)` die Matrix (Vektor), die aus der Zeile 5 und den Spalten 6 bis 9 besteht, angesprochen. Mit `B(:,5)`, wobei das *Colon*-Zeichen für die Zeilenindizes steht, sind alle Zeilen gemeint – in diesem Fall alle Zeilen der Spalte 5. Eine Teilmatrix, bestehend aus mehreren Zeilen und mehreren Spalten, ergibt sich z.B. mit `C(1:5,7:10)`. Sie ist aus den Zeilen 1 bis 5 und den Spalten 7 bis 10 der Matrix C generiert.

Kompliziertere Umwandlungen sind möglich, wenn die Indizes nicht als Sequenzen (steigende oder fallende), sondern als Vektoren mit beliebigen ganzen Zahlen benutzt werden. In der Anweisung

```
A(:, [2, 7, 9]) = B(:,1:3);
```

erhalten die Spalten 2, 7 und 9 der Matrix A den Inhalt der Spalten 1,2 und 3 der Matrix B. Durch `A(:)` werden alle Spalten der Matrix A in einem einzigen Spaltenvektor zusammengefaßt, aus dem man dann eine Matrix mit einer anderen Dimension bilden kann. Für die Umwandlung gibt es auch die Funktion **`reshape`**.

Die Indizes können auch Vektoren sein, die nach einer Vergleichsoperation (die später ausführlich erläutert wird) Elemente mit Werten von Null und Eins besitzen. So z.B. ergeben die Anweisungen

```
L = [1 0 0 1 1 0];              A = randn(5,7);
C = A(find(L > 0),: );
% C = A(find(L),: );
```

in der Matrix C die Zeilen der Matrix A, für die der Vektor L eine Eins enthält (*true* ist).

Die Anweisung `X` = [ ]; definiert `X` als eine Matrix der Größe 0 x 0, die als *Empty*-Matrix (oder Leer-Matrix) in MATLAB bekannt ist. Mit der Funktion **`isempty`** können diese Matrizen identifiziert werden. Mit ihrer Hilfe können Zeilen oder Spalten einer Matrix entfernt werden. Durch

```
A(:, [5 9 11]) = [];
```

werden die Spalten 5, 9, und 11 der Matrix A entfernt. Die Leer-Matrix wird als Argument in einigen Funktionen akzeptiert und ergibt plausible Ergebnisse.

Manipulationsfunktionen:

`rot90`	Rotation	**`fliplr`**	Verschieben der Spalten
`flipud`	Verschieben der Zeilen	**`diag`**	extrahiert oder kreiert Diagonale
`tril`	das untere Dreieck	**`triu`**	das obere Dreieck
`reshape`	Reorganisieren	**`'`**	das Transponieren
`:`	generelles Reorganisieren		

2.6 Operationen mit Matrizen

Die Matrizen- und Vektoren kann man addieren, subtrahieren und multiplizieren wie gewöhnliche Variablen, wenn die Größen dieser Matrixvariablen bestimmte Bedingungen erfüllen. Nur Matrixvariablen derselben Größe kann man addieren oder subtrahieren. Eine skalare Zahl wird bei der normalen Schreibweise einfach zu allen Elementen einer Matrix addiert oder subtrahiert. So ergibt die Anweisung `y = x-1`, wobei `x = [1, 2, 3, 4]`, die Antwort `y = [0, 1, 2, 3]`.

Die Multiplikation zweier Matrizen, z.B. **A*B**, ist gültig, wenn die zweite Größe von **A** (die Anzahl der Spalten) gleich der ersten Größe von **B** (Anzahl der Zeilen) ist. Es sei $a_{i,j}$, $b_{i,j}$ das Element der Zeile i und der Spalte j in der Matrix **A** bzw. in der Matrix **B**. Das Produkt der Matrizen **A** und **B** (**A*B**) besteht aus Elementen, die durch Gleichung (2.1) gegeben sind, wobei m, n die Anzahl der Zeilen bzw. der Spalten der Matrix **A** und n, p die Anzahl der Zeilen bzw. der Spalten der Matrix **B** sind. Die Multiplikation der Matrizen ist nicht kommutativ.

$$\begin{aligned} &(ab)_{i,j} = \sum_{k=1}^{n} a_{i,k} b_{k,j} \\ &i = 1,2,3,\ldots,m \\ &j = 1,2,3,\ldots,p \end{aligned} \qquad (2.1)$$

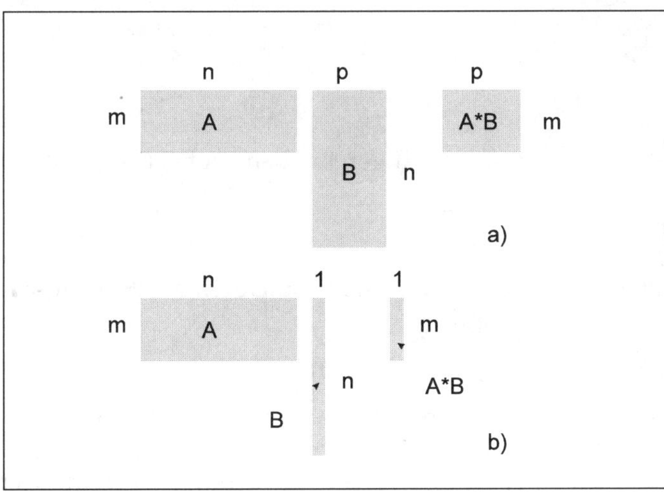

Bild 2.1 Skizze einiger möglichen Dimensionen bei der Multiplikation von Matrizen und Vektoren

Bild 2.1 zeigt einige mögliche Dimensionen der Matrizen und Vektoren, die multipliziert werden können. Aus der allgemeinen Bedingung im Bild 2.1a ergibt sich für p = 1 die Bedingung aus Bild 2.1b. Ähnlich können alle anderen Fälle abgeleitet werden. Wenn z.B. m = 1 und p = 1 erhält man das innere oder Skalarprodukt zweier Vektoren mit einem Skalar als Ergebnis.

Wenn `x` und `y` zwei gleich große Spaltenvektoren sind, dann erhält man das skalare Produkt durch `x'*y`. Das Transponieren von `x` (durch `x'` gegeben) ergibt einen Zeilenvektor, der dann die vorher angegebene Bedingung für die Gültigkeit der Multiplikation erfüllt. Ähnlich erhält man das skalare Produkt für zwei Zeilenvektoren `p`, `q` durch `p*q'`. Hier wird der Spaltenvektor `q'` durch Transponieren aus `q` gebildet.

Die euklidische Norm eines Vektors ist die Quadratwurzel des Skalarprodukts des Vektors mit sich selbst. Wenn der Vektor komplex ist, dann erhält man durch diese Operation die sogenannte hermitische Norm (auch ein reeller Wert).

Das Vektorprodukt (oder Außenprodukt) von zwei Spalten- oder Zeilenvektoren `x`, `y` derselben Größe n ist durch `x*y'` bzw. durch `x'*y` definiert. Das Ergebnis ist eine quadratische Matrix der Größe (n x n).

Die Multiplikation eines Skalars und einer Matrix kann mit dem Skalar vor oder nach der Matrix geschrieben werden. Das Ergebnis ist dasselbe, wenn z.B. 2*A oder A*2 geschrieben wird.

Die Inverse einer Matrix **A**, in der Mathematik durch $\mathbf{A}^{-1}$ bezeichnet, wird mit der Funktion **`inv`**`(A)` in MATLAB berechnet, und ist durch die Bedingung $\mathbf{A}\mathbf{A}^{-1} = \mathbf{A}^{-1}\mathbf{A} = \mathbf{I}$ definiert, wobei **I** die Einheitsmatrix ist. Die Matrix muß quadratisch (n x n) mit gleicher Anzahl von Zeilen und Spalten und nichtsingulär [7] sein. Die Inverse kann auch für die Lösung eines linearen Gleichungssystems eingesetzt werden. Um das Gleichungssystem

$$3x_1 + 4x_2 - x_3 = 8{,}5$$

$$-x_1 + 3{,}5x_2 + 2x_3 = 5$$

$$x_1 - x_2 - 1{,}5x_3 = -1$$

zu lösen, wird das System als $\mathbf{Ax} = \mathbf{B}$ geschrieben, wobei (in der MATLAB-Syntax)

```
A  = [3, 4, -1; -1, 3.5, 2; 1, -1, -1.5];
B = [8.5, 5, -1]';
```

und $\mathbf{x}$ der Spaltenvektor der Unbekannten ist. Durch Multiplikation auf beiden Seiten mit der Inversen $\mathbf{A}^{-1}$ erhält man

$$\mathbf{A}^{-1}\mathbf{Ax} = \mathbf{A}^{-1}\mathbf{B} \qquad \text{oder} \qquad \mathbf{x} = \mathbf{A}^{-1}\mathbf{B}$$

In MATLAB ist diese Lösung durch folgende Zeile programmiert: `x = `**`inv`**`(A)*B;`. Die singulären (n x n)-Matrizen haben keine Inverse und ihr Rang ist kleiner als n. Um den Rang zu überprüfen, kann die Funktion **`rank`**`(A)` benutzt werden.

Eine einfache Vorstellung dieses Sachverhalts kann über eine geometrische Interpretation gegeben werden. Jede lineare Gleichung aus dem obigen Gleichungssystem

$$ax_1 + bx_2 + cx_3 = d$$

repräsentiert eine Ebene im dreidimensionalen Raum, gespannt von den drei Unbekannten. Wenn die Ebenen einen einzigen Schnittpunkt besitzen, bildet dieser die eindeutige Lösung (Bild 2.2d). Es gibt aber viele andere mögliche Lagen dieser Ebenen, die zu keiner eindeutigen Lösung führen, wie aus den Fällen a, b und c aus Bild 2.2 hervorgeht.

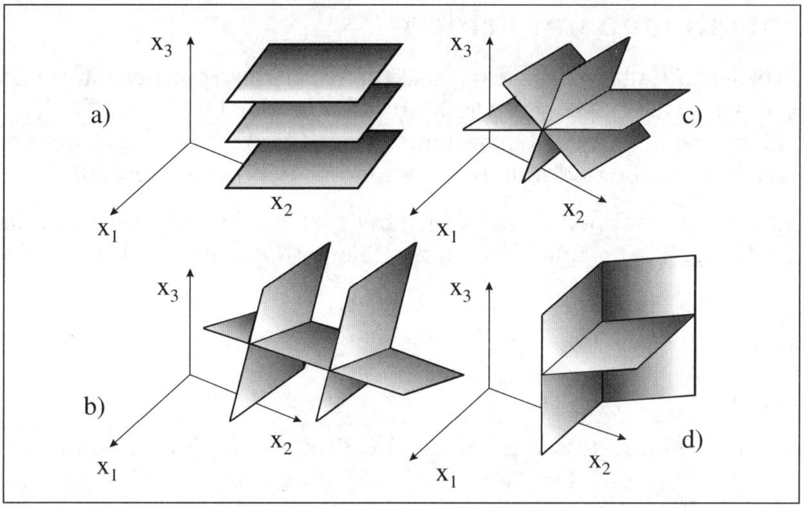

Bild 2.2 Einige mögliche Schnittpunkte dreier Ebenen die ein Gleichungssystem von drei Gleichungen mit drei Unbekannten darstellen

Die Lösung der Matrixgleichung $\mathbf{Ax} = \mathbf{B}$ kann in MATLAB auch über die linke Division berechnet werden: `x = A\B;`. Wenn die Unbekannten in einem Zeilenvektor zusammengefaßt werden, dann ist das Gleichungssystem durch die Matrixgleichung $\mathbf{xC} = \mathbf{D}$ dargestellt ($\mathbf{C} = \mathbf{A}';\mathbf{D} = \mathbf{B}'$), und die Lösung kann (in MATLAB) durch die rechte Division `x = D/C;` ermittelt werden. Die linke und rechte Division basieren auf das Gauß-Eliminierungsverfahren und sind schneller als die Inversion.

Wenn p eine ganze Zahl größer als Eins ist, dann ist die Operation **A**`^p` durch wiederholte Multiplikation definiert und berechnet.

2.6.1 Spezielle Matrizen

Eine Kollektion von Funktionen (**compan**, **gallery**, **hankel**, **invhilb**, **kron**, **magic**, **diag**, **hadamard**, **hilb**, **pascal**, **vander**, **toeplitz**) werden in der linearen Algebra und in der Signalverarbeitung eingesetzt.

Die *Companion*-Matrix eines charakteristischen Polynoms ist z.B. die Matrix, deren Eigenwerte die Wurzeln des Polynoms sind. So ist z.B. für das Polynom $x^4 - 3x^2 + x + 5$ diese Matrix durch folgende Befehle zu bestimmen:

```
p = [1, 0, -3, 1, 5];
A = compan(p)
```

Sie wird in Verbindung mit der Polplazierung in Zustandsregelungssystemen [8] benutzt. Die Hadamard-Matrix als orthogonale Transformationsmatrix findet Anwendung in der Bildverarbeitung [9], und die Töplitz-Matrix wird in der Signalverarbeitung in Zusammenhang mit Korrelationsverfahren eingesetzt. Die Funktion **diag** extrahiert oder kreiert die Diagonale einer Matrix.

2.7 Operationen mit Feldern

Matrizen werden oft als organisierte Strukturen für die Speicherung von Daten benutzt und bilden Felder (Arrays). Die Manipulation der Daten aus Feldern ist allgemein eine Element-zu-Element-Operation. Die Addition und Subtraktion von Feldern und Matrizen ist dieselbe und muß nicht besonders behandelt werden.

Für die anderen Operationen (*, /, \, ^,) signalisiert ein Punkt vor dem entsprechenden Symbol .*, ./, .\, .^, eine Element-zu-Element-Operation. Als Beispiel sei

```
» x = [1, 2, 3];      y = [4, 5, 6];
```

gegeben. Mit

```
» z = x.*y
```

erhält man einen Vektor, dessen Elemente das Produkt der Elemente der zwei Vektoren sind (`z = 4 10 18`). Der Ausdruck `z = x.\y` oder `z = x./y` ergibt für die Elemente des Vektors `z` den Quotient der entsprechenden Elemente der Vektoren `x` und `y`.

Beim Potenzieren mit .^ können drei Fälle auftreten. Mit z = `x.^y` wird jedes Element des Vektors `x` mit dem entsprechenden Element des Vektors `y` potenziert und das Ergebnis ist `z = 1 32 729`. Das Potenzieren mit einem Skalar, wie z.B. in `z = x.^2` ergibt wie erwartet `z = 1 4 9`, und schließlich führt `z = 2.^[x y]` zu `z = 2 4 8 16 32 64`.

2.7.1 Vergleichsoperationen

Es gibt sechs Vergleichsoperatoren, die man beim Vergleich von zwei Feldern oder Matrizen einsetzen kann. MATLAB vergleicht die Paare der entsprechenden Elemente und liefert eine Matrix mit Einsern und Nullen, so daß die Einser das Erfüllen (*true*) und die Nullen das nicht Erfüllen (*false*) der Vergleichsoperation darstellen.

Vergleichsoperatoren:

<	kleiner als	<=	kleiner oder gleich
>	größer	>=	größer oder gleich
==	gleich	~=	nicht gleich

Als Beispiel sei die Matrix A der Größe (5 x 5)

```
» A = randn(5,5),
```

die mit Hilfe der Funktion **`randn`** erzeugt wird und die zufällige normal verteilte Werte enthält, mit Vergleichsoperatoren zu untersuchen. Der Aufruf

```
» P = (A < 0)
```

ergibt eine Matrix P, die zeigt, welche Elemente der Matrix A negativ sind. Die Funktion **`find`** ist in Verbindung mit Vergleichsoperatoren sehr nützlich. Wenn `x` ein Vektor ist, dann liefert

```
k = find(x > 5);
```

im Vektor `k` die Indizes der Elemente des Vektors `x`, für welche die Bedingung erfüllt ist. Die so ermittelten Indizes können jetzt benutzt werden, um z.B. die entsprechenden Elemente zu ändern. Der Versuch, diesen Elementen den Wert 20 mit `x(k) = 20;` zuzuweisen, scheitert, weil auf der linken Seite des Gleichheitszeichens ein Vektor und auf der rechten Seite ein Skalar vorkommen. Die Lösung für die Zuweisung ist `x(k) = 20*`**`ones`**`(1, `**`length`**`(k));`, wenn der Vektor `x` ein Zeilenvektor ist und `x(k) = 20*`**`ones`**`(`**`length`**`(k),1);`, wenn x ein Spaltenvektor ist.

Der Befehl **`ones`**`(m,n)` bildet eine (m x n)-Matrix (mit m Zeilen und n Spalten), die alle Elemente gleich Eins hat. Die Funktion **`length`**`(k)` ermittelt die Länge des Feldes (oder des Vektors) k.

Auch für Matrizen, z.B. für A als (m x n)-Matrix, kann das gleiche Verfahren eingesetzt werden, weil man die Elemente einer Matrix auch mit nur einem Index erreichen kann. Das Element der Zeile p und Spalte q kann auch über einen Index der Größe `(q-1)*m+p` angesprochen werden. Es wird spaltenweise und nicht wie üblich zeilenweise gezählt. Ein Beispiel soll diese Möglichkeit auch dokumentieren. Es wird eine (4 x 4)-Matrix mit zufälligen Werten durch

```
» A = randn(4,4)
```

erzeugt. Mit `k = `**`find`**`(A >= 0);` werden die Indizes der positiven Elemente im Spaltenvektor `k` erhalten. Durch Vergleichen der Werte der Indizes aus `k` und der Werte aus A geht die spaltenweise Zählung der Elemente der Matrix A hervor. Mit

```
A(k) = 100*ones(length(k),1);
```

werden allen als positiv identifizierten Elementen ein Wert von 100 zugewiesen.

Mit der Funktion **`isnan`**, wie in `P = `**`isnan`**`(X);`, werden die Elemente der Matrix `X`, die *Not-a-Number* sind, mit Werten von Eins in P markiert. Solche Elemente können z.B. aus Operationen, die nicht definiert sind, wie z.B. die Division 0 / 0, resultieren. Ähnlich markiert das Kommando `Q = `**`finite`**`(A);` mit Werten von Eins in Q die finiten Elemente der Matrix A, für die $-\infty < a_{i,j} < +\infty$ gilt.

Über die Funktion **`help`** können zu jeder Zeit kurze Beschreibungen der Funktionen und Kommandos, die bis jetzt eingeführt wurden, erhalten werden.

***Utility*-Matrizen oder Felder**

`zeros`	Matrix oder Vektor mit Nullwerten
`ones`	Matrix oder Vektor mit Einserwerten
`eye`	Identitätsmatrix (in der Diagonale mit „1“)
`rand, randn`	gleichmäßig und normal verteilte zufällige Werte
`linspace`	bildet Matrizen (oder Vektoren) mit linearem Abstand der Werte
`logspace`	bildet Matrizen (oder Vektoren) mit logarithmischem Abstand
`meshgrid`	generiert Matrizen für 3-D Plots

In der Tabelle sind einige *Utility*-Matrizen (Felder) oder Vektoren aufgelistet, die teilweise schon benutzt worden sind. Für viele Darstellungen in der Technik ist die logarithmische Skalierung sehr wichtig, weil ein großer Wertebereich dadurch erfaßt wird. Mit

```
» z = logspace(-1, 1, 5)
z =  0.1000     0.3162     1.0000     3.1623     10.0000
```

erhält man 5 Werte zwischen 10^(-1) und 10^1 mit logarithmischer Skalierung.

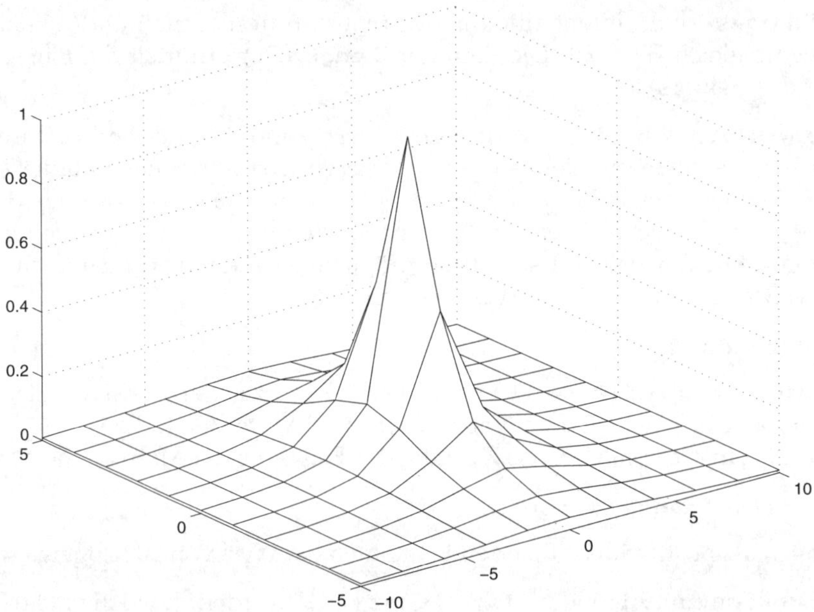

Bild 2.3 Gitter-Darstellung der Funktion z = 1/(1+x^2+y^2) mit Hilfe der Funktion meshgrid und mesh (bld_23.m)

Über die Funktion **meshgrid** erhält man Matrizen für 3-D-Darstellungen. Mit folgenden einfachen Befehlen:

```
» x = -10:2:10;                y = -5:1:5;
» [X, Y] = meshgrid(x,y);
```

wird die Auswirkung der Funktion ersichtlich. Alle Zeilen der Matrix X sind gleich dem Vektor x, und alle Spalten der Matrix Y sind gleich dem Vektor y. Wenn die zwei Matrizen übereinander gelegt werden, dann ergeben sich alle Kombinationen zwischen den Werten des Vektors x und des Vektors y, die in einer 3-D-Darstellung notwendig sind. Durch

```
» Z = 1./(1+X.^2+Y.^2);                mesh(X,Y,Z);
```

erhält man eine Gitter-Darstellung der Funktion $z = 1/(1+x^2+y^2)$ im Bereich zwischen -10 und +10 für die Variable x bzw. -5 und +5 für die Variable y (Bild 2.3). Mit kleineren Schrittweiten ist auch das Gitternetz feiner, und man bekommt eine annähernd kontinuierliche Darstellung. Jedem Knoten des Gitters entspricht ein Paar von Werten der Variablen aus `X` bzw. `Y` und ein Wert der Funktion `Z`.

2.7.2 Logische Operationen

Es gibt drei logische Operatoren, die bei Feldern Element-zu-Element wirken. Durch `C = A&B;` erhält man eine Matrix `C`, die Einser an den Stellen enthält, wo die Elemente von `A` und B verschieden von Null sind, und Nullwerte an den Stellen besitzt, wo eins der entsprechenden Elementen von `A` oder `B` Null ist.

Ähnlich ergibt `C = A|B;` eine Matrix `C`, deren Elemente Eins sind, wo entweder `A` oder `B` von Null verschiedene Elemente besitzt und Nullwerte, wo beide Matrizen Nullelemente enthalten. Schließlich wird die Matrix `C`, definiert durch `C = ~A`, Einser haben an den Stellen, wo `A` Nullwerte besitzt, und Nullwerte an den Stellen, wo A verschieden von Null ist.

Logische Operatoren:

&	UND	(„AND")
|	ODER	(„OR")
~	NICHT	(„NOT")

Die Funktionen **`any`** und **`all`** sind sehr nützlich in Verbindung mit logischen Operatoren. Mit der Funktion **`any`**`(X)` erhält man eine Eins, wenn irgendein Element der Matrixvariable `X` verschieden von Null ist, ansonsten ergibt sie eine Null. Die Funktion **`all`**`(X)` liefert eine Eins, wenn alle Elemente der Matrix `X` verschieden von Null sind. Diese Funktionen sind wichtig in Zusammenhang mit dem **`if`**-Befehl, wie z.B. in

```
if all(X < 1.5)
        irgendwelche Befehle ausführen
end;
```

Die **`if`**-Befehle benötigen eine einzige Bedingung in bezug auf einen Skalarwert. Der Ausdruck `(X>1.5)` liefert eine Matrix *ans*, die an den Stellen, wo die Bedingung erfüllt ist, Einser enthält und ansonsten Nullwerte besitzt. Mit **`all`**(*ans*) erhält man ein Skalarwert gleich Eins (*true*), wenn alle Elemente der Matrix *ans* verschieden von Null sind, und es ergibt sich die Möglichkeit, durch den Befehl **`if`** dieses Ergebnis für die Steuerung der Ausführung irgendwelcher Befehle zu benutzen.

Vergleichs- und logische Funktionen:

`any`	logische Bedingung
`all`	logische Bedingung
`find`	findet Indizes der Matrizen, die logische Bedingungen erfüllen
`exist`	testet, ob eine Variable existiert
`isnan`	detektiert die *Not-a-Number* Elemente

isinf	detektiert unendliche Elemente
finite	testet, ob die Elemente finit (begrenzt) sind
isemty	detektiert leere Matrizen ([ ])
isstr	detektiert Zeichen-Variablen (String-Variablen)
isglobal	detektiert globale Variablen
issparse	detektiert Sparse-Matrizen

In MATLAB 5 sind die Funktionen **any** und **all** erweitert, weil der Befehl **if** nicht mehr nur auf Skalare anwendbar ist. In dem Abschnitt, der einige Erweiterungen der neuen Version beschreibt, werden diese Unterschiede kommentiert.

2.8 Elementare mathematische Funktionen

Es gibt ein Satz von elementaren mathematischen Funktionen, die für elementweise Operationen eingesetzt werden können. Die meisten mathematischen Funktionen, die in einem guten wissenschaftlichen Taschenrechner vorhanden sind, findet man auch in MATLAB. Einfache Experimente und die Beschreibungen, die mit der **help** Funktion erhältlich sind, klären die Funktionsweise dieser Befehle oder Funktionen.

Trigonometrische Funktionen:		**Mathematische Funktionen:**	
sin	Sinusfunktion	**abs**	Betrag (komplexe Variable)
cos	Cosinusfunktion	**angle**	Winkel (komplexe Variable)
tan	Tangens	**sqrt**	Quadratwurzel
asin	Arc-Sinus	**real**	Realteil
acos	Arc-Cosinus	**imag**	Imaginärteil
atan	Arc-Tangens	**conj**	Konjugierte
atan2	Vier Quadranten Arc-Tangens	**round**	Runden (gegen ganzen Zahl)
sinh	Sinushyperbolicus	**fix**	Runden gegen Null
cosh	Cosinushyperbolicus	**floor**	Runden gegen - Unendlich
tanh	Tangenshyperbolicus	**ceil**	Runden gegen + Unendlich
asinh	Arcussinushyperbolicus	**sign**	Signum Funktion
acosh	Arcuscosinushyperbolicus	**rem**	Rest nach Division
atanh	Arctangenshyperbolicus	**exp**	Exponential der Basis e
		log	natürlicher Logarithmus
		log10	Logarithmus der Basis 10

Mit einigen speziellen Funktionen wie **bessel**, **gamma**, **beta**, **rat**, **erf**, **erfinv**, **ellipke** und **ellipj** werden die Möglichkeiten der elementweisen Bearbeitung erweitert.

2.9 Einfache Datenanalyse

Wie schon gezeigt, sind die Matrizen (oder Felder) sehr geeignet, Daten zu speichern und sie dann als Variablen zur Verfügung zu stellen. Durch Konvention sind die Spalten einer Matrix die Werte einer Variablen, und dadurch enthält eine (m x n)-

Matrix die m Werte (wobei m die Anzahl der Zeilen ist) von n Variablen (mit n als Anzahl der Spalten). Als Beispiel sei die Matrix A mit 10 Zeilen und 6 Spalten angenommen:

```
» A = 10*randn(10,6)
```

Die einfache Funktion » **max**(A) liefert einen Zeilenvektor mit den Höchstwerten der einzelnen Spalten. Mit » **cumsum**(A) werden die Werte der Spalten aufakkumuliert, und das Ergebnis ist eine Matrix mit gleicher Anzahl von Spalten und Zeilen wie A. Es ist klar, daß eine Annäherung der Integration entlang der Spalten stattfindet. Ähnlich ergibt die Funktion **diff** eine Annäherung der Ableitung.

Mit **cov**(A), wenn A eine Matrix ist, erhält man die Kovarianzmatrix [10] der Variablen, die in den Spalten enthalten sind. Für die gezeigte Matrix A mit sechs Spalten oder sechs Variablen bedeutet dies eine symmetrische (6 x 6)-Matrix, die in der Diagonale die Varianzen der Variablen enthält.

Spaltenweise Datenanalyse-Funktionen:

max	Maximalwert	**min**	Minimalwert
mean	Mittelwert	**std**	Standardabweichung
median	Medianwert (der Wert der an der Mittelstelle liegt)		
sort	Sortieren	**sum**	Summe der Werte
cumsum	kumulative Summe (die Approximation des Integrals)		
prod	Produkt der Werte	**cumprod**	kumulatives Produkt
diff	Differenzen der Werte (die Approximation der Ableitung)		
hist	Histogramm (Häufigkeitsverteilung)		
cov	Kovarianz-Matrix	**corrcoef**	Korrelationskoeffizient
cplxpair	sortiert die konjugiert komplexen Paare in steigender Folge der Realteile		

Die Funktion **std**(A) liefert die Standardabweichungen der Daten in den Spalten. Die Quadratwerte der Standardabweichungen

```
» std(A).^2
```

sind die Varianzen, die auch in der Diagonale der Matrix **cov**(A) enthalten sind.

Wenn A ein Zeilenvektor ist, dann arbeiten die Funktionen, als hätte A diesen Vektor als Spalte. Zum Beispiel wird für

```
» x = [1 2 3 4 5 6 7 8 9 10];
```

die Anfrage **max**(x) die Antwort 10 ergeben, und mit **min**(x) erhält man 1. Diese Erweiterung der Konvention ist nützlich, wenn Signale als Zeilenvektoren bearbeitet werden.

Die Funktion **hist** liefert die Häufigkeitsverteilung in einer beliebigen Anzahl von Intervallen. Für eine normal verteilte Sequenz, z.B. bestehend aus 4000 Zufallswerten, die im Zeilenvektor `x` enthalten sind

```
» x = randn(1,4000);
```

ergibt der Befehl

```
» hist(x, 20);
```

die Darstellung der Häufigkeiten der Werte aus `x`, deren Bereich in 20 Intervallen zwischen **max**`(x)` und **min**`(x)` unterteilt wurde. Mit einem Aufruf

```
» [H, ix] = hist(x, 20);
```

werden Ergebnisse geliefert (in `H` die Werte der Häufigkeiten und in `ix` die Werte der ermittelten Intervalle), und die Darstellung wird unterdrückt. Man kann sich diese selbst gestalten (Bild 2.4). Obwohl die graphischen Funktionen noch nicht bekannt sind, können die Befehle, die zur Darstellung aus Bild 2.4 führen, leicht verstanden werden:

```
» bar(ix, H);
» title(' Haeufigkeitsverteilung ')
```

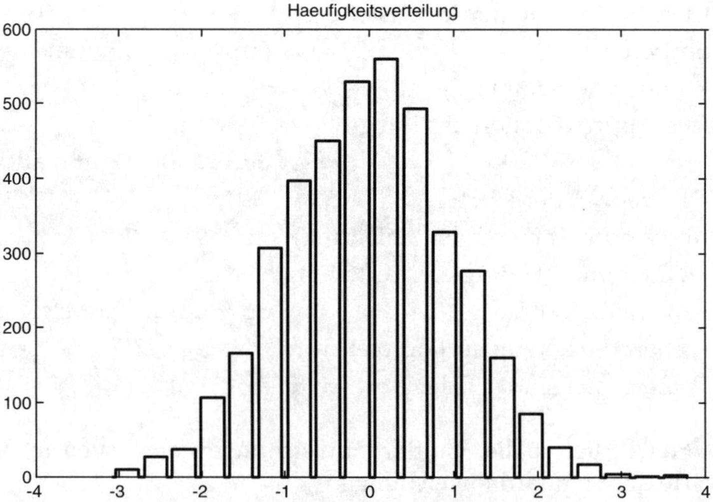

Bild 2.4 Häufigkeitsverteilung einer normal verteilten Sequenz randn(1,4000)

Die Arbeitssitzung im interaktiven Modus, z.B. bei einer Vorlesung oder Übung, kann mit dem Befehl **diary** *Dateiname* in einer Datei gespeichert werden. Alle Anweisungen und Befehle, die von der Tastatur eingegeben wurden, und die Ergebnisse (ohne Darstellungen) werden in ASCII-Format in der Datei gespeichert. Der Befehl muß am Anfang einer Arbeitssession aufgerufen werden. Mit **diary on** bzw. **diary off** kann das Tagebuch ein- und ausgeschaltet werden.

2.10 MATLAB-Programme

Bis jetzt wurden Befehle und Anweisungen im interaktiven Modus benutzt. Es wird nun gezeigt, wie eigene Programme und Funktionen geschrieben und getestet werden, und wie die graphischen Möglichkeiten von MATLAB einzusetzen sind.

Ein MATLAB-Programm besteht aus Anweisungen oder Befehlen und aus gültigen Ausdrücken, die allgemein Matrizen oder Felder manipulieren. Das Programm kann mit einem beliebigen Texteditor geschrieben und in einer Datei mit der Erweiterung m (m-Datei) abgespeichert werden. Als Beispiel wird ein kurzes Programm geschrieben, das einige statistische Eigenschaften der Daten, die in den Spalten der Matrix A gespeichert sind, berechnet:

```
% Programm zur Ermittlung der Maximal- und Minimalwerte, der
% Mittelwerte und der Standardabweichungen der Daten aus A

max_wert = max(A);            min_wert = min(A);
mittel_wert = mean(A);        std_abw = std(A);
```

Die %-Zeichen kennzeichnen die Kommentarzeilen. Angenommen das Programm wurde `eigensch.m` genannt und in einem Verzeichnis abgespeichert. Mit **`cd`** *Verzeichnis* (z.B. **`cd`** `d:\matl_app`) setzt man im Kommandofenster von MATLAB den Pfad, so daß auf das Programm zugegriffen werden kann. Der Aufruf **`dir`** zeigt den Inhalt des Verzeichnisses, in dem das Programm vorhanden sein muß.

Mit » `A =` **`rand`**`(10,5);` erhält man eine Matrix A, die gleichmäßig verteilte Zufallswerte enthält, die jetzt mit `eigensch.m` untersucht werden kann. Der Aufruf `eigensch` berechnet die Eigenschaften und weist sie den gezeigten Variablen zu. Mit

```
» max_wert, min_wert, mittel_wert, std_abw,
```

erhält man den Inhalt der Variablen mit den vereinbarten Namen, welche die Eigenschaften der Spalten der Matrix A anzeigen. Das Programm hat die Matrixvariable A erkannt und im Kommandofenster (oder MATLAB-Umgebung) wurden auch die Variablen, die im Programm definiert sind (`max_wert`, `min_wert`, ... etc.), erkannt.

Zu bemerken sei, daß nur Matrixvariablen mit dem Namen A untersucht werden. Sinnvoller wäre es das Programm als Funktion zu implementieren, um Matrizen mit beliebigen Bezeichnungen untersuchen und die Ergebnisse beliebiger Variablen zuweisen zu können.

2.11 Neue Funktionen bilden

Eine Funktion wird mit dem Schlüsselwort **`function`** in der ersten Zeile eines Programms definiert. Es folgen dann die zurückgelieferten Variablen in eckiger Klammer mit Komma (oder *Blanks*) getrennt und durch ein Gleichheitszeichen verbunden der Name für die Funktion. Dieser soll auch der Name der Datei sein, unter der die Funktion abgespeichert und aufgerufen wird. Die Erweiterung der Datei muß hier auch m sein (m-Datei). Nach dem Namen folgen in einfachen Klammern die Eingangsvariablen. Die Variablen, die als Ergebnisse geliefert werden (`max_w`, `min_w`, ..., etc.) müssen im Rumpf der Funktion definiert werden und müssen Werte zugewiesen bekommen. Das vorherige Programm `eigensch.m` als Funktion definiert, würde wie folgt aussehen:

```
function [max_w, min_w, mitt_w, std_w] = eigensch(A)
% Funktion zur Berechnung der Maximal- und Minimalwerte, der
% Mittelwerte und der Standardabweichungen der Spalten in A
% Testaufruf:
% [max_a, min_a, mitt_a, std_a] = eigensch(rand(100,5))

max_w = max(A);                 min_w = min(A);
mitt_w = mean(A);               std_w = std(A);
```

Nach dem Editieren wird die Funktion in der Datei `eigensch.m` abgespeichert und kann für die Bestimmung solcher Eigenschaften allgemein gebraucht werden. In einem Programm, welches öfter solche Operationen benötigt, kann die Funktion einfach mit verschiedenen laufenden Parametern (oder Argumenten) aufgerufen werden:

```
.........

A = pascal(3,1);                B = magic(6);
[a_max, a_min, a_mitt, a_std] = eigensch(A);
[b_max, b_min, b_mitt, b_std] = eigensch(B);
```

Die Kommentarzeilen (die mit dem %-Zeichen gekennzeichnet sind) beginnend mit der ersten Zeile bis zur ersten ausführbaren Anweisung werden beim Aufruf **`help`** `eigensch` angezeigt. In dieser Form erhält man eine kurze Beschreibung der Funktion und ihrer Parameter, deshalb sollten sie sorgfältig gestaltet werden. In MATLAB 5 sind einige Neuerungen bezüglich der Funktionen zu verzeichnen, die später erläutert werden.

2.12 Programmfluß-Steuerung

MATLAB besitzt, wie die meisten Computersprachen, Befehle zur Steuerung des Befehlablaufs. Die Wiederholung von Befehlsequenzen wird mit Hilfe der **`for`**- und **`while`**- Schleife durchgeführt. Logische Bedingungen werden mit **`if`**-Befehlen geprüft. MATLAB 5 besitzt auch den Befehl **`switch`** mit Bedingung **`case`**.

2.12.1 Die *for*-Schleife

Die **`for`**-Schleife erlaubt, eine oder mehrere Anweisungen gesteuert zu wiederholen. Als Beispiel soll die Schleife

```
for k = 1:1:n
     x(k) = 2.5*sin(2*pi*k/25);
     y(k) = 7.5*cos(2*pi*k/25);
end;
```

dienen. Es werden die Elemente des Vektors x und y mit Indizes von 1 bis n mit einer sinus- bzw. cosinusförmigen Sequenz aufgefüllt. Die Schleife wird so oft durchlaufen, bis k kleiner oder gleich mit n ist. Bei der Schrittweite 1 für die Steuervariable *k* wird die Schleife genau n Mal durchlaufen. Wenn n kleiner als 1 ist, wird kein Fehler gemeldet, es geschieht aber auch nichts. Sicher wird ein Fehler gemeldet, wenn n nicht definiert ist.

Mit n als reelle Zahl wird der ganze Teil der Zahl benutzt, und bei n komplex wird der ganze Teil des realen Anteils verwendet. Zwischen dem Schlüsselwort **for** und **end** können beliebige Befehle vorkommen, inklusive andere **for**-Schleifen, die ihre eigene **end**-Anweisungen besitzen müssen.

Die Steuervariablen der Schleifen kann man auch in umgekehrter Richtung laufen lassen und sicherlich muß ihre Schrittweite nicht immer 1 sein:

```
for k = 100:-2:1
    y(k) = x(100-k+1);
end;
```

Eine **for**-Schleife wird rascher ausgeführt, wenn die Vektoren- oder Matrixvariablen vorher initialisiert werden. Der MATLAB-Interpreter muß nicht bei jedem Durchlauf der Schleife die Matrixgröße neu einstellen. Als Beispiel für eine solche Schleife sei folgendes Programmsegment gegeben:

```
y = zeros(1, 100);     % Die Initialisierung
for k = 1:100
    y(k) = (1e-12+sin(pi*(k-50)/20))/(pi*(k-50)/20+1e-12);
end;
```

In vielen Fällen kann die **for**-Schleife mit einer Anweisung, welche das *Colon*-Zeichen (**:**) verwendet, ersetzt werden. Die Ausführung ist in diesem Fall noch schneller. In der Anweisung

```
y = sqrt(1:100);
```

wird auf der rechten Seite zunächst ein Vektor mit 100 Elementen und Werten zwischen 1 und 100 erzeugt. Die Funktion **sqrt** (quadratische Wurzel), die elementweise wirkt, bildet daraus den Vektor `y` derselben Größe. Das gleiche Ergebnis läßt sich auch durch

```
x = 1:100;            y = sqrt(x);
```

erhalten. In Kombination mit der schon gezeigten Funktion des *Colon*-Zeichens für die Steuerung der Indizes der Matrixvariablen können sehr schnelle Zuweisungen erhalten werden, die explizite **for**-Schleifen ersetzen, wie z.B. in

```
A(2, : ) = cos(2*pi*(1:4));
```

Wenn man nicht sicher ist, ob die gekürzte implizite Schreibweise das Gewünschte bewirkt, dann nimmt man die explizite **for**- oder **while**-Schleife und bezahlt mit einer längeren Rechenzeit.

2.12.2 Die *while*-Schleife

MATLAB besitzt auch eine eigene Version der **while**-Schleife, welche die Wiederholung eines Befehls oder mehrerer Befehle unter der Kontrolle einer logischen Bedingung ermöglicht. Als Beispiel dient das Programm, das die erste ganze Zahl n ermittelt, für welche n ! (n Fakultät) den Wert 100 erreicht. Die Lösung mit **while**-Schleife könnte z.B. wie folgt aussehen:

```
n = 1;
while prod(1:n) < 100
      n = n + 1;
end;
```

Die Anweisungen in der Schleife werden so lange wiederholt, bis die skalare Bedingung verschieden von Null ist. Wenn die Bedingung über eine Matrix zu stellen ist, können die Funktionen **any** oder **all** zu einem Skalar führen. Es ist darauf zu achten, daß keine unendliche Schleife entsteht, die man nicht unterbrechen kann, wie z.B. in

```
while 1
.......
   if n == 100, return;     end;
n = n + 1;
end;
```

wenn die Austrittsbedingung, die mit dem **if**-Befehl realisiert ist, weggelassen wird. Mit **break** wird die **while**- oder **for**-Schleife verlassen. Mit **return** kehrt man zurück in die MATLAB-Kommandoumgebung oder aus einer Funktion in das Programm aus dem die Funktion aufgerufen wurde.

In MATLAB 5 werden auch Matrix-Bedingungen zugelassen, so als hätte der Befehl implizite Funktionen **any** und **all**.

2.12.3 Die *if*-Anweisung

Die **if**-Anweisung prüft skalare Bedingungen und steuert die Ausführung des Programms. Das folgende einfache Beispiel illustriert wie abhängig vom Zeichen und davon, ob n gerade oder ungerade ist, eine Meldung ausgegeben wird und verschiedene Operationen mit der Matrix A durchgeführt werden:

```
input('Geben Sie einen Wert für n ein     ');
if n < 0,                 disp('n ist negativ !');    A = - A;
elseif rem(n,2) == 0,disp('n ist gerade !');     A = A.^2;
else,                     disp('n ist ungerade !');   A = A./n;
end;
```

Der Befehl **input** ermöglicht Werte von der Tastatur einzugeben. In MATLAB 5 muß sich die Bedingung der **if**-Anweisung nicht nur auf Skalare beziehen.

Programmsteuerung:

if, elseif, else	bedingte Ausführung
for For-Schleife	**while** While-Schleife
end das Ende der Bereiche von **if**, **for** und **while** Anweisungen	
switch mit **case**	bedingte Ausführung (in MATLAB 5)

2.13 *Strings* (Zeichenketten)

Textstrings (Zeichenketten) werden in MATLAB zwischen Hochkommas eingegeben, wie z.B. in `s = 'Hello';`. Der Text ist in einem Vektor abgespeichert, ein Element für ein Zeichen. Die Größe von s (durch **size**(s) ermittelt) ist `ans = 1, 5` (ein Zeilenvektor mit 5 Elementen).

Die Funktion **disp** zeigt auf dem Bildschirm den Text ihres Arguments und die Funktionen **isstr** und **strcmp** detektieren bzw. vergleichen Zeichenketten. Textvariablen kann man auch in Vektoren zusammensetzen. Diese Möglichkeit wird oft bei der Beschriftung der graphischen Darstellungen eingesetzt. Hier möchte man auch Werte der Parameter, die für eine bestimmte Darstellung relevant sind, in den Text einbeziehen:

```
sigma = 2.5;
ueberschrift = [' Rauschsignal (Std = ',num2str(sigma),')'];
plot(sqrt(sigma)*randn(1,100));
title(ueberschrift);
```

Der Befehl **num2str** (*Numeric-to-String*) wandelt den numerischen Wert `sigma` in einen *String* um, der das zweite Element des *String*-Vektors aus den eckigen Klammern bildet. Mit **int2str** und **sprintf** können weitere numerische Werte in Zeichenketten umgewandelt werden. Der **springf**-Befehl ist dem C `printf`-Befehl ähnlich und ermöglicht formatierte Daten in Zeichenketten zu schreiben. Durch

```
sprintf('Das Feld ist %d mal %d gross',2,3)
```

wird der Text: `Das Feld ist 2 mal 3 gross`

angezeigt. Der Befehl **sprintf** ist sehr nützlich, wenn Tabellen auf dem Bildschirm auszugeben sind.

Einige Zeichenkettenbefehle:

num2str, **int2str**	wandeln numerische Werte in Strings um
printf	zeigt formatierte Daten an
eval Textausdruck auswerten	**feval** Funktion auswerten

Eine wichtige Funktion in Verbindung mit Zeichenketten ist die **eval**-Funktion. Sie führt die Auswertung, die in einem Textausdruck enthalten ist, durch. Ein Beispiel erläutert diese Möglichkeit:

```
t = '1/(k+p-1)';                        a = zeros(4,4);
for k = 1:4
   for p = 1:4
      a(k,p)= eval(t);        % Hier wird der Textausdruck
   end;                    % ausgeführt
end;
```

Der Befehl **feval** evaluiert die Funktion, die mit einer Zeichenkette spezifiziert ist. Dabei werden der Funktion auch Argumente übertragen. Mit der Funktion

```
function plot_f(funk, x)
y = feval(funk, x);
plot(x,y);
```

kann z.B. eine beliebige eindimensionale Funktion wie sin, cos etc. dargestellt werden. Ein anderes Beispiel ist in der Funktion `freq_abh.m` gezeigt. Es wird die Frequenzabhängigkeit von verschiedenen Zweipolschaltungen untersucht. Die Impedanz einer konkreten Schaltung, wie z.B. einer realen Spule, bestehend aus einer Induktivität in Reihe mit einem Widerstand und parallel mit einem Streukondensator geschaltet, wird in der Funktion `spule.m` berechnet. Als Eingangsargument dient ein Frequenzwert und als Ergebnis wird der Wert der komplexen Impedanz geliefert. Ähnlich liefert die Funktion `kondenst.m` die Impedanz eines realen Kondensators, der aus einer Kapazität mit einem Verlustwiderstand und einer Streuinduktivität, die in Reihe geschaltet sind, besteht. Um die Frequenzabhängigkeit der Impedanzen dieser Zweipole darzustellen, müssen die Aufrufe der Funktion `freq_abh` wie folgt aussehen:

```
freq_abh('spule', [1e4, 10e6]);
freq_abh('kondenst', [1e4, 10e6]);
```

Die Funktion `freq_abh` ist relativ einfach, auch wenn einige graphische Befehle vorkommen, die noch nicht bekannt sind.

Die verschiedenen MATLAB-Funktionen, welche für die numerische Integration von Differentialgleichungen vorgesehen sind (wie **ode23**, **ode113**, ... etc.), erhalten die Ableitungen der Variablen einer konkreten Differentialgleichung über Funktionen, deren Namen man als Argument übergibt. Angenommen es muß folgendes nichtlineares, zeitabhängiges Differentialgleichungssystem erster Ordnung gelöst werden:

$$\begin{aligned} \frac{dx_1(t)}{dt} &= x_1(t)\left[1 - x_2^2(t)\right] - x_2(t) \\ \frac{dx_2(t)}{dt} &= t\, x_1(t) \end{aligned} \qquad (2.2)$$

Als erster Schritt wird eine eigene Funktion geschrieben, in der die Ableitungen laut Differentialgleichungssystem berechnet werden. Die Eingangsargumente dieser Funktion sind die Variablen t und x_1, x_2 und die zurückgelieferten Variablen sind die Ableitungen aus (2.2). Die Variablen und ihre Ableitungen werden in Vektoren (oder Felder) zusammengefaßt. Die Funktionsdatei wird `diff_eq.m` genannt und ist wie folgt aufgebaut:

```
function xdot = diff_eq(t, x)
% Funktion zur Berechnung der Ableitungen eines Systems
% von Differentialgleichungen, die mit der MATLAB-Funktion
% ode23 integriert werden
% Parameter: t = Zeitmoment;  x = Vektor mit x1(t) und x2(t)
%            xdot = Ableitungsvektor (dx1(t)/dt, dx2(t)/dt
xdot = zeros(2,1);     % Initialisierung als Spaltenvektor
xdot(1) = x(1)*(1-x(2))-x(2);             Erste Ableitung
xdot(2) = x(1)*t;                         Zweite Ableitung
```

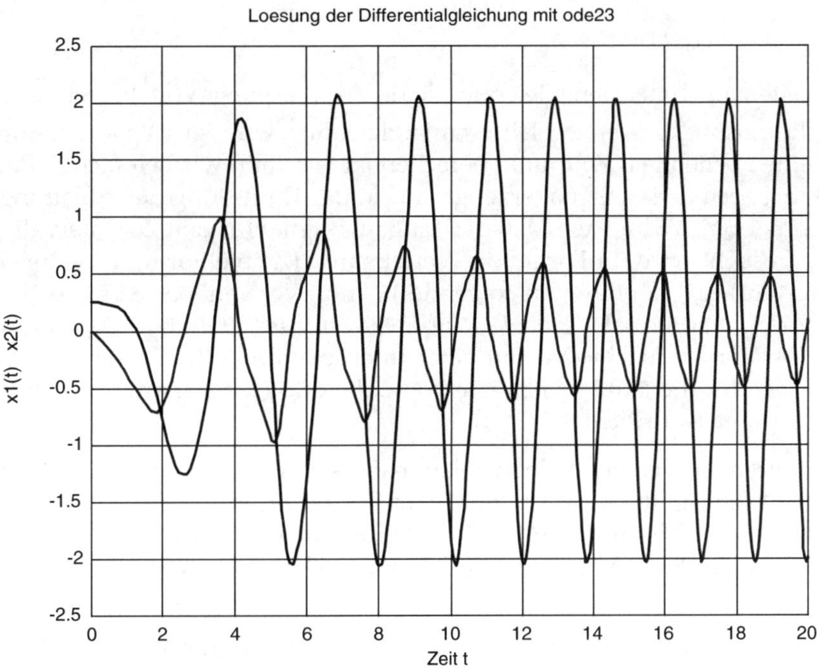

Bild 2.5 Lösung des Differentialgleichungssystems, das mit der Funktion ode23 integriert wurde (loesung.m und diff_eq.m)

Die Lösung des Differentialgleichungssystems im Intervall $0 < t < 20$ wird mit folgender einfachen Funktion erhalten (Bild 2.5):

```
function [x,t] = loesung(gleichung, t, x0)
% Funktion zur Ermittlung der Lösung mit ode23
% Parameter: t = [t0, tf] Zeitintervall für die Lösung;
%    x0 = Anfangswerte für den Vektor x; gleichung = Name
%    der Datei in der die Ableitungen berechnet werden
%    Testaufruf: loesung('diff_eq', [0, 20], [0, 0.25]');
```

```
t0 = t(1);          tf = t(2);
[t,x] = ode23(gleichung, [t0, tf], x0);         % MATLAB 5
% [t,x] = ode23(gleichung, t0, tf, x0);         % MATLAB 4
figure(1);
plot(t,x);          xlabel('Zeit t');
title('Loesung der Differentialgleichung mit ode23')
ylabel('x1(t)   x2(t)');   grid;
```

Die allgemeinen Differentialgleichungen eines dynamischen Systems enthalten auch Steuer- oder Eingangssignale $\mathbf{u}(t)$

$$\begin{aligned}\frac{d\mathbf{x}(t)}{dt} &= f(\mathbf{x}(t),t) + \mathbf{u}(t) \\ \mathbf{y}(t) &= g(\mathbf{x}(t),\mathbf{u}(t),t)\end{aligned} \tag{2.3}$$

Mit der zweiten algebraischen Gleichung kann der Ausgang $\mathbf{y}(t)$ berechnet werden, nachdem die Lösung der ersten Differentialgleichung vorliegt. Wenn das Eingangssignal für einen beliebigen Zeitpunkt berechenbar ist, dann wird einfach in der Funktion `diff_eq` noch dieses Signal erzeugt und in der Ermittlung der Ableitungen eingesetzt (`diff_eq1.m`). Im Falle, daß das Eingangssignal für den Zeitintervall, in dem die Lösung gesucht wird, in Form von Wertepaaren (Zeitvektor und Vektor der Eingangswerte) vorliegt, könnte man folgende Lösung verwenden (`diff_eq1.m`). Die zwei Vektoren werden als globale Variablen in der Funktion `loesung1` und `diff_eq1` bekannt gemacht und mit einer Interpolation (z.B. mit der Funktion **`interp1`**) werden für die laufenden Werte von t, die **`ode23`** bestimmt, die entsprechenden Eingangssignale ermittelt.

Dieses Verfahren ist wegen der Interpolationsfunktion sehr langsam. Eine Interpolation Nullter-Ordnung, die in `diff_eq1.m` enthalten ist, wird das Verfahren ein bißchen beschleunigen. Mit SIMULINK-Modelle, die für solche Systeme von Differentialgleichungen optimiert sind, kann die Lösung viel rascher und eleganter ermittelt werden.

Um globale Variablen zu definieren wird die Anweisung **`global`** *liste der Variablen* benutzt. Sie soll in allen Funktionen, in denen die Variablen bekannt sein müssen, enthalten sein. Um einem SIMULINK-Modell Variablen aus einer Funktion zu übergeben, muß die Anweisung **`global`** auch in der MATLAB-Umgebung (Kommandofenster) deklariert werden. Die Variablen eines Programms sind in der SIMULINK-Umgebung automatisch bekannt und müssen nicht als global deklariert werden. Es ist aber sinnvoll, eine Deklaration **`global`** zu benutzen, um die Variablen die im SIMULINK-Modell vorkommen zu kennzeichnen. Dadurch können die Programme auch einfach in Funktionen umgewandelt werden, z.B. um den Einfluß eines Parameters flexibler zu untersuchen.

Die MATLAB-Funktionen **`fmin`** und **`fmins`** für die Minimierung einer Funktion von einer Variablen bzw. mehreren Variablen benutzen eine ähnliche Übergabe der Funktion, die zu minimieren ist. Als Beispiel sei folgende Funktion zu minimieren:

$$f(x) = \exp(-2abs(x)) \ \sin(2\pi x / 0{,}2) \tag{2.4}$$

Mit der Funktionsroutine `g_schw.m` wird für einen gegebenen Wert von *x* die entsprechende Funktion *f(x)* berechnet.

```
function y = g_schw(x)
% Gedämpfte Schwingungsfunktion, deren Minima
% mit der MATLAB-Funktion fmin zu ermitteln sind
y = exp(-2*abs(x))*sin(2*pi*x/0.2);
```

In der Funktionsroutine `m_gschw.m` wird mit der Funktion **fmin** ein lokales Minimum in einem gegebenen Bereich für x ermittelt. Zuerst ist die Funktion in dem vorgegebenen Bereich der Variablen mit **fplot** dargestellt und danach wird ein Minimum ermittelt. Wenn in diesem Bereich mehrere Minima vorkommen, wird eines davon ermittelt. Durch Eingrenzen des Bereiches und einer Suchstrategie können alle lokalen Minima gefunden werden. Ähnlich wird auch die Funktion **fmins** für Funktionen von mehreren Variablen eingesetzt.

Es gibt mehrere Funktionen (*Function-Functions*), die alle einen Namen einer Funktionsroutine als Zeichenkette in ihren Argumenten enthalten und in dem Kasten aufgelistet sind.

Funktion mit Funktionsname als Argument:

fmin	Minimum einer Funktion von einer Variablen
fmins	Minimum einer Funktion von mehreren Variablen
quad	numerische Integration (niedriger Ordnung)
quad8	numerische Integration (höherer Ordnung)
fplot	Plot-Funktion
fzero	findet eine Nullstelle einer Funktion (MATLAB 5)
dblquad	numerische doppelte Integration (MATLAB 5)
ezplot	einfache Funktionsdarstellung (MATLAB 5)

2.14 Polynome

Die MATLAB-Funktionen, die mit Polynomen und Signalverarbeitung operieren, gehen von der Voraussetzung aus, daß die Koeffizienten der Polynome in Vektoren gespeichert sind. Man erhält z.B. für die Koeffizienten der charakteristischen Gleichung einer Matrix A, durch

$$\det(\lambda \mathbf{E} - \mathbf{A}) = c_1\lambda^n + ... + c_n\lambda + c_{n+1} \tag{2.5}$$

gegeben, einen Vektor, der durch die Funktion **poly**(A) ermittelt wird:

```
A = [1 2 3; 4 5 6; 7 8 9];
c = poly(A)
c = 1.0000  -15.0000  -18.0000    0.0000
```

Die Wurzeln dieses Polynoms, die auch die Eigenwerte der Matrix A sind, können durch **roots**(c) berechnet werden

```
r = roots(c);
```

Mit **poly**(r) wird das ursprüngliche Polynom c zurückgewonnen. In der Signalverarbeitung wird oft die Faltungsoperation (englisch *Convolution*) verwendet. In der diskreten Form wird sie in MATLAB über die Funktion **conv** durchgeführt. Als Beispiel sei

```
h = ones(1,20)/20;
```

die Impulsantwort eines einfachen FIR-Mittelungsfilters [11], mit dem ein Rauschsignal

```
x = randn(1,1000);
```

gefiltert wird. Der Ausgang des Filters (mit Anfangsbedingungen gleich Null) ist:

```
y = conv(h,x);
```

Die Funktion **conv** stellt eigentlich das Produkt der zwei Polynome h und x dar. Mit der Funktion **deconv** wird eine Sequenz in ihre Faltungsterme zerlegt (Deconvolution), so daß **deconv**(y,h) die ursprüngliche Rauschsequenz x ergibt. Als mathematische Funktion stellt sie die Teilung der Polynome dar.

In der Regelungstechnik und Signalverarbeitung ist die Funktion **residue** für die Berechnung der Zerlegung in Partialbrüche sehr wichtig. Eine Übertragungsfunktion, bei der die Polynome im Zähler und Nenner keine mehrfache Wurzeln besitzen, kann man in Partialbrüche zerlegen:

$$H(s)=\frac{P(s)}{Q(s)}=\frac{r_1}{s-p_1}+\frac{r_2}{s-p_2}+...+\frac{r_n}{s-p_n}+k(s) \tag{2.6}$$

Wobei r_i die Residuen, p_i die Pole und $k(s)$ der direkte Term sind [12].

Vielmals muß man Meßdaten mit einem Polynom annähern. Dafür kann die Funktion **polyfit** benutzt werden. Als Beispiel wird die Approximation von künstlich erzeugten Daten, bestehend aus dem Legendre-Polynom 5. Grades mit Meßrauschen in poly_app.m untersucht. Mit den Koeffizienten des Legendre-Polynoms 5. Grades werden im Bereich von -1 bis +1 die Meßdaten ohne Rauschen mit der Funktion **polyval** erzeugt. Danach ist normales, nicht korreliertes Rauschen hinzugefügt. Über **polyfit** werden aus diesen Daten die geschätzten Koeffizienten des Approximationspolynoms ermittelt. Bild 2.6 zeigt die Ergebnisse für eine bestimmte Intensität des Meßrauschens.

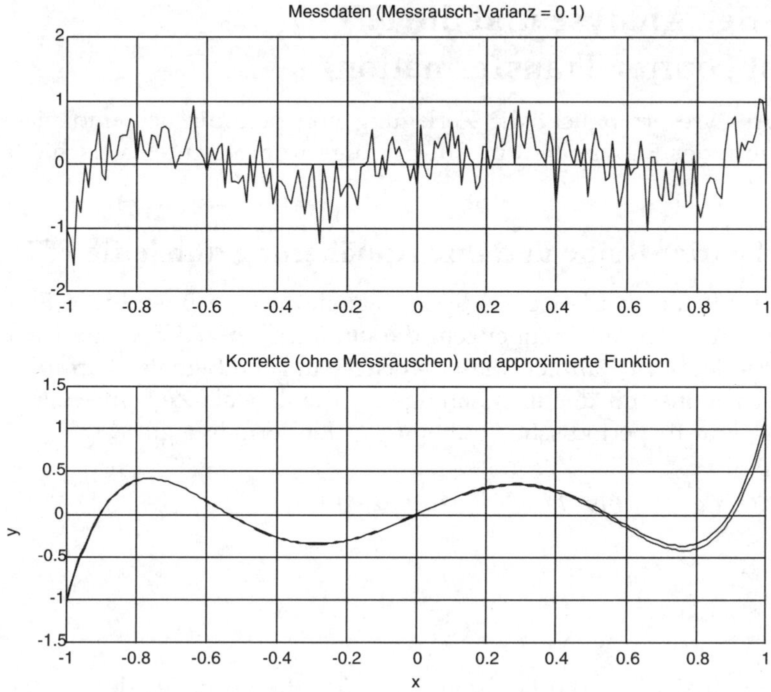

Bild 2.6 Meßdaten und die korrekte (ohne Meßrauschen) und geschätzte Polynomialfunktion, mit polyfit ermittelt (poly_app.m)

Die Funktion **polyder** (aus MATLAB 5) berechnet die Koeffizienten der Ableitung eines Polynoms.

Polynom-Funktionen:

roots	Wurzeln eines Polynoms
poly	Polynom aus den Wurzeln
polyval	Auswerten eines Polynoms
polyfit	Polynomiale Approximation
residue	Partial-Bruch-Zerlegung
conv	Faltung (Polynom-Multiplikation)
deconv	Zerlegung der Faltungsterme (Teilung der Polynome)
polyder	Ableitung eines Polynoms (MATLAB 5)

2.15 Fourier-Analyse und die FFT (Fast Fourier Transformation)

Die Fourier-Analyse ermöglicht die Zerlegung von periodischen und nichtperiodischen Signalen (oder Funktionen) in sinusförmige Komponenten verschiedener Frequenzen.

2.15.1 Die Fourier-Reihe und ihre Annäherung durch die FFT

Mit der Fourier-Reihe werden periodische Signale in eine unendliche Summe von sinusförmigen Signalen mit Frequenzen, die ein Vielfaches der Grundfrequenz des Signals sind, zerlegt. Im Rahmen dieses Buches sind die Signale Zeitfunktionen, so daß die Fourier-Reihe mit der unabhängigen Variable t als Zeit im weiterem angenommen wird. Für die periodische Funktion *f(t)* der Periode T gilt

$$f(t) = \frac{a_0}{2} + \sum_{n=1}^{\infty} a_n \cos(n\omega_0\, t) + \sum_{n=1}^{\infty} b_n \sin(n\omega_0\, t)$$
$$\omega_0 = \frac{2\pi}{T} \tag{2.7}$$

wobei die Koeffizienten dieser Reihe a_n, b_n die Anteile der cosinus- und sinusförmigen Komponenten im Signal darstellen und positiv oder negativ sein können [13]. Die Fourier Reihe wird auch als

$$f(t) = \frac{A_0}{2} + \sum_{n=1}^{\infty} A_n \cos(n\omega_0\, t + \varphi_n) \tag{2.8}$$

geschrieben. Hier sind A_n und φ_n die Amplituden (immer positiv) und Phasenlagen der cosinusförmigen Komponenten. Sie sind durch

$$A_n = \sqrt{a_n^2 + b_n^2} \qquad A_0 = a_0$$
$$\varphi_n = \arctan(-b_n / a_n) \qquad n=1,2,... \tag{2.9}$$

mit den vorherigen Koeffizienten verbunden. Mit Hilfe der Eulerschen Beziehung

$$\cos(\alpha) = (e^{j\alpha} + e^{-j\alpha})/2 \tag{2.10}$$

kann diese letzte Form auch in eine komplexe Summe umgewandelt werden:

$$f(t) = \sum_{-\infty}^{\infty} c_n e^{jn\omega_0 t} = \sum_{-\infty}^{\infty} c_n \exp(j\, n\omega_0 t) \tag{2.11}$$

mit

$$c_n = \frac{1}{T}\int_0^T f(t) e^{-jn\omega_0 t} dt = \frac{1}{T}\int_0^T f(t) \exp(-jn\omega_0 t) dt \tag{2.12}$$

Die Koeffizienten dieser Reihe sind komplex und für reale Signale *f(t)* erfüllen sie die Bedingung $c_n = c_{-n}^*$ (* bedeutet komplex-konjugiert). Aus diesen komplexen Koeffizienten, die leicht zu bestimmen sind, können die vorherigen Koeffizienten berechnet werden:

$$A_0 / 2 = c_0 \qquad A_n = 2|c_n| \qquad n=1,2,...$$
$$\varphi_n = \text{Winkel}(c_n) \qquad n=0,1,2,... \tag{2.13}$$

Um die Koeffizienten c_n für beliebige, gemessene Signale zu erhalten, muß man die Gleichung (2.12) numerisch auswerten. Dafür wird die kontinuierliche Funktion oder hier das kontinuierliche Signal diskretisiert und das Integral geht in eine Summe über. Angenommen die Periode $T\ (T = 2\pi / \omega_0)$ wird in N Intervalle der Größe Δt unterteilt und ergibt eine Abtastperiode von Δt =T/N bzw. eine Abtastfrequenz von $f_s = 1/\Delta t = N/T$. Die Koeffizienten der komplexen Form werden dann durch folgende Summe angenähert:

$$c_n \cong \frac{1}{T}\sum_{k=0}^{N-1} x[k\Delta t]\exp(-j2\pi nk\Delta t / T)\Delta t =$$
$$\frac{1}{N}\sum_{k=0}^{N-1} x[k\Delta t]\exp(-j2\pi nk / N) \tag{2.14}$$
$$n = -\infty,\dots,-2,-1,0,1,2,\dots,+\infty$$

Als Signal wurde hier $x(t)$ mit den diskreten Abtastwerten $x[k\Delta t]$ angenommen. Wenn man z.B. mit einem MATLAB-Programm diese Koeffizienten berechnet, dann wird man feststellen, daß sich die Koeffizienten periodisch mit der Periode N wiederholen, und es genügt, sie nur für $n = 0,1,2,...,N-1$ zu berechnen. Für diese Werte des Indexes n bildet die Summe

$$X_n = \sum_{k=0}^{N-1} x[k\Delta t]\exp(-j2\pi nk / N)$$
$$n = 0,1,2,\dots,N-1 \tag{2.15}$$

die DFT (Discrete-Fourier-Transformation) [13], die für N gleich einer ganzen Potenz von 2 schneller auszuwerten ist und als FFT (Fast-Fourier-Transformation) [13] bekannt ist. In MATLAB werden diese Transformationen mit der Funktion **`fft`** berechnet. Es ist zu bemerken, daß der direkte Zeitbezug in den letzten Beziehungen durch Kürzen von Δt verlorengegangen ist. Mit der FFT-Transformation erhält man aus einer Sequenz von N Werten des diskreten Signals, $x[k\Delta t] = x[k]$, $\mathrm{k} = 0,1,2,\dots,\mathrm{N}-1$, eine Sequenz von N komplexen Werten, X_n, $n = 0,1,2,\dots,N-1$. Wegen

$$\exp[-j2\pi(N-n)k / N] = \exp(j2\pi nk / N) \tag{2.16}$$

ist z.B. für N gerade

$$X_n = X^*_{N-n} \qquad n = 1,2,\ldots,(N/2-1)$$
$$X_{N/2} = \text{real} \tag{2.17}$$

und für N ungerade

$$X_n = X^*_{N-n} \qquad n = 1,2,\ldots,((N-1)/2) \tag{2.18}$$

Die DFT (oder FFT) ist umkehrbar und aus der komplexen Sequenz der Transformation $X_n, n = 0,1,2,\ldots,N-1$ wird die ursprüngliche reale $x[k], k = 0,1,2,\ldots,N-1$ Signalsequenz durch

$$x[k] = \frac{1}{N}\sum_{n=0}^{N-1} X_n \exp(j2\pi\, nk/N) \tag{2.19}$$

rekonstruiert. Diese Summe wird z.B. für N gerade in folgender Form zerlegt:

$$x[k] = \frac{X_0}{N} + \frac{1}{N}\sum_{n=1}^{N/2-1}\left[X_n \exp(+j2\pi\, nk/N) + X_{N-n}\exp(+j2\pi\,(N-n)k/N)\right] + X_{N/2} \tag{2.20}$$

Das erste und letzte Glied sind reale Größen und in den gebliebenen Termen der Summe muß je ein komplex konjugiertes Paar vorkommen, so daß diese Summe auch zu realen Größen führt (Bild 2.7). Dies ist durch die Bedingung (2.17) (bzw. für N ungerade durch (2.18)) gewährleistet.

Mit dem Programm `exp_fft1.m` wurde eine Zufallssequenz bestehend aus 30 Abtastwerten erzeugt und danach DFT transformiert.

```
N = 30;            x = randn(1,N);
X = fft(x,N);
```

In den Darstellungen der Real- bzw. Imaginärteile oder der Beträge und Phasenlagen der Transformierten `X` sind die beschriebenen Eigenschaften (2.17) klar zu erkennen. Für die inverse Transformation kann in MATLAB die Funktion **`ifft`** benutzt werden.

Aufgrund der Eigenschaften (2.17) ist nur die erste Hälfte der Werte der DFT-Transformierten unabhängig. Die zweite Hälfte, welche die Komplex-Konjugierte der ersten Hälfte ist, bringt keine zusätzliche Information. Gemäß Gleichung (2.14) und (2.15) sind die komplexen Koeffizienten der Fourier-Reihe c_n durch

$$c_n \cong \frac{1}{N} X_n \qquad n = 0,1,2,\ldots,N\text{-}1 \tag{2.21}$$

zu schätzen. Wegen der gezeigten Eigenschaften von X_n sind die Koeffizienten c_n nur für die Harmonischen bis N/2 (N/2 für N gerade und (N-1)/2 für N ungerade) unabhängig und stellen bis zu diesen Harmonischen eine Annäherung für die Koeffizienten der Fourier-Reihe des kontinuierlichen, periodischen Signals dar.

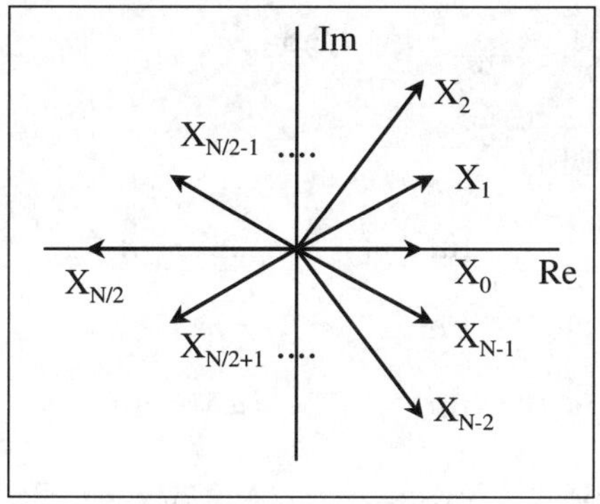

Bild 2.7 Die möglichen Terme einer DFT (oder FFT) für eine reale Sequenz mit geraden N

Angenommen, daß kontinuierliche periodische Signal der Periode T enthält harmonische Komponenten bis zur Ordnung p ($f_{\max} = p / T$). Durch eine DFT (oder FFT) mit N/2 > p können alle komplexe Koeffizienten der Fourier-Reihe annähernd mit (2.21) ermittelt werden (das Bestimmungsintegral der Koeffizienten wurde durch eine Summe angenähert).
Die maximale Abtastperiode $\Delta t_{\max} = T / N_{\min} = T/(2p) = 1/(2 f_{\max})$ oder ihr Kehrwert als Abtastfrequenz muß in einem bestimmten Verhältnis zur maximalen Frequenz der Komponenten stehen. Es ist die Bedingung des bekannten Abtasttheorems [11], das bei der Diskretisierung eines kontinuierlichen Signals eingehalten werden muß. Um den Sachverhalt besser zu verstehen, wird im Intervall T, das als Periode der Grundwelle angesehen wird, eine beliebige Harmonische der Ordnung m angenommen:

$$x(t) = \hat{x}\cos(m\frac{2\pi}{T}t + \varphi_m) \tag{2.22}$$

Durch Diskretisierung mit N Abtastwerten im Intervall T ($\Delta t = T / N$) erhält man die diskrete Sequenz

$$\begin{aligned} x[k\Delta t] = x[k] = \hat{x}\cos(m\frac{2\pi}{N\Delta t}k\Delta t + \varphi_m) = \hat{x}\cos(m\frac{2\pi}{N}k + \varphi_m) = \\ \frac{\hat{x}}{2}\left[\exp(j(m\frac{2\pi}{N}k + \varphi_m)) + \exp(-j(m\frac{2\pi}{N}k + \varphi_m))\right] \end{aligned} \tag{2.23}$$

Sie wurde mit Hilfe der Eulerschen Beziehung als Summe von zwei Exponentialfunktionen ausgedrückt. Die DFT-Transformation dieser Sequenz ist durch

$$\begin{aligned} X_n = \sum_{k=0}^{N-1} x[k]\exp(-j\frac{2\pi}{N}nk) = \frac{\hat{x}}{2}\exp(j\varphi_m)\sum_{k=0}^{N-1}\exp\left[j\frac{2\pi}{N}(m-n)k\right] + \\ \frac{\hat{x}}{2}\exp(-j\varphi_m)\sum_{k=0}^{N-1}\exp\left[-j\frac{2\pi}{N}(m+n)k\right] \end{aligned} \tag{2.24}$$

gegeben. Weil

$$\sum_{k=0}^{N-1} \exp(\pm j \frac{2\pi}{N} kn) = \begin{cases} 0 & \text{für} \quad n = 1,2,3,... \\ N & \qquad\quad n = 0 \end{cases} \tag{2.25}$$

erhält man für die obige DFT:

$$\begin{aligned} X_n &= 0 && \text{für} \quad n \neq m \quad \text{und} \quad n \neq N-m \\ X_n &= (\hat{x}/2) N \exp(+j\varphi_m) && \text{für} \quad n = m \\ X_n &= (\hat{x}/2) N \exp(-j\varphi_m) && \text{für} \quad n = N-m \end{aligned} \tag{2.26}$$

Dieses Ergebnis ist im Bild 2.8 für $m = 3 << N/2$ dargestellt. Wenn $m > N/2$, dann erscheinen die zwei Spektrallinien vertauscht, und die bei $n = N\text{-}m$ gespiegelte Linie verschiebt sich im Bereich $n < N/2$. Es entsteht der sogenannte Aliasing-Effekt. Die Bedingung des Abtasttheorems ist hier durch $m < N/2$ gegeben.

Über das Untersuchungsintervall, das als Periode angenommen wird, zusammen mit der Anzahl der Abtastwerte N, kann die Abszisse dieser Darstellung auch in Frequenzen angegeben werden. Die Frequenz der Grundwelle bei $n = 1$ ist $1/T$, und für die Harmonische $n = m$ ergibt sich dadurch die Frequenz m/T. Eine andere beliebte Form diese Frequenzen anzugeben erhält man aus

$$\begin{aligned} f_m &= m/T = m/(N\Delta t) = (m/N) f_s \\ & m = 0,1,2,3,...., N-1 \end{aligned} \tag{2.27}$$

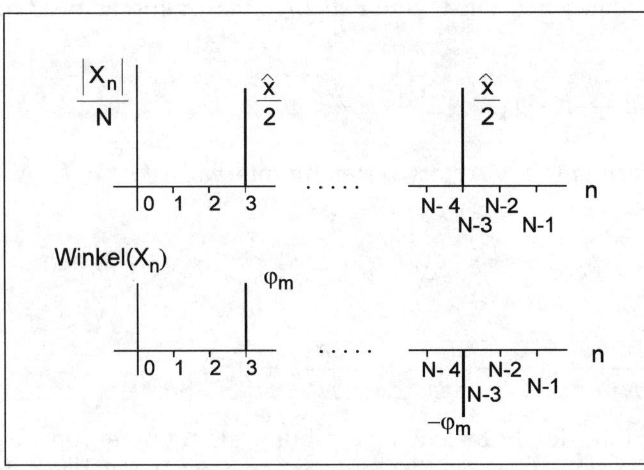

Bild 2.8 Die DFT-Transformation der harmonischen Komponente mit m = 3

Hier sind f_m die Frequenz der Harmonischen m und $f_s = 1/\Delta t$ die Abtastfrequenz. Praktisch wird über Δt der Bezug der DFT (oder FFT) zur Zeit (oder Frequenz) wieder hergestellt (Bild 2.9).

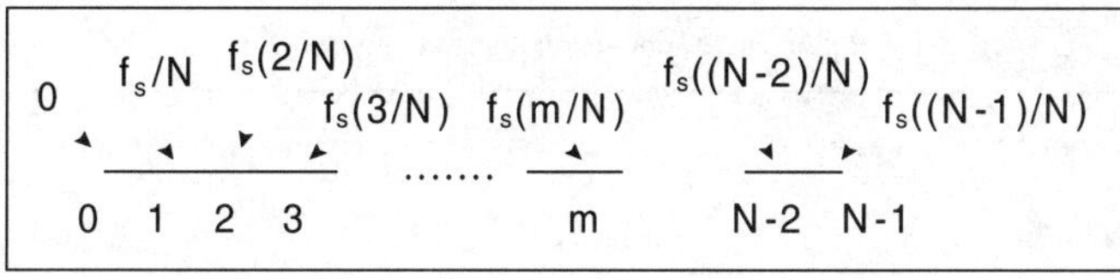

Bild 2.9 Skalierung der Abszisse in Frequenzen relativ zur Abtastfrequenz

Im Programm `exp_fft2.m` wird die DFT von zwei sinusförmigen Signalen (Bild 2.10) ermittelt und dargestellt. Das erste Signal hat eine Periode, die kein Teiler des Untersuchungsintervalls ist. Anders gesagt, für den Untersuchungsintervall als Periode ist dieses Signal keine richtige Harmonische. In der Darstellung des Betrags ihrer DFT (Bild 2.11 oben) erscheinen mehrere Spektrallinien, ein Effekt der als *Leakage-*Effekt bekannt ist [13]. Die Periode des zweiten Signals ist ein Teiler des Untersuchungsintervalls und zwar 8 Mal kleiner, bildet dadurch die 8. Harmonische (m = 8) und ergibt wie erwartet nur eine Spektrallinie im Bereich bis $n < N/2$ (oder `f1 < fs/2`) und eine Spiegelung im Intervall $n > N/2$ (oder `f1 > fs/2`), wobei `f1` = 200 Hz und `fs` = 1600 Hz die Frequenz dieses Signals bzw. die Abtastfrequenz sind. In den Darstellungen sind die Spektrallinien mit einer Abszisse in Frequenzen skaliert gezeigt.

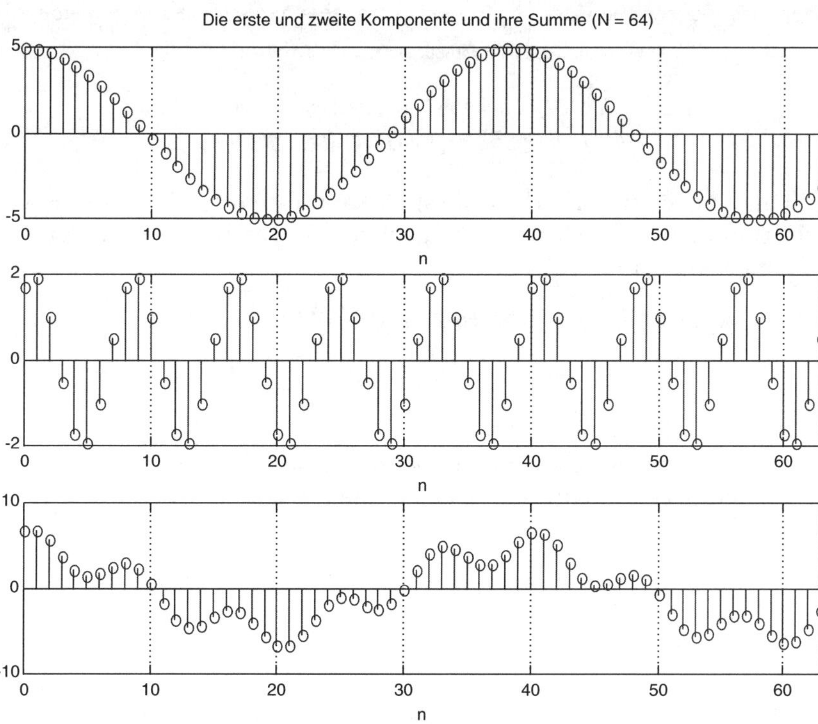

Bild 2.10 Zwei sinusförmige Signale und ihre Summe. Die Periode des ersten Signals ist kein Teiler des Untersuchungsintervalls, das zweite Signal ist die 8. Harmonische

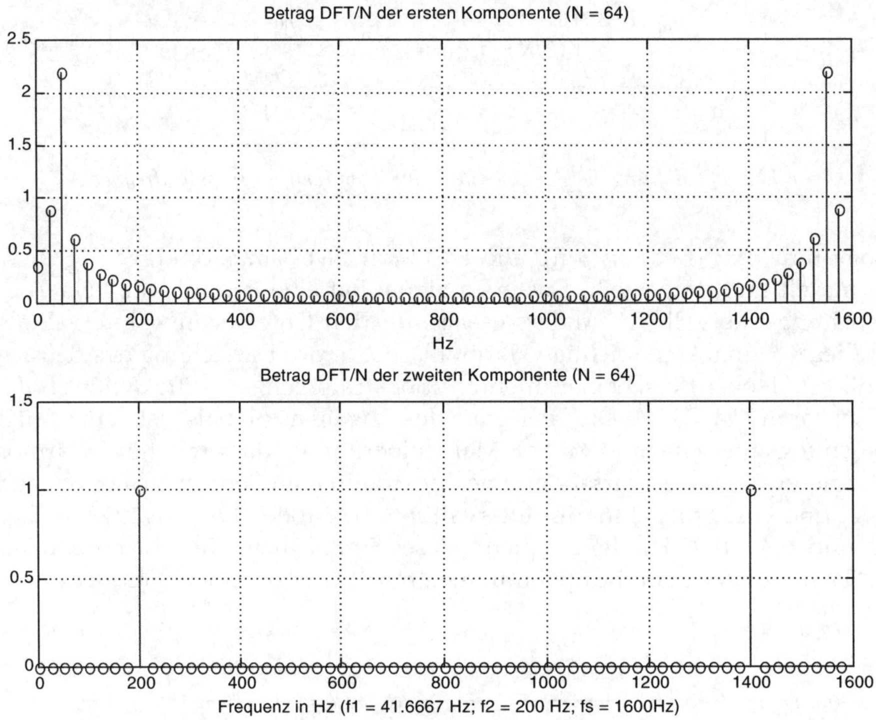

Bild 2.11 Die DFT/N der zwei Signale, beim ersten macht sich der Leakage-Effekt bemerkbar (exp_fft2.m)

Das erste Signal aus dem vorherigen Beispiel kann durch mathematische Umwandlung als Harmonische des Untersuchungsintervalls geschrieben werden, mit einer Ordnung m, die keine ganze Zahl ist:

$$x_1[k\Delta t] = \hat{x}_1 \cos(2\pi f_1 k\Delta t) = \hat{x}_1 \cos(m 2\pi\, k\Delta t \,/\, N\Delta t)$$

$$m = f_1 N\Delta t = (f_1 \,/\, f_s) N$$

Mit `f1 = 1000/24` Hz , `fs = 1600` Hz und `N = 64` erhält man einen Wert `m = 1,6667`. Die DFT kann an dieser Stelle keine Spektrallinie plazieren und deshalb erscheinen an den nächstmöglichen, benachbarten Stellen (n = 0, 1 und n = 2, 3, ...) Linien.

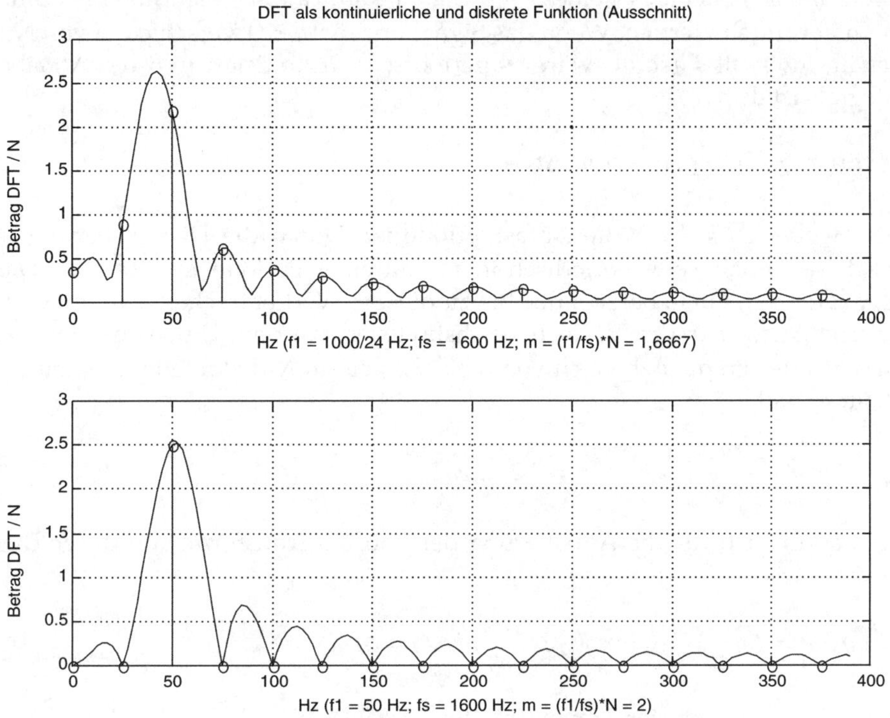

Bild 2.12 Spektrale Linien für die DFT eines Signals mit m keine ganze Zahl bzw. m ganze Zahl (exp_fft3.m)

Wenn man kurzweilig die DFT-Transformierte X_n laut (2.24) als Funktion von einem kontinuierlichen n zwischen 0 und N-1 annimmt und z.B. den Betrag mit einem MATLAB-Programm (`exp_fft3.m`) darstellt, dann sieht man klar welche zusätzliche Linien erscheinen, wenn m nicht eine ganze Zahl ist. Bild 2.12 zeigt oben die DFT für kontinuierliche Werte von n und die Spektrallinien bei diskreten Werten für n im Falle einer „Harmonischen" mit der Ordnung m, die keine ganze Zahl ist. Unten ist der Fall einer richtigen Harmonischen gezeigt, für die m eine ganze Zahl ist. Wie man sieht, besitzt die DFT für die diskreten Werte von n nur eine Linie (und ihre Spiegelung), da die anderen genau in die Nullstellen der kontinuierlichen Hülle fallen. Um diesen Effekt zu entschärfen, werden Fensterfunktionen benutzt [13].

2.15.2 Die Fourier-Transformation und ihre Annäherung durch die FFT

Für die Transformation der aperiodischen Signale vom Zeit- in den Frequenzbereich wird die Fourier-Transformation, definiert durch

$$X(j\omega) = \int_{-\infty}^{+\infty} x(t)e^{-j\omega t}dt = \int_{-\infty}^{+\infty} x(t)\exp(-j\omega t)dt\,, \tag{2.28}$$

benutzt. Für ein beliebiges gemessenes Signal kann die Transformation numerisch annähernd ermittelt werden. Wenn das Signal nur für $t \geq 0$ verschieden von Null ist, wird es im Intervall T (so als wäre es periodisch) diskretisiert und die Annäherung des Integrals ist durch

$$\hat{X}(j\omega) = \sum_{k=0}^{N-1} x[k\Delta t]\exp(-j\omega t)\Delta t \tag{2.29}$$

gegeben, wobei $\Delta t = T / N$ die Abtastperiode ist. Durch die Diskretisierung in der Zeit ist diese Annäherung periodisch in ω mit einer Periode $\omega = 2\pi / \Delta t$. Dies bedeutet, daß der Frequenzbereich nur bis zu diesem Wert betrachtet sein muß. Für die numerische Auswertung muß auch ω diskretisiert werden. Um zu der DFT zu gelangen, wird der Frequenzbereich von 0 bis $2\pi / \Delta t$ in N diskrete Frequenzintervalle unterteilt, so daß

$$\omega_n = \Delta\omega\, n = \frac{2\pi}{N\Delta t} n \qquad n = 1,2,\ldots,N\text{-}1 \tag{2.30}$$

Dadurch ergibt sich für die Annäherung der Fourier-Transformation durch die DFT die Form:

$$\hat{X}(jn\Delta\omega) = \Delta t \sum_{k=0}^{N-1} x[k\Delta t]\exp(-j\frac{2\pi}{N\Delta t}nk\Delta t) = \Delta t\, X_n \tag{2.31}$$

Wenn die korrekte Fourier-Transformation $X(j\omega)$ bis z.B. $\omega_{\max} = 2\pi f_{\max}$ bandbegrenzt ist, dann muß laut Abtasttheorem $f_s \geq 2 f_{\max}$, und daraus folgt eine Bedingung für die Abtastperiode Δt, die gewählt werden muß, um eine gute Annäherung zu erhalten:

$$\Delta t \leq 1/(2 f_{\max}) \tag{2.32}$$

Die Frequenzauflösung der DFT X_n ist $\Delta\omega = 2\pi / (N\Delta t)$, und es ergibt sich die zweite Bedingung bezüglich der Anzahl der Intervalle N

$$N \geq 2\pi / (\Delta\omega\, \Delta t) = f_s / \Delta f\ , \tag{2.33}$$

wenn durch Δf die gewünschte Frequenzauflösung in Hz bezeichnet ist.

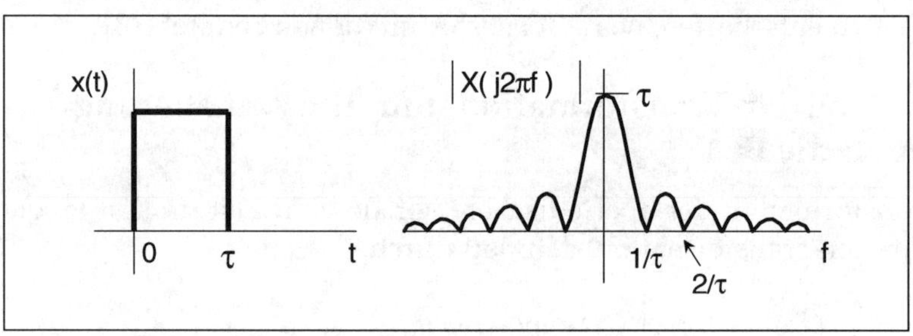

Bild 2.13 Betrag der Fourier-Transformation eines rechteckigen Pulses

Für einen rechteckigen Puls der Höhe Eins und Dauer τ (Bild 2.13) ist die Fourier-Transformation analytisch leicht zu bestimmen, man erhält:

$$X(j2\pi f) = \tau \exp(-j\omega\tau / 2)\frac{\sin(\omega\tau / 2)}{\omega\tau / 2} \tag{2.34}$$

Im Programm `exp_fft4.m` ist der Betrag dieser Transformation mit dem Betrag der Annäherung durch eine DFT gemeinsam dargestellt, so daß man sie einfach vergleichen kann. Es wird ein Puls der Höhe Eins und Dauer 1µs angenommen.

Funktionen für die Fourier-Analyse:

fft	diskrete Fourier-Transformation (DFT)		
fft2	2-D DFT		
ifft	inverse DFT	**ifft2**	Inverse 2-D DFT
ifftn	inverse n-D DFT (nur in MATLAB 5)		
abs	Betrag	**angle**	Phasenwinkel
unwrap	spreizt die Darstellung der Phase		
fftshift	DFT-Umordnen (-N/2 < n < N/2)		
nextpower2	die nächste 2-er Potenz		
fftn	n-D DFT (nur in MATLAB 5)		
ifftn	inverse n-D DFT (nur in MATLAB 5)		

Aus der Darstellung der korrekten Fourier-Transformation im Bild 2.13 geht hervor, daß ein Frequenzbereich von 3/τ (3 MHz) mit $f_s \geq 2(3/\tau)$ z.B. 9 MHz würde für ein Vergleich reichen. Bei einer Frequenzauflösung von $\Delta f = 1/(5\tau)$, so daß im ersten *Lob* des Betrags wenigstens 5 Werte vorkommen, muß $N \geq f_s / \Delta f = 45$. Im abgetasteten Puls ergeben sich für die Dauer des Pulses 9 Abtastwerte und der Rest von 36 Werten sind Null.

Bild 2.14 zeigt im oberen Teil die DFT dieses Pulses mit *N* = *44*. Für den Vergleich mit der theoretischen Fourier-Transformation des kontinuierlichen Pulses wird die DFT über die Funktion **fftshift** so zusammengesetzt, daß sie einer DFT entspricht mit *-N/2* < *n* <*N/2-1*. Im unteren Teil ist die Fourier-Transformation mit dem kontinuierlichen Verlauf zusammen mit den Werten der DFT (mit Δt laut (2.31) gewichtet) dargestellt. In der Umgebung der Frequenz Null ist die Annäherung sehr gut, sie verschlechtert sich mit steigender Frequenz.

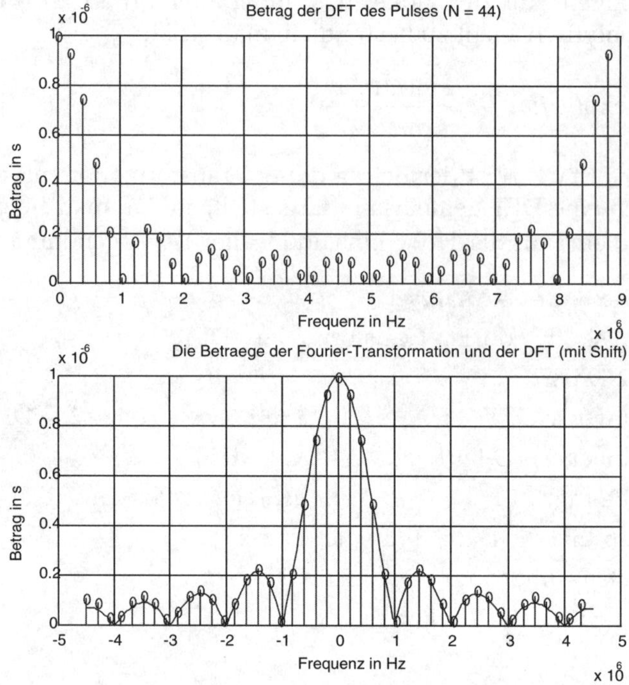

Bild 2.14 Die DFT eines Pulses als Annäherung für die Fourier-Transformation des Pulses (exp_fft4.m)

2.16 Graphik

Die Daten, die in MATLAB in Form von Vektoren- oder Matrizenvariablen abgespeichert sind, können vielfältig dargestellt werden.

Funktionen für graphische Darstellungen:

plot	lineare x-y Darstellung	**hist**	Histogramm
loglog	beide Achsen logarithmisch	**stairs**	Treppendarstellung
semilogx	x-Achse logarithmisch	**stem**	Linien
semilogy	y-Achse logarithmisch	**polar**	polare Darstellung
mesh	3-D-Darstellung (Gitter)		
surf	3-D-Darstellung (Gitter mit Farbflächen)		
contour	Konturdarstellung	**bar**	Balken-Diagramm
plotyy	Graphik mit der y-Achse auf der linken Seite (MATLAB 5)		

Die Beschreibung der Befehle kann über **help** aufgerufen werden oder man kann in MATLAB 5 mit dem Netz-*Browser* das elektronische Referenzhandbuch konsultieren. MATLAB 5 stellt einige Erweiterungen zur Verfügung, die für die Thematik des vorliegenden Buches sehr interessant sind und in Verbindung mit Beispielen erläutert werden.

Sobald eine graphische Darstellung erzeugt wurde, kann sie mit zusätzlichen Beschriftungen versehen werden.

Beschriftungen:

title	Titel (Überschrift) der Graphik	**xlabel**	x-Achse Beschriftung
ylabe	y-Achse Beschriftung	**zlabel**	z-Achse Beschriftung
text	positionierter Text	**grid**	Gitter
gtext	mit der Maus positionierter Text		
legend	fügt eine Legende in die Graphik ein (MATLAB 5)		

Es gibt auch einige Befehle, mit deren Hilfe die Graphiken von MATLAB zusätzlich gesteuert werden können. So z.B. kann der Wertebereich der x- und y-Achse mit **axis** geändert werden.

Graphik Steuerbefehle:

axis	manuelle Einstellungen der Bereiche der x- und y-Achse
hold	Einfrieren der Darstellung (Überlappen der Graphiken)
clf	Löschen des laufenden Bildes (*Figure*)
subplot	Unterteilung des Bildes (*Figure*)
ginput	Eingabe mit der Maus

Mit Befehlen aus der Kategorie, die einen tieferen Zugriff auf die graphischen Möglichkeiten erlauben, können viele Standardeinstellungen geändert werden. So wird z.B. mit

```
set(gca, 'ytick', [3:0.1:4]);
```

die Einteilung der y-Achse mit Schrittweite von 0,1 zwischen 3 und 4 festgelegt. Die Funktion wird nur für diesen Bereich dargestellt. MATLAB stellt eine Vielfalt von Möglichkeiten zum Drucken oder zur Speicherung der Bilder zur Verfügung. Sie werden mit den Optionen des Befehls **print** gesteuert.

2.16.1 Die Grundform des *plot*-Befehls

Wenn y ein Vektor ist, dann ergibt **plot**(y) eine Darstellung der Elemente in Abhängigkeit von ihren Indizes. In der Grundform **plot**(x,y), wobei x und y zwei Vektoren derselben Art (Zeilen- oder Spaltenvektoren) und derselben Größe sind, werden die Punkte mit den Koordinaten x(k),y(k) durch Linien verbunden. Der erste Vektor bildet immer die Koordinaten entlang der Abszisse und der zweite Vektor die Koordinaten entlang der Ordinate. Als Beispiel ergeben die Befehle

```
t = 0:10e-3:1000e-3;
y1 = 2.5*sin(2*pi*5*t);
plot(t,y1);
```

eine Darstellung des sinusförmigen Signals y1 in Zeit. Wenn zusätzlich

```
y2 = sign(cos(2*pi*10*t));
```

definiert wird, dann werden beide Signale y1, y2 mit

```
plot(t, y1, t, y2);
```

dargestellt. Für jedes Paar von Variablen und Funktionen kann die Farbe und der Typ der Linie und die Art der Markierung der Punkte noch zusätzlich gewählt werden:

```
plot(t, y1, 'k+', t, y2, 'ro');  (MATLAB 4 und 5)
plot(t, y1, 'k:+', t, y2, 'r:o'); (MATLAB 5)
```

Die Farbzeichen sind: **'c'**, **'m'**, **'y'**, **'r'**, **'g'**, **'b'**, **'w'** und **'k'** *für cyan, magenta, yellow, red, green, blue, white* und *black*. Die Linientypen sind: **'-'** für *solid*, **'--'** für *dashed*, **':'** für *dotted*, **'-.'** für *dash-dot* und **'none'** für keine Linie. Die meistverbreiteten Markierungen für die Punkte sind: **'+'**, **'o'** und **'*'**.

Eine Funktion **plot** öffnet automatisch ein Bild-Fenster, wenn noch keines vorliegt. Existiert schon ein Fenster, dann wird dieses benutzt. Um ein neues Fenster zu öffnen, wird die Anweisung **figure** oder **figure**(n) eingesetzt, wobei n die laufende Nummer des zu öffnenden Fensters ist. Um zu einem existierenden Graph, durch einen neuen **plot**-Befehl einen zusätzlichen Graph hinzuzufügen, wird das Bild durch die Anweisung **hold on** eingefroren. Mit **hold off** wird zum normalen Betrieb zurückgeschaltet.

Wenn Y eine (n x m)-Matrix in **plot**(Y) ist, dann werden die Spalten als Variablen betrachtet, und es werden m Verläufe als Funktion der Indizes dieser Spalten (1:n) dargestellt. Mit **plot**(x,Y) wobei x ein Vektor der Größe gleich n ist, werden alle Spalten als Funktionen von x dargestellt. Das könnte für die obigen zwei Signale in folgender Form benutzt werden:

```
plot(t, [y1', y2']);
```

In MATLAB 5 ergibt der Befehl **plot**([y1', y2'],t); eine Darstellung, welche der vorherigen Graphik, die um 90° gedreht ist, entspricht.

In Zusammenhang mit der Thematik dieses Buchs sind die Darstellungen der komplexen Zahlen und Matrizen sehr wichtig. Wenn Z eine Matrix mit komplexen Elementen ist, dann ergibt **plot**(Z) eine Graphik der Imaginärteile als Funktionen der realen Teile, eine nicht so interessante Darstellung. Mit **plot**(Z,'o'); werden die Elemente in der komplexen Ebene mit einem Kreis markiert. Das gleiche Ergebnis erhält man auch mit dem **plot**-Grundbefehl

```
plot(real(Z), imag(Z), 'o');
```

Weitere Beispiele stellen folgende Anweisungen dar:

```
plot(eig(rand(10,10)), 'o');                        % MATLAB 4
plot(eig(rand(10,10)), '*', 'MarkerSize', 5);       % MATLAB 5
```

Die erste Anweisung wird kleine Kreise und die zweite Anweisung Sternzeichen als Markierungspunkte für die komplexen Eigenwerte der (10x10)-Matrizen benutzen. In MATLAB 5 kann die Größe der Markierungszeichen gewählt werden.

Für mehr als eine Matrix muß man die Real- und Imaginärteile explizit angeben, wie z.B. in

```
plot(real(P), imag(P), 'o', real(Q), imag(Q),'*');
```

Diese Möglichkeit wird häufig bei der Darstellung der Null- und Polstellen einer Übertragungsfunktion eingesetzt. Dafür wären im Vektor P die Nullstellen und im Vektor Q die Polstellen enthalten. Die Grenzen, zwischen denen die Darstellungen stattfinden, werden allgemein automatisch von MATLAB bestimmt. Um sie zu ändern wird die Funktion **axis** benutzt. Mit

```
La = axis;
```

werden im Vektor La (beliebiger Name) 4 Elemente geliefert, welche die benutzten Grenzen in Form `[xmin, xmax, ymin, ymax]` zeigen. Durch die Anweisung

```
axis([La(1), 10, -2, La(4)]);
```

wird die Grenze für `xmax` auf 10 und die Grenze `ymin` auf -2 geändert. Die restlichen (`xmin` und `ymax`) werden unverändert benutzt. In MATLAB 5 gibt es noch eine Möglichkeit eine teilweise automatische Wahl der Grenzen zu erzwingen. Mit

```
axis([-Inf, 5, 2, 2.5]);
```

zeigt die MATLAB-Variable **Inf** z.B., daß die `xmin`-Grenze entsprechend der anderen Grenzen automatisch zu wählen sei. Die **axis**-Funktion beinhaltet mehrere Optionen, die mit **help axis** zu sehen sind. Als Beispiel stellt die Option **axis**`('square')` die Grenzen der Achsen gleich (ein Quadrat).

Die Beschriftung der Achsen und der Verläufe einer Darstellung ist sehr wichtig für eine klare Interpretation. Mit

```
xlabel(' t = 0 bis 100 s ');
```

wird der Text zwischen den Hochkommas als Beschriftung der x-Achse benutzt. Als Argument kann hier ein ganzer Vektor mit Zeichenelementen benutzt werden:

```
title(['Ausgangssignal für U = ', num2str(U), ' ; Volt']);
```

Das zweite Element des Textvektors ergibt die Zeichenkette des laufenden Wertes der Variable U. In MATLAB 5 wurden diese Befehle mit TEX- oder LATEX-Steuerzeichen [14] erweitert, so daß man z.B. auch griechische Buchstaben leicht einfügen kann:

```
xlabel('\phi = 0 bis 2\pi', 'FontSize', 10);
```

Mit der **FontSize**-Eigenschaft von MATLAB 5 kann die Größe der Zeichen gesteuert werden \phi bzw. \pi sind die TEX-Steuerzeichen für die entsprechenden griechischen Buchstaben. Die resultierende Beschriftung ist: $\varphi = 0$ bis $2\,\pi$. Die Beschriftung der Verläufe in einer Graphik ist durch die Anweisung **text** möglich. Über

```
text(2.5, sin(2*pi*2.5), ' Spannung U2');
```

wird an Stelle `x = 2.5` und `y = sin(2*pi*2.5)` der Text geschrieben. In MATLAB 5 können auch TEX-Steuerzeichen benutzt werden, z.B. um einen Pfeil zu erzeugen, der mit der Spitze auf einen bestimmten Verlauf zeigt:

```
text(2.5, sin(2*pi*2.5), ' Spannung U2 \rightarrow');
```

Die x-, y-Koordinaten bilden hier die Stelle der Spitze des Pfeiles. Über die Anweisung **gtext** können Texte interaktiv in einer graphischen Darstellung eingebunden werden. Wenn im Programm dieser Befehl auftaucht, dann wird erwartet, daß man mit der Maus die Stelle anklickt, wo der Text des Befehls erscheinen soll:

```
gtext(' Spannung U2 ');
```

In MATLAB 5 können auch die neuen Matrizen mit Daten von Typ **cell** benutzt werden:

```
gtext({' Spannung U2 ohne Rauschen','********** ',...
' Spannung U2 mit Rauschen'});
```

Ebenfalls ist in MATLAB 5 das Einfügen einer Legende in die Graphik möglich, um die Verläufe zu identifizieren und zu kommentieren. Mit

```
t = 1:50;
stem(t, sin(2*pi*t/25));          hold on;
plot(t, cos(2*pi*t/32+pi/2);      hold off;
legend('Diskreter Sinus', 'Kontinuierlicher Cosinus');
```

werden die zwei Verläufe in einem Legendenfenster mit dem Text verbunden. Alle diese Anweisungen und Möglichkeiten sind in den Programmen `gr_plot1.m` bis `gr_plot4.m` mit Beispielen, auf deren Basis man experimentieren kann, dokumentiert.

2.16.2 *Subplots*

Es ist möglich, das Graphikfenster zu unterteilen und *Subplots* zu kreieren. Die Anweisung **subplot**`(m,n,p);` zeigt, welche Unterteilung für die nächsten Darstellungsbefehle belegt wird. Das Argument `m,n,p`, bestehend aus drei ganzen Dezimalzahlen, bewirkt, daß das graphische Fenster in m Zeilen- und n Spaltenfenster unterteilt wird (Bild 2.15). Die Zahl p wählt eines der resultierenden Fenster.

Für dieses Buch ist die Unterteilung in zwei Zeilenfenster oft sinnvoll. So kann z.B. in dem oberen Fenster das Eingangssignal und im unteren Fenster die Antwort des Systems dargestellt werden. Ein Frequenzgang ist mit dem Amplitudengang im oberen Teil und mit dem Phasengang im unteren Teil leicht zu interpretieren. Die Kombination der Unterteilungen ist auch möglich, wie im Bild 2.15 d zu sehen ist.

Im Programm `gr_plot3.m und gr_plot4.m` sind Beispiele für die Benutzung des **subplot**-Befehls gezeigt. Die Gestaltung der Graphiken ist auch durch die sogenannten *Low-Level*-Befehle möglich, die aber hier nicht behandelt werden. Die bis jetzt eingeführten Befehle sind als *High-Level*-Befehle angesehen.

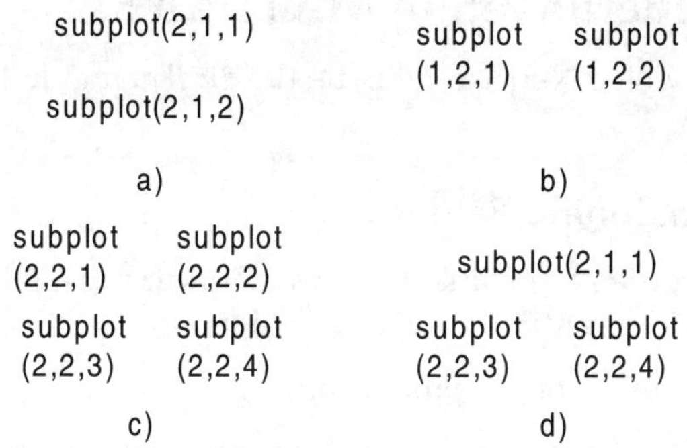

Bild 2.15 Beispiele der Unterteilung eines graphischen Fensters mit subplot-Anweisung

2.17 Laden und Speichern der Arbeitsumgebung und der ASCII-Dateien

Man kann zu jedem Zeitpunkt einer MATLAB-Session alle Variablen speichern und dann später wieder laden. Mit **save** (ohne zusätzliche Parameter) wird die ganze Arbeitsumgebung mit allen Variablen in einer vordefinierten Datei `matlab.mat` abgelegt. Über **load** werden alle Variablen in die Arbeitsumgebung wieder geladen.

Mit **save** *name* wird die Datei `name.mat` benutzt, die mit **load** *name* die Variablen zurückládt. Die Erweiterung `mat` ist automatisch hinzugefügt. Es können auch nur bestimmte Variablen abgespeichert werden, z.B. mit **save** *name* `x y A B` etc., und ähnlich wieder geladen. Eine sehr praktische Möglichkeit, die Dateien lesbar zu machen, besteht in der Abspeicherung in ASCII-Format. Die Erweiterung kann jetzt beliebig sein wie z.B. in:

```
save temp.dat A -ascii
```

Die Matrix A wird in der Datei `temp.dat` als ASCII-Zeichen abgespeichert. Durch

```
load temp.dat
```

werden die gespeicherten Daten dem Namen der Datei (hier `temp`) zugewiesen. Die Matrix A kann eine zusammengesetzte Datei sein, die dann nach dem Laden wieder aufgeteilt werden muß. Daten in ASCII-Format mit *Space* getrennt und am Ende einer Zeile mit *Carriage-Return* werden mit **load** als Matrix interpretiert. Im Programm `save_ld.m` sind einige Beispiele dieser Möglichkeiten zusammen mit einem Beispiel für den Einsatz der Befehle **fprintf** und **fscanf** enthalten, die den gleichen Befehlen aus der Programmiersprache C sehr ähnlich sind.

2.18 Einige Neuerungen in MATLAB 5

Es werden einige der vielen Neuerungen, die für die Thematik dieses Buches relevant sind, kurz besprochen.

2.18.1 Mehrdimensionale Felder

MATLAB 5 beherrscht die N-te Dimension. Der Zugriff auf ein N-dimensionales Feld geschieht ähnlich wie in zweidimensionalen Felder:

Feld(Zeile, Spalte, 3. Dimension, 4. Dimension, ...)

Alle Funktionen der Version 4, die mit Felder verbunden sind werden in MATLAB 5 so erweitert, daß die neuen Dimensionen einbezogen sind. Es gibt numerische-, zeichen-, zellen- und strukturmehrdimensionale Felder. Bild 2.16a zeigt als Beispiel ein dreidimensionales numerisches Feld, bestehend aus zwei Seiten (*Pages*) der Dimension (3 x 3). Der letzte Index zeigt die Seite, und die ersten zwei Indizes bestimmen die Zeile und Spalte im Rahmen der Seite. Ähnlich kann man sich ein Feld mit 4 Dimensionen vorstellen (Bild 2.16 b). Die vierte Dimension z.B. umfaßt mehrere Seiten. In dem Feld aus Bild 2.16 b hat der dritte und vierte Index Werte von 1 und 2. Man hätte dieses Feld auch als dreidimensionales Feld mit 4 Seiten organisieren können.

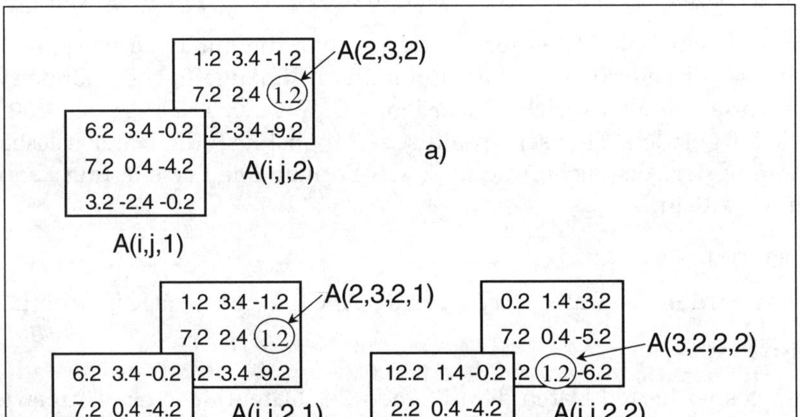

Bild 2.16 a) 3-D Feld b) 4-D Feld

Mit solchen Feldern können z.B. Meßdaten, welche die Abhängigkeit von mehreren Parametern beschreiben, sinnvoll gestaltet werden. Für einen Motoren-Prüfstand, in dem das Drehmoment untersucht wird, könnten die Spalten einer Seite den Einfluß der Temperatur enthalten. Die erste Gruppe von Seiten könnte die Wirkung eines zweiten Parameters (wie z.B. Winkel der Vergaserklappe) darstellen, dies kann beliebig erweitert werden.

Die N-dimensionalen Felder werden ausgehend von zweidimensionalen Feldern gebildet. Es werden Zeilen, Spalten und Seiten durch Zuweisungen hinzugefügt. Die zweite Möglichkeit zur Bildung solcher Felder geschieht über Feldfunktionen. Mit

```
A = randn(100,3,4);
```

wird ein Feld von 4 Seiten und (100x3)-Zufallselementen gebildet. Das Programm `feld1.m` zeigt einige Möglichkeiten zur Bildung von mehrdimensionalen Feldern. Mit der Funktion **cat** (*Concatenate* oder Zusammensetzung) kann man zusätzliche Dimensionen erzwingen, wie in folgendem Beispiel:

```
A1 = [1 2 3; 4 5 6; 7 8 9];
A2 = [10 11 12; 13 14 15; 16 17 18];
C = cat(3,A1,A2);     % 3 Zeigt die Dimension für
                      % die Zusammensetzung
C1 = cat(4,A1,A2);    % Ergibt ein Feld dessen dritter Index
                      % Eins ist (eine „Singleton" Dimension)
```

Die Feldgröße ist über **size**`(C1)` erhältlich und für dieses Feld `3 3 1 2`. Die dritte Dimension mit Index gleich 1 bildet eine sogenannte *Singleton*-Dimension. Sie ist praktisch unnötig und kann über die Funktion **squeeze** (mit Beispiel in `feld2.m`) entfernt werden.

Einige Feldfunktionen aus der Version 4 lassen sich auf die zusätzlichen Dimensionen erweitern. So ist z.B. in den Funktionen **max**, **min**, **mean** etc. über ein zusätzliches Argument die Dimension bestimmt, entlang welcher die Operation stattfinden muß (`feld2.m`). Um die Felder zu reorganisieren, gibt es die Funktionen **reshape**, **repmat** (*Replicate* oder Wiederholen), **squeeze**, **permute** mit Beispiele in `feld2.m`. Die Addition und Subtraktion ist auf Felder der gleichen Größe zugelassen. Zwischen einem Feld und einem Skalar sind auch die Operationen `*, /, \` zugelassen. Über den gleichen Punkt vor dem Zeichen der Operation kann die Element-zu-Element-Wirkung erzwungen werden. Das gilt auch für ein Skalar wie z.B. in der Potenzierung `A.^5` . Die Element-zu-Element-Funktionen wie **sin**, **cos**, etc. sind auch bei Feldern zugelassen.

Die aus der Mathematik auf Matrizen (2-dimensionale Felder) definierten Funktionen und Operationen können nur auf die 2-dimensionalen Seiten angewandt werden (`feld3.m`):

```
A(:,:,1) = [1,2,3;4,5,6;7,8,9];                % A besteht aus
A(:,:,2) = [10,11,12;13,14,15;16,17,18]);      % zwei 3x3 Seiten
B = eig(A);                  % Führt zu einer Fehlermeldung
B = eig(A(:,:,2));           % Korrekt (Eigenwerte der 2. Seite)
inv(A(:,:,1))*A(:,:,2));     % ist auch Korrekt
```

Ein gutes Beispiel für die Organisation von Daten in n-dimensionale Felder bilden die Bildpunkte eines RGB-Farbbildes (Rot-Grün-Blau). Für jede Farbe kann ein (NxN) zweidimensionales Feld definiert werden; zusammen bilden die drei Farben ein (NxNx3)-Feld, z.B. bezeichnet mit RGB. Der Zugriff auf das blaue Bild geschieht über `RGB(:,:,3)`. Mit `RGB(50:100, 25:60, :)` wird ein Ausschnitt des Farbbilds, bestehend aus Zeile 50 bis 100 und Spalte 25 bis 60, erreicht.

2.18.2 *Structures*-Felder in MATLAB 5

In der neuen Version wurden zwei neue Klassen von Feldern eingeführt. Die Strukturen (*Structure)* sind Felder, die Container mit Namen für die Daten enthalten. Im Englischen sind die Felder mit *Arrays* und die Container mit *Fields* bezeichnet. Da man die Bezeichnung Felder schon verwendet hat, werden die *Fields* hier als Komponenten betrachtet und so genannt. Durch

```
test.name = 'Motor 1';
test.datum = '30.05.96';
test.ergebnis = [30, 80, 4500];
```

wird eine Struktur `test` erzeugt, die aus drei Komponenten besteht. Um das Feld (*Field)* `test`, bestehend aus nur einem Element ((1x1)-Feld), zu erweitern, können Indizes nach dem Namen der Struktur hinzugefügt werden:

```
test(4).name = 'Motor 5';
test(4).datum = '12.06.96';
test(4).ergebnis = [32, 85, 5000, 37, 87, 5500];
```

Das Struktur-Feld `test` hat nun die Größe [1 4]. Die Komponenten 2 bis 3 werden mit Null-Matrizen oder Nullwerten aufgefüllt. Informationen über eine Struktur erhält man mit der Funktion **`fieldname`**. Zu bemerken sei, daß die Komponenten nicht die gleiche Größe haben müssen, was die Anwendung sehr erleichtert.

Über die Funktion **`struct`** können Strukturen leichter gebildet werden, wie im Programm `strukt1.m` gezeigt ist. Hier sind auch andere Funktionen für den Umgang mit Strukturen dargestellt.

2.18.3 *Cell*-Felder in MATLAB 5

Die Zellen-Felder sind Felder, deren Elemente Zellen in Form von Containern mit anderen Feldern enthalten. Man kann ein Zellen-Feld durch Zuweisung von Daten an einer Zelle bilden:

```
widerst(1,1) = {'1 kOhm'};
widerst(1,2) = {1002};
widerst(2,1) = {['Temperatur = ', num2str(20),' Grad']};
widerst(2,2) = {-20};
```

Im Programm `zell1.m` sind einige Funktionen, die für den Umgang mit Zellen vorgesehen sind, gezeigt. Für die Initialisierung einer Zelle wird die Funktion **`cell`** benutzt; Informationen über Zellen erhält man mit **`celldisp`** bzw. **`cellplot`**. Beim Löschen benutzt man auch hier die *Empty*-Matrix [ ]. Für die Reorganisation einer Zelle wird dieselbe Funktion **`reshape`**, die auch bei den n-dimensionalen Feldern eingesetzt wurde, benutzt.

Die Funktionen und Operatoren für Zellen müssen so benutzt werden, daß sie den Typen der Komponenten entsprechen. Das bedeutet z.B., daß bei Komponenten, die Matrizen sind, alle gültigen Operationen mit Matrizen zugelassen sind; sie können nicht auf die ganze Zelle angewandt werden. Eine Zelle unterscheidet sich von einer

Struktur hauptsächlich durch den Zugriff. Die Container einer Struktur werden über Namen, die der Zellen werden über Indizes adressiert. Mit Zellen können auch Strukturen und multidimensionale Zellen-Felder aufgebaut werden.

Für professionelle Projekte und Simulationen, wo eine klare und sichere Verwaltung der Daten und Ergebnisse sehr wichtig ist, eröffnen diese neuen Klassen von Objekten enorme Möglichkeiten. In MATLAB 5 können auch neue eigene Klassen von Objekten, die einer bestimmten Anwendung angepaßt sind, definiert werden und so die 5 eingebauten Klassen (*double, sparce, char, struct* und *cell*) beliebig erweitern.

2.18.4 *switch / case*-Anweisung

Mit diesem neuen Befehl kann der Programmablauf noch flexibler gesteuert werden. Sicher haben Programmierer keine Schwierigkeiten beim Einsatz dieser Funktion. Man muß nur beachten, daß im Gegensatz zur C-Sprache, hier nicht alle **case**-Fälle geprüft werden, sondern der erste *true*-Fall ausgeführt und danach der *switch*-Bereich verlassen wird.

Der Befehl **switch** kann mehrfache Bedingungen in einem **case**-Fall behandeln, indem man diese Bedingungen in einer Zelle (durch die geschweifte Klammer erkennbar) zusammenfaßt:

```
switch var
     case 1
           disp('1');
     case {2, 3, 4, 5}           % Bedingung als Zelle
           disp('2 or 3 or 4 or 5');
     otheweise
           disp('Andere Fälle');
end;
```

2.18.5 Private Verzeichnisse und Unterfunktionen

Innerhalb einer Datei einer Funktionsroutine können sich jetzt auch weitere Funktionsroutinen befinden, die ihren eigenen lokalen Arbeitsspeicher haben und von außen unsichtbar sind.

Variablen können der Unterfunktionsroutine über die Argumente der Funktion und über globalen Variablen übertragen werden. Die Skizze aus Bild 2.17 zeigt den Aufbau des Demonstrationsprogramms `tst_dars.m`, das auf eine Unterfunktionsroutine `darstell(x,y)`, eine externe Funktion `gewicht.m` und ein SIMULINK-Programm `s-tstdar.mdl` zugreift. Die Funktion **help** zeigt nur die Kommentare der primären Funktion; im gezeigten Beispiel ist dies die Funktion `tst_dars.m`.

In MATLAB 5 kann man ein privates Verzeichnis mit dem Namen `private` anlegen, in dem M-Dateien abgelegt sind. Diese Dateien sind nur für Funktionen aus dem direkt übergeordneten Verzeichnis sichtbar. Es lassen sich dadurch Namenskonflikte vermeiden.

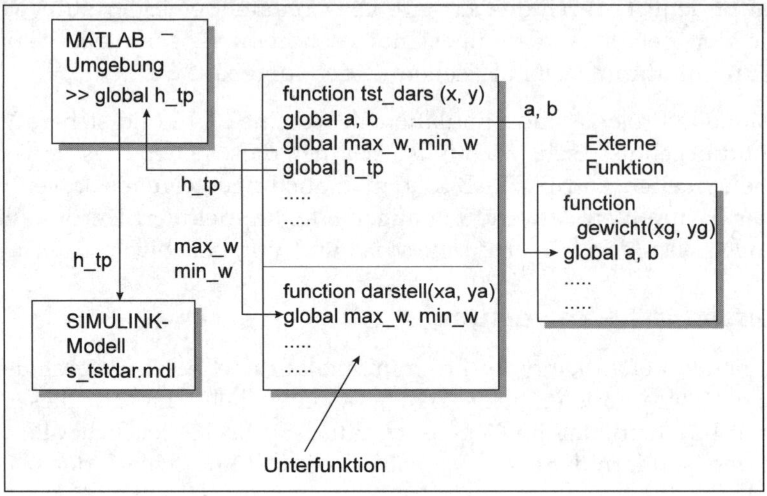

Bild 2.17 Ansprechen der Unterfunktion, der externen Funktion und eines SIMULINK-Modells

Wenn eine Funktion aufgerufen wird, schaut MATLAB zuerst, ob sie als Unterfunktion in derselben Datei vorliegt, danach wird sie in dem privaten untergeordneten Verzeichnis gesucht und zuletzt in den Standardverzeichnissen von MATLAB.

2.18.6 Die spezielle Variable end

Das Schlüsselwort **end** hat in MATLAB 5 eine zusätzliche Funktion erhalten. Als Variable in Zusammenhang mit Indizes zeigt sie den letzten Index eines Vektors oder einer Matrix. Wenn `A = randn(5,10);`, dann zeigt `A(1:end,6)` den Inhalt der 6. Spalte und `A(3,1:end)` stellt die 3. Zeile dar.

2.18.7 Variable Anzahl von Funktionsargumenten

Die neuen Variablen **varargin** und **varargout** ermöglichen das Definieren von Funktionen mit beliebiger Anzahl von Ein- und Ausgangsargumenten. MATLAB packt z.B. alle Eingangsargumente in ein Zellenfeld bestehend aus mehreren Zellen. Jede Zelle kann verschiedene Arten und Größen von Daten enthalten. Mit der Funktion `korr.m` als einfaches Beispiel ist das Prinzip dieser Möglichkeit erläutert. Für den Testaufruf werden Eingangsargumente in Form von Vektoren mit zwei verschiedenen Längen mit der Funktion **xcorr** korreliert. In einer **for**-Schleife erhält man dann die Korrelationen, die auch verschiedene Längen haben können und dadurch am einfachsten als Zellen abgespeichert werden. Für die Indizes der Zellen sind geschleifte Klammer benutzt. Die Korrelationen als Ausgangsargumente vom Typ Zelle werden der Variablen **varargout** zugewiesen und sind dadurch in der MATLAB-Umgebung bekannt.

Im interaktiven Modus von MATLAB kann der Umgang mit den Strukturen, Zellen und den Variablen **varargin** und **varargout** durch Experimentieren erlernt werden.

Kapitel 3

Einführung in SIMULINK

3.1 Einleitung

SIMULINK [1], [2] ist eine *Blockset*-Erweiterung von MATLAB, die speziell für die Simulation von dynamischen Systemen gedacht ist. Die Struktur des zu simulierenden dynamischen Systems wird graphisch mit Funktionsblöcken nachgebildet, die Parameter der Blöcke werden eingestellt und danach die Simulation gestartet. Die Ergebnisse an verschiedenen Punkten des Systems können mit einem Oszilloskop-Block verfolgt oder in Variablen abgespeichert werden, die man dann in der MATLAB-Umgebung bearbeiten und darstellen kann.

Es werden hier die Fenster, Menüs und Blöcke der neuen Version 2 von SIMULINK beschrieben. Die vorherige Version 1.3 wird am Ende dieses Kapitels besprochen, so daß die Anwender der alten Version diese Einführung auch benutzen können.

3.2 Die Konstruktion eines einfachen Modells

In dem MATLAB-Kommando-Fenster wird durch » **`simulink`** das Fenster der Bibliotheken von SIMULINK eröffnet (Bild 3.1). Die zur Verfügung gestellten Blöcke decken ein breites Spektrum von Anwendungen ab. Es gibt auch die Möglichkeit, eigene Blöcke zu erzeugen oder vorhandene für die eigenen Zwecke zu ändern.

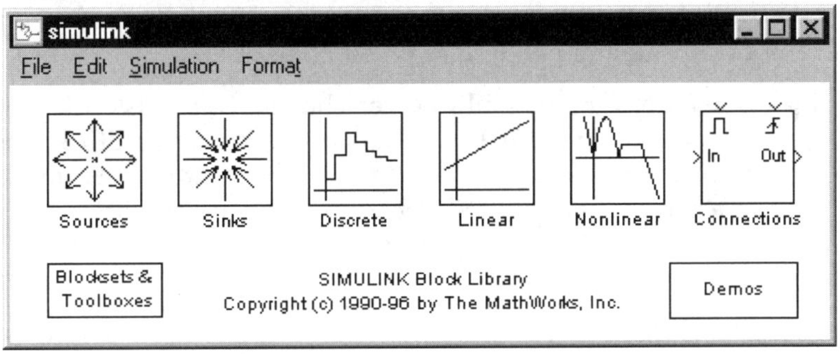

Bild 3.1 SIMULINK-Bibliotheken

Durch Doppelklicken auf das Symbol einer Bibliothek öffnet sich ein neues Fenster, das die Funktionsblöcke dieser Bibliothek enthält. Aus diesem Fenster können die benötigten Funktionsblöcke wiederum angeklickt und mit der Maus ins eigene SIMULINK-Fenster gezogen werden.

Es wird nun der Aufbau eines einfachen SIMULINK-Modells gezeigt, welches die wichtigsten Schritte, die bei allen Modellbildungen notwendig sind, beinhaltet. Aus dem Fenster der Bibliotheken (SIMULINK-Fenster) über das Menü *File-New* wird das eigene Fenster für den Modellaufbau geöffnet. Dies kann auch aus der MATLAB-Umgebung (MATLAB-5) über eine Schaltfläche aus der Menüleiste geschehen.

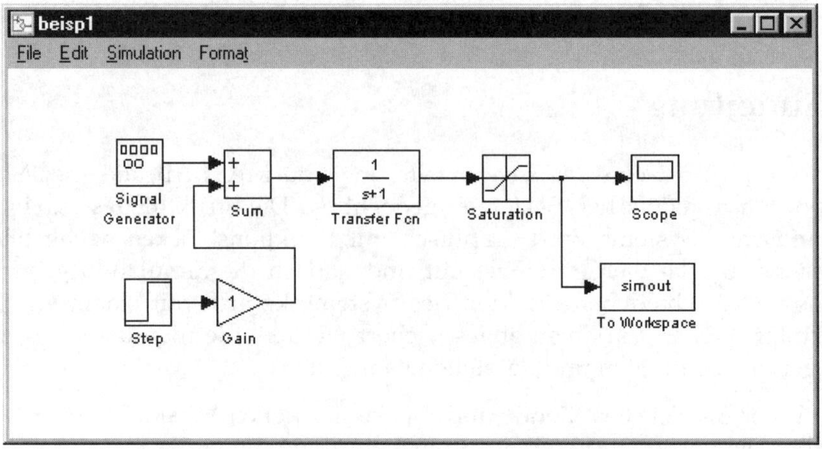

Bild 3.2 Einfaches SIMULINK-Modell (beisp1.mdl)

Das gewünschte Modell ist im Bild 3.2 gezeigt. Es besteht aus zwei Quellblöcken *Signal-* und *Step-Generator,* die man sich aus der *Sourses*-Bibliothek ins eigene Fenster zieht. Aus der *Linear*-Bibliothek werden weiter die Blöcke *Gain* (Verstärker), *Sum* und *Transfer Fcn* genommen. Der *Saturation*-Block befindet sich in der *Nonlinear*-Bibliothek und kann von dort ebenfalls in das eigene Fenster gebracht werden.

Als letzte Blöcke werden der *Scope-* und der *To-Workspace*-Block (Speicher für die Übertragung in die MATLAB-Umgebung) aus der *Sinks*-Bibliothek (Senken) benötigt, um das Ergebnissignal einzufangen und darzustellen.

Es werden nur Kopien der Funktionsblöcke verschoben. Die Fenster der Bibliotheken bleiben durch das Herausziehen der Blöcke unverändert. Einige Blöcke besitzen nur einen Ausgang in Form eines kleinen Dreiecks auf der rechten Seite und die Blöcke, die auch Eingänge besitzen, haben ein ähnliches Symbol auf der linken Seite. Mit der Maus und der linken Taste werden die gewünschten Ausgänge und Eingänge durch eine Verbindungslinie verbunden, so daß die Blöcke das System modellieren.

Es müssen nun die Blöcke parametriert werden. Dafür werden der Reihe nach die Blöcke angeklickt und die entsprechenden Einstellungen vorgenommen. Der *Signal-Generator*-Block wird z.B. auf *sine*-Signal (sinusförmiges Signal) mit Amplitude 1 und Frequenz 1 Hz eingestellt. Im *Step*-Block werden der Zeitpunkt des Auftritts und die Größen des Sprunges (Anfangs- und Endwert) gewählt. Die Anzahl der Eingänge und die entsprechende Operation + oder - beim *Sum*-Block werden einfach durch die Anzahl und Reihenfolge der Zeichen + und - , die bei der Parametrierung angegeben werden, bestimmt.

Der *Transfer-Fcn*-Block stellt durch die Koeffizienten für den Nenner und für den Zähler eine lineare Übertragungsfunktion dar. Die vorliegenden Defaultwerte ergeben eine Übertragungsfunktion der Form

$$H(s) = \frac{1}{s+1}, \tag{3.1}$$

die auch im Kästchen (*Icon*) des Blockes erscheint. Mit den Werten [0.1, 1] für den Zähler (*Numerator*) und [0.5, 0.1, 1] für den Nenner (*Denominator*) wird die Übertragungsfunktion

$$H(s) = \frac{0.1s+1}{0.5s^2+0.1s+1} \tag{3.2}$$

eingestellt. Beim *Saturation*-Block müssen die Sättigungswerte im ersten und dritten Quadranten angegeben werden. Die *Scope*- und *To-Workspace*-Blöcke sollte man zunächst nicht parametrieren und die Defaultparameter beibehalten.

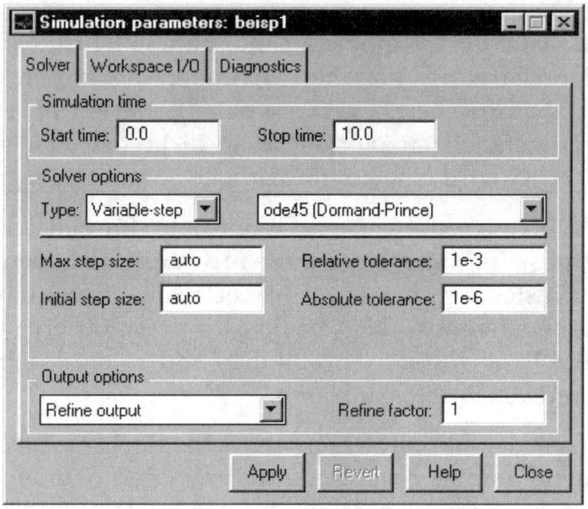

Bild 3.3 Das Dialogfenster Simulation parameters zur Parametrierung der Simulation

Nach der Parametrierung der Blöcke des Modells folgt die Einstellung der Parameter der gesamten Simulation, die im Modellfenster über das Menü *Simulation* geschieht. Durch Klicken auf die Option *Parameter* öffnet sich das Dialogfenster mit der Überschrift *Simulation Parameters: beisp1* mit drei Erweiterungsfenstern: *Solver, Workspace I/O* und *Diagnostics* (Bild 3.3). Im *Solver* wird die Start- und Stoppzeit eingestellt (z.B. 0 bis 10 s), der Typ des Integrationsschritts, *Variable-step* (oder *Fixed-step*) und Integrationsverfahren (*ode45* entspricht dem Runge-Kutta 5. Ordnung). Für kontinuierliche Modelle mit nicht zu großen Unterschieden der Dynamik, wie es in dem vorliegenden Beispiel der Fall ist, wählt man gewöhnlich *Variable-step* und das *ode45*-Verfahren. Die *Max step size* und *Initial step size* für die Integrationsschritte sollten auf *auto* gelassen und die Defaulttoleranzwerte ebenfalls unverändert akzeptiert werden.

Als *Output options* soll *Refine output* mit dem Defaultwert *Refine factor* gleich 1 gewählt werden, um den Einfluß beim Erhöhen dieses Wertes zu beobachten. Er ergibt z.B. mit einem Wert von 2 zwei zusätzliche Zwischenwerte für jeden Integrationsschritt und die Verläufe erscheinen kontinuierlicher.

Die Erweiterungsfenster *Workspace I / O* und *Diagnostics* sollten für dieses einfache Beispiel noch nicht verändert werden.

Es müssen nur noch die *Sinks-Blöcke* parametriert werden. Die Senke *To-Workspace* ist sehr einfach, und als erster Parameter wird der Name der Variable (des Vektors für die Variable), die in dieser Senke eingefangen wird, angegeben (z.B. simout). Danach kann man die maximale Anzahl der Werte, die in dieser Variable zu speichern sind, einstellen, wie z.B. 1000. Wenn die Simulation durch mehrere Schritte eine größere Anzahl von Werten liefert, dann werden in dieser Senke die letzten 1000 eingefangen. Um alle Simulationswerte einzufangen wird hier *Inf* angegeben. Die Senke kann mehrere Variablen, die mit einem *Mux*-Bock aus der *Connection*-Bibliothek zusammengefaßt sind, speichern. Die Variablen bilden dann die Spalten der Matrix mit dem vereinbarten Namen.

Durch den Dezimationsfaktor 1 ergibt jeder Integrationsschritt einen Wert im Vektor oder eine Zeile in der Matrix der Variable. Mit anderen Faktoren wie z.B. 2 wird nur jeder zweite Schritt abgespeichert. Der Parameter *Sample Time* spezifiziert die Abtastperiode für die eingefangenen Werte (z.B. in diskreten oder gemischten Simulationen). Mit dem Wert -1 wird eine kontinuierliche Simulation signalisiert.

Die *Scope*-Senke (Bild 3.4) arbeitet wie ein Oszilloskop. Ihr Fenster besitzt eine Fläche für die Darstellung des Verlaufes einer oder mehrerer Variablen und Schaltflächen zur Steuerung und Einstellung. Die letzte Fläche rechts öffnet ein *Properties*-Fenster, wo in zwei Erweiterungsfenstern das Oszilloskop parametriert wird. Die Parameter sind denen der Senke *To-Workspace* sehr ähnlich, und es wird dem Leser überlassen, durch Experimentieren alle Fragen zu klären.

Alle Parametrierfenster der Blöcke haben vier Schaltflächen: *Apply, Revert, Help* und *Close*. Die eingestellten Parameter werden mit *Apply* übernommen, mit *Close* wird das Parametrierungsfenster geschlossen. Wenn beim nächsten Simulationsablauf andere Werte parametriert werden, kann man mit der Schaltfläche *Revert* (die aktiviert wird) zu den vorherigen Parametern zurückkehren.

Über das Menü *Simulation* und *Start* im Modellfenster kann die Simulation gestartet werden. Im *Scope*-Fenster, das offen bleiben muß, erhält man den Verlauf aus Bild 3.4. Mit der Schaltfläche des *Scope*-Fensters, die ein Fernglas darstellt, wird die Darstellung automatisch korrekt skaliert und der Verlauf erscheint ausfüllend im Fenster.

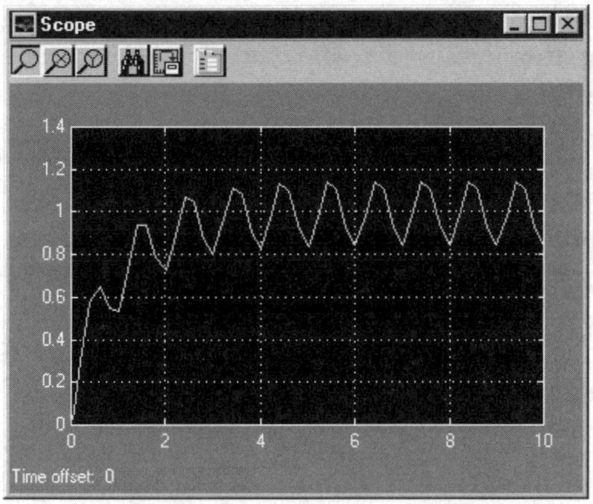

Bild 3.4 Das Scope-Fenster

Die ersten drei Schaltflächen ermöglichen verschiedene Zoom-Funktionen (für ein rechteckigen Ausschnitt, für das Strecken in die Breite bzw. in die Länge). Mit der vorletzten Schaltfläche werden die gerade eingestellten Achsen eingefroren. Das ist z.B. nach einer Zoom-Einstellung, die man für die nächste Simulation beibehalten möchte, erwünscht.

3.2.1 Experimente rund um das einfache Modell

Durch kleine Experimente bezogen auf das aufgebaute Modell werden einige Einstellungen näher erläutert und ihr Einfluß untersucht. Um bei dem ersten Versuch die ursprünglichen Parameter nicht zu ändern, so daß sie der Beschreibung entsprechen, wird das Modell `beisp1.mdl` durch *Save as* im Modell `beisp2.mdl` kopiert, und auf diesem werden die Experimente durchgeführt.

Dafür sollte man den *Scope*-Block aktivieren und über die letzte Schaltfläche in den Parametrierfenstern übergehen und das Unterfenster *Settings* wählen. Hier soll die *Decimation* auf 1 gelassen und die Schaltflächen in *Data history* soll deaktiviert werden. Dadurch sind alle berechnete Punkte eines Verlaufs dargestellt. Das *Properties: Scope*-Unterfenster kann nun geschlossen werden und nur das *Scope*-Fenster mit der Darstellungsfläche bleibt geöffnet.

Zuerst werden die Werte der allgemeinen Parametrierung des Modells aus dem Dialogfenster *Simulation parameters: beisp2* geändert. Man gelangt zu diesem Fenster aus dem Fenster des Modells (`beisp2.mdl`) über das Menü *Simulation* und danach *Parameters*.

Die Dauer der Simulation von 10 s wird beibehalten und für die *Solver options* soll der Typ *Variable-step* und das Integrationsverfahren ode45 (Dormand-Prince) gewählt sein. Die Schrittweiten (*Max step size* und *Min step size*) sollen zuerst auf *auto* bleiben. Diese Werte entsprechen den Parametern des Modells `beisp1.mdl`. Wie erwartet, erhält man nach dem Start ein Signal mit einem Einschwingverlauf (Bild 3.4). Die Anzahl der Punkte, die berechnet wurden, kann man in der MATLAB-Umgebung mit

Hilfe der Variablen simout, die in der Senke *To-Workspace* eingefangen wird, erfahren. Hier sollte vorher der Parameter *Maximum number of rows: inf* eingestellt sein (ohne Begrenzung). Mit

```
» size(simout)
```

erfährt man die Größe dieser Variable. Jetzt können die verschiedenen Integrationsverfahren für den Typ *Variable-step, Fixed-step* und Schrittweiten beginnend mit *auto* (und Werten von 0.1 bis 0.01) untersucht werden. Es kann auch festgestellt werden, daß die Verfahren verschiedene Anzahlen von berechneten Punkten ergeben. Mehr Punkte und dadurch auch einen geglätteten Verlauf in der Darstellung erhält man mit einem *Refine factor* größer als 1.

Um die Variable simout, die in der Senke *To-Workspace* eingefangen wird, in der MATLAB-Umgebung als Zeitfunktion darzustellen, benötigt man auch den entsprechenden Zeitvektor. Mit einem *Mux*-Block aus der *Connection*-Bibliothek und dem *Clock*-Block aus der *Source*-Bibliothek, der die Zeitpunkte liefert, kann sowohl die Ausgangsvariable als auch die Zeit in der Matrix simout eingefangen werden. Das Modell beisp2.mdl wird als beisp3.mdl abgespeichert und entsprechend geändert (Bild 3.5). Die Matrix simout (die auch anders benannt werden kann) besteht aus zwei Spalten, die den zwei Variablen der zwei Eingänge entsprechen. In simout(:,1) ist die Ausgangsvariable abgespeichert und in simout(:,2) die entsprechende Zeit.

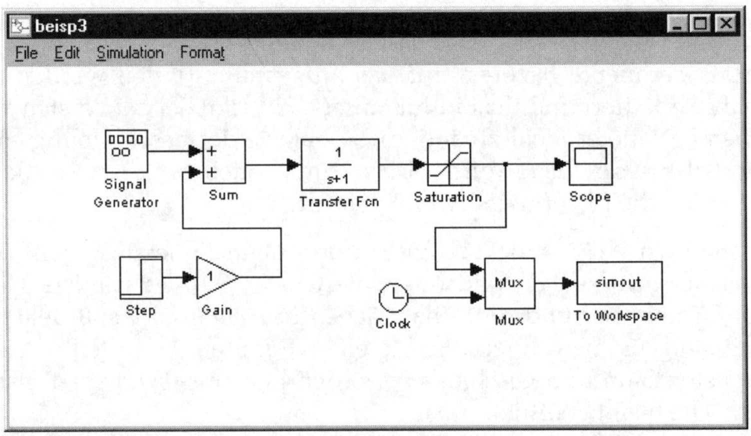

Bild 3.5 Einfaches Modell mit Mux-Block für die Ausgangsvariable und für die Zeit (beisp3.mdl und s_beisp3.m)

Für die Darstellung aus der MATLAB-Umgebung können z.B. folgende Anweisungen benutzt werden:

```
plot(simout(:,2), simout(:,1));
xlabel('Zeit in s');        grid;
```

In vielen Simulationen ist eine konstante und bekannte Schrittweite für die Zeit sehr wichtig. Als Beispiel kann die Fourier-Analyse mit Hilfe der FFT-Transformation erwähnt werden. Es sollte jetzt für die Simulation der Typ *Fixed-step*, beginnend mit *auto*, und danach mit verschiedenen Werten (z.B. 0.1, 0.05, 0.01) für *Fixed-step size* näher untersucht werden. Das Umschalten der Simulation auf diesen Typ führt auch zu anderen Integrationsverfahren. Mit den gezeigten Anweisungen oder Befehlen kann die Ausgangsvariable als Zeitfunktion dargestellt werden, und mit **`size`**`(simout)` wird die Anzahl der berechneten Punkte ermittelt.

Mit *Fix-step size* der Größe 0.01 s bei 10 Sekunden für die Simulationsdauer erhält man 10/0,01 = 1000 Punkte oder 1000 Elemente für die Zeit- und Ausgangsspalten der Matrix `simout`.

Über den *Mux*-Block, bei dem 4 Eingänge eingestellt wurden, werden auch andere Signale des Modells eingefangen und dargestellt. Das Modell `beisp4.mdl`, durch Änderung des Modells `beisp3.mdl` erhalten, zeigt diese Möglichkeit.

Mit der Funktion `darstell.m` können paarweise (in **`subplot`**(211) und **`subplot`**(212)) die Variablen aus den Spalten einer Matrix, bei der die erste Spalte der Zeitvektor der Graphik ist, dargestellt werden. Da in `beisp4.mdl` der erste Eingang des *Mux*-Blocks die Zeitquelle ist, können die Ergebnisse aus der Matrix `simout` mit dieser Funktion dargestellt werden.

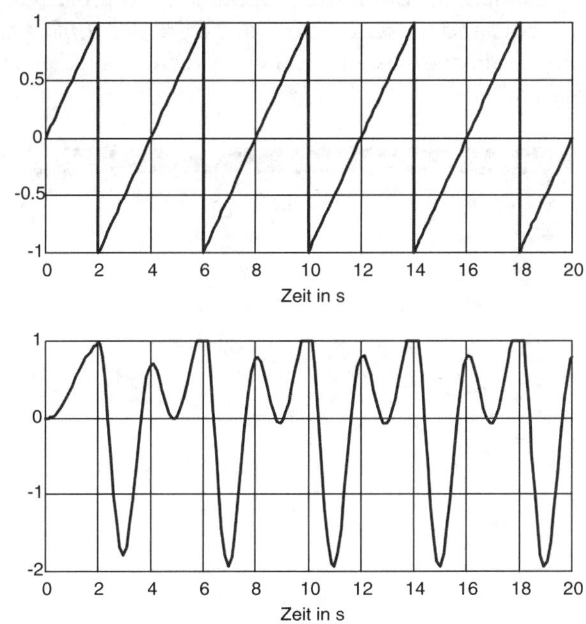

Bild 3.6 Signale des SIMULINK-Modells beisp5.mdl (Refine factor = 2)

Es soll jetzt auch der nichtlineare Block so eingestellt werden, daß durch seine Begrenzung das Ausgangssignal beeinflußt wird. Mit der Sättigungsgrenze bei 1.1 und -2 werden die Schwingungen in der Endphase durch Begrenzung geschnitten.

Auch mit anderen Signalquellen sollte man experimentieren. Sehr nützlich ist die *Repeating-Sequence*-Quelle, bei deren Parametrierung in zwei Vektoren Zeitpunkte und Signalwerte angegeben werden, zwischen denen der Verlauf des Signals linear sein sollte. So erhält man z.B. mit [0, 2, 2, 4] für die *Time values* und [0, 1, -1, 0] für die *Output values* Sägezähne, die linear steigend zwischen -1 und +1 sind. Im Modell `beisp5.mdl` wird diese Quelle als Erregung eines Systems zweiter Ordnung eingesetzt. Im *Solver*-Dialogfenster der allgemeinen Parametrierung dieses Modells (*Simulation parameters: beisp.5*) soll bei einer automatischen Schrittweite (*auto)* der *Refine factor* größer als Eins gewählt werden, um genügend Punkte für geglättete Darstellungen zu erhalten. Bild 3.6 zeigt das Eingangssignal der Quelle und die Antwort nach der Sättigung, die auf +1 und -2 eingestellt war. Es wurde die Funktionsroutine `darstell.m` mit dem Aufruf `darstell(simout,2,4)` benutzt.

3.2.2 Das Fenster *Workspace I/O*

Über das allgemeine Parametrierfenster eines Modells (Menü *Simulation* und danach *Parameters*) kann das Erweiterungsfenster *Workspace I/O* geöffnet werden (Bild 3.7). Durch das Aktivieren der Schaltfläche *Input* können Variablen aus der MATLAB-Umgebung in ein SIMULINK-Modell transferiert werden. Im Modell müssen dafür *Inport*-Blöcke aus der *Connection*-Bibliothek an Stellen wo diese Variablen als Eingänge einwirken sollen, vorhanden sein. Die Variablen der *Inport*-Blöcke müssen als Spalten einer Matrix, die als erste Spalte den entsprechenden Zeitvektor dieser Variablen hat, organisiert werden.

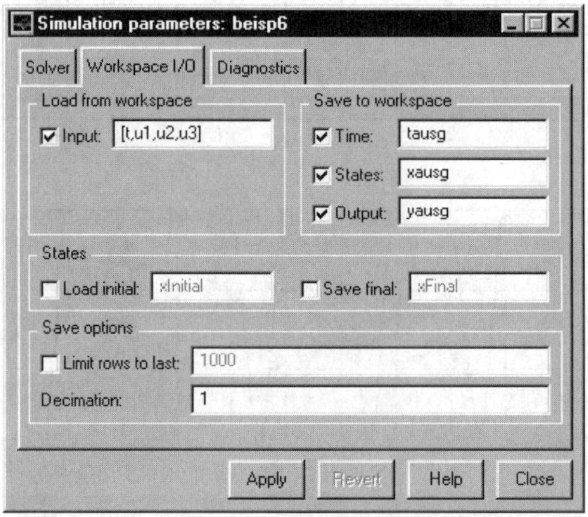

Bild 3.7 Das Fenster Workspace I / O (beisp6.mdl)

Für ein Modell, wie im Bild 3.8 gezeigt, mit drei *Inport*-Blöcken (In, In1, In2) muß die Matrix 4 Spalten enthalten: `[t, u1, u2, u3]`. Die Variablen könnten mit folgenden Anweisungen (`p_beisp6.m`) in der MATLAB-Umgebung kreiert werden:

```
t = 0:1e-3:100e-3;
t = t';                                   % Zeitspalte
u1 = ones(1,length(t))';                  % Spalte für Inport 1
u2 = 7.3*cos(2*pi*t/36.e-3+pi/3);         % Spalte für Inport 2
u3 = randn(1, length(t))';                % Spalte für Inport 3
```

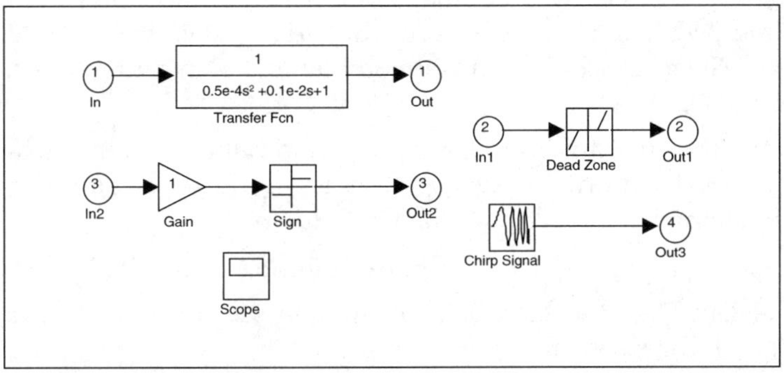

Bild 3.8 SIMULINK-Modell mit In- und Outports (beisp6.mdl)

Die Simulationszeit im *Solve*-Fenster sollte der Zeit der ersten Spalte der Eingangsmatrix entsprechen. Nachdem die Variablen erzeugt wurden, kann die Simulation gestartet werden. Mit einem *Scope*-Block, welcher der Reihe nach an verschiedenen Signalen angeschlossen wird, kann nachgeprüft werden, daß die Eingangsvariablen vorhanden sind. Im *Settings*-Fenster des Scopes (das über die letzte Schaltfläche erreichbar ist) kann der *Scope* in einem *Floating scope* umgewandelt werden. Er zeigt dann das Signal der Verbindung zwischen zwei Funktionsblöcken, das mit der Maus angeklickt wurde. Vielleicht ist es ein Programmfehler *(Bug)*, daß die Ausgänge der *Inports* mit diesem *Floating scope* nicht gesehen werden können. Die angeschlossenen *Scope*-Blöcke sind leichter zu bedienen und zu skalieren und zeigen auch die Signale der *Inports*. Mit der Schaltfläche *Find* (das mit dem Fernglas gekennzeichnet ist) wird die Darstellungsfläche ausgefüllt.

In dem Fenster *Workspace I/O* (Bild 3.7) können auch die Namen der Variablen, die aus einem SIMULINK-Modell in die MATLAB-Umgebung übertragen werden, festgelegt sein. Es ist möglich einen Zeitvektor `tausg`, die Zustandsvariablen `xausg` und die Ausgangsvariablen `yausg` zu transferieren.

Die Anfangswerte der Zustandsvariablen können mit dem Vektor `xinitial` initialisiert und ihre Endwerte im Vektor `xFinal` abgespeichert werden, wenn diese Optionen in den kleinen Schaltflächen aktiviert sind. Selbstverständlich sind auch andere beliebige Namen zugelassen.

Sehr wichtig sind die *Save options* aus dem unteren Teil des Dialogfensters. Hier wird die Anzahl der Punkte der Variablen `tausg`, `xausg` und `yausg` begrenzt und ein Dezimationsfaktor angegeben. Bei großen Programmen ist die Begrenzung sehr wichtig, da der Speicher des PCs rasch an seine Grenze gelangen kann und dadurch eventuell abstürzt.

Für die Ausgangsvariablen yausg muß das Modell *Outports* enthalten. Das Modell aus Bild 3.8 besitzt 4 *Outports* (Out, Out1, Out2, Out3) somit besteht die Variable yausg (eine Matrix) aus 4 Spalten. Die Zeitvariable tausg ist ein Spaltenvektor mit der Anzahl von Elementen gleich der Anzahl von Zeilen der Matrix yausg.

Die Zustandsvariable xausg ist auch eine Matrix deren Spalten die Zustandsvariablen des Modells enthalten. Im Modell aus Bild 3.8 ergibt nur die Übertragungsfunktion 2. Ordnung 2 Zustandsvariablen und führt dazu, daß xausg zwei Spalten mit der Anzahl von Zeilen gleich der Anzahl von Elementen in tausg oder der Zeilen in yausg besitzt.

Nach der Parametrierung durch p_beisp6.m und Simulation mit dem SIMULINK-Modell beisp6.mdl sind die Ausgangsvariablen tausg, xausg und yausg in der MATLAB-Umgebung bekannt und können z.B. durch

```
plot(tausg, yausg);          plot(tausg, xausg);
```

dargestellt werden. Die einzelnen Signale, welche die Spalten der Matrixvariablen bilden, sind über Indizes, wie in

```
plot(tausg, yausg(:,2));     plot(tausg, xausg(:,1));
```

erreichbar. Mit dem Programm d_beisp6.m können die Variablen der *Outports* und die Zustandsvariablen dargestellt werden.

Das *Diagnostics*-Fenster zeigt die Aktionen, die stattfinden werden, wenn verschiedene Ereignisse bei der Simulation zustandekommen. Wenn z.B. der Eingang eines Blocks im SIMULINK-Modell nicht verbunden ist, wird beim Start der Simulation in der MATLAB-Umgebung eine Warnung gebracht.

3.3 Diskrete und gemischte Simulationen

Die *Discrete*-Bibliothek von SIMULINK enthält die wichtigsten Funktionsblöcke, die bei Simulationen von diskreten Systemen benötigt werden. Als Hauptparameter ist hier die Abtastperiode (*Sample Time*) maßgebend. Alle diskreten Blöcke haben am Eingang implizite Halteglieder Nullter-Ordnung für die parametrierte Abtastperiode. In einem Modell können Blöcke mit verschiedenen Abtastperioden vorkommen und bei der Angabe der Abtastperiode kann man auch einen *Offset* mit einer Größe bis zur eingestellten Abtastperiode hinzufügen.

Ein einfaches Experiment soll dies erläutern. Im Modell aus Bild 3.9 werden zwei gleiche diskrete dynamische Systeme mit verschiedenen Abtastperioden und *Offset*-Werten parametriert und die Antwort auf einen Sprung untersucht. Die Systeme sind mit *Discrete-Zero-Pole*-Blöcke modelliert, bei denen die Null- und Polstellen der diskreten Übertragungsfunktion in zwei Vektoren angegeben werden. Für keine Nullstellen (wie in diesem Fall) wird ein *Empty*-Vektor ([ ]) benutzt. Im Fenster für die Parametrierung werden diese Vektoren angegeben (oder ihre Namen, wenn sie aus der MATLAB-Umgebung parametriert werden) und die Abtastperiode (*Sample Time*). An dieser Stelle kann man auch ein *Offset* angeben. Statt eines Skalarwerts für die Abtastperiode wird hier ein Vektor bestehend aus zwei Elementen, wie z.B. in [0.5, -0.3], benutzt. Der erste Wert ist die Abtastperiode und der zweite bildet den *Offset*, der auch negativ sein kann und ein Zeitvorsprung angibt.

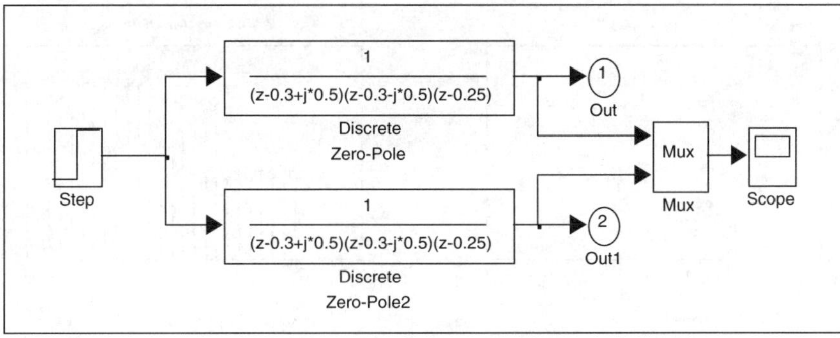

Bild 3.9 Diskrete Blöcke mit verschiedenen Abtastperioden (beisp7.mdl)

Die *Outport*-Blöcke (Out, Out1) ermöglichen es die Ausgänge der diskreten Systeme über die Variablen `tout`, `yout` (in dem Fenster *Workspace I/O* vereinbart) in die MATLAB-Umgebung zu transferieren.

Wenn keine fixe Schrittweite gewünscht ist, kann die Parametrierung im *Solver*-Fenster auf *Variable-step* und als Verfahren *discrete (no continuous states)* eingestellt sein. Als *Max step size* stehen zwei Optionen zur Verfügung: *auto* oder ein Wert. Mit *auto* wird eine variable Schrittweite für die gelieferten Ergebnisse benutzt, die man mit dem Befehl **`diff`**`(tout)` in der MATLAB-Umgebung sehen kann. Wenn ein Wert für *Max step size* gewählt wird, zu dem alle Abtastperioden und *Offset*-Werte ein Vielfaches bilden, dann erhält man fixe Schrittweiten, die in einigen Anwendungen sehr wichtig sind. Wenn bei den zwei diskreten Blöcken für den Parameter *Sample time* Werte von z.B. [0.7 0.5] und [0.3 0.2] gewählt werden, dann ergibt ein Wert von 0.1 (oder 0.05, 0.01 etc.) für *Max step size* fixe Schrittweiten mit dieser Größe.

Die anderen Möglichkeiten der Parametrierung sollen durch Experimentieren geklärt werden. Die Option *Fixed-step* mit *auto* ergibt auch eine fixe Schrittweite, die mit **`diff`**`(tout)` zu sehen ist. Wenn man diesen Wert als *Max step size* statt *auto* einsetzt, erhält man eine Fehlermeldung, was eigentlich nicht sein müßte. Über die Anweisungen

`stairs``(tout, yout);`   oder   **`stem`**`(tout, yout);`

wählt man die typischen Darstellungen in Form von Treppen oder vertikale Linien, die für diskrete Systeme häufig benutzt werden. Mit dem Programm `d_beisp7.m` sind die Darstellungen aus Bild 3.10 erhalten. Die fixe Schrittweite ist klar in den Ausschnitten von rechts ersichtlich. In den Abtastperioden von 0,7 s bzw. 0,3 s mit Schrittweite 0,1 s sind 7 und 3 Schritte enthalten, die mit den vertikalen Linien des **`stem`**-Befehl zu identifizieren sind. Der *Solver* wurde mit *Variable-step, discrete (no continuous states)* und *Max step size* 0,1 parametriert.

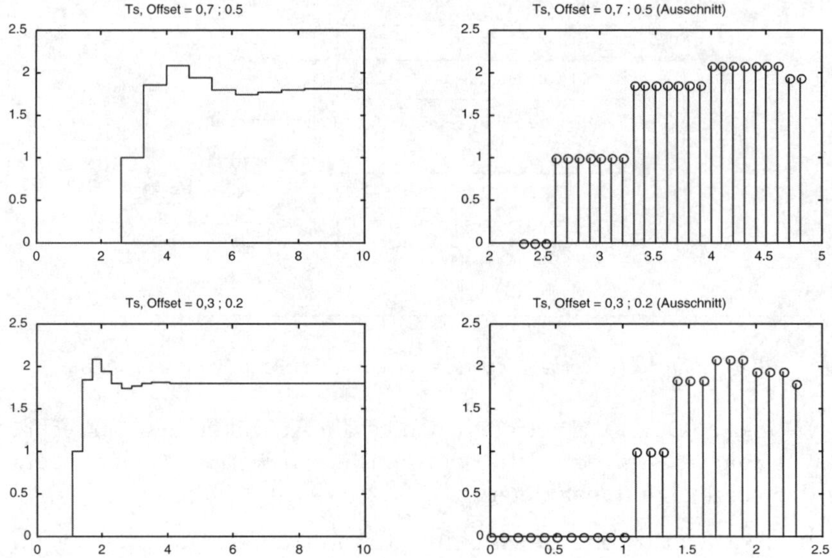

Bild 3.10 Die Sprungantwort der diskreten Systeme aus Bild 3.9 mit verschiedenen Abtastperioden (beisp7.mdl und d_beisp7.m)

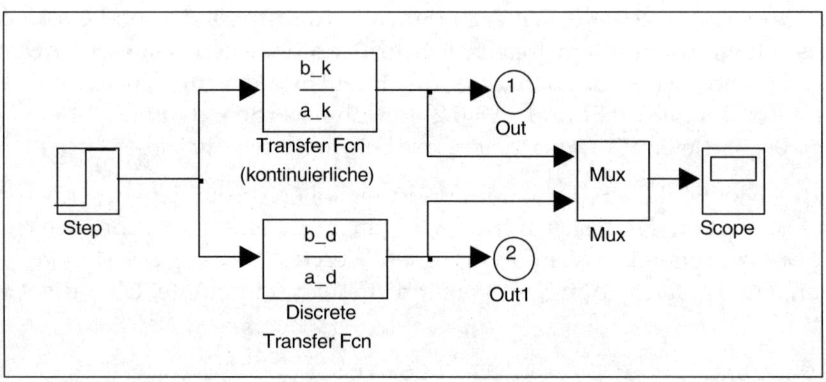

Bild 3.11 Modell mit gemischten (kontinuierlichen und diskreten) Systemen (beisp8.mdl)

SIMULINK erlaubt in einem Modell die Simulation gemischter (kontinuierlicher und diskreter) Systeme. Als Beispiel enthält das Modell `beisp8.mdl` (Bild 3.11) ein kontinuierliches und ein diskretes Tschebyschev-Filter Typ I, die im Programm `p_beisp8.m` berechnet werden. In den Blöcken der Filter werden die Namen der Vektoren angegeben, welche die Koeffizienten der Nenner und Zähler dieser Filter (`b_k, a_k` und `b_d, a_d`) enthalten. Wenn keine fixe Schrittweite gewünscht ist, kann man einfach den *Solver* auf *Variable-step* mit *ode45*-Verfahren (Dormand-Prince), *Max-* und *Min step size* auf *auto* und *Refine factor* auf 1 parametrieren. Mit **`diff`**`(tout(1:20))` werden die Schrittweiten gezeigt.

Schwieriger ist es hier, eine fixe Schrittweite zu erzwingen. Für das diskrete Modell wurde eine Abtastperiode von 0,2 s (oder eine Abtastfrequenz von 5 Hz) gewählt, und somit könnte man eine fixe Schrittweite (z.B. von 0,05), die 0,2 als Vielfaches hat, einstellen. Das bedeutet 0,2/0,05 = 4 Simulationsschritte in einem Abtastintervall. Das Verfahren *ode5* (Dormand-Prince), das man bei *Fixed-step* von z.B. 0,05 wählen kann, ergibt die kontinuierliche und diskrete Antwort, die über das Programm `d_beisp8.m` dargestellt werden.

3.4 *Fixed step* gegenüber *Variable step*

Viele numerische Integrationsverfahren arbeiten mit variabler Schrittweite. An Stellen, wo die Lösung einen steilen Verlauf aufweist, benötigen die Verfahren kleinere Schritte, um die gewünschte relative oder absolute Toleranz einzuhalten. Es gibt aber Anwendungen und Simulationen, bei denen die nachträgliche Bearbeitung der Ergebnisse fixe Schrittweiten voraussetzt.

Als erstes wichtiges Beispiel im Zusammenhang mit der Thematik dieses Buches ist der Einsatz der FFT-Transformation um die Spektren der Ergebnissignale zu untersuchen. Die Schrittweite der Simulation ergibt die Frequenzskalierung der Transformation und ist nur bei fixen Schrittweiten gültig.

Es sollte nicht vergessen werden, daß die Simulation kontinuierlicher Systeme mit digitalen Rechnern auch eine Diskretisierung bedeutet, die im numerischen Integrationsverfahren enthalten ist. Dadurch hat man bei der Simulation gemischter diskreter und kontinuierlicher Vorgänge Zeitintervalle, die der Abtastperioden der diskreten Systemen entsprechen, und Zeitintervalle, die aus dem numerischen Verfahren hervorgehen. Es ist nicht leicht, bei diesen Systemen eine Parametrierung zu finden, die fixe Schrittweiten ergibt.

Wenn nur diskrete Blöcke benutzt werden und die Abtastperioden dieser Blöcke einen gemeinsamen Teiler haben, dann wird dieser Teiler für die fixe Schrittweite benutzt. Als Beispiel sei das Modell `beisp9.mdl`, das zuerst nur mit den ersten zwei Halteglieder Nullter-Ordnung aufgebaut sein sollte. Jetzt können verschiedene Abtastperioden gewählt werden, und man kann versuchen fixe Schrittweiten zu erzwingen. Für Ts1 = 0,2 s (als Abtastperiode für das erste Halteglied Nullter-Ordnung) und Ts2 = 0,1 s wird die Schrittweite immer auf 0,1 eingestellt, unabhängig von der Parametrierung mit *Fixed-step*. Im Falle, daß Ts2 = 0,15 s gewählt wurde, wird eine Schrittweite von 0,05 eingestellt.

Mit *Variable-step* und gewünschtem gemeinsamen Teiler für *Max step size*, wie z.B. 0,01, hat man mehr Erfolg. Ein weiterer Trick besteht darin, einen *dummy* diskreten Block, wie z.B. ein Halteglied Nullter-Ordnung mit der gewünschten Schrittgröße als Abtastperiode zu benutzen. Das wurde mit dem dritten Halteglied im `beisp9.mdl` erzwungen. Bei Ts1 = 0,2 s und Ts2 = 0,1 s mit Ts3 = 0,05 erzwingt man die fixe Schrittweite von 0,05 auch bei *Fixed-step*. Dadurch erhält man in der ersten Abtastperiode 4 (0,2/0,05) und in der zweiten Abtastperiode 2 (0,1/0,05) Schritte mit fixem Zeitabstand.

Die FFT-Transformation der Ausgänge für ein sinusförmiges Eingangssignal der Frequenz 1 Hz ist korrekt und kann auch den Tiefpaßeffekt des Frequenzgangs der Halteglieder Nullter-Ordnung wiederspiegeln (Bild 3.12). Die Schrittweite von 0,05 s ergibt die Abtastfrequenz für die FFT von 1/0,05 = 20 Hz, und die Abtastperiode von 0,2 s des ersten Halteglieds Nullter-Ordnung entspricht einer Abtastfrequenz von 1/0,2 = 5 Hz, wo auch die erste Nullstelle des Amplitudengangs dieses Glieds in Form einer Funktion $|\sin x / x|$ auftritt.

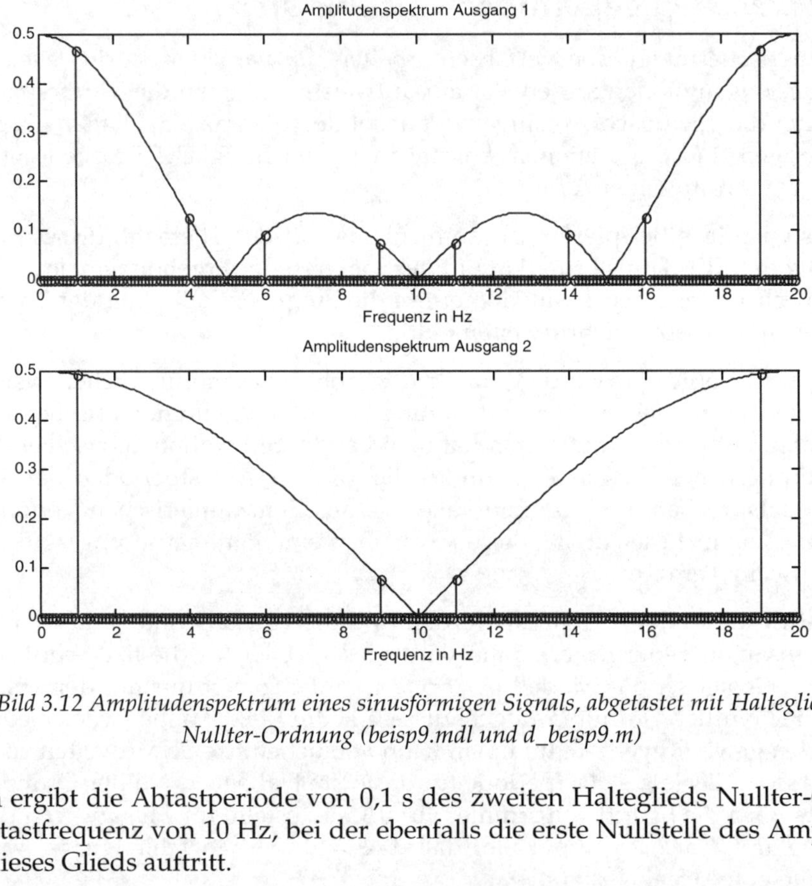

Bild 3.12 Amplitudenspektrum eines sinusförmigen Signals, abgetastet mit Halteglied Nullter-Ordnung (beisp9.mdl und d_beisp9.m)

Ähnlich ergibt die Abtastperiode von 0,1 s des zweiten Halteglieds Nullter-Ordnung eine Abtastfrequenz von 10 Hz, bei der ebenfalls die erste Nullstelle des Amplitudengangs dieses Glieds auftritt.

Das Hinzufügen eines linearen kontinuierlichen Blocks (`beisp10.mdl`) führt zum Sperren der Option *Fixed-step* im *Solver* und gibt nur den Typ *Variable-step* frei. Eine fixe Schrittweite erzwingt man mit einem Wert für *Max step size* und mit *Min step* size auf *auto* eingestellt. Die Bedingung, daß dieser Schritt ein gemeinsamer Teiler der Abtasperioden der diskreten Blöcke ist, sollte beibehalten werden.

In Verbindung mit der Thematik dieses Buches sind fixe Schrittweiten auch beim Einsatz von Rauschsignalen in der Simulation kontinuierlicher oder gemischter Systeme wichtig. Es ist bekannt, daß der Effekt eines stationären, ergodischen Rauschprozesses [3] auf ein lineares kontinuierliches System über die Leistungsspektraldichte zu ermitteln ist. Wenn durch $S_x(\omega)$ und $S_y(\omega)$ die Leistungsspektraldichten des Rauschsignals am Eingang bzw. Ausgang des linearen Systems mit der Übertragungsfunktion $H(j\omega)$ bezeichnet wurden, dann gilt:

$$S_y(\omega) = |H(j\omega)|^2 S_x(\omega) \tag{3.3}$$

Um Rauschsignale mit gegebener Leistungsspektraldichte und normaler Verteilung für die Simulation kontinuierlicher Systeme zu erzeugen, werden unabhängige Rauschsequenzen mit normaler Verteilung benutzt, die unter bestimmten Bedingungen eine Annäherung des kontinuierlichen weißen Rauschens ergeben.

Das kontinuierliche weiße Rauschen mit konstanter Leistungsspektraldichte von der Frequenz Null bis unendlich besitzt eine Varianz (als Integral der Leistungsspektraldichte), die unendlich groß ist. Es ist klar, daß dieses weiße Rauschen eine Idealisierung für ein Rauschen mit konstanter Leistungsspektraldichte, die sich aber nur bis zu einer gewissen Frequenz ausdehnt, darstellt. Diese Frequenz muß viel höher sein als die maximale Frequenz, die im System auftreten kann.

Die mittlere Leistung oder Varianz (in Watt) einer Rauschsequenz ist unabhängig von der Schrittweite. Mit kleineren Schrittweiten sind höhere Frequenzen im Signal vorhanden und die Leistung verteilt sich auf einem breiteren Frequenzbereich. Bei gegebener Varianz ist die Leistungsspektraldichte (in Watt/Hz) somit kleiner. Es besteht eine Abhängigkeit der Leistungsspektraldichte von der Schrittweite der Rauschsequenz. Mit einer diskreten unabhängigen normal verteilten Sequenz kann das kontinuierliche Rauschen mit konstanter Leistungsspektraldichte bis zu einer Grenzfrequenz und normaler Verteilung angenähert werden. Die Varianz der Sequenz muß gleich der gewünschten Leistungsspektraldichte geteilt durch die fixe Schrittweite in s sein:

$$\sigma^2 = S_w(2\pi f) / \Delta t \tag{3.4}$$

Wobei σ^2 die Varianz der diskreten Rauschsequenz ist und $S_w(2\pi f)$ bzw. Δt die Leistungsspektraldichte (in Watt/Hz) und die Schrittweite in s sind. Diese Schrittweite muß so klein sein, daß ihr Kehrwert als Abtastfrequenz des Rauschsignals viel größer ist als die höchste Frequenz, die im System auftreten kann.

Folgende Anweisungen erzeugen eine normale Rauschsequenz `y` der Dauer von 100 s mit einer Leistungsspektraldichte gleich 10 (Watt/Hz) bei gegebener Schrittweite von 0,01 s:

```
d_t = 0.01;              t = 0:d_t:100;
y = sqrt(10/d_t)*randn(1, length(t));
```

Mit der Funktion **psd** (*Power-Spectral-Density*) aus der *Signal-Processing-Toolbox* kann die Leistungsspektraldichte der erzeugten Sequenz überprüft werden. Im Programm `rausch_1.m` ist die Sequenz erzeugt und ihre Leistungsspektraldichte mit der Funktion **psd** ermittelt. Die gelieferten Werte müssen nur durch `d_t` skaliert werden, um die Werte in Watt / Hz zu erhalten. Bild 3.13 zeigt einen Ausschnitt der Sequenz zusammen mit der ermittelten Leistungsspektraldichte und deren Mittelwert. Dieser ist sehr nahe dem gewünschten Wert von 10 (Watt/Hz). Es wurde angenommen, daß die Signale Spannungen sind. Für andere Größen wie z.B. Temperatur oder Geschwindigkeit sind die Einheiten für die mittlere Leistung die Temperatur- bzw. Geschwindigkeitseinheit hoch 2.

In SIMULINK kann dieselbe Sequenz mit Hilfe des *Random-Number*-Blocks aus der Quellenbibliothek, der normal verteilte Zufallswerte mit Mittelwert gleich Null und Standardabweichung gleich Eins liefert, erzeugt werden. In einem *Gain*-Block wird dann die gezeigte Gewichtung hinzu multipliziert.

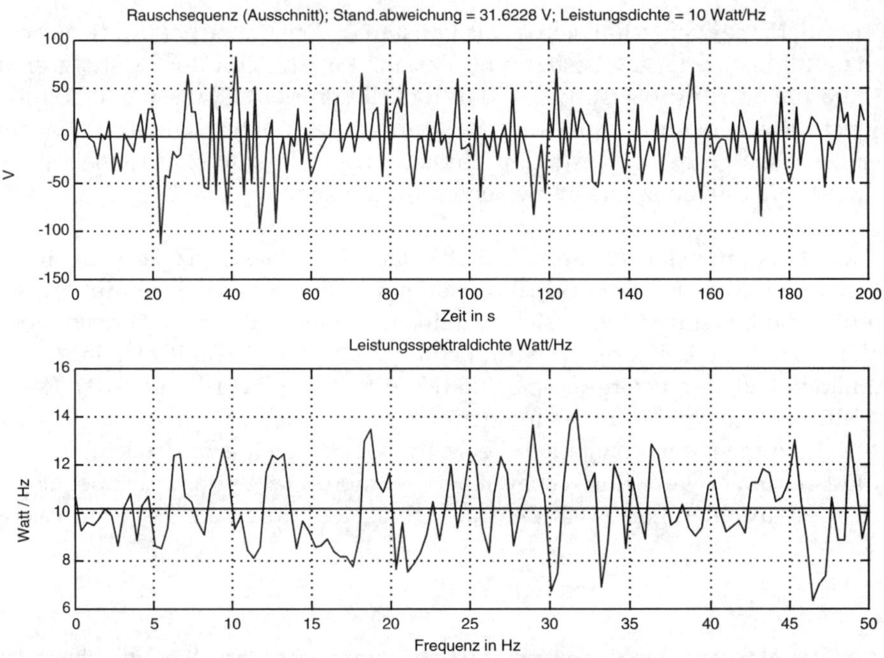

Bild 3.13 Zufallssequenz, die ein kontinuierliches weißes Rauschen simuliert (rausch_1.m)

SIMULINK besitzt noch einen zweiten Rauschgenerator im *Band-Limited-White-Noise*-Block mit zwei Parametern. Der erste, mit dem Namen *Noise power*, stellt die Leistungsspektraldichte (in Watt/Hz) dar und der zweite Parameter (*Sample time*) ist die Abtastfrequenz, die der Schrittweite der Simulation entsprechen muß. Diese Schrittweite sollte eine Abtastfrequenz für die Simulation ergeben, die viel größer sein muß als die höchste Frequenz, die im System auftreten kann. Man sollte keine anderen, z.B. diskreten Blöcke mit kleinerer Schrittweite (oder Abtastperiode) parametrieren, da diese die Schrittweite der Simulation wird, und dann sind die Leistungsspektraldichten nicht mehr gültig. Das Modell `noise2.mdl` sollte für erste Versuche eingesetzt werden. Die Leistungsspektraldichte des Rauschgenerators kann auch durch die Funktion **cov** (Kovarianz) überprüft werden. Das Ergebnis muß mit der Schrittweite gewichtet werden, um die Einheit Watt/Hz zu erhalten.

Oft müssen kontinuierliche Systeme im Zustandsraum [4] simuliert werden. Sie sind durch folgende lineare Differentialgleichung erster Ordnung beschrieben:

$$\frac{d\mathbf{x}(t)}{dt} = \mathbf{Ax}(t) + \mathbf{Bu}(t) + \mathbf{w}(t) \tag{3.5}$$

$\mathbf{A}$, $\mathbf{B}$ sind die Matrizen des Zustandsmodells, $\mathbf{x}(t)$, $\mathbf{u}(t)$ sind der Zustandsvektor bzw. der Steuervektor, und $\mathbf{w}(t)$ ist weißes Rauschen mit Mittelwert gleich Null und Kovarianzmatrix $\mathbf{Q}$:

$$\begin{aligned} &E\left[\mathbf{w}(t)\right] = \mathbf{0} \\ &E\left[\mathbf{w}(t)\mathbf{w}(\tau)\right] = \mathbf{Q}\delta(t-\tau) \end{aligned} \tag{3.6}$$

Mit *E*[ ] ist die Erwartung und mit $\delta(t)$ die Delta-Funktion bezeichnet. Die Kovarianzmatrix ist symmetrisch und positiv definit [3]. In der Diagonale enthält sie die Leistungsspektraldichten (Watt/Hz) der Komponenten des weißen Rauschvektors $\mathbf{w}(t)$ und die restlichen Elemente stellen die Kovarianzen der Komponenten als Kreuzleistungsspektraldichten (ebenfalls in Watt/Hz) dar.

Es stellt sich nun die Frage, wie kann ein Rauschvektor mit gegebener Kovarianzmatrix simuliert werden. Eine Lösung besteht darin, mit einem *Band-Limited-White-Noise*-Block, einen Vektor mit unabhängigen Komponenten der Varianz Eins zu kreieren und über eine lineare Transformation die gewünschte Kovarianz zu erzeugen. Als Beispiel sei ein weißer Rauschvektor mit der 3 x 3 Kovarianzmatrix

```
Q = [1.0, 0.1, 0.05; 0.1, 2.0, 0.5; 0.05 0.5 3.0];
```

durch eine diskrete Sequenz anzunähern.

Zuerst muß die Schrittweite (*Sample time*) für den Generator gewählt werden, so daß die ihr entsprechende Abtastfrequenz viel größer ist als die höchste Frequenz, die im System auftreten kann, wie z.B. `d_t = 0.01`. Um einen Vektor mit drei Zufallswerten der Varianz gleich Eins vom Generator zu erhalten, wird dieser in der Option *Noise power* (Leistungsspektraldichte) durch einen Vektor mit drei gleichen Elementen, die wiederum gleich der Schrittweite sind, parametriert. Die Option *Seed* muß jetzt auch einen Vektor mit drei Elementen enthalten, die vom Algorithmus des Generators als Startwerte benutzt werden, um danach die drei Zufallswerte des Vektors bei jedem Schritt zu erzeugen.

Aus diesem diskreten Vektor, der mit $\mathbf{v}[k\Delta t]$ bezeichnet wird, soll der diskrete Vektor $\mathbf{w}[k\Delta t]$ durch eine lineare Transformation über die Matrix $\mathbf{G}$ gebildet werden, so daß er den kontinuierlichen Vektor $\mathbf{w}(t)$ mit einer bestimmten Kovarianzmatrix simuliert. Hier ist Δt die eingestellte Schrittweite, die der Einfachheit halber in der Bezeichnung der diskreten Sequenzen weggelassen wird. Es ist somit eine Transformationsmatrix $\mathbf{G}$ gesucht, so daß:

$$\mathbf{w}[k] = \mathbf{G}\mathbf{v}[k] \qquad E\left[\mathbf{v}[k]\mathbf{v}^T[i]\right] = \mathbf{I}\delta[k-i]$$
$$E\left[\mathbf{w}[k]\mathbf{w}^T[i]\right] = \mathbf{Q}\delta[k-i]/\Delta t \tag{3.7}$$

Hier ist $\mathbf{I}$ die Einheitsmatrix. Wenn die erste Beziehung in die letzte eingesetzt wird, erhält man:

$$E\left[\mathbf{G}\mathbf{v}[k]\mathbf{v}^T[i]\mathbf{G}^T\right] = \mathbf{Q}\delta[k-i]/\Delta t \tag{3.8}$$

oder

$$\mathbf{G}\mathbf{G}^T = \mathbf{Q}/\Delta t \tag{3.9}$$

Hier ist $\delta[k]$ der Kronecker-Operator, der gleich Null für $k \neq 0$ und gleich Eins für $k = 0$ ist. Da die Matrix $\mathbf{Q}$ symmetrisch und positiv definit ist, kann sie mit der Cholesky-Faktorisierung als Produkt einer Dreieckmatrix und ihrer Transponierten zerlegt werden. In MATLAB gibt es die Funktion **chol** für diese Faktorisierung. Die gesuchte Transformationsmatrix wird dann:

$$\mathbf{G} = chol(\mathbf{Q})/\sqrt{\Delta t} \tag{3.10}$$

Im Programm `p_noise3.m` wird die Transformationsmatrix $\mathbf{G}$ für die vorgeschlagene Kovarianzmatrix berechnet und für die Parametrierung des SIMULINK-Modells `noise3.mdl` eingesetzt. Nach der Simulation können die Ergebnisse mit dem Programm `d_noise3.m` dargestellt und aufgelistet werden. Für die erzeugten Sequenzen von 1001 Werten ergibt die Schätzung der Kovarianzmatrix mit der Funktion **cov** folgendes Ergebnis, das eine sehr gute Annäherung der gewünschten Matrix darstellt:

```
kovarianz =
      0.9952      0.1509      0.0947
      0.1509      1.9287      0.6337
      0.0947      0.6337      3.2076
```

Bei der Simulation diskreter Modelle im Zustandsraum, die z.B. durch folgende Differenzengleichung beschrieben sind:

$$\mathbf{x}[k+1] = \mathbf{A}\mathbf{x}[k] + \mathbf{B}\mathbf{u}[k] + \mathbf{w}[k] \tag{3.11}$$

ist die Simulation des Zufallsvektors $\mathbf{w}[k]$ mit den Eigenschaften

$$E\left[\mathbf{w}[k]\right] = \mathbf{0}$$
$$E\left[\mathbf{w}[k]\mathbf{w}^T[i]\right] = \mathbf{Q}\delta[k-i] \tag{3.12}$$

viel einfacher. Hier sind $\mathbf{x}[k]$ und $\mathbf{u}[k]$ der Zustands- bzw. Steuervektor, und $\mathbf{A}$, $\mathbf{B}$ bilden die Matrizen des diskreten Zustandsmodells. Die Elemente der Kovarianzmatrix $\mathbf{Q}$ sind hier Leistungen (z.B. in Watt), und diese Matrix hat in der Diagonale die Varianzen der Elemente des Zufallsvektors.

Eine skalare normal verteilte Zufallssequenz mit einer bestimmten Varianz erhält man aus einer unabhängigen normalen Sequenz mit Varianz Eins durch Gewichtung mit der Standardabweichung. Zum Beispiel ergeben folgende Anweisungen

```
k = 0:1000;
y = sqrt(10)*randn(1, length(k));
```

eine Zufallssequenz, die eine Varianz (mittlere Leistung) von 10 hat.

Für den allgemeinen Fall eines diskreten Zufallsvektors wird eine Matrix **G** ähnlich der Matrix aus (3.10) benutzt, mit dem Unterschied, daß die Teilung durch die Quadratwurzel der Schrittweite entfällt.

3.5 Modelle linearer dynamischer Systeme

Es werden am Anfang die linearen, zeitinvarianten Systeme besprochen, für die in der *Linear-* und *Discrete*-Bibliothek Blöcke vorgesehen sind, welche die üblichen Formen der Beschreibung solcher Systeme enthalten. Danach werden die Möglichkeiten für die Simulation nichtlinearer Systeme untersucht.

3.5.1 Blöcke für Übertragungsfunktionen linearer zeitinvarianter Systeme

In vielen Anwendungen aus der Elektrotechnik, Elektronik, Mechanik, Regelungstechnik etc. wird für die Beschreibung dieser Systeme eine Übertragungsfunktion [5] benutzt. Sie hat allgemein die Form:

$$H(s) = \frac{P(s)}{Q(s)} = \frac{b_1 s^{m-1} + b_2 s^{m-2} + \ldots + b_{m-1} s + b_m}{a_1 s^{n-1} + a_2 s^{n-2} + \ldots + a_{n-1} s + a_n} \tag{3.13}$$

Wobei der Zähler aus einem Polynom in s mit m Koeffizienten (Grad m-1) und der Nenner aus einem Polynom in s mit n Koeffizienten (Grad n-1) bestehen. Realisierbare Systeme müssen die Bedingung $n \geq m$ erfüllen und die SIMULINK-Blöcke können nur realisierbare Systeme simulieren.

Für diese Form der Übertragungsfunktion gibt es in der Bibliothek *Linear* den Block *Transfer-Fcn,* bei dessen Parametrierung für SISO-Systeme (*Singel Input Single Output*) der Vektor der Koeffizienten für den Zähler (*Numerator*) und für den Nenner (*Denominator*) angegeben werden.

In MATLAB 5 kann dieser Block auch Systeme mit einem Eingang und mehreren Ausgängen (SIMO - *Single Input Multiple Output*) simulieren. Für den Zähler wird jetzt eine Matrix angegeben, deren Zeilen die Koeffizienten der Systeme mit gleichem Eingang darstellen. Als Beispiel seien die Systeme:

$$H_1(s) = \frac{3s + 1}{4.5s^3 + 3s^2 + 1.5s + 2}; \qquad H_2(s) = \frac{1.5s^2}{4.5s^3 + 3s^2 + 1.5s + 2} \tag{3.14}$$

Die Matrix für den Zähler und der Vektor für den Nenner sind:

```
zaehler = [0, 3, 1; 1.5, 0, 0];   nenner = [4.5, 3, 1.5, 2];
```

Zu beachten sind die hinzugefügten Nullwerte, um für den Zähler eine Matrix zu erhalten.

Die Polynome im Zähler und Nenner können auch mit Hilfe der Nullstellen dargestellt werden, und man erhält so die Pol-Nullstellen-Beschreibung einer Übertragungsfunktion:

$$H(s) = \frac{P(s)}{Q(s)} = k\frac{(s-z_1)(s-z_2)....(s-z_m)}{(s-p_1)(s-p_2)....(s-p_n)} \tag{3.15}$$

Die Nullstellen des Polynoms im Zähler ($z_1, z_2, \ldots$) bilden auch die Nullstellen der Übertragungsfunktion, und die Nullstellen des Polynoms im Nenner ($p_1, p_2, \ldots$), für welche die Übertragungsfunktion unendlich wird, bilden die Polstellen der Übertragungsfunktion. Der Faktor $k = b_{m-1} / a_{n-1}$ sichert, daß die zwei Formen (*Transfer-Fcn* und *Zero-Pole)* gleich sind. Für diese Form gibt es in der *Linear*-Bibliothek die Blöcke *Zero-Pole*.

Als Parameter werden für diese Blöcke die Nullstellen (Zeros) und die Polstellen (Pole) in Vektoren angegeben und zusätzlich der Faktor *k*. Als Beispiel wird die Übertragungsfunktion

$$H(s) = 3\frac{1}{(s-(-2+j*3))(s-(-2-j*3))} \tag{3.16}$$

angenommen, für die mit folgenden Parametern ein solcher Block zu parametrieren ist:

```
z_zaehler = [];         % Emty-Matrix da keine Nullstellen
p_nenner = [-2+j*3, -2-j*3];      k = [3];
```

Wenn keine Nullstellen vorhanden sind, wie in (3.16), dann wird der *Empty*-Vektor [ ] benutzt. MATLAB 5 ermöglicht auch hier die Simulation von SIMO-Systemen mit einem Block. In diesem Fall sind die Nullstellen spaltenweise in einer Matrix und die Polstellen und die Faktoren *k* in Vektoren enthalten. Die beiden Systemen müssen aber die gleiche Anzahl von Null- und Polstellen besitzen.

Für diskrete Übertragungsfunktionen hat sich in der Regelungstechnik die Darstellung in Form von Polynomen in *z* verbreitet, und in der digitalen Signalverarbeitung ist die Form mit Polynomen in z^{-1} üblich [6]. In SIMULINK gibt es für diese Formen zwei Arten von Blöcken mit der Bezeichnung *Discrete Transfer-Fcn* bzw. *Discrete Filter.* Hinzu kommt noch der Typ *Discrete Zero-Pole* für die Beschreibung mit Hilfe der Null- und Polstellen, ähnlich der Beschreibung der kontinuierlichen Systeme.

Außer der *Discrete-Filter*-Form können die anderen zwei Typen von Blöcken in MATLAB 5 auch für SIMO-Systeme benutzt werden. Die Parameter für die Koeffizienten des Zählers oder für die Nullstellen sind dann in Matrizen enthalten.

3.5.2 Simulation linearer zeitinvarianter Differentialgleichungen

Als erster Typ wird eine lineare, zeitinvariante Differentialgleichung der Ordnung *n-1* und der Form

$$a_1 \frac{d^{n-1}y(t)}{dt^{n-1}} + a_2 \frac{d^{n-2}y(t)}{dt^{n-2}} + a_3 \frac{d^{n-3}y(t)}{dt^{n-3}} + \ldots + a_n y(t) = bu(t) \tag{3.17}$$

angenommen. Sie ist vollständig definiert, falls noch die (n-1)-Anfangsbedingungen $y(0), \dot{y}(o), \ddot{y}(0), \ldots, y^{(n-2)}(0)$ gegeben sind. Für den Fall mit Anfangsbedingungen gleich Null kann die Übertragungsfunktion,

$$H(s) = \frac{Y(s)}{U(s)} = \frac{b}{a_1 s^{n-1} + a_2 s^{n-2} + a_3 s^{n-3} + \ldots + a_n}, \tag{3.18}$$

die der Differentialgleichung entspricht, benutzt werden und man kann die Blöcke, die im vorherigen Abschnitt besprochen wurden, einsetzen. Die Unterbibliothek *Blocksets and Toolboxes* (SIMULINK Version 2) enthält in der Sammlung SIMULINK-*Extras* unter *Additional Linear* Blöcke für Übertragungsfunktionen, bei denen auch Anfangsbedingungen oder Anfangsausgänge initialisiert werden können.

Für die Simulation mit einzelnen Blöcken der SIMULINK-Bibliothek *Linear* wird zuerst angenommen, daß die höchste Ableitung bekannt ist:

$$\begin{aligned} \frac{d^{n-1}y(t)}{dt^{n-1}} &= -(a_2 / a_1)\frac{d^{n-2}y(t)}{dt^{n-2}} - (a_3 / a_1)\frac{d^{n-3}y(t)}{dt^{n-3}} - \ldots \\ &\quad - (a_n / a_1) y(t) + bu(t) \end{aligned} \tag{3.19}$$

Durch (n-1)-Integratoren werden alle Ableitungen niedriger Ordnung erhalten, und mit Rückkopplungen über *Gain*-Blöcke und einem Summierer wird die anfänglich als bekannt angenommene höchste Ableitung gebildet.

Bild 3.14 zeigt das Modell einer Differentialgleichung dritter Ordnung dieser Form (`diffe3.mdl`). Die Parameter des Modells sind im Programm `p_diffe3.m` initialisiert, und mit `d_diffe3.m` ist die Antwort auf einen Sprung dargestellt. Die Ausgänge der Integratoren bilden Zustandsgrößen [4], weil das Verhalten, ausgehend von einem beliebigen Zeitpunkt, durch die Anfangswerte dieser Größen und durch die unabhängigen Eingangsgrößen gegeben ist. An den Integratoren können auch Anfangszustände (oder hier Anfangsbedingungen) angegeben werden.

Mit den Bezeichnungen $x_1(t) = \ddot{y}(t);\ x_2(t) = \dot{y}(t);\ x_3(t) = y(t)$ kann die Differentialgleichung, die als Beispiel diente, in folgendes lineares System von Differentialgleichungen erster Ordnung in den neuen Variablen umgewandelt werden:

$$\begin{vmatrix} \dot{x}_1 \\ \dot{x}_2 \\ \dot{x}_3 \end{vmatrix} = \begin{vmatrix} -a_2/a_1 & -a_3/a_1 & -a_4/a_1 \\ 1 & 0 & 0 \\ 0 & 1 & 0 \end{vmatrix} \begin{vmatrix} x_1 \\ x_2 \\ x_3 \end{vmatrix} + \begin{vmatrix} b/a_1 \\ 0 \\ 0 \end{vmatrix} u \tag{3.20}$$

Dieses System bildet die Zustandsgleichung des Zustandsmodells der Differentialgleichung des Beispiels. Allgemein wird sie wie folgt geschrieben:

$$\dot{\mathbf{x}}(t) = \mathbf{A}\mathbf{x}(t) + \mathbf{B}\mathbf{u}(t) \tag{3.21}$$

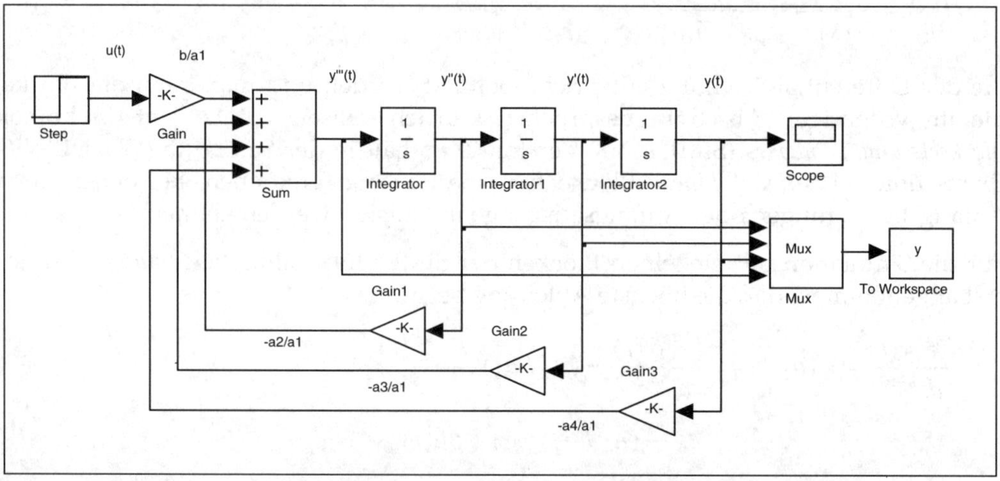

Bild 3.14 Modell einer Differentialgleichung dritter Ordnung (diffe3.mdl, p_diffe3.m, d_diffe3.m)

Vielmals sind die Ausgangsgrößen, die im Vektor $\mathbf{y}(t)$ zusammengefaßt sind, nicht die Zustandsgrößen $\mathbf{x}(t)$, sondern sind durch

$$\mathbf{y}(t) = \mathbf{C}\mathbf{x}(t) + \mathbf{D}\mathbf{u}(t) \tag{3.22}$$

gegeben. Diese algebraische Gleichung bildet die Ausgangsgleichung des Zustandsmodells, das durch die Matrizen **A**, **B**, **C** und **D** definiert ist. Die Lösung für $t \geq 0$ ist eindeutig durch den Anfangszustand $\mathbf{x}(0)$ und die unabhängige Erregung $\mathbf{u}(t)$ definiert.

In SIMULINK gibt es in der *Linear*-Bibliothek einen Block für die Simulation solcher Modelle. Man muß die Matrizen als Parameter eingeben oder sie in MATLAB definieren und über den Namen der Matrizen dem Modell bekanntmachen. In dem Parametrierungsfenster des Blocks stehen dann die vereinbarten Namen. Zusätzlich können Anfangszustände für die Zustandsvariablen angegeben werden.

Da die meisten SIMULINK-Blöcke Mehrgrößen am Eingang und Ausgang akzeptieren, kann das Modell auch aus einzelnen Blöcken aufgebaut werden. Es wird angenommen, daß die Ableitung des Zustandsvektors bekannt ist. Durch einen Integrierer erhält man den Zustandsvektor, der jetzt zusammen mit dem Eingangsvektor und den Matrizen des Systems, die in *Matrix Gain*-Blöcken parametriert werden, die anfänglich als bekannt angenommene Ableitung des Zustandsvektors bilden können. Bild 3.16 zeigt diesen Aufbau. Die ursprünglichen Bezeichnungen der Blöcke wurden nicht geändert, so daß man die Blöcke einfacher erkennt, und es wurden zusätzliche Texte in Rechtecken mit Schatten hinzugefügt, um die Matrizen des Zustandsmodells zu kennzeichnen. Durch Doppelklicken an beliebiger Stelle kann Text eingegeben werden. Die Blöcke sind durch aktivieren und mit der Tastenkombination *Strg-R* oder über das Menü *Format* mit *Flip* oder *Rotate* drehbar.

Der Ausgangsvektor ist danach einfach aus dem gewichteten Zustands- und Eingangsvektor zusammengesetzt. Die Verbindungen zwischen den Blöcken, die Vektoren entsprechen, wurden über die Option *Format* des Modellfensters und *Wide Vector Lines* breiter dargestellt.

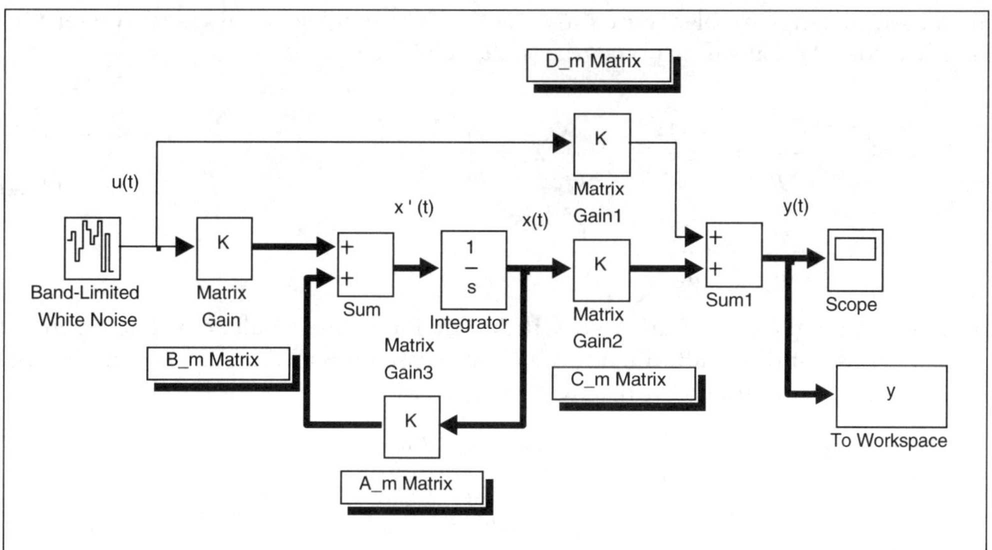

Bild 3.15 Zustandsmodell aus einzelnen Komponenten zusammengesetzt (zust1.mdl, p_zust1.m, d_zust1.m)

Im Programm `p_zust1.m` wird das Modell `zust1.mdl` parametriert, indem die Matrizen mit Namen und Werten, die auch in den *Matrix Gain* Blöcken eingetragen sind, versehen werden. Es handelt sich hierbei um ein mechanisches System, daß im Bild 3.16 dargestellt ist. Die Differentialgleichungen der Bewegungen der zwei Massen relativ zur statischen Gleichgewichtslage sind [7]:

$$\begin{aligned} m_1\ddot{z}_1(t) + r(\dot{z}_1(t) - \dot{z}_2(t)) + D(z_1(t) - z_2(t)) &= F_a \\ m_2\ddot{z}_2(t) + r(\dot{z}_2(t) - \dot{z}_1(t)) + D(z_2(t) - z_1(t)) &= 0 \end{aligned} \quad (3.23)$$

Die Bezeichnungen der Konstanten und der Variablen sind aus dem Bild zu entnehmen und werden nicht mehr erläutert. Mit $x_1 = z_1; x_2 = \dot{z}_1; x_3 = z_2; x_4 = \dot{z}_2$ werden vier Zustandsvariablen (die Lagen und Geschwindigkeiten der Massen) eingeführt, die den Zustand des Systems zu jedem Zeitmoment beschreiben. Als Ausgangsgrößen werden die Lagen der Massen betrachtet.

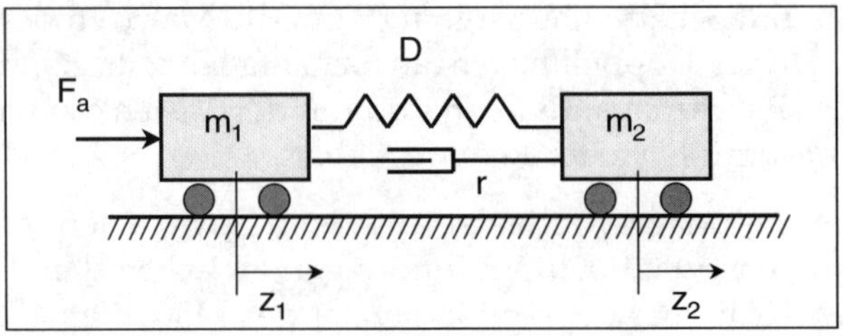

Bild 3.16 Mechanisches System, dessen Zustandsmodell ermittelt wird

Mit diesen neuen Variablen wird nun das Differentialgleichungssystem erster Ordnung, welches das Zustandsmodell darstellt, gebildet:

$$\begin{aligned}
\dot{x}_1 &= x_2 \\
\dot{x}_2 &= -\frac{D}{m_1}x_1 - \frac{r}{m_1}x_2 + \frac{D}{m_1}x_3 + \frac{r}{m_1}x_4 + \frac{1}{m_1}F_a \\
\dot{x}_3 &= x_4 \\
\dot{x}_4 &= \frac{D}{m_2}x_1 + \frac{r}{m_2}x_2 - \frac{D}{m_2}x_3 - \frac{r}{m_2}x_4
\end{aligned} \tag{3.24}$$

Die Zeitabhängigkeit der Variablen wurde der Einfachheit halber weggelassen. Als Eingangsgröße ist die Kraft, die auf die erste Masse einwirkt, angenommen. Es ergeben sich folgende Matrizen für das System (`p_zust1.m`):

```
A_m = [0 1 0 0;-D/m1 -r/m1 D/m1 r/m1;
       0 0 0 1;D/m2 r/m2 -D/m2 -r/m2];

B_m = [0 1/m1 0 0]';            C_m = [1 0 0 0; 0 0 1 0];
D_m = 0;
```

Das System ist durch einen Rauschgenerator erregt, der im vorherigen Abschnitt ausführlich besprochen wurde, und der Ausgangsvektor wird in einer Senke *To-Workspace* eingefangen und auf einen *Scope* dargestellt. An dem Integrator mit mehreren Eingängen können auch Anfangszustände angegeben werden. Mit dem Programm `d_zust1.m` wird der Ausgangsvektor dargestellt.

Die Differentialgleichungen (3.23) können auch direkt in einem Modell implementiert werden. Dafür werden sie in Matrixform geschrieben:

$$\begin{vmatrix}\ddot{z}_1\\ \ddot{z}_2\end{vmatrix} = \begin{vmatrix} -\dfrac{r}{m_1} & \dfrac{r}{m_1} \\ \dfrac{r}{m_2} & -\dfrac{r}{m_2}\end{vmatrix}\begin{vmatrix}\dot{z}_1\\ \dot{z}_2\end{vmatrix} + \begin{vmatrix} -\dfrac{D}{m_1} & \dfrac{D}{m_1} \\ \dfrac{D}{m_2} & -\dfrac{D}{m_2}\end{vmatrix}\begin{vmatrix}z_1\\ z_2\end{vmatrix} + \begin{vmatrix}\dfrac{1}{m_1}\\ 0\end{vmatrix} F_a \tag{3.25}$$

Die höchsten Ableitungen (die Beschleunigungen) werden als bekannt angenommen, und über zwei Integratoren werden die Geschwindigkeiten und Lagen ermittelt. Über Rückkopplungen mit *Matrix-Gain*-Blöcken werden die ursprünglich als bekannt angenommene Beschleunigungen ermittelt (Bild 3.17). Im Programm `p_diffe1.m` sind die drei Matrizen des Modells initialisiert und dadurch ist das Modell parametriert.

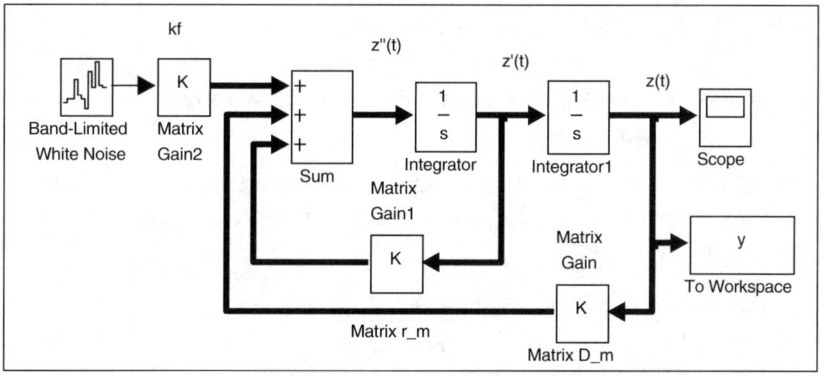

Bild 3.17 Das Modell der Differentialgleichung (3.25) (diffe1.mdl und p_diffe1.m)

Mit dem angeschlossenen *Scope* können die Lagen der Massen als Ausgangsgrößen verfolgt werden, und man erhält die gleichen Verläufe wie aus dem Zustandsmodell. An den zwei vektoriellen Integratoren können auch Anfangsbedingungen für die Geschwindigkeiten und Lagen der zwei Massen (die auch die Anfangszustände sind) angegeben werden.

Durch Eliminierung der Zwischenvariablen, um eine Differentialgleichung mit einem Eingang und einem Ausgang zu erzwingen, erhält man eine Form für die Differentialgleichung, die Ableitungen der Eingangsgröße enthält:

$$\begin{aligned} a_1 \frac{d^{n-1}y(t)}{dt^{n-1}} + a_2 \frac{d^{n-2}y(t)}{dt^{n-2}} + a_3 \frac{d^{n-3}y(t)}{dt^{n-3}} + \ldots + a_n y(t) = \\ b_1 \frac{d^{m-1}u(t)}{dt^{m-1}} + b_2 \frac{d^{m-2}u(t)}{dt^{m-2}} + b_3 \frac{d^{m-3}u(t)}{dt^{m-3}} + \ldots + b_m u(t) \end{aligned} \tag{3.26}$$

Sie Führt zu folgender Übertragungsfunktion:

$$H(s) = \frac{Y(s)}{U(s)} = \frac{b_1 s^{m-1} + b_2 s^{m-2} + b_3 s^{m-3} + \ldots + b_m}{a_1 s^{n-1} + a_2 s^{n-2} + a_3 s^{n-3} + \ldots + a_n} \tag{3.27}$$

Ein aus einzelnen Blöcken zusammengestelltes Modell für diese lineare zeitinvariante Differentialgleichung macht wenig Sinn. Wenn bei einem physikalischen Prozeß die Differentialgleichungen der Zustandsgrößen ermittelt werden, dann kommen keine Ableitungen der unabhängigen Eingangsgrößen vor. In MATLAB gibt es Funktionen und in SIMULINK sind Blöcke vorhanden, die diese Form der Beschreibung eines Systems akzeptieren. Mit der MATLAB-Funktion **`tf2ss`** (*Transfer-Fcn to State-Space*) aus der *Control-System-Toolbox* kann die Übertragungsfunktion (3.27) in ein Zustandsmodell umgewandelt werden.

3.5.3 Simulation linearer Differenzengleichungen

Die diskreten, linearen, zeitinvarianten SISO-Systeme werden im Zeitbereich durch Differenzengleichungen der Form

$$y[k] = -a_2 y[k-1] - a_3 y[k-2] - \ldots - a_{na+1} y[k-n_a] + \\ b_1 u[k] + b_2 u[k-1] + b_3 u[k-2] + \ldots + b_{nb+1} u[k-n_b] \tag{3.28}$$

beschrieben, wobei $y[k]$, $u[k]$ der diskrete Ausgang bzw. Eingang sind. Die Abtastperiode oder das Abtastintervall, als Kehrwert der Abtastfrequenz $T_s = 1/f_s$, wurde der Einfachheit halber in der Bezeichnung der Variablen weggelassen. Mit dem z^{-1}-Operator der Z-Transformation [6] wird aus der Differenzengleichung die diskrete Übertragungsfunktion

$$H(z) = \frac{Y(z)}{U(z)} = \frac{b_1 + b_2 z^{-1} + b_3 z^{-2} + \ldots + b_{nb+1} z^{-nb}}{1 + a_2 z^{-1} + a_3 z^{-2} + \ldots + a_{na+1} z^{-na}} \tag{3.29}$$

gebildet, für die in der *Discrete*-Bibliothek die Blöcke *Discrete Filter* vorgesehen sind. Diese Form entspricht den Übertragungsfunktionen aus der *Signal-Processing-Toolbox*. Eine ähnliche Übertragungsfunktion erhält man mit dem z^1-Operator

$$H(z) = \frac{Y(z)}{U(z)} = \frac{b_1 z^{nb-1} + b_2 z^{nb-2} + b_3 z^{nb-3} + \ldots + b_{nb}}{a_1 z^{na-1} + a_2 z^{na-2} + a_3 z^{na-3} + \ldots + a_{na}} \tag{3.30}$$

Sie wird in der *Control-System-Toolbox* häufig benutzt. Für diese Form sind in der *Discrete*-Bibliothek die Blöcke *Discrete-Transfer-Fcn* vorgesehen. Damit die Koeffizienten des Zählers und Nenners, die man in Vektoren zusammenfaßt und angibt, für beide Toolboxen gültig sind, sollte man die Anzahl der Elemente des Zählers und Nenners durch Auffüllen mit Nullwerte (beginnend beim Index 1) gleich stellen. In MATLAB 5 können diese Blöcke auch SIMO-Systeme darstellen, wobei dann die Koeffizienten des Zählers in den Zeilen einer Matrix enthalten sein müssen.

Das Modell der Differenzengleichung (3.28) kann auch aus einzelnen Blöcken aufgebaut werden. Man erhält verschiedene Formen, die nur bei der Implementierung in einem DSP (*Digital-Signal-Processor*) Vorteile und Nachteile aufweisen. Die Untersuchung der Zwischenwerte um z.B. den Überlauf eines bestimmten Bereichs zu ermitteln, wäre vielleicht auch der einzige Grund, weshalb man das Modell in dieser zerlegten Form aufbauen sollte. Eine einfache Implementierung erhält man für die Form:

$$y[k] = -a_2 y[k-1] - a_3 y[k-2] - \ldots - a_{na+1} y[k-n_a] + b_1 u[k] \tag{3.31}$$

Die Ausgangsgröße $y[k]$ wird als bekannt angenommen und über n_a Verzögerungsglieder (*Unit-Delay*) aus der Bibliothek *Discrete* werden die Ausgänge $y[k-1], y[k-2], \ldots$ erhalten. Zusammen mit dem Eingang kann über *Gain*-Blöcke der anfänglich als bekannt angenommene Ausgang $y[k]$ gebildet werden. Die Verzögerungsglieder *Unit-Delay* spielen hier die Rolle der Integratoren aus dem kontinuierlichen Fall.

Wenn auch die verzögerten Eingänge in der Differenzengleichung vorkommen, dann können Verzögerungsglieder auch für den Eingang eingesetzt werden, um danach die Ausgangsgröße zu bilden. Eine andere Möglichkeit wird exemplarisch für einen Abschnitt zweiter Ordnung der Form

$$H(z) = \frac{Y(z)}{U(z)} = \frac{b_1 + b_2 z^{-1} + b_3 z^{-2}}{1 + a_2 z^{-1} + a_3 z^{-2}} \tag{3.32}$$

gezeigt. Die Übertragungsfunktion wird in zwei Teile zerlegt und eine Zwischenvariable $W(z)$ eingeführt:

$$H(z) = \frac{Y(z)}{W(z)} \frac{W(z)}{U(z)} = (b_1 + b_2 z^{-1} + b_3 z^{-2}) \frac{1}{(1 + a_2 z^{-1} + a_3 z^{-2})} \tag{3.33}$$

Die Differenzengleichungen, die den zwei Teilen entsprechen, sind jetzt:

$$\begin{aligned} w[k] &= -a_2 w[k-1] - a_3 w[k-2] + u[k] \\ y[k] &= b_1 w[k] + b_2 w[k-1] + b_3 w[k-2] \end{aligned} \tag{3.34}$$

Nachdem die Zwischenvariable in der oben gezeigten Art ermittelt wurde (Bild 3.18 linke Seite), stehen auch die verspäteten Werte dieser Variablen zur Verfügung, und man kann mit einer gewichteten Summe die Ausgangsgröße gemäß der zweiten Differenzengleichung bilden (Bild 3.18 rechte Seite).

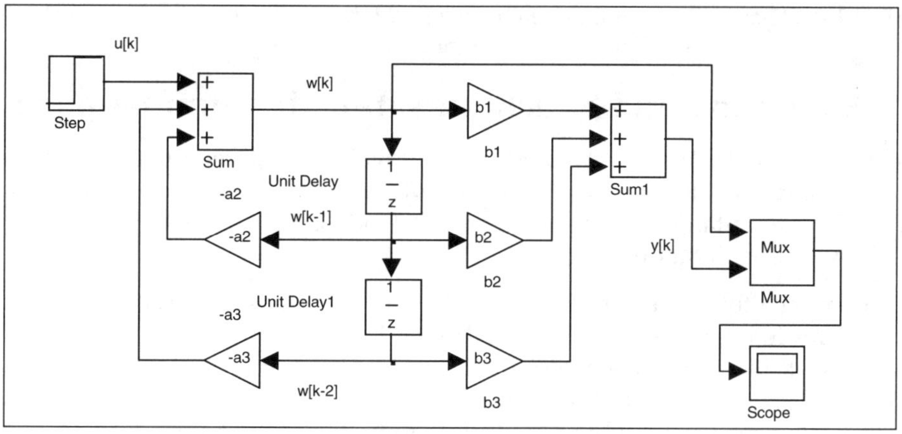

Bild 3.18 Diskreter Abschnitt zweiter Ordnung (zweit1.mdl, p_zweit1.m)

Die Differenzengleichungen können auch mit Vektoren simuliert werden, weil der *Unit-Delay*-Block auch für Mehrgrößenvariablen (Vektoren) gedacht ist. Statt der *Gain*-Blöcke muß man die *Matrix-Gain*-Blöcke benutzen. Für diskrete Zustandsmodelle der Form

$$\begin{aligned} \mathbf{x}[k] &= \mathbf{A}\mathbf{x}[k-1] + \mathbf{B}\mathbf{u}[k-1] \\ \mathbf{y}[k] &= \mathbf{C}\mathbf{x}[k] + \mathbf{D}\mathbf{u}[k] \end{aligned} \tag{3.35}$$

gibt es in der Bibliothek *Discrete* einen Block, der sehr einfach mit den Matrizen des Modells zu parametrieren ist. Zusätzlich muß die Abtastperiode und der eventuell von Null verschiedene Anfangszustand angegeben werden. Das Modell kann auch aus einzelnen Blöcken aufgebaut werden, wie das Modell (`zust2.mdl`) eines SISO-Systems 5. Ordnung, das im Bild 3.19 gezeigt ist, dokumentiert. Im Programm p_zust2.m wird das Modell mit den Matrizen Ad, Bd, Cd und Dd parametriert. Die Abtastperiode muß auch im Block *Unit-Delay* eingestellt werden.

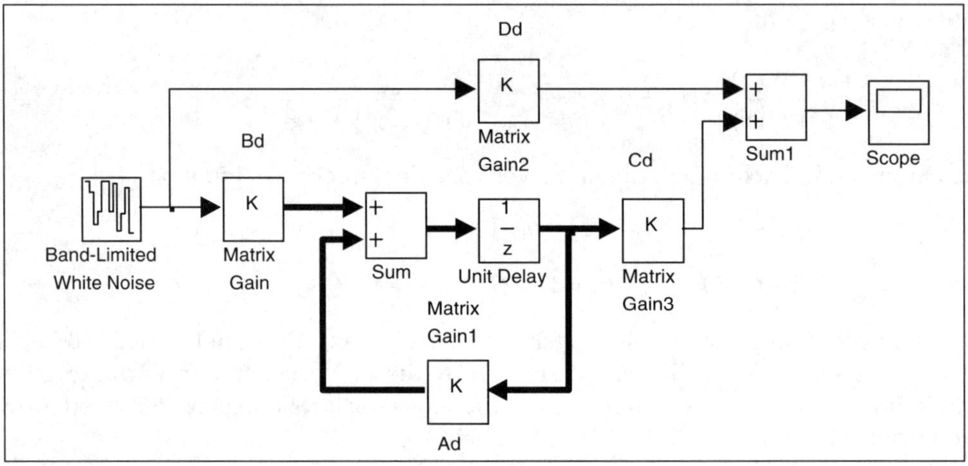

Bild 3.19 Diskretes Zustandsmodell aus einzelnen Blöcken gebildet (zust2.mdl, p_zust2.m)

3.6 Steuerung und Synchronisation der Simulationen

In vielen Anwendungen gilt in einem Zeitintervall eine Differential- oder Differenzengleichung und abhängig vom Ergebnis muß man auf ein anderes Modell schalten. Mehr noch, die Anfangszustände des neuen Modells sind eine Funktion der Endwerte des vorherigen Modells.

Neben den Schaltblöcken *Switch* und *Multiport-Switch* aus der *Nonlinear*-Bibliothek spielt hier der Integrator mit seinen vielseitigen Parametern und Steuermöglichkeiten eine wichtige Rolle. Das einfache Beispiel eines Detektors mit idealer Diode (Bild 3.20) soll den Einsatz des *Switch*-Blocks zeigen. Die Differentialgleichung für die Ausgangsspannung in der Annahme, daß die Diode geöffnet ist und daß Strom fließt, wird:

$$i(t) = (u_g(t) - u_a(t)) / R_g$$
$$\frac{du_a(t)}{dt} = -\frac{1}{C_s R_s} u_a(t) + \frac{i(t)}{C_s} \tag{3.36}$$

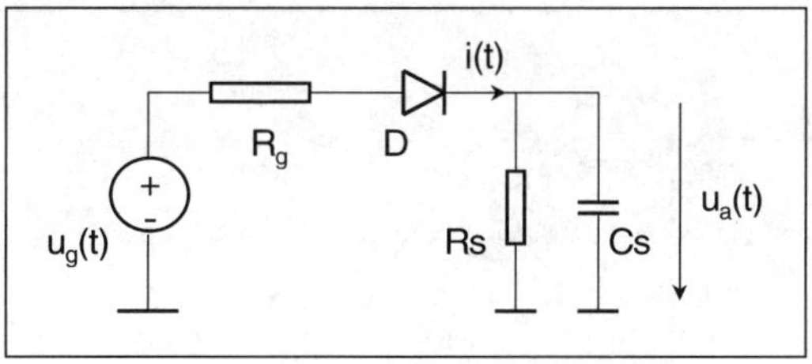

Bild 3.20 Einwegdetektor mit Diode

Wenn der Strom gemäß dieser Gleichungen negativ wird, blockiert sich die Diode und für die Ausgangsspannung gilt die zweite Differentialgleichung mit einem Wert von Null für den Strom. In der Simulation (Bild 3.21) wird ein *Switch*-Block eingesetzt um das Umschalten der Differentialgleichung abhängig vom Vorzeichen des Stroms zu realisieren. Solange der Strom größer als Null ist, bleibt der Schalter am ersten Eingang geschaltet, und die Differentialgleichung entspricht der geöffneten Diode. Wenn der Strom negativ wird, dann geht der Schalter zum dritten Eingang, der auf Null liegt, und ergibt somit die Differentialgleichung für die blockierte Diode.

Das zweite Beispiel soll die Steuerungsmöglichkeiten des Integrator-Blocks erläutern. Ein Ball wird aus der Höhe h horizontal mit einer Anfangsgeschwindigkeit v_0 über eine Kante geschoben. Die Bewegung des Balls soll ermittelt und dargestellt werden, in der Annahme, das der Abstoß am Boden proportional zur vertikalen Komponente der Geschwindigkeit ist (elastischer Ball).

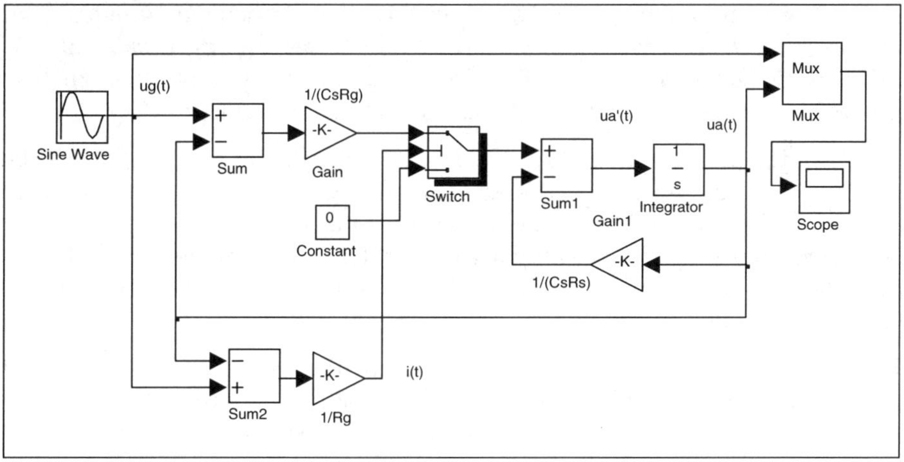

Bild 3.21 Modell des Einwegdetektors (schal.mdl, p_schal.m)

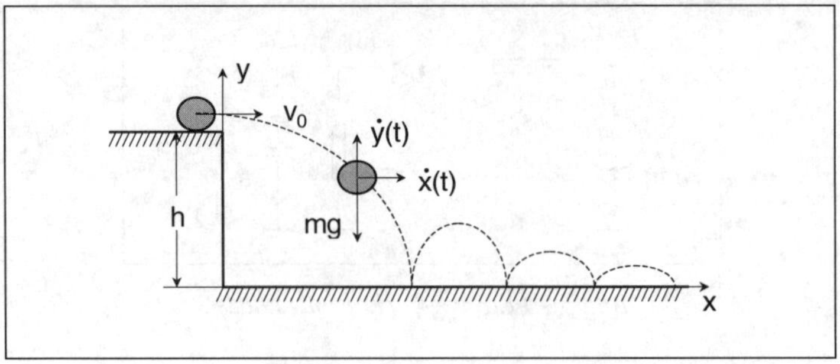

Bild 3.22 Bewegung eines elastischen Balls

Die Differentialgleichungen der Bewegung, die in zwei Komponenten entlang der x- und y-Achse zerlegt wird, sind für den ersten Abschnitt:

$$\begin{aligned} \ddot{x}(t) &= 0 \qquad \text{oder} \qquad \dot{x}(t) = Konst. = v_0 \\ \ddot{y}(t) &= -g \qquad \text{mit} \qquad \dot{y}(0) = 0 \end{aligned} \tag{3.37}$$

Danach erhält die vertikale Komponente Anfangsgeschwindigkeiten wegen des elastischen Abstoßes. Das SIMULINK-Modell ist im Bild 3.23 gezeigt. Die Bewegung in x-Richtung ist im oberen Teil simuliert, und der Integrator ist ohne Besonderheiten parametriert.

In den Integratoren für die vertikale Bewegung werden verschiedene Optionen aktiviert, die sich auch in den Symbolen dieser Blöcke spiegeln. Der zweite Integrator ist einmal mit Begrenzung eingestellt. Dafür wird die Schaltfläche *Limit output* aktiviert und die Grenzen *Upper saturation limit* auf *inf* und *Lower saturation limit* auf 0 eingestellt. Dies führt zur Kennlinie mit Begrenzung aus dem Symbol. Zusätzlich wurde hier der Anfangszustand (Anfangshöhe 10 m) von außen angelegt.

Beim ersten Integrator ist die Option *External reset* auf *falling* eingestellt. Dies bedeutet, daß ein Wert Null am entsprechenden *Reset*-Eingang den Integrator zurücksetzt, so daß er von der Anfangsbedingung, die ebenfalls von außen angelegt wird, die Integration neu startet. Der *Reset*-Eingang ist mit dem Ausgang des ersten Integrators (der die vertikale Bewegung darstellt) verbunden, und wenn die y-Bewegung Null ist, wird er zurückgesetzt.

Mit der Option *Show state port* wird der Zustand (die Geschwindigkeit) über einen Faktor(-0,8) und einen IC-Block (*Initial-Condition*) zurück geführt um als neue Anfangsbedingung nach dem Aufprall zu dienen. Der IC-Block ist anfänglich auf Null parametriert, um die vertikale Anfangsgeschwindigkeit zu ergeben.

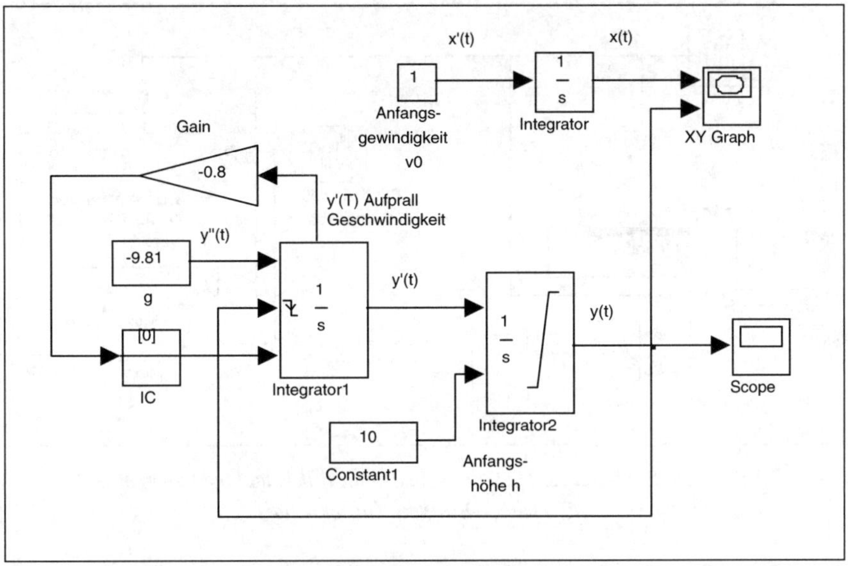

Bild 3.23 Modell für die Bewegung des elastischen Balls (ball1.mdl)

Mit der Option *Show saturation port*, die hier nicht aktiviert und nicht benutzt ist, wird der Zustand der Begrenzung (wenn sie benutzt und eingestellt ist) angegeben. Mit 1 ist das Erreichen der oberen Grenze signalisiert, mit -1 das Erreichen der unteren Grenze und mit Null der Zustand ohne Begrenzung nach außen bekanntgemacht.

3.6.1 Bedingte Ausführung von Untersystemen

Untersysteme (*Subsystems*) kann man mit dem entsprechenden Block aus der Bibliothek *Connections* erzeugen. Im Modellfenster wird so ein *Subsystem* hereingezogen und geöffnet. Dann wird das Untersystem aufgebaut und die Ein- und Ausgänge des Untersystems mit *In*- und *Outports* gekennzeichnet. Als Beispiel soll das Untersystem aus Bild 3.25 dienen. Aus derselben Bibliothek wird dem Untersystem ein Block *Enable* einfach hinzugefügt. Die Bezeichnungen der *In*- und *Outports* können geändert und der Anwendung angepaßt werden. Nach dem Schließen des Untersystems erscheint im Modellfenster ein Block, der als Ein- und Ausgänge die *Ports* hat und zusätzlich den *Enable*-Eingang besitzt. Mit einem passenden Namen wird das *Subsystem* bezeichnet. Das Untersystem, das dem Modell aus Bild 3.25 entspricht und im Bild 3.24 auf der linken Seite liegt, erhält den Namen „Integrator“.

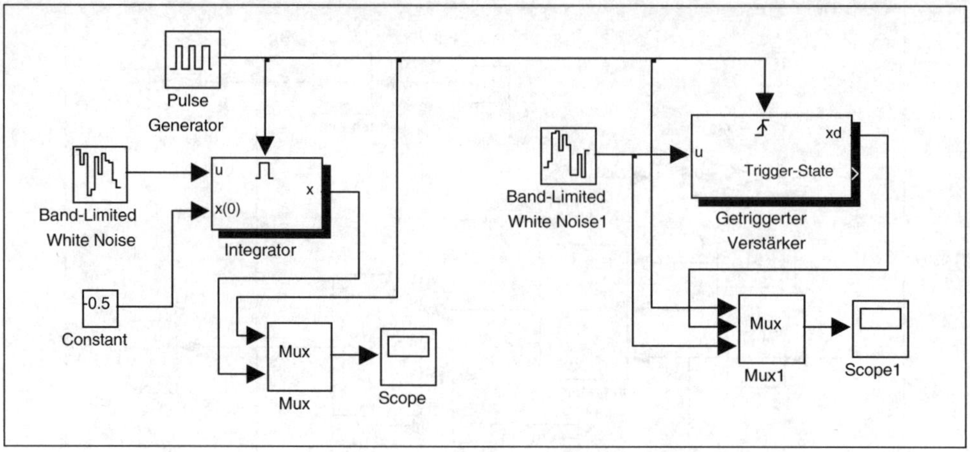

Bild 3.24 (Links) Untersystem (Subsystem) mit Enable- und (rechts) mit Trigger-Eingang (unter1.mdl)

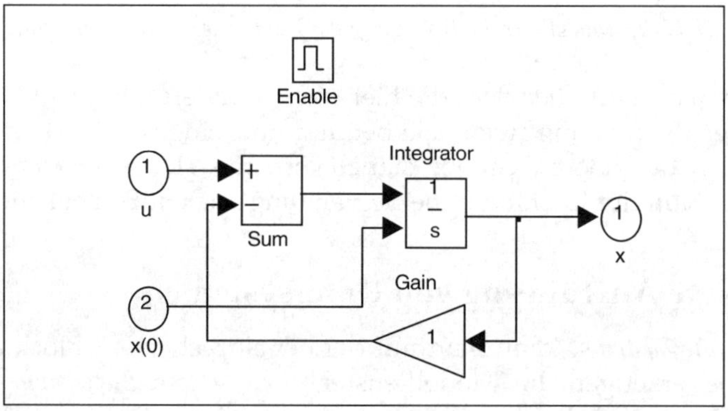

Bild 3.25 Inhalt des Untersystems mit Enable-Block (Teil des Modells unter1.mdl)

Solange das Signal *Enable* größer als Null ist, wird das Untersystem aktiviert und im vorliegenden Fall das Rauschsignal vom Eingang tiefpaßgefiltert. Der Integrator des Untersystems erhält die Anfangsbedingung für die erste Aktivierung von außen (zweiter Eingang). Der Ausgangsport wird auf *held* parametriert, so daß der letzte Ausgangswert eines aktiven Zustands im nicht aktiven Zustand beibehalten wird. Die Alternative wäre der Parameter *reset*, der den Ausgang immer auf Null im nicht aktiven Zustand forciert.

Mit einfachen Modellen und Signalen kann die Funktionsweise der komplexen Möglichkeiten der Integratoren, der *Enable*-Blöcke etc., auf einfacher Weise geklärt werden.

Auf der rechten Seite im Bild 3.24 ist ein weiteres Untersystem gezeigt, das getriggert wird. Das Untersystem enthält nur einen *Gain*-Block und aus der Bibliothek *Connections* einen *Trigger*-Block, bei dem der *Trigger typ rising* (mit Alternativen *falling* oder *either*) eingestellt und die Schaltfläche *Show output port* aktiviert wurden. Bei jeder

Flanke von Null auf einen positiven Wert wird ein Eingangswert abgetastet. Der *Output-Port* zeigt, ob der Triggereingang schon aktiviert wurde. Im Zweifelsfall sollte man auch hier mit einfachen Experimenten prüfen, ob die erwartete Funktionsweise stattfindet. Auf den zwei *Scope*-Blöcken mit eventuellem Einsatz der Zoom-Möglichkeiten kann die Wirkung der Steuerungssignale (*Enable* und *Trigger*) verstanden werden.

Praktisch können in einem Untersystem mit *Enable*-Signal alle Blocktypen vorkommen. In einem getriggerten Untersystem sind nur solche Blöcke zugelassen, die ihre Funktion ohne Zwischenspeicherung durchführen können, wie z.B. die *Gain-* und logische Blöcke. Zusätzlich werden diskrete Blöcke erlaubt, die aber für die Abtastperiode den Wert -1 eingetragen haben, so daß sie diese vom Eingang erben.

3.7 Algebraische Schleifen

Eine algebraische Schleife entsteht in einem Modell, wenn an einem statischen Eingang, ohne Dynamik (*direct feedthrough*) entweder direkt vom Ausgang dieses Blocks oder über mehrere Blöcke, die einen ebenfalls statischen Pfad bilden, eine Rückkopplung vorkommt.

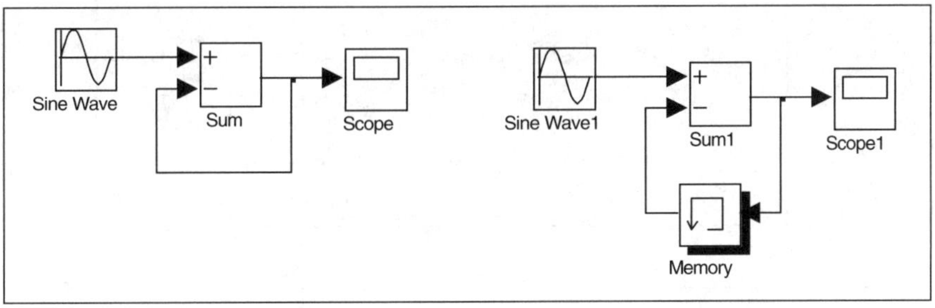

Bild 3.26 Einfache algebraische Schleife und Auflösung mit Memory-Block (algeb1.mdl)

Im Bild 3.26 links (`algeb1.mdl`) ist eine einfache algebraische Schleife bestehend aus einem Summierer mit Rückkopplung gezeigt. Der Ausgang y ist $y = u - y$ und kann wegen der Rückkopplung nicht direkt aus dem Eingang ermittelt werden. Sicher kann man so eine Schleife auflösen (y = u/2) und mit einem *Gain*-Faktor implementieren. In der vorherigen SIMULINK-Version (1.3) wurde empfohlen, mit einem Memory-Block in der Rückkopplung eine Verspätung einzubauen, wenn die Fehlermeldung angibt, daß die algebraische Schleife nicht gelöst werden kann, (Bild 3.26 Rechts). Mit den Modellen aus Bild 3.26 (`algeb1.mdl`) kann man das Ergebnis ohne und mit dem *Memory*-Block vergleichen. Die neue Version 2 von SIMULINK empfiehlt diese Lösung nicht mehr und hat in der Bibliothek *Nonlinear* einen speziellen Block *Algebraic-Constraint*, der für solche Fälle einzusetzen ist. Als Eingang wird eine Variable angelegt, die eine Funktion des Ausgangs ist. Der Block wird versuchen, den Ausgang so zu ändern, daß das Signal am Eingang Null wird. Im Modell `algeb2.mdl` ist ein Beispiel gezeigt, welches das Prinzip des Einsatzes des Blocks *Algebraic-Constraint* erläutert. Die nichtlineare Kennlinie einer Diode entspricht der Beziehung [8]:

$$i_d = I_0[\exp(u_d / V_T) - 1] \tag{3.38}$$

Sie enthält zwei Parameter, I_0 (z.B. 10 nA) und V_T (25 mV bei 25 °C). Daraus läßt sich leicht durch eine Differenz die Fehlerfunktion $i_d - I_0[\exp(u_d / V_T) - 1] = f(i_d)$ bilden. Mit Hilfe des *Algebraic-Constraint*-Blocks kann für eine gegebene Spannung u_d der Strom i_d, welcher die Fehlerfunktion auf Null forciert, ermittelt werden. In diesem Fall hätte man keine algebraische Schleife benötigt und eine gegebene Spannung hätte über die nichtlineare Beziehung auch zum gewünschten Strom geführt.

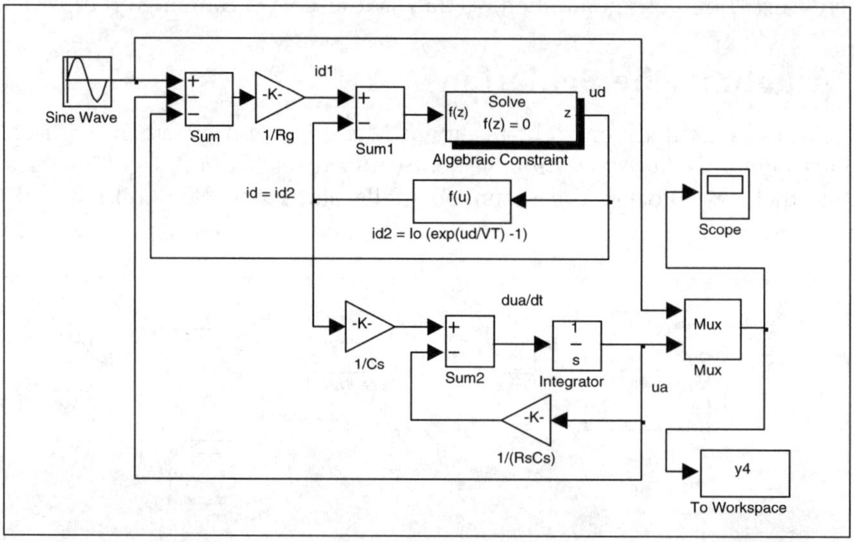

Bild 3.27 Modell des Detektors mit Algebraic Constraint-Block (algeb4.mdl)

Im Modell `algeb3.mdl` ist der Detektor mit Diode aus Bild 3.20 simuliert, und für die Diode wird die oben gezeigte Beziehung verwendet. Wie man sieht, entsteht eine algebraische Schleife, die auch prompt in der MATLAB-Umgebung gemeldet wird und ohne Probleme gelöst wird. Für jeden Integrationsschritt der linearen Dynamik wird der Arbeitspunkt für die Diode iterativ ermittelt.

Das Modell (`algeb4.mdl`) mit *Algebraic-Constraint*-Block ist im Bild 3.27 gezeigt. Es basiert auf folgenden Differentialgleichungen:

$$i_d(t) = (u_g(t) - u_a(t) - u_d(t)) / R_g \tag{3.39}$$

$$i_d(t) = I_0[\exp(u_d(t) / V_T) - 1] \tag{3.40}$$

$$C_s \frac{du_a(t)}{dt} = i_d(t) - \frac{u_a(t)}{R_s} \tag{3.41}$$

Wenn die Ströme aus den ersten zwei Beziehungen mit $i_{d1}(t)$, $i_{d2}(t)$ bezeichnet werden, dann ergibt ihre Differenz die Fehlerfunktion für einen *Algebraic-Constraint*-Block.

Nach den Iterationen dieses Blocks ist die Differenz Null und der korrekte Strom kann dann in dem Integrationsschritt des linearen Teils eingesetzt werden. Dieser Vorgang wiederholt sich für jeden Integrationsschritt. Mit dem Programm `d_algeb3.m` kann man die Ergebnisse des Modells (`algeb3.mdl`) ohne *Algebraic-Constraint*-Block und des Modells mit einem solchen Block (`algeb4.mdl`) darstellen und vergleichen.

3.8 Linearisierung und Ermittlung des Gleichgewichtszustands

Aus SIMULINK-Modellen können lineare Zustandsmodelle mit den Funktionen **`linmod`** und **`dlinmod`** extrahiert werden. Die Ein- und Ausgänge des Modells müssen mit *In*- bzw. *Outports* aus der *Connection*-Bibliothek markiert sein.

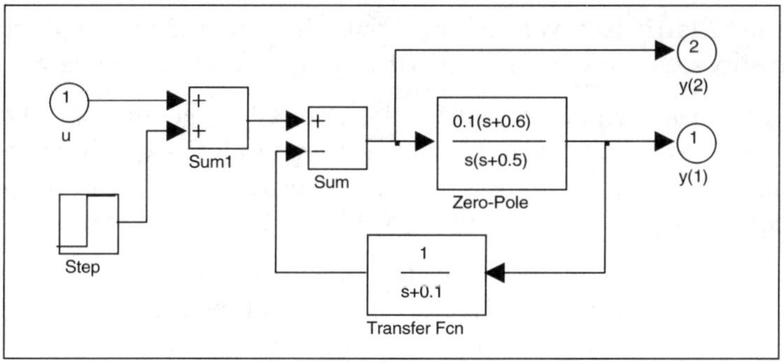

Bild 3.28 System aus dem ein lineares Zustandsmodell extrahiert wird (linea1.mdl, d_linea1.m)

Im Bild 3.28 ist ein lineares System (`line1.mdl`) mit einem Eingang und zwei Ausgängen gezeigt. Mit der Anweisung

```
[A, B, C, D] = linmod('linea1')
```

erhält man die Matrizen A, B, C und D des Zustandsmodells. Aus dieser Form können danach die anderen üblichen Formen der Beschreibung und die typischen Antworten (Impuls- und Sprungantwort oder Frequenzgang) ermittelt werden.

Wenn das Modell nichtlinear ist, dann muß zuerst ein Arbeitspunkt gewählt werden, in dessen Umgebung das lineare Zustandsmodell dann mit der gleichen Funktion berechnet wird. Die Größe der Umgebung (oder Perturbation des Arbeitspunktes) beeinflußt das Modell und muß spezifiziert sein. Zusätzliche Argumente der Funktion dienen der Festlegung des Arbeitspunktes und der Perturbation des Arbeitspunktes:

```
[A, B, C, D] = linmod('linea2', x, u, pert, xpert, upert);
```

Das vorherige Modell ist mit einem nichlinearen Regler mit Sättigung erweitert worden und in `linea2.mdl` gespeichert. Im Programm `p_linea2.m` werden verschiedene Aufrufe getestet. Da der Regler einen PI-Charakter (mit Proportional- und Integralwirkung) besitzt, ist der Arbeitspunkt auf der nichlinearen Kennlinie immer im Ursprung; dadurch erhält man das gleiche Modell. Man sollte dieses Experiment erweitern und das SIMULINK-Modell und das Programm so ändern, daß der Arbeitspunkt das Zustandsmodell beeinflußt. Wenn der Integralteil der Strecke weggelassen wird, können Arbeitspunkte bis zur Sättigung eingestellt werden. Mit

```
[size, x0, xstring] = linea2;
```

erhält man in der Variablen `size` Angaben über das Modell (Anzahl der kontinuierlichen und diskreten Zustände, Anzahl der Ein- und Ausgänge etc.), in der Variablen `x0` werden die Anfangszustände des Modells geliefert und in der Matrix `xstring` wird in der Zeile i der Name des Blocks aus dem Modell angegeben, der die Zustandsvariable i enthält:

```
xstring =  'linea2/Zero-Pole'
           'linea2/Zero-Pole'
           'linea2/Transfer Fcn'
```

Aus dieser *String*-Matrix ist zu entnehmen, daß die erste und zweite Zustandsvariable dem *Zero-Pole*-Block entspricht und die dritte dem *Transfer-Fcn*-Block gehört.

Mit dem Befehl **`trim`** wird ein Arbeitspunkt (oder Gleichgewichtspunkt) für gegebene Eingangs- und Ausgangsgrößen, ausgehend von einem geschätzten Anfangszustand, bestimmt. Mit dieser Funktion sind auch vernünftige Werte für den Zustandsvektor zu erhalten, den man in der Funktion **`linmod`** einsetzen kann.

Im Programm `t_linea2.m` sind zwei Beispiele für den Aufruf gezeigt. Man gibt geschätzte Werte für den Zustandsvektor, für den Eingang (oder Eingangsvektor) und den Ausgangsvektor an, die einen Gleichgewichtspunkt bilden sollen. Da man nicht weiß, ob alle diese Werte einem Gleichgewichtspunkt entsprechen, werden einige als nicht gebunden definiert. Die Funktion wird versuchen, für die Werte der gebundenen Variablen entsprechende Werte für die nicht gebundenen zu bestimmen, so daß ein Gleichgewichtspunkt entsteht.

Bei diskreten Modellen ist für die Linearisierung die Funktion **`dlinmod`** vorgesehen und die neue Version von SIMULINK besitzt eine verbesserte Funktion für die Linearisierung mit dem Namen **`linmod2`**. Kurze Beschreibungen erhält man über die **`help`**-Funktion.

3.9 Der Aufruf einer Simulation aus der MATLAB-Umgebung

Eine Simulation kann auch aus einem MATLAB-Programm, einer Funktionsroutine oder direkt aus dem Kommandofenster von MATLAB aufgerufen werden. Das ist die flexibelste Art, eine Simulation für verschiedene Werte der Parameter durchzuführen. Die Syntax dieses Aufrufs ist:

```
[t, x, y] = sim('modell', timespan, options, ut, p1,...,pn);
```

Nur der Name der Datei des Modells ist notwendig; die restlichen Parameter können aus den Seiten (*Solver, Workspace I/O* und *Diagnostics*) des Fensters *Simulation parameters: modell*, das über das Menü *Simulation* und *Parameters* erreicht wird, übernommen werden. Dieser Aufruf unterscheidet sich stark von dem Aufruf der alten Version. In `t` ist der Zeitvektor und in der Matrix `x` sind in den Spalten die kontinuierlichen und diskreten Zustände geliefert. Die Matrix `y` enthält in ihren Spalten die Variablen der Ausgänge, die mit *Outports* im Modell definiert sind. Das Argument `timespan` kann ein Skalar sein und die Endzeit angeben (mit 0 als Startzeit) oder ein Vektor, der den Start- und Stoppmoment definiert. Dazwischen kann noch ein Vektor liegen, der die gewünschten Zeitmomente, bei denen Ergebnisse benötigt werden, angibt. Als Beispiel sei der Vektor `timespann = [0.5, [1:10], 12];` der eine Start- und Stoppzeit von 0,5 s bzw. 12 s definiert und zusätzlich die Zeitmomente [1:10] spezifiziert, bei denen auch Ergebnisse erwartet werden.

Die Variable `options` ist eine Struktur, die mit Hilfe des Befehls **simset** kreiert wird und die optionalen Parameter für die Simulation enthält. Mit der Matrix `ut` können an den *Inports* Eingangsvariablen gebracht werden, die in folgender Form organisiert sein müssen: `ut = [t, u1, u2, ...,un];` wobei t ein Zeit-Spaltenvektor ist und `u1,u2, ... ,un` sind Spaltenvektoren, welche die Werte der Eingänge zu den Zeitmomenten des Vektors `t` enthalten.

Mit dem Befehl **simset** können alle Parameter definiert werden, die auch in den Seiten (*Solver, Workspace I/O* und *Diagnostics*) des Fensters *Simulation parameters: modell* enthalten sind. Dieses Fenster wird über das Menü *Simulation* und *Parameters* erreicht. Die Parameter bilden eine Struktur, deren Komponenten über den Namen der Eigenschaft angesprochen werden. So z.B. wird durch

```
meine_opt = simset('MaxRows', 1000, 'Refine', 2);
```

die Eigenschaft `MaxRows` mit 1000 und `Refine` mit 2 initialisiert. Danach kann die Simulation des Modells mit dem Namen `turbine` durchgeführt werden

```
[t, x, y] = sim('turbine', 10, meine_opt);
```

wobei durch 10 die Endzeit von 10 s angegeben ist. Die restlichen Eigenschaften der Parameter der Simulation werden aus der Struktur `meine_opt` und aus den Werten, die im Parametrierungsfenster angegeben sind, übernommen. Um die laufenden Werte der Parameter eines Modells aus der MATLAB-Umgebung abzufragen, kann der Befehl **simget** eingesetzt werden.

3.10 *Toolboxes* und Blocksets

SIMULINK ist auf MATLAB aufgebaut und stellt den Anwendern ein breites Spektrum von Werkzeugen für die Generierung, Analyse und Optimierung von Systemen zur Verfügung. Diese Werkzeuge beinhalten die MATLAB-Anwender-*Toolboxen* und die für SIMULINK spezialisierten Bibliotheken von Blöcken, als *Blocksets* bekannt. Mit den Funktionen der *Control-System-Toolbox* können z.B. die optimalen Regelungsmatrizen berechnet werden und danach in einem SIMULINK-Modell das Verhalten für verschiedene Bedingungen testen. Ähnlich können die Funktionen der *Signal-Processing-Toolbox* eingesetzt werden, z.B. um Filter zu entwerfen. Die resultierten Koeffizienten werden dem entsprechenden SIMULINK-Block danach übergeben.

In dem DSP-*Blockset* befinden sich Blöcke, die es erlauben, Algorithmen der Signalverarbeitung im Zeit- und Frequenzbereich zu simulieren und zu testen. Komplizierte Algorithmen wie z.B. zur adaptiven Rauschunterdrückung sind über das graphische Modell leicht zu verstehen und zu untersuchen. Für die Untersuchung der Effekte, die bei der Implementierung mit begrenzter Wortlänge der Algorithmen und Verfahren auftreten können, ist der *Fixed-Point-Blockset* besonders geeignet. Die Rundungsfehler, die Stabilitäts- und Überlaufprobleme sind nur einige für die Praxis wichtige Aspekte, die man mit diesem Blockset optimal lösen kann.

Der *Nonlinear-Control-Design-Blockset* stellt Funktionsblöcke für die Entwicklung robuster, nichtlinearer Regler zur Verfügung und ermöglicht dadurch, die fehlende Theorie für die praktischen Aufgaben, die meist nichtlinear sind, über Simulationen zu lösen.

Die Grundbibliothek von SIMULINK enthält auch eine Unterbibliothek, die mit *Blocksets & Toolboxes* bezeichnet ist. Wenn die *Control-System-Toolbox* in MATLAB installiert ist, dann verfügt man hier über eine LTI-*Control-Toolbox* mit einem einzigen aber sehr leistungsfähigen Block. Er unterstützt die Simulation der LTI-Objekte (*Linear-Time-Invariant)* aus der neuen Version der *Control-System-Toolbox*, die in der vorherigen Version dieser *Toolbox* nicht in dieser Form vorhanden sind. In der zweiten Unterbibliothek sind Blöcke vorhanden, die aus der *System-Identification-Toolbox* stammen und für Identifikationsaufgaben einzusetzen sind. Sie unterstützen die üblichen Identifikationsverfahren AR, ARX, ARMAX etc. [9].

Die Unterbibliothek SIMULINK-*Extras* enthält zusätzliche Senken für Spektralanalyse, und zusätzliche diskrete und lineare Blöcke für Übertragungsfunktionen mit Anfangszustand und Anfangsausgang und mit den verschiedensten PID-Reglern. Hinzu kommen noch Funktionsblöcke für Koordinaten-Transformationen, Trigger-Blöcke und ein Differenzierer, den man für Linearisierungen einsetzen kann.

Mit den erwähnten LTI-Objekten der *Control-System-Toolbox* Version 4, die auch in SIMULINK verfügbar sind, ist eine wesentliche Vereinfachung im Umgang mit den Funktionen, welche die Erzeugung, Analyse und Synthese der Linear-Zeitinvarianten-Systemen unterstützen, erreicht worden. Die Systeme erhalten einen Namen z.B. durch

```
sys = tf(num,den);                      sys = zpk(z,p,k);
sys = ss(A,B,C,D);
```

oder ähnlich für den diskreten Fall:

```
sys = tf(num,den,Ts);                   sys = zpk(z,p,k,Ts);
sys = ss(A,B,C,D,Ts);
```

Für die Parametrierung eines LTI-Blocks aus einem SIMULINK-Modell kann nun der Name oder für einfache Systeme eine der gezeigten Funktionen benutzt werden. Mit der Anweisung:

```
prozess = zpk(0.5, [-0.1, 0.3], 1, 0.05)
```

erhält man die Übertragungsfunktion

$$H(z) = \frac{(z-0{,}5)}{(z+0{,}1)(z-0{,}3)} \tag{3.42}$$

mit der Abtastperiode von 0,05 s, die ein diskretes LTI-Objekt darstellt. Der LTI-Block kann mit dem Namen `prozess` parametriert werden. Alle Analysefunktionen aus der vorherigen Version können über den Namen des Objekts aufgerufen werden. Die Aufrufe

```
step(prozess);        impulse(prozess);    bode(prozess);
```

ergeben die Sprungantwort, Impulsantwort und Bode-Diagramm (Frequenzgang) des mit `prozess` genannten LTI-Objekts. Die LTI-Objekte sind Strukturen und Zellen deren Parameter mit den Befehlen **tfdata**, **zpkdata** und **ssdata** erhalten werden, wie z.B. in:

```
[za, pa, ka, Tsa] = zpkdata(prozess);
```

Für MIMO-Übertragungsfunktionen werden Zellen verwendet, mit den Parametern in geschweifter Klammer. Die Anweisungen:

```
zaehler = {0.5, [1 1]}   % (1 mal 2) Zellfeld für den Zähler
nenner = {[1 0], [1 2]}  % (1 mal 2) Zellfeld für die Nenner
H = tf(zaehler,nenner)
```

erzeugen ein System mit zwei Eingängen und einem Ausgang mit der Übertragung

$$Y(s) = \frac{0{,}5}{s}U_1(s) + \frac{s+1}{s+2}U_2(s) \tag{3.43}$$

Das Modell `lti_1.mdl` enthält ein LTI-Block, der mit der erzeugten Übertragungsfunktion H durch `p_lti1.m` parametriert ist. Mit Hilfe des *Mux*-Blocks werden die zwei Eingänge des LTI-Blocks erreicht.

3.11 Simulation nichtlinearer und zeitvarianter Systeme

Die meisten dynamischen Systeme aus der Praxis sind nichtlinear und die lineare Theorie ist nur unter bestimmten Bedingungen anwendbar. Das Verhalten der nichtlinearen Systeme ist viel komplexer als die der linearen Systeme, bei denen die Superposition zu geschlossenen Lösungen führt. Die Theorie der nichtlinearen Systeme geht auch von vielen Annahmen aus, die nur begrenzt praktisch zulässig sind. Daher die Wichtigkeit der Simulationen sowohl für die Praxis als auch für die Weiterentwicklung der Theorie. Über diese kann man z.B. qualitative Erkenntnisse bezüglich der Stabilität der Lösungen erhalten und dadurch die Simulationen optimal steuern und korrekte quantitative Ergebnisse liefern.

In der *Nonlinear*-Bibliothek von SIMULINK gibt es Blöcke für die meisten Nichtlinearitäten, mit denen viele Aufgaben der Regelungs- und Schwingungstechnik simuliert werden können. In den Kapiteln mit Anwendungen werden solche nichtlinearen Systeme untersucht. Zusätzlich stehen in dieser Bibliothek noch zwei Blöcke zur Verfügung, mit denen man nichtlineare Zusammenhänge erzeugen kann.

Der erste *Fcn*-Block kann einen Ausdruck mit einem Ausgang und mehreren Eingängen (MISO-Ausdruck) auswerten. Die MATLAB-Variablen müssen Skalare sein und werden mit der Bezeichnung `u[i] (oder u(i))` benutzt, wobei i der Index der Variable ist. Als Beispiel könnte der Ausdruck für den *Fcn*-Block aus Bild 3.29, der über den *Mux*-Block drei Eingänge besitzt, wie folgt sein:

```
2.5*sin(2*pi*u(2)*u(1))+ abs(3*cos(2*pi*u(3)*u(1)+pi/3))
```

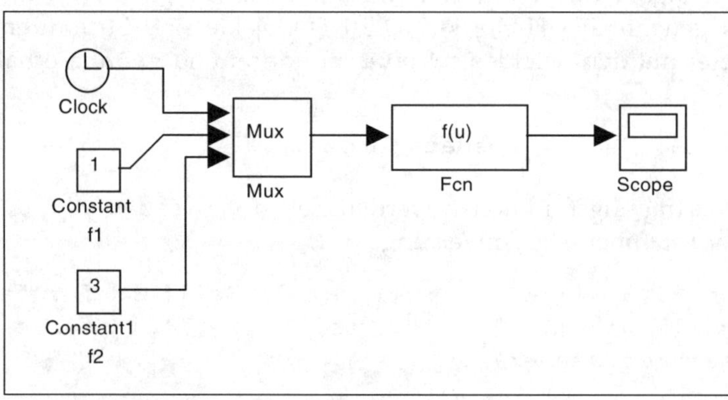

Bild 3.29 Der Fcn-Block mit drei Eingängen (nlinea.mdl)

Der erste Eingang u(1) ist die Zeit und die anderen zwei in Form von Konstanten stellen zwei Frequenzen dar. Am Ausgang erhält man die Summe von zwei Schwingungen, die aus diesen Eingängen gebildet sind. Der Ausdruck muß im Parametrierungsfenster des Blocks geschrieben werden, man kann ihn nicht aus der MATLAB-Umgebung initialisieren.

Mit dem MATLAB-*Fcn*-Block können beliebige Funktionsroutinen in ein SIMULINK-Modell eingebunden werden. Bei der Definition der Funktion bilden die Argumente die Eingänge, die Ergebnisse stellen die Ausgänge dar. Sie müssen in zwei Vektoren zusammengefaßt sein.

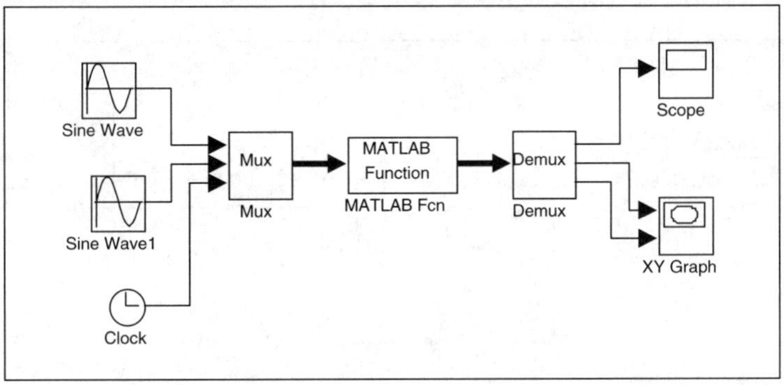

Bild 3.30 Der MATLAB-Fcn-Block mit drei Eingängen und drei Ausgängen (nlinea2.mdl)

Beispiel sei das Modell `nlinea2.mdl` aus Bild 3.30, das ein MATLAB-*Fcn*-Block mit drei Eingängen und drei Ausgängen, in den Vektoren `x` bzw. `y` zusammengefaßt, enthält; er wird über die Funktion `test_nl.m` initialisiert:

```
function y = test_nl(x)
% Funktion zum Testen der Einbindung des MATLAB-Fcn-Blocks
y(1) = x(1)*exp(-x(3)/2);
y(2) = y(1);
y(3) = x(2)*exp(-x(3)/5);
```

Bei jedem Schritt der Simulation werden die Funktion aufgerufen und die Ausgänge berechnet. Zusätzliche Parameter können auch über globale Variablen der Funktion übertragen werden. Wenn möglich sollte man die *Fcn*- statt der MATLAB-*Fcn*-Blöcke benutzen, weil die Simulation mit diesen Blöcken rascher ist.

Als einfaches Beispiel wird die nichtlineare Differentialgleichung eines Pendels [7] simuliert. Sie ist durch

$$ml^2\ddot{\theta}(t) + mgl\sin\theta(t) = F\sin(\omega_b t) \tag{3.44}$$

gegeben. Hier sind m und l die Masse bzw. die Länge des Pendels. Mit g wurde die Erdbeschleunigung und mit θ der Winkel zwischen dem Arm des Pendels und der Richtung der Erdanziehungskraft bezeichnet. Auf der rechten Seite bilden F und ω_b die Amplitude und Frequenz der Erregungskraft. Mit $x_1(t) = \theta(t)$ und $x_2(t) = \dot{x}_1(t)$ erhält man ein nichtlineares Zustandsmodell der Form:

$$\begin{aligned} \dot{x}_1(t) &= x_2(t) \\ \dot{x}_2(t) &= -\frac{g}{l}\sin(x_1(t)) + \frac{F}{ml^2}\sin(\omega_b t) \end{aligned} \tag{3.45}$$

Das SIMULINK-Modell ist sehr einfach (Bild 3.31) und benutzt einen *Fcn*-Block. Sicher hätte man auch die Differentialgleichung des Pendels direkt in einem Modell implementieren können.

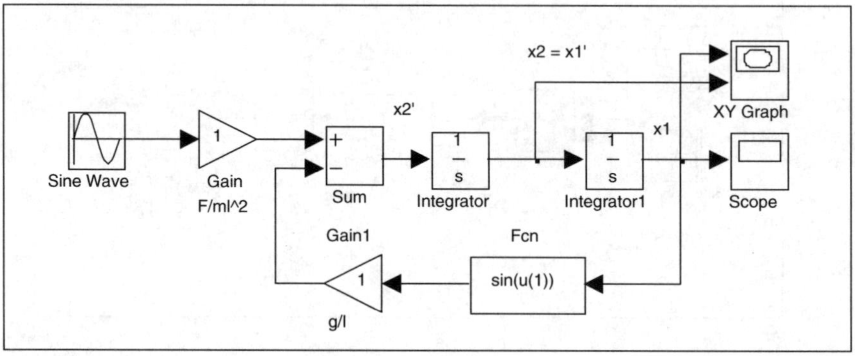

Bild 3.31 Nichtlineares Modell eines Pendels (npendl.mdl)

Man sollte bei den nichtlinearen Modellen verschiedene Parametrierungen der Simulation einsetzen und die Ergebnisse vergleichen. In der Nähe eines instabilen Arbeitspunktes können leicht große Unterschiede auftreten, die auf ein nicht geeignetes Integrationsverfahren hinweisen. Es bleibt nur das Problem zu entscheiden, welches Ergebnis das korrekte ist.

Die zeitvarianten Systeme können ähnlich wie die nichtlinearen Systeme simuliert werden. Mit einer *Clock*-Quelle wird in einem Funktionsblock auch die Zeit als Eingangssignal hinzugefügt und die Zeitabhängigkeit nachgebildet. Als Beispiel könnte das gleiche Pendel dienen, bei dem die Länge des Arms zeitabhängig ist. Das würde einem Kran entsprechen, bei dem während des Hebens oder Herunterlassens der Last dieser pendeln würde. Im Modell `npendl1.mdl` (Bild 3.32) ist so ein Fall dargestellt. Links unten wird aus dem Zeitsignal die gleichmäßige Änderung der Länge, beginnend von einer Anfangslänge, simuliert. Die Länge und ihr quadratischer Wert wird dann an den Stellen, wo sie in der Differentialgleichung vorkommen, mit *Mux*- und *Fcn*-Blöcken hinzugefügt.

Es kann jetzt getestet werden, daß nicht alle Verfahren konvergieren und zu gleichen Ergebnissen führen. Bei diskreten Systemen muß auch das Zeitsignal mit *Zero-Order-Hold*-Glied abgetastet werden, wenn die Zeitabhängigkeit mit der Abtastperiode stattfinden sollte.

Um nichtlineare Kennlinien nachzubilden, kann auch der *Look-Up-Table*- und *2-D-Look-Up-Table*-Block aus der *Nonlinear*-Bibliothek eingesetzt werden. Die Stützpunkte können von Meßwerten hervorgehen, ohne das man für die Ausgänge Ausdrücke benötigt.

Für die *1-D-Look-Up*-Tabelle müssen nur der Ein- und Ausgangsvektor angegeben werden, wobei der Eingangsvektor in strikter steigender Folge sein muß. Die Ausgänge für Eingangswerte, die außerhalb des Eingangsbereichs liegen, werden linear interpoliert. Bei der *2-D-Look-Up*-Tabelle müssen die zwei Eingangsvektoren auch in steigender Folge sein, und der Ausgang wird über eine Matrix der Größe n x m definiert, wobei n, m die Größen des ersten bzw. des zweiten Eingangsvektors sind.

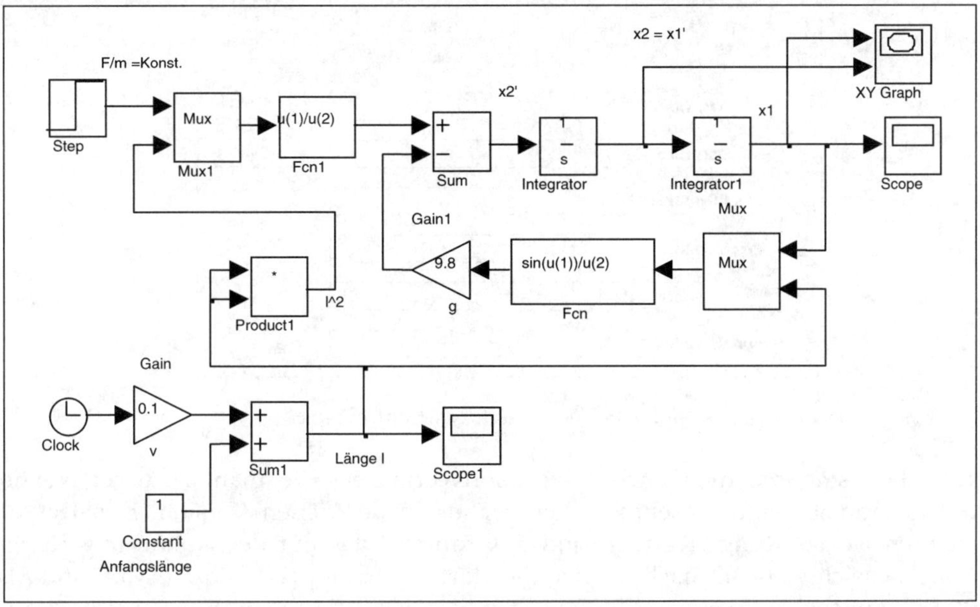

Bild 3.32 Modell eines Pendels mit zeitabhängiger Länge des Arms (npendl1.mdl)

Man sollte immer die 2-D-Funktion darstellen, um nachzuprüfen, ob die erwartete Abhängigkeit erhalten wurde. Dafür eignen sich die MATLAB-Befehle **`mesh`**, **`surf`** und **`contour`**.

3.12 Die alte Version (1.3) von SIMULINK

In der alten Version sind die Dateien der SIMULINK-Modelle mit der Erweiterung m (*.m) gekennzeichnet, wie die der MATLAB-Programme, und dadurch ist es viel schwieriger, Ordnung in den Dateien zu halten. In den Anwendungen der nächsten Kapiteln sind die Modelle der alten Version mit dem vorausgehenden Zeichen s (s_*.m) bezeichnet, um sie einfacher von den entsprechenden MATLAB-Programmen zu unterscheiden. Auch wenn diese Version dieselben Funktionsblöcke enthält, können Unterschiede auftreten. So sind hier die Blöcke für Übertragungsfunktionen nur für SISO- und nicht wie in der neuen Version für SIMO-Systeme vorgesehen.

3.12.1 Das Simulation-Menü

In der Version 1.3 kommt man über die Menüleiste in das *Simulation*-Menü mit den Optionen: *Start, Restart, Continue* und *Parameters*. Die letzte Option öffnet ein Fenster, in dem man die Simulation parametrieren kann (Bild 3.33).

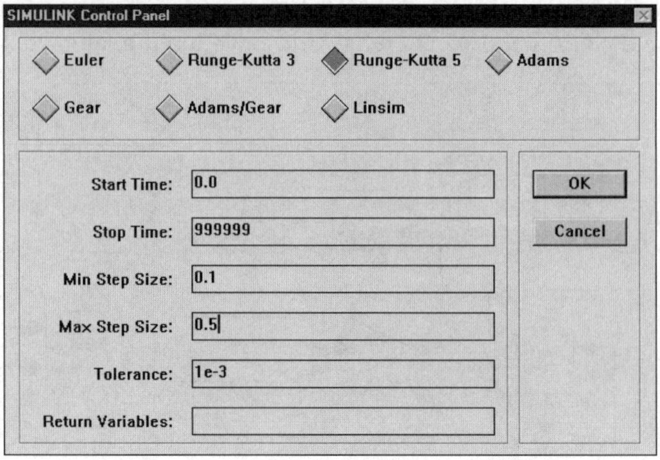

Bild 3.33 Das SIMULINK-Control Panel

Ganz oben sind die möglichen Integrationsverfahren, die man in dieser Version wählen kann. Es sind wesentlich weniger als in der neuen Version. Das Defaultverfahren ist das Runge-Kutta 4. und 5. Ordnung, das mit der Abkürzung Runge-Kutta 5 bezeichnet ist. Danach können die Start- und Stoppzeit und die *Min-* und *Max Step Size* angegeben werden. Mit *Min Step Size* wird die Integrationsschrittweite initialisiert, die *Max Step Size* ist die höchste Schrittweite für die berechneten Werte der Variablen. Um fixe Schrittweiten für die Ergebnisse zu forcieren, wird in den Handbüchern dieser Version empfohlen, die zwei Werte gleich zu nehmen. Es fehlt hier die Möglichkeit einer automatischen Schrittweite (*auto*) und die *Fix step size* der neuen Version 2.

Die *Tolerance*-Angabe bezieht sich auf eine absolute Toleranz mit Defaultwert 1e-3. Die letzte Zeile dieses Fensters kann die Namen für den Zeitvektor, den Zustands- und Ausgangsvektor enthalten, mit deren Hilfe diese Variablen der MATLAB-Umgebung bekannt gemacht werden. Die Ausgänge des Modells müssen mit *Outports* definiert sein.

Leider kann man in dieser Version die Anzahl der Punkte, für die diese Variablen geliefert werden, nicht wie in der neuen Version (im Fenster *Workspace-I/O* Fenster) begrenzen. Es fehlt auch die *Decimation*-Option, die in der neuen Version vorhanden ist. Wenn ein Modell noch nicht ganz korrekt und richtig parametriert ist, sollte man diese Art Übertragung der Variablen aus der SIMULINK- in die MATLAB-Umgebung nicht benutzen. Es könnten sehr viele Simulationsschritte vorkommen und dadurch würde die Anzahl der gespeicherten Daten zu groß werden, was zum Absturz des PC führen könnte. In dieser Version sollte man am Anfang mit der *To-Workspace*-Senke, bei der man die Anzahl der gespeicherten Daten begrenzen kann, die Variablen in die MATLAB-Umgebung übertragen.

3.12.2 Die *Scope*- und *Graph*-Blöcke

Der *Scope*-Block ist in dieser Version viel einfacher (Bild 3.34). Man kann den Bereich der Zeitachse (*Horizontal Range*) einstellen und mit einem Schieber im Rahmen dieses Bereichs beliebige Werte wählen. Zusätzlich kann der Wertebereich (*Vertical Range*) ähnlich eingestellt werden, wobei die Nullwerte der mittleren Linie des Gitters entsprechen.

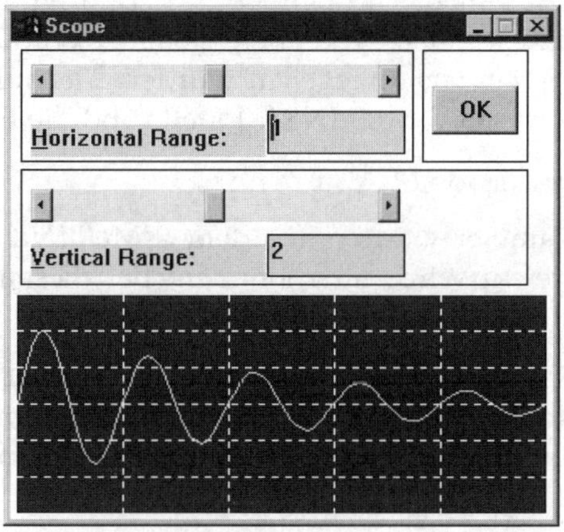

Bild 3.34 Das Scope-Einstellfenster

Mit den *Graph*- und *Auto-Scale-Graph*-Blöcken können Daten in einem MATLAB-Graphikfenster dargestellt werden. Es können mehrere Graphikblöcke in einem Modell vorkommen, jedem Block entspricht ein Graphikfenster (*figure*). Beim einfachen *Graph*-Block, wenn die Simulationszeit den eingestellten Wert für die Zeitachse überschreitet, dann wird die Darstellung erneut von der linken Seite gestartet und zeigt somit nur den letzten Teil der Variable oder Variablen. Mehrere Variablen können über einen *Mux*-Block gleichzeitig dargestellt werden. Der *Auto-Scale-Graph*-Block stellt nach der Simulation automatisch die Bereiche der Achsen ein.

Die graphische Darstellung eines dieser Blöcke kann aktiviert (durch Klicken mit der Maus) und danach mit üblichen Befehlen aus der MATLAB-Umgebung beschriftet werden. Es kann über das Menü *File* und *Print* auch gedruckt oder in einer Datei geschrieben werden. Das aktivierte Fenster kann man auch über den Befehl **`print`** mit seinen vielen Optionen in verschiedenen Formaten ausdrucken oder speichern.

3.12.3 Aufruf der Simulation aus der MATLAB-Umgebung

Eine Simulation, die über das Menü (*Simulation* und *Start*) korrekt abläuft, kann auch aus der MATLAB-Umgebung, aus einem MATLAB-Programm oder einer Funktionsroutine aufgerufen werden. Als Beispiel wird mit dem Aufruf:

```
[ta, xa, ya] = rk45('modell',[tstart, tfinal],x0,...
[toleranz, minstep, maxstep]);
```

die Simulation mit dem SIMULINK-Modell `modell.m` durchgeführt. Die Ergebnisse werden in Form eines Zeitvektors in `ta`, einer Zustandsmatrix (deren Spalten die Zustandsvariablen darstellen) in `xa` und schließlich einer Ausgangsmatrix (deren Spalten die Ausgangsgrößen des Modells ergeben) in `ya` geliefert. Die Ausgänge des Modells müssen mit *Outport*-Blöcken gekennzeichnet sein.

Der Name der Funktion auf der rechten Seite definiert auch das gewünschte Integrationsverfahren, in diesem Fall das Runge-Kutta-Verfahren 4. und 5. Ordnung. Die restlichen Argumente sind leicht zu erkennen; sie ersetzen die Parameter, die in den Menüs *Simulation* und *Parameters* angegeben wurden. Der minimale Satz von Argumenten enthält den Namen des SIMULINK-Modells und die Endzeit, wie in:

```
[t, x, y]= euler('modell', tfinal);
```

Die noch fehlenden Parameter werden aus dem *SIMULINK Control Panel*, der über das erwähnte Menü erreicht wird, übernommen. Bei diesem Aufruf ist das Euler-Verfahren gewählt worden.

Um Anfangsbedingungen anzugeben, wenn z.B. das Modell mit Blöcken, die Übertragungsfunktionen enthalten, aufgebaut ist, muß zuerst die Zuordnung der Zustandsvariablen zu diesen Blöcken gefunden werden. Dies kann mit dem Aufruf

```
[size, x0, xstring] = modell,
```

geschehen. Hier ist `modell` der Name der Datei, die das SIMULINK-Modell enthält. In `size` werden Informationen über das Modell geliefert, und `x0` zeigt die Anfangszustände, die eventuell im Modell eingestellt wurden. Die Matrix `xstring` zeigt in ihrer Zeile i zu welchem Block im Modell die Zustandsvariable i gehört.

3.13 Untersysteme und maskierte Untersysteme

Wenn die Modelle durch die Anzahl der enthaltenen Blöcke aufwendig werden, ist es sinnvoll Untersysteme zu bilden. Bild 3.35a zeigt ein Modell einer Regelung mit einem Prozeß, an dessen Eingang auch eine Störung wirkt. Die drei Blöcke (*Transfer-Fcn*, *Sum* und *Zero-Pole*), die man in einem Untersystem einbinden möchte, werden mit der Maus in einem Viereck umfahren und dadurch aktiviert. Dieser Zustand ist leicht durch die schwarzen Markierungspunkte an den Ecken der Blöcke und an den Verbindungslinien zu erkennen. Über das Menü *Edit* wird mit der Funktion *Create-Subsystem* ein Untersystem gebildet. Im Bild 3.35b ist das Ergebnis dieser Operation gezeigt. Aus demselben Menü mit *Look-Under-Mask* (oder durch Doppelklicken auf das Untersystem) kann das Modell des Untersystems in einem separaten Fenster gesehen werden (Bild 3.35c).

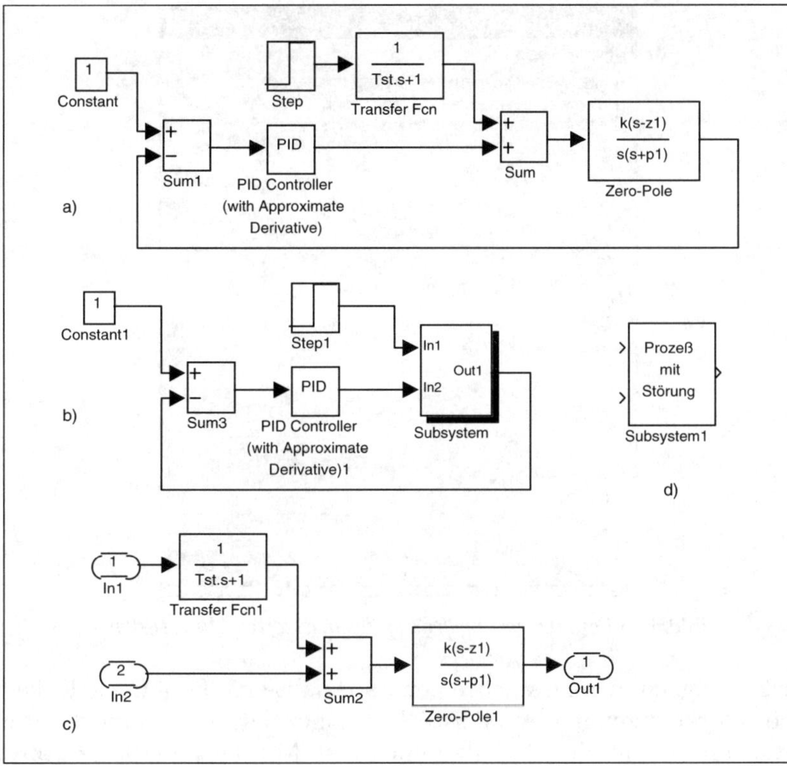

Bild 3.35 Erzeugung eines maskierten Untersystems (unters_1.mdl; s_unter1.m)

Die zwei *Inports* und der *Outport* definieren die Grenzen bzw. die Eingänge und den Ausgang des Untersystems. Die Parameter des Untersystems kann man nur im erweiterten („geöffneten") Zustand einstellen. Durch eine zusätzliche Maskierungsoperation wird ein gewünschtes Erscheinungsbild (*Icon*) erzeugt, das z.B. im Bild 3.35d gezeigt ist, und ein eigenes Parametrierungsfenster entworfen. Über dieses Fenster können die Parameter des Untersystems (hier die Zeitkonstante Tst, die Verstärkung k, die Nullstelle z1 und die Polstelle p1) initialisiert werden, ohne daß man das Untersystem öffnen muß. Das Fenster (Bild 3.36) öffnet sich durch Doppelklicken auf das Untersystem. Um zu sehen, wie so eine Maskierung entworfen wird, sollte das Untersystem aus Bild 3.35d angewählt werden. Über das Menü *Edit* und *Edit-Mask* kann danach der Inhalt der drei Dialogfenster *Icon*, *Initialization* und *Documentation*, die das Maskieren ermöglichen, mit dem Inhalt des Parametrierungsfensters verglichen werden. Dieses Fenster (Bild 3.36) öffnet sich durch Doppelklicken auf das Untersystem. Im *Icon*-Fenster wird mit dem MATLAB-Befehl **`disp`** der Text des Blocks, der im Blockfeld erscheint, definiert. Das *Documentation*-Fenster enthält die kurze Beschreibung, die ganz oben im Parametrierungsfenster erscheint, und den Text für den *Help-Buttom* des gleichen Fensters.

Im *Initialization*-Fenster werden die Parameter und ihre Reihenfolge für das Parametrierungsfenster festgelegt. Über einfache Versuche kann man den Umgang mit diesen Fenstern erlernen.

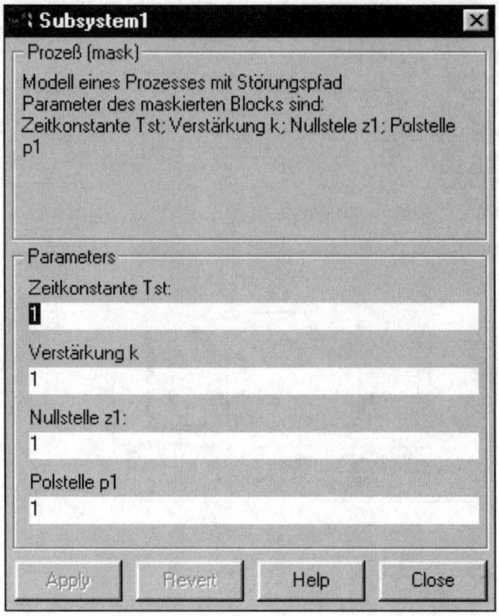

Bild 3.36 Parametrierungsfenster des maskierten Untersystems

Durch Maskierung kann man auch eigene spezialisierte Funktionsblöcke mit Hilfe vorhandener Blöcke erzeugen. Als Beispiel wird gezeigt, wie ein Block für ein digitales Tschebyscheff-Tiefpaßfilter Typ I zu bilden ist. Mit der Funktion **cheby1** aus der *Signal-Processing-Toolbox* wird so ein Filter in MATLAB in Form einer diskreten Übertragungsfunktion durch

```
[zaehler, nenner] = cheby1(n, Rp, Wn);
```

definiert. Hier sind `n` die Ordnung des Filters, `Rp` die Welligkeit im Durchlaßbereich, `Wn` die Bandbreite relativ zur Nyquist-Frequenz, `zaehler` und `nenner` die Vektoren der Koeffizienten des Zählers bzw. des Nenners für das Filter. Um einen Block zu kreieren, der ein solches spezielles Filter simuliert, geht man von einem allgemeinen *Discrete-Filter*-Block der *Discrete*-Bibliothek aus (Bild 3.37a). Dieser Block wird mit zwei Vektoren, für welche die Namen `zaehler` und `nenner` gewählt wurden, parametriert (Bild 3.37b). Mit der Maus wird der Block jetzt umfahren und über das Menü *Edit* und *Create-Subsystem* in ein Untersystem umgewandelt (Bild 3.37c). Mit *Look-Under-Mask* erhält man das Modell des Untersystems aus Bild 3.37d. Eine Kopie des Untersystems wird weiter mit *Edit-Mask* bearbeitet. Die drei Dialogfenster (*Icon*, *Initialization* und *Documentation*) zeigen, wie das Parametrierungsfenster des neuen maskierten Blocks und das Erscheinungsbild entworfen werden. Die Parameter des Filters werden im Dialogfenster *Initialization* mit den entsprechenden Variablen definiert. Zusätzlich wird im Feld *Initialization commands* der Befehl, der zum Entwurf dieses Filters führt, wie schon gezeigt, geschrieben:

```
[zaehler, nenner] = cheby1(n, Rp, Wn);
```

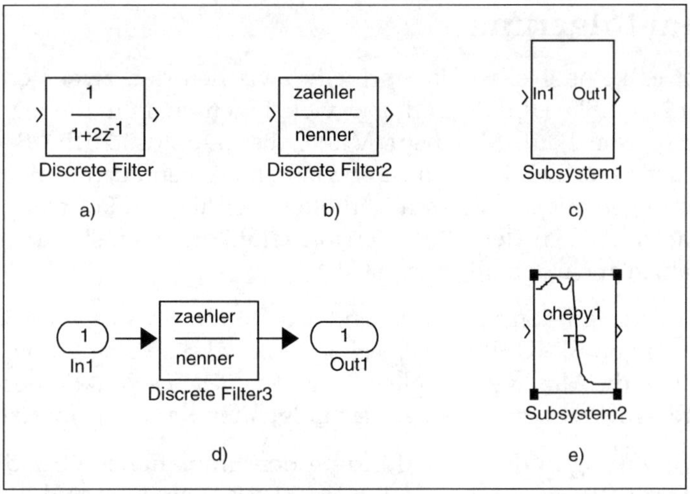

Bild 3.37 Erzeugung eines spezialisierten Blocks durch Maskieren (cheb1_tp.mdl; s_cheby1.m)

Um das *Icon* mit dem Frequenzgang des Filters zu symbolisieren, wird hier auch der Frequenzgang mit Hilfe der Funktion **freqz** (aus der *Signal-Processing-Toolbox*) durch

```
[H, w] = freqz(zaehler, nenner, 64);
```

ermittelt. Es werden nur 64 Werte des Amplitudengangs `H` berechnet, da diese für eine Darstellung im Blockfeld reichen. Im *Icon*-Dialogfenster wird mit

```
plot(0:63, abs(H));
disp('cheby1\n TP');
```

das Symbol für den Block, wie es im Bild 3.37e gezeigt ist, erhalten. Die Texte aus dem *Documentation*-Fenster sind einfach zu interpretieren und mit dem Inhalt des Parametrierungsfensters des neuen Blocks leicht zu assoziieren.

In der vorherigen Version 1.3 von SIMULINK werden Untersysteme ähnlich durch *Group* im Menü *Options* (statt *Edit* und *Create-Subsystem*) erzeugt. Den Inhalt eines Untersystems sieht man durch *Ungroup*. Das Maskieren wird für ein gruppiertes Untersystem mit *Mask* erledigt. Bevor der Inhalt eines maskierten Blocks sichtbar gemacht werden kann, muß man ihn mit *Unmask* „demaskieren". Auch hier können spezialisierte Blöcke durch Maskierung kreiert werden. Sehr lehrreich sind Untersuchungen der existierenden maskierten Blöcke z.B. aus den *Extras*-Unterbibliotheken der älteren Version von SIMULINK und der Beispiele `s_unter1.m` und `s_cheb1.m` aus dem Verzeichnis matl_sim. Man sollte die Blöcke in einem eigenen Modellfenster zuerst kopieren und dann ohne Gefahr untersuchen.

3.14 Schlußfolgerung

Prinzipiell gibt es keine großen Unterschiede zwischen den zwei Versionen. In der neuen Version 2 von SIMULINK sind aber viele Eigenschaften, die man bei der alten Version vermißt, eingebaut. Mit mehr Mühe, die eine zusätzliche Bearbeitung der Ergebnisse in der MATLAB-Umgebung bedeutet, können auch in der alten Version viele der Neuerungen aus der Version 2 erhalten werden. Ein Beispiel ist die Dezimation der Variablen, die in der alten Version fehlt, die aber sicherlich mit einigen MATLAB-Befehlen auch zu realisieren ist.

Die vielen neuen Integrationsverfahren und die Option *Fix step size* können leider in der alten Version von SIMULINK nicht eingesetzt werden. Das Erzwingen der fixen Schrittweiten über die *Min Step Size* gleich der *Max Step Size* funktioniert nicht immer, wie auch einige Anwendungen aus den nachfolgenden Kapiteln beweisen.

Nach einiger Erfahrung in der Durchführung der Simulationen über die Menüleiste, können diese Simulationen direkt aus den MATLAB-Programmen durchgeführt werden. Da bietet die neue Version viele Optionen, mit denen die Menge der Daten und ihre Erfassung gesteuert werden können; man verfügt auch über eine viel größere Auswahl von numerischen Integrationsverfahren. Der Aufruf der Simulation hat einen anderen Aufbau; dadurch müssen die Modelle der alten Version an dieser Stelle geändert werden.

Kapitel 4

Mechanische und elektromechanische Systeme

4.1 Einführung

Viele der gegenwärtigen Produkte, Geräte, Anlagen und Prozesse enthalten dynamische Systeme aus verschiedenen Bereichen der Technik. Es gibt kaum ein mechanisches System, das nicht elektrisch oder elektronisch gesteuert oder angetrieben ist. Man spricht von einem neuen Bereich der Technik, und zwar von der Mechatronik, in der das Zusammenwirken und die Wechselwirkungen der mechanischen und elektrischen oder elektronischen Teile studiert, untersucht und optimiert wird.

In diesem Kapitel wird MATLAB, einige Toolboxen und SIMULINK für die Simulation typischer Beispiele von mechanischen und elektromechanischen Systemen eingesetzt. Die benutzten Modelle basieren auf physikalischen Gesetzen der Mechanik und Elektrotechnik, die allgemein zu Differentialgleichungen führen [1], [2], [3], [4]. Mit Mitteln und Werkzeugen wie MATLAB und SIMULINK können jetzt beliebig komplizierte nichtlineare und zeitvariante Differentialgleichungen durch Simulation gelöst werden.

4.2 Der seismische Sensor

Bild 4.1 zeigt eine Skizze des Sensors und das zugehörige Modell. Die Schwingungsmasse ist mit einer Feder an das Gehäuse befestigt, so daß sie im Gehäuse schwingen kann. Dadurch ergibt sich eine Verformung des Piezokristalls, die zu einer Ladung führt, die wiederum mit einem elektronischen Ladungsverstärker in eine Spannung umgewandelt wird. Der hier eingesetzte Kristall hat die Form einer dünnen Scheibe, die eine vernachlässigbare Masse besitzt. Die Schwingungen der Masse werden durch die Bewegung des Gehäuses angeregt. Die Bewegungsgleichung für das Modell aus Bild 4.1 lautet [5]:

$$m\ddot{y} + r(\dot{y} - \dot{u}) + D(y - u) = 0 \tag{4.1}$$

Wobei $\ddot{y}, \dot{y}, y$ und $\dot{u}, u$ die Beschleunigung, die Geschwindigkeit und der Weg der Masse bzw. die Geschwindigkeit und der Weg des Gehäuses relativ zur statischen Gleichgewichtslage bei $u = 0$ sind. Die Parameter *m, D* und *r* stellen die Masse, die Federkonstante und den Dämpfungsfaktor dieses Systems dar.

Die zum Gehäuse relative Bewegung y_r der Masse verursacht die Verformung der Feder und somit die Erzeugung der Ladung im Kristall. Wird

$$y_r = y - u \tag{4.2}$$

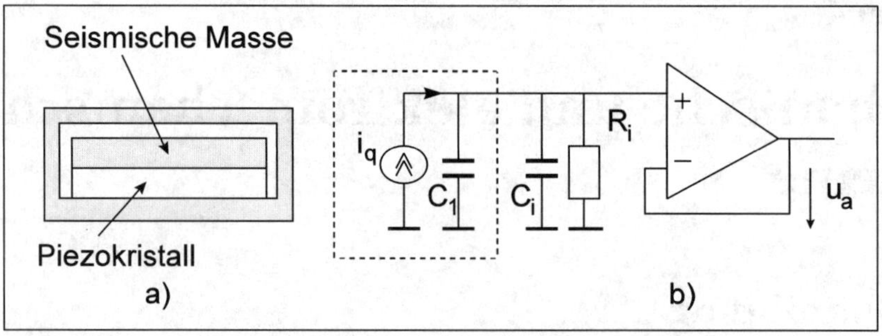

Bild 4.1 a) Skizze eines seismischen Sensors b) Das Modell des Sensors

in die obige Differentialgleichung eingesetzt, erhält man die Differentialgleichung der relativen Bewegung abhängig von der Beschleunigung des Gehäuses:

$$m\ddot{y}_r + r\dot{y}_r + Dy_r = -m\ddot{u} \tag{4.3}$$

Zur Vereinfachung der Schreibweise der Eingangsbeschleunigung wird $\ddot{u}$ im weiteren mit a bezeichnet. Die relative Bewegung der seismischen Masse ergibt eine Verformung des Piezokristalls, die weiter zu einer Ladung

$$q = k_q y_r \tag{4.4}$$

an den Elektroden des Kristalls führt. Wenn die Ladung mit Hilfe eines Ladungsverstärkers in eine Spannung umgewandelt wird, dann erhält man ein Beschleunigungssensor. In einem bestimmten Frequenzbereich der Beschleunigung des Gehäuses ist die Spannung des Ladungsverstärkers proportional zu dieser Beschleunigung.

Zur Dynamik des mechanischen Teils des Sensors, die in den obigen Differentialgleichungen enthalten ist, muß nun auch die Dynamik des elektronischen Ladungsverstärkers hinzugefügt werden. Die Ersatzschaltung des Piezokristalls, in Bild 4.2a am Eingang des Operationsverstärkers (OPs) dargestellt, besteht aus einem Stromgenerator i_q, belastet mit der internen Kapazität, die zwischen den Elektroden des Piezosensors durch dessen Aufbau entsteht, und eventuell mit der Kapazität des Verbindungskabels. Da bei idealen OPs die Eingangsspannung virtuell Null ist, wird der ganze Strom der Quelle in die Kapazität C_2 fließen. Die Ausgangsspannung u_a des OPs ist durch folgende Differentialgleichung gegeben:

$$u_a = -\frac{1}{C_2}\int_0^t i_q(\tau)d\tau + u_a(0) \tag{4.5}$$

Da der Strom des Piezosensors gleich der zeitlichen Ableitung der Ladung ist, ergibt sich schließlich eine Ausgangsspannung des OPs der Form:

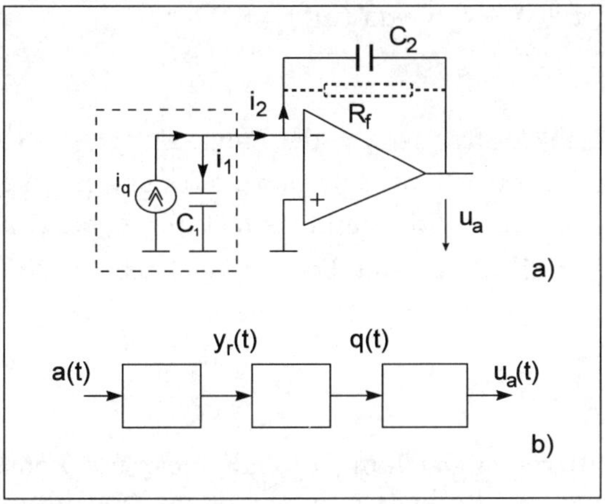

Bild 4.2 a) Schema eines Ladungsverstärkers mit OP
b) Der Zusammenhang der Variablen des Sensormodells

$$u_a = -\frac{q}{C_2} + u_a(0) \tag{4.6}$$

In einer praktischen Schaltung muß in der Rückkopplung eines OPs ein Widerstand R_f vorkommen, der die Stabilisierung des Arbeitspunkts sichert. Ohne ihn würde die Drift des Stromoffsets und die des Spannungsoffsets im Kondensator integriert werden und zu einem Abdriften des Arbeitspunktes führen. Mit diesem Zusatz wird die Schaltung nur annähernd die gewünschte Funktion (4.6) realisieren. Aus

$$i_q = -\frac{u_a}{R_f} - \frac{du_a}{dt} C_2 \tag{4.7}$$

erhält man die neue Differentialgleichung des Ladungsverstärkers:

$$R_f C_2 \frac{du_a}{dt} + u_a = -R_f \frac{dq}{dt} \tag{4.8}$$

Im Bild 4.2b ist der Zusammenhang der Variablen des Sensors von der Eingangsgröße über den Feder-Masse-Teil und Piezoeffekt bis zur Ausgangsspannung des Ladungsverstärkers gezeigt.

Ähnliche lineare Differentialgleichungen wie die des seismischen Sensors erhält man auch bei anderen Systemen (z.B. bei elektrischen oder thermischen Systemen) und eine Umformung der Koeffizienten wird die Ähnlichkeit besser hervorheben. Mit

$$\omega_0 = \sqrt{D/m} \qquad \text{und} \qquad 2\varsigma/\omega_0 = r/D \tag{4.9}$$

wird die Differentialgleichung des mechanischen Teils geschrieben:

$$\ddot{y}_r / (\omega_0^2) + \dot{y}_r (2\zeta / \omega_0) + y_r = -a / (\omega_0^2)$$
$$a = \ddot{u} \tag{4.10}$$

Hier sind ω_0 die Eigenkreisfrequenz des ungedämpften Systems und ζ das Dämpfungsmaß des Sensorsystems. Für den Ladungsverstärker wird die Zeitkonstante $R_f C_2$ mit τ und der Widerstand $(-R_f)$ mit k_a bezeichnet, so daß man für den Ladungsverstärker die allgemeine Form einer linearen Differentialgleichung erster Ordnung erhält:

$$\tau \frac{du_a}{dt} + u_a = k_a \frac{dq}{dt} \tag{4.11}$$

Alle eingeführten Differentialgleichungen sind linear mit konstanten Koeffizienten und die Untersuchung des Verhaltens im Frequenzbereich aus dem nächsten Abschnitt wird wichtige Eigenschaften und Grenzen des Sensorsystems zeigen.

4.2.1 Das Verhalten im Frequenzbereich

Die Übertragungsfunktionen [6] der Abschnitte mit denen der Sensor durch die gezeigten Differentialgleichungen beschrieben wurde, erhält man formell aus diesen Differentialgleichungen durch folgende Operationen. Die Zeitvariablen $a(t), y_r(t), q(t)$ und $u_a(t)$, die bis jetzt vereinfacht ohne die unabhängige Zeitvariable t bezeichnet wurden, werden durch die komplexen Variablen $A(s), Y_r(s), Q(s)$ und $U_a(s)$ ersetzt und die Differential-Operatoren d^n / dt^n und die Integral-Operatoren $\underbrace{\int . \, . . \int}_{m}$ werden durch s^n bzw. durch s^{-m} ersetzt. Mit n wurde die Ordnung der Differential-Operatoren und mit m die Ordnung der Integral-Operatoren notiert. Mathematisch rigoros ist s eine komplexe Variable, die über die Laplace-Transformation [6] eingeführt wird und die es ermöglicht, die Differentialgleichungen als algebraische Gleichungen zu behandeln. Dieser Aspekt wird nicht weiter verfolgt, die Schreibweise in s dient hier, nur einer einfachen Art die Differentialgleichungen darzustellen, um sie in MATLAB und SIMULINK zu übergeben.

Für die Differentialgleichung (4.10) ergibt sich die algebraische komplexe Gleichung

$$Y_r(s)\left[s^2(1/\omega_0{}^2) + (2\zeta/\omega_0)s + 1\right] = -A(s)(1/\omega_0{}^2)\,, \tag{4.12}$$

aus der man folgende Übertragungsfunktion erhält:

$$H_1(s) = \frac{Y_r(s)}{A(s)} = \frac{-(1/\omega_0{}^2)}{s^2(1/\omega_0{}^2) + s(2\zeta/\omega_0) + 1} \tag{4.13}$$

In ähnlicher Weise werden auch die anderen Differentialgleichungen umgewandelt und die entsprechenden Übertragungsfunktionen ermittelt. Aus der einfachen Beziehung (4.4) kann die zweite Übertragungsfunktion bestimmt werden:

$$H_2(s) = \frac{Q(s)}{Y_r(s)} = k_q \tag{4.14}$$

Für den Ladungsverstärker mit der Differentialgleichung (4.11) ergibt sich die Übertragungsfunktion:

$$H_3(s) = \frac{U_a(s)}{Q(s)} = \frac{sk_a}{s\tau + 1} \tag{4.15}$$

Es ist ersichtlich, daß alle Übertragungsfunktionen, die von linearen Differentialgleichungen ausgehen, rationale Funktionen der unabhängigen komplexen Variablen s sind. Die reellen Koeffizienten der Polynome im Zähler und Nenner, die nichts anderes als die Koeffizienten der Differentialgleichungen sind, bilden eine Beschreibungsmöglichkeit der Übertragungsfunktionen in MATLAB und SIMULINK. Sie werden in Vektoren mit fallender Ordnung der Potenzen von s zusammengefaßt. So könnten z.B. die Vektoren

```
zaehler_1 = -1/(omega_0^2);
nenner_1 = [1/(omega_0^2), 2*zeta/omega_0, 1];
```

die erste Übertragungsfunktion darstellen. Ähnlich sind die Vektoren zu bilden, welche die restlichen Übertragungsfunktionen in der sogenannten *Transfer-Function*-Form von MATLAB beschreiben:

```
zaehler_2 = kq;                  nenner_2 = 1;

zaehler_3 = [ka, 0];             nenner_3 = [tau, 1];
```

Für die Parameter des Systems wurden Variablen mit ähnlichen Namen (z.B. für τ der Name `tau`, für ω_0 der Name `omega_0` etc.) gewählt. Die Zusammensetzung des Vektors `zaehler_3` benötigt eine kurze Erläuterung. Seine zweite Komponente muß Null sein, so daß `ka` korrekt als Koeffizient von s in MATLAB erkannt wird.

Wenn die komplexe Variable s in einer Übertragungsfunktion durch $j\omega$ ersetzt wird, wobei ω als Kreisfrequenz angesehen wird, dann stellt sie einen komplexen Frequenzgang dar, der für $\omega > 0$ das Verhalten des Systems im stationären Zustand, eingeleitet durch ein cosinus- oder sinusförmiges Eingangssignal der Frequenz ω, beschreibt [6].

Der Betrag des Frequenzgangs zeigt die Frequenzabhängigkeit des Verhältnisses der Amplitude der Ausgangsgröße zur Amplitude der Eingangsgröße und das Argument zeigt die Frequenzabhängigkeit der Phasenverschiebung des Ausgangs relativ zum Eingang. Für die erste Übertragungsfunktion bedeutet dies, daß eine cosinusförmige Beschleunigung des Gehäuses

$$a(t) = a = \hat{a}\cos(\omega t)\,, \tag{4.16}$$

im stationären Zustand (nach einem Einschwingungsvorgang) zu einer cosinusförmigen relativen Bewegung y_r mit einer bestimmten Amplitude und einer bestimmten Phasenlage relativ zur Eingangsschwingung führt:

$$y_r(t) = y_r = \hat{y}_r \cos(\omega t + \varphi) \tag{4.17}$$

Aus

$$H_1(j\omega) = H_1(s)\big|_{s=j\omega} = \frac{-(1/\omega_0^2)}{(j\omega)^2/\omega_0^2 + (j\omega)2\zeta/\omega_0 + 1} \tag{4.18}$$

erhält man dann die zwei Unbekannten, die Amplitude $\hat{y}_r$ und Phase φ der stationären Antwort:

$$\hat{y}_r = \hat{a}\left|H(j\omega)\right| \qquad \varphi = \arg(H(j\omega)) \tag{4.19}$$

Es gibt mehrere Möglichkeiten, den komplexen Frequenzgang darzustellen [6]. Die meist benutzte Art stellt den Betrag (oder Amplitudengang) separat vom Argument (oder Phasengang) als Funktionen der Frequenz dar. Die Darstellung in doppelt logarithmisch skalierten Koordinaten für den Amplitudengang und logarithmisch skalierte Frequenz beim Phasengang ist als Bode-Diagramm bekannt.

Für die Berechnung und Darstellung des Bode-Diagramms gibt es in MATLAB (in der *Control-System-Toolbox*) eine spezielle Funktion **bode**, die wie folgt aufgerufen wird:

```
[betrag, phase, w] = bode(zaehler, nenner);
```

Der Vektor `w` zeigt die automatisch ermittelten Kreisfrequenzen (in rad/s), für welche der Vektor `betrag` und der Vektor `phase` berechnet wurden. Ein Aufruf ohne Argumente (ohne zurückgelieferte Variablen) führt zur Darstellung des Bode-Diagramms. Die Vektoren `zaehler` und `nenner` enthalten die Koeffizienten der Polynome der Übertragungsfunktion. Es gibt mehrere Formen für diesen Befehl, welche über die **help**-Funktion durch eine kurze Beschreibung zu erfahren sind.

Die Übertragungsfunktion der Kette aus Bild 4.2b ist dem Produkt der drei Übertragungsfunktionen gleich und beschreibt das gesamte System von der Eingangsbeschleunigung bis zur Spannung des Ladungsverstärkers:

$$H(s) = H_1(s)H_2(s)H_3(s) \tag{4.20}$$

Für die Berechnung der Produkte der Polynome im Zähler und Nenner kann die MATLAB-Funktion **conv** (*Convolution* oder deutsch Faltung) benutzt werden:

```
zaehler_g = conv(zaehler_1, conv(zaehler_2, zaehler_3));
nenner_g  = conv(nenner_1, conv(nenner_2, nenner_3));
```

Folgende Routine ermittelt und stellt das Bode-Diagramm für verschiedene Parameter des Systems dar, wobei das Dämpfungsmaß ζ ein Vektor mit mehreren Werten sein kann. Es wird dann eine Schar von Frequenzgängen ermittelt und dargestellt. Für die Berechnung des Frequenzgangs wird jetzt eine andere MATLAB-Funktion benutzt und zwar **freqs** aus der *Signal-Processing-Toolbox*. Die Übertragungsfaktoren k_q, k_a werden in der Routine initialisiert, könnten aber auch als Eingangsvariablen erscheinen, und es wird nur die Frequenzachse im gewünschten Bereich logarithmisch dargestellt.

```
function [betrag,phase,fi] = seis_sns(f_0,zeta,tau,...
                         fb,flag)
% Ermittelt den Frequenzgang eines seismischen Sensors
% Eingangsvariablen: f_0 = Eigenfrequenz in Hz;
%   zeta = Vektor mit Dämpfungsfaktoren;
%   tau = Zeitkonstante des Ladungsverstärkers;
%   fb = Vektor für den Frequenzbereich fb=[a,b], so daß
%   fmin=1.e+a und famx=1.e+b in Hz sind;
%   flag = 1 ergibt auch eine Darstellung der Ergebnisse;
% Testaufruf: seis_sns(1e4,[1,0.5,0.25],5,[-3,5],1);

kq = 1e8;                          ka = -1;
fi = logspace(fb(1),fb(2),200);
nr = length(zeta);                 mw = length(fi);
omega_0 = 2*pi*f_0;                zaehler_1 = -1/(omega_0^2);
nenner_1 = [1/(omega_0^2), 2*zeta(1)/omega_0, 1];
zaehler_2 = kq;                    nenner_2 = 1;
zaehler_3 = [ka, 0];               nenner_3 = [tau, 1];
zaehler_g = conv(zaehler_1,conv(zaehler_2, zaehler_3));
betrag = zeros(mw,nr);                  phase = zeros(mw,nr);
for k = 1:nr
    nenner_1(2)= 2*zeta(k)/omega_0;
    nenner_g=conv(nenner_1,conv(nenner_2,nenner_3));
    H = freqs(zaehler_g,nenner_g,2*pi*fi)';
    betrag(:,k)= abs(H);    phase(:,k) = angle(H);
end;
set(gcf,'DefaultLineLineWidth',1);
if flag == 1
  subplot(211), semilogx(fi,betrag);
  title('Frequenzgang des seismischen Sensors');
  xlabel(' Hz');       ylabel(' Betrag');       grid;
  subplot(212), semilogx(fi,phase*180/pi);
  xlabel(' Hz');       ylabel(' Phase');        grid;
end;
```

In den Matrizen `betrag` und `phase` sind spaltenweise die Beträge bzw. die Phasen des Frequenzgangs für die gewählten Werte des Dämpfungsmaßes enthalten. Die

Anzahl der Zeilen dieser Matrizen ist gleich der Anzahl der Frequenzen, für welche der Frequenzgang berechnet wird (hier 200, im Befehl **`logspace`** eingestellt).

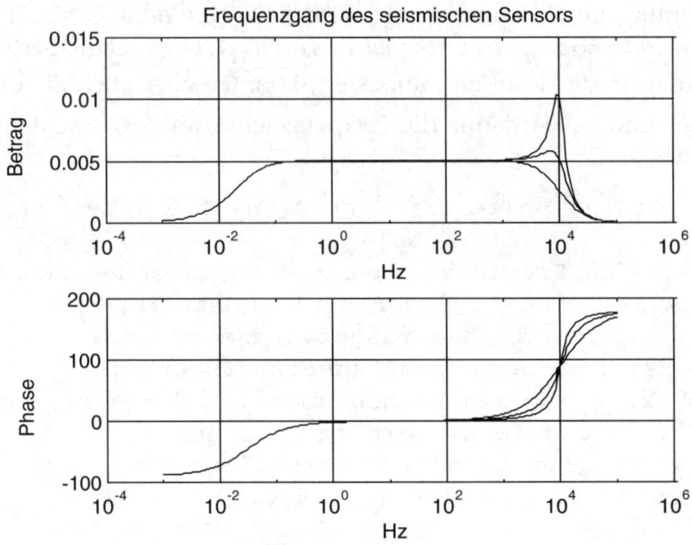

Bild 4.3 Frequenzgang des seismischen Sensors für $\varsigma = 1; 0{,}5; 0{,}25$ (seis_sns.m)

Bild 4.3 zeigt das Ergebnis des Testaufrufs, aus dem hervorgeht, daß der seismische Sensor die Beschleunigung bis zu Frequenzen unterhalb der Resonanzfrequenz (die annähernd die Eigenfrequenz $f = 10^4$ Hz ist) messen kann. In der Nähe dieser Frequenz treten sowohl Amplitudenverzerrungen als auch Phasenverzerrungen auf. Die korrekte Wahl der Dämpfung sichert minimale Verzerrungen bis zu einer bestimmten Frequenz unterhalb der Resonanzfrequenz. Im unteren Frequenzbereich ist die Grenze durch die Durchlaßfrequenz des Ladungsverstärkers gegeben. Dieser hat Hochpaßcharakter mit der Durchlaßfrequenz bei -3 dB [6] gleich $1/(2\pi R_f C_2)$.

Um Sensoren mit großer Bandbreite zu erhalten, muß der Aufbau eine hohe Resonanzfrequenz haben. Ein Aufbau wie im Bild 4.4a, in dem der Piezokristall sowohl die Rolle des elektrischen Sensors als auch die der mechanischen Feder einnimmt, ermöglicht sehr hohe Resonanzfrequenzen, mit dem Nachteil einer relativ kleinen Dämpfung.

Eine andere Lösung für den elektronischen Teil ist im Bild 4.4b gezeigt. Die Ladung wird in den zwei Kapazitäten, des Kristalls und des Verstärkers, integriert. Der Eingangswiderstand ergibt zusammen mit diesen Kapazitäten einen Hochpaßcharakter ähnlich wie bei der vorherigen Schaltung. Die Durchlaßfrequenz ist um so niedriger, je größer die Zeitkonstante $(C_1 + C_i)R_i$ ist. Der Verstärker ist im Gehäuse des Sensors untergebracht, so daß die Kapazität C_i unabhängig von der Länge des Verbindungskabels konstant bleibt.

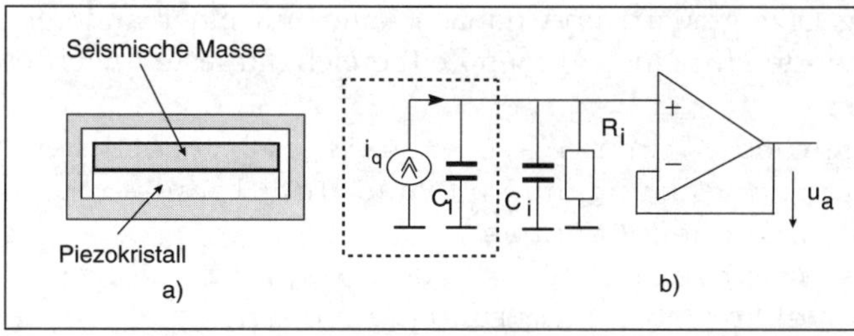

Bild 4.4 a) Seismischer Sensor mit hoher Resonanzfrequenz b) Schema eines Elektrometer-Verstärkers

4.2.2 Ermittlung des Verhaltens im Zeitbereich mit MATLAB-Funktionen

In MATLAB gibt es einige Funktionen um das Verhalten linearer Systeme im Zeitbereich zu untersuchen. Mit den Funktionen **step** und **impuls** (aus der *Control-System-Toolbox*) können die Sprungantwort bzw. die Impulsantwort ermittelt werden [6]. Für die Darstellung des Systems mit Hilfe der Übertragungsfunktion (Koeffizienten des Zähler- und Nennerpolynoms) könnte der Aufruf wie folgt sein:

```
[y, x, t] = step(zaehler, nenner, t);
```

Wobei der Vektor `t` die Zeit spezifiziert, für welche die Sprungantwort berechnet wird. Er muß aus gleichmäßigen Intervallen bestehen. Ähnlich wird die Funktion für die Berechnung der Impulsantwort aufgerufen:

```
[y, x, t] = impuls(zaehler, nenner, t);
```

Bei Systemen mit einem Eingang und einem Ausgang wird der Ausgangsvektor `y` mit den Ausgangswerten, die Zustandsmatrix `x` und der Zeitvektor `t` von der Routine geliefert. Die Zustandsmatrix [7] beinhaltet in jeder Spalte eine Zustandsvariable des Systems. Die Anzahl der Zeilen der Variablen `y` und `x` ist gleich der Anzahl der Werte des Vektors `t`. Für den seismischen Sensor führt folgende Befehlssequenz zur Darstellung der Sprung- und Impulsantwort:

```
t = (0:0.01:5)';
[ys, x, t] = step(zaehler_g, nenner_g, t);
[yi, x, t] = impuls(zaehler_g, nenner_g, t);

subplot(211), plot(t,ys);     title('Sprungantwort');
xlabel('Zeit in s');          grid;
subplot(212), plot(t,yi);     title('Impulsantwort');
xlabel('Zeit in s');          grid;
```

In einer Darstellung kann wegen der begrenzten Auflösung nicht gleichzeitig das Verhalten in der Umgebung von $t = 0$, das hauptsächlich durch das Verhalten im Frequenzbereich bei hohen Frequenzen (in der Umgebung der Resonanz) gegeben ist und das Verhalten für $t \rightarrow \infty$, das vom Verhalten im Frequenzbereich bei tiefen Frequenzen abhängt, gezeigt werden. Folgende Routine, ähnlich der vorherigen, kann einmal aufgerufen werden, so daß der Anfang der Sprung- und Impulsantwort mit guter Auflösung gezeigt wird und danach kann mit einer anderen Auflösung der Verlauf der Antworten für einen großen Zeitbereich dargestellt werden.

```
function [sprung_a,impuls_a,t] = seis_t(f_0,zeta,tau,t,flag)
% Ermittelt die Sprungantwort und Impulsantwort
% eines seismischen Sensors
% Eingangsvariablen: f_0 = Eigenfrequenz in Hz;
%   zeta = Vektor mit Dämpfungsfaktoren;
%   tau = Zeitkonstante des Ladungsverstärkers;
%   t = Zeitvektor; flag = 1 ergibt auch eine Darstellung
% Testaufruf:
% seis_t(1e4,[1,0.5,0.25],5,(0:0.5e-5:0.5e-3)',1);
%   für das Verhalten bei t = 0;
% oder: seis_t(1e4,[1,0.5,0.25],5,(0:0.5e-1:5)',1);
%   für das Verhalten bei t gegen unendlich
kq = 1e8;               ka = -1;
nr = length(zeta);      mt = length(t);
omega_0 = 2*pi*f_0;

zaehler_1 = -1/(omega_0^2);
nenner_1 = [1/(omega_0^2), 2*zeta(1)/omega_0, 1];
zaehler_2 = kq;                nenner_2 = 1;
zaehler_3 = [ka, 0];           nenner_3 = [tau, 1];
zaehler_g = conv(zaehler_1,conv(zaehler_2, zaehler_3));
sprung_a = zeros(mt,nr);    impuls_a = zeros(mt,nr);
for k = 1:nr
    nenner_1(2)= 2*zeta(k)/omega_0;
    nenner_g = conv(nenner_1,conv(nenner_2,nenner_3));
    sprung_a(:,k) = step(zaehler_g,nenner_g,t);
    impuls_a(:,k) = impulse(zaehler_g,nenner_g,t);
end;
set(gcf,'DefaultLineLineWidth',1);
if flag == 1
  subplot(211), plot(t,sprung_a);
  title('Sprungantwort');  xlabel(' Zeit in s');   grid;
  subplot(212), plot(t,impuls_a);
  title('Impulsantwort');  xlabel(' Zeit in s');   grid;
end;
```

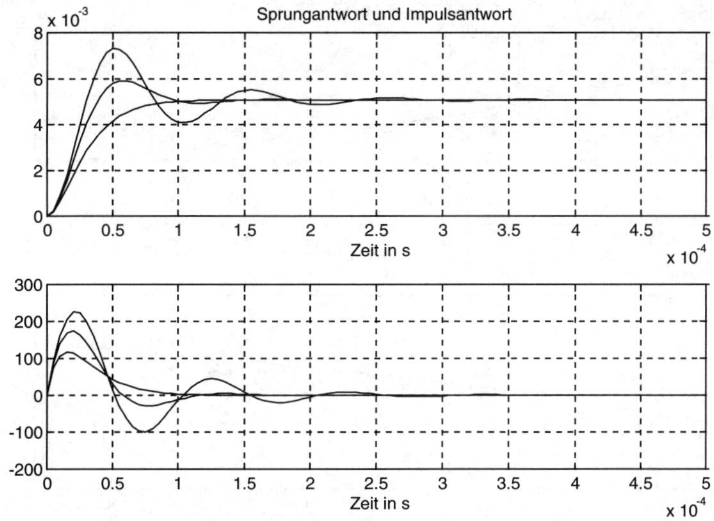

Bild 4.5 Sprung- und Impulsantwort des seismischen Sensors in der Umgebung von t = 0 für $\varsigma = 1; 0{,}5; 0{,}25$ (seis_t.m)

Bild 4.5 zeigt die Antworten für den Testaufruf, der den Anfang der Sprungantwort und Impulsantwort darstellt; Bild 4.6 stellt den Verlauf dieser Antworten für einen großen Zeitbereich, gegeben durch den zweiten Testaufruf aus der Routine, dar. In der Impulsantwort erkennt man durch die großen Werte die Annäherung des Dirac-Stoßes, der wegen des Hochpaßcharakters des Ladungsverstärkers auftritt.

Für beliebige Eingangssignale kann die Antwort mit Hilfe des Befehls **lsim** (aus der *Control-System-Toolbox*) ermittelt werden. Der Aufruf für ein System, das durch eine Übertragungsfunktion beschrieben ist, erfolgt durch:

```
[y, x] = lsim(zaehler_g, nenner_g, u, t);
```

Dabei ist u ein Vektor, der die Eingangssignale für die gleichmäßigen Zeitintervalle des Vektors t enthält. Die zwei Vektoren u und t müssen die gleiche Anzahl von Elementen besitzen. Der Vektor y und die Matrix x enthalten die Ausgangsgröße bzw. die Zustandsvariablen. Folgende Befehle sind notwendig, um z.B. die Antwort auf ein Gemisch von cosinusförmigen Beschleunigungen plus Rauschen zu ermitteln:

```
t = 0:0.001:5;
u = 2.5*cos(2*pi*t/2+pi/3)+...
          0.5*cos(2*pi*t/0.1+3.67)+ randn(1, length(t));
[y, x] = lsim(zaehler_g, nenner_g, u, t);
plot(t,y);              title('Antwort auf Gemisch');
. . . . . . . . . . . . . . . . . . . . . .
```

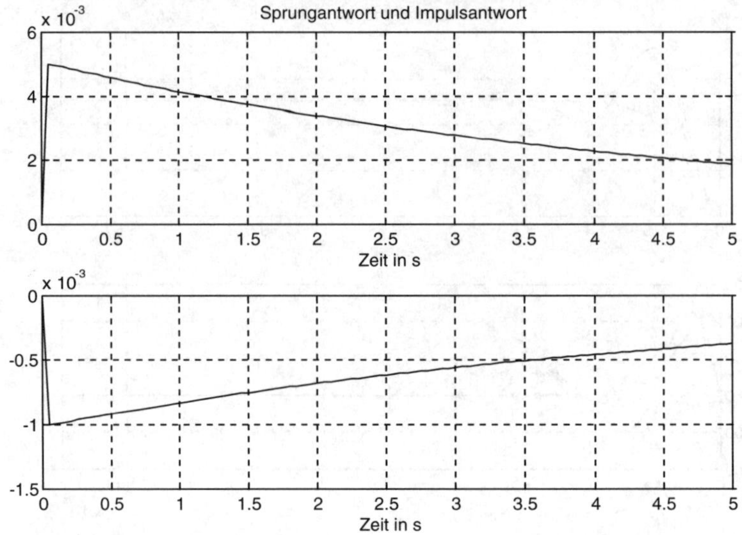

Bild 4.6 Verlauf der Sprung- und Impulsantwort für $t \to \infty$ und $\varsigma = 1; 0{,}5; 0{,}25$ (seis_t.m)

Die vorherige Routine kann so geändert werden, daß die Antwort auf einen beliebigen Eingangsvektor u berechnet wird. Die Eingangsvariablen der Routine würden den Vektor `u` auch enthalten (siehe `seis_ls.m`). Es ist zu beachten, daß **`lsim`** das kontinuierliche Modell eines Systems diskretisiert und in den diskreten Zeitintervallen des Vektors `t` die Werte des Eingangsvektors u als konstant angenommen werden.

4.2.3 Ermittlung des Zeitverhaltens mit einem SIMULINK-Modell

Das Zeitverhalten ist flexibler und viel leichter in SIMULINK zu ermitteln. Auch hier gibt es mehrere Möglichkeiten, die durch Beispiele aus diesem und den nachfolgenden Kapiteln eingeführt werden.

Die drei linearen Differentialgleichungen des Systems (hier wiederholt)

$$\ddot{y}_r / (\omega_0^2) + \dot{y}_r (2\zeta / \omega_0) + y_r = -a / (\omega_0^2) \qquad (4.21)$$

$$q = k_q y_r \qquad (4.22)$$

$$\tau \frac{du_a}{dt} + u_a = k_u \frac{dq}{dt}, \qquad (4.23)$$

werden in einem SIMULINK-Modell nachgebildet.

Für das Modell der ersten Gleichung wird aus der Differentialgleichung nach der höchsten Zeitableitung der Ausgangsgröße (in diesem Fall $\ddot{y}_r$) aufgelöst:

$$\ddot{y}_r = -a - (2\zeta\omega_0)\dot{y}_r - (\omega_0^{\ 2})y_r \tag{4.24}$$

Danach wird angenommen, daß diese zweite Ableitung bekannt ist, und mit Hilfe zweier Integrationsblöcke (aus der linearen Bibliothek) wird $\dot{y}_r$ und y_r ermittelt. Die zuvor als bekannt angenommene zweite Ableitung kann nun durch eine Summe von gewichteten, jetzt zur Verfügung stehenden Variablen, gebildet werden. Bild 4.7 zeigt diesen Teil des SIMULINK-Programms.

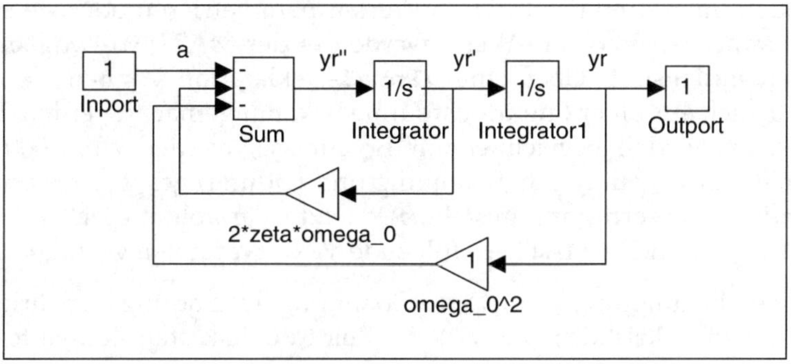

Bild 4.7 SIMULINK-Modell zur Nachbildung der Differentialgleichung des mechanischen Teils (s_seis1.m, s_seis1.mdl)

Inport und *Outport* aus der *Connection*-Bibliothek bilden die Grenzen des SIMULINK-Modells, die es ermöglichen, für diesen Teil einen eigenen Block durch Gruppieren zu bilden. Mit der Maus wird ein umschreibendes Viereck gezogen, so daß alle Blöcke und Beschriftungen umfaßt werden und dadurch selektiert sind. Über die Option *Group* aus der Menüleiste *Options* wird das neue *Subsystem*, dessen Namen frei gewählt werden kann, realisiert.

Die zweite Differentialgleichung verbindet mit einer Übertragungskonstante die Ausgangsgröße y_r des ersten Teils mit der Ladung q, welche die Eingangsgröße des Modells für den Ladungsverstärker ist. Das Modell des Ladungsverstärkers wird ähnlich gebildet. Aus der dritten Differentialgleichung erhält man die höchste Ableitung der Spannung als Funktion der anderen Terme:

$$\dot{u}_a = \frac{k_a}{\tau}\dot{q} - \frac{1}{\tau}u_a \tag{4.25}$$

Da die Eingangsgröße q durch ihre Ableitung in der Gleichung erscheint, wird die Gleichung auf beiden Seiten zuerst integriert:

$$u_a = \frac{k_a}{\tau}q - \frac{1}{\tau}\int_0^t u_a d\alpha + u_a(0) \tag{4.26}$$

Danach wird sie in SIMULINK nachgebildet. Im Modell aus Bild 4.8 (`s_seis2.m`; `s_seis2.mdl`) erkennt man im unteren Teil das Modell des Ladungsverstärkers in der Annahme, daß die Anfangsspannung $u_a(0) = 0$ ist. Wenn die Anfangsspannung nicht Null ist, wird sie einfach dem Summierer (Sum1) hinzugefügt. Für eine Testsimulation könnten folgende Parameter benutzt werden:

```
global omega_0 zeta kq ka tau

omega_0 = 2*pi*5000;                          % [Radiant/s]
zeta = 0.2;              kq = 1.e8;           % [Coulomb/Meter]
ka = 1;                  % [Volt/A]
tau = 1;                 % [Sekunden]
```

Die Blöcke kann man direkt mit diesen Werten parametrieren oder sie sind mit den Variablen parametriert und ihre Werte werden in der MATLAB-Umgebung mit den obigen Zeilen initialisiert. Über eine **`global`**-Deklaration können sie dem SIMULINK-Modell auch aus einer Funktionsroutine bekannt gemacht werden. In der Senke *To-Workspace,* im Modell bezeichnet mit Ergebnisse, werden z.B. 1000 der letzten Hauptvariablen (Beschleunigung, Spannung und Ladung) gespeichert und der MATLAB-Umgebung zur Verfügung gestellt. Als letzte Variable dieser Senke wurde die Zeit gewählt. Somit sind in MATLAB folgende Vektorvariablen verfügbar:

`y(:,1)` die Beschleunigung; `y(:,2)` die Spannung des Ladungsverstärkers; `y(:,3)` die Ladung des Piezokristalls; `y(:,4)` die Zeit (die diskreten Zeitwerte der Simulation).

Die Daten der Matrix y (mit den gezeigten Variablen als Spalten) können jetzt in MATLAB z.B. mit folgender Sequenz dargestellt werden:

```
t = y(:,4);            plot(t, y(:,1);           plot(t, y(:,2);
```

Das Abspeichern des Zeitvektors ist notwendig, wenn Ergebnisse aus der SIMULINK-Simulation in MATLAB weiter bearbeitet werden. Oft sind diese Zeitintervalle des Zeitvektors nicht gleichmäßig und führen zu Problemen z.B. in Verbindung mit einer FFT-Analyse. Gleichmäßige Intervalle können für die Integrationsverfahren **`euler, linsim, rk23`** und **`rk45`** erzwungen werden durch gleiche Werte für *Min-* und *Max-Step-Size* in der Parametriesierung der Simulation.

In den neuen Versionen MATLAB 5 und SIMULINK 2 kann die Option *Fixed-step* bei der Parametrierung der Simulation solcher Fälle eingesetzt werden. Es stehen hier auch Integrationsverfahren zur Verfügung, die speziell mit gleichmäßigen Schrittweiten arbeiten.

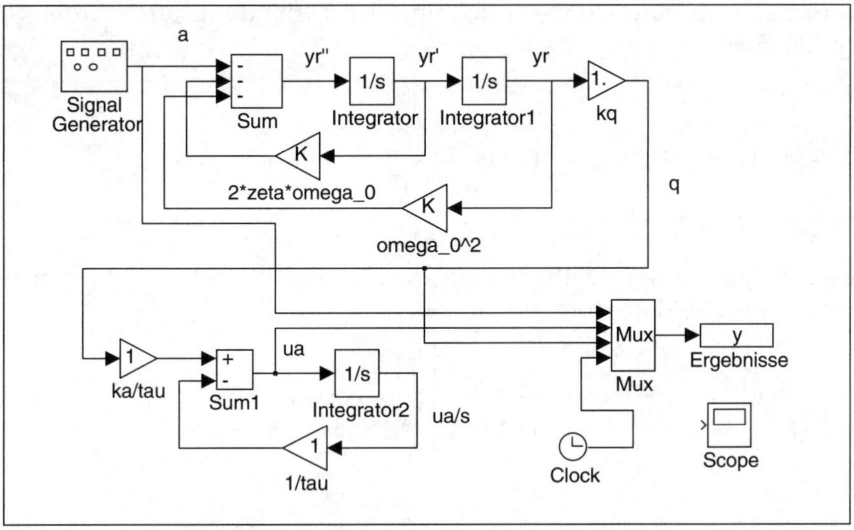

Bild 4.8 SIMULINK-Modell für den seismischen Sensor (s_seis2.m; s_seis2.mdl)

Die nicht angeschlossene *Scope*-Senke kann beim Debuggen benutzt werden. Sie zeigt die Größe, die der Verbindung entspricht, welche durch Anklicken mit der Maus aktiviert wurde. Mit der *Shift*-Taste können auch mehrere Verbindungen gleichzeitig aktiviert werden und so mehrere Signale (Größen) gleichzeitig angezeigt werden.

Mit Hilfe des SIMULINK-Modells des seismischen Sensors kann jetzt der allgemeine Begriff der Zustandsvariablen eines Systems erläutert werden [7]. Die Zustandsvariablen müssen den Zustand eines Systems zu einem gegebenen Zeitpunkt vollständig beschreiben, so daß das Verhalten beginnend von diesem Zeitpunkt an nur von den Anfangswerten der Zustandsvariablen und von der unabhängigen Eingangserregung bestimmt ist. Die Zustandsvariablen enthalten die Vorgeschichte des Systems, die für das Verhalten des Systems, ausgehend von einem bestimmten Zeitpunkt, relevant ist.

Aus dem SIMULINK-Modell geht hervor, daß bei den Integratoren Anfangsbedingungen für ihre Ausgangsvariablen einstellbar sind und daß die Vorgänge im System nur von diesen Anfangsbedingungen und den unabhängigen Eingangsgrößen gegeben sind. Somit bilden die Ausgangsgrößen der Integratoren ein Satz von Zustandsvariablen. Anhand des seismischen Sensors wird gezeigt, daß die Zustandsvariablen durch ein System von Differentialgleichungen erster Ordnung zu beschreiben sind und die restlichen Variablen durch diese Zustandsvariablen auszudrücken sind. Die Ausgangsgrößen der Integratoren aus dem SIMULINK-Modell bilden folgende Zustandsgößen:

$$x_1 = y_r \,; \qquad x_2 = \dot{y}_r \,; \qquad x_3 = \int u_a dt \,;$$

Es sind jetzt drei Differentialgleichungen erster Ordnung, die diese Variablen und die unabhängige Eingangsbeschleunigung verbinden, mit Hilfe des Modells so aufzustellen, daß auf der linken Seite der Gleichungen die erste Zeitableitung der Zustandsvariablen erscheint. Durch Verfolgung der Verbindungspfade im SIMULINK-Modell erhält man:

$$\dot{x}_1 = x_2$$

$$\dot{x}_2 = (-\omega_0^{\,2})x_1 + (-2\zeta\omega_0)x_2 + (-1)a$$

$$\dot{x}_3 = (k_q k_a / \tau)x_1 + (-1/\tau)x_3$$

Die Differentialgleichungen enthalten nur die Zustandsvariablen und die unabhängige Eingangsgröße. In Matrixform erhält man

$$\begin{vmatrix} \dot{x}_1 \\ \dot{x}_2 \\ \dot{x}_3 \end{vmatrix} = \begin{vmatrix} 0 & 1 & 0 \\ (-\omega_0^{\,2}) & (-2\zeta\omega_0) & 0 \\ (k_q k_a / \tau) & 0 & (-1/\tau) \end{vmatrix} \begin{vmatrix} x_1 \\ x_2 \\ x_3 \end{vmatrix} + \begin{vmatrix} 0 \\ -1 \\ 0 \end{vmatrix} a \tag{4.27}$$

oder

$$\dot{\mathbf{x}} = \mathbf{A}\mathbf{x} + \mathbf{B}a \tag{4.28}$$

Mit Fettzeichen wurden die Vektoren und die Matrizen bezeichnet. Diese Gleichung ist auch als Zustandsgleichung bekannt. Die für die vorliegende Anwendung relevanten Größen, auch als Ausgangsgrößen bezeichnet, wie z.B. y_r, q, u_a, können über die Zustandsvariablen durch algebraische Gleichungen ausgedrückt werden:

$$y_r = y_1 = x_1\,; \qquad q = y_2 = k_q x_1\,; \qquad u_a = y_3 = (k_q k_a / \tau)x_1 + (-1/\tau)x_3$$

Wobei mit y_1, y_2, y_3 die Ausgangsgrößen notiert sind, die den Ausgangsvektor bilden. Die Gleichungen kann man in folgender Matrixform schreiben:

$$\begin{vmatrix} y_1 \\ y_2 \\ y_3 \end{vmatrix} = \begin{vmatrix} 1 & 0 & 0 \\ k_q & 0 & 0 \\ (k_q k_a / \tau) & 0 & (-1/\tau) \end{vmatrix} \begin{vmatrix} x_1 \\ x_2 \\ x_3 \end{vmatrix} + \begin{vmatrix} 0 \\ 0 \\ 0 \end{vmatrix} a \tag{4.29}$$

oder

$$\mathbf{y} = \mathbf{C}\mathbf{x} + \mathbf{D}a \tag{4.30}$$

Diese Matrixgleichung stellt die Ausgangsgleichung dar. Zusammen mit der Zustandsgleichung bildet sie das Zustandsmodell, das eine weitere Möglichkeit darstellt, ein System in MATLAB und SIMULINK zu beschreiben. Als Parameter dieser Beschreibung dienen jetzt die Matrizen **A**, **B**, **C** und **D**. In SIMULINK gibt es einen Block, der dieses Modell direkt simulieren kann, oder es werden die zwei Gleichungen mit Matrixblöcken und einem vektoriellen Integrator nachgebildet. Bild 4.9 (`s_abcd.m`; `s_abcd.mdl`) zeigt diese zwei Möglichkeiten.

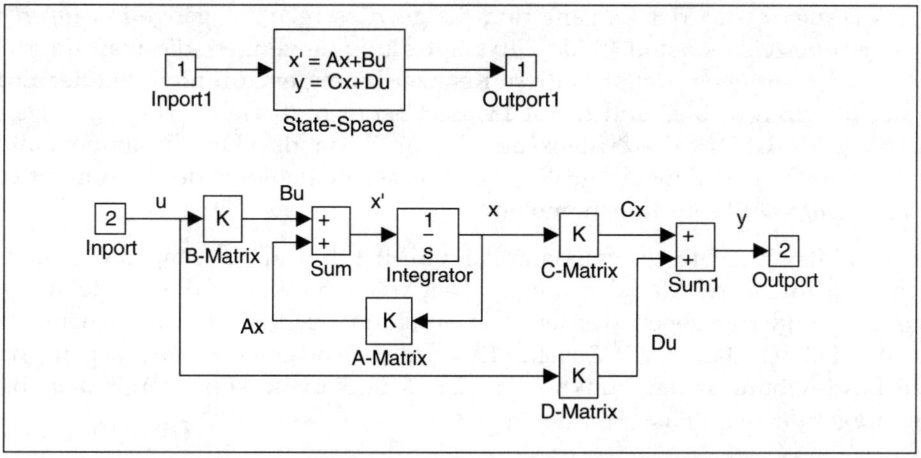

Bild 4.9 SIMULINK-Block für ein Zustandsmodell und die Nachbildung der Zustandsbeschreibung durch Matrizen und einen vektoriellen Integrator (s_abcd.m; s_abcd.mdl)

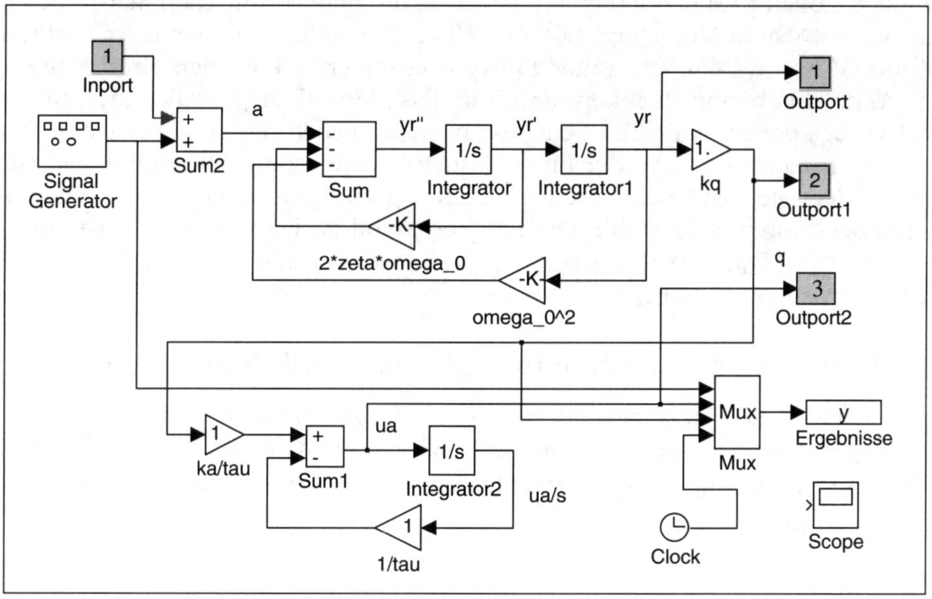

Bild 4.10 SIMULINK-Modell des seismischen Sensors, in dem möglich ist, mit dem Befehl **`linmod`** *die Matrizen der Zustandsbeschreibung zu erhalten (s_seis3.m; s_seis3.mdl)*

Es ist noch zu erwähnen, daß der MATLAB-Befehl **`linmod`** aus einem SIMULINK-Modell die Matrizen **A**, **B**, **C** und **D** der Zustandsdarstellung automatisch bestimmen kann. Der Aufruf

```
[A, B, C, D] = linmod('s_seis3');
```

ergibt die Matrizen der Zustandsdarstellung für das SIMULINK-Modell, das in der Datei `s_seis3.m` oder für MATLAB 5, SIMULINK 2 in `s_seis3.mdl` enthalten ist.

Voraussetzung ist, daß der Eingang und die gewünschten Ausgänge mit *Inport* und *Outport* gekennzeichnet sind. Bild 4.10 zeigt die Ergänzungen, die man im Modell `s_seis2.m` einbringen muß, um diese Kennzeichnung einzuführen. Bei der Ermittlung der Matrizen **A**, **B**, **C** und **D** mit **`linmod`** ist nicht direkt ersichtlich, in welcher Reihenfolge SIMULINK die Zustansvariablen im Zustandsvektor zusammenfaßt. Die Ausgangsgrößen und Eingangsgrößen sind in der Reihenfolge der Nummer der *Inport-* bzw. *Outport*-Blöcke aufgenommen.

Wenn das Modell nichtlinear ist, dann kann SIMULINK in der Umgebung eines Arbeitspunkts ein lineares Modell ermitteln. Der Arbeitspunkt und die Ausdehnung der Umgebung muß angegeben werden. Die Funktion **`trim`** ergibt aus einem SIMULINK-Modell den stationären Zustand für vorgegebene gewünschte Ausgangswerte. Kurze Beschreibungen der Funktionen **`limod`** und **`trim`** können mit dem Befehl **`help`** aufgerufen werden.

4.3 Der Quarzoszillator als elektromechanisches System

Ein Quarzoszillator [8] benutzt eine Piezodose, die dem seismischen Sensor aus dem vorherigen Abschnitt ähnlich ist. Die Kristallscheibe bildet zwischen ihren Elektroden ein Feder-Masse-System, das unter Einwirkung einer elektrischen Kraft schwingen kann. Wenn durch eine Rückkopplung die dissipierte Energie (z.B. durch Reibung) ersetzt wird, können stationäre Schwingungen entstehen. Die Frequenz der elektrischen Schwingungen ist von der Eigenfrequenz der Piezodose bestimmt und ist dadurch im Vergleich zu Oszillatoren mit Schwingungskreisen, bestehend aus Spulen und Kondensatoren, sehr stabil. Die Frequenzstabilität liegt in der Größenordnung 10^{-6} bis 10^{-7} und kann 10^{-9} erreichen, wenn der Piezokristall in einem Thermostat bei konstanter Temperatur betrieben wird.

4.3.1 Modell und Verhalten im Frequenz- und Zeitbereich

Im Bild 4.11 ist die Skizze einer Piezodose als Feder-Masse-System gezeigt und die Aufteilung in einen mechanischen und einen elektrischen Teil dargestellt. Die Dose ist an einer Spannungsquelle u_0 angeschlossen. Dadurch wirkt auf den Kristall eine elektrische Kraft:

$$F_e = k_g u_0 \tag{4.31}$$

Für den mechanischen Feder-Masse-Teil kann eine Differentialgleichung geschrieben werden

$$m\ddot{y} + r\dot{y} + Dy = F_e \, , \tag{4.32}$$

die mit der Bestimmungsgleichung der elektrischen Kraft zu

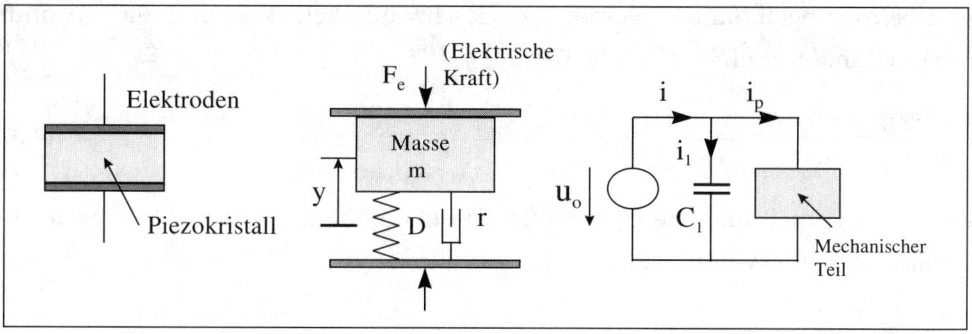

Bild 4.11 Skizze einer Piezodose als Feder-Masse-System und Aufteilung in mechanischen und elektrischen Teil

$$m\ddot{y} + r\dot{y} + Dy = k_g u_0 \tag{4.33}$$

führt. Hier ist y die Verformung des Kristalls relativ zur statischen Gleichgewichtslage bei $F_e = 0$. Die Verformung ergibt eine Ladung

$$q = k_q y\,, \tag{4.34}$$

deren Zeitableitung den Strom i_p

$$i_p = k_q \dot{y} \tag{4.35}$$

als Eingangsgröße für den mechanischen Teil definiert. Aus dem Energieerhaltungssatz erhält man $k_q = k_g$. Die elektrische Leistung im mechanischen Teil muß der mechanischen Leistung gleich sein

$$u_0 i_p = F_e \dot{y} \tag{4.36}$$

und daraus folgt die Gleichheit der zwei Faktoren.

Durch folgende Transformationen aus dem Zeitbereich im komplexen Bereich der Variablen s

$$\ddot{y} = \frac{d\dot{y}}{dt} = \frac{dv}{dt} \rightarrow sV(s)$$

$$\dot{y} = v \rightarrow V(s) \qquad\qquad y = \int \dot{y}dt = \int vdt \rightarrow V(s)/s$$

$$u_0 \rightarrow U_0(s) \qquad\qquad i_p \rightarrow I_p(s)$$

wird die Übertragungsfunktion, welche $I_p(s)$ mit $U_0(s)$ verbindet, ermittelt und aus der Ähnlichkeit mit der Übertragungsfunktion einer elektrischen Reihenschaltung wird eine elektrische Ersatzschaltung für den mechanischen Teil abgeleitet.

Die Übertragungsfunktion, welche die Geschwindigkeit $V(s)$ und die Spannung $U_0(s)$ verbindet, ergibt sich aus (4.33):

$$\frac{V(s)}{U_0(s)} = \frac{k_g}{ms + r + D/s} \tag{4.37}$$

Gemäß (4.35) erhält man die Übertragungsfunktion, die den Strom $I_p(s)$ und die Geschwindigkeit $V(s)$ verbindet als:

$$I_p = k_q V(s) \tag{4.38}$$

Diese Beziehung, in die vorherige eingesetzt, führt zur gesuchten Übertragungsfunktion

$$\frac{I_p(s)}{U_0(s)} = \frac{k_q k_g}{ms + r + D/s} = \frac{(k_q)^2}{ms + r + D/s} \tag{4.39}$$

Eine ähnliche komplexe Übertragungsfunktion besitzt auch eine Reihenschaltung bestehend aus einem Widerstand, einer Kapazität und einer Induktivität. Mit den Bezeichnungen aus Bild 4.12a ist der komplexe Leitwert der Reihenschaltung (oder Übertragungsfunktion Strom/Spannung) durch

$$\frac{I_p(s)}{U_0(s)} = \frac{1}{sL_e + R_e + 1/(sC_e)} \tag{4.40}$$

gegeben.

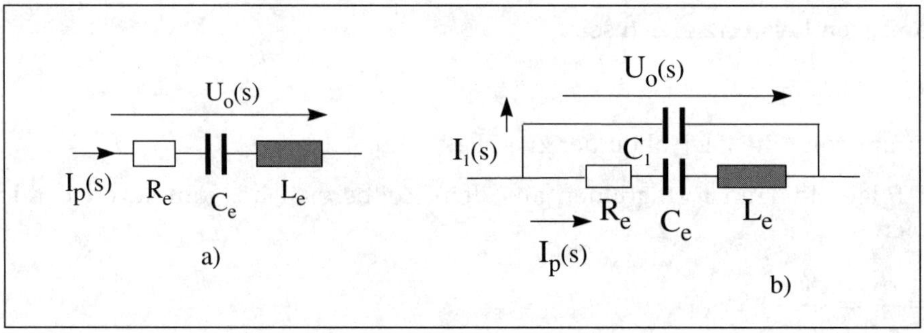

Bild 4.12 a) Reihenschaltung von Widerstand, Kondensator und Spule
b) Ersatzschaltung der Piezodose

Der Vergleich der letzten zwei Übertragungsfunktionen zeigt, daß der mechanische Teil der Piezodose durch eine elektrische Reihenersatzschaltung mit folgenden Komponenten

$$L_e = m/(k_q)^2 \qquad R_e = r/(k_q)^2 \qquad C_e = (k_q)^2/D$$

zu ersetzen ist. Die gesamte Ersatzschaltung einer Piezodose ist im Bild 4.12 b gezeigt. Die Kapazität C_1 ist die eigene Kapazität des Aufbaus der Dose, die als konstant angenommen wird.

Die Eigenfrequenz des ungedämpften Systems der Reihenschaltung, die in den Quarzoszillatoren benutzt wird, ist durch die Masse m und durch die Federkonstante D der Quarzscheibe gegeben:

$$\omega_0 = 1/\sqrt{L_e C_e} = 1/\sqrt{m/D} = \sqrt{D/m} \tag{4.41}$$

Quarze für tiefe Frequenzen besitzen größere Massen. Die zwei Kapazitäten in Reihe und danach parallel zur Induktivität geschaltet, ergeben auch eine Parallelresonanz, die durch

$$\omega_{0p} = 1/\sqrt{L_e(C_e C_1/(C_e + C_1))} \tag{4.42}$$

gegeben ist. Sie liegt etwas höher als die Reihenresonanzfrequenz.

Durch Messungen der zwei Resonanzfrequenzen können die Parameter einer Piezodose ermittelt werden. Als Beispiel sind folgende Werte als typisch anzunehmen: der Gütefaktor bei der Resonanzfrequenz, definiert durch $Q = (\omega_0 L_e)/R_e$, ist in der Größenordnung 10000, das Verhältnis C_1/C_e ist z.B. 10. Bei einem Quarzkristall für $f_0 = 20$ MHz mit $C_1 = 4$ pF (statische Kapazität des Aufbaus) erhält man für die Ersatzkapazität den Wert $C_e = C_1/10 = 0{,}4$ pF, für die Ersatzinduktivität den Wert $L_e = 158{,}31\,\mu$ H. Mit Hilfe des Gütefaktors (ca. 10000) kann auch der Ersatzwiderstand berechnet werden, in diesem Fall $R_e \cong 1{,}98\,\Omega$.

Das Verhalten des komplexen Leitwertes, welcher der gesamten Ersatzschaltung entspricht, kann in MATLAB ermittelt werden. In den gezeigten Übertragungsfunktionen oder Leitwerten wird die Variable s mit $j\omega$ ersetzt und der Betrag und die Phase in Abhängigkeit von ω berechnet. Als Beispiel könnte folgendes Programm den Betrag und die Phase des Leitwertes eines Quarzes in der Umgebung der Resonanzfrequenz berechnen und darstellen:

```
% Programm (quarz_z.m)zur Ermittlung der
% Frequenzabhängigkeit der Impedanz eines Quarzes

C1 = 4e-12;          Ce = 0.4e-12;           Le = 130.e-6;
Re = 5;              f0 = 1/(2*pi*sqrt(Le*Ce));
Q = 2*pi*Le/Re;

a = fix(log10(f0));                    b = ceil(log10(f0));
f = logspace(a,b,500);                 w = 2*pi*f;

% Leitwert der Ersatzschaltung des mechanischen Teils
Ye = 1./(Re+j*w*Le+1./(j*w*Ce));
% Leitwert der statischen Kapazität und Gesamtleitwert
Y1 = j*w*C1;                           Y = Ye + Y1;
```

```
figure(1);                         clf;
set(gcf,'DefaultLineLineWidth',1);
subplot(211), loglog(f, abs(1./Y));
title('Impedanz eines Quarzkristalls');
xlabel('Frequenz in Hz');          ylabel(' Ohm');            grid;
subplot(212), semilogx(f, angle(1./Y)*180/pi);
xlabel('Frequenz in Hz');          ylabel('Grad');            grid;
```

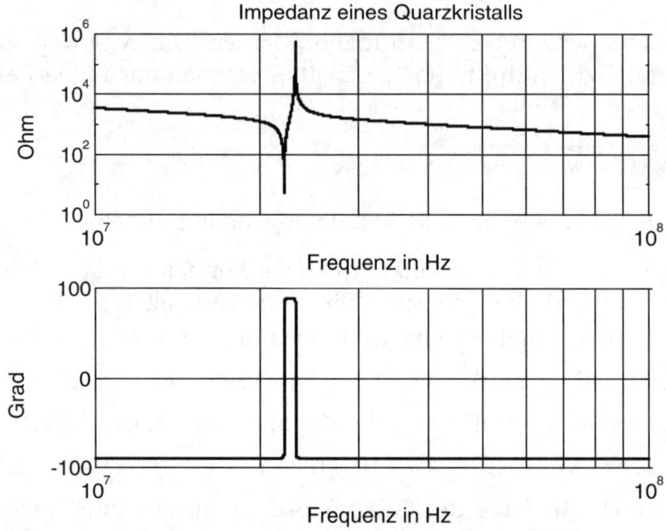

Bild 4.13 Betrag und Phase eines Quarzkristalls in der Umgebung der Resonanzfrequenz (quarz_z.m)

Das Programm enthält keine besonderen Befehle. Zu beachten sind die Operatoren `./` im Ausdruck des Leitwertes `Ye`, die es ermöglichen, elementweise die Divisionoperation eines Skalars mit dem Frequenzvektor `w` durchzuführen. Um die Beträge der Impedanz in einem größeren Bereich zu erfassen und über einen größeren Frequenzbereich darzustellen ist eine logarithmische Skalierung für den Betrag und für die Frequenzachse genommen. Für den Phasenwinkel der Impedanz ist nur die Abszisse logarithmisch.

Bild 4.13 zeigt die mit dem Programm erhaltenen Darstellungen des Betrags und der Phase der Impedanz. Die zwei Resonanzfrequenzen sind klar zu erkennen. Bei der Reihenresonanz, die zuerst erscheint, hat der Betrag der Impedanz einen minimalen Wert, der gleich dem Ersatzwiderstand ist. Danach folgt sehr nahe die Parallelresonanz. Der Phasenwinkel der Impedanz ist bei den Resonanzfrequenzen Null, im Rest hat er einen Wert von - 90° oder + 90° und signalisiert den kapazitiven bzw. induktiven Charakter der Impedanz.

Die Quarzdose mit dem hier ermittelten Modell wird oft auch als Schwingungserreger eingesetzt. Von einem Generator wird die Dose mit Spannungen verschiedener Frequenz gespeist und die Verformung des Kristalls dient als Schwingungserreger. Bei der Untersuchung der Resonanzfrequenzen von Werkstücken, die durch Schwingungen beansprucht werden, wird diese Methode eingesetzt. Die größte Leistung ist bei der Reihenresonanz, wo die Impedanz der Dose einen Minimalwert annimmt, ausgestrahlt.

Das Verhalten eines Quarzkristalls im Zeitbereich wird im nächsten Kapitel in Verbindung mit einem elektronischen Oszillator untersucht.

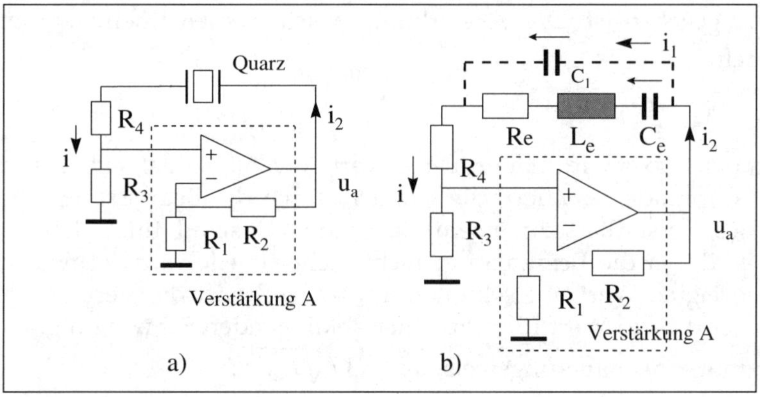

Bild 4.14 a) Quarzoszillator
b) Oszillator, in dem der Quarz durch seine äquivalente Schaltung ersetzt wurde

4.3.2 Simulation eines Quarzoszillators

Bild 4.14 zeigt das Schema eines Quarzoszillators und dasselbe Schema, in der der Quarz durch die oben ermittelte äquivalente Schaltung ersetzt ist. Zuerst wird die Schaltung ohne statische Kapazität C_1 (des Aufbaus der Quarzdose) untersucht. Die Zustandsvariablen sind die Variablen, die zur Energiespeicherung beitragen, in diesem Fall die Spannung u_{ce} der Ersatzkapazität C_e und der Strom $i_2 = i$ durch die Ersatzinduktivität L_e. Für diese Zustandsvariablen erhält man folgende Differentialgleichungen:

$$L_e \frac{di_2}{dt} + u_{ce} + i_2(R_e + R_3 + R_4) = u_a \tag{4.43}$$

$$\frac{du_{ce}}{dt} = \frac{1}{C_e} i_2 \tag{4.44}$$

$$i_2 R_3 A = u_a \tag{4.45}$$

Wobei A die Verstärkung des Verstärkers ist ($A = 1 + R_2 / R_1$). Die Zeitableitung der ersten Gleichung, in der danach die anderen eingesetzt werden, führt zu einer homogenen Differentialgleichung der Form:

$$L_e C_e \frac{d^2 i_2}{dt^2} + C_e (R_e + R_4 + R_3 (1 - A)) \frac{di_e}{dt} + i_2 = 0 \tag{4.46}$$

Wenn der Koeffizient der ersten Zeitableitung des Stromes, der die Dämpfung im Oszillator ergibt, Null ist, erhält man als Lösung eine harmonische Schwingung, deren Amplitude durch die Anfangszustände (Anfangsspannung $u_{ce}(0)$ und Anfangsstrom $i_2(0)$) gegeben ist. Die Verstärkung, welche diesen Koeffizient auf Null forciert, ist durch

$$A = (R_e + R_3 + R_4) / R_3 \tag{4.47}$$

gegeben. In der Praxis wird ein größerer Wert gewählt, so daß eine Schwingung mit steigender Amplitude resultiert, die letztlich durch die Begrenzung der Ausgangsspannung des Verstärkers zu einem stationären Zustand führt. Die resultierende Spannung ist durch die Begrenzung nicht mehr sinusförmig. Je mehr die Verstärkung den gezeigten Wert überschreitet, um so größer ist die Verzerrung. Eine Verstärkung unter diesem Wert führt zu einer abklingenden Schwingung. Die Frequenz der Schwingungen ist näherungsweise $\omega_0 = 1 / \sqrt{L_e C_e}$.

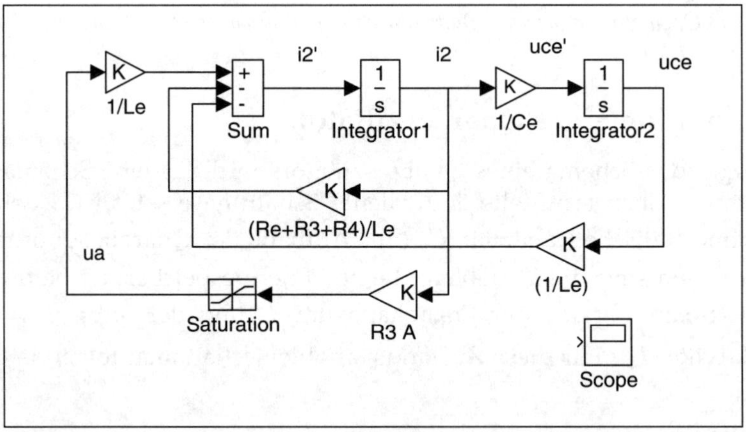

Bild 4.15 SIMULINK-Modell für den Quarzoszillator aus Bild 4.14, wenn die Kapazität C1 vernachlässigt wird (s_quarz1.m; s_quarz1.mdl)

Ein einfaches SIMULINK-Modell kann die Nichtlinearität des Verstärkers (Begrenzung) in die Simulation einbeziehen. Die ersten zwei Differentialgleichungen (4.43), (4.44) werden mit linearen Blöcken als linearer Teil nachgebildet und danach wird die letzte Gleichung (4.45) mit einem Begrenzungsblock als nichtlinearer Teil hinzugefügt. Das resultierte SIMULINK-Modell (`s_quarz1.m; s_quarz1.mdl`) ist im Bild 4.15 gezeigt.

Man kann z.B. als Parameter für den Quarz die Zahlenwerte aus dem vorherigen Kapitel nehmen. Im Modell entstehen Schwingungen, wenn eine Anfangsbedingung für einen der Integratoren verschieden von Null eingestellt ist, und wenn die Verstärkung größer als der Grenzwert (4.47) gewählt wird.

Für den Fall, daß die Kapazität C_1 in der Schaltung aus Bild 4.14 nicht mehr vernachlässigt wird, müssen folgende Differentialgleichungen im SIMULINK-Modell nachgebildet werden:

$$L_e \frac{di_2}{dt} + R_e i_2 + u_{ce} = u_{c1} \tag{4.48}$$

$$\frac{du_{ce}}{dt} = \frac{1}{C_e} i_2 \tag{4.49}$$

$$\frac{du_{c1}}{dt} = \frac{1}{C_1}(i - i_2) \tag{4.50}$$

$$u_a - i(R_3 + R_4) = u_{c1} \tag{4.51}$$

$$u_a = f(iR_3 A) \tag{4.52}$$

Wobei u_{c1} und i die zusätzliche Zustandsvariable bzw. der zusätzliche Strom sind und $f(\cdot)$ den Verlauf der Begrenzung der Ausgangsspannung des Verstärkers darstellt. Die Spannung iR_3 mit der Verstärkung A multipliziert würde die Ausgangsspannung ohne Begrenzung ergeben. Es resultiert das SIMULINK-Modell aus Bild 4.16 (`s_quarz2.m`; `s_quarz2.mdl`). Im unteren Teil des Modells ist der Block *Memory* eingesetzt, um die algebraische Schleife, die hier entstanden ist, zu lösen. Ohne diesen Block meldet SIMULINK einen Fehler, der die algebraische Schleife signalisiert und angibt, daß sie nicht gelöst werden kann. Der Versuch, in SIMULINK 2 mit dem *Algebraic-Constraint*-Block die Schleife zu lösen, ist gescheitert, und es wird die gleiche Lösung angewandt.

Einige Variablen des Modells sind in der Senke *To-Workspace* aufgefangen und im Bild 4.17 im stationären Zustand mit einem kurzen Programm (d_`quarz2.m`) dargestellt. Die Spannungen am Ersatzkondensator C_e (im Bild gezeigt) und an der Ersatzinduktivität (nicht im `yout` erfaßt) sind relativ groß, ca. 75 V, wegen des typischen hohen Gütefaktors des Quarzes.

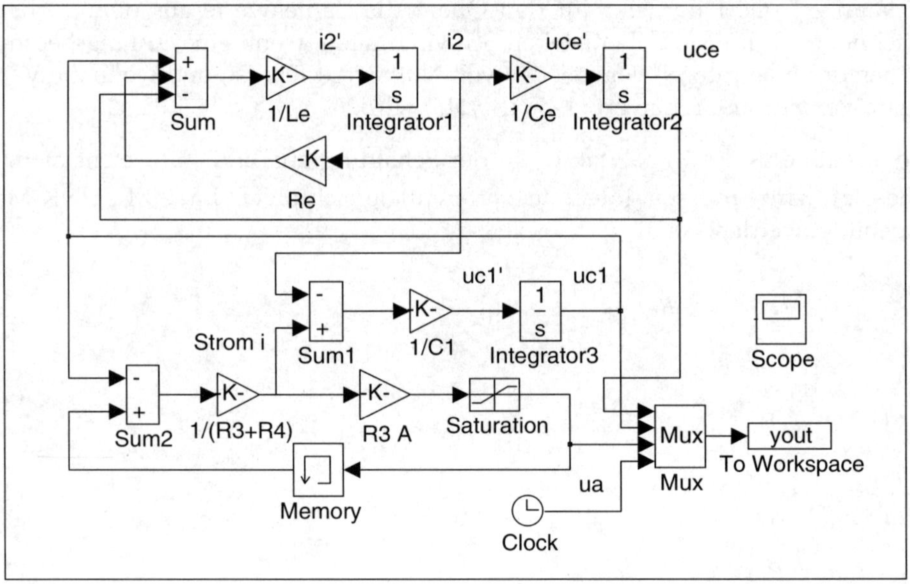

Bild 4.16 SIMULINK-Modell des Quarzoszillators, wenn C_1 auch einbezogen wird (s_quarz2.m; s_quarz2.mdl)

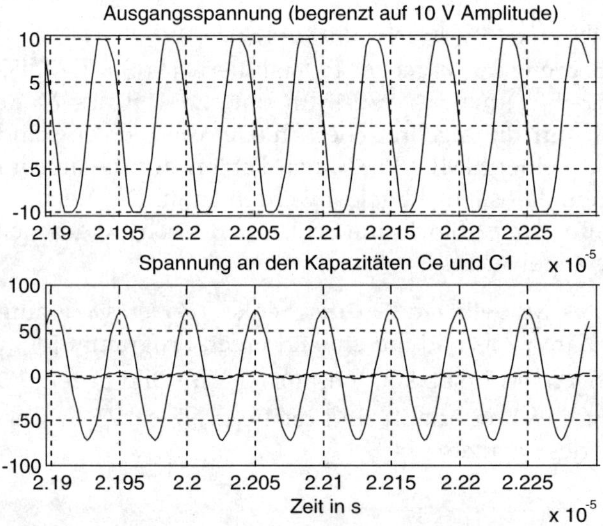

Bild 4.17 Die Ausgangsspannung und die Spannung an den Kapazitäten C_e und C_1 des Quarzoszillators (d_quarz2.m)

4.4 Feder-Masse-System mit Haft- und Gleitreibung

Die großen Vorteile von SIMULINK werden bei der Simulation von nichtlinearen Systemen ersichtlich. Für nichtlineare Systeme gibt es keine allgemeine Theorie, und die vielen Vereinfachungen, die bei ihrer Behandlung gemacht werden, führen zu Lösungen, die nur beschränkt in der Praxis anwendbar sind. Die flexible und einfach durchzuführende Simulation mit SIMULINK bildet ein leistungsfähiges Werkzeug sowohl für den Lehrbereich als auch für die industrielle Entwicklung und Forschung.

Als Beispiel wird in diesem Kapitel ein Feder-Masse-System mit einer relativ komplizierten nichtlinearen Reibung untersucht. Bild 4.18 zeigt die Skizze des Systems, das aus einer Plattform der Masse m besteht, auf der eine zweite Masse m_k liegt und deren Interaktion mit der Plattform durch Haft- und Gleitreibung beschrieben wird. Die Differentialgleichungen der Bewegungen des Systems relativ zur statischen Gleichgewichtslage sind:

$$m\ddot{y} + r\dot{y} + Dy = F_{reib} \tag{4.53}$$

$$m\ddot{y}_k + r_k\dot{y}_k = -F_{reib} \tag{4.54}$$

wobei F_{reib} die Haft- und Gleitreibungskraft darstellt. Mit D, r, r_k sind die Federkonstante bzw. die Dämpfungsfaktoren des Systems bezeichnet.

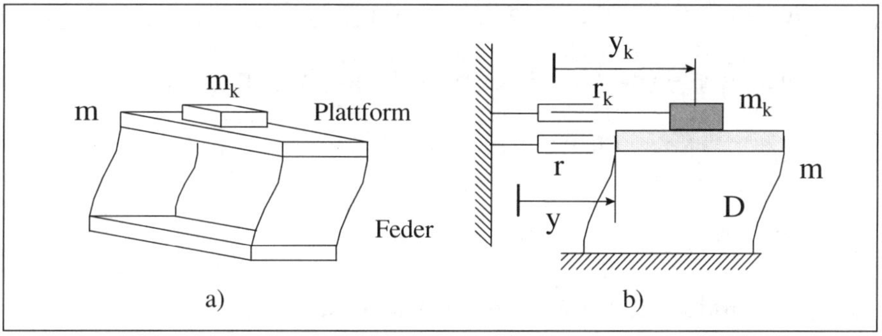

Bild 4.18 Feder-Masse-System mit Haft- und Gleitreibung

Für die Reibungskraft F_{reib} kann z.B. der Verlauf aus Bild 4.19a angenommen werden, der durch die Summe der Kräfte aus Bild 4.19b nachgebildet wird [9].

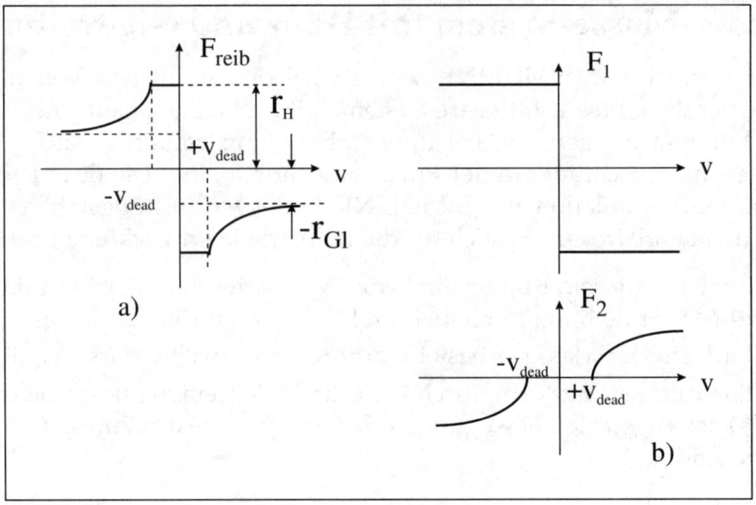

Bild 4.19 a) Haft- und Gleitkraft für die aufgelegte Masse
b) Zerlegung dieser Kraft, um sie in SIMULINK nachzubilden

Die Parameter $r_H, r_{Gl}, v_{dead}, v_0$ bestimmen die Form dieser Kräfte. Die Reibungskraft ist durch folgende Beziehungen definiert:

$$F_{reib} = -sign(v) r_H \qquad \text{für} \qquad -v_{dead} < v < v_{dead} \tag{4.55}$$

$$F_{reib} = -sign(v)\{r_H - (r_H - r_{Gl})[1 - \exp(-(abs(v) - v_{dead}))/v_0)]\}$$
$$\text{für} \qquad abs(v) > v_{dead} \tag{4.56}$$

Wobei

$$v = \dot{y} - \dot{y}_k \tag{4.57}$$

die Relativgeschwindigkeit der aufgelegten Masse ist.

Das SIMULINK-Modell (`s_reib1.m`; `s_reib1.mdl`) ist im Bild 4.20 dargestellt. Die ersten zwei Gleichungen sind leicht zu modellieren. Die nichtlineare Reibungskraft wird durch einen MATLAB-*Fcn*-Block erzeugt, dem über ein *Mux*-Block das Zeichen der relativen Geschwindigkeit und der Betrag des *Dead-Zone*-Blocks zugeführt werden. Mit Hilfe dieses Betrags wird die Kraft F_2 aus der Zerlegung der Reibungskraft erzeugt.

Einige Variablen des Modells sind auch hier in der Senke *To-Workspace* aufgefangen. Durch eine korrekte Einstellung der Dauer der Simulation in Zusammenhang mit der Schrittweite der Simulation wird in dieser Senke der interessierende Bereich der Simulation erfaßt. Ein kleines Programm (z.B. `d_reib1.m`) kann zur Darstellung dieser Variablen dienen.

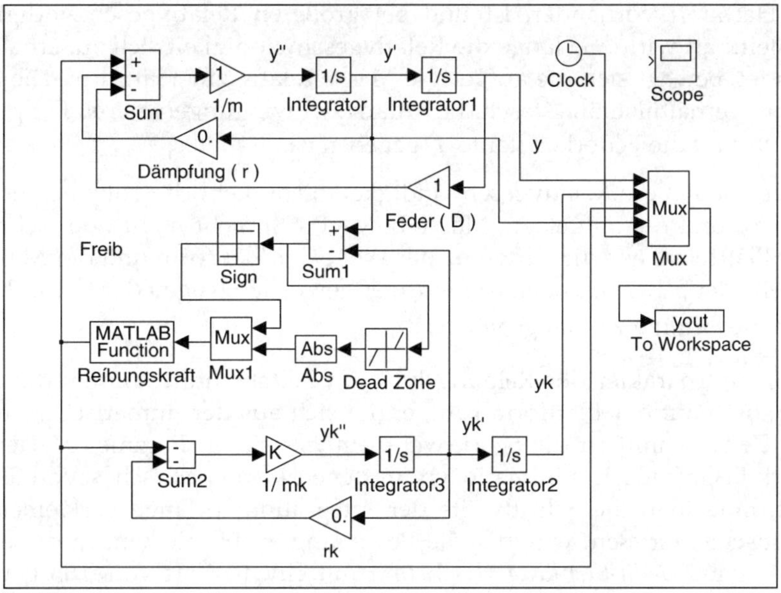

Bild 4.20 SIMULINK-Modell des Feder-Masse-Systems mit Haft- und Gleitreibung (s_reib1.m; s_reib1.mdl)

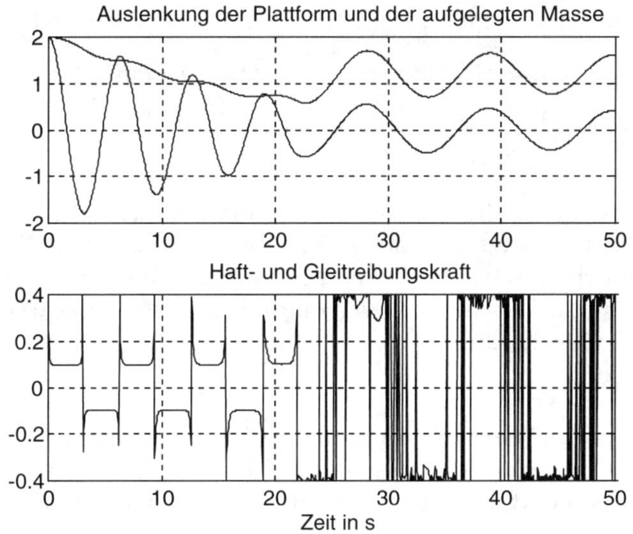

Bild 4.21 Wege der Plattform, der aufgelegten Masse und die Haft- und Gleitreibungskraft (s_reib1.m; s_reib1.mdl; d_ reib1.m)

Bild 4.21 zeigt im oberen *Subplot* den Weg der Plattform und der aufgelegten Masse ausgehend vom gleichen Anfangszustand ($y = y_k = 2$). Im unteren *Subplot* ist die Reibungskraft gezeigt; man sieht, daß bei kleinen Werten der Relativgeschwindigkeit die hohe Haftkraft vorhanden ist und bei größeren Relativgeschwindigkeiten die kleinere Gleitkraft wirkt. So lange die Relativgeschwindigkeit sich außerhalb der Totzone befindet, bewegt sich die aufgelegte Masse relativ zur Plattform. Die Reibungskraft dämpft verhältnismäßig rasch die Anfangsschwingungen, deren Frequenz durch die Masse m und die Federkonstante D gegeben ist.

Später überschreitet die Relativgeschwindigkeit nicht mehr die Totzone, die Haftkraft prädominiert, und die aufgelegte Masse bewegt sich nicht mehr oder sehr wenig in Bezug zur Plattform, wie die Differenz der Wege der Plattform und der Masse zeigen. Die Frequenz der Schwingungen ist niedriger geworden wegen der Gesamtmasse, die jetzt durch die Summe $m + m_k$ gegeben ist.

Der chaotische Charakter der Reibungskraft im Zeitabschnitt, in dem die aufgelegte Masse praktisch auf der Plattform ruht, ergibt sich aus der numerischen Integration. In diesem Zeitabschnitt ist die Schrittweite ein „sensitiver Parameter", der das Verhalten stark beeinflußt. In Simulationen, in denen kein chaotisches Verhalten zu erwarten ist, muß man die Schrittweite der Integration so lange verkleinern, bis die deterministischen Größen, wie hier die Bewegung, stabil bleiben. In diesem Modell wurden *Max-* und *Min-Step-Size* gleich und mit einem Wert von 0,05 gewählt. Der Wert 0,1 führt noch zur Konvergenz, der Verlauf der Bewegung, im Abschnitt wo die Kraft chaotisches Verhalten aufweist, ist aber verschieden. Kleinere Werte für die Schrittweite als 0,01 bringen keine nennenswerte Änderungen im Verlauf der Weggrößen y, y_k.

In der Simulation wurden folgende Parameter für das System benutzt:

$m = 1$ [Kg];	$r = 0{,}001$ [Ns/m];	$D = 1$ [N/m];	$m_k = 2$ [kg];
$r_k = 0{,}001$ [Ns/m];	$v_{dead} = 0{,}01$ [m/s];	$v_0 = 0{,}1$ [m/s];	
$r_H = 0{,}4$ [N];	$r_{Gl} = 0{,}1$ [N];		

Bei nichtlinearen Systemen wird oft die Phasenkurve, welche die Geschwindigkeit über den Weg darstellt, benutzt. Im Bild 4.22 ist diese Kurve für die Plattform dargestellt, und es ist kein chaotisches Verhalten zu erkennen. Weil `yout(:,1)` der Weg der Plattform und `yout(:,4)` deren Geschwindigkeit sind, ist der **`plot`**-Befehl, der diese Darstellung ermöglicht, durch

```
plot(yout(:,1),yout(:,4));
```

gegeben. Auch für die aufgelegte Masse kann die Phasenkurve ermittelt werden. Man muß nur die Geschwindigkeit der Masse in der Matrixvariable `yout` der Senke *To-Workspace* auch erfassen und mit einem ähnlichen **`plot`**-Befehl darstellen.

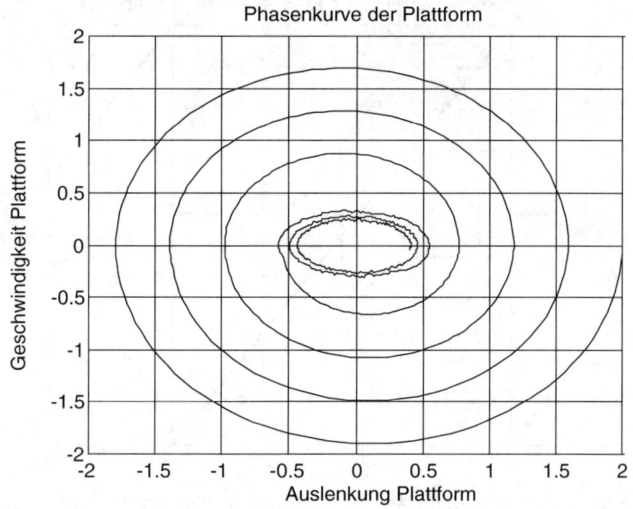

Bild 4.22 Phasenkurve (Geschwindigkeit über Weg) der Plattform (d_reib1.m)

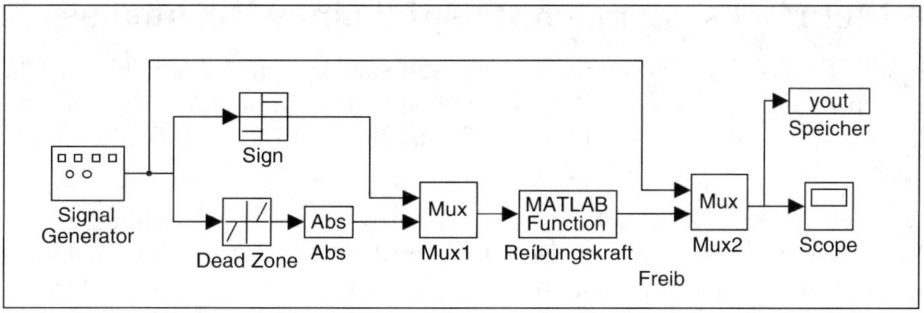

Bild 4.23 a) Testmodell für die nichtlineare Kennlinie, die zur Bildung der Haft- und Gleitreibung dient (s_freib.m; s_freib.mdl)

Die Zusammensetzung der Blöcke, welche die komplexen Nichtlinearitäten simulieren, sollte immer überprüft werden. Mit Hilfe eines Eingangssignals in Form eines Sägezahns kann leicht festgestellt werden, ob die erwünschte Kennlinie erzeugt wird. Für die Kennlinie der Haft- und Gleitreibungskraft ist z.B. das Testmodell im Bild 4.23a (`s_freib.m`; `s_freib.mdl`) geeignet. Der Sägezahn zusammen mit der erzeugten Reibungskraft sind im Bild 4.23b gezeigt, und es ist klar ersichtlich, daß die gewünschte Kennlinie erzeugt wird.

In SIMULINK kann auch eine turbulente Dämpfungskraft [10], die durch

$$F_{turb} = -r_{turb}.v.abs(v) \tag{4.58}$$

gegeben ist, leicht nachgebildet werden. Hier ist v die relative Geschwindigkeit zum Medium, das die turbulente Reibung verursacht, und r_{turb} ist ein Faktor, der die Stärke dieser Kraft bestimmt.

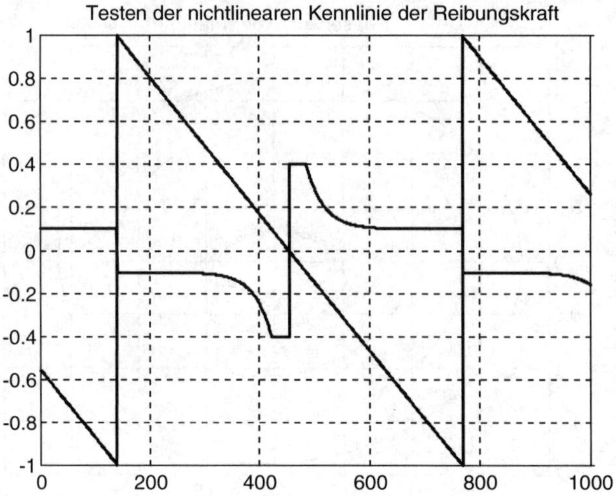

Bild 4.23 b) Die Ausgangssignale des Testmodells, die klar zeigen, daß die gewünschte Kennlinie erzeugt wird (s_freib.m; s_freib.mdl)

4.5 Mehrfachsystem am Beispiel eines Hochhauses

Gekoppelte Feder-Masse-Systeme, die ein Mehrfachsystem bilden, treten häufig in technischen Anwendungen auf. Am Beispiel eines Hochhauses werden einige Eigenschaften solcher Systeme mit Hilfe der Simulation mit MATLAB und SIMULINK untersucht.

Für dynamische lineare Modelle gibt es viele theoretische Erkenntnisse und viele Verfahren, die mit Funktionen in MATLAB und SIMULINK vertreten und für das lineare Hochhausmodell auch einzusetzen sind. Sie können als erste Stufe in einer praktischen Untersuchung fungieren. Diese muß danach mit nichtlinearen Modellen durch direkte Simulation und Interpretation der Daten erweitert werden.

4.5.1 Lineares Modell des Hochhauses

Bild 4.24 zeigt das Modell eines Hochhauses mit drei Stockwerken, dessen Differentialgleichungen sehr einfach auf mehrere Stockwerke erweitert werden können. Mit m_i, D_{ij}, r_i, F_i und y_i werden die Massen, die Federkonstanten zwischen den Stockwerken, die Dämpfungsfaktoren, die auf die Stockwerke wirkenden Kräfte und die Auslenkungen relativ zur statischen Gleichgewichtslage bezeichnet. Die Differentialgleichungen des Systems, die das kinetische Gleichgewicht der Kräfte beschreiben, sind:

$$m_1\ddot{y}_1 + r_1\dot{y}_1 + D_{10}y_1 + D_{12}(y_1 - y_2) = F_1 \tag{4.59}$$

$$m_2\ddot{y}_2 + r_2\dot{y}_2 + D_{21}(y_2 - y_1) + D_{23}(y_2 - y_3) = F_2 \tag{4.60}$$

$$m_3\ddot{y}_3 + r_3\dot{y}_3 + D_{30}y_3 + D_{32}(y_3 - y_2) = F_3 \tag{4.61}$$

Um den Fall, in dem das letzte Stockwerk nur mit dem Vorherigen verbunden ist, zu erhalten, muß bloß $D_{30} = 0$ angenommen werden. Der Einfachheit halber wurden nur Dämpfungen angenommen, die durch die Geschwindigkeit der jeweiligen Stockwerke gegeben sind. Auch eventuelle relative Reibungen zwischen den Stockwerken sind einfach in den Differentialgleichungen einzubinden.

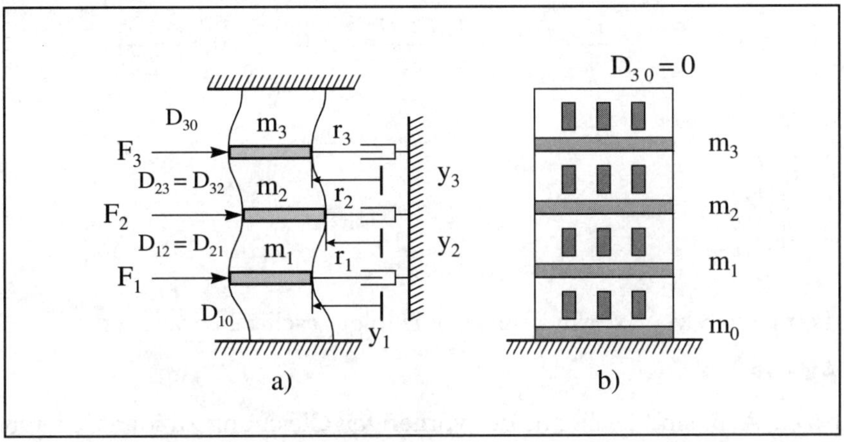

Bild 4.24 Modell des Hochhauses mit drei Stockwerken

Die gezeigten linearen Differentialgleichungen kann man ohne Schwierigkeiten in einem SIMULINK-Modell nachbilden. Es ist aber eine gute Gelegenheit zuerst die Zustandsgleichungen zu bilden und einige Funktionen von MATLAB einzusetzen, um die Eigenschaften des linearen Systems zu untersuchen. Die Theorie der linearen Systemen ist durch viele Funktionen in MATLAB und einige Toolboxen unterstützt.

Als Zustandsvariablen in mechanischen Systemen wählt man die Auslenkungen und Geschwindigkeiten, weil diese mit der potentiellen bzw. kinetischen Energie direkt verbunden sind; diese wiederum bestimmen eindeutig den Zustand des Systems. Im Falle des Hochhauses erhält man somit sechs Zustandsvariablen $x_1, x_2, \ldots x_6$. Mit

$$x_1 = y_1; \quad x_2 = y_2; \quad x_3 = y_3; \quad x_4 = \dot{y}_1; \quad x_5 = \dot{y}_2; \quad x_6 = \dot{y}_3$$

ergibt sich folgende Zustandsgleichung:

$$\begin{vmatrix}\dot{x}_1\\ \dot{x}_2\\ \dot{x}_3\\ \dot{x}_4\\ \dot{x}_5\\ \dot{x}_6\end{vmatrix} = \begin{vmatrix} 0 & 0 & 0 & 1 & 0 & 0\\ 0 & 0 & 0 & 0 & 1 & 0\\ 0 & 0 & 0 & 0 & 0 & 1\\ -\frac{D_{10}+D_{12}}{m_1} & \frac{D_{12}}{m_1} & 0 & -\frac{r_1}{m_1} & 0 & 0\\ \frac{D_{21}}{m_2} & -\frac{D_{21}+D_{23}}{m_2} & \frac{D_{23}}{m_2} & 0 & -\frac{r_2}{m_2} & 0\\ 0 & \frac{D_{32}}{m_3} & -\frac{D_{30}+D_{32}}{m_3} & 0 & 0 & -\frac{r_3}{m_3}\end{vmatrix} \begin{vmatrix}x_1\\ x_2\\ x_3\\ x_4\\ x_5\\ x_6\end{vmatrix} + \begin{vmatrix}0 & 0 & 0\\ 0 & 0 & 0\\ 0 & 0 & 0\\ 1 & 0 & 0\\ 0 & 1 & 0\\ 0 & 0 & 1\end{vmatrix} \begin{vmatrix}F_1\\ F_2\\ F_3\end{vmatrix} \tag{4.62}$$

In einer kompakten Matrixform kann sie wie folgt geschrieben werden:

$$\dot{\mathbf{x}} = \mathbf{A}\mathbf{x} + \mathbf{B}\mathbf{u} \tag{4.63}$$

Die Matrizen $\mathbf{A},\mathbf{B}$ sind leicht aus der vorherigen Gleichung zu identifizieren. Mit $\mathbf{u}$ wurde der Vektor der Erregung, der die unabhängigen Eingangskräfte enthält, bezeichnet. Wenn angenommen wird, daß alle Zustandsvariablen von Interesse sind, dann bilden sie auch die Ausgangsvariablen und die Matrizen $\mathbf{C},\mathbf{D}$ der Ausgangsgleichung sind in MATLAB einfach

```
C = eye(6,6);            D = zeros(6,3);
```

Die Funktion **eye**(n,m) bildet eine (n x m)-Einheitsmatrix und die Funktion **zeros**(n,m) erzeugt eine (n x m)-Matrix mit Nullwerten. Die vier Matrizen **A**,**B**,**C** und **D** bilden das Zustandsmodell dieses Systems, das in allen Funktionen von MATLAB und SIMULINK, die für lineare Systeme gedacht sind, eingesetzt werden kann. So könnte z.B. ein Frequenzgang von jedem Eingang (Eingangskraft) zu jedem Ausgang mit der **bode**-Funktion ermittelt und dargestellt werden. Auch die Impuls- und Sprungantwort, mit der Funktion **step** und **impulse** berechnet, gilt für jeden Eingang zu allen Ausgängen.

Mit folgender Routine kann das Verhalten des Systems über die Funktion **lsim** untersucht werden. Die Eingangsargumente sind die Eingangsmatrix, der Eingangszeitvektor und der Vektor mit den Anfangswerten der Zustandsvariablen. Die Eingangsmatrix besitzt so viele Zeilen, wie viele Werte im Zeitvektor enthalten sind, und drei Spalten wegen der drei Eingangskräfte. Jeder Spaltenvektor stellt die Werte einer Eingangskraft dar.

```
function [y, x] = hoch_h1(u,t,x0,flag)
% Routine hoch_h1(u,t,x0,flag) zur Untersuchung des
% Hochhausmodells mit drei Stockwerken
% Parameter: u, t = Matrix der Eingangskräfte in
%   den Zeitintervallen des Zeitvektors t;
```

```
%   x0 = Anfangszustand;
%   flag = 1 ergibt Darstellungen
% Testaufruf: t = 0:0.1:1023*0.1;
%             u = randn(1024,3);
%             hoch_h1(u,t,zeros(1,6),1);

m = [1,1,1];       D = [1,1,1,1];r = [0.05,0.05,0.05];
A = zeros(6,6);  A(1:3,4:6) = eye(3,3);
A(4,1) = -(D(1)+D(2))/m(1);A(4,2) = D(2)/m(1);
A(4,4) = -r(1)/m(1);
A(5,1) =  D(2)/m(2);        A(5,2) = -(D(2)+D(3))/m(2);
A(5,3) =  D(3)/m(2);        A(5,5) = -r(2)/m(2);
A(6,2) =  D(3)/m(3);     A(6,3) = -(D(4)+D(3))/m(3);
A(6,6) = -r(3)/m(3);
B = [zeros(3,3); eye(3,3)]; C = eye(6,6); D = zeros(6,3);
[y, x] = lsim(A,B,C,D,u,t,x0);
if flag == 1
   figure(1);     clf;            tm = max(t);
   subplot(221), plot(t,u(:,1));    title('u1');         grid;
   L = axis; axis([L(1), tm, L(3), L(4)]);
   subplot(222), plot(t,u(:,2));    title('u2');         grid;
   L = axis; axis([L(1), tm, L(3), L(4)]);
   subplot(223), plot(t,u(:,3));    title('u3');         grid;
   L = axis; axis([L(1), tm, L(3), L(4)]);

   figure(2);     clf;
   subplot(221), plot(t,x(:,1));    title('x1');         grid;
   L = axis; axis([L(1), tm, L(3), L(4)]);
   subplot(222), plot(t,x(:,2));    title('x2');         grid;
   L = axis; axis([L(1), tm, L(3), L(4)]);
   subplot(223), plot(t,x(:,3));    title('x3');         grid;
   L = axis; axis([L(1), tm, L(3), L(4)]);
%----------------------------------------------------
   N = length(x(:,1));       X1 = abs(fft(x(:,1)))/N;
   X1(2:N) = 2*X1(2:N);
   [Xm, im] = max(X1(2:N));dt = t(2)-t(1);
   subplot(224), plot((0:4*im)/(dt*N), X1(1:4*im+1));
   title('abs( FFT(x1) ) / N');       xlabel(' Hz');     grid;
%----------------------------------------------------

   figure(3);     clf;
   subplot(221), plot(t,x(:,4));    title('x4');         grid;
   L = axis; axis([L(1), tm, L(3), L(4)]);
   subplot(222), plot(t,x(:,5));    title('x5');         grid;
   L = axis; axis([L(1), tm, L(3), L(4)]);
   subplot(223), plot(t,x(:,6));    title('x6');         grid;
   L = axis; axis([L(1), tm, L(3), L(4)]);
%----------------------------------------------------
```

```
    X1 = abs(fft(x(:,4)))/N;
    X1(2:N) = 2*X1(2:N);     dt = t(2)-t(1);
    subplot(224), plot((0:4*im)/(dt*N), X1(1:4*im+1));
    title('abs( FFT(x4) ) / N');       xlabel(' Hz');     grid;
%--------------------------------------------------------------
end;
```

Die Parameter des Systems (Massen, Federkonstanten und Dämpfungsfaktoren) sind in der Routine angegeben und können einfach geändert werden. Am Anfang werden die Matrizen **A**, **B**, **C** und **D** des Zustandsmodells gebildet. Danach wird die Funktion **lsim** aufgerufen und die Antwort zu den Eingangsvektoren aus u über die Zeit aus dem Zeitvektor t berechnet. Im Vektor x0 (Zeilenvektor) ist der Anfangszustand der Zustandsvariablen enthalten.

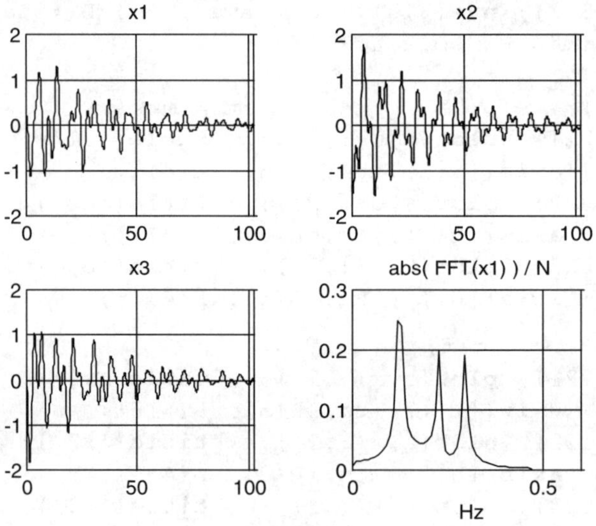

Bild 4.25 Die Zustandsvariablen x1,x2,x3 und das Amplitudenspektrum der Variablen x1 für zufällige Anfangsbedingungen ohne Eingangskräfte: u1= u2 = u3 = 0 (hoch_h1.m)

Die Darstellungen in den drei Bildern (figure(1) bis figure(3)) zeigen die Eingangskräfte und die sechs Zustandsvariablen. Zusätzlich werden auch die Amplitudenspektren der Zustandsvariable x_1 und x_4 dargestellt. Sie werden mit Hilfe einer FFT-Transformation berechnet. Über einen kleinen Trick wird nur der Bereich, in dem die Maximalwerte der Transformation liegen, gezeigt. Die erste Komponente der Transformation, die den Mittelwert darstellt, wird bei der Suche der Maximalwerte ausgeschlossen.

Bild 4.25 zeigt die ersten drei Zustandsvariablen, die den Auslenkungen entsprechen, und das Amplitudenspektrum der Variablen x_1 für folgenden Aufruf:

```
t = 0:0.1:1024*0.1;          u = zeros(1024,3);
hoch_h1(u,t,randn(1,6),1);
```

Er entspricht dem Hochhaus ohne Eingangskräfte und stellt somit den Fall der homogenen Differentialgleichungen dar. Die zufälligen Anfangsbedingungen für die sechs Zustandsvariablen werden mit der Funktion **randn**(1,6) erzeugt. Das Spektrum zeigt klar, daß das System drei Eigenfrequenzen besitzt. Durch Wiederholung dieses Aufrufes mit anderen zufälligen Anfangsbedingungen ist zu beobachten, daß für bestimmte Anfangsbedingungen nur einige dieser Frequenzen auftreten. Wenn sie in einer Variablen vorhanden sind (wie das Spektrum von x_1 zeigt), dann sind sie in einem bestimmten Verhältnis auch in den restlichen fünf Zustandsvariablen enthalten. Die Komponenten mit diesen Eigenfrequenzen sind in der Lösung der homogenen Zustandsgleichung

$$\dot{\mathbf{x}} = \mathbf{A}\mathbf{x} \tag{4.64}$$

enthalten. Durch folgenden Ansatz für die Lösung

$$\mathbf{x} = c_1\mathbf{x}_1 \exp(\lambda_1 t) + c_2\mathbf{x}_2 \exp(\lambda_2 t) + \ldots + c_6\mathbf{x}_6 \exp(\lambda_6 t)\,, \tag{4.65}$$

oder in Matrixform geschrieben als

$$\mathbf{x} = \left|\mathbf{x}_1\mathbf{x}_2\ldots\mathbf{x}_6\right| \begin{vmatrix} \exp(\lambda_1 t) & 0 & \cdot\;\cdot\;\cdot & 0 \\ 0 & \exp(\lambda_2 t) & \cdot\;\cdot\;\cdot & 0 \\ 0 & 0 & \cdot\;\cdot\;\cdot & 0 \\ 0 & 0 & \cdot\;\cdot\;\cdot & 0 \\ 0 & 0 & \cdot\;\cdot\;\cdot & 0 \\ 0 & 0 & \cdot\;\cdot\;\cdot & \exp(\lambda_6 t) \end{vmatrix} \begin{vmatrix} c_1 \\ c_2 \\ c_3 \\ c_4 \\ c_5 \\ c_6 \end{vmatrix}, \tag{4.66}$$

kann man die Ergebnisse des Experimentierens erklären. Wenn z.B. die Skalare λ_1, λ_2, die Vektoren $\mathbf{x}_1, \mathbf{x}_2$ und die Koeffizienten c_1, c_2 komplex konjugiert sind, dann bilden die ersten zwei Terme eine reale Schwingung, die einer der durch Experimentieren erhaltenen Schwingungen entspricht. Ähnlich ergeben die nächsten zwei Paare die anderen zwei Schwingungen, die in der Untersuchung aufgetreten sind. Die Lösung enthält als Unbekannte die komplexen Koeffizienten $c_1, c_2, \ldots, c_6$, die komplexen Vektoren $\mathbf{x}_1, \mathbf{x}_2, \ldots, \mathbf{x}_6$ und die komplexen Größen $\lambda_1, \lambda_2, \ldots, \lambda_6$.

Für die erste Komponente des Zustandsvektors (Auslenkung des ersten Stockwerks) ist das Entstehen der einen Schwingung leicht nachvollziehbar. Laut der Annahme für die Lösung sind die Beiträge der ersten Terme durch

$$x_1 = c_1 x_{11} \exp(\lambda_1 t) + c_2 x_{21} \exp(\lambda_2 t) \tag{4.67}$$

gegeben. Mit

$$\lambda_1 = \sigma_1 + j\omega_1 \qquad \lambda_2 = \sigma_2 - j\omega_2 \qquad c_2 = c_1^*$$

$$c_1 x_{11} = \hat{x}_{11} \exp(j\varphi_{11}) \qquad c_2 x_{21} = \hat{x}_{11} \exp(-j\varphi_{11})$$

erhält man eine reale Schwingung

$$x_1 = \hat{x}_{11}.\exp(\sigma_1 t)\cos(\omega_1 t + \varphi_{11})\,, \tag{4.68}$$

die für $\sigma_1 < 0$ eine gedämpfte, exponentiell abklingende Schwingung ist. Die Amplitude und Phase der Schwingung hängt, wie auch die Simulation gezeigt hat, von den Anfangsbedingungen ab. In ähnlicher Weise entstehen die restlichen zwei Schwingungskomponenten der ersten Zustandsvariablen. Die gleiche Prozedur kann auch für die Komponenten der anderen Zustandsvariablen eingesetzt werden.

Jeder Term aus (4.65) muß die homogene Zustandsgleichung (4.64) erfüllen. Der allgemeine Term

$$c_i \mathbf{x_i} \exp(\lambda_i t) \tag{4.69}$$

für $i = 1,2,3,\ldots,6$, mit seiner Zeitableitung $c_i \mathbf{x_i} \lambda_i \exp(\lambda_i t)$ in die homogene Zustandsgleichung eingesetzt, führt zu folgender Bedingung

$$c_i \mathbf{x_i} \lambda_i \exp(\lambda_i t) = c_i \mathbf{A} \mathbf{x_i} \exp(\lambda_i t)\,, \tag{4.70}$$

die kompakt wie folgt geschrieben wird:

$$\lambda_i \mathbf{x_i} = \mathbf{A} \mathbf{x_i} \tag{4.71}$$

Man erkennt, daß die Faktoren λ_i die Eigenwerte und die Vektoren $\mathbf{x_i}$ die Eigenvektoren [7] der Matrix $\mathbf{A}$ sind. Bei einer Matrix $\mathbf{A}$ der Größe (6x6) erhält man sechs Eigenwerte und sechs Eigenvektoren. Die noch unbekannten Koeffizienten $c_1, c_2, \ldots, c_6$ können jetzt über den Anfangszustand der Zustandsvariablen, im Vektor $\mathbf{x}(0)$ enthalten, aus (4.66) ermittelt werden. Mit $t = 0$ in (4.66) eingesetzt, erhält man

$$\mathbf{x}(0) = \left|\mathbf{x_1 x_2 \ldots x_6}\right| \mathbf{I}\,\mathbf{c}\,, \tag{4.72}$$

wobei mit $\mathbf{I}$ die (6x6)-Einheitsmatrix und mit $\mathbf{c}$ der Spaltenvektor der Koeffizienten $c_1, c_2, \ldots, c_6$ bezeichnet wurden. Daraus folgt:

$$\mathbf{c} = \left|\mathbf{x_1 x_2 \ldots x_6}\right|^{-1} \mathbf{x}(0) \tag{4.73}$$

Die Matrix, welche die Eigenvektoren als Spalten hat

$$\mathbf{V} = \left|\mathbf{x_1 x_2 \ldots x_6}\right|, \tag{4.74}$$

bildet die sogenannte Modalmatrix [6], [11]. Es ist zu beachten, daß die Eigenvektoren und Eigenwerte nur von der Matrix $\mathbf{A}$ des Systems abhängen, sie stellen somit die Eigenschaften des Systems dar. Die Gewichtungskoeffizienten $c_1, c_2, \ldots, c_6$, die vom

Anfangszustand des Systems abhängen, zeigen, mit welchen Anteilen die charakteristischen Terme des Systems

$$\mathbf{x}_i \exp(\lambda_i t) \qquad i = 1,2,3,\ldots,6 \tag{4.75}$$

in der Lösung vorhanden sind. Über die Anfangswerte der Zustandsvariablen, die im Vektor $\mathbf{x}(0)$ enthalten sind, kann man diese Anteile steuern und nur bestimmte charakteristische Terme aktivieren. Die Kreisfrequenzen der Schwingungen sind durch die imaginären Teile der Eigenwerte (in rad/s) gegeben. Positive, negative oder Nullwerte der realen Teile der Eigenwerte zeigen, ob angefachte, abklingende oder Dauerschwingungen entstehen.

In MATLAB gibt es die Funktion **eig** für die Berechnung der Eigenwerte und Eigenvektoren einer quadratischen Matrix (`hoch_h2.m`). Die Routine (`eigen_f1.m`) bietet die Möglichkeit, die gezeigten Sachverhalte durch Experimentieren mit verschiedenen Anfangsbedingungen nachzuprüfen und deren Verständnis zu vertiefen. Als Eingangsargumente werden die Matrix **A** der Zustandsgleichung, der Anfangszustandsvektor `x0` und der Zeitvektor `t`, der das Intervall für die Berechnung der homogenen Lösung nach (4.65) angibt, genommen. Hinzu kommt noch ein Index, der zeigt, welche Zustandsvariable dargestellt und spektral analysiert wird.

```
function [V,D,c,x] = eigen_f1(A, x0, t, ind)
% Funktion eigen_f1(A, x0, t, ind) zur Ermittlung der
%     homogenen Lösung eines linearen Systems
% Parameter: Zustandsmatrix A, Anfangsbedingungen x0,
%     Zeitintervall für die Lösung im Vektor t,
%     ind zeigt welche Zustandsvariable dargestellt und
%     spektral analysiert wird. Wenn ind = 0 wird keine
%     Darstellung erzeugt
% Ausgangsargumente: Eigenwerte in D, Eigenvektoren in V,
% Gewichtungskoeffizienten in c und die Lösung in x.
% Testaufruf:  A = [0, 1;-1, -0.05];
%              x0 = [0.5; -0.5];
%              eigen_f1(A, x0, (0:0.1:1023*0.1),2);

[m,n] = size(A);
if m ~= n disp(' Fehler ! Matrix A nicht quadratisch !');
return;                    end;
if length(x0) ~= n
   disp('Fehler ! Anfangszustand x0 nicht komplett');
return;                    end;
if ind > n
   disp('Fehler ! Indizes der Zustandsvariablen zu groß ');
return;                    end;
[V, D] = eig(A);               c = inv(V)*x0';
x = zeros(length(t), n);
for k = 1:n                    % Berechnung der Lösung
    for p = 1:n
       x(:,k) = x(:,k) + c(p)*V(k,p)*exp(D(p,p)*t');
```

```
        end;
    end;
    x = real(x);
    if ind ~= 0                      % Darstellungen
        xt = x(:,ind);               nx = length(xt);

        figure(1);           clf;
        set(gcf,'DefaultLineLineWidth',1);
        plot(t, xt);title(['Zustandsvariable x',num2str(ind)]);
        xlabel('Zeit in s');     grid;

        figure(2);           clf;
        set(gcf,'DefaultLineLineWidth',1);
        xt = xt.*hanning(nx);
        X = fft(xt)/nx;      betrag(2:nx) = abs(X(2:nx))*2;
        betrag(1) = abs(X(1));
        phase = angle(X)*180/pi;          betragm = max(betrag)/10;
        for k = 1:nx
           if betrag(k) < betragm;            phase(k) = 0;      end;
        end;
        [bm, ib] = max(betrag(2:fix(nx/2)));        dt = t(2)-t(1);
        subplot(211), plot_mt((0:4*ib)/(nx*dt),
    betrag(1:4*ib+1));
        title('Amplitudenspektrum');  xlabel('Frequenz in Hz');
        ylabel('Betrag');
        subplot(212), plot_mt((0:4*ib)/(nx*dt), phase(1:4*ib+1));
        ylabel('Phase');                xlabel('Frequenz in Hz');
    end;
```

Am Anfang werden einige mögliche Fehler bei der Eingabe der Parameter abgefangen. Danach werden die Eigenvektoren (in V), die Eigenwerte (als Diagonalelemente in D) und die Anteil-Koeffizienten (in c) berechnet. In der **for**-Schleife werden schließlich die Zustandsvariablen (die Lösung) ermittelt. Zuletzt enthält die Matrixvariable x in jeder Spalte eine Zustandsvariable für die Zeit, die im Vektor t definiert ist.

Den größten Teil der Routine nehmen die Befehle für die Darstellung der Ergebnisse ein. Im ersten Bild (figure(1)) wird die Zustandsvariable mit dem Index ind dargestellt, im zweiten Bild wird ihr Spektrum (Amplituden- und Phasenspektrum) gezeigt. Der Ausschnitt des Spektrums, der gezeigt wird, enthält die Umgebung, in der die Betragskomponenten ihre Maximalwerte besitzen. Die erste Betragskomponente, die den Mittelwert zeigt, wird bei der Suche des Maximalwertes ausgeschlossen. Es wird ein Hanning-Fenster benutzt, um den *Leakage*-Effekt [12] der FFT-Transformation zu mindern. Wegen dieses Effekts erscheinen nach der FFT-Transformation Phasenwerte für Spektralkomponenten, die im Betrag (Amplitude) zu vernachlässigen sind. Deshalb wird die Phasenanzeige für Komponenten mit Beträgen unter 10 % des Maximalbetrags unterdrückt.

Es können jetzt aufschlußreiche Experimente durchgeführt werden, so daß der Lösungsansatz bestätigt und verstanden wird. Mit der Matrix A für das Hochhaus, bestehend aus drei Stockwerken, gegeben durch

```
A = [0,0,0,1,0,0; 0,0,0,0,1,0; 0,0,0,0,0,1;...
     -2,1,0,-0.05,0,0; 1,-2,1,0,-0.05,0; 0,1,-2,0,0,-0.05];
```

mit dem Anfangszustand

```
x0 = [-0.8095, 0.0000, 0.8095, 0.1708, 0.0000, -0.1708];
```

und mit dem Zeitvektor

```
t = 0:0.1:1023*0.1;
```

ergibt der Aufruf

```
[V,D,c,x] = eigen_f1(A, x0,t,4);
```

folgende Eigenwerte

```
-0.0250 + 1.8476i           -0.0250 - 1.8476i
-0.0250 + 1.4140i           -0.0250 - 1.4140i
-0.0250 + 0.7650i           -0.0250 - 0.7650i
```

und folgende Gewichtungskoeffizienten

```
 c =      0.0000 + 0.0000i    0.0000 - 0.0000i
          1.0000 - 0.0000i    1.0000 + 0.0000i
          0.0000 - 0.0000i    0.0000 + 0.0000i
```

für die homogene Lösung.

Um Platz zu sparen, werden die Eigenvektoren nicht mehr gezeigt. Die Eigenwerte, paarweise komplex konjugiert, deuten auf drei reale Schwingungen mit folgenden Frequenzen:

$$\omega_1 = 1{,}8476 \ [\text{rad/s}]; \qquad f_1 = \omega_1 / (2\pi) = 0{,}295\,[\text{Hz}];$$

$$\omega_2 = 1{,}4140 \ [\text{rad/s}]; \qquad f_2 = \omega_2 / (2\pi) = 0{,}225\,[\text{Hz}];$$

$$\omega_3 = 0{,}7650\,[\text{rad/s}]; \qquad f_3 = \omega_3 / (2\pi) = 0{,}121\,[\text{Hz}];$$

Weil die realen Teile der Eigenwerte negativ sind, klingen die Eigenschwingungen ab. Gleiche reelle Werte erhält man wegen der gleichen Massen und gleichen Dämpfungsfaktoren. Die Zeitkonstante der exponentiell abklingenden Schwingungen ist dem Kehrwert $1/0{,}025$ gleich (40 s) und kann aus der Darstellung der Schwingungen der Zustandsvariablen überprüft werden.

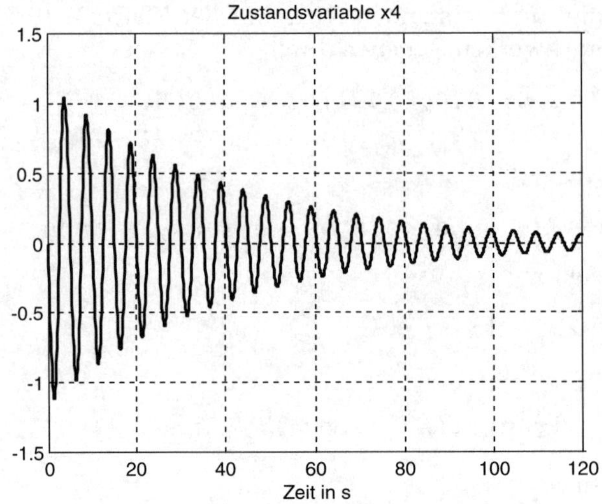

Bild 4.26 Die vierte Zustandsvariable des Hochhauses, wenn der Anfangszustand nur die zweite Eigenfrequenz aktiviert (eigen_f1.m)

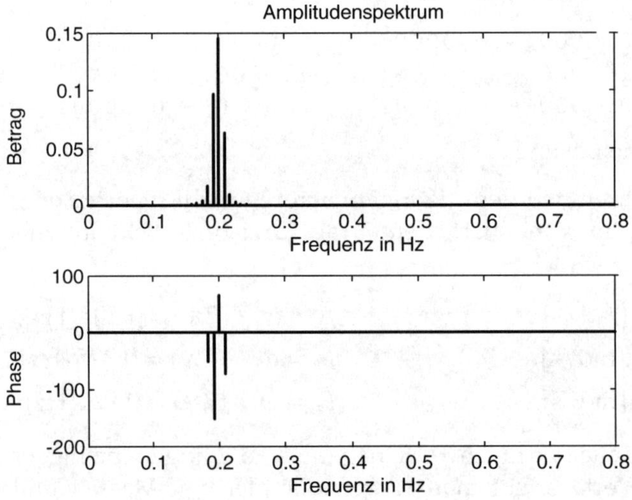

Bild 4.27 Das Amplituden- und Phasenspektrum des Verlaufs aus Bild 4.26 (eigen_f1.m)

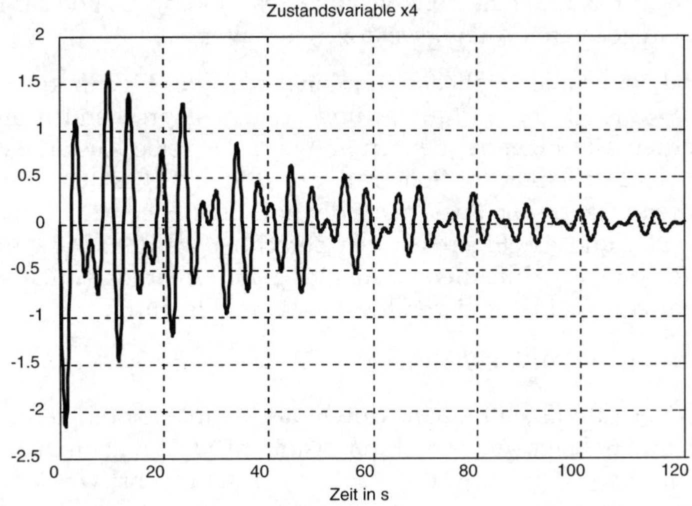

Bild 4.28 Die vierte Zustandsvariable des Hochhauses, wenn der Anfangszustand so gewählt wird, daß alle Eigenfrequenzen aktiviert werden (eigen_f1.m)

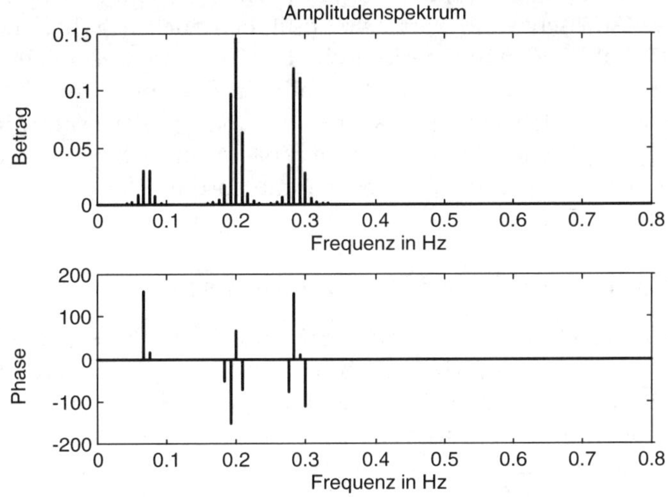

Bild 4.29 Das Amplituden- und Phasenspektrum des Verlaufs aus Bild 4.28 (eigen_f1.m)

Die scheinbar zufälligen Anfangswerte für die Zustandsvariablen aus dem Vektor `x0,` wurden durch

```
x0 = V*c;
```

so berechnet, daß `c = [0,0,1,1,0,0]';` und nur die Schwingung mit der zweiten Eigenfrequenz zugelassen wurde. Als Beispiel zeigen Bild 4.26 und Bild 4.27 die vierte Zustandsgröße, die der Geschwindigkeit der ersten Masse entspricht und eine

Frequenz von 0,225 Hz, und eine Zeitkonstante des Abklingens von ca. 40 s aufweist. Sie wurde mit dem gezeigten Anfangsvektor `x0` erhalten.

In derselben Art können alle möglichen Kombinationen der Eigenfrequenzen aktiviert werden. Mit `c = [1,1,1,1,1,1]';` und dem entsprechend ermittelten Anfangsvektor werden alle Eigenfrequenzen aktiviert. Dieselbe Zustandsvariable sieht jetzt wie im Bild 4.28 aus und ihr Spektrum aus Bild 4.29 bestätigt die Aktivierung aller drei Eigenfrequenzen. Die Phasenlage der einzelnen Eigenfrequenzen kann über die `c` Koeffizienten und die Eigenvektoren berechnet werden. Die Aufstellung der Beziehung (4.67) sollte als Hilfe dienen. Aus ihr geht hervor, daß z.B. die Phasenlage der dritten Eigenfrequenz in der vierten Zustandsvariable durch

$$\varphi_{43} = \tan^{-1}(imag(V(4,5)) / real(V(4,5))) \tag{4.76}$$

gegeben ist, da die dritte Eigenfrequenz durch das komplex konjugierte Eigenvektorpaar aus dem 5. und 6. Eigenvektor bestimmt ist. In MATLAB kann diese Berechnung durch den Befehl `phi_34 = angle(V(4,5));` durchgeführt werden. Die Phasenlage für die tiefste Eigenschwingung ist im Spektrum mit großem Fehler dargestellt, da nur wenige Perioden im Untersuchungsintervall für die FFT vorhanden sind. Bei den restlichen zwei sind die Werte der dargestellten Phasen für die höchsten Spektrallinien korrekt.

Wenn einige Eigenwerte reell sind, dann sind die entsprechenden Komponenten aperiodisch (nichtoszillatorisch), und wenn sie zusätzlich auch negativ sind, dann ergeben sie exponentiell abklingende, aperiodische Komponenten. Zu bemerken sei, daß das Verfahren und die Routine nur für den Fall von Systemen ohne Mehrfacheigenwerte funktioniert. Für Mehrfacheigenwerte muß man den Ansatz für die Lösung ändern und von den gleichen Eigenvektoren eines Mehrfacheigenwertes nur einen behalten. Die restlichen müssen über sogenannte Jordan-Blöcke [11] mit einigem Aufwand ermittelt werden.

4.5.2 SIMULINK-Simulation des Hochhauses

Das lineare Modell des Hochhauses kann in SIMULINK direkt über die Beschreibung im Zustandsraum durch die Matrizen **A**, **B**, **C** und **D** simuliert werden. Eine solche Simulation wird in Verbindung mit der Erzeugung einer Erregung durch Windböen gezeigt. Die Windböen führen zu turbulenten Kräften, die auf das Hochhaus einwirken. In der Simulation der nichtlinearen Systeme, die theoretisch nicht so einfach zu lösen sind, steckt die enorme Leistung von MATLAB und SIMULINK.

Die Windböen werden als stochastische Signale mit einer bestimmten Spektraldichte [6], die den Frequenzinhalt beschreibt und mit einer bestimmten Verteilung der Werte, die den Wertebereich definiert, erzeugt. Es wird angenommen, daß der Wind einen Mittelwert und eine überlagerte Zufallskomponente besitzt, welche die Böen ergibt. In der Technik werden viele Zufallsprozesse durch stochastische Signale mit normaler (oder gaußscher) Verteilung und mit konstanter Leistungsspektraldichte bis zu einer bestimmten Frequenz oder Bandbreite angenähert. Die mittlere Leistung solcher Rauschsignale, die gleich der Varianz ist, ergibt sich aus dem Produkt Spektraldichte mal Bandbreite.

In SIMULINK, in der Senke *Sourses*, gibt es einen Zufallsgenerator, der normal verteilte Signale erzeugt, bei dem als Parameter die Leistungsspektraldichte (bezeichnet als *Noise Power*) und die Abtastperiode einzustellen sind. Der Kehrwert der Abtastperiode bestimmt die Bandbreite. Eine gewünschte Varianz σ^2 erhält man, wenn das Verhältnis der Leistungsspektraldichte des Generators S_g und der Abtastperiode T_s

$$\sigma^2 = S_g / T_s \tag{4.77}$$

diesen Wert ergibt. In dieser Art erhält man zunächst eine diskrete Zufallsfolge (mit den gewünschten Eigenschaften), die durch den diskreten Charakter noch steile Sprünge enthält. Um der kontinuierlichen Realität näher zu kommen, ist die Erzeugung der Zufallskomponente oder der Rauschkomponente des Windes über ein Tiefpaßfilter durchzuführen (`s_wind1.m; s_wind1.mdl`). Die Durchlaßfrequenz f_0 des Tiefpaßfilters (in Hz) bestimmt die Bandbreite des Rauschens. Um eine bestimmte Leistung oder Varianz für das Rauschen in dieser Konfiguration zu erhalten, wird die Leistungsspektraldichte so gewählt, daß das Produkt mit der Bandbreite die Varianz ergibt. Die Abtastperiode des Rauschgenerators T_s muß kleiner als der Kehrwert der Bandbreite ($1/f_0$) sein. Der beschriebene Sachverhalt ist im Bild 4.30 dargestellt.

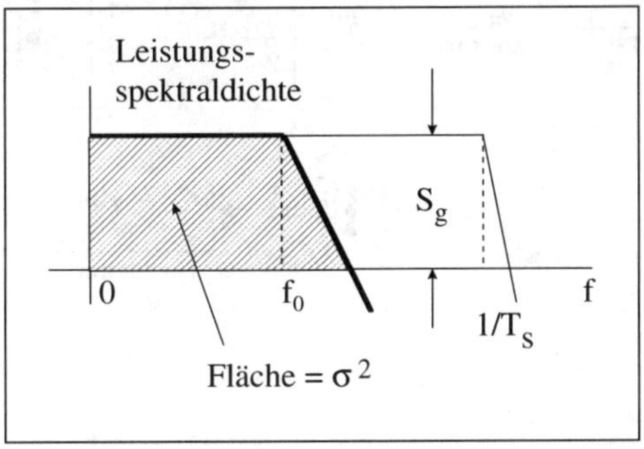

Bild 4.30 Erzeugung eines Rauschsignals mit einer bestimmten Leistung durch Tiefpaßfilterung von weißem Rauschen mit größerer Bandbreite

Die turbulenten Kräfte des Windes sind jetzt durch

$$F_{Ti} = -r_{Ti} w_i .abs(w_i) \tag{4.78}$$

gegeben. Dabei sind r_{Ti} Proportionalitätsfaktoren und w_i die Geschwindigkeiten des Windes relativ zu den Stockwerken des Gebäudes, gegeben durch:

$$w_i = v - \dot{y}_i \tag{4.79}$$

Mit v wurde die Geschwindigkeit des Windes und mit y_i die jeweilige Geschwindigkeit des Stockwerks i bezeichnet.

Das SIMULINK-Modell des linearen Hochhauses, auf welches turbulente Windkräfte einwirken, ist im Bild 4.31 dargestellt. Man erkennt den Rauschgenerator Typ *Band-Limited-White-Noise* aus der *Sources*-Bibliothek, gefolgt vom Tiefpaßfilter, der die Bandbreite des Rauschsignals bestimmt und vom *Gain*-Block, mit dessen Hilfe die Intensität der Rauschkomponente der Geschwindigkeit des Windes eingestellt wird. Der Mittelwert dieser Geschwindigkeit ist durch den *Constant*-Block gegeben und wird einfach hinzu addiert.

Vom Modell des Hochhauses werden die letzten drei Zustandsvariablen, welche die Geschwindigkeiten der Stockwerke darstellen, abgezweigt und von der Geschwindigkeit des Windes subtrahiert. Die so erhaltenen Relativgeschwindigkeiten bilden die Eingangssignale für den Block, der die turbulenten Kräfte simuliert. Um Platz zu sparen, wurden die Blöcke, welche die Kräfte nach (4.78) bilden, in einem Untersystem gruppiert. Durch zweifaches Klicken auf den Turbulenz-Block erhält man, in einem neuen Fenster, das SIMULINK-Modell dieses Untersystems.

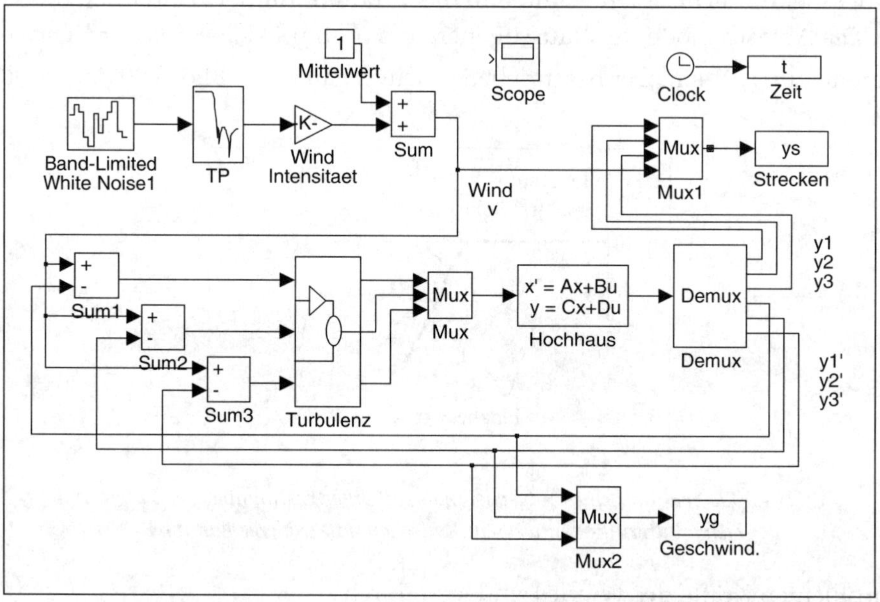

Bild 4.31 SIMULINK-Modell des linearen Hochhauses, auf das turbulente Windkräfte einwirken (s_hoch3.m; s_hoch3.mdl; p_hoch3.m; d_hoch3.m)

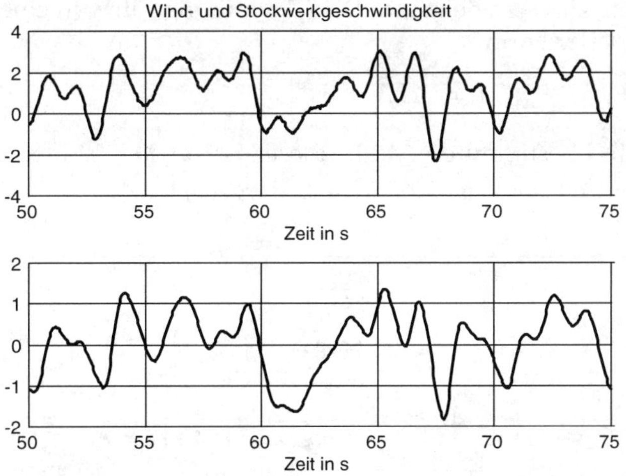

Bild 4.32 Die Wind- und Stockwerkgeschwindigkeit des ersten Stockwerkes, die sich wie in einem Regelungssystem „verfolgen" (p_hoch3.m; d_hoch3.m)

Die Struktur des Modells ist einem Regelungssystem sehr ähnlich. Die Rolle der Sollgröße ist hier von der Windgeschwindigkeit übernommen. Die Ist-Werte sind die Geschwindigkeiten der Stockwerke, die von der Sollgröße subtrahiert werden. Mit den Differenzen werden die turbulenten Kräfte gebildet, die schließlich die Ist-Werte bestimmen. Bild 4.32 zeigt die Wind- und Stockwerkgeschwindigkeit des ersten Stockwerks, aus dem hervorgeht, daß eine Verfolgung, wie in einem Regelungssystem, stattfindet.

Im MATLAB-Programm `p_hoch3.m` werden alle Parameter des Modells (wie z.B. die Matrizen **A**, **B**, **C** und **D**) initialisiert und dem SIMULINK-Modell zur Verfügung gestellt. Wenn das Programm in eine Funktion umgewandelt wird, müssen die Parameter auch als **`global`** deklariert werden. Danach muß die Simulation durchgeführt werden. Nachdem genügend Daten in den Senken *To-Workspace* gesammelt wurden und die Simulation gestoppt wird, können einige Signale mit `d_hoch3.m` dargestellt werden. Mit kleinen Änderungen der Programme können beliebige Variablen des Simulationsmodells verfolgt werden.

Auch mit anderen graphischen *Sinks*-Blöcken zur Darstellung der gewünschten Variablen sollte man jetzt experimentieren. Empfohlen wird der *Graph*-Block und der *Auto-Scale-Graph*-Block. Wenn mehrere *Graph*-Blöcke in einem SIMULINK-Modell auftreten, dann entspricht jede Darstellung einer Figur (`figure`), die wie jedes normale Bild beschriftet werden kann.

4.5.3 Hochhaus mit Gleitreibung

Das Beispiel des Hochhauses wird jetzt benutzt, um zu zeigen, wie ein nichtlineares Zustandsmodell in SIMULINK modelliert wird. Es wird Gleitreibung statt viskoser Dämpfung angenommen, so daß die Änderungen nicht sehr aufwendig und die nötigen Schritte leichter zu verstehen sind. Die Gleitreibung führt zu einer Reibungskraft für jedes Stockwerk der Form:

$$F_{ri} = -r_{GL} sing(\dot{y}_i); \qquad i = 1,2,3 \tag{4.80}$$

Der Faktor r_{GL} in [N] bestimmt die Stärke dieser Kräfte. Das Modell des Hochhauses (`s_hoch4.m`; `s_hoch4.mdl`) ist im Bild 4.33 dargestellt.

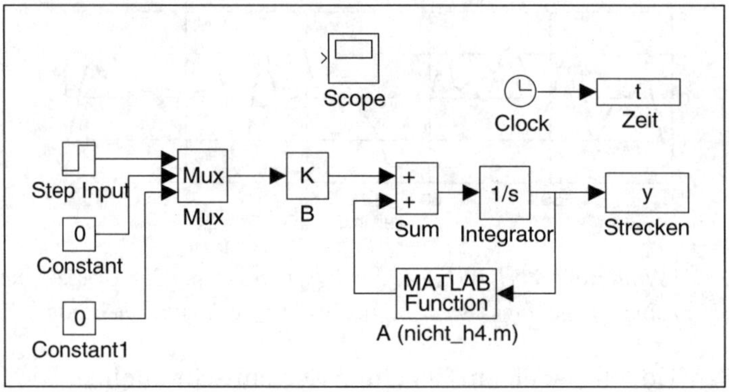

Bild 4.33 SIMULINK-Modell des Hochhauses mit Gleitreibung als Nichtlinearität (s_hoch4.m; s_hoch4.mdl)

Die Multiplikation der Zustandsmatrix A mit dem Zustandsvektor am Ausgang des Integrators ist durch den MATLAB-*Fcn*-Block ersetzt. Der Block führt die Routine `nicht_h4(u)` aus. Bei der Bildung der viskosen Dämpfungen wird die Multiplikation der Dämpfungsfaktoren (r_i) aus der Matrix A mit den Geschwindigkeiten ($\dot{y}_i$) durch die Multiplikation der Faktoren r_{GL} mit den Zeichen der Geschwindigkeiten ersetzt. Die Geschwindigkeiten sind die letzten drei Zustandsvariablen des Zustandsvektors. Es wird ein neuer Vektor `xt` gebildet, der als letzte drei Komponenten die Zeichen der entsprechenden Komponenten des Zustandsvektors enthält. Mit diesem Vektor wird jetzt der Teil der Matrix A multipliziert, der die Dämpfungsfaktoren im linearen Fall enthielt. Die restlichen Zustandsvariablen werden wie beim linearen Modell gebildet.

```
function [xa] = nicht_h4(x)
% Routine nicht_h4(x) zur Berechnung der nichtlinearen
% Matrixoperation A(x).x im SIMULINK-Modell s_hoch4.m

global A
xa = zeros(1,6)';                  xa(1:3) = eye(3,3)*x(4:6);
xt = [x(1:3); sign(x(4:6))];      xa(4:6) = A(4:6,:)*xt;
```

Die Berechnung der Matrix **A** und die anderen nötigen Initialisierungen sind im Programm `p_hoch4.m` realisiert. Die Matrix **A** ist als global deklariert, um sie der Funktion `nicht_h4` bekannt zu machen. Optional ist auch die Matrix **B** global definiert. Das ist notwendig für den Fall, daß das Programm in einer Funktion umgewandelt wird, aus der diese Matrix dem SIMULINK-Modell so übertragen werden kann. Die Variablen der Simulation werden in der Senke y gespeichert und nach dem Stoppen der Simulation, mit Hilfe des Programms `d_hoch4.m`, dargestellt.

```
% Programm (p_hoch4.m) zur Parametrierung der Simulation
% mit dem SIMULINK-Modell s_hoch4.m, das die Routine
% nicht_h4.m aufruft

global A B

% Lineares Modell des Hochhauses
m = [1,1,1];          D = [1,1,1,0];     r = [0.05, 0.05, 0.05];
A = zeros(6,6);                          A(1:3,4:6) = eye(3,3);
A(4,1)=-(D(1)+D(2))/m(1);                A(4,2)=D(2)/m(1);
A(4,4)=-r(1)/m(1); A(5,1)=D(2)/m(2);
A(5,2)=-(D(2)+D(3))/m(2);                A(5,3)=D(3)/m(2);
A(5,5)=-r(2)/m(2);                       A(6,2)=D(3)/m(3);
A(6,3)=-(D(4)+D(3))/m(3);                A(6,6) = -r(3)/m(3);
B = [zeros(3,3);      eye(3,3)];


% Programm (d_hoch4.m) zur Darstellung der Ergebnisse der
% Simulation mit dem SIMULINK-Modell s_hoch4.m, das die
% Routine nicht_h4.m aufruft

figure(1);                 clf;       % Darstellungen der Ergebnisse
plot(t,y);
title('Zustandsvariablen (Wege und Geschwindigkeiten)');
xlabel('Zeit in s'); grid;
```

Als Eingangskraft wird ein Sprung am ersten Stockwerk angelegt. Die Routine, die den MATLAB-*Fcn*-Block aufruft, sollte zuerst in der MATLAB-Umgebung getestet und in Ordnung gebracht sein, bevor sie in dem SIMULINK-Modell eingesetzt wird. Änderungen in der Routine werden nicht immer vom geöffneten SIMULINK-Modell erkannt, und es ist nicht klar, ob dies mit dem Betriebsystem (Widows 95) zusammenhängt. Wenn das Fenster des SIMULINK-Modells geschlossen und danach wieder geöffnet wird, dann ist die neue Routine mit den Änderungen sicher eingebunden.

Bild 4.34 zeigt die Auslenkungen (die oberen Verläufe) und die Geschwindigkeiten, wenn als Eingangskraft ein Sprung an das erste Stockwerk angelegt ist. Die Reibungskräfte, der obigen Gleichung nachgebildet, werden durch die kleinen numerischen Integrationsfehler, die im stationären Zustand ($t \rightarrow \infty$) auftreten, in Form chaotischer Übergänge zwischen $\pm r_{GL}$ erscheinen. Die Schrittweite der numerischen Integration, mit der experimentiert werden kann, hat einen großen Einfluß auf das Erscheinungsbild dieser Kräfte. Der Verlauf der Auslenkungen und Geschwindigkeiten ist bei einer genügend kleinen Schrittweite aber stabil.

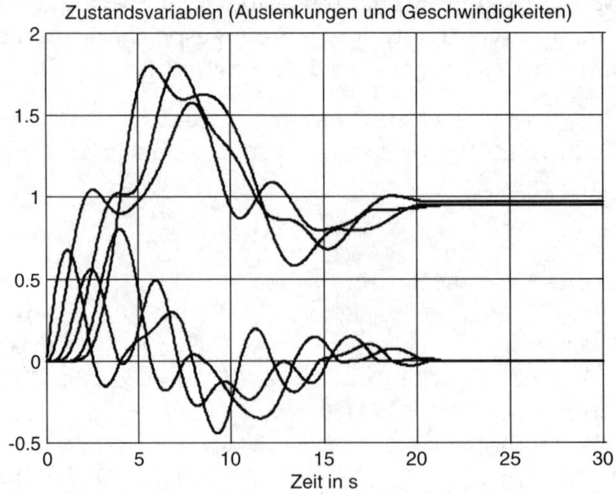

Bild 4.34 Die Zustandsvariablen bei Gleitreibung für eine an dem ersten Stockwerk angelegte Sprungkraft (s_hoch4.m; s_hoch4.mdl; p_hoch4.m; d_hoch4.m)

In diesem nichtlinearen Beispiel können auch die verschiedenen Verfahren der Integration, die über die Menüleiste des SIMULINK-Modells einzustellen sind, in Kombination mit verschiedenen Schrittweiten (*Max-* und *Min-Step-Size*) getestet werden.

4.5.4 Mehrfach besetzte Welle

Auch andere Typen von Mehrfachsystemen können mit MATLAB-Funktionen und SIMULINK-Modellen, ähnlich wie beim Hochhaus, untersucht werden. Als Beispiel kann die mehrfach besetzte Welle aus Bild 4.35 dienen. Mehrfach besetzte Wellen spielen im Maschinenbau eine große Rolle. Hier bilden die Wellenabschnitte zylindrische Torsionsfedern, deren Federkonstanten D_i vom Durchmesser und von der Länge des Abschnitts abhängig sind. Als Zustandsvariablen werden hier die Drehwinkel der Scheiben und deren Geschwindigkeiten gewählt, und es wird angenommen, daß das externe Antriebsmoment M_a an einem Ende der Welle wirkt und am anderen Ende ein nichtlineares Drehmoment M_l als Belastung fungiert. Die Belastung könnte von einer Pumpe, Ventilator etc. hervorgehen. Es ergeben sich folgende Differentialgleichungen als Bewegungsgleichungen:

$$J_1\dot{\omega}_1 = M_{ext} + D_1(\varphi_2 - \varphi_1) - r_{10}\dot{\omega}_1$$

$$J_2\dot{\omega}_2 = D_1(\varphi_1 - \varphi_2) + D_2(\varphi_3 - \varphi_2) - r_{20}\dot{\omega}_2$$

$$J_3\dot{\omega}_3 = D_2(\varphi_2 - \varphi_3) + D_3(\varphi_4 - \varphi_3) - r_{30}\dot{\omega}_3$$

$$J_4\dot{\omega}_4 = D_3(\varphi_3 - \varphi_4) + D_4(\varphi_5 - \varphi_4) - r_{40}\dot{\omega}_4$$

$$J_5\dot{\omega}_5 = D_4(\varphi_4 - \varphi_5) - r_{50}\dot{\omega}_5 - M_l$$

Wobei mit J_i, r_{i0} die axialen Trägheitsmomente der Scheiben und Wellenabschnitte bzw. die viskosen Dämpfungsfaktoren und mit φ_i, ω_i die Drehwinkel der Scheiben und deren Geschwindigkeiten bezeichnet wurden.

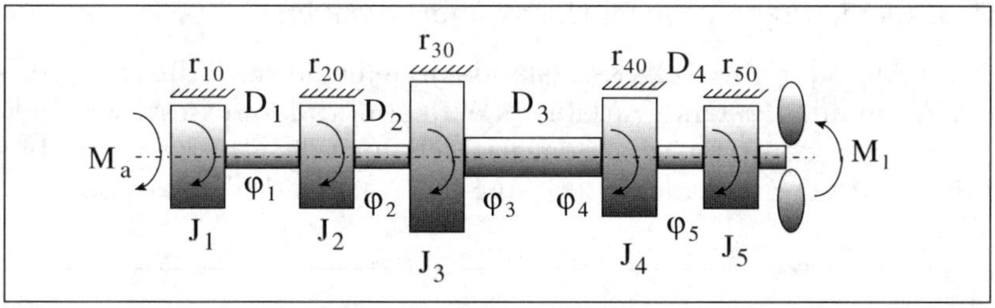

Bild 4.35 Mehrfach besetzte Welle mit Antriebsmoment und Belastungsmoment

Mit $\mathbf{x} = |\varphi_1\varphi_2\varphi_3\ldots\varphi_5\omega_1\omega_2\omega_3\ldots\omega_5|^T$ als Zustandsvektor kann auch hier eine lineare Zustandsgleichung aufgestellt werden:

$$\dot{\mathbf{x}} = \mathbf{Ax} + \mathbf{Bu} \tag{4.81}$$

Die Matrizen $\mathbf{A}, \mathbf{B}$ haben folgende Formen:

$$\mathbf{A} = \begin{vmatrix} \mathbf{A}_{11} & \mathbf{A}_{12} \\ \mathbf{A}_{21} & \mathbf{A}_{22} \end{vmatrix} \tag{4.82}$$

$$\mathbf{B} = \begin{vmatrix} 0 & 0 & 0 & 0 & 0 & 0 & 0 & 0 & 0 & -1 \\ 0 & 0 & 0 & 0 & 0 & 1 & 0 & 0 & 0 & 0 \end{vmatrix}^T \tag{4.83}$$

Weil $\dot{\varphi}_1 = \omega_1; \dot{\varphi}_2 = \omega_2; \dot{\varphi}_3 = \omega_3; \ldots \dot{\varphi}_5 = \omega_5$, ist die erste Teilmatrix $\mathbf{A}_{11}$ eine (5x5)-Nullmatrix und die zweite Matrix $\mathbf{A}_{12}$ eine (5x5)-Einheitsmatrix. Für die restlichen zwei Teilmatrizen ergibt sich aus den obigen Differentialgleichungen ein einfaches Bildungsschema:

$$\mathbf{A}_{21} = \begin{vmatrix} -D_1/J_1 & D_1/J_1 & 0 & 0 & 0 \\ D_1/J_2 & -(D_1+D_2)/J_2 & D_2/J_2 & 0 & 0 \\ 0 & D_2/J_3 & -(D_2+D_3)/J_3 & D_3/J_3 & 0 \\ 0 & 0 & D_3/J_4 & -(D_3+D_4)/J_4 & D_4/J_4 \\ 0 & 0 & 0 & D_4/J_5 & -D_4/J_5 \end{vmatrix} \tag{4.84}$$

$$\mathbf{A}_{22} = \begin{vmatrix} -r_{10}/J_1 & 0 & 0 & 0 & 0 \\ 0 & -r_{20}/J_2 & 0 & 0 & 0 \\ 0 & 0 & -r_{30}/J_3 & 0 & 0 \\ 0 & 0 & 0 & -r_{40}/J_4 & 0 \\ 0 & 0 & 0 & 0 & -r_{50}/J_5 \end{vmatrix} \tag{4.85}$$

In (4.83) ist durch $|....|^T$ die Transponierte bezeichnet. Der Vektor der Eingänge $\mathbf{u} = |M_a \; M_l|^T$ enthält nur das Antriebs- und Belastungsmoment. Die Matrix **B** wurde als Transponierte geschrieben, um weniger Platz zu belegen. In der MATLAB-Syntax wird die Transponierung mit einem Hochkomma erhalten.

Für ein MATLAB- oder SIMULINK-Zustandsmodell sind noch die Matrizen **C** und **D** notwendig. Wenn alle Zustandsvariablen (Winkel und deren Geschwindigkeiten) zu verfolgen sind oder wenn die Zustandsvariablen auch die Ausgangsvariablen bilden, dann ist mit der MATLAB-Syntax: `C = eye(10,10)` und `D = zeros(10,10)`.

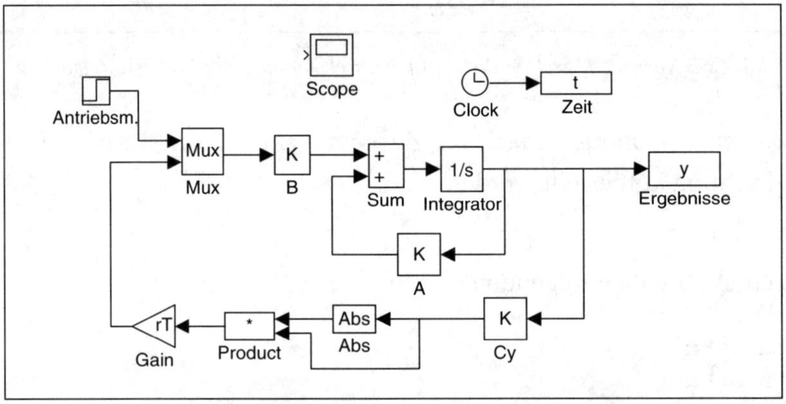

Bild 4.36 SIMULINK-Modell der mehrfach besetzten Welle mit turbulentem Belastungsmoment (s_mehrw1.m; s_mehrw1.mdl)

Bild 4.36 zeigt das SIMULINK-Modell (`s_mehrw1.m; s_mehrw1.mdl`) der Welle mit einem turbulenten Belastungsmoment, gegeben durch

$$M_l = r_T \dot{\varphi}_5 abs(\dot{\varphi}_5)\,, \tag{4.86}$$

das z.B. durch einen Ventilator erzeugt werden kann. Auch in diesem Fall übernehmen zwei kurze Programme, `p_mehrw1.m` die Parametrierung des SIMULINK-Modells und `d_mehrw1.m` die Darstellung der Ergebnisse, nachdem die Simulation durchgeführt wurde. Es wird vorausgesetzt, daß in der *To-Workspace*-Senke y genügend Schritte aufgenommen wurden, so daß sinnvolle Darstellungen möglich sind.

```
% Programm (p_mehrw1.m) zur Parametrierung der Simulation
% der Mehrfachwelle unter Einwirkung eines nichtlinearen
% Drehmoments mit dem SIMULINK-Modell s_mehrw1.m

global A B C D Cy rT

% Lineares Modell der Welle
J = [0.1,0.1,0.1,0.1,0.1];          D = [1,1,1,1];
r = [0.05, 0.05, 0.05, 0.05, 0.05];
```

```
A = zeros(10,10);                   A(1:5,6:10) = eye(5,5);
A(6,1) = -D(1)/J(1);                A(6,2) = D(1)/J(1);
A(7,1) = D(1)/J(2);                 A(7,2) = -(D(1)+D(2))/J(2);
A(7,3) = D(3)/J(2);                 A(8,2) = D(2)/J(3);
A(8,3) = -(D(2)+D(3))/J(3);         A(8,4) = D(4)/J(3);
A(9,3) = D(3)/J(4);                 A(9,4) = -(D(3)+D(4))/J(4);
A(9,5) = D(4)/J(4);                 A(10,4) = D(4)/J(5);
A(10,5) = -D(4)/J(5);
for k = 1:5
   A(k+5,k+5) = -r(k)/J(k);
end;
B = [zeros(5,2); 1, 0; zeros(3,2); 0, -1];
C = eye(10,10);                        D = zeros(10,2);
Cy = zeros(1,10);                      Cy(1,10) = 1;
rT = 0.1;        % Parameter des turbulenten Drehmomentes
```

```
% Programm (d_mehrw1.m) zur Darstellung der Ergebnisse der
% Simulation der Mehrfachwelle mit dem SIMULINK-Modell
% s_mehrw1.m

figure(1);          clf;       % Darstellungen der Ergebnisse
set(gcf,'DefaultLineLinewidth',1);
Y1 = [y(:,1),y(:,2),y(:,3),y(:,4),y(:,5)];
Y2 = [y(:,6),y(:,7),y(:,8),y(:,9),y(:,10)];
subplot(211), plot(t,Y1);
title('Winkel- und Winkelgeschwindigkeiten');
xlabel('Zeit in s');                 grid;
subplot(212), plot(t,Y2);
xlabel('Zeit in s');                 grid;
```

Im SIMULINK-Modell wird mit Hilfe der Matrix C_y aus dem Zustandsvektor am Ausgang des Integrators die Winkelgeschwindigkeit $\dot{\varphi}_5$ am Ende der Welle extrahiert, um das turbulente Drehmoment der Belastung zu bilden. Für das Antriebsmoment können verschiedene Signale von den vorhandenen oder von eigenen entworfenen Quellen angelegt werden.

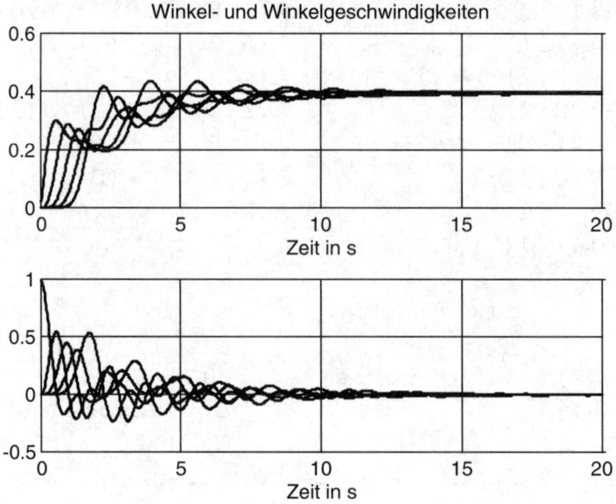

Bild 4.37 Die Winkel und deren Geschwindigkeiten ohne Antriebsmoment, ausgehend von einer Anfangsgeschwindigkeit am Anfang der Welle (s_mehrw1.m; s_ mehrw1.mdl)

Wie das Bild 4.37 deutlich zeigt, gibt es hier auch mehrere Eigenfrequenzen. Die Eigenwerte der Matrix **A** für die Parameter, die auch in der Simulation benutzt wurden, sind:

```
-0.2500 + 6.0098i  -0.2500 - 6.0098i   -0.2500 + 5.1106i
-0.2500 - 5.1106i  -0.2500 + 3.7091i   -0.2500 - 3.7091i
-0.2500 + 1.9383i  -0.2500 - 1.9383i    0.0000
-0.5000
```

Sie zeigen die Existenz von vier Eigenfrequenzen, die aus den Imaginärteilen der komplex konjugierten Paare hervorgehen (6,0098; 5,1106; 3,7091 und 1,9383 rad/s). Die homogene Lösung enthält noch eine konstante und eine nichtoszillatorische, exponentiell abklingende Komponente, die den letzten zwei Eigenwerten entspricht.

Ein nichtlineares Modell der Welle, gegeben z.B. durch eine nichtlineare Reibung, kann ähnlich wie beim Hochhaus simuliert werden. Die Multiplikation mit der nichtlinearen Matrix **A** muß in einer Routine durchgeführt werden, die im SIMULINK-Modell durch einen MATLAB-*Fcn*-Block aufgerufen wird.

4.6 Stick-Slip-Schwingungssystem

Das Prinzip des dynamischen Systems aus Bild 4.38a kommt in vielen technischen Anwendungen vor [13]. Unter bestimmten Bedingungen entstehen in solchen Systemen Schwingungen, die als *Stick-Slip*-Schwingungen (ruckendes Gleiten) bekannt sind. Beim spanabhebenden Formungsverfahren im Maschinenbau (Bild 4.38b) kann es zu Schwingungen des Meißels kommen, folglich ist die bearbeitete Fläche nicht mehr glatt. Auch im täglichen Leben kann diese Art von Schwingung vorkommen. Es hat wohl jeder schon erlebt, wie beim Verschieben eines Tisches die Beine plötzlich unangenehm schwingen.

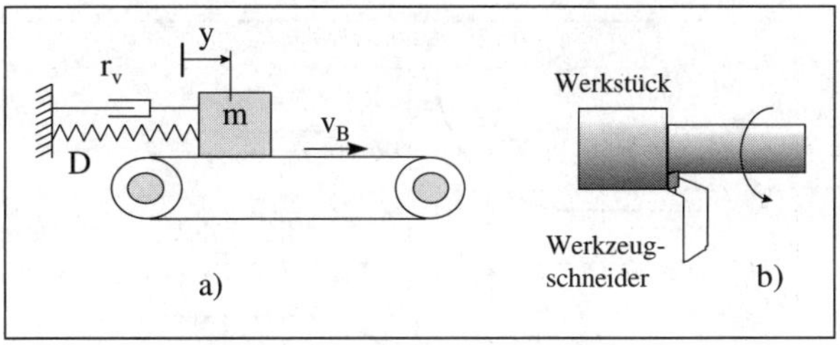

Bild 4.38 a) Prinzip eines dynamischen Systems, das zu Stick-Slip-Schwingungen führt

Für das System aus Bild 4.38a ergibt die Haft- und Gleitreibung zwischen der Masse und dem Förderband ein Mitnahmeeffekt, der über das Feder-Masse-System zu einer Schwingung führen kann. Die Differentialgleichung der Bewegung der Masse auf dem Förderband ist:

$$m\ddot{y} + r_v \dot{y} + Dy = F_{reib} \tag{4.87}$$

wobei

$$F_{reib} = -sign(v - v_B)\left[r_{Gl} + (r_{Hf} - r_{Gl})\exp\left[-abs(v - v_B)/V_0\right]\right] \tag{4.88}$$

Hier sind $v = \dot{y}$ die Geschwindigkeit der Masse und v_B die Geschwindigkeit des Förderbandes. Die Parameter r_{Gl}, r_{Hf} und V_0 bestimmen die Form der Haft- und Gleitreibungskraft, die im Bild 4.39 gezeigt ist. Das SIMULINK-Modell (`s_stip1.m`; `s_stip1.mdl`) des Systems mit Masse und Förderband ist im Bild 4.40 gezeigt. Die Größe $m\ddot{y}$ wird als bekannt angenommen, und über eine Multiplikation mit der Konstante $1/m$ erhält man die zweite Zeitableitung des Weges.

Diese einmal integriert ergibt die Geschwindigkeit, und über einen zusätzlichen Integrator erhält man den Weg. Die Differentialgleichung (4.87) des Systems zeigt, aus welchen Gliedern die zuvor als bekannt angenommene Größe gebildet wird. Außer der Reibungskraft sind die zwei restlichen Terme aus dem Weg und der Geschwindigkeit leicht zu bilden und können mit entsprechenden Zeichen addiert werden. Die Reibungskraft wird aus der Geschwindigkeitsdifferenz Masse-Förderband und deren Vorzeichen in einem *Fcn*-Block laut obiger Gleichung erzeugt.

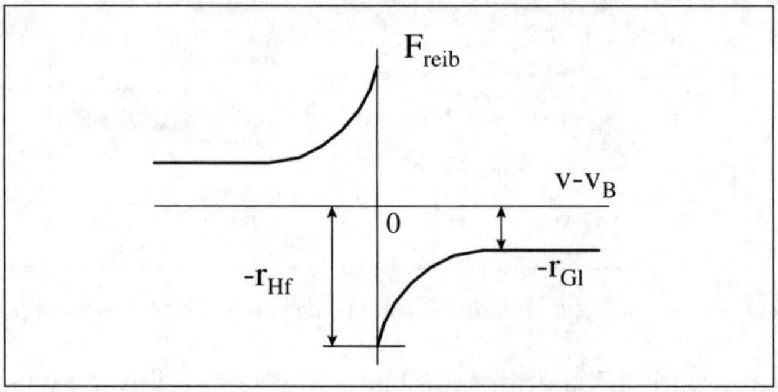

Bild 4.39 Die Haft- und Gleitreibungskraft zwischen der Masse und dem Förderband aus Bild 4.38a

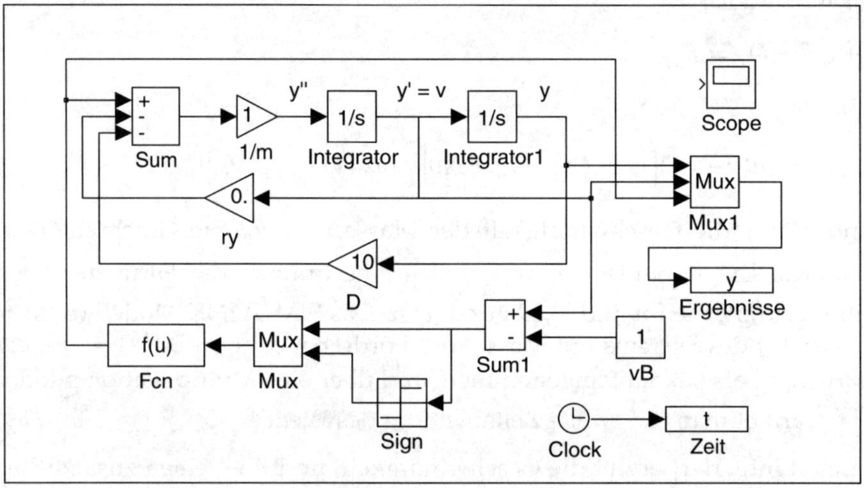

Bild 4.40 SIMULINK-Modell des Systems aus Bild 4.38a (s_stip1.m; s_stip.mdl)

Die *Fcn*-Blöcke sind MISO-Funktionsblöcke (*Multi-Input-Single-Output*). Über einen *Mux*-Block werden die zwei Größen $u(1) = v - v_B$ und $u(2) = sign(v - v_B)$ dem Funktionsblock zur Verfügung gestellt, der MATLAB-Ausdruck des Blocks bildet daraus die gezeigte Reibungskraft:

```
-u(2)*(rGl-(rHf-rGl)*exp(-abs(u(1)/V0)))
```

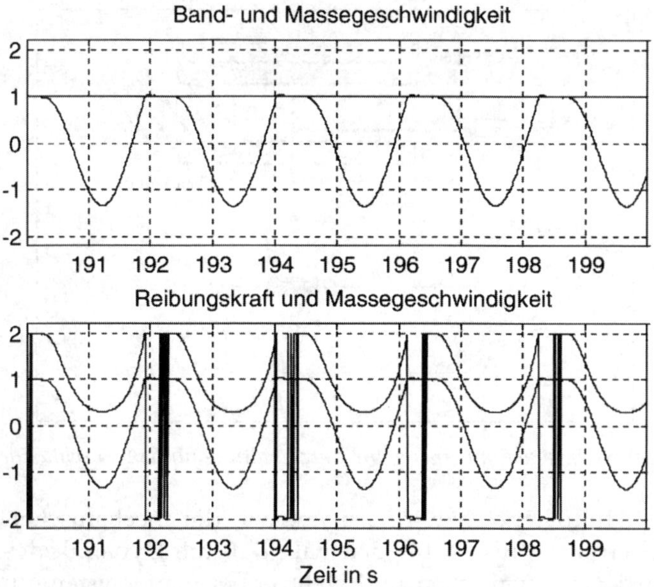

Bild 4.41 Masse- und Förderbandgeschwindigkeit zusammen mit der Haft- und Gleitreibungskraft (s_stip.m; s_stip1.mdl; d_stip1.m)

Ein kurzes Programm (`d_stip1.m`) kann die gewünschten Größen, die in den *To-Workspace-* Senken eingefangen wurden, darstellen. Bild 4.41 zeigt im oberen *Subplot* die Band- und Massegeschwindigkeit und im unteren *Subplot* ist die Reibungskraft und nochmals die Massegeschwindigkeit dargestellt. Mit den hier gewählten numerischen Werten der Parameter zeigt es sich, daß die Geschwindigkeit der Masse die Geschwindigkeit des Förderbands nicht überschreiten kann. Beim Versuch, sie zu überschreiten entsteht eine große Haftreibung, in der Darstellung durch die Sprünge nach unten zu erkennen, und die Masse wird gebremst.

4.7 Hubmagnet mit Anstoß

Es gibt viele technische Systeme deren Prinzip auf dem Aufbau eines Hubmagneten mit Anstoß basieren. Bild 4.42a zeigt die Skizze eines solchen Systems. Die Funktionsweise verschiedenster Bauarten von elektromagnetischen Relais lassen sich durch dieses System prinzipiell beschreiben. Die Simulation dieses Systems soll auch zeigen, wie man in SIMULINK einen Anstoß, der auch in Verbindung mit anderen Systemen zu simulieren wäre, nachbildet.

Bis jetzt wurden in den Simulationen einfache Werte für die Parameter benutzt. MATLAB und SIMULINK erlauben einen großen Wertebereich der Variablen, so daß diese mit ihren physikalischen Werten direkt im Modell einzusetzen sind. Bei nichtlinearen Systemen ist die Abbildung des realen Systems in einem Modell, wenn die Größen aus der realen Anwendung eingesetzt werden, viel leichter zu verstehen und zu beherrschen.

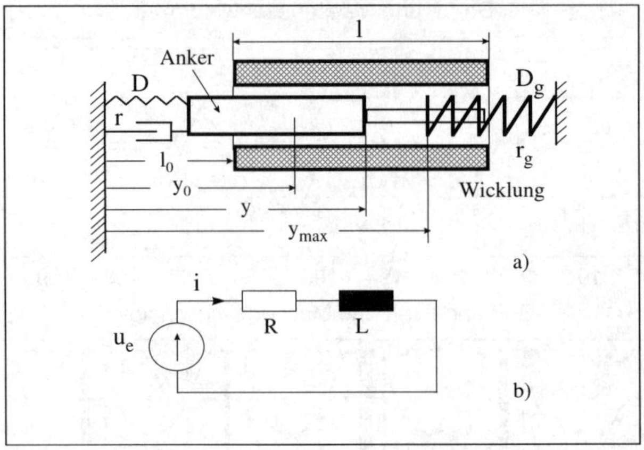

Bild 4.42a) Hubmagnet mit Anstoß b)Ersatzschaltung für den Anschluß der Spule

Das Beispiel des Hubmagneten wird zeigen, wie die mechanischen Vorgänge die elektrischen Größen beeinflussen für den Fall, daß die Dynamik des Systems nicht durch Trennung der mechanischen und elektrischen Untersysteme untersucht werden kann. Es wird auch gezeigt, wie realistische Parameter mit ihren Einheiten in die Simulation einbezogen werden.

Ausgehend vom Ruhezustand, gegeben durch die Auslenkung y_0, ergibt sich für den mechanischen Teil folgende Differentialgleichung:

$$m\ddot{y} + r\dot{y} + D(y - y_0) = F_e \qquad \text{für} \quad y < y_{\max} \tag{4.89}$$

$$m\ddot{y} + r\dot{y} + D(y - y_0) = F_e - \left[r_g \dot{y} + D_g (y - y_{\max})\right] \qquad \text{für} \quad y \geq y_{\max} \tag{4.90}$$

Hier sind r, D bzw. r_g, D_g Dämpfungsfaktoren und Federkonstanten, deren Bedeutung aus der Skizze ersichtlich ist. Die Masse des Ankers wurde mit m bezeichnet und der Anstoß geschieht bei $y_{\max}$. Der Anschlag (oder Anstoß) wird durch eine lineare Feder und einen viskosen Dämpfer angenähert, ohne daß dies eine Einschränkung wäre. Auch andere nichtlineare Modelle für die Elastizität, Dämpfung und Reibung können im SIMULINK-Modell ähnlich einbezogen werden. Um die elektromagnetische Kraft F_e zu berechnen, wird zuerst die Induktion B in der Spule geschätzt. Das Durchflutungsgesetz entlang einer Feldlinie, die alle Windungen umfaßt, führt zu:

$$H_{Anker}\, l_{Anker} + H_{Luft}(2l + l_0 - y) = Ni \tag{4.91}$$

Für einen Kern, der im linearen Teil der Magnetisierungskennlinie betrieben ist, folgt:

$$\frac{B}{\mu_0}\left[\frac{l_{Anker}}{\mu_r}+(2l+l_0-y)\right]\cong\frac{B}{\mu_0}(2l+l_0-y)=N\,i \tag{4.92}$$

Die Feldstärke im Eisenanker bzw. in der Luft wurde mit H_{Anker}, H_{Luft} und die relative magnetische Permiabilität des Ankers und die Permiabilität der Luft wurden mit μ_r, μ_0 bezeichnet. Die Spule des Hubmagnets hat N Windungen, durch die der Strom i fließt. Die Bedeutung der geometrischen Längen l, l_0, y ist aus der Skizze zu entnehmen. Aus der letzten Gleichung erhält man eine Beziehung für die Induktion in der Spule des Magnets der Form

$$B = N.i.\mu_0 / (l_k - y)\,, \tag{4.93}$$

wobei $l_k = 2l + l_0$. Der magnetische Fluß wird $\phi = B.A = N.i.\mu_0.A/(l_{k-y})$, und für die Induktivität ergibt sich folgende Abhängigkeit von der Auslenkung des Ankers:

$$L = N.\phi / i = A.\mu_0.N^2 / (l_k - y) = k_L / (l_k - y) \tag{4.94}$$

Hier ist die Konstante k_L ein Proportionalitätsfaktor in [H/m]. Für die elektromagnetische Kraft F_e als Ableitung der magnetischen Energie $L.i^2/2$ nach der Auslenkung y erhält man schließlich folgende Gleichung:

$$F_e = (i^2/2)\frac{dL}{dy} = (i^2/2).k_L/(l_k - y)^2 \tag{4.95}$$

Der Strom der Spule im elektrischen Kreis aus Bild 4.42b ist durch die Differentialgleichung

$$u_e = R.i + \frac{d}{dt}(L.i) = R.i + L\frac{di}{dt} + i\frac{dL}{dy}\frac{dy}{dt} \tag{4.96}$$

gegeben. Mit dem zweiten Term in der obigen Gleichung wurde die Wegabhängigkeit der Induktivität in der Berechnung der induzierten Spannung einbezogen. Für die Erstellung des SIMULINK-Modells wird die Zeitableitung des Stroms aus der obigen Gleichung

$$\frac{di}{dt} = \frac{1}{L}\left[u_e - R.i + \frac{k_L}{(l_k - y)^2}\frac{dy}{dt}i\right] = \\ \frac{(l_k - y)}{k_L}\left(u_e - R.i\right) + \frac{1}{(l_k - y)}\dot{y}.i \tag{4.97}$$

als bekannt angenommen. Durch einen Integrationsblock wird daraus der Strom bestimmt, danach können die nichtlinearen Terme der rechten Seite gebildet werden, um daraus die zuvor als bekannt angenommene Zeitableitung zu erzeugen.

Der Anschlag des Ankers wird mit dem Modell aus Bild 4.43 (`s_stoss1.m`; `s_stoss.mdl`), das hier in einer Testumgebung gezeigt ist, simuliert. Es enthält noch nicht die Bildung der Ersatzfeder- und Ersatzdämpfungskraft des Begrenzers, der den Anschlag simuliert, sondern stellt nur die nötigen Größen für die Bildung dieser Kräfte zur Verfügung. Mit dem *Dead-Zone*-Block wird der Weg ($y - y_{max}$), der als Verformung der Ersatzfeder des Begrenzers gilt, ermittelt. Wenn die Grenze y_{max} erreicht ist, muß die Geschwindigkeit, welche für die Berechnung der Dämpfungskraft im Begrenzer notwendig ist, zur Verfügung stehen; dies wird mit Hilfe der *Switch*-Blöcke realisiert. Sie schalten die Geschwindigkeit nur dann durch, wenn die Grenze überschritten ist. Zum Testen dieses Teils des Modells erzeugt der Testgenerator für die Geschwindigkeit ein sinusförmiges Signal, der Generator für die Auslenkung erzeugt Sägezähne. Die Funktionsweise ist dadurch leicht zu überprüfen (Bild 4.44).

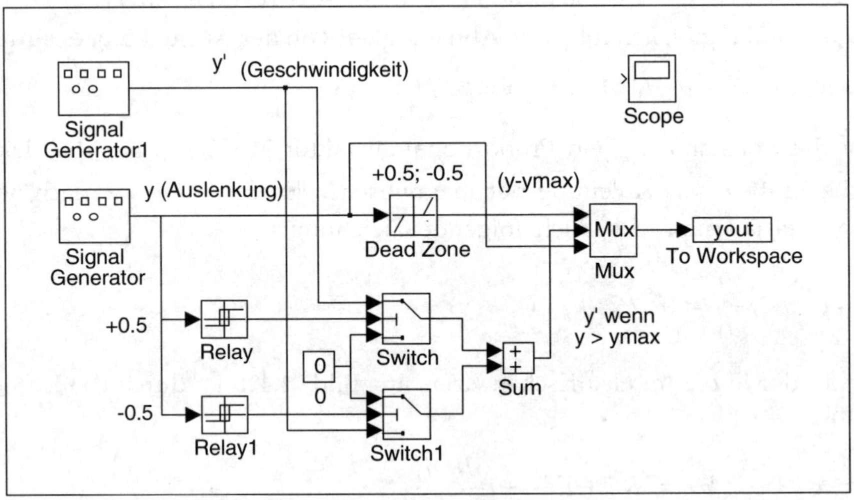

Bild 4.43 SIMULINK-Modell für die Simulation des Anstoßes, hier in einer Testumgebung eingebettet (s_stoss1.m; s_stoss1.mdl).

Das Modell ist für Stöße auf beiden Seiten des Hubmagneten ausgelegt, obwohl hier der Hubmagnet nur auf der rechten Seite einen Anstoß, beim Einschalten des Stromes, erfährt. Im Systemmodell wird die negative Totzone und Schaltschwelle des zweiten Relais genügend klein (im Betrag groß) gewählt, so daß nur eine Begrenzung für $y \geq y_{max}$ stattfindet.

Die nichtlinearen Differentialgleichungen des Systems können ohne Schwierigkeiten in einem SIMULINK-Modell nachgebildet werden. Das Gesamtmodell ist aber nachher sehr schwer zum Laufen zu bringen. Eine Einteilung in Teilsysteme mit vereinfachenden Annahmen erleichtert die Einstellung der Parameter und hilft zu verstehen, welche Zusammenhänge maßgebend für die Stabilität und Konvergenz verantwortlich sind.

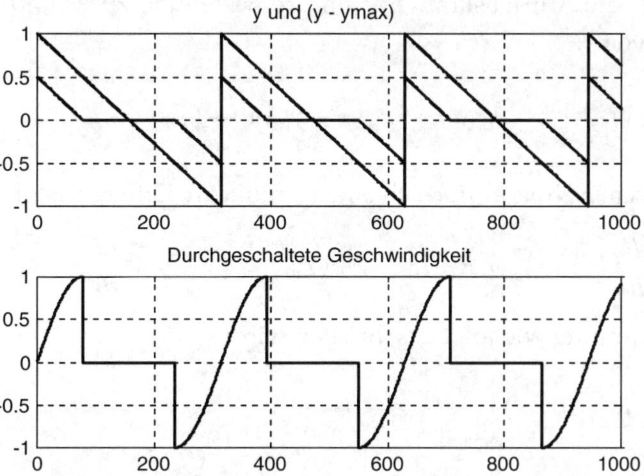

Bild 4.44 Verläufe der Signale im SIMULINK-Modell, welche die Größen für die Bildung der Ersatzfeder- und Ersatzdämpfungskraft des Anstoßes erzeugt (d_stoss1.m)

Als erstes Teilsystem wurde der Fall untersucht, in dem der Strom als konstant angenommen wird, z.B. durch einen relativ großen Widerstand, der den Einfluß der nichtlinearen Induktivität unterdrückt. Es wurde somit nur der Einfluß der Auslenkung auf die Antriebskraft untersucht. Dieser Einfluß bildet im Modell eine Rückkopplung und in einer linearisierten Betrachtung erhält man ein Regelungssystem für ein System 2. Ordnung, dargestellt durch den mechanischen Teil. Prinzipiell ist so ein System bedingungslos stabil. Das SIMULINK-Modell kann für diesen Fall ohne Probleme beherrscht werden.

Im ursprünglichen stark nichtlinearen Modell kommt noch die Dynamik erster Ordnung des Stromkreises hinzu und die nichtlineare Induktivität ergibt zusätzliche Rückkopplungen. Man kann jetzt nicht feststellen, ob bei einer linearisierten Betrachtung die Parameter des Systems 3. Ordnung mit Rückkopplung zu Instabilität führen oder das Integrationsverfahren nicht konvergiert. Als Ausweg wurde das Entschärfen der Nichtlinearitäten versucht. Für die Wegabhängigkeit der Induktivität des Hubmagneten wird folgende Vereinfachung akzeptiert:

$$L(y) = L = \frac{k_L}{(l_k - y)} \cong L_0 + k_y(y - y_0) \tag{4.98}$$

Wobei

$$L_0 = k_L \,/\, (l_k - y_0) \tag{4.99}$$

und

$$k_y = \left.\frac{dL}{dy}\right|_{y=y_0} = \frac{k_L}{(l_k - y_0)^2} \tag{4.100}$$

Daraus folgt für die Antriebskraft eine lineare Beziehung zu y und eine nichtlineare Abhängigkeit von i:

$$F_e = \frac{\partial}{\partial y}\left(L(y)\frac{i^2}{2} \right) \cong \frac{i^2}{2} k_y y = \frac{i^2}{2} k_y (y - y_0) + \frac{i^2}{2} k_y y_0 \qquad (4.101)$$

Für den elektrischen Kreis ergibt sich eine nichtlineare Differentialgleichung der Form

$$u_e = i.R + \frac{d}{dt}\big(L(y).i\big) = i.R + i.k_y.\dot{y} + (L_0 + k_y(y - y_0))\frac{di}{dt}, \qquad (4.102)$$

die durch Umformung wie folgt geschrieben wird:

$$\frac{di}{dt} = (u_e - i.R - i.k_y.\dot{y})\frac{1}{(L_0 + k_y(y - y_0))} \qquad (4.103)$$

Für die neuen nichtlinearen Differentialgleichungen ergibt sich ein SIMULINK-Modell (`s_stoss2.m`; `s_stoss2.mdl`), das im Bild 4.45 gezeigt ist. Oben erkennt man gruppiert das Untersystem, welches die Größen für die Simulation des Anstoßes liefert. Danach folgt das Modell des mechanischen Teils, erregt durch die elektrische Kraft, die im unteren Teil gebildet ist. Die Dynamik des elektrischen Kreises bis zum Stromausgang beinhaltet die Simulation der nichtlinearen Induktivität über die Rückkopplungen von der Auslenkung und deren Geschwindigkeit. Danach wird aus dem Strom und der Rückkopplung von der Auslenkung die nichtlineare elektrische Antriebskraft gebildet.

Die Parameter des Modells wurden ausgehend von einem realen Hubmagnet abgeleitet. So wurde z.B. die Anfangslage 20 mm (`20e-3` Meter) und der Anschlag bei 40 mm gewählt. Die restlichen Parameter sind:

L_0 = 0,5 [H]; k_y = 20 [H/m]; R = 10 [Ω]; u_e = 12 [V] Impulse;

m = 0,1 [kg]; D = 40 [N/m]; r = 0,5 [N.s/m]; D_g = 1000 [N/m];

r_g = 0,05 [N.s/m];

Ein einfaches MATLAB-Programm (`d_stoss2.m`) kann die Ergebnisse der Simulation darstellen. Bild 4.46 a zeigt die Auslenkung und Geschwindigkeit des Ankers des Hubmagnets. Man erkennt den Anstoß bei 40 mm und die freie Schwingung des Feder-Masse-Systems beim Abschalten der Eingangsspannung und Kurzschließen des Eingangs ($u_e = 0$). Die viel höhere Schwingungsfrequenz, die in der Geschwindigkeit besser zu sehen ist, erscheint beim Anschlag wegen der hohen Federkonstante D_g der Feder, die den Anstoß simuliert. Der Strom wird beim Einschalten stark durch die Bewegung beeinflußt und zeigt nicht mehr den typischen, nichtoszillatorischen Verlauf wie im Falle einer konstanten Induktivität (Bild 4.46b).

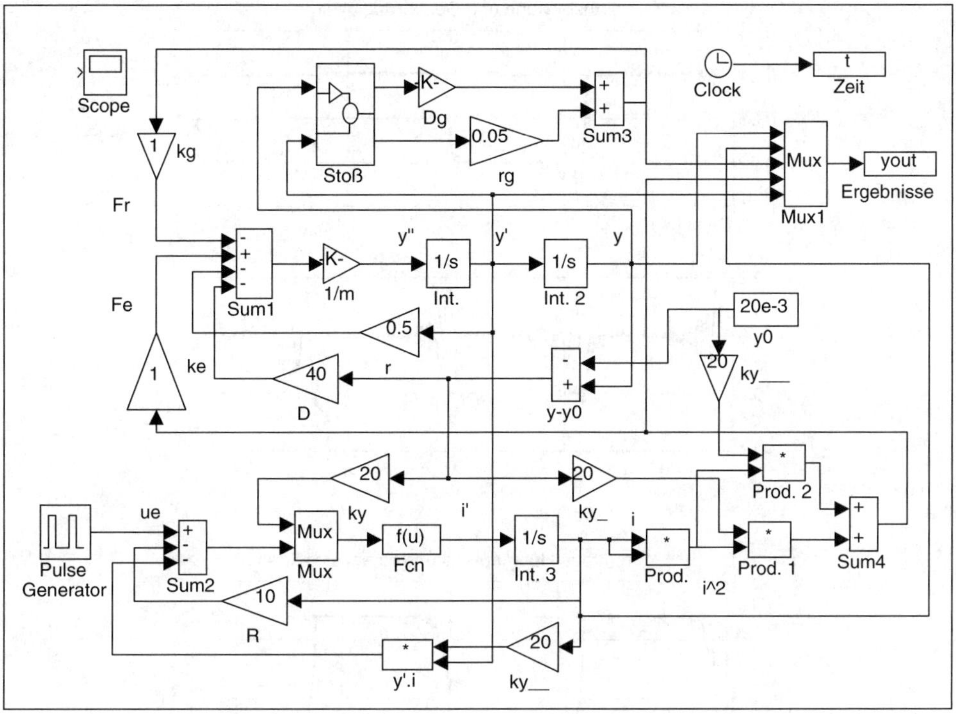

Bild 4.45 SIMULINK-Modell des Hubmagnets mit Anschlag (s_stoss2.m; s_stoss2.mdl)

Eine Bestätigung des vereinfachten Modells kann nur durch ein physikalisches Experiment erfolgen. An der Fachhochschule Karlsruhe wurden die ursprünglichen, nichtlinearen Differentialgleichungen mit einem eigenen Integrationsverfahren gelöst [14] und die Ergebnisse experimentell bestätigt. Für kleine Auslenkungen des Ankers, wie es in vielen technischen Anwendungen der Fall ist, bringt die hier gezeigte Vereinfachung der Differentialgleichungen die gleichen Ergebnisse.

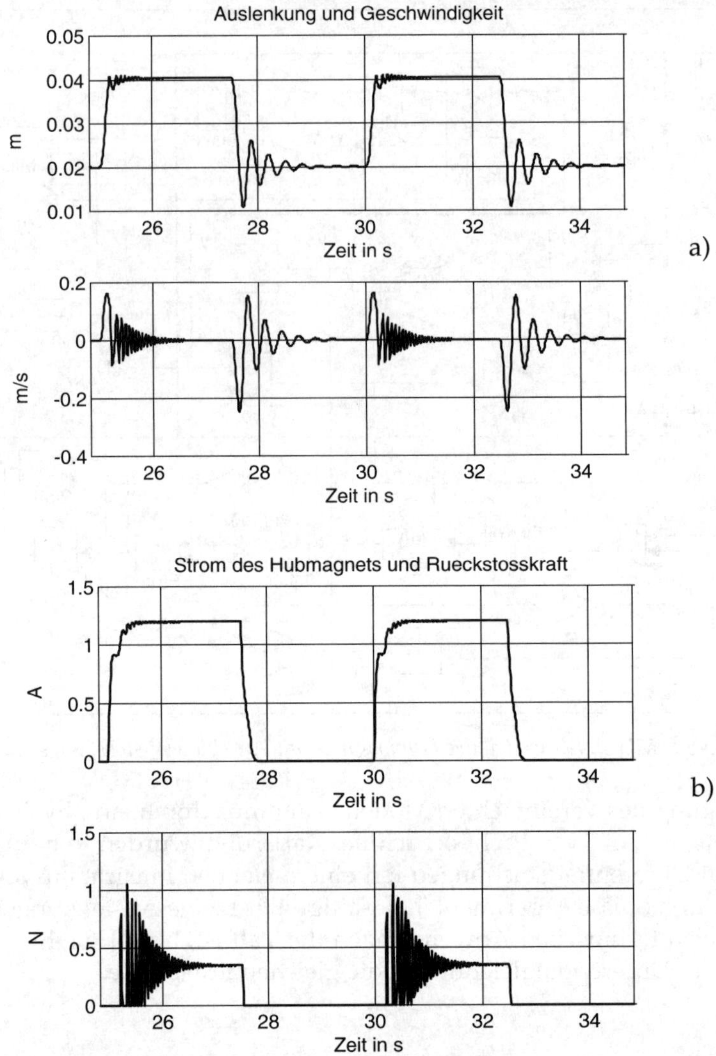

Bild 4.46 a) Auslenkung und Geschwindigkeit des Ankers
b) Strom des Hubmagnets und Rückstoßkraft beim Anschlag (s_stoss2.m; s_stoss2.mdl; d_stoss2.m)

4.8 Unwuchtsysteme

Die Unwuchtsysteme [15] sind für viele technische Anwendungen von großer Bedeutung. Die Wäsche in einer Waschmaschine ergibt eine Unwucht, die im ungünstigsten Fall die Beschleunigung des eventuell in der Leistung zu kleinen Motors verhindern kann. Die Unwuchtmassen der gelenkten Räder eines PKWs können zu unangenehmen Schwingungen des Lenkrads und allgemein zu Überbeanspruchung der Lager führen. Die Differentialgleichungen, welche diese Systeme beschreiben, sind allgemein nichtlinear und können nur numerisch integriert werden. Da bietet sich die Integration über ein SIMULINK-Modell besonders an.

Es wird am Anfang ein einfaches Modell eines Unwuchtsystems untersucht und danach werden einige technisch wichtige Fälle, wie z.B. die Synchronisation oder Beeinflussung der Antriebsmotoren durch die Unwuchtsysteme, simuliert.

4.8.1 Einfaches Unwuchtsystem

Bild 4.47a zeigt die Skizze eines einfachen Systems mit einer Unwuchtmasse. Die Bewegung relativ zum Ruhezustand in y-Richtungen ist das Objekt der Untersuchung. Die Differentialgleichung dieser Bewegung ergibt sich aus dem Gleichgewicht der dynamischen Kräfte, projiziert in Richtung der Auslenkung y:

$$(m_1 + m_2)\ddot{y} + r\dot{y} + Dy = m_2 e\dot{\varphi}^2 \cos\varphi + m_2 e\ddot{\varphi} \sin\varphi \qquad (4.104)$$

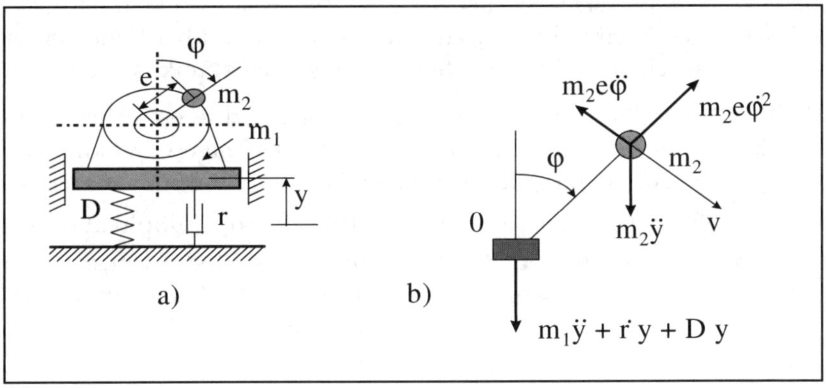

Bild 4.47 a) Skizze eines einfachen Unwuchtsystems b) Die Kräfte des Systems

Im Bild 4.47b sind die Unwuchtkräfte dargestellt. Ihre Projektionen entlang der *y*-Achse bilden die Terme der rechten Seite der Differentialgleichung. Die Bezeichnungen der Größen sind aus dem Bild 4.47 zu entnehmen. Bei einer gleichförmigen Drehbewegung ist die Winkelbeschleunigung $\ddot{\varphi} = 0$, und der eine rechte Term ist Null. Als Eingangsgröße kann jetzt die Winkelgeschwindigkeit $\dot{\varphi} = \omega$ angenommen werden und die Differentialgleichung wird:

$$(m_1 + m_2)\ddot{y} + r\dot{y} + Dy = m_2 e\omega^2 \cos\varphi = \hat{a}\cos(\omega t + \varphi_0) \tag{4.105}$$

Sie beschreibt ein lineares System zweiter Ordnung mit einer cosinusförmigen Erregung am Eingang, deren Amplitude $\hat{a} = m_2 e\omega^2$ von der Kreisfrequenz ω abhängt. Im stationären Zustand, nach dem Einschwingvorgang, ist die Auslenkung y als Antwort auch eine cosinusförmige Größe mit der Amplitude $\hat{y}$ und Phasenverschiebung zur Eingangsgröße ψ, gegeben durch den komplexen Frequenzgang:

$$H(j\omega) = \frac{\hat{y}}{\hat{a}}e^{j\psi} = \frac{1/D}{((m_1 + m_2)/D)(j\omega)^2 + (r/D)(j\omega) + 1} \tag{4.106}$$

In MATLAB kann, wie in diesem Kapitel schon gezeigt wurde, der Frequenzgang mit Hilfe der Funktionen **bode** oder **freqs** aus der *Control-System-* bzw. *Signal-Processing-Toolbox* ermittelt werden. Die Beschreibung des Systems in Form einer Übertragungsfunktion ist durch folgende Vektoren gegeben:

```
zaehler = [1/D];                nenner = [(m1+m2)/D, r/D, 1];
```

Aus der Darstellung des Frequenzgangs (aus Platzmangel nicht gezeigt) ist zu entnehmen, daß für Frequenzen der Erregung oberhalb der Resonanzfrequenz, die durch

$$\omega > \sqrt{D/(m_1 + m_2)} \tag{4.107}$$

gegeben ist, die Phasenverschiebung annähernd -180° wird. Anders gesagt, wenn die Unwuchtmasse oben ist, erreicht das Feder-Masse-System den niedrigsten Stand. Mechanisch ist dieser Sachverhalt so zu interpretieren, daß bei hoher Frequenz die Trägheit des Systems einen nicht bewegten Gleichgewichtspunkt sichert.

Das SIMULINK-Modell (`s_unwu1.m; s_unwu1.mdl`) des einfachen Unwuchtsystems ist im Bild 4.48 gezeigt. Aus der konstanten Winkelgeschwindigkeit ω wird der Drehwinkel φ durch Integration erhalten. Der *Fcn*-Block, mit cos bezeichnet, bildet die Funktion $\cos(\varphi) = \cos(\omega t + \varphi_0)$, welche durch Multiplikation mit $\omega^2 m_2 e$ die Fliehkraft am Eingang ergibt. Bei der Bildung des Modells des Feder-Masse-Systems geht man von der Annahme aus, daß die höchste Zeitableitung der Auslenkung ($\ddot{y}$) bekannt ist. Durch zwei Integrationen wird die Geschwindigkeit und Auslenkung erhalten. Danach kann die anfänglich als bekannt angenommene Beschleunigung gebildet werden.

Mit folgenden Werten der Parameter

$D = 1\,[\text{N/m}]; \quad m_1 = m_2 = 0{,}5\ [\text{kg}]; \quad r = 1\,[\text{Ns/m}];$ und $\quad e = 0{,}2\,[\text{m}];$

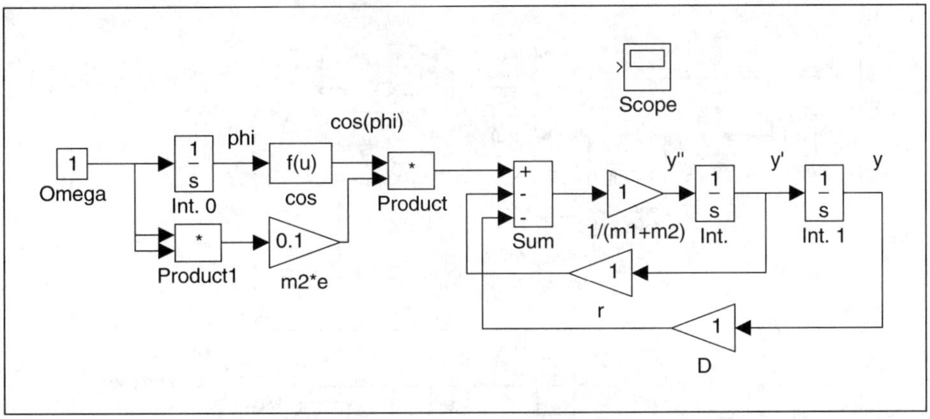

Bild 4.48 SIMULINK-Modell des einfachen Unwuchtsystems aus Bild 4.47 bei konstanter Winkelgeschwindigkeit (s_unwu1.m; s_unwu1.mdl)

erhält man eine Resonanzfrequenz von 1 [rad/s]. Für Frequenzen weit oberhalb der Resonanzfrequenz (z.B. $\omega = 4$) ist die Phasenverschiebung der Auslenkung relativ zur Unwuchtkraft schon sehr nahe an -180° und ergibt eine Selbstzentrierung.

4.8.2 Resonanzdurchgang in einem System mit Unwuchterregung

Das Anlaufen und Auslaufen von Antrieben mit Unwucht sind nur einige technische Beispiele für die Problemstellung dieses Kapitels. Beim Auslaufen von Antriebsmotoren spürt man zu einem bestimmten Zeitpunkt ein stärkeres Rütteln des Aufbaus. Es ist zu vermuten, daß ein Resonanzdurchgang stattgefunden hat. Wie später gezeigt wird, findet die maximale Auslenkung nicht bei der Resonanzfrequenz statt, sondern verzögert mit einer Verzögerung, die von der Geschwindigkeit des Auslaufs (oder Anlaufs) abhängt.

Als Beispiel wird zuerst der Fall des Anlaufs mit gleichförmiger Beschleunigung betrachtet. Es wird somit angenommen, daß

$$\ddot{\varphi} = \alpha = konst > 0 \tag{4.108}$$

oder

$$\dot{\varphi} = \alpha\, t \qquad\qquad \varphi = \alpha\, t^2 / 2 + \varphi_0 \tag{4.109}$$

In diesem Fall sind in der Differentialgleichung (4.104) beide rechte Terme vorhanden und müssen im SIMULINK-Modell nachgebildet werden. Bild 4.49 zeigt das Modell (`s_unwu2.m`; `s_unwu2.mdl`), in dem jetzt von der konstanten Winkelbeschleunigung ausgegangen wird. Durch zwei Integratoren werden die Winkelgeschwindigkeit und der Winkel erhalten. Aus diesen Größen können die zwei Terme der rechten Seite der Differentialgleichung gebildet werden. Das Ergebniss ist eine Unwuchtkraft, die als Eingangserregung für das Feder-Masse-System benutzt wird.

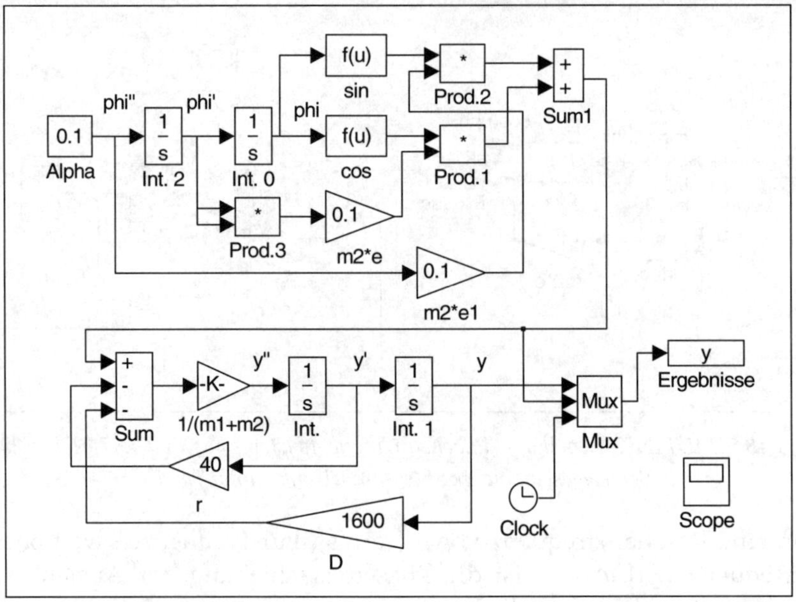

Bild 4.49 SIMULINK-Modell eines Unwuchtsystems bei konstanter Beschleunigung (Anlauf) mit Resonanzdurchgang (s_unwu2.m; s_unwu2.mdl)

Es wurden folgende Parameter für das System im Modell eingesetzt:

$D = 1600$ [N/m]; $m_1 + m_2 = 100$ [kg]; $r = 40$ [N.s/m];

$m_2 e = 0{,}1$ [kg.m]; $\alpha = 1$ [rad/s/s];

Die entsprechende Resonanzfrequenz des Feder-Masse-Systems ist

$$\omega_0 = \sqrt{D/(m_1 + m_2)} = 4 \text{ [rad/s]}$$

und die Erregerfrequenz wird diesen Wert zu einem Zeitpunkt, gegeben durch

$$t = \dot{\varphi} / \alpha = 4 / 0{,}1 = 40 \text{ [s]}, \tag{4.110}$$

erreichen. Man erwartet, daß zu diesem Zeitpunkt die Auslenkung ein Maximum erreicht. Den Ergebnissen, die mit `d_unwu2.m` dargestellt sind, und die im Bild 4.50 gezeigt sind, ist zu entnehmen, daß das Maximum verspätet auftritt. Durch Experimentieren mit Hilfe des Modells kommt man rasch zur Erkenntnis, daß die Verspätung um so größer ist, je größer die Winkelbeschleunigung des Anlaufs ist.

Auch andere Verläufe des Anlaufs (oder Auslaufs) können sehr einfach simuliert werden. Als Beispiel wird der Auslauf durch das exponentielle Abklingen der Winkelgeschwindigkeit betrachtet, der durch folgende Differentialgleichung beschrieben wird:

$$\begin{aligned} &J\ddot{\varphi} + r_k \dot{\varphi} = 0 \\ &\dot{\varphi}(0) = konst \end{aligned} \tag{4.111}$$

Mit J, r_k wurde das Trägheitsmoment bzw. der Dämpfungsfaktor der Anordnung bezeichnet. Die Änderung des Erregerteils des SIMULINK-Modells ist minimal, sie ist im Bild 4.51 dargestellt (`s_unwu3.m`; `s_unwu3.mdl`). Die Winkelgeschwindigkeit als homogene Lösung der Differentialgleichung (4.111) hat die Form

$$\dot{\varphi} = \dot{\varphi}(0)\exp\left[-t/(J/r_k)\right], \tag{4.112}$$

die eine exponentiell abklingende Zeitfunktion ist. Mit $J/r_k = 100$ [s] und $\dot{\varphi}(0) = 5$ [rad/s] wird die Resonanzfrequenz des Feder-Masse-Systems von 4 [rad/s] bei t = 100ln(5/4) = 22,3144 s erreicht. Die Darstellung der Unwuchtkraft und der Auslenkung aus Bild 4.52 zeigt, daß die maximale Auslenkung nicht zur oben berechneten Zeit erfolgt, sondern verspätet auftritt.

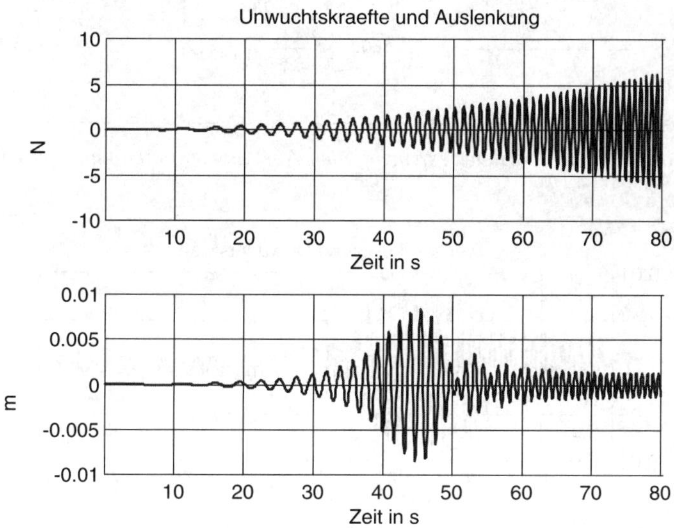

Bild 4.50 Die Unwuchtkraft und die Auslenkung eines einfachen Systems beim Anlauf mit konstanter Winkelbeschleunigung (s_unwu2.m; s_unwu2.mdl; d_unwu2.m)

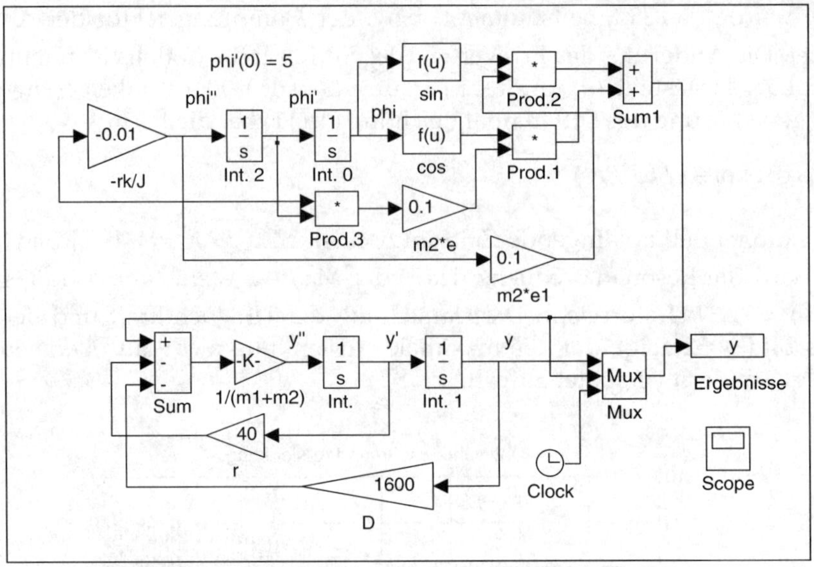

Bild 4.51 SIMULINK-Modell des exponentiellen Auslaufs (s_unwu3.m; s_unwu3.mdl)

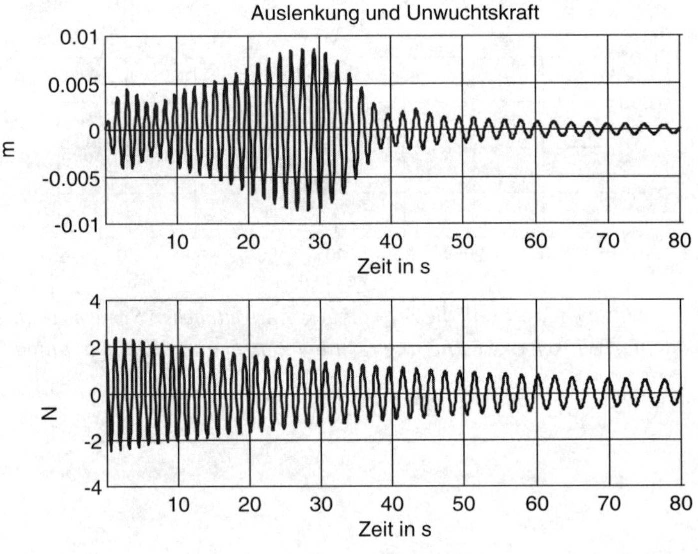

Bild 4.52 Unwuchtkraft und Auslenkung beim Auslauf (s_unwu3.m; s_unwu3.mdl; d_unwu3.m)

4.8.3 Rückwirkung des Unwuchtsystems auf den Antriebsmotor

In den bisher betrachteten Fällen wurde vorausgesetzt, daß die Erregung vorgegeben ist und durch die Bewegung des Systems nicht beeinflußt wird. Die Rückwirkung des Systems auf die Energiequelle der Erregung wurde nicht berücksichtigt. Diese Annahme trifft nicht immer zu, und es gibt Systeme, bei welchen die Wechselwirkung zwischen Schwingungssystem und Energiequelle der Erregung einen wesentlichen Einfluß auf die Bewegung des Systems ausübt [16].

Für Systeme, die durch elektrische Motoren bewegt und erregt werden, haben Versuche gezeigt, daß instabile Drehzahlbereiche auftreten können und daß unter bestimmten Bedingungen die zugeführte Energie nur der Vergrößerung der Schwingungsamplituden dient, ohne daß die Winkelgeschwindigkeit des Drehsystems erhöht wird. Diese Besonderheiten kann man durch Erweiterung der Modelle mit den Differentialgleichungen der Energiequellen, auf die das Schwingungssystem eine Rückwirkung ergibt, untersuchen. Am Beispiel eines Schwingungssystems mit Unwucht und Antrieb durch einen Gleichstrommotor wird die Wechselwirkung zwischen Schwingungssystem und elektrischem Motor mit Hilfe eines SIMULINK-Modells untersucht. Ähnliche Folgen der Wechselwirkung gelten auch dann, wenn die Erregung durch andere Motoren erzeugt wird, deren Leistung begrenzt ist.

Das Modell des Systems und das Schema des Antriebs sind im Bild 4.53a dargestellt. Die translatorische Bewegung des Feder-Masse-Systems des Körpers mit der Masse m_1 aus der statischen Ruhelage wird mit der Koordinate y beschrieben, und die Drehung der Unwucht mit der Masse m_2 und Exzentrizität e wird mit dem Winkel φ definiert. Das Trägheitsmoment aller sich drehenden Teile des Systems in bezug auf die Drehachse ist J. Die Differentialgleichung der translatorischen Bewegung des Feder-Masse-Systems aus den vorherigen Untersuchungen

$$(m_1 + m_2)\ddot{y} + r\dot{y} + Dy = m_2 e\dot{\varphi}^2 \cos\varphi + m_2 e\ddot{\varphi}\sin\varphi \tag{4.113}$$

wird mit der Differentialgleichung der Drehbewegung

$$J\ddot{\varphi} + r_k\dot{\varphi} - m_2 e(\ddot{y} + g)\sin\varphi = k_m i_A \tag{4.114}$$

und mit der Differentialgleichung des Gleichstrommotors

$$L_A \frac{di_A}{dt} + R_A(1 + r_A)i_A = u_e - k_m\dot{\varphi} \tag{4.115}$$

ergänzt. Hier sind r, r_k Dämpfungsfaktoren; L_A, R_A Induktivität und Widerstand des Ankerstromkreises des Motors. Der Faktor $r_A = R_{AN} / R_A$ bestimmt die Größe des Anlaßwiderstands R_{AN}, und mit u_e wurde die Spannung des Motors bezeichnet. Der Faktor k_m, hauptsächlich durch den Erregerstrom des Motors gegeben, bestimmt einerseits das Antriebsmoment und andererseits die wegen der Drehung induzierte Ankerspannung.

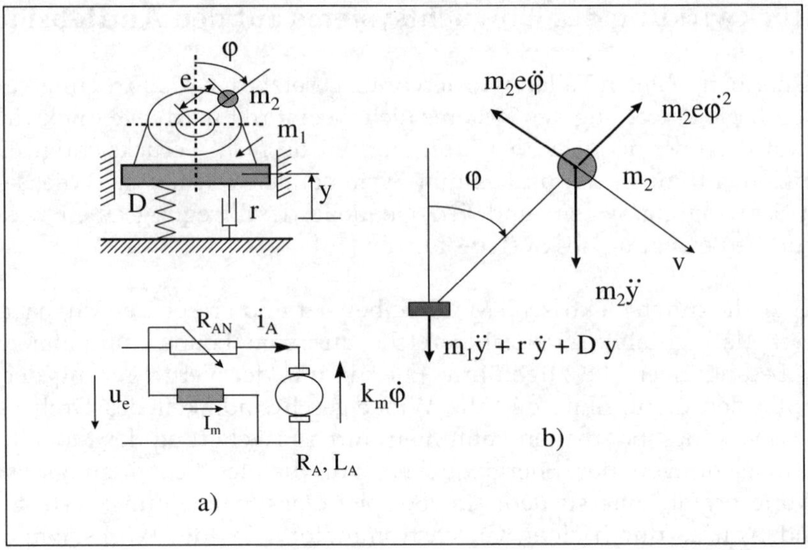

Bild 4.53a) Schema des Antriebs mit Gleichstrommotor b) Kräfte des Unwuchtsystems

Im Modell (`s_unwu4.m`; `s_unwu4.mdl`) aus Bild 4.54 erkennt man ganz oben das Modell der Differentialgleichung des Motors. Der mittlere Teil zeigt die Nachbildung der Drehbewegung und der Unwuchtkräfte, die auf das Feder-Masse-System, das im unteren Teil modelliert ist, einwirken. Das Modell enthält auch einen Block, mit *Delay* bezeichnet, der eine algebraische Schleife entschärft. Ohne diesen Block, beim Starten der Simulation, erscheint ein Hinweis, daß im Modell eine derartige Schleife auftritt und daß bei jedem Iterationsschritt diese mit zusätzlichen Schritten gelöst wird. Durch Gruppieren einiger Untersysteme kann das Modell kompakter gestaltet werden.

Im Modell wurden folgende Parameter eingesetzt:

$L_A = 1\,[\text{H}]$; $R_A(1+r_A) = 0.1$ [Ohm]; $k_m = 50$ [Nm/A]; $u_e = 100\,[\text{V}]$;
$J = 10$ [Nm s^2]; $r_k = 100\,[\text{Nms}]$; $m_2 e = 2\,[\text{kgm}]$; $m_1 + m_2 = 100$ [kg];
$r = 4$ [Ns/m]; $D = 1600$ [N/m];

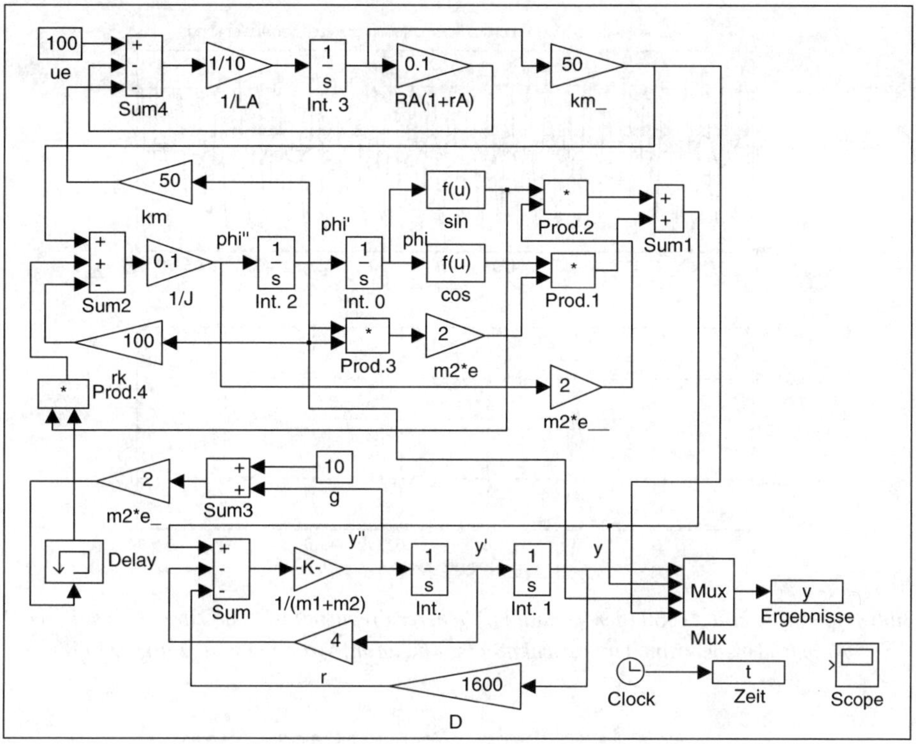

Bild 4.54 SIMULINK-Modell eines einfachen Unwuchtsystems, das mit Gleichstrommotor angetrieben wird (s_unwu4.m; s_unwu4.mdl)

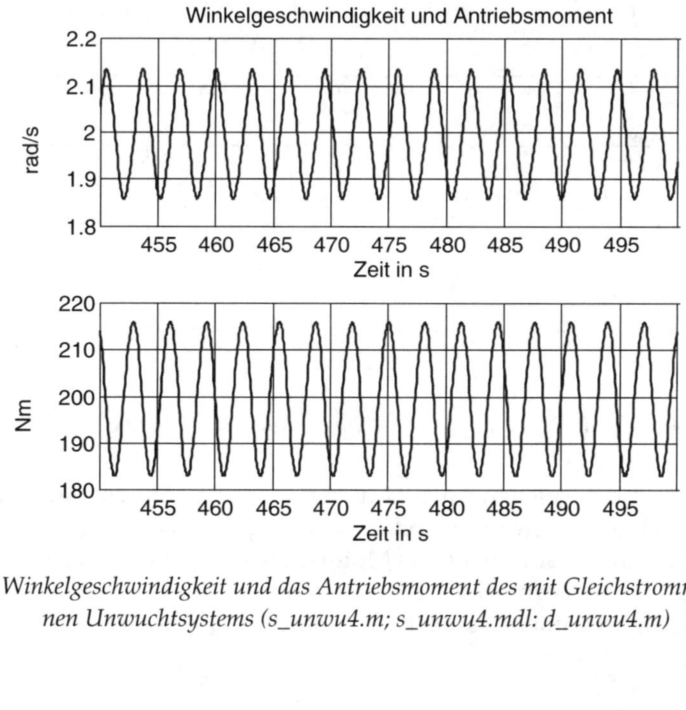

Bild 4.55 Die Winkelgeschwindigkeit und das Antriebsmoment des mit Gleichstrommotor angetriebenen Unwuchtsystems (s_unwu4.m; s_unwu4.mdl: d_unwu4.m)

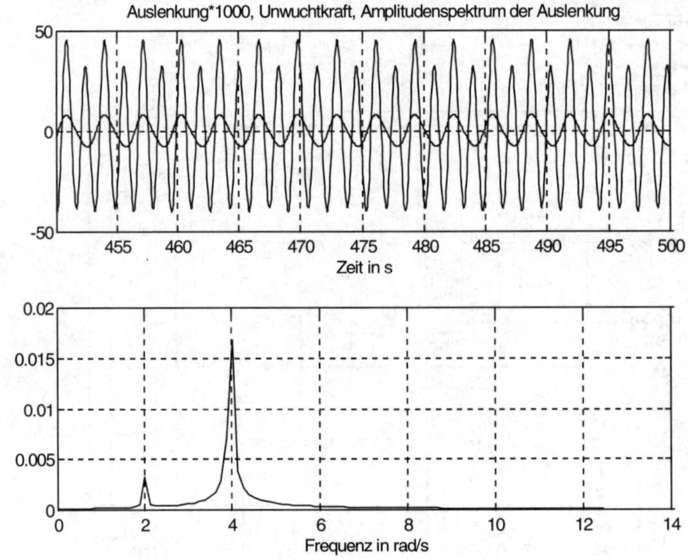

*Bild 4.56 Auslenkung*1000 (der Verlauf mit höherer Frequenz) und die Unwuchtkraft (oben). Amplitudenspektrum der Auslenkung (s_unwu4.m; s_unwu4.mdl; d_unwu4.m)*

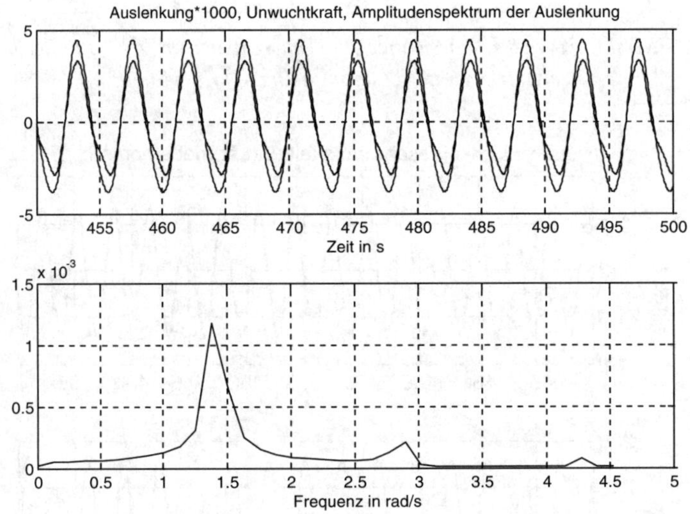

Bild 4.57 Der Fall mit $R_A(1+r_A) = 10$ *Ohm (s_unwu4.m; s_unwu4.mdl;d_unwu4.m)*

Ausgehend von einem solchen Satz von Parametern, können dann umfangreiche Experimente durchgeführt werden. Bild 4.55 zeigt die Winkelgeschwindigkeit der Drehung und das Antriebsmoment des Motors, die den Einfluß der Unwucht auf das Feder-Masse-System in Form einer Modulation enthalten. Um die Mittelwerte der Winkelgeschwindigkeit und des Antriebsmoments treten Schwankungen auf, die durch die Rückwirkungen entstehen. Der Term in der Differentialgleichung (4.114), der als Faktor $\sin\varphi$ hat, kann zu den Schwankungen des Winkels φ führen, wenn eine Unwucht $m_2 e$ existiert. Die zur Winkelgeschwindigkeit proportionale, induzierte Spannung überträgt die Schwankungen auf den Ankerstrom und dadurch auf das Antriebsmoment.

Für die angenommenen Parameterwerte enthält die Auslenkung des Feder-Masse-Systems zwei Schwingungskomponenten, deren Frequenzen aus dem Amplitudenspektrum im Bild 4.56 hervorgehen. Die Eigenfrequenz des Feder-Masse-Systems von $\sqrt{D/(m_1+m_2)}$ = 4 [rad/s] wird durch die Unwuchtkräfte mit der mittleren Drehgeschwindigkeit von 2 [rad/s] angeregt, und so entstehen die zwei synchronisierten Komponenten des Spektrums. Wenn der Anlaßwiderstand erhöht wird, so daß $R_A(1+r_A) = 10$ Ohm beträgt, ändern sich im stationären Zustand die Vorgänge, und es entsteht eine mit der Drehgeschwindigkeit synchronisierte Schwingung. Um den stationären Zustand zu erreichen, muß die Simulationszeit auf ca. 500 s erhöht werden und in den *To-Workspace*-Senken werden nur die Variablen der letzten 50 s gelagert, die sicher dem stationären Zustand entsprechen.

4.9 Projekte

Projekt 1

Man untersuche mit Hilfe von MATLAB und SIMULINK das Verhalten eines einfachen Feder-Masse-Schwingungssystems, das im Bild 4.58 gezeigt ist. Mit y ist die Auslenkung relativ zur statischen Gleichgewichtslage bezeichnet.

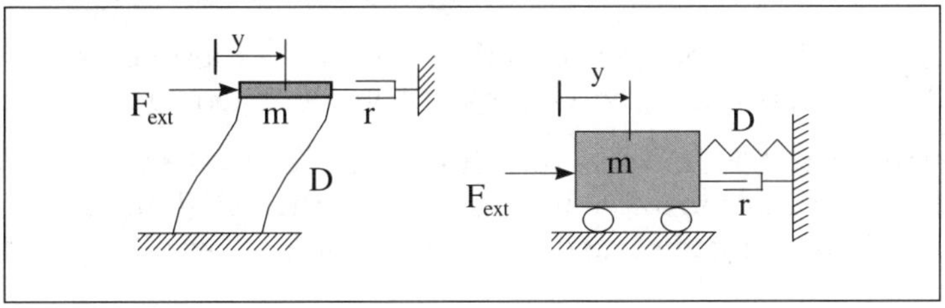

Bild 4.58 Einfache äquivalente Feder-Masse-Schwingungssysteme

a) Es wird angenommen, daß nur eine viskose Dämpfung, die zu einer linearen Differentialgleichung führt, vorhanden ist. Für diesen Fall sind die Beschreibungsfunktionen für lineare Systeme wie Frequenzgang, Sprungantwort und Impulsantwort mit den entsprechenden Funktionen aus der *Control-System-* und der *Signal-Processing-Toolbox* zu ermitteln. Als Eingangsgröße soll die äußere Kraft, die auf die Masse einwirkt, und als Ausgangsgröße soll die Auslenkung angenommen werden.

b) Mit Hilfe eines SIMULINK-Modells sollen experimentell diese Beschreibungsfunktionen gemessen werden. Der Frequenzgang soll nur bei einigen charakteristischen Frequenzen des Frequenzgangs durch Messen mit einer *Scope*-Senke ermittelt werden, so als hätte man nur ein Oszilloskop mit zwei Kanälen zur Verfügung. Die Impulsantwort erhält man annähernd durch Erregung mit einem sehr kurzen Impuls (viel kürzer als die kleinste Zeitkonstante des Systems) und Normierung der Antwort mit der Fläche des Impulses. Bild 4.59 (`s_impl.mdl`) zeigt, wie ein Impuls mit einer Dauer, die im *Unit-Delay*-Block eingestellt ist, erzeugt werden kann. Die Normierung über Teilen durch die Fläche des Impulses (Höhe*Dauer) kann mit einem *Gain*-Block geschehen. Das Bild zeigt auch, wie diese Methode für die Ermittlung der Impulsantwort eines Systems mit der Übertragungsfunktion $H(s) = s/(s+1)$ einzusetzen ist. Mit der Senke *Graph* wird die gemessene Impulsantwort dargestellt. Sie nähert sehr gut die theoretische Impulsantwort an, die am Anfang ein Dirac-Impuls enthält. Zu erwähnen ist, daß die Funktion **`impulse`** aus der *Control-System-Toolbox* nur den Verlauf der Impulsantwort ohne eventuelle Dirac-Komponenten berechnet.

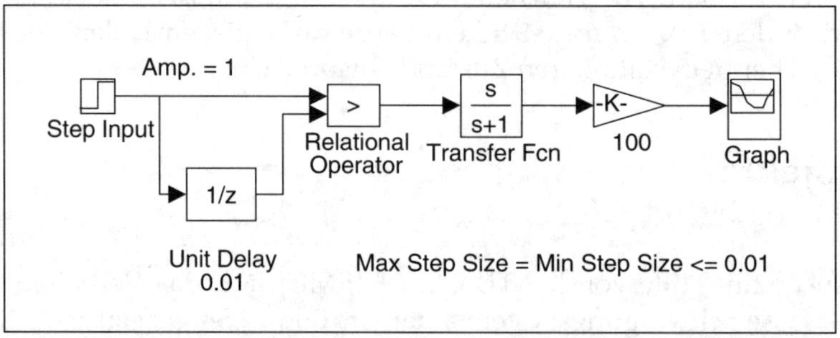

Bild 4.59 SIMULINK-Modell für die Erzeugung eines sehr kurzen Impulses, mit dessen Hilfe die Impulsantwort gemessen werden kann (s_imp1.m; s_imp1.mdl)

c) Man wiederhole die vorherigen Ermittlungen und Experimente für andere Ausgangsgrößen, wie z.B. die Geschwindigkeit oder Beschleunigung.

d) Man untersuche mit Hilfe einer Beschreibung des Systems in Form einer Zustandsgleichung (Zustandsmodell) das Eigenverhalten (homogene Lösung) des Systems. Es sind die Eigenwerte und Eigenvektoren zu ermitteln und zu interpretieren.

e) Man überprüfe experimentell mit Hilfe des SIMULINK-Modells die Erkenntnisse, die aufgrund der Eigenwerte und Eigenvektoren gewonnen wurden. Dafür muß das System mit verschiedenen, geschickt gewählten Anfangsbedingungen und ohne Eingangserregung simuliert werden.

f) Man bestimme mit Hilfe eines SIMULINK-Modells das Eigenverhalten für den Fall nichtlinearer Reibungskräfte und stelle einen Vergleich zu dem Fall mit viskoser Dämpfung her. Es sind die Gleit- und Haftreibung

$$F_{Gl+Hft} = -sign(\dot{y})\left[r_{Gl} + (r_{Hft} - r_{Gl}).\exp(-abs(\dot{y})/V_0)\right] \tag{4.116}$$

und die Turbulenzdämpfung

$$F_{Turb} = -r_{Turb}\,\dot{y}.abs(\dot{y}) \tag{4.117}$$

als nichtlineare Widerstandskräfte zu betrachten.

Für die Parameter des Systems und für die nichtlinearen Reibungskräfte sollen folgende Werte angenommen werden:

$D = 1000$ [N/m]; $r = 4$ [Ns/m]; $m = 1$ [kg];

$r_{Gl} = (1 \div 5)$ [N]; $r_{Hft} = (1{,}5 \div 4).r_{Gl}$; $r_{Turb} = 5$ [Ns/m];

Projekt 2

Die Fahrzeugfederung, deren Skizze und Modell im Bild 4.60 gezeigt sind, bildet ein Mehrfachsystem, das durch den Einfluß der zufälligen Unebenheiten der Straße erregt wird. Mit D_1, r_1 und D_2, r_2 wurden die Federkonstanten und Dämpfungsfaktoren des Reifens bzw. der Feder und des Stoßdämpfers bezeichnet. Die Masse m_1 stellt die Ersatzmasse für die Achse, Felge und Reifen dar, und m_2 ist der Anteil der Masse der Karosserie und der Ladung auf diese Achse.

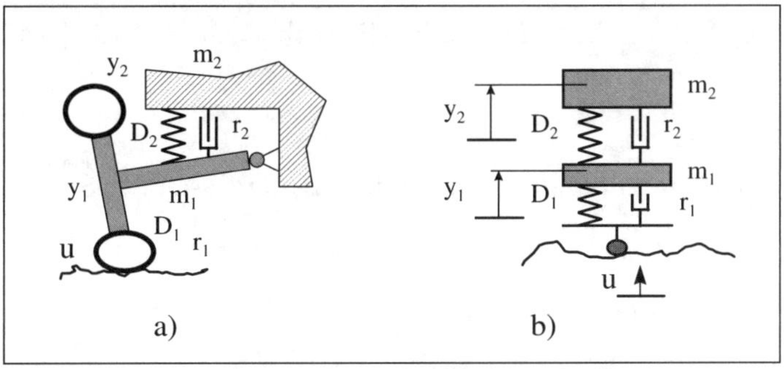

Bild 4.60 Skizze und Modell einer Fahrzeugfederung

a) Man schreibe die Differentialgleichungen des Systems in der Annahme, daß viskose Dämpfung vorhanden ist. Aus den linearen Differentialgleichungen ist die Zustands- und Ausgangsgleichung (in Matrixform), welche die Auslenkungen und Geschwindigkeiten als Ausgangsvariablen beschreiben, zu bestimmen. Die Auslenkungen der zwei Massen aus dem Modell und die Unebenheit der Straße als Eingangsgröße werden relativ zur statischen Gleichgewichtslage gemessen.

b) Man untersuche das Eigenverhalten des linearen Modells mit Hilfe der Eigenwerte und Eigenvektoren. Mit einem SIMULINK-Modell sollen danach experimentell die Schwingungsmodi des Mehrfachsystems überprüft werden. Man berechne die Anfangsbedingungen, die nur je eine Schwingungskomponente aktivieren und prüfe, ob im Modell diese Schwingungen wie erwartet stattfinden.

c) Man bestimme Frequenzgang, Impulsantwort und Sprungantwort mit den entsprechenden Funktionen aus der *Control-System-* und der *Signal-Processing-Toolbox*. Als Ausgangsgrößen sollten die Auslenkungen der zwei Ersatzmassen gelten.

d) In der Annahme, daß die Unebenheiten der Straße durch ein stochastisches Signal, das eine normale Verteilung mit Mittelwert gleich Null, Varianz $\sigma_u^2 = 10^{-4}[m^2]$ und konstanter Leistungsspektraldichte bis 100 Hz besitzt, simuliert werden kann, sollen für die Auslenkungen im stationären Zustand die Varianz und die Leistungsspektraldichte bestimmt werden. Dafür werden in *To-Workspace* Senken 1024, 2048 oder 4096 Abtastwerte der Auslenkung gespeichert und danach in einem MATLAB-Programm bearbeitet. Es muß gewährleistet sein, daß die Abtastwerte gleichmäßigen Zeitintervallen entsprechen, da sonst die Spektren, die durch FFT-Transformationen berechnet werden, mit Fehlern behaftet sind. Am einfachsten erzielt man dies durch gleiche Werte für *Min Step Size* und *Max Step Size* bei der Parametrisierung der Simulation. Die Unebenheiten als Eingangssignal sollen mit Hilfe der Rauschquelle *Band-Limited-White-Noise* aus der Quellenbibliothek und mit einem Tiefpaßfilter der Bandbreite 100 Hz simuliert werden.

Mit folgenden Parametern, als Ausgangswerte für das Experimentieren können die vorgeschlagenen Teilaufgaben gelöst werden:

$m_1 = 30$ [kg]; $D_1 = 10^5$ [N/m]; $r_1 = 2.10^3$ [Ns/m];

$m_2 = 200$ [kg]; $D_2 = 2.10^5$ [N/m]; $r_2 = 4.10^3$ [Ns/m];

Hinweise und Hilfe

a) Die Bewegungsdifferentialgleichungen der Ersatzmassen des Systems sind:

$$m_1\ddot{y}_1 + r_1(\dot{y}_1 - \dot{u}) + D_1(y_1 - u) + r_2(\dot{y}_1 - \dot{y}_2) + D_2(y_1 - y_2) = 0 \tag{4.118}$$

$$m_2\ddot{y}_2 + r_2(\dot{y}_2 - \dot{y}_1) + D_2(y_2 - y_1) = 0 \tag{4.119}$$

Um die Zustandsgleichung zu bestimmen, wird hier zuerst das SIMULINK-Modell mit Hilfe von Integratoren, Summierern und *Gain*-Faktor-Blöcken gebildet. Die Ausgangsgrößen der Integratoren bilden die Zustandsvariablen, und mit Hilfe der Verbindungen der Blöcke des Modells kann die Zustands- und Ausgangsgleichung gebildet werden.

Um das SIMULINK-Modell zu bilden, wird die erste Differentialgleichung nach der höchsten Zeitableitung aufgelöst und danach zweimal integriert:

$$\begin{aligned} y_1 &= \int(-\frac{r_1}{m_1})(y_1 - u)dt + \int(-\frac{r_2}{m_1})(y_1 - y_2)dt + \\ &\int\left[\int(-\frac{D_1}{m_1})(y_1 - u)dt\right]dt + \int\left[\int(-\frac{D_2}{m_1})(y_1 - y_2)dt\right]dt \end{aligned} \tag{4.120}$$

Sie kann auch wie folgt geschrieben werden:

$$y_1 = \int \{ (\frac{r_1}{m1})(u - y_1) + (\frac{r_2}{m_1})(y_2 - y_1) + \int [(\frac{D_1}{m1})(u - y_1) + (\frac{D_2}{m_1})(y_2 - y_1)]dt \} dt \tag{4.121}$$

Wenn y_1 und y_2 als bekannt angenommen werden, kann die rechte Seite in einem Modell mit zwei Integratoren simuliert werden. Das Integral der eckigen Klammer wird zuerst im Integrator Int. 2 gebildet. Der Ausgang dieses Integrators wird mit den restlichen Termen addiert und dem zweiten Integrator (Int. 1) zugeführt. Sein Ausgang ist jetzt die zuvor als bekannt angenommene Größe y_1. Bild 4.61 zeigt in der oberen Hälfte diesen Teil des Modells (`s_fahr1.m`; `s_fahr1.mdl`).

Es muß weiter die zweite Differentialgleichung modelliert werden, um die noch benötigte Größe y_2 zu generieren. Die zweite Differentialgleichung zweimal integriert ergibt in ähnlicher Weise:

$$y_2 = \int \left\{ (-\frac{r_2}{m_2})(y_2 - y_1) + \int \left[(-\frac{D_2}{m_2})(y_2 - y_1) \right] dt \right\} dt \tag{4.122}$$

Diese Beziehung wird mit Hilfe zweier Integratoren modelliert. Die untere Hälfte des Modells aus Bild 4.61 zeigt diesen Teil des Systems. Die vier Ausgänge der Integratoren bilden für dieses System einen Satz von Zustandsvariablen und die entsprechenden Zustandsgleichungen stellen die Abhängigkeiten der ersten Ableitungen der Zustandsvariablen von den Zustandsvariablen und dem Eingang u dar. Da am Eingang der Integratoren gerade die gesuchten ersten Ableitungen ihrer Ausgangsvariablen vorhanden sind, können die Zustandsgleichungen direkt aus dem Modell, durch Verfolgung der Verbindungen der Blöcke, abgeleitet werden. Mit x_1 als Zustandsvariable am Ausgang des Integrators Int. 1 ergibt sich folgende erste Zustandsgleichung:

$$x_1 = (-(r_1 + r_2) / m_1)x_1 + x_2 + (r_2 / m_1)x_3 + (r_1 / m_1)u \tag{4.123}$$

Ähnlich führt die Ableitung $\dot{x}_2$ als Eingangsgröße des Integrators Int. 2 zur zweiten Zustandsgleichung:

$$x_2 = (-(D_1 + D_2) / m_1)x_1 + (D_2 / m_1)x_3 + (D_1 / m_1)u \tag{4.124}$$

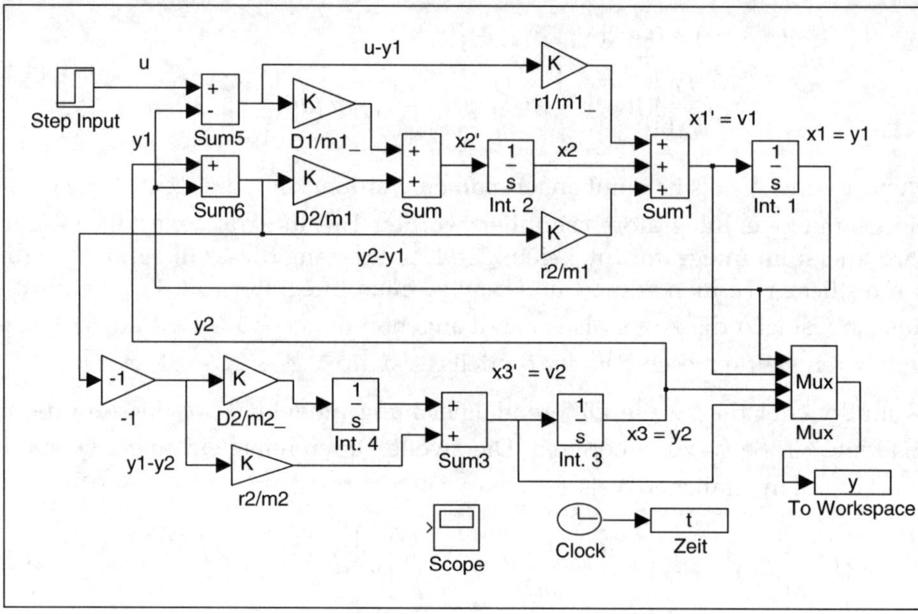

Bild 4.61 SIMULINK-Modell der Fahrzeugfederung (s_fahr1.m; s_fahr1.mdl)

Die Eingangsgrößen der Integratoren im unteren Teil des SIMULINK-Modells ergeben die übrigen zwei Zustandsgleichungen des Systems:

$$\dot{x}_3 = (r_2 / m_2)x_1 + (-r_2 / m_2)x_3 + x_4 \tag{4.125}$$

$$\dot{x}_4 = (D_2 / m_2)x_1 + (-D_2 / m_2)x_3 \tag{4.126}$$

Alle Zustandsgleichungen, in einer Matrixform zusammengefaßt, ergeben:

$$\begin{vmatrix} \dot{x}_1 \\ \dot{x}_2 \\ \dot{x}_3 \\ \dot{x}_4 \end{vmatrix} = \begin{vmatrix} -(r_1 + r_2)/m_1 & 1 & r_2/m_2 & 0 \\ -(D_1 + D_2)/m_1 & 0 & D_2/m_1 & 0 \\ r_2/m_2 & 0 & -r_2/m2. & 1 \\ D_2/m_2 & 0 & -D_2/m_2 & 0 \end{vmatrix} \begin{vmatrix} x_1 \\ x_2 \\ x_3 \\ x_4 \end{vmatrix} + \begin{vmatrix} r_1/m_1 \\ D_1/m_1 \\ 0 \\ 0 \end{vmatrix} u \tag{4.127}$$

Wenn die Auslenkungen y_1, y_2 und die Geschwindigkeiten $v_1 = \dot{y}_1, v_2 = \dot{y}_2$ der Ersatzmassen des Systems als Ausgangsgrößen von Interesse sind, kann jetzt die Ausgangsgleichung des Zustandsmodells direkt aus dem SIMULINK-Modell erstellt werden:

$$\begin{vmatrix} y_1 \\ v_1 \\ y_2 \\ v_2 \end{vmatrix} = \begin{vmatrix} 1 & 0 & 0 & 0 \\ -(r_1 + r_2)/m_1 & 1 & r_2/m_1 & 0 \\ 0 & 0 & 1 & 0 \\ r_2/m_2 & 0 & -r_2/m_2 & 1 \end{vmatrix} \begin{vmatrix} x_1 \\ x_2 \\ x_3 \\ x_4 \end{vmatrix} + \begin{vmatrix} 0 \\ r_1/m_1 \\ 0 \\ 0 \end{vmatrix} u \tag{4.128}$$

Die Ausgangsgleichung ist eine algebraische Gleichung, welche auf der rechten Seite nur Zustandsvariablen und die unabhängige Eingangsgröße enthalten darf.

Die Matrizen **A**, **B**, **C** und **D** des Zustandsmodells, die eine vollständige Beschreibungsmöglichkeit in MATLAB und SIMULINK darstellen, kann man aus den letzten zwei Matrixgleichungen ableiten. Mit dem Programm `fahr1.m` können diese Matrizen für die vorgeschlagenen Parameter des Systems berechnet und die Sprungantwort mit **`step`** ermittelt und danach dargestellt werden. Dieses Programm ist leicht auch für die restlichen Fragen zu erweitern.

b) Die Eigenvektoren und Eigenwerte der Matrix **A**, die das Eigenverhalten beschreiben, sind mit der MATLAB-Funktion **`eig`** zu ermitteln. Die imaginären Teile der paarweise komplex konjugierten Eigenwerte bestimmen die zwei Eigenfrequenzen und die zugehörigen negativen reellen Werte der realen Teile derselben Eigenwertpaare ergeben die exponentielle Dämpfung der Eigenschwingungen.

c) Der Frequenzgang, die Impuls- und Sprungantwort können mit den Funktionen **`bode, impulse`** und **`step`** berechnet und beim Aufruf ohne Ergebnisargumente auch gleich dargestellt werden. Eine Messung der Impuls- und Sprungantwort mit Hilfe des SIMULINK-Modells ist sehr lehrreich und empfehlenswert. Für die Messung der Impulsantwort ist ein kurzer Impuls notwendig, dessen Erzeugung in der vorherigen Aufgabe gezeigt wurde. Die Dauer und Höhe des Impulses sind dann bei der Normierung der Antwort mit der Fläche des Eingangsimpulses einzusetzen.

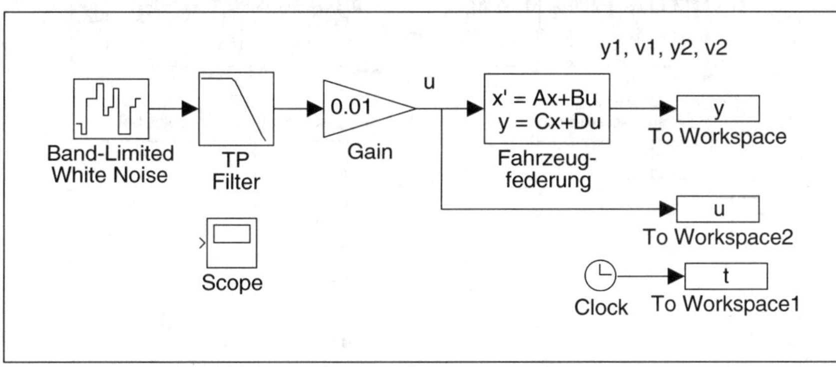

Bild 4.62 SIMULINK-Modell der Fahrzeugfederung mit stochastischen Unebenheiten als Eingangserregung (s_fahr2.m; s_fahr2.mdl)

d) Bild 4.62 zeigt das SIMULINK-Modell (`s_fahr2.m`; `s_fahr2.mdl`) der Fahrzeugfederung mit stochastischen Unebenheiten als Eingangserregung. Sie werden mit Hilfe eines Rauschgenerators vom Typ *Band-Limited-White-Noise* und eines Tiefpaßfilters, das die Bandbreite des Rauschsignals auf 100 Hz begrenzt, generiert. Die Leistungsspektraldichte des Rauschgenerators (durch den Parameter *Noise-Power* gegeben) wird auf 0.01 $[m^2 / \text{Hz}]$ eingestellt, so daß sich zusammen mit der Bandbreite von 100 Hz eine Leistung von 1 m^2 ergibt. Die Abtastperiode des Rauschgenerators wird auf 0,001 gesetzt, was einer Bandbreite des Rauschsignals von 500 Hz entspricht. Über einen *Gain*-Faktor-Block mit Faktor 0,01 wird danach die gewünschte Leistung oder Varianz von 10^{-4} m^2 erreicht. Die Leistungspektraldichte der Variablen am Eingang und Ausgang des Modells wird mit der Funktion **psd** (*Power-Spectral-Density*) aus der *Signal-Processing-Toolbox* berechnet, nachdem z.B. 2048 Abtastwerte für jede Variable in der *To-Workspace* Senke im stationären Zustand eingefangen wurden.

Die Programme `p_fahr2.m` und `d_fahr2.m` dienen zur Parametrierung bzw. zur Berechnung und Darstellung der Leistungspektraldichte einiger Variablen des Modells nach der Simulation. Am Anfang werden die Matrizen **A**, **B**, **C** und **D** des Zustandsmodells aus den vorgegebenen Parametern berechnet und als globale Variablen für das SIMULINK-Modell vorbereitet. Als globale Variablen werden auch die Schrittweite der Integration, die durch gleiche Werte für *Min-* und *Max-Step-Size* gegeben ist, und die Anzahl der Abtastwerte für die *To-Workspace*-Senken gewählt. Dies ist notwendig, um die graphischen Darstellungen der Leistungsspektraldichten korrekt zu beschriften. Die Schrittweite bestimmt die Abtastfrequenz und dadurch die Skalierung der Abszissen der Spektren.

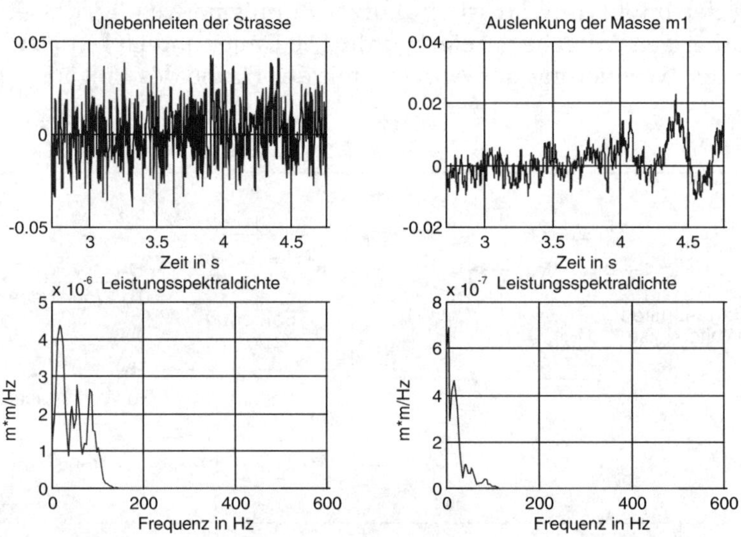

Bild 4.63 Die Unebenheiten der Straße und die Auslenkung der ersten Masse zusammen mit ihren Leistungspektraldichten (s_fahr2.m; s_fahr2.mdl; p_fahr2.m; d_fahr2.m)

Die Funktion **psd** berechnet einen Schätzwert für die Erwartung

$$E\left[\left|Y(k)\right|^2 / M\right]; \qquad \text{für} \qquad k = 1,2,3,\ldots,M,$$

wobei $Y(k)$ die Discrete-Fourier-Transformation (DFT oder FFT) einer Zufallssequenz $y(n)$, bestehend aus M Abtastwerten ist. In dem Aufruf

```
[pxx,f] = psd(y(:,1),256,fs);
```

werden aus der Sequenz `y(:,1)` der Länge N = 2048 acht Segmente mit je 256 Werten (M=256) für die Berechnung des gezeigten Erwartungswerts (z.B. durch Mittelung) benutzt. Die M Werte der Erwartung sind die mittleren Leistungen der Komponenten, in welche die DFT oder FFT die Sequenz zerlegt hat. Die ersten M/2 Werte haben eine physikalische Interpretation, und zwar sind sie die quadrierten und danach gemittelten Ausgänge einer Bank von Bandpässen der Bandbreite fs/M. Den Bezug zur Frequenz der durch die **psd**-Funktion berechneten Werte erhält man durch Teilen mit der halben Abtastfrequenz, wie es im Befehl **plot**`(f,pxx*2/fs)` aus dem Programm `d_fahr2.m` zu sehen ist. Mit Hilfe des Theorems von Parseval [6] können immer die zusätzlichen Faktoren, welche die gewünschten Skalierungen der Darstellungen ergeben, korrekt ermittelt werden. Die mittlere Leistung des Signals, die über die Leistungsspektraldichte berechnet wird, und die mittlere Leistung, welche direkt als Mittelwert der quadrierten Werte der Sequenz ermittelt wird, müssen gleich sein.

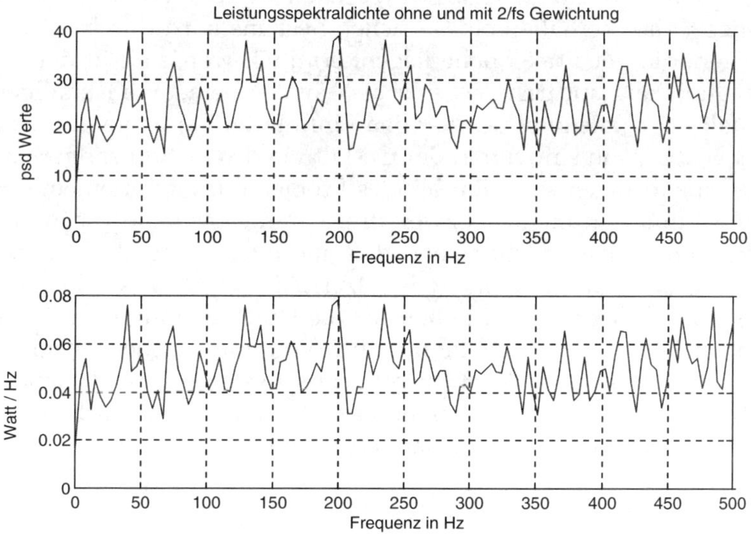

Bild 4.64 Das Ergebnis der Funktion psd ohne und mit der Gewichtung 2/fs (psd_test.m)

Im Programm `psd_test.m` wird eine Sequenz, bestehend aus 4096 Abtastwerten, mit der **randn**-Funktion generiert. Sie hat eine Standardabweichung von 1 und somit auch eine mittlere Leistung von 1. Durch die Multiplikation mit 5 erhält die Sequenz eine Standardabweichung von 5 (z.B. [Volt]) und entsprechend eine mittlere Leistung von 25 (z.B. [Watt]). In der Annahme, daß die Abtastfrequenz 1000 Hz ist, wird erwartet, daß die Leistungsspektraldichte im Frequenzbereich bis fs/2 = 500 Hz gleich dem Wert 25/500 = 0,05 (z.B. [Watt/Hz]) ist. Nur die zweite Darstellung der gewichteten Leistungsspektraldichte aus Bild 4.64 ergibt diesen Wert als Mittelwert. Die Schwankungen um den korrekten Mittelwert werden kleiner, wenn eine längere Sequenz untersucht wird und dadurch einen besseren geschätzten Erwartungswert erhält.

In der Darstellung des Spektrums der Straßenunebenheiten aus Bild 4.63 kann nachgeprüft werden, daß ca. $10^{-6}[m^2 / Hz].100[Hz] = 10^{-4} m^2$ ihre mittlere Leistung ist; das entspricht genau dem Wert der vorgegeben wurde. Aus der zeitlichen Darstellung der Unebenheiten erkennt man, daß sie eine Standardabweichung von ungefähr 10^{-2} [m] besitzen, da die Ausreißer dieser normal verteilten Sequenz nur selten den dreifachen Wert erreichen.

Das Spektrum der Auslenkung der ersten Masse der Fahrzeugfederung zeigt den starken Tiefpaßfiltercharakter dieser Federung. Die ursprüngliche Bandbreite von 100 Hz der Unebenheit ist drastisch verringert. Für die zweite Masse erhält man eine noch stärkere Reduzierung der Bandbreite und dadurch der mittleren Leistung der Bewegung. Ein Stoßdämpfer mit höherem Dämpfungsfaktor r_2 verbessert wesentlich das Verhalten der Fahrzeugfederung.

Die vorliegende Aufgabe kann durch Einführung von Nichtlinearitäten erweitert werden. Es kann z.B. ein Anschlag vorgesehen werden, um große Auslenkungen zu begrenzen. Das Verhalten eines solchen Systems wird durch Simulation unter Bedingungen, die der Praxis nahe liegen, ermittelt werden. Mit der Lösung oder der Simulation des linearen Systems als Vorstufe einer vollständigen Untersuchung erhält man Erkenntnisse über den Einfluß der Parameter auf das Verhalten des Systems, die dann sinnvoll in der Gestaltung des nichtlinearen Simulationsexperiments einzubringen sind. Ein blindes Probieren im Rahmen einer Simulation, wenn der Einfluß von mehr als zwei, drei Parameter zu verfolgen ist, wird sehr aufwendig und man ist nicht sicher, daß alle interessierenden Grenzfälle erfaßt wurden. In diesem Zusammenhang ist MATLAB, SIMULINK und alle Toolboxen, die einerseits eine Menge Funktionen für die Untersuchung linearer Systeme zur Verfügung stellen und gleichzeitig mit Hilfe von numerischen Integrationsverfahren die Simulation komplizierter, nichtlinearer Systeme ermöglichen, das richtige Werkzeug für Studenten und Ingenieure, die sich mit dynamischen Systemen aus vielen Bereichen der Technik auseinandersetzen müssen.

Kapitel 5

Systeme aus den Bereichen Elektrotechnik, Meßtechnik und Elektronik

5.1 Einführung

In diesem Kapitel werden einige dynamische Systeme, die in den Vorlesungen Elektrotechnik, Meßtechnik und Elektronik behandelt werden, simuliert. Die Voraussetzungen für die Simulation sind Modelle bestehend aus linearen und nichtlinearen Differentialgleichungen, für die in vielen Fällen noch keine theoretische Lösung bekannt ist. Unter diesem Aspekt ergibt die Simulation ein für die Praxis leistungsfähiges Werkzeug und muß in der Lehre den verdienten Platz einnehmen.

Das Software-Paket PSPICE [1] für die Simulation elektrischer und elektronischer Schaltungen besitzt weltweit eine große Akzeptanz bei den Entwicklern in der Industrie und Forschung. Für die meisten Bauteile solcher Schaltungen gibt es vom Hersteller Bibliotheken mit Modellen, die man in PSPICE direkt einbinden kann. Für diese Fälle ist der Einsatz von PSPICE vorteilhafter, da MATLAB und SIMULINK solche Bibliotheken noch nicht besitzen. In Anwendungen, in denen elektrische oder elektronische Systeme zusammen mit Systemen mechanischer oder anderer Natur (z.B. thermischer Natur) vorkommen, ist die Simulation mit MATLAB und SIMULINK einfacher und flexibler durchzuführen. MATLAB und SIMULINK gemeinsam mit allen Toolboxen stellen den Entwicklern Werkzeuge zur Verfügung, welche den Entwurf und die Anwendung der Vielzahl der gegenwärtigen modernen Techniken und Verfahren ermöglichen. Bei der Anwendung von MATLAB und SIMULINK muß man die Gleichungen oder Differentialgleichungen der Modelle aufbauen können. Das bedeutet, daß man die physikalischen Gesetze, welche die Prozesse des Systems beschreiben, zuerst kennen muß; die Simulation ergibt dann die Möglichkeit, sie anzuwenden, was einen wichtigen didaktischen Aspekt darstellt. Im ersten Teil des vorliegenden Kapitels werden einige typische lineare Anwendungen behandelt, für die eine Menge Funktionen in MATLAB und SIMULINK vorhanden sind. Danach folgen nichtlineare Systeme, für welche die Simulation ein wichtiges Werkzeug zum Verstehen und Lösen darstellt.

5.2 Die Frequenzabhängigkeit von Impedanzen

Passive Bauelemente sind weder rein resistiv noch rein reaktiv, sie sind eine Kombination dieser Charaktere. Das ergibt sich durch die parasitären, unerwünschten Zusatzkomponenten in Form von Induktanzen bei Widerständen, unerwünschten Widerständen bei Kondensatoren, unerwünschten Kapazitäten bei Spulen etc. Die Fertigungstechnologie und die verwendeten Materialien bestimmen das Ausmaß der parasitären Einflüsse und ergeben somit die Brauchbarkeit eines Bauelements. Die Kombination des primären Elementes (Kapazität, Induktivität, Widerstand) und seinen parasitären Zusätzen wird für alle Bauelemente mit Ersatzschaltungen beschrieben.

Die modernen Impedanzmeßgeräte [2] ermitteln die Frequenzabhängigkeit von Zweipolen, die man als *Blackboxes* betrachten kann. Für eine Ersatzschaltung, die der Anwender aus einem verfügbaren Satz wählen kann, werden die Werte der Komponenten der Ersatzschaltung durch ein Optimierungsverfahren geschätzt. Ohne Erfahrung ist es schwer, aus einem Frequenzgang einer *Blackbox* die passende Ersatzschaltung zu wählen. Mit einfachen MATLAB-Programmen kann man sich diese Erfahrung aneignen, indem umgekehrt vorgegangen wird, und man die Frequenzabhängigkeit der Impedanzen verschiedener typischer, bekannter Ersatzschaltungen untersucht. Der Versuch, danach die Abhängigkeit zu erklären und zu interpretieren, führt zur nötigen Erfahrung, um nach gemessenen Frequenzgängen von Komponenten die korrekten Ersatzschaltungen zu wählen.

5.2.1 Frequenzabhängigkeit eines realen Kondensators

Im Bild 5.1 ist die Ersatzschaltung eines realen Kondensators gezeigt. Hier ist Rs der serielle Widerstand (z.B. 1 Ω) und Ls die parasitäre Induktivität (wegen der Anschlußdrähte und Fertigungstechnologie z.B. von 0,1 μH). Rv ist der Verlustwiderstand des Kondensators C (der z.B. 100 kΩ bei einem Keramikkondensator von 2 nF betragen kann). Das Programm `imped_1.m` berechnet den Frequenzgang der Ersatzimpedanz und stellt ihn anschaulich dar. Es wird als Funktion geschrieben und besitzt als Argumente die Komponenten Rs, Ls, C und Rv der Ersatzschaltung zusammen mit dem gewünschten Frequenzbereich der Untersuchung. Die Funktion liefert einen komplexen Vektor der Impedanz der Ersatzschaltung und einen Vektor der Frequenzen des Frequenzbereichs, für den die Impedanz ermittelt wurde.

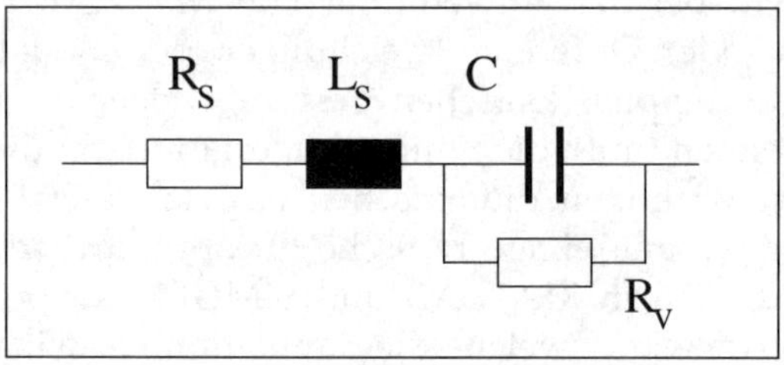

Bild 5.1 Ersatzschaltung eines realen Kondensators

Nach einer Überprüfung der Anzahl der Eingangsargumente wird der Frequenzbereich neu definiert, so daß die minimale und maximale Frequenz des Bereichs Zehnerpotenzen sind. Danach wird die komplexe Impedanz mit Hilfe der Parameter und des logarithmisch skalierten Frequenzvektors berechnet. Mit `flag = 1` werden die Ergebnisse auch dargestellt. Die erste Darstellung aus `figure(1)` zeigt den Betrag und Phasenwinkel der Impedanz (Bild 5.2) für den Testaufruf.

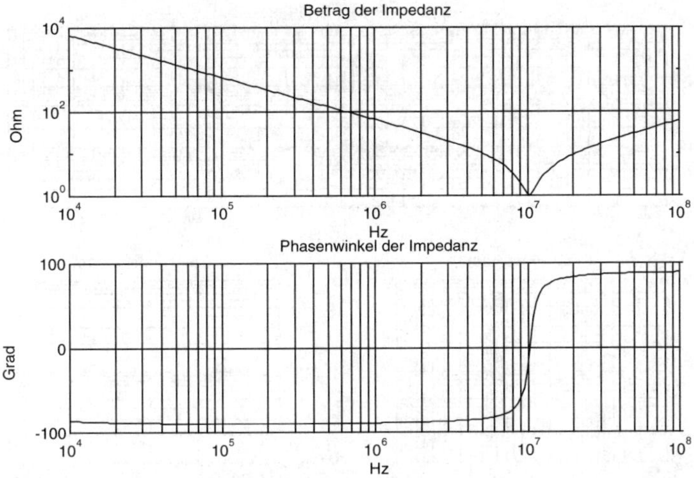

Bild 5.2: Betrag und Phasenwinkel der Impedanz eines realen Kondensators (imped_1.m)

In der zweiten Darstellung (Bild 5.3) ist der Ersatzwiderstand als Realteil der Impedanz zusammen mit der Ersatzkapazität und Ersatzinduktivität dargestellt. Die Ersatzkapazität wird aus dem Imaginärteil der komplexen Impedanz für den Frequenzbereich, für den dieser Imaginärteil negativ ist, berechnet. In der MATLAB-Syntax wird zuerst die Ersatzkapazität für den ganzen Frequenzbereich durch

```
Ce = -1./(w.*imag(Z));
```

berechnet, und danach wird der Frequenzbereich nur auf den Bereich, für den die Ersatzkapazität positiv ist, begrenzt. Aus Bild 5.3 geht hervor, daß dieser Bereich für die gewählten Komponenten der Ersatzschaltung zwischen 10^4 und 10^7 Hz ist. Um aus dem Vektor der Ersatzkapazität die Indexe, für welche die Werte der Ersatzkapazität positiv sind, zu bestimmen, wurde die MATLAB-Funktion **find** benutzt:

```
k = find(Ce>0);          Ce = Ce(1:length(k));
```

Ähnlich wird die Ersatzinduktivität im Frequenzbereich, für den der Imaginärteil positiv ist, ermittelt:

```
Le = imag(Z)./w;
l = find(Le>0);Le = Le(l(1):l(length(l)));
```

Bis zur Frequenz der Reihenresonanz der Streuinduktivität Ls und Kapazität C verhält sich die Ersatzschaltung kapazitiv. Nach dieser Frequenz bekommt die Schaltung einen induktiven Charakter, der zu einer positiven Ersatzinduktivität für Frequenzen oberhalb 10 MHz führt, wie aus Bild 5.3 unten rechts hervorgeht.

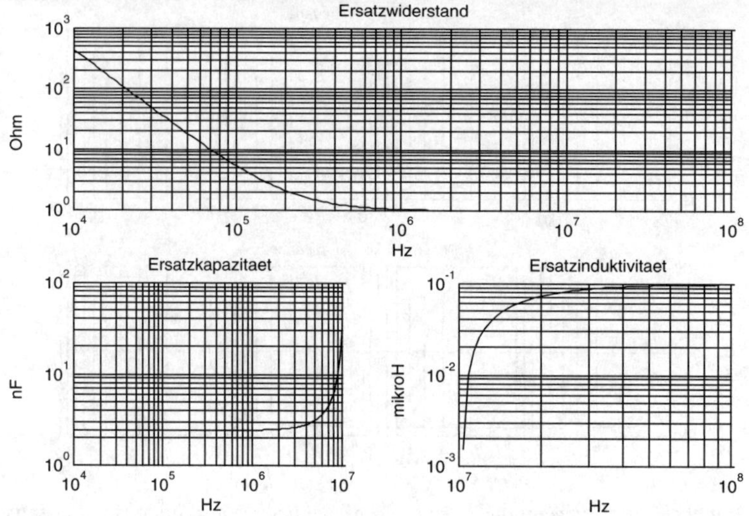

Bild 5.3 Ersatzwiderstand, Ersatzkapazität und Ersatzinduktivität eines realen Kondensators (imped_1.m)

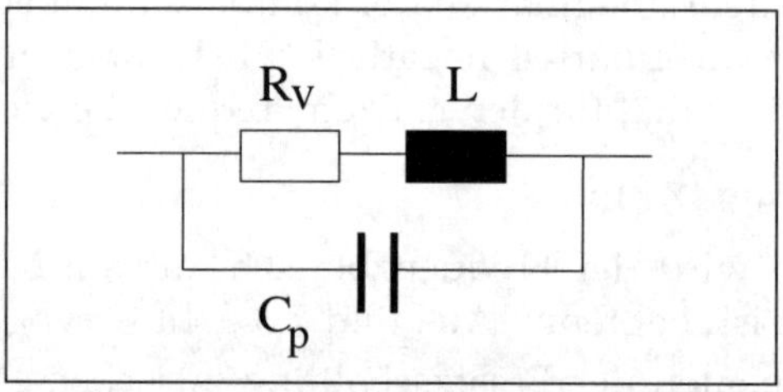

Bild 5.4 Ersatzschaltung einer realen Spule

Für die Impedanz der Ersatzschaltung einer realen Spule, die z.B. wie im Bild 5.4 aussehen kann, ist die oben gezeigte Funktion leicht zu ändern (`imped_2.m`). Betrag und Phasenwinkel der Impedanz für diese Schaltung sind in Bild 5.5 dargestellt und die Ersatzkomponenten (Ersatzwiderstand, Ersatzinduktivität und Ersatzkapazität) sind in Bild 5.6.

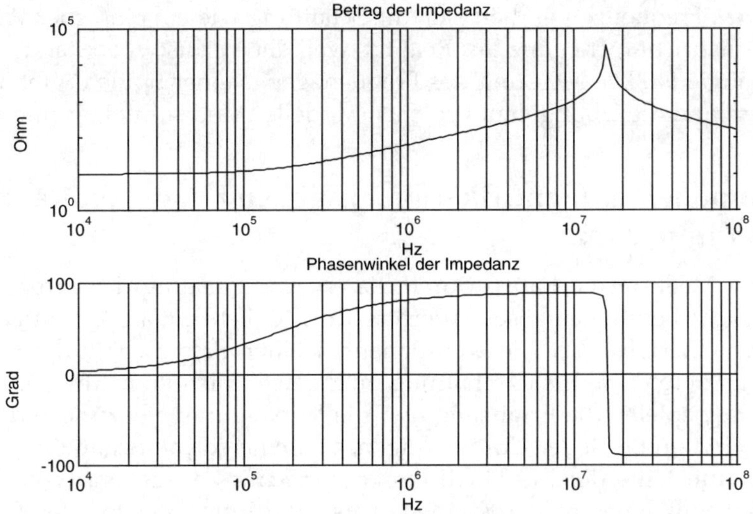

Bild 5.5 Betrag und Phasenwinkel der Impedanz einer realen Spule (imped_2.m)

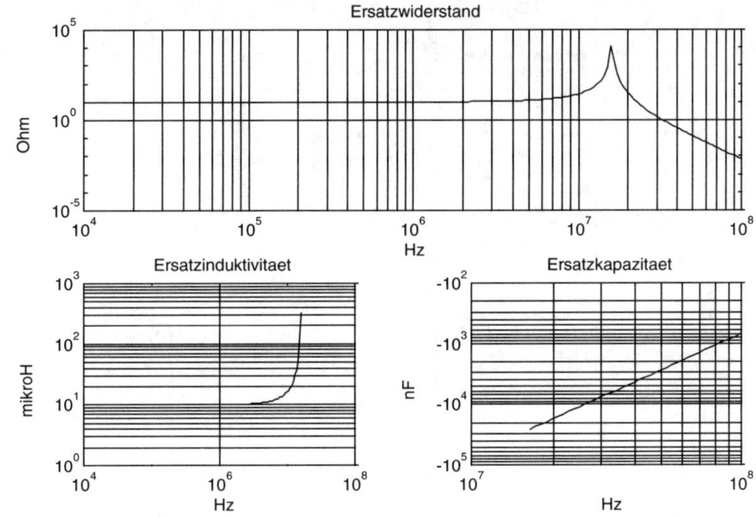

Bild 5.6 Ersatzwiderstand, Ersatzinduktivität und Ersatzkapazität der realen Spule (imped_2.m)

Wie zu erwarten ist, bildet diese Anordnung eine Parallelresonanz, die im Verlauf des Betrags durch den maximalen Wert zu erkennen ist, und im Verlauf des Phasenwinkels durch den Nullwert signalisiert wird. Der induktive Charakter bei Frequenzen kleiner als die Resonanzfrequenz ist sowohl durch den Phasenwinkel von +90°, als auch durch die Ersatzinduktivität aus Bild 5.6 gegeben.

Bei sehr kleinen Frequenzen verhält sich die Schaltung wie ein einfacher Widerstand. Das Modell entspricht nicht ganz der Realität, weil der Verlustwiderstand einer Spule frequenzabhängig ist. Die Messung des Frequenzgangs einer Spule ergibt aber ähnliche Ergebnisse und die Übungen mit solchen Modellen sind somit begründet.

5.2.2 Komponentenidentifikation ausgehend vom Frequenzgang einer Impedanz

Die modernen Meßbrücken haben durch die enorme Leistung der Prozessoren, die bei der Datenverarbeitung eingesetzt werden, die Möglichkeit, aus einem gemessenen Frequenzgang einer *Blackbox* die Komponenten einer Ersatzschaltung zu schätzen oder zu identifizieren. Die Ersatzschaltung muß gewöhnlich vom Anwender gewählt werden und hier spielen die Erfahrung und die Vorkenntnisse bezüglich des Inhaltes der *Blackbox* eine große Rolle. Um zu zeigen, wie eine solche Schätzung stattfinden kann, werden mit Hilfe der MATLAB-Funktion **`fmins`** , ausgehend vom Frequenzgang der Impedanz eines realen Kondensators, die Komponenten der Ersatzschaltung ermittelt.

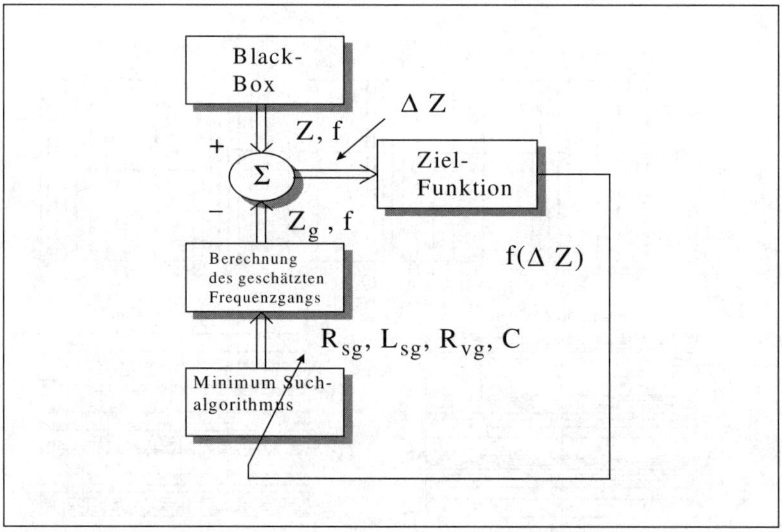

Bild 5.7 Schema des Identifikationsverfahrens der Komponenten einer Ersatzschaltung ausgehend vom gemessenen Frequenzgang der Impedanz

Bild 5.7 zeigt wie das Verfahren zur Identifikation abläuft. Der gemessene Frequenzgang der *Blackbox* (oder des realen Kondensators) Z wird mit dem berechneten Frequenzgang Zg verglichen. Bei der Berechnung von Zg werden die geschätzten Komponenten (Rsg, Lsg, Rvg und Cg) und der gleiche Frequenzbereich benutzt. Die Differenzen dieser Frequenzgänge ΔZ für jeden Frequenzwert bilden die Fehler der Schätzung, mit deren Hilfe eine Zielfunktion *f( )* definiert wird. Diese kann z.B. die Summe der Beträge der Fehler oder die Summe der quadratischen Werte der Fehler sein. Mit Hilfe eines Minimierungsverfahrens werden die Werte der Komponenten, welche die Zielfunktion minimieren, durch

$$\min f(\Delta Z | R_{sg}, R_{sv}, L_{sg}, C_g) \tag{5.1}$$

ermittelt. Für diese Operation wird die MATLAB-Funktion **fmins** z.B. in der Grundform

```
fmins('ziel_f', x0)
```

benutzt. Das erste Argument ist der Name einer Funktion (`ziel_f.m`), welche die Zielfunktion für einen Vektor `x` der geschätzten Komponenten berechnet. Für diese Anwendung ist sie sehr einfach:

```
function ziel = ziel_f(x);
% Funktion (ziel_f.m) zur Berechnung der Zielfunktion
% für die Funktion ident_z.m

global Z f

w = 2*pi*f;                          % Frequenz in rad/s
Rs_g = x(1); Ls_g = x(2); Rv_g = x(3); C_g = x(4);
% Geschätzte Impedanz
Z_g = Rs_g + j*w*Ls_g + Rv_g./(1+j*w*Rv_g*C_g);
% Fehler (oder Zielfunktion)
ziel = sum(abs(Z-Z_g));
```

Über globale Variablen werden der Routine der gemessene Impedanzvektor `Z` und der Vektor `f` der entsprechenden Frequenzwerte übertragen. Der Vektor `x` enthält die geschätzten Komponenten, für welche die Zielfunktion durch die Routine berechnet wird. Als Zielfunktion (in der letzten Zeile berechnet) wird hier die Summe der Beträge der Differenz zwischen dem gemessenen und berechneten Impedanzvektor gewählt. Die Frequenzwerte für den gemessenen und berechneten Impedanzvektor müssen gleich sein, und das ist der Grund, weshalb der Frequenzvektor in der Routine auch bekannt sein muß.

Die Komponenten der Ersatzschaltung werden mit der Minimierungsfunktion **fmins** in einer kleinen Routine geschätzt:

```
function y = ident_z(x0, Zi, fi)
% Funktion zur Identifikation der Komponenten der Ersatz-
% schaltung eines realen Kondensators
% Argumente:
% x0 = Anfangswerte für die gesuchten Komponenten
% Zi, fi = Komplexe Impedanz und Frequenzbereich
% Testaufruf:
% [Zm,fm] = imped_1(1, 0.1e-6, 100.e3, 2.4e-9, 10e3, 1e8, 0);
%         Simuliert eine gemessene Frequenzabhängigkeit von Z
% y = ident_z([10, 1e-6, 3e3, 1e-7], Zm, fm);
%         Rs=y(1); Ls=y(2); Rv=y(3); C=y(4);
% Benutzte Funktionen: ziel_f(x);
```

```
global Z f

Z = Zi;          f = fi;
y = fmins('ziel_f', x0 ,[0, 1.e-4, 1.e-4,...
                zeros(1,10), 2000]);
```

Im Testaufruf wird zuerst mit Hilfe der Funktion `imped_1` die Frequenzabhängigkeit der Impedanz eines realen Kondensators erzeugt, so als hätte man sie durch Messung erhalten. Die dazu benutzten Komponenten der Ersatzschaltung nach Bild 5.1 sind: Rs = 1Ω, Ls = 0,1 μH, Rv = 100 kΩ, C = 2,4 nF. Die Identifikation der Komponenten geschieht im nächsten Aufruf in der Funktion `ident_z`, der beliebige Anfangswerte der Komponenten (Rs = 10Ω, Ls = 1μH, Rv = 3 kΩ, C = 100 nF), der „gemessene Impedanzvektor" Z und der entsprechende Frequenzvektor f als Argumente übertragen werden. Die Ermittlung der Werte der Komponenten, welche die Zielfunktion minimieren, wird in der Funktion **fmins** durchgeführt. Hier ist ein erweiterter Aufruf verwendet, in dem noch zusätzliche Parameter den Minimierungsprozeß steuern. So bedeutet die Zahl 2000, daß die maximale Anzahl der Suchschritte auf 2000 erhöht wurde (statt des Defaultwerts von 500). Mit der MATLAB-Funktion **help** erhält man kurze Informationen über diese Funktion und ihre Argumente.

Da gleiche Modelle der Ersatzschaltung in der Routine `ziel_f` und in der Funktion `imped_1` benutzt werden, sind die gelieferten Parameter vielmals exakt die gewünschten Werte oder solche, die nur geringfügig von diesen abweichen. Die Konvergenz des Verfahrens hängt stark von den Anfangswerten ab, ist aber in diesem Fall relativ gut. Mit weniger Meßwerten in den Impedanz- und Frequenzvektoren verkürzt sich die Suchzeit des Minimalwertes der Zielfunktion erheblich. Wenn in der Funktion `ziel_f` das Semikolon in der Zeile, die den Zielwert berechnet, weggelassen wird, kann man das Fortschreiten der Suche verfolgen.

Wenn der Impedanz Z Meßrauschen hinzugefügt wird, sind Abweichungen der geschätzten Parameter zu erwarten. In der Funktion `ident_z1` wird ein derartiges Experiment programmiert. Das Meßrauschen wird wie folgt hinzugefügt:

```
Z = Zi + noise*randn(1,length(fi)).*real(Zi)+...
         noise*randn(1,length(fi)).*imag(Zi);
```

Hier ist `Zi`, `fi` der komplexe Impedanzvektor ohne Rauschen bzw. der entsprechende Frequenzvektor und `noise` ist ein Argument, das die Stärke des Rauschens bestimmt (z.B. mit Werten zwischen 0 und 1). Für `noise = 1` ist der verrauschte Frequenzgang der Impedanz im Bild 5.8 gezeigt und das Verfahren liefert noch brauchbare Ergebnisse:

```
y = 2.7842e-001       9.9945e-008      2.1148e+017      2.4017e-009
wobei y(1) = Rsg;     y(2) = Lsg;      y(3) = Rvg;      Cg = y(4);
```

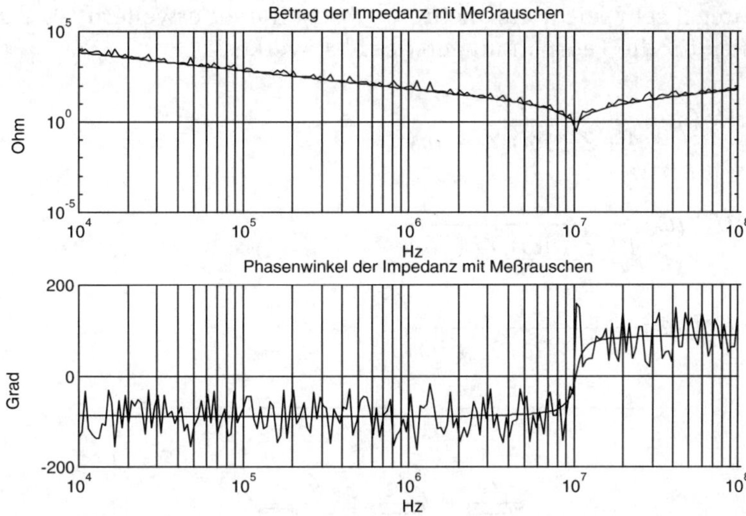

Bild 5.8 Frequenzgang der Impedanz mit Meßrauschen (ident_z1.m)

Wie man sieht, sind die geschätzten Werte der Streuinduktivität Lsg und der Kapazität Cg sehr gute Annäherungen der gewünschten Werte. Die Schätzwerte des Reihen- und Verlustwiderstands sind bei dieser „rauhen Rauschumgebung" mit größeren Fehlern behaftet.

5.3 Frequenzgänge von passiven Filtern

Als Beispiel, wie leicht in MATLAB die komplexen Übertragungsfunktionen von passiven Netzwerken, die als Filter eingesetzt werden, zu ermitteln sind, wird das allgemeine Netzwerk aus Bild 5.9 benutzt, das mit ähnlichen Abschnitten beliebig zu erweitern ist. Konkrete Filter (Tiefpaß-, Hochpaß-, Bandpaßfilter, etc.) lassen sich mit einer derartigen Struktur darstellen. Passive *Antialiasing*-Filter [3] werden für moderne A/D-Wandler mit sehr hoher Auflösung, bei denen das Rauschen am Eingang kleiner als die Quantisierungsstufe (LSB-Spannung) sein muß, wieder aktuell. So ist z.B. bei 20-Bit-Auflösung und Wandlerbereich von 2 Volt diese Stufe $2 \,/\, 2^{20} = 2\ \mu\text{V}$, ein Wert, der bei aktiven Filtern leicht durch den Effektivwert des Rauschens dieser Filter überschritten werden kann.

Durch Einführung der Ersatzleitwerte (oder Admittanzen)

$$Y_{3p}(j\omega) = Y_3(j\omega)$$

$$Y_{2p}(j\omega) = Y_2(j\omega) + \frac{1}{Z_3(j\omega) + 1 / Y_{3p}(j\omega)}$$

$$Y_{1p}(j\omega) = Y_1(j\omega) + \frac{1}{Z_2(j\omega) + 1 / Y_{2p}(j\omega)},$$

deren Aufbauregel sehr leicht auf mehrere Abschnitte zu erweitern ist, ergeben sich einfache Formen für die Teilspannungen des Netzwerkes:

$$U_1(j\omega) = U_g(j\omega)\frac{1}{1+Z_1(j\omega).Y_{1p}(j\omega)} \tag{5.2}$$

$$U_2(j\omega) = U_1(j\omega)\frac{1}{1+Z_2(j\omega).Y_{2p}(j\omega)} \tag{5.3}$$

$$U_3(j\omega) = U_2(j\omega)\frac{1}{1+Z_3(j\omega).Y_{3p}(j\omega)} \tag{5.4}$$

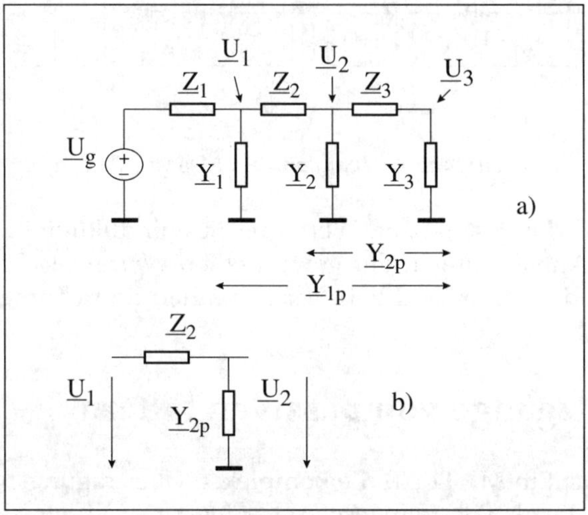

Bild 5.9 Für Filterfunktionen eingesetztes passives Netzwerk

Wenn man jetzt den Zeiger der Eingangsspannung zu $U_g(j\omega) = 1$ wählt, dann sind die Teilübertragungsfunktionen (oder komplexen Teilfrequenzgänge) gleich den Werten der entsprechenden komplexen Spannungen:

$$H_1(j\omega) = U_1(j\omega)\,/\,U_g(j\omega) = U_1(j\omega) \tag{5.5}$$

$$H_2(j\omega) = U_2(j\omega)\,/\,U_g(j\omega) = U_2(j\omega) \tag{5.6}$$

$$H_3(j\omega) = U_3(j\omega)\,/\,U_g(j\omega) = U_3(j\omega) \tag{5.7}$$

Dieser Trick wird auch in der Funktionsroutine `passiv1.m`, welche die komplexen Frequenzgänge für beliebige Filtertypen und Anzahl der Abschnitte berechnet, angewandt. Sie ist konkret für das Tiefpaßfilter aus Bild 5.10 ausgelegt, kann aber sehr einfach für andere Filtertypen geändert werden. Nur der durch waagerechte Geraden markierte Abschnitt muß für andere konkrete Filter neu geschrieben werden.

In Anlehnung an die optimalen Anpassungswiderstände einer Leitung (die hier durch die Abschnitte des Tiefpasses modelliert ist) wird das Tiefpaßfilter mit einem optimalen Widerstand abgeschlossen und einen Ausgangswiderstand der Quelle betrieben, die gleich dem Wellenwiderstand der Leitung sind:

$$R_g = R_s = k_r \sqrt{L / C}$$

Die Bandbreite bei einer Dämpfung von -3 dB wird mit der bekannten Formel für Resonanzkreise berechnet:

$$f_g = k_f / (2\pi\sqrt{LC})$$

Die Korrekturfaktoren k_r, k_f ermöglichen eine Einstellung der Parameter durch gezieltes Probieren und Beurteilen der Ergebnisse. Die Multiplikation und Division der zwei Gleichungen aufgelöst nach L und C führen zu folgenden Entwurfsgleichungen für die Induktivitäten und Kapazitäten des Filters:

$$C = k_r . k_f / (2\pi R_g f_g) \qquad L = R_g . k_f / (2\pi f_g k_r)$$

Angenommen, man möchte ein Tiefpaßfilter mit 4 solchen Abschnitten (`m = 4`) für `Rg = Rs = 1 kΩ` und `fg = 100 kHz` in dieser einfachen Form berechnen.

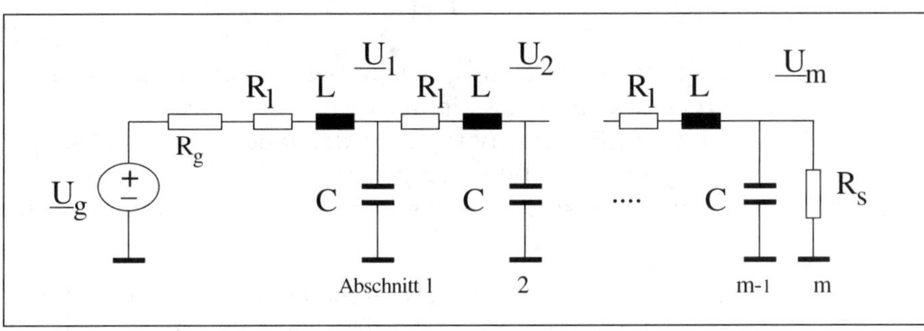

Bild 5.10 Passives Tiefpaßfilter mit Abschnitten zweiter Ordnung

Anfänglich werden die Korrekturfaktoren gleich Eins gewählt und daraus resultieren `C` = 1,5915 nF und `L` = 1,5915 mH. Der Widerstand der Spule wird auf Rl = 1 Ω geschätzt. Mit diesen Werten wird der Frequenzgang dargestellt und danach durch Ändern der Korrekturfaktoren in die gewünschte Form gebracht.

In der Funktion `passiv1.m` werden zuerst die Komponenten `C` und `L` ausgehend von `Rg = Rs` und `fg` berechnet. Anschließend werden die Matrix der Längsimpedanzen `Z` und die Matrix der Querleitwerte `Y` gebildet. Jede Spalte stellt eine Impedanz bzw. einen Leitwert für die Frequenzen des gewählten Frequenzbereichs dar. Zu beachten ist, daß die erste und letzte Impedanz verschieden von den restlichen ist. In der **`for`**-Schleife werden diese Spalten erzeugt. Für andere Typen von Filtern muß nur dieser Teil des Programms geändert werden. Der restliche Teil des Programms ermittelt aus diesen Matrizen zuerst die Ersatzleitwerte `Yp` und danach die komplexen Spannungen `Ut` der Abschnitte. Diese sind, für einen Zeiger der Eingangsspannung gleich Eins, auch die Übertragungsfunktionen vom Eingang zu den jeweiligen Abschnitten.

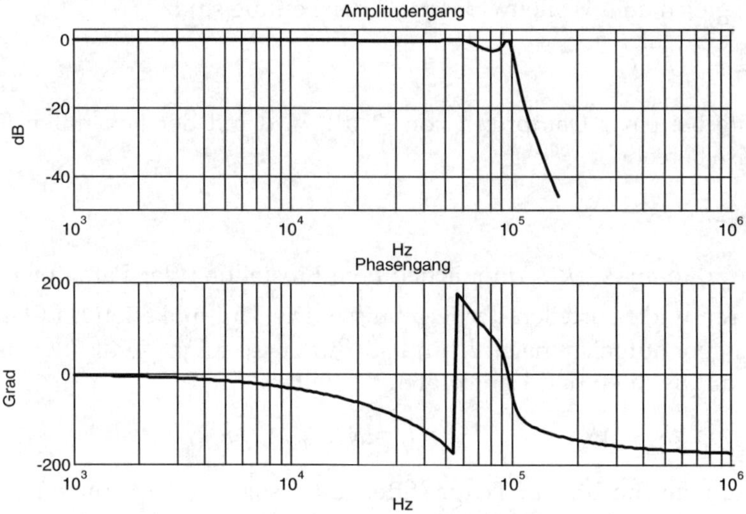

Bild 5.11 Frequenzgang eines Tiefpaßfilters nach Bild 5.10 mit m = 4, Rg = Rs = 1 kΩ, fg = 100 kHz (passiv1.m)

Wie aus Bild 5.11 hervorgeht, liefert diese einfache Berechnung eines passiven Tiefpaßfilters brauchbare Ergebnisse und kann in der Lehre eine erste Erfahrung im Umgang mit der Problematik solcher passiven Filter darstellen. Obwohl ein passives Hochpaßfilter, z.B. vom Typ wie im Bild 5.12 gezeigt, nicht eine Annäherung einer Leitung darstellt, kann man hier auch dieselben einfachen Berechnungsformeln anwenden.

Mit `Rg = Rs = 1` kΩ und `fg = 100` kHz erhält man die gleichen Werte für `C` und `L`. Nur die Matrix der Längsimpedanzen und die der Querleitwerte müssen geändert werden. Dieser Programmabschnitt aus der Funktion `passiv2.m` wird gezeigt und kurz kommentiert.

```
% Als Beispiel: Parameter eines HP-Filters;
Rg = 1000;        Rs = Rg;            fg = 1e5;
C = kf*kr/(2*pi*Rg*fg);               L = kf*Rg/(fg*kr*2*pi);
Rl = 1;           % geschätzt;
Zt = 1./(j*w*C);                      Z(:,1) = Rg*ones(n,1);

Z(:,m) = zeros(n,1);                  Yt = 1./(Rl + j*w*L);
Y(:,1) = Yt;                          Y(:,m) = ones(n,1)/Rs;
for k = 2:m-1
  Z(:,k) = Zt; Y(:,k) = Yt;
end;
```

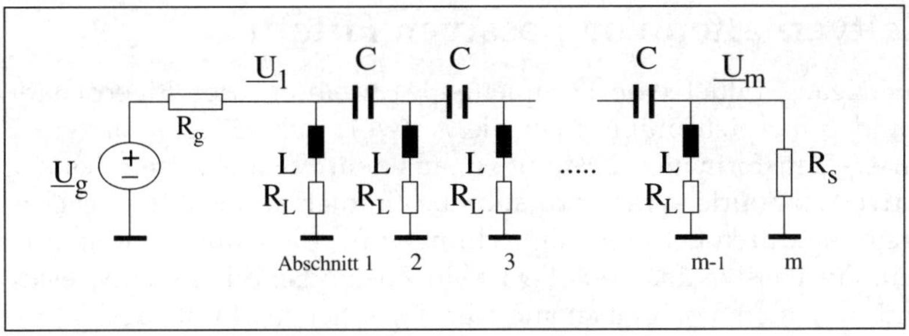

Bild 5.12 Einfaches passives Hochpaßfilter

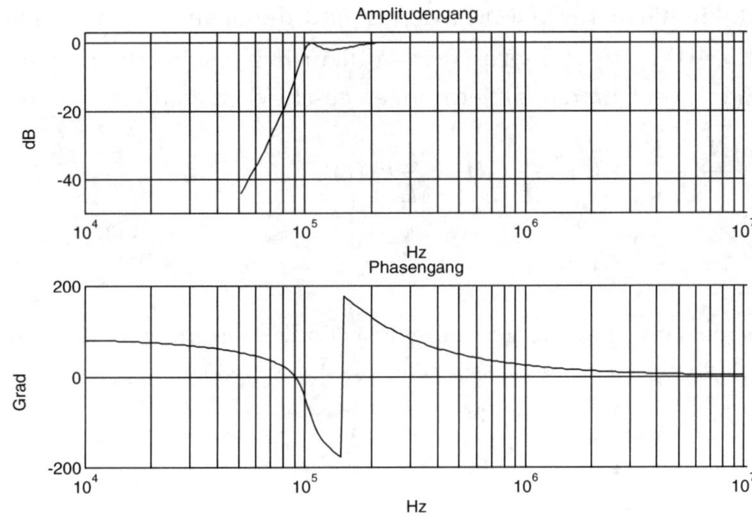

Bild 5.13 Frequenzgang eines Hochpaßfilters nach Bild 5.12 mit m = 4, Rg = Rs = 1 kΩ, fg = 100 kHz (passiv2.m)

Die erste Längstimpedanz ist hier nur durch den Widerstand der Quelle gegeben und die letzte Längstimpedanz ist Null:

```
Z(:,1) = Rg;                        Z(:,m) = zeros(n,1);
```

Alle Querleitwerte außer dem letzten sind gleich, so daß:

```
Y(:,1:m-1) = 1/(Rl+j*wL);           Y(:,m) = ones(n,1)/Rs;
```

An der Fachhochschule Karlsruhe [4] wird diese einfache Berechnungsmethode von passiven Filtern in der Lehre als Grundlage für die Einführung der üblichen Typen wie Butherworth, Tschebyscheff etc. eingesetzt. Ausgehend von dieser Methode kann man jetzt begründen, wie man durch Abschnitte mit verschiedenen Komponenten den Übergang vom Durchlaß- zum Sperrbereich für bestimmte Eigenschaften gestalten kann.

5.4 Zeitverhalten von passiven Filtern

Der Frequenzgang bildet eine komplette Beschreibung der Eigenschaften linearer Systeme, und prinzipiell müßte man die Antwort auf beliebige andere Zeitsignale, deren Fourier-Transformation bekannt ist, aus dem Frequenzgang des Ausgangs mit Hilfe der inversen Fourier-Transformation bestimmen können. Einfacher ist es, direkt die Beschreibung durch Differentialgleichungen für die Untersuchung im Zeitbereich einzusetzen. Für passive lineare Filter ist ein Zustandsmodell relativ leicht zu bilden; die Zustandsvariablen beschreiben auch die Zwischenabschnitte des Filters.

Als Beispiel wird das Zustandsmodell des passiven Tiefpaßfilters aus Bild 5.10 ermittelt, das im Bild 5.14 mit neuen Bezeichnungen der Variablen wiederholt dargestellt ist. In elektrischen Netzwerken wählt man als Zustandsvariablen die Ströme durch die Induktivitäten $i_1(t), i_2(t), \ldots, i_{m-1}(t)$ und die Spannungen an den Kondensatoren $u_1(t), u_2(t), \ldots, u_{m-1}(t)$. Aus dem Aufbau des ersten Abschnitts des Filters können folgende zwei Differentialgleichungen geschrieben werden

$$\frac{di_1(t)}{dt} = -\frac{(R_g + R_l)}{L} i_1(t) - \frac{1}{L} u_1(t) + \frac{1}{L} u_g(t) \tag{5.8}$$

$$\frac{du_1(t)}{dt} = \frac{1}{C} i_1(t) - \frac{1}{C} i_2(t), \tag{5.9}$$

die schon als Zustandsgleichungen aufgelöst sind. Alle anderen Abschnitte außer dem letzten bilden ähnliche Zustandsgleichungen der Form

$$\frac{di_k(t)}{dt} = -\frac{R_l}{L} i_k(t) + \frac{1}{L} u_{k-1}(t) - \frac{1}{L} u_k(t) \tag{5.10}$$

$$\frac{du_k(t)}{dt} = \frac{1}{C} i_k(t) - \frac{1}{C} i_{k+1}(t), \tag{5.11}$$

mit $k = 1, 2, \ldots, m-1$. Aus der Schaltung des letzten Abschnitts läßt sich der Strom

$$i_m(t) = u_{m-1}(t) / R_s, \tag{5.12}$$

der keine Zustandsvariable ist, berechnen.

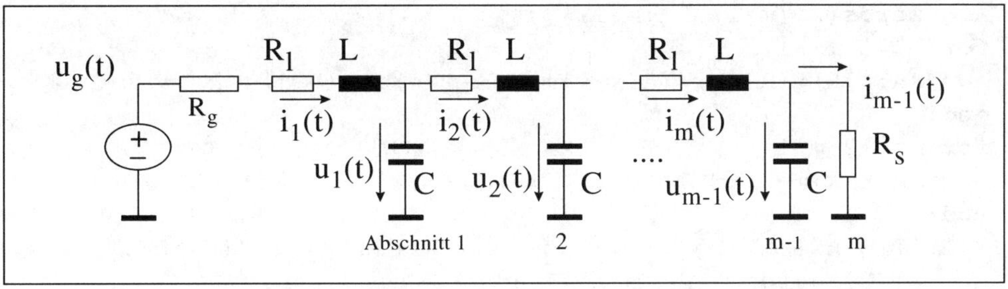

Bild 5.14 Passives Tiefpaßfilter für welches das Zustandsmodell ermittelt wird

Die Matrixform des Zustandsmodells

$$\dot{\mathbf{x}}(t) = \mathbf{A}\mathbf{x}(t) + \mathbf{B}u(t) \tag{5.13}$$

$$\mathbf{y}(t) = \mathbf{C}\mathbf{x}(t) + \mathbf{D}u(t) \tag{5.14}$$

wird wegen Platzmangels explizit nur für m = 4 geschrieben. Der Zustandsvektor **x** ist so gewählt, daß er zuerst die Ströme der Induktivitäten und danach die Spannungen der Kapazitäten enthält:

$$\mathbf{x} = \left| i_1(t), i_2(t), i_3(t), \ldots, i_{m-1}(t), u_1(t), u_2(t), u_3(t), \ldots, u_{m-1}(t) \right|^T \tag{5.15}$$

Für m = 4 erhält man folgende explizite Zustandsgleichung

$$\left|\begin{matrix} \dot{i}_1(t) \\ \dot{i}_2(t) \\ \dot{i}_3(t) \\ \dot{u}_1(t) \\ \dot{u}_2(t) \\ \dot{u}_3(t) \end{matrix}\right| = \left|\begin{matrix} -\frac{(R_g + R_l)}{L} & 0 & 0 & -\frac{1}{L} & 0 & 0 \\ 0 & -\frac{R_l}{L} & 0 & \frac{1}{L} & -\frac{1}{L} & 0 \\ 0 & 0 & -\frac{R_l}{L} & 0 & \frac{1}{L} & -\frac{1}{L} \\ \frac{1}{C} & -\frac{1}{C} & 0 & 0 & 0 & 0 \\ 0 & \frac{1}{C} & -\frac{1}{C} & 0 & 0 & 0 \\ 0 & 0 & \frac{1}{C} & 0 & 0 & \frac{1}{R_s C} \end{matrix}\right| \left|\begin{matrix} i_1(t) \\ i_2(t) \\ i_3(t) \\ u_1(t) \\ u_2(t) \\ u_3(t) \end{matrix}\right| + \left|\begin{matrix} \frac{1}{L} \\ 0 \\ 0 \\ 0 \\ 0 \\ 0 \end{matrix}\right| u_g(t), \tag{5.16}$$

aus der die Matrix **A** und **B** direkt zu identifizieren und einfach für beliebige Werte von m zu erweitern sind. In der Annahme, daß die Zustandsvariablen auch die Ausgangsvariablen sind, bekommen die Matrizen **C** und **D** sehr einfache Formen. Die Matrix **C** ist eine ((m-1)x(m-1))-Einheitsmatrix und **D** ist eine (1x(m-1))-Nullmatrix. In MATLAB werden die Matrizen wie folgt berechnet:

```
A = zeros(2*(m-1),2*(m-1));
for k = 1:m-1
        A(k,k)=-Rl/L;  A(k,k+m-1)=-1/L;  A(k+m-1,k) = 1/C;
end;
for k = 2:m-1
        A(k,k+m-2) = 1/L;        A(m-2+k,k) = -1/C;
end;
A(1,1) = A(1,1)-Rg/L;A(2*(m-1),2*(m-1)) = -1/(Rs*C);
B = [1/L, zeros(1,2*(m-1)-1)]';
C = eye(2*(m-1),2*(m-1));  D = zeros(2*(m-1),1);
```

Nachdem das Zustandsmodell definiert ist, können alle MATLAB- und SIMULINK-Funktionen für die Untersuchung linearer Systeme angewandt werden. In der Funktion `passiv_z.m` wird z.B. die Sprungantwort und das Bode-Diagramm (logarithmischer Frequenzgang) berechnet und dargestellt.

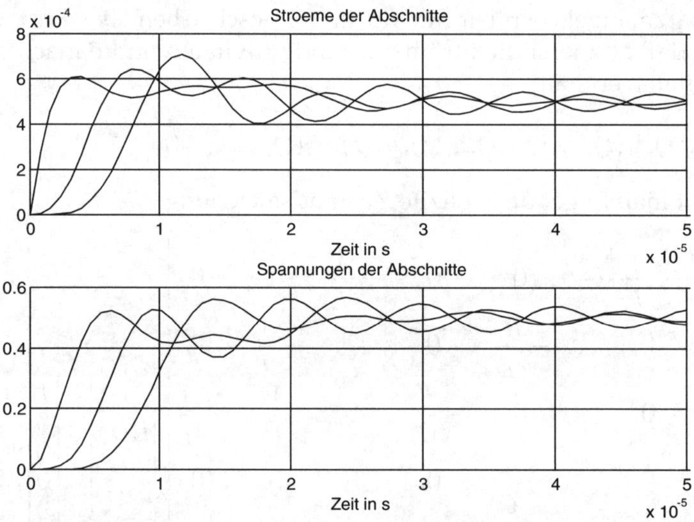

Bild 5.15 Sprungantwort des passiven Tiefpaßfilters nach Bild 5.14 (passiv_z.m)

Der benutzte Aufruf für die Berechnung der Sprungantwort ist:

```
[y,x,t] = step(A,B,C,D,1);
```

Er liefert in den Matrizen `y` und `x` in jeder Spalte eine Ausgangs- bzw. Zustandsvariable. Die Anzahl der Zeilen dieser Matrizen ist gleich der Länge des Zeitvektors `t`, der die Zeitmomente, für welche die Variablen berechnet werden, enthält. Das Bode-Diagramm wird durch folgende *Control-System-Toolbox*-Funktion erhalten:

```
[H, phi, w] = bode(A,B,C,D,1);
f = w/(2*pi);
```

Sie liefert spaltenweise den Amplitudengang in der Matrix `H`, spaltenweise den Phasengang in der Matrix `phi` und im Spaltenvektor `w` die Frequenzen, für die der Amplitudengang und Phasengang berechnet wurde. Die Frequenzen sind in rad/s gegeben, für die Darstellung werden sie in Hz umgewandelt. Bild 5.15 zeigt die Sprungantworten für die Ströme und Spannungen der Abschnitte des passiven Tiefpaßfilters mit m = 4, Rs = Rg = 1 kΩ und fg = 100 kHz. Die Ströme sind in den Spalten `y(:,1:3)` und die Spannungen sind in den Spalten `y(:,4:6)` enthalten.

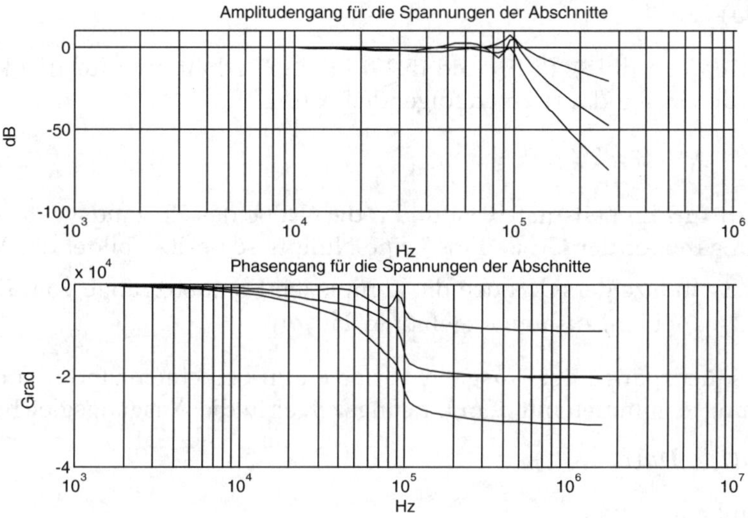

Bild 5.16 Frequenzgang der Abschnitte des passiven Tiefpaßfilters mit der ***bode****-Funktion ermittelt (passiv_z.m)*

Im Bild 5.16 sind nur die Frequenzgänge der Spannungen der Abschnitte (Spannungen an den Kondensatoren) gezeigt. Die letzte Spannung ist leicht durch den steilen Übergang vom Durchlaß- zum Sperrbereich und die größte Phasenverschiebung im Sperrbereich zu erkennen.

Wie man sieht, kann das Zustandsmodell des Netzwerkes auch für die Berechnung des Frequenzgangs verwendet werden. Hier wurde die Funktion **bode** aus der *Control-System-Toolbox* eingesetzt. Eine Routine, welche diese Berechnung durchführt, ist relativ einfach und lehrreich in MATLAB zu programmieren. Aus

$$\dot{\mathbf{x}}(t) = \mathbf{A}\mathbf{x}(t) + \mathbf{B}u(t) \tag{5.17}$$

mit

$$u(t) = \exp(j\omega t) \tag{5.18}$$

als komplexes Eingangssignal (Zeiger der Größe Eins und Nullphase gleich Null), erhält man im stationären Zustand für die Zustandsvariablen auch komplexe Signale mit bestimmten Amplituden und bestimmten Phasenverschiebungen relativ zum Eingangssignal. Sie können als Zeiger in einem Vektor $\hat{\mathbf{X}}$, gegeben durch

$$\mathbf{x}(t)=\begin{vmatrix}\hat{x}_1.e^{j(\omega t+\varphi_1)}\\ \hat{x}_2.e^{j(\omega t+\varphi_2)}\\ \vdots\\ \hat{x}_n.e^{j(\omega t+\varphi_3)}\end{vmatrix}=\begin{vmatrix}\hat{x}_1.e^{j(\varphi_1)}\\ \hat{x}_2.e^{j(\varphi_2)}\\ \vdots\\ \hat{x}_n.e^{j(\varphi_n)}\end{vmatrix}e^{j\omega t}=\hat{\mathbf{X}}.e^{j\omega t} \tag{5.19}$$

zusammengefaßt werden. Die Ableitung dieses Zustandsvektors ist:

$$\dot{\mathbf{x}}(t)=(j\omega)\,\hat{\mathbf{X}}\,e^{j\omega t} \tag{5.20}$$

Durch Einsetzen von (5.18), (5.19) und (5.20) in (5.17) erhält man für den komplexen Zeigervektor der Zustandsvariablen folgende Lösung:

$$\hat{\mathbf{X}}=(j\omega\mathbf{I}-\mathbf{A})^{-1}\mathbf{B}=\mathbf{H}(j\omega) \quad . \tag{5.21}$$

Wobei $\mathbf{I}$ die (n x n)-Einheitsmatrix ist und n die Größe des Zustandsvektors darstellt. Da der Eingangszeiger der Größe Eins keine Nullphase besitzt, bildet der Vektor des komplexen Zustandszeigers $\hat{\mathbf{X}}$ auch die komplexen Frequenzgänge vom Eingang zu jeder Zustandsvariablen, zusammengefaßt in $\mathbf{H}(j\omega)$.

Wenn die Frequenzgänge der Ausgangsvariablen zu berechnen sind, dann wird die gezeigte Lösung zusammen mit dem Eingangszeiger in die Ausgangsgleichung

$$\mathbf{y}(t)=\mathbf{C}\mathbf{x}(t)+\mathbf{D}u(t) \tag{5.22}$$

eingesetzt, und man erhält:

$$\hat{\mathbf{Y}}=\mathbf{C}(j\omega\mathbf{I}-\mathbf{A})^{-1}\mathbf{B}+\mathbf{D}=\mathbf{H}_y(j\omega) \tag{5.23}$$

Diese Vorgehensweise wird in der Funktion `passiv_f.m` verwendet. Der folgende Programmausschnitt enthält die Befehle, welche die Matrix H, in der spaltenweise die Frequenzgänge der Zustandsvariablen enthalten sind, berechnen:

```
w = 2*pi*f;                          % Frequenz in rad/s
H = zeros(length(w), 2*(m-1)); % Initialisierung
for k = 1:length(w)
    H(k,:) = (inv(j*w(k)*eye(2*(m-1),2*(m-1))-A)*B).';
end;
phi = angle(H);
phi = unwrap(phi);     H = abs(H);
```

Hier ist `2*(m-1)=n` die Größe des Zustandsvektors. Der Ausdruck in der **`for`**-Schleife, welcher der Gleichung (5.21) entspricht, berechnet für jeden Frequenzwert `w` einen Vektor, dessen nicht Hermitische-Transponierte (mit dem Punkt vor dem Transponieroperator eingeleitet) eine Zeile der Matrix H bildet.

5.5 Simulation der Ausbreitungsvorgänge bei Leitungen

Bei hohen Frequenzen können Leitungen nicht mit konzentrierten Parametern modelliert werden. Die Leitung muß aus differentiellen Leitungsstücken angenommen werden (Bild 5.17a), die zu einer Ortsabhängigkeit der Spannungen und Ströme führt. Der Ansatz der Spannungsänderung (bei annähernd gleichbleibendem Strom) und der Stromänderung (bei annähernd gleichbleibender Spannung) nach der Maschen- bzw. Knotenregel führt zu zwei partiellen Differentialgleichungen mit konstanten, reellen Koeffizienten, eine für die Spannung und eine für den Strom in der Leitung, bekannt als Telegrafengleichungen [5].

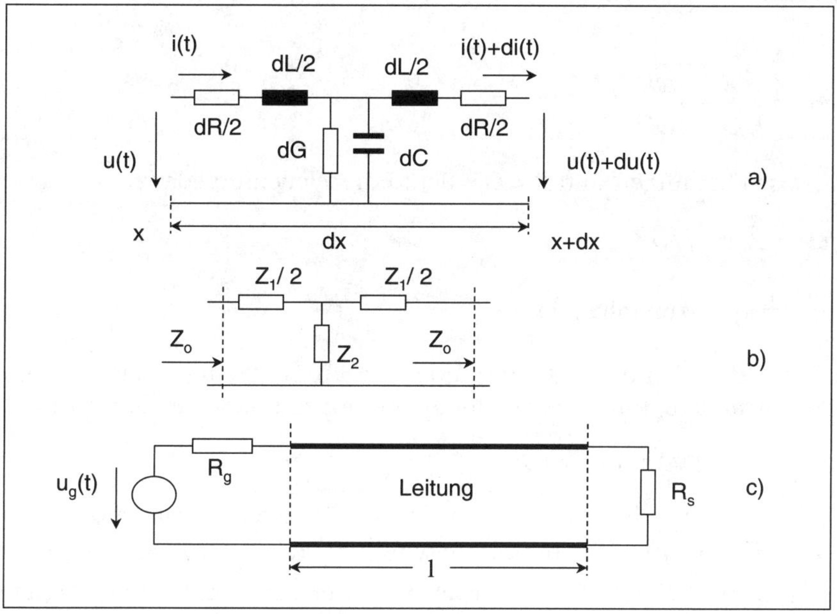

Bild 5.17 a) Ortsabhängigkeit der Spannungen und Ströme im differentiellen Leitungsstück, b) symmetrisches Vierpolnetzwerk als Modell, c) Schema einer Leitung

Jedes differentielle Leitungsstück bildet einen Vierpol (Bild 5.17b) und die Leitung wird durch eine Kette von solchen Vierpolen simuliert. Die Spannungen und Ströme verbreiten sich entlang der Leitung in Form einer Welle. Bei unendlich langen Leitungen hat die Impedanz an jeder Stelle der Leitung den gleichen Wert, der als Wellenwiderstand oder Wellenimpedanz bekannt ist. Aus der Bedingung, daß die Eingangsimpedanzen der symmetrischen T Vierpole der Kette den gleichen Wert einnehmen, erhält man für die Wellenimpedanz den Wert:

$$Z^2{}_0(j\omega) = Z_1(j\omega)Z_2(j\omega) + Z^2{}_1(j\omega)/4 \tag{5.24}$$

Mit

$$Z_1(j\omega) = R + j\omega L \tag{5.25}$$

und

$$Z_2(j\omega) = 1/(G + j\omega C) \tag{5.26}$$

ist das Quadrat der Wellenimpedanz:

$$Z^2{}_0(j\omega) = \frac{R + j\omega L}{G + j\omega C} + \frac{(R + j\omega L)^2}{4} \tag{5.27}$$

Hier sind *R,L,G* und *C* die verteilten Parameter der Leitung in Ω/m, H/m, 1/(Ω.m) und F/m, durch *R* = *dR/dx*, *L* = *dL/dx*, *G* = *dG/dx* und *C* = *dC/dx* gegeben. Wenn im Grenzfall $dx \to 0$ oder das Leitungsstück immer kleiner angenommen wird, dann gehen alle verteilten Parameter zu Null ($R \to 0$, $L \to 0$, etc.) und die Wellenimpedanz wird

$$Z_0(j\omega) = \sqrt{\frac{R + j\omega L}{G + j\omega C}} \tag{5.28}$$

Bei verlustlosen Leitungen sind $R = G = 0$ und die Wellenimpedanz

$$Z_0(j\omega) = Z_0 = \sqrt{L/C} \tag{5.29}$$

ist reell und frequenzunabhängig.

Die Annahme, daß sich die Spannung und der Strom entlang einer Leitung in Form von Wellen ausbreiten, führt z.B. bei der Spannung zu folgendem Ansatz :

$$u(x,t) = u_h(x - v_p t) + u_r(x + v_p t) \tag{5.30}$$

Hier ist der erste Term die „hinlaufende" Welle, der zweite Term ist die „rücklaufende" Welle und v_p ist die Ausbreitungsgeschwindigkeit (oder Phasengeschwindigkeit bei sinusförmigen Wellen). Durch Einsetzen dieser Form in die Telegrafengleichung der Spannung erhält man für die Ausbreitungsgeschwindigkeit die Beziehung:

$$v_p = 1/\sqrt{LC} \tag{5.31}$$

Für eine homogene zylindrische Anordnung der Leitungsdrähte in der Luft oder im Vakuum ergibt sich als größtmögliche Ausbreitungsgeschwindigkeit die Lichtgeschwindigkeit:

$$v_{p\max} = 1/\sqrt{\varepsilon_0 \mu_0} = c \tag{5.32}$$

In anderen Medien vollzieht sich die Ausbreitung langsamer:

$$v_{pMedium} = c/\sqrt{\varepsilon_r \mu_r} \tag{5.33}$$

Mit $\varepsilon_0, \varepsilon_r$ wurden die absolute bzw. die relative dielektrische Konstante des Mediums, mit μ_0, μ_r wurden die absolute und relative magnetische Permiabilität des Mediums und mit *c* die Lichtgeschwindigkeit bezeichnet.

Bei einer unendlich langen Leitung ist nur die hinlaufende Welle vorhanden. Wenn die speisende Quelle zu einem Zeitmoment $t = 0$ an die Leitung geschaltet wird, dann ist im Zeitraum $t < l / v_p$ die Energie bis zur Stelle *l* von der Quelle entfernt noch nicht angekommen. Weil das Aufladen der Energiespeicher *dL, dC* in jedem Element der Leitung eine gewisse Zeit dauert und die einzelnen Elemente (in erster Näherung) nacheinander geladen werden, entsteht eine Laufzeit. Bei unendlich langen Kettenleitern kommt dieser Vorgang nie zu einem Ende und der Generator wird die ganze Zeit Leistung abgeben.

Hat die Leitung eine endliche Länge *l* (Bild 5.17c), so kommt es entscheidend darauf an, welcher Abschlußwiderstand R_s vorliegt. Bei Kurzschluß und Leerlauf wird keinerlei Wirkleistung im Abschlußwiderstand umgesetzt. Wenn der Widerstand R_s gleich der Wellenimpedanz ist, verhält sich die Anordnung wie eine unendlich lange Leitung, und es kommt wieder nur die hinlaufende Welle vor. Dieser Abschlußwiderstand ergibt den am Ende angepaßten Fall.

Bei anderen, vom Fall der Anpassung verschiedenen Werten des Abschlußwiderstands R_s kann die durch die hinlaufende Welle vom Generator gelieferte Energie nur zum Teil in R_s umgesetzt werden. Da die angenommene verlustlose Leitung keine Wirkleistung verbrauchen kann, bleibt in allen Fällen der Fehlanpassung am Leitungsende nur die Möglichkeit, durch die rücklaufende Welle Energie zum Generator zurückzuliefern. Die rücklaufende Welle ist die Reflexion der hinlaufenden Welle, die jetzt an der eventuellen nicht angepaßten Quelle ($R_g \neq Z_0$) durch Reflexion in einer neuen hinlaufenden Welle umgesetzt wird. Die Gesamtspannung bzw. der Gesamtstrom nach einer Zeit t an einer beliebigen Stelle der Leitung setzt sich aus den vorzeichenrichtig addierten Beiträgen aller Teilwellen, die sich bis dahin ausgebildet haben, zusammen.

Durch Einführung der Reflexionsfaktoren für die Spannung und für den Strom, am Leitungsende mit dem Index 2 und am Leitungsanfang mit dem Index 1 bezeichnet, kann man die Reflexionen mit dem richtigen Vorzeichen in Betrachtungen oder Simulationen einbeziehen. Für die Reflexion der hinlaufenden Wellen am Ende der Leitung werden die Faktoren

$$r_{u2} = (R_s - Z_0) / (R_s + Z_0); \qquad r_{i2} = (Z_0 - R_s) / (R_s + Z_0);$$

und für die Reflexionen am Leitungsanfang der rücklaufenden Wellen werden die Faktoren

$$r_{u1} = (R_g - Z_0) / (R_g + Z_0); \qquad r_{i1} = (Z_0 - R_g) / (R_g + Z_0);$$

eingeführt. Mit Hilfe der Ausbreitungsgeschwindigkeit v_p kann für eine gegebene Leitungslänge die Verzögerung berechnet werden, die in Simulationen von verlustfreien Leitungen, die in Schaltvorgängen und Übertragungen von Impulsen vorkommen, eingesetzt werden.

5.5.1 SIMULINK-Modell einer verlustlosen Leitung

Als Beispiel, wie man die Erkenntnisse über die verlustlose Leitung bei einem Schaltvorgang einer Gleichspannung anwenden kann, wird die Aufgabe aus Bild 5.18 mit einem SIMULINK-Modell gelöst. Die Spannung von 60 V wird zum Zeitpunkt t = 0 über den Ausgangswiderstand von 100 Ω des Generators an einer verlustlosen Leitung mit einem Wellenwiderstand von 300 Ω geschaltet.

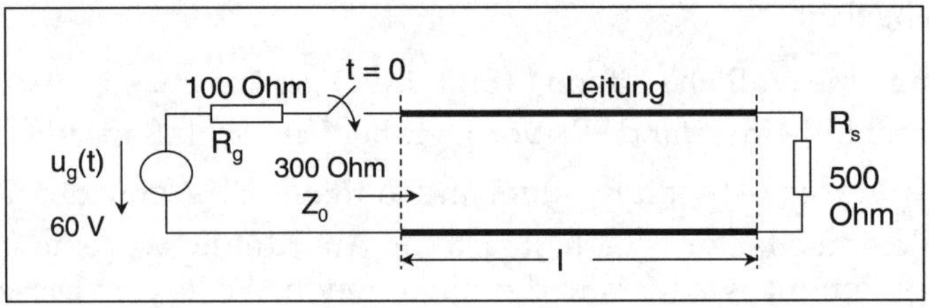

Bild 5.18 Schaltvorgang bei verlustfreier Leitung mit SIMULINK-Modell gelöst

Wenn die Luft als Medium angenommen wird, dann ist die Lichtgeschwindigkeit (c = 3.10^8 m/s) die Ausbreitungsgeschwindigkeit und man erhält für eine Leitung von 1m eine Verzögerung von `delta_t` ≅ 3,3 ns. In einem Medium, das die Ausbreitungsgeschwindigkeit auf 80 % der Lichtgeschwindigkeit herabsetzt (Leitung mit Verkürzungsfaktor 0,8) ist die Verzögerung `delta_t` = 3,3 / 0,8 ≅ 4 ns / m. Die Leitung ist mit den angegebenen Widerständen an beiden Enden nicht angepaßt. Die Reflexionsfaktoren für die Spannungen sind am Ende der Leitung r_{u2} = (500-300)/(500+300) = 1 / 4 und bei der Quelle r_{u1} = (100-300)/(100+300) = -1 / 4.

Bild 5.19 zeigt das SIMULINK-Modell des Schaltvorgangs. Als Signalquelle wird ein auf 60 V initialisierter *Step*-Block benutzt. Durch einen *Gain*-Block mit dem Faktor

$$Z_0 / (Z_0 + R_g)$$

wird die Spannung am Anfang der Leitung gebildet. Bei Anpassung am Anfang und Ende der Leitung wäre die nach dem *Gain*-Block resultierende Spannung jene Spannung, die übertragen wird.

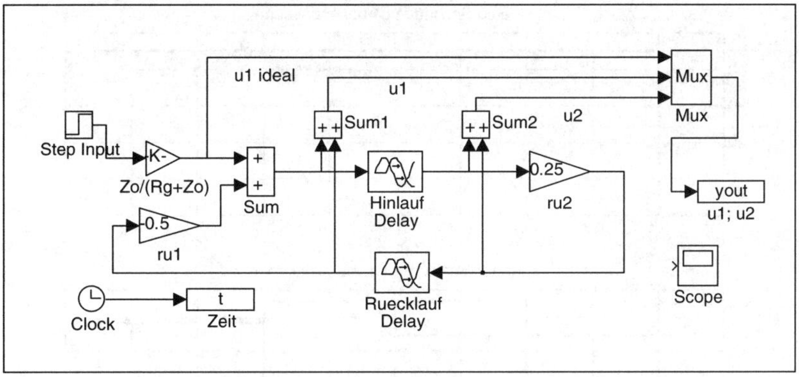

Bild 5.19 SIMULINK-Modell des Schaltvorgangs aus Bild 5.18 (s_leit1.m; s_leit1.mdl; p_leit1.m; d_leit1.m)

Die Verzögerung in der Leitung ist durch einen *Transport-Delay*-Block simuliert. Weil am Ende der Leitung keine Anpassung vorliegt, entsteht eine rücklaufende Welle, die über den Reflexionsfaktor r_{u2} mit Hilfe eines *Gain*-Blocks gebildet und zurückgeführt wird. Die Ausgangsspannung am Ende der Leitung u_2 ergibt sich jetzt aus der Summe der hin- und rücklaufenden Wellen. Nach derselben Verzögerung erreicht die rücklaufende Welle den gleichfalls nicht angepaßten Anfang der Leitung und wird mit der Gewichtung, die der Reflexionsfaktor r_{u1} darstellt, als hinlaufende Welle reflektiert. Sie wird zur ursprünglichen hinlaufenden Welle addiert. Wie am Ende der Leitung ist die Spannung u_1 am Anfang der Leitung durch die Summe der hin- und rücklaufenden Wellen gegeben.

Im Programm `p_leit1.m` werden zuerst die Parameter des SIMULINK-Modells initialisiert. Danach wird die Simulation durchgeführt und in der *To-Workspace*-Senke Daten eingefangen. Diese Daten werden danach im Programm `d_leit1.m` dargestellt. Bild 5.20a zeigt die Spannung am Anfang der Leitung im Falle der Anpassung. Im unteren *Subplot* (Bild 5.20b) sind die mit Hilfe des Modells ermittelten Spannungen am Anfang und am Ende der Leitung dargestellt. Es wurde eine Verzögerung der Leitung von 20 ns angenommen, und um den Anfang der Vorgänge deutlich darzustellen, wurde der Schaltvorgang um 10 ns verspätet.

Das SIMULINK-Modell ist für die Durchführung von vielen Experimenten geeignet. Es können verschiedene nicht angepaßte Fälle untersucht werden. Man kann das Modell erweitern und die Leitung in kleinere Abschnitte zerlegen, um auch Spannungen entlang der Leitung zugänglich zu machen. Das Modell ist besonders geeignet, um Vorgänge in digitalen Schaltungen in Verbindung mit Impulsübertragungen zu untersuchen.

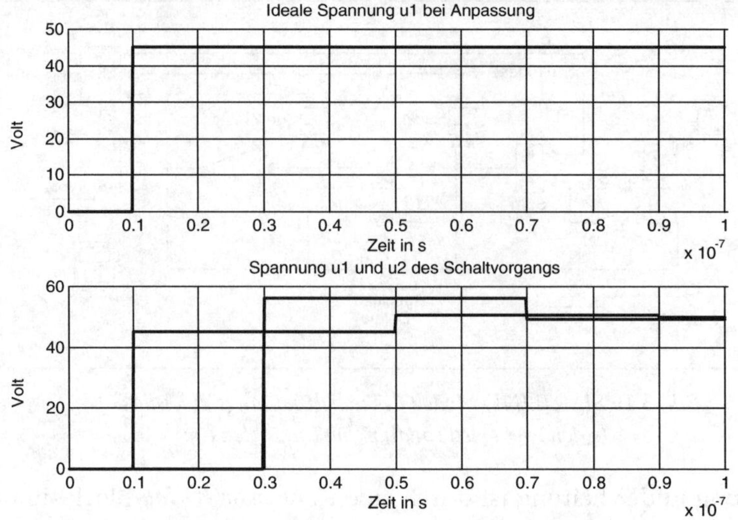

Bild 5.20 a) Die ideale Spannung am Anfang der Leitung im Falle einer Anpassung, b) die Spannungen am Anfang und Ende der Leitung (s_leit1.m; s_leit1.mdl; p_leit1.m; d_leit1.m)

Das Verhalten von Leitungen bei sinusförmigen Eingangsspannungen kann auf dem Modell auch gemessen werden. Das Modell (`s_leit2.m`; `s_leit2.mdl`; `p_leit2.m`; `d_leit2.m`) wird dazu mit sinusförmigem Signal angeregt und die Spannungen am Anfang und Ende der Leitung analysiert. Wird an Stelle der Gleichspannungsquelle ein Sinusgenerator der Frequenz f eingesetzt, so werden sich wie vorher Teilwellen bilden. Die unendlich vielen hinlaufenden Wellen derselben Frequenz kann man sich im stationären Fall durch eine einzige hinlaufende Welle ersetzt vorstellen, zu der alle Teilwellen nach ihrer Amplituden- und Phasenlage beitragen. Ähnlich erhält man aus den unendlich vielen rücklaufenden Wellen eine ersatzrücklaufende Welle.

5.5.2 Verhalten von Leitungen bei sinusförmiger Erregung

Um die Gleichungen besser zu verstehen, wird am Anfang ein einfaches Experiment programmiert. Es wird die Zusammensetzung einer hin- und einer rücklaufenden sinusförmigen Welle gezeigt. Das Entstehen solcher Wellen entlang einer Leitung bildet den Ansatz, der die Lösung der partiellen Differentialgleichung der Leitung (Telegrafengleichung) ermöglicht.

Eine von der Quelle sich ausbreitende sinusförmige Welle $u_h(t)$ (ohne Dämpfung) kann wie folgt geschrieben werden:

$$u_h(t) = U_h \cos(2\pi f(t - x / v_p)) \tag{5.34}$$

Hier sind U_h die Amplitude, f die Frequenz, x die Entfernung zur Quelle und v_p die Ausbreitungsgeschwindigkeit der Welle. Die vom Ende der Leitung der Länge l reflektierte Welle $u_r(t)$ wird mit Hilfe des Reflexionsfaktors r_{u2} ausgedrückt:

$$u_r(t) = r_{u2} U_h \cos(2\pi f(t - (l - x) / v_p - l / v_p)) \qquad (5.35)$$

Bei $x = l$ (Ende der Leitung) ist die rücklaufende Welle gleich der hinlaufenden mal Reflexionsfaktor. Die Zusammensetzung ergibt eine Spannung $u(t) = u_h(t) + u_r(t)$, deren Verlauf vom Reflexionsfaktor, von der Länge der Leitung l, von der Frequenz und der Ausbreitungsgeschwindigkeit abhängt. Bei Anpassung am Ende der Leitung ist der Reflexionsfaktor gleich Null und es gibt keine rücklaufende Welle. Wenn der Abschlußwiderstand größer als der Wellenwiderstand ist, dann ist der Reflexionsfaktor positiv und er wird negativ im umgekehrten Fall eines Abschlußwiderstand kleiner als der Wellenwiderstand. Die gezeigten Spannungen sind zeit- und ortsabhängig. Man kann sie entlang der Leitung für verschiedene Zeitintervalle darstellen oder man verfolgt an einem gewählten Ort der Leitung die Zeitabhängigkeit.

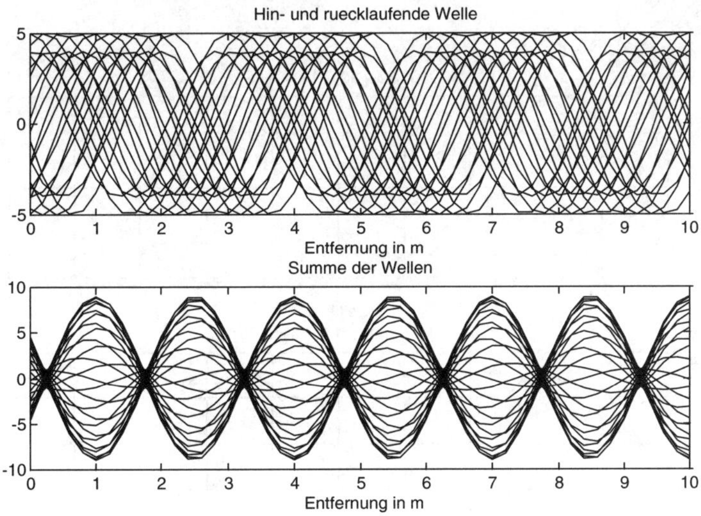

Bild 5.21 a) Die hin- und rücklaufende Welle für ein Reflexionsfaktor von 0,8, b) die Summe der Wellen (wellen_1.m)

Die Funktion `wellen_1.m` berechnet und stellt anschaulich die Zusammensetzung der hin- und rücklaufenden Welle einer verlustlosen Leitung von 10 m dar. Bild 5.21a zeigt die hin- und rücklaufende Welle von 100 MHz für einen Reflexionsfaktor von 0,8 und für einige Zeitintervalle von 0,4 ns. Im unteren Teil des gleichen Bildes sind die zusammengesetzten Wellen im Zeitintervall 0 bis 20 ns mit einem Zeitraster von 0,4 ns überlappend dargestellt.

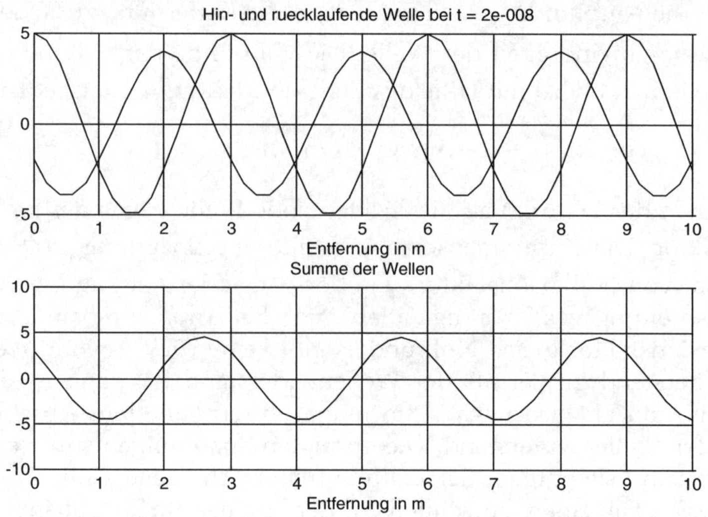

Bild 5.22 Die hin- und rücklaufende Welle und ihre Summe für t = 20 ns (wellen_1.m)

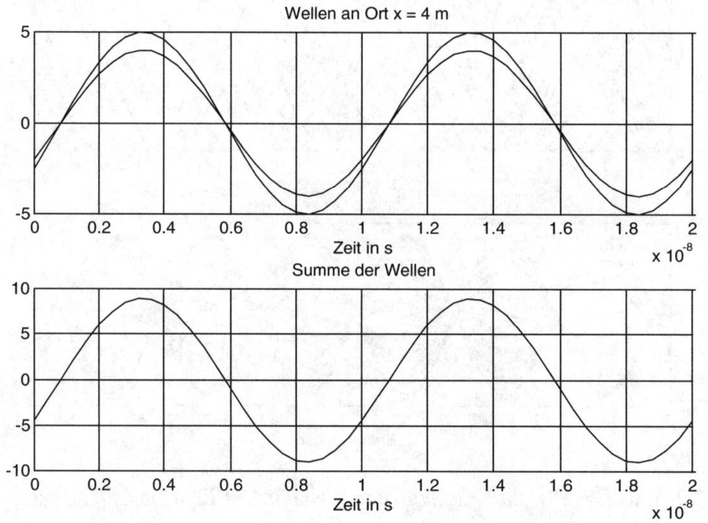

Bild 5.23 Die Wellen und ihre Zusammensetzung an einer Entfernung x = 4 m von der Quelle als Zeitfunktionen (wellen_1.m)

Man erkennt die Entstehung von Stehwellen mit Knoten und Bäuchen (Maxima) entlang der Leitung. An den Knotenstellen (z.B hier bei 0,25 m; 1,75 m; 3,25 m; 4,75 m; ...) ist die Amplitude der Schwingung minimal und an den Stellen der Bäuche erreicht die Amplitude der Schwingung einen Maximalwert. Bild 5.22 zeigt die Zusammensetzung der hin- und rücklaufenden Welle bei t = 20 ns. Für einen anderen Zeitmoment ändert sich die Phasenverschiebung zwischen den zwei Wellen, und die Summe wird eine andere Amplitude besitzen. In Bild 5.23 sind die Wellen und ihre Zusammensetzung bei einer Entfernung x = 4 m von der Quelle als Zeitfunktionen gezeigt. Aus Bild 5.21 geht hervor, daß bei der Entfernung von 4 m ein Bauch bei dieser Frequenz entsteht, und aus Bild 5.23 erhält man die Erklärung für dessen Entstehung. Die zwei Wellen sind bei dieser Entfernung phasengleich und ergeben eine maximale Amplitude der Summe.

Für Wellen als Zeit- und Ortsfunktionen bieten sich auch 3D-Darstellungen an, wie sie in Bild 5.24 für die hin- und rücklaufende Welle und in Bild 5.25 für die Zusammensetzungen gezeigt sind. Die untere Darstellung aus Bild 5.25 zeigt eine Perspektive, aus der die Wellen entlang der Leitung für verschiedene Zeitmomente, die in die Tiefe verlaufen, sichtbar sind. Diese Darstellung ähnelt der unteren Darstellung aus Bild 5.21. Der Kern der Funktion `wellen_1.m` ist:

```
t = (0:0.4e-9:20e-9)';        % Zeitraster
x = (0:0.2:10)';              % Leitung 10 m lang
vp = 3.e8;                    % Lichtgeschwindigkeit
V_h = 5;                      % Amplitude der hinlaufenden Welle
% Initialisierungen
uh = zeros(length(x), length(t));ur = uh;
for k = 1:length(t)           % hin- und rücklaufende Wellen
   uh(:,k) = V_h*cos(2*pi*f*(t(k)-x/vp));
   ur(:,k) = ru2*V_h*cos(2*pi*f*(t(k)-(10-x)/vp-10/vp));
end;
```

Es wird am Anfang ein Zeit- und Ortsvektor gebildet. Der Zeitvektor muß der Frequenz des Signals angepaßt werden. Es wird eine Ausbreitung mit Lichtgeschwindigkeit vorausgesetzt die Amplitude der hinlaufenden Welle am Anfang der Leitung ist z.B. auf 5 Volt festgesetzt. In einer realen Anwendung hängt diese Amplitude von den Eigenschaften der Leitung und der Quelle ab. Die gezeigten Bilder entsprechen dem Testaufruf. In der Graphik aus `figure(2)` ist eine Zeitlupe (movie) der Verbreitung der Wellen und ihrer Zusammensetzung gezeigt. Die Ablaufgeschwindigkeit kann mit der Zeitangabe in dem *Pause*-Befehl gesteuert werden.

Die Spannungen der Wellen sind in den Matrizen `uh` und `ur` hinterlegt. Jede Spalte entspricht einem Zeitmoment (einem Element des Zeitvektors) und die Zeilen entsprechen den Entfernungen vom Anfang der Leitung (oder den Elementen des Ortsvektors).

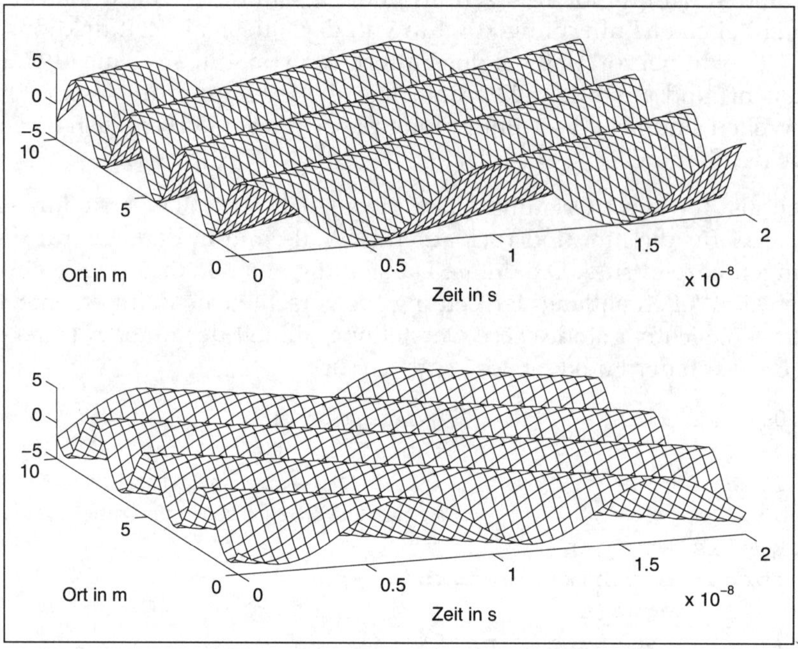

Bild 5.24 Die 3D-Darstellung der hin- und rücklaufenden Welle (wellen_1.m)

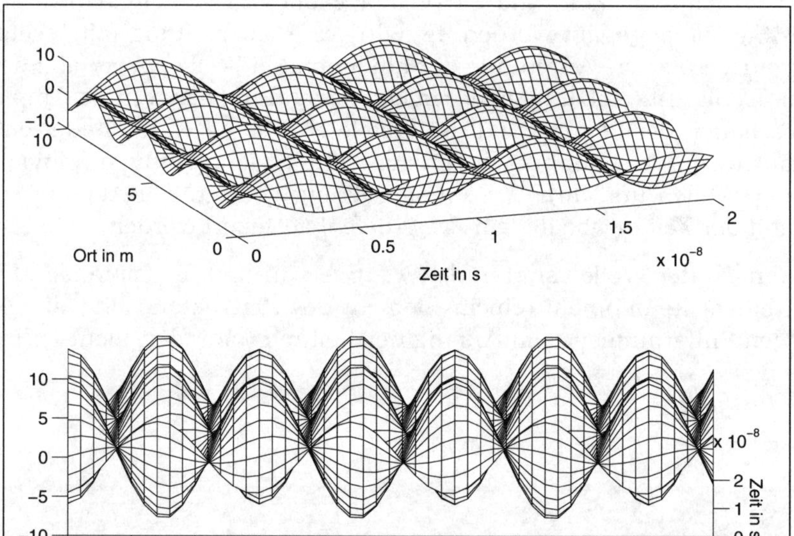

Bild 5.25 Zusammensetzung der hin- und rücklaufenden Welle, aus zwei Perspektiven, die das Entstehen der Knoten und Bäuche dokumentiert (wellen_1.m)

5.5.3 Ortskurven und Frequenzgänge der Spannungen und der Ströme entlang von Leitungen bei sinusförmiger Erregung

Es wurde schon erwähnt, daß die Theorie des Verhaltens einer Leitung bei sinusförmiger Erregung bekannt und gut in der Literatur dokumentiert ist. Bild 5.26 zeigt die Skizze einer Leitung, für welche die Ortskurven der Spannungen und Ströme und die Frequenzgänge bei gegebenem Ort ermittelt werden.

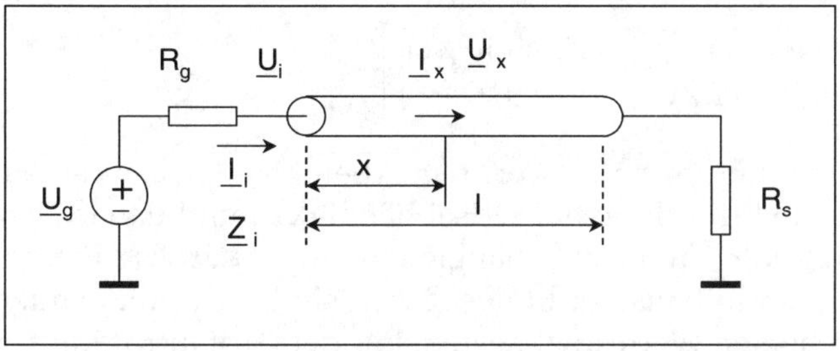

Bild 5.26 Skizze einer Leitung

Die nötigen Beziehungen sind aus [6] übernommen. Die Beweise werden hier wegen des Platzmangels nicht erbracht; sie sind in allen klassischen Lehrbüchern enthalten. Es wird mit der Eingangsimpedanz am Anfang der Leitung begonnen:

$$\underline{Z}_i = \underline{Z}_0 \left[\frac{R_s \cosh(\gamma.l) + \underline{Z}_0 \sinh(\gamma.l)}{\underline{Z}_0 \cosh(\gamma.l) + R_s \sinh(\gamma.l)} \right] \tag{5.36}$$

Hier ist $\underline{Z}_0$ die Wellenimpedanz der Leitung, allgemein durch

$$\underline{Z}_0 = \sqrt{(R + j\omega.L)/(G + j\omega.C)} \tag{5.37}$$

gegeben. Mit *R, L, G* und *C* sind die verteilten Parameter der Leitung (in Ω/m; H/m, 1/(Ωm) bzw. F/m) bezeichnet. Der komplexe Faktor $\gamma = \alpha + j\beta$ bildet den Ausbreitungskoeffizienten bestehend aus α dem Dämpfungs- und β dem Phasenkoeffizient. Es gilt:

$$\gamma = \sqrt{(R + j\omega.L)(G + j\omega.C)} \tag{5.38}$$

Der Abschlußwiderstand R_s kann auch komplex sein und somit eine komplexe Abschlußimpedanz darstellen. Die Beziehung für die Eingangsimpedanz (5.36) zeigt, daß bei einer Abschlußimpedanz gleich der Wellenimpedanz oder bei unendlich langen Leitungen die Eingangsimpedanz gleich der Wellenimpedanz ist.

Mit Hilfe der Eingangsimpedanz können jetzt die Eingangsspannung $\underline{U}_i$ und der Eingangsstrom $\underline{I}_i$ berechnet werden:

$$\underline{U}_i = \underline{U}_g . \underline{Z}_i / (R_g + \underline{Z}_i) \tag{5.39}$$

$$\underline{I}_i = \underline{U}_g / (R_g + \underline{Z}_i) \tag{5.40}$$

Hier wurde mit $\underline{U}_g$ und R_g die Spannung bzw. der Ausgangswiderstand des Generators, der auch komplex sein kann, bezeichnet. Die Spannung und der Strom an einer beliebigen Entfernung x vom Anfang der Leitung (Ort x) sind durch folgende Matrizengleichung gegeben:

$$\begin{vmatrix} \underline{U}(x) \\ \underline{I}(x) \end{vmatrix} = \begin{vmatrix} \cosh(\gamma x) & -\underline{Z}_0 \sinh(\gamma x) \\ -\sinh(\gamma x) / \underline{Z}_0 & \cosh(\gamma x) \end{vmatrix} \begin{vmatrix} \underline{U}_i \\ \underline{I}_i \end{vmatrix} \tag{5.41}$$

In der Funktionsroutine `ortskv_1.m` wird die obige Gleichung bei konstanter Frequenz zuerst für die Ermittlung der Ortsabhängigkeit und danach bei gegebenem Ort für die Berechnung der Frequenzabhängigkeit eingesetzt. Die Parameter *R, L, G* und *C* sind im Programm initialisiert. Einige Zeilen sind nicht mit Semikolon abgeschlossen, um die berechneten Werte anzuzeigen. Für den Testaufruf mit f = 100 MHz erhält man z.B. :

```
Z0 =  77.4303 + 1.2300i            gamma =    0.0388 + 2.4338i
vp =  2.5817e+008                  Zi =  72.7202 -29.4708i
Ui =  0.5049 - 0.0975i             Ii =  0.0064 + 0.0013i
```

Die Ausbreitungsgeschwindigkeit $v_p = \omega / \beta$ für diesen Fall ist mit dem Faktor 2,5817/3 = 0,86 kleiner als die Lichtgeschwindigkeit und stellt den Verkürzungsfaktor der Leitung dar. Bild 5.27 zeigt die Amplituden der Spannungen und der Ströme entlang der Leitung für den Testaufruf. Es wird ein Abschlußwiderstand von 30 Ω, der stark von der Wellenimpedanz der Leitung abweicht, und einen Generatorwiderstand von 77 Ω, dessen Wert annähernd gleich der Wellenimpedanz ist, angenommen. Man kann sagen, daß am Eingang der Anschluß beinahe angepaßt ist und am Ende keine Anpassung vorliegt. Es entstehen entlang der Leitung Knoten und Bäuche.

Die komplexen Ortsabhängigkeiten der Spannung und des Stroms in einem komplexen Koordinatensystem dargestellt, ergeben die Ortskurven, die im Bild 5.28 gezeigt sind. Die Dämpfung ist durch die Wahl von R = 0,01 Ω/m und $1/G$ = 1 kΩ relativ groß. Bei Anpassung an beiden Enden der Leitung durch Ändern des Abschlußwiderstands von 30 Ω auf 77 Ω verschwinden praktisch die Knoten und Bäuche, und man sieht klar die Dämpfung entlang der Leitung.

Im zweiten Teil der Funktion `ortskv_1.m` wird der Frequenzgang für die Spannung und den Strom an einer beliebigen Stelle der Leitung berechnet. Es wird ein Frequenzbereich in der Umgebung der vorher eingesetzten Frequenz untersucht.

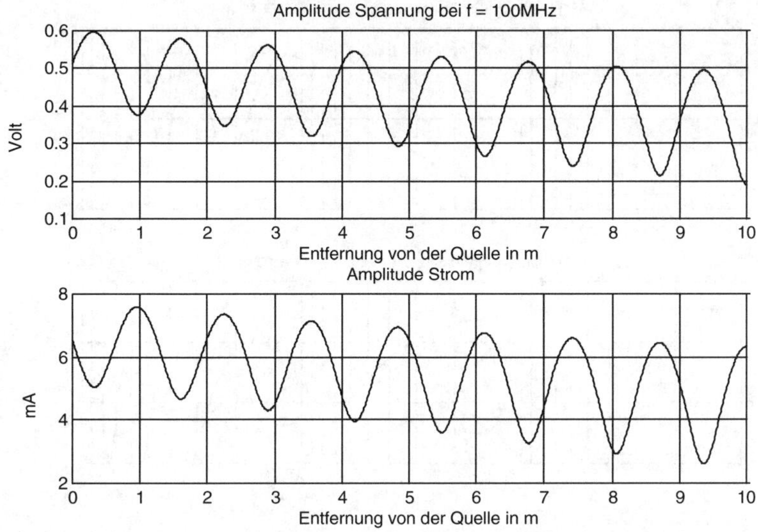

Bild 5.27 Amplituden der Spannungen und Ströme entlang der Leitung (ortskv_1.m)

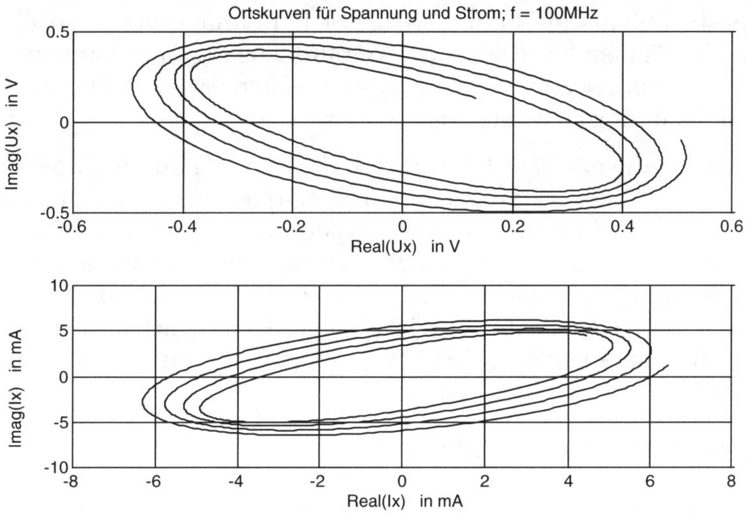

Bild 5.28 Ortskurven der Spannungen und der Ströme entlang der Leitung (ortskv_1.m)

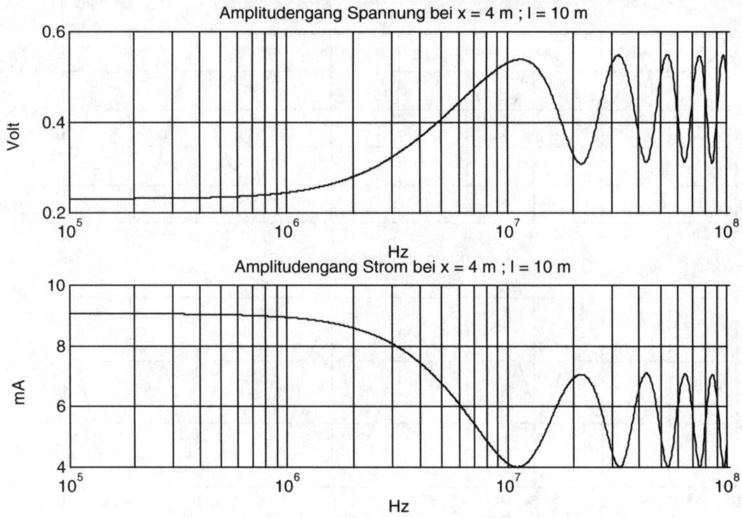

Bild 5.29 Amplitudengang der Spannung und des Stroms bei x = 4 m (ortskv_1.m)

Bild 5.29 zeigt den Amplitudengang für die Spannung und für den Strom bei $x = 4$ m mit den Parametern des Testaufrufs. Die Frequenzen, für welche die Amplitude der Spannung Maxima einnimmt, bilden bei dieser Entfernung (von 4 m) Bäuche. So ist z.B. bei ca. 32,5 MHz ein Maximum im Amplitudengang der Spannung ersichtlich, und ein neuer Aufruf der Funktion mit dieser Frequenz als Signalfrequenz zeigt klar den Bauch der Spannung an dieser Stelle.

Bei den gleichen Frequenzen besitzt der Strom Knoten, die durch die Minima im Amplitudengang des Stroms ersichtlich sind. Die Frequenzgänge am Ende der Leitung werden mit $x = l = 10$ m ermittelt. Viele Experimente können mit dieser Funktion durchgeführt werden. Sehr lehrreich ist die Abschätzung der Knoten und Bäuche laut Theorie für eine kurzgeschlossene oder geöffnete Leitung und das Überprüfen mit dieser Funktion. So sind z.B. im Bild 5.30 einige der möglichen Stehwellen, die an Stelle $x = 8$ m Bäuche ergeben, gezeigt. Mit einer Ausbreitungsgeschwindigkeit, die annähernd durch

$$v_p = \omega / imag(\gamma) \cong 1/\sqrt{LC} = 2{,}58.10^8 \text{ m/s} \tag{5.42}$$

gegeben ist, lassen sich die Frequenzen $f_1, f_2, f_3, \ldots$ der Wellen mit Wellenlängen, welche die Bedingungen $\lambda_1 / 4 = 3\lambda_2 / 4 = 5\lambda_5 / 4 = \ldots = 2$ m (10 m − 8 m) erfüllen, bestimmen. Es sind die Frequenzen von $v_p / \lambda_1 = 258/(2 \text{ x } 4) = 32{,}25$ MHz; 3 x 32,25 MHz; 5 x 32,25 MHz; etc.

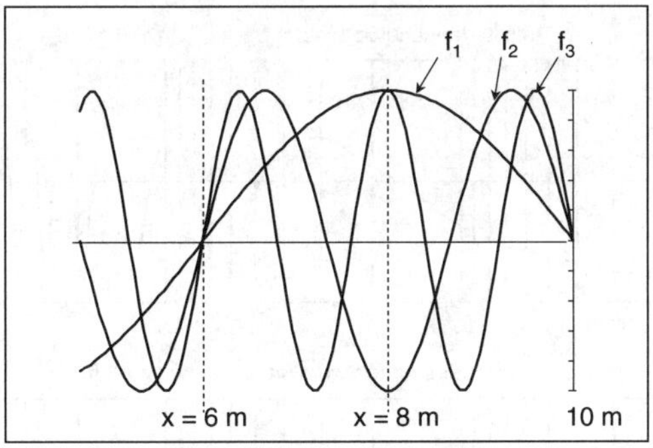

Bild 5.30 Einige mögliche Stehwellen bei kurzgeschlossener Leitung, die bei x = 8 m Bäuche für die Spannung ergeben

Der Aufruf

```
ortskv_1(5*32.25e6, 77, 0, 10, 8);
```

führt zu einem Frequenzgang der Spannung (und des Stroms) bei 8 m, der im Bild 5.31 gezeigt ist, und aus dem die Maxima (und Minima für den Strom) bei den geschätzten Frequenzen zu überprüfen sind. Die Verteilung der Amplituden der Spannung entlang der Leitung (durch denselben Aufruf in `figure(1)` erhalten), die im Bild 5.32 dargestellt ist, zeigt die Existenz des Bauches bei 8 m für die Frequenz von 5*32,25 = 161,25 MHz.

Den Fall der verlustfreien Leitung erhält man mit $R = G = 0$, und die Funktion kann für die Untersuchung aller Transformationseigenschaften dieser Leitungen eingesetzt werden. So z.B. kann nachgeprüft werden, daß für Frequenzen, für welche die Leitung ein Vielfaches der Halbwellenlänge ist, die Eingangsimpedanz gleich der Abschlußimpedanz ist.

Auch Leitungen, deren Länge ein ungerades Vielfaches der Viertelwellenlänge sind ($l = (2k-1)\lambda / 4$; mit $k = 1,2,3,...$), werden häufig in Form von Leitungsstücken zur Transformation von Impedanzen bei bestimmten Betriebsfrequenzen bzw. für ein schmales Band in deren Umgebung eingesetzt. Es gilt:

$$\underline{Z}_i = \underline{Z}_0^{\,2} / R_s \tag{5.43}$$

Die Eingangswiderstände kurzgeschlossener bzw. leerlaufender verlustfreier Leitungen sind reine Blindwiderstände:

$$\underline{Z}_i = \pm j \underline{Z}_0 \tan(2\pi \frac{l}{\lambda}) \tag{5.44}$$

Das Pluszeichen ist für die kurzgeschlossene Leitung und das Minuszeichen für die geöffnete Leitung. Dadurch lassen sich mit kurzgeschlossenen oder leerlaufenden Leitungsstücken Blindwiderstände bauen. Praktisch werden Kurzschlüsse benutzt, da im Leerlauf Abstrahlungen bei hohen Frequenzen auftreten können.

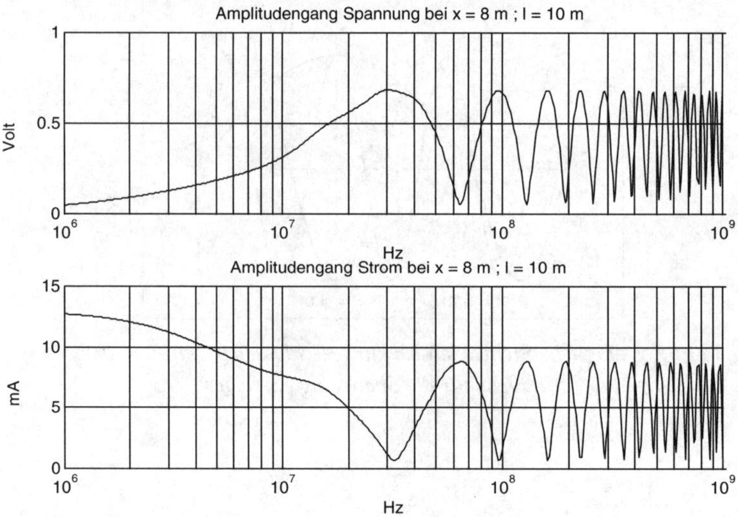

Bild 5.31 Frequenzgang der Spannung bei x = 8 m für die kurzgeschlossene Leitung

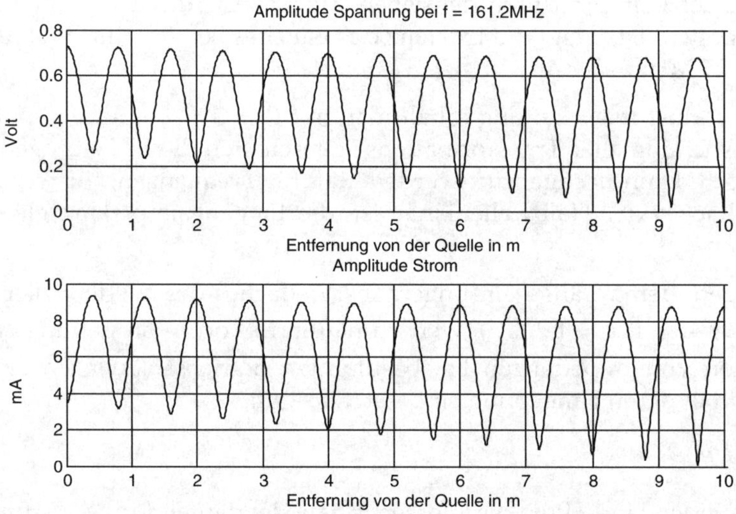

Bild 5.32 Verteilung der Amplituden der Spannung für die kurzgeschlossene Leitung bei f = 161,25 MHz

Für Berechnungen von Leitungen wurden viele graphische Hilfsmittel entwickelt. Das Smith-Diagramm ist die geeignetste für viele Aufgaben, die mit Leitungen und Vierpolnetzwerke verbunden sind [7]. Es wurde schon 1940 erfunden und wird in vielen modernen Meßgeräten auch heute noch zur Darstellungen der Meßergebnissen benutzt. Die aktuellen PCs mit ihren starken Rechenleistungen haben den Einsatz des Diagramms für den Entwurf verdrängt. Man kann z.B. mit MATLAB in einigen

Zeilen die relativ komplizierten Beziehungen der Theorie programmieren und viel genauere Ergebnisse erhalten. Auch wenn eine Lösung nur graphisch (graphischer Schnittpunkt) möglich ist, können die Darstellungen gezielt angepaßt und mit gewünschter Auflösung berechnet werden. Daß man mit MATLAB auch das Smith-Diagramm darstellen kann, ist im Programm `smith.m` gezeigt. Mit dem Befehl **`hold on`** erzwingt man, daß das graphische Fenster geöffnet bleibt und dadurch die Ergebnisse einer Analyse eingetragen werden können. Als Übung könnte die Programmierung der Beschriftung des Smith-Diagramms, das im Programm noch fehlt, dienen.

5.6 Aktive Filter mit idealen OPs

Filter mit idealen OPs (Operationsverstärker) sind lineare Netzwerke, für deren Analyse sehr viele Funktionen in MATLAB und SIMULINK verfügbar sind. Wenn nur das Verhalten im Frequenzbereich interessiert, dann wird die komplexe Übertragungsfunktion mit Hilfe von komplexen Impedanzen oder Admittanzen (Leitwerten) berechnet und danach der gewünschte Frequenzgang ermittelt.

Die Studierenden können sich ohne Erfahrung das Zeitverhalten ausgehend vom Verhalten im Frequenzbereich nicht vorstellen, und es ist eine gute Übung, die Untersuchung über das Zustandsmodell durchzuführen, da aus diesem Modell sowohl die Ermittlung des Frequenzgangs als auch die Berechnung des Zeitverhaltens möglich sind.

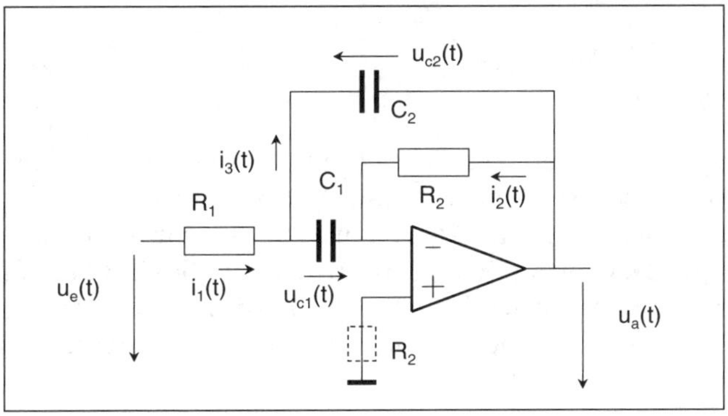

Bild 5.33 Bandpaßschaltung mit Mehrfachrückkopplung

Es wird das Bandpaßfilter [8], das im Bild 5.33 dargestellt ist, untersucht. In den zwei Kapazitäten des Systems wird Energie gespeichert, die proportional zu den Spannungen der Kapazitäten ist. Dadurch bilden diese Spannungen auch Zustandsvariablen in diesem System. Der OP wird als ideal angenommen, mit vernachlässigtem Eingangsstrom und Eingangsspannung. Dadurch ist der Eingang des OPs virtuell an Masse angeschlossen und die Ströme sind:

$$i_1(t) = (u_e(t) - u_{c1}(t)) \,/\, R_1 \tag{5.45}$$

$$i_2(t) = (u_{c2}(t) + u_{c1}(t)) \,/\, R_2 \tag{5.46}$$

$$i_3(t) = i_1(t) + i_2(t) \tag{5.47}$$

Aus

$$\frac{du_{c1}(t)}{dt} = -\frac{1}{C_1} i_2(t)\,, \tag{5.48}$$

und

$$\frac{du_{c2}(t)}{dt} = -\frac{1}{C_2} i_3(t)\,, \tag{5.49}$$

durch Eliminierung der Ströme mit Hilfe der Gleichungen (5.45) bis (5.47) erhält man folgende Zustandsgleichung:

$$\begin{vmatrix} \dot{u}_{c1}(t) \\ \dot{u}_{c2}(t) \end{vmatrix} = \begin{vmatrix} -\dfrac{1}{R_2 C_1} & -\dfrac{1}{R_2 C_1} \\ \dfrac{1}{R_1 C_2} - \dfrac{1}{R_2 C_2} & -\dfrac{1}{R_2 C_2} \end{vmatrix} \begin{vmatrix} u_{c1}(t) \\ u_{c2}(t) \end{vmatrix} + \begin{vmatrix} 0 \\ \dfrac{1}{R_1 C_2} \end{vmatrix} u_e(t) \tag{5.50}$$

Da die Ausgangsspannung keine Zustandsvariable ist, muß auch die Ausgangsgleichung

$$u_a(t) = \begin{vmatrix} 1 & 1 \end{vmatrix} \begin{vmatrix} u_{c1}(t) \\ u_{c2}(t) \end{vmatrix} + \begin{vmatrix} 0 \end{vmatrix} u_e(t) \tag{5.51}$$

ins Modell einbezogen werden. Die Bezeichnungen der Variablen und Parameter der Schaltung sind aus Bild 5.33 zu entnehmen. Mit der Funktion `bandp_1.m` kann das Bandpaßfilter untersucht werden. Als Argumente der Funktion dienen die Mittefrequenz und der Gütefaktor des Filters. Mit nur einem OP sind Gütefaktoren bis 10 zu erreichen. Die Komponenten sind nach [8] am Anfang des Programms berechnet, danach werden die Matrizen des Zustandsmodells ermittelt. Weiter werden die Sprung- und Impulsantwort (Bild 5.34) mit den Aufrufen

```
[y, X, t] = step(A, B, C, D, 1, t);
[y, X, t] = impulse(A, B, C, D, 1, t);,
```

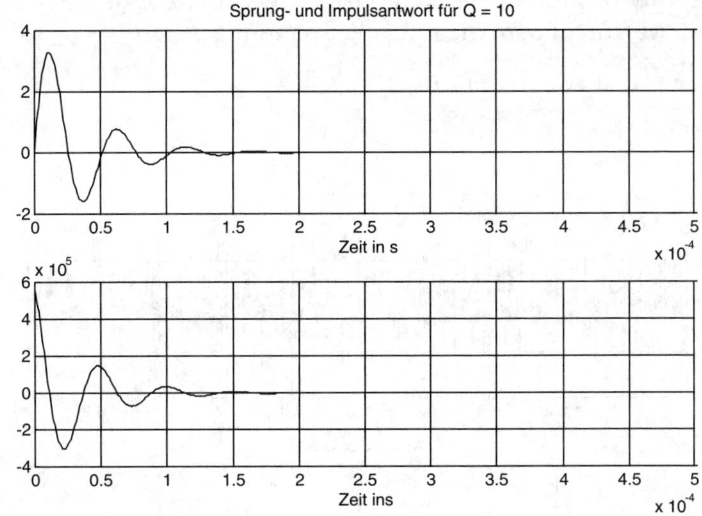

Bild 5.34 Die Sprung- und Impulsantwort des Bandpaßfilters (bandp_1.m)

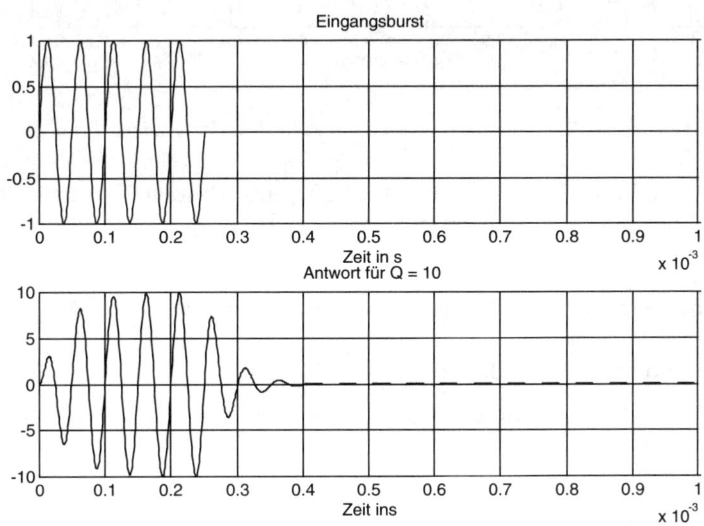

Bild 5.35 Die Antwort auf einen Burst der Frequenz gleich der Mittefrequenz des Bandpaßfilters (bandp_1.m)

ermittelt und die Antwort auf einen *Burst* der Frequenz gleich der Mittefrequenz des Bandpaßfilters (Bild 5.35) mit den Befehlen

```
ue = [sin(2*pi*f0*t_b), zeros(1,length(t)-length(t_b))];
[y, X] = lsim(A,B,C,D,ue,t);
```

berechnet. Die Antwort auf weißes Rauschen der Varianz Eins (Bild 5.36) wird mit einem ähnlichen Aufruf, in dem die Eingangsspannung durch

```
ue = randn(1, length(t));
```

ersetzt wird, ermittelt.

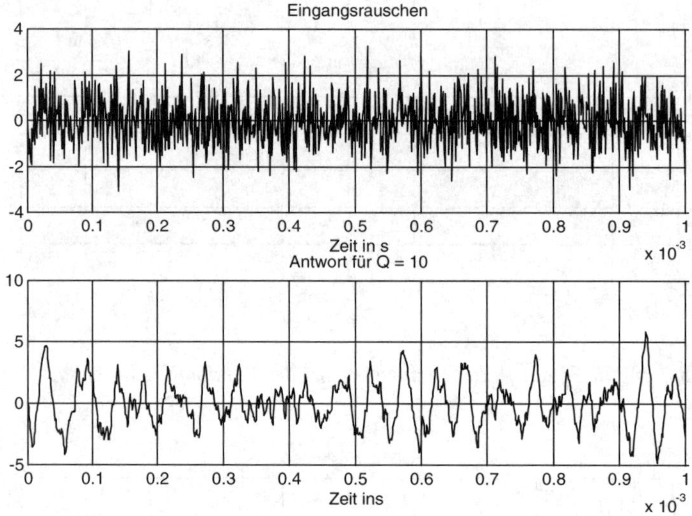

Bild 5.36 Antwort des Bandpaßfilters auf weißes Rauschen der Varianz Eins (bandp_1.m)

Im letzten Teil der Funktion wird der Frequenzgang (Bild 5.37) mit Hilfe der **bode**-Funktion berechnet und dargestellt:

```
fmin = f0/10;    fmax = 10*f0;
f = logspace(fix(log10(fmin)), ceil(log10(fmax))+1,200);
w = 2*pi*f;
[betrag, phase, w] = bode(A,B,C,D,1,w);
```

Hier sind `fmin` und `fmax` die Grenzen für den Frequenzbereich in der Umgebung der Mittefrequenz `f0`.

Obwohl die Schaltung mit nur einem OP Gütefaktoren Q unter 10 erlaubt, kann das allgemeine Verhalten von Bandpässen zweiter Ordnung mit der Routine untersucht werden. Es kann z.B. festgestellt werden, daß bei steigendem Q das Einschwingen für ein *Burst*-Signal der Frequenz gleich der Mittefrequenz immer länger dauert.

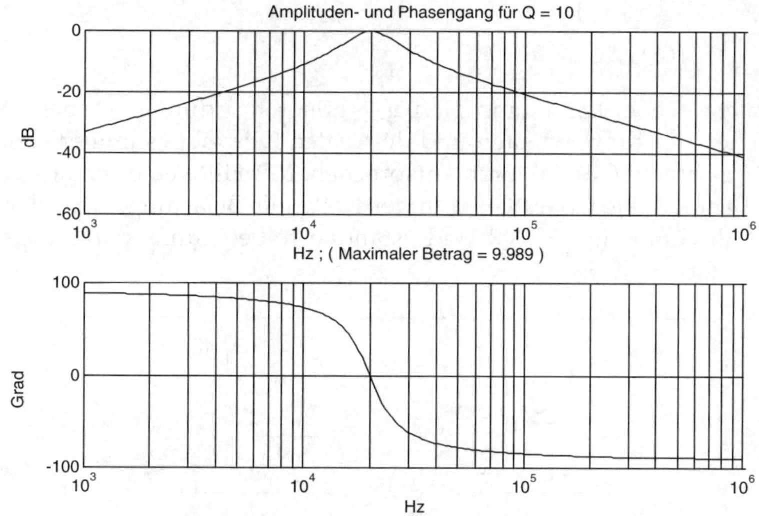

Bild 5.37 Frequenzgang des Bandpaßfilters (bandp_1.m)

Mit steigendem Gütefaktor Q wird die Bandbreite schmäler, der Verlauf der Phase zeigt einen steileren Übergang von +90° zu -90°, und aus einem Rauschsignal werden Zufallskomponenten, deren Leistung in der Umgebung der Mittefrequenz liegt, extrahiert.

5.7 FDNR-Tiefpaßfilter mit idealen OPs

Das mit FDNR-Widerständen (*Frequency-Dependent-Negative-Resistor*) aufgebaute Tiefpaßfilter kann, wie aus den Seminarbüchern der Firma Analog-Devices [9] hervorgeht, als *Antialiasing*-Filter benutzt werden. Ein Tiefpaßfilter, aufgebaut mit FDNR-Widerständen, wird im weiteren mit Hilfe des Zustandsmodells untersucht. Bild 5.38a zeigt die Anordnung, die sich wie ein frequenzabhängiger negativer Widerstand verhält. Die Bezeichnungen der rechten Schaltung werden für die Ermittlung des Zustandsmodells benutzt. In der Annahme, daß ideale OPs vorhanden sind, können folgende Beziehungen geschrieben werden:

$$\underline{I}(1/j\omega.C) + \underline{I}_1 R = 0; \qquad \underline{I}_1 R + \underline{I}_2 R_x = 0; \qquad \underline{U} = \underline{I}_2 (1/j\omega.C);$$

Diese Beziehungen basieren auf der Voraussetzung, daß ideale OPs eine Null-Eingangsspannung besitzen. Die Ersatzimpedanz der Schaltung

$$\underline{Z} = \frac{\underline{U}}{\underline{I}} = \frac{1}{(j\omega.C)^2 R_x} = -\frac{1}{(\omega.C)^2 R_x} \tag{5.52}$$

kann als ein frequenzabhängiger negativer Widerstand angenommen werden. Ein einfaches Netzwerk in Form eines Teilers (Bild 5.38 c) führt zu einem Tiefpaßfilter zweiter Ordnung ohne Dämpfung mit einer Übertragungsfunktion:

$$\frac{\underline{U}_a}{\underline{U}_e} = \frac{\underline{Z}}{R_1 + \underline{Z}} = \frac{1}{(j\omega)^2 C^2 R_x R_1 + 1} \tag{5.53}$$

Eine Kette solcher Teiler kann dann Tiefpässe höherer Ordnung ergeben. Wegen der Ungenauigkeiten der Komponenten und der realen OPs gibt es immer kleine Dämpfungen, die aber hohen Gütefaktoren entsprechen. Mit Hilfe eines einfachen Tiefpaßfilters erster Ordnung als letztes Glied in der Kette (als Belastung) wird der Amplitudengang der Abschnitte mit FDNR-Widerständen so beeinflußt, daß das gewünschte Verhalten entsteht.

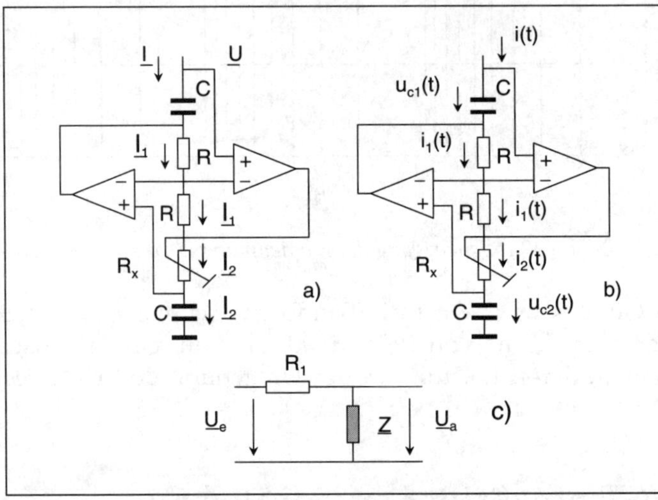

Bild 5.38 Die FDNR-Schaltung, die einen frequenzabhängigen negativen Widerstand bildet

Das Zustandsmodell eines FDNR-Widerstands mit dem Eingangsstrom als Eingangsgröße (Ursache) und den Bezeichnungen aus Bild 5.38 b wird aus folgenden Beziehungen ermittelt:

$$\frac{du_{c1}(t)}{dt} = \frac{1}{C} i(t)\,; \qquad \frac{du_{c2}(t)}{dt} = \frac{1}{C} i_2(t)\,; \qquad u_{c1}(t) + i_1(t)R = 0\,;$$

$$i_1 R + i_2 R_x = 0;$$

Die Ableitungen der Spannungen an den Kondensatoren, welche die Zustandsvariablen des FDNR-Widerstands sind, können in folgender Form geschrieben werden:

$$\frac{du_{c1}(t)}{dt} = \frac{1}{C} i(t) \tag{5.54}$$

$$\frac{du_{c2}(t)}{dt} = \frac{1}{CR_x} u_{c1}(t) \tag{5.55}$$

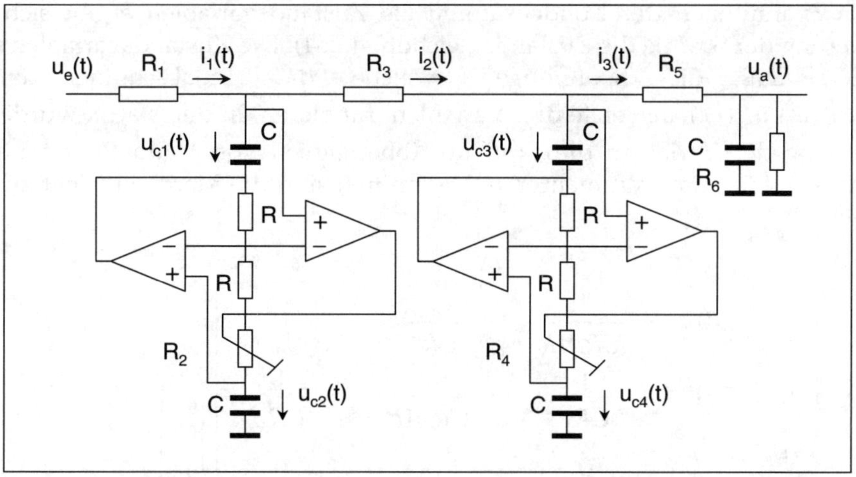

Bild 5.39 Tiefpaßfilter 5. Ordnung realisiert mit zwei FDNR-Widerständen und einem einfachen Tiefpaßfilter erster Ordnung

Diese Differentialgleichungen erster Ordnung bilden die Grundlagen für die Bestimmung des Zustandsmodells des Tiefpaßfilters 5. Ordnung aus Bild 5.39. Für die Variablen mit den Bezeichnungen aus diesem Bild gilt nun:

$$\frac{du_{c1}(t)}{dt} = \frac{1}{C}(i_1(t) - i_2(t)) \tag{5.56}$$

$$\frac{du_{c3}(t)}{dt} = \frac{1}{C}(i_2(t) - i_3(t)) \tag{5.57}$$

$$\frac{du_{c5}(t)}{dt} = \frac{1}{C}(i_3(t) - \frac{u_{c5}(t)}{R_6}) \tag{5.58}$$

$$\frac{du_{c2}(t)}{dt} = \frac{1}{CR_2}u_{c1}(t) \tag{5.59}$$

$$\frac{du_{c4}(t)}{dt} = \frac{1}{CR_4}u_{c3}(t) \tag{5.60}$$

$$i_1(t) = (u_e(t) - u_{c2}(t)) / R_1; \tag{5.61}$$

$$i_2(t) = (u_{c2}(t) - u_{c4}(t)) / R_3; \tag{5.62}$$

$$i_3(t) = (u_{c4}(t) - u_{c5}(t)) / R_5; \tag{5.63}$$

Mit den Spannungen der Kondensatoren als Zustandsvariablen ergibt sich durch Eliminierung der Ströme die Zustandsgleichung (5.64). Die Zustandsvariablen sind so geordnet, daß die Spannungen, welche die Teilabschnitte darstellen ($u_{c2}(t), u_{c4}(t), u_{c5}(t)$), als letzte drei Variablen fungieren. In der Matrix wurde in der Bezeichnung der Variablen die explizite Abhängigkeit von t, um Platz zu sparen, weggelassen. Für Filter mit mehreren Abschnitten sind die Matrizen leicht zu erweitern.

$$\begin{vmatrix} \dot{u}_{c1} \\ \dot{u}_{c3} \\ \dot{u}_{c2} \\ \dot{u}_{c4} \\ \dot{u}_{c5} \end{vmatrix} = \begin{vmatrix} 0 & 0 & -\dfrac{1}{CR_1 \| R_3} & \dfrac{1}{CR_3} & 0 \\ 0 & 0 & \dfrac{1}{CR_3} & -\dfrac{1}{CR_3 \| R_5} & \dfrac{1}{CR_5} \\ \dfrac{1}{CR_2} & 0 & 0 & 0 & 0 \\ 0 & \dfrac{1}{CR_4} & 0 & 0 & 0 \\ 0 & 0 & 0 & \dfrac{1}{CR_5} & -\dfrac{1}{CR_5 \| R_6} \end{vmatrix} \begin{vmatrix} u_{c1} \\ u_{c3} \\ u_{c2} \\ u_{c4} \\ u_{c5} \end{vmatrix} + \begin{vmatrix} \dfrac{1}{R_1 C} & 0 & 0 & 0 & 0 \end{vmatrix}^T u_e \tag{5.64}$$

Das Ausgangsmodell, das die letzten drei Zustandsvariablen als Ausgangsgrößen definiert, wird in der MATLAB-Syntax sehr einfach geschrieben:

```
C = [zeros(3,2), eye(3,3)];
D = zeros(3,1);
```

Mit Hilfe des Programms `fdnr_tp.m` wird das FDNR-Tiefpaßfilter 5. Ordnung aus dem Analog-Devices-Seminarbuch „1992 Amplifier Application Guide" mit folgenden Komponenten, deren Bezeichnungen im Bild 5.39 gezeigt sind, untersucht:

R1 = 3,0739 kΩ;	R2 = 3,3709 kΩ;	R3 = 2,749 kΩ;	(R = 2 kΩ;)
R4 = 1,7794 kΩ;	R5 = 614,79Ω;	R6 = 1 MΩ;	C = 10 nF;

Der relativ kleine Widerstand $R_5 = 614{,}79\ \Omega$ zusammen mit dem letzten Kondensator von 10 nF dämpft die stark ungedämpften FDNR-Abschnitte. Man kann leicht das Programm in eine Funktion umwandeln und mit dem Widerstand als Argument experimentieren. Bild 5.40 zeigt den Frequenzgang des FDNR-Tiefpaßfilters 5. Ordnung, und in Bild 5.41 ist die Sprungantwort dargestellt. Es werden nur die Spannungen, welche die Ausgänge der Abschnitte darstellen, gezeigt.

Die Eigenwerte der Matrix A geben Auskunft über die Resonanzfrequenzen und Dämpfungen der Abschnitte. Für die gezeigten Werte der Komponenten des Filters erhält man folgende Eigenwerte:

```
  1.0e+004 *
    -1.5639 + 4.7809i     -1.5639 - 4.7809i
    -3.9722 + 2.9584i     -3.9722 - 2.9584i          -5.2035,
```

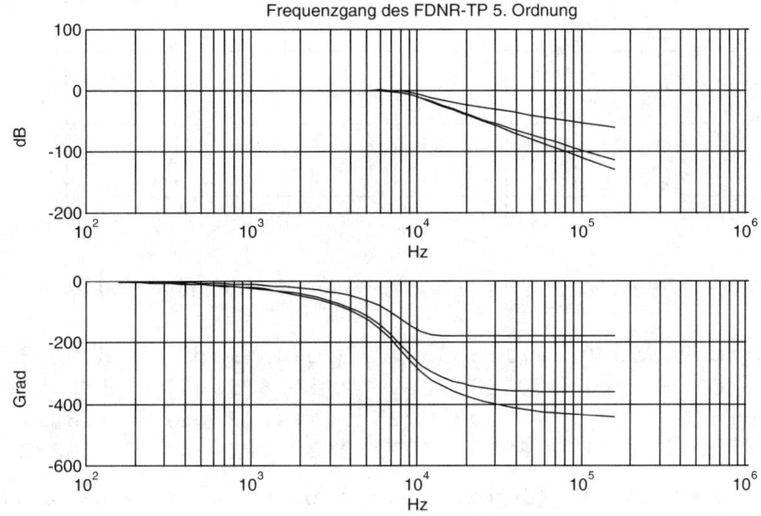

Bild 5.40 Frequenzgang des FDNR-Tiefpaßfilters 5. Ordnung (fdnr_tp.m)

Jedes komplex konjugierte Eigenwertpaar $a \pm jb$ eines FDNR-Abschnitts ergibt in der charakteristischen Gleichung einen Faktor der Form

$$(s-(a+jb))(s-(a-jb)) = s^2 + 2\varsigma.\omega_0 s + \omega_0^{\,2},$$

wobei $\omega_0 = \sqrt{a^2+b^2}$ die charakteristische Frequenz ist und $Q = 1/(2\varsigma) = \omega_0 / (-2a)$ den Gütefaktor des Abschnitts darstellt. Für die zwei Abschnitte zweiter Ordnung des Tiefpasses erhält man:

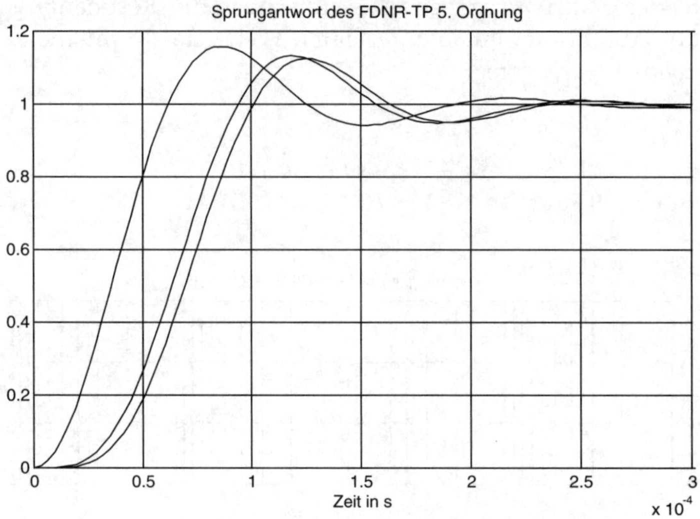

Bild 5.41 Sprungantwort des FDNR-Tiefpaßfilters 5. Ordnung (fdnr_tp.m)

```
f01 = sqrt(4.7809^2 + 1.5639^2)*1.e+4/(2*pi) = 8.0058e+003
          Q1 = 2*pi*8.0058e+003/(2*1.5639e+4) = 1.6085
f02 = sqrt(2.9584^2 + 3.9722^2)*1.e+4/(2*pi) = 7.8827e+003
          Q2 = 2*pi*7.8827e+003/(2*3.9722e+4) = 0.6233
```

Der Abschnitt erster Ordnung führt zu einer charakteristischen Frequenz der Größe:

```
f3 = 5.2035*1.e+4/(2*pi) = 8.2816e+003
```

Diese Werte entsprechen einem Tiefpaßfilter 5. Ordnung vom Typ Butterworth mit einer Bandbreite bei -3 dB von 8 kHz.

5.8 Modell eines Operationsverstärkers mit Slew-Rate und Spannungsbegrenzung

Der Aufbau eines Modells für einen realen OP mit realen Eigenschaften, wie z.B. mit Begrenzung der Geschwindigkeit (*Slew-Rate*) und Begrenzung des Bereichs der Ausgangsspannung [10], ist sehr lehrreich. Er führt zum besseren Verstehen des Unterschieds zwischen dem Verhalten bei kleinen Signalen und bei Aussteuerung mit großen Signalen und zu einem besseren Interpretieren der Datenblätterangaben.

Bild 5.42a zeigt eine Schaltung mit OP, die einen invertierenden Verstärker bildet. Der OP könnte z.B. ein realer OP vom Typ TL 081 sein. Folgendes einfaches Experiment wird durchgeführt und die gewonnenen Erkenntnisse werden in einem Modell einbezogen. Eine Sägezahnspannung $u_e(t)$ mit einer Frequenz von 50 kHz am Eingang führt, wie erwartet, zu einer Ausgangsspannung $u_a(t)$, die gleich der invertierten Eingangsspannung ist.

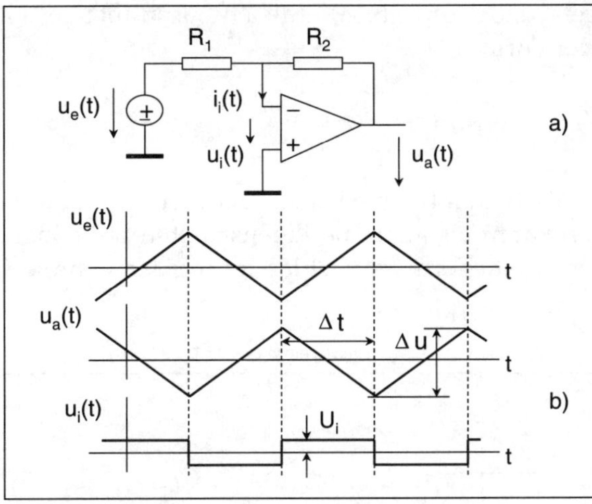

Bild 5.42 a) Invertierender Verstärker mit Operationsverstärker
b) Eingangs- und Ausgangsspannung der Schaltung zusammen mit der Eingangsspannung des OPs

Man erwartet jetzt, daß die Eingangsspannung des OPs proportional zur Ausgangsspannung ist. Die Messung dieser Spannung zeigt, daß sie rechteckig ist. Nur bei sehr tiefen Frequenzen der Eingangsspannung erhält man die erwartete Form. Die dreieckige Ausgangsspannung ergibt sich als Integral der rechteckigen Eingangsspannung des OPs. Daraus folgt für einen bestimmten Frequenzbereich ein Modell der Form

$$\tau \frac{du_a(t)}{dt} = -u_i(t) \tag{5.65}$$

und für sehr niedrige Frequenzen das Modell

$$u_a(t) = -A_{d0} u_i(t) \tag{5.66}$$

Hier ist $\tau = 1/\omega_T$ ein Parameter, der in den Datenblättern der OPs durch die Transitfrequenz $\omega_T/(2\pi)$ angegeben ist [11]. A_{d0} bezeichnet die Differentialverstärkung des OPs, die einen wichtigen Parameter darstellt und auch in den Datenblättern angegeben wird. Für $R_1 = R_2 = 2{,}2\ \text{k}\Omega$ wurde bei einer Frequenz von 50 kHz des Sägezahnsignals eine rechteckförmige Eingangsspannung des OPs $U_i =$ - 40 mV gemessen. Mit $\Delta U = 8$ V und $\Delta t = 10\ \mu$s kann die Transitfrequenz geschätzt werden. Aus

$$\tau = (-U_i)\frac{dt}{du_a(t)} \cong (-U_i)\frac{\Delta t}{\Delta U} = 40.10^{-3}\,\frac{10.10^{-6}}{8} = 50.10^{-9}\,s$$

erhält man $\omega_T = 20.10^6$ rad/s oder ca. 3 MHz.

Die zwei Gleichungen (5.65) und (5.66) ergeben zusammengesetzt ein dynamisches Modell für den OP der Form

$$\frac{A_{d0}}{\omega_T}\frac{du_a(t)}{dt} + u_a(t) = -A_{d0}u_i(t)\,, \tag{5.67}$$

mit dem sowohl das Verhalten bei niedrigen Frequenzen (bei denen man den ersten Term vernachlässigen kann) als auch die Eigenschaften bei höheren Frequenzen (bei denen umgekehrt der zweite Term vernachlässigt werden kann) erfaßt sind.

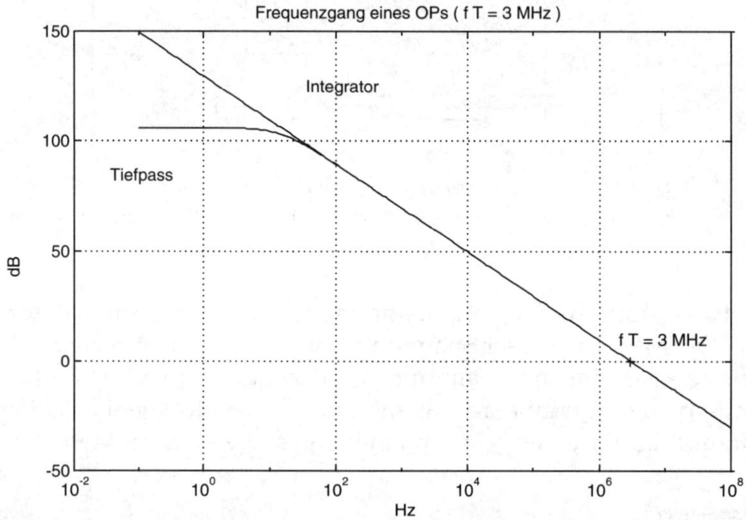

Bild 5.43 Frequenzgang eines OPs modelliert als Integrator oder als Tiefpaßfilter (op_freq.m)

Diese Differentialgleichung zeigt einen Tiefpaßcharakter mit einem Frequenzgang, der im Bild 5.43 gezeigt ist. Die Durchlaßfrequenz bei -3 dB ω_T / A_{d0} ist relativ niedrig. Bei einem Wert von 200.000 für die Differentialverstärkung und einer Transitfrequenz von 3 MHz ist die Durchlaßfrequenz 15 Hz. Da die Verstärkung der OPs sehr stark streut und nicht so leicht zu messen ist, und der Frequenzbereich, in dem die OPs benutzt werden, höher als die Durchlaßfrequenz ist, reicht es in vielen Fällen, das Modell nach Gleichung (5.65) zu benutzen. Als einziger Parameter ist hier die Transitfrequenz, der OP verhält sich wie ein Integrator.

Bei großen Signalen erscheint eine Begrenzung der Geschwindigkeit, mit der sich die Ausgangsspannung der OPs ändern kann. Sie ist durch den begrenzten Strom einer Verstärkerstufe des OPs, die als Belastung eine Kapazität hat, hervorgerufen. Die Kapazität ergibt bei kleinen Signalen den vorher dargestellten Frequenzgang, der dem Frequenzgang eines Integrators ähnlich ist, und sichert für viele Schaltungen mit negativer Rückkopplung die Stabilität. In den Datenblättern ist der Wert der begrenzten Geschwindigkeit der Ausgangsspannung durch den sogenannten *Slew-Rate*-Parameter angegeben. Als typische Werte können z.B. der Wert von 0,5 V/µs für den klassischen AD 741 OP, der Wert von 12,5 V/µs für den *high-speed*-BiFET AD 745 OP und der Wert von 400 V/µs für den Video-OP AD 811 dienen. Hinzu kommt noch die Begrenzung der Ausgangsspannung wegen der begrenzten Versorgungsspannung. So kann z.B. für Versorgungsspannungen von ± 12 V die Ausgangsspannung diese Werte nicht überschreiten und bleibt begrenzt auf einige Zehntel Volt unter + 12 V und über - 12 V.

Um ein allgemeines Modell zu erhalten, wird die Eingangsspannung durch die Differenz der Spannungen der zwei Eingänge definiert $u_i(t) = u_n(t) - u_p(t)$ (mit $u_n(t)$ für den negativen und $u_p(t)$ für den positiven Eingang), und das Modell als Integrator wird:

$$\frac{1}{\omega_T}\frac{du_a(t)}{dt} = -(u_n(t) - u_p(t)) \tag{5.68}$$

Im Bild 5.44 ist das SIMULINK-Modell eines OPs, beschrieben als Integrator *mit Slew-Rate* und Begrenzung der Ausgangsspannung, gezeigt. Die Ableitung der Ausgangsspannung wird auf die Werte des *Slew-Rate* begrenzt und danach integriert. Die Ausgangsspannung des Integrators gelangt nach einer zweiten Begrenzung (wegen der begrenzten Versorgungsspannung) nach außen.

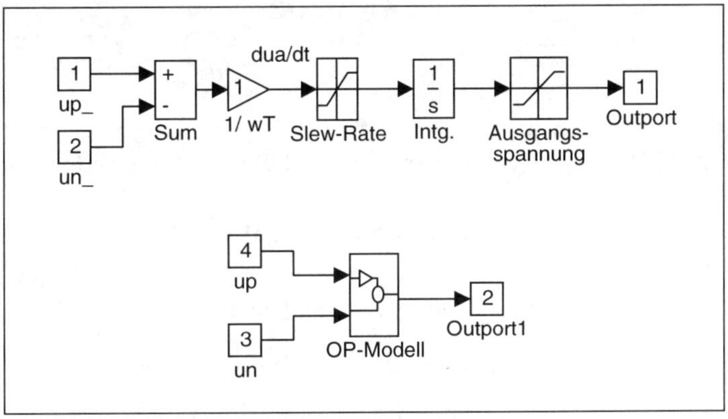

Bild 5.44 SIMULINK-Modell eines OPs mit Slew-Rate und Begrenzung der Ausgangsspannung (s_opmdl.m; s_opmdl.mdl)

Das Modell kann in einem Block zusammengefaßt und für viele Experimente eingesetzt werden. Dafür werden alle Blöcke gewählt (durch Einkreisen in einem Viereck mit der Maus) und mit der Option *Group* gruppiert. Es entsteht ein Block, der mit der Bezeichnung OP-Modell versehen wird. Wenn auf diesen Block mit der Maus zweimal geklickt wird, dann sieht man in einem zusätzlichen Fenster seine Zusammensetzung. Die *Inport-* und *Outport*-Blöcke definieren die Ein- und Ausgänge des gruppierten OP-Modells.

Um das Modell eines invertierenden Verstärkers nach Bild 5.42a zu erhalten, bestimmt man für dessen Schaltung die Spannungen an den zwei Eingängen des OPs. Man erhält

$$u_n(t) = (u_a(t) - u_e(t))(R_1 / (R_1 + R_2)) + u_e(t) \tag{5.69}$$

oder

$$u_n(t) = \frac{R_1}{R_1 + R_2} u_a(t) + \frac{R_2}{R_1 + R_2} u_e(t) \tag{5.70}$$

und

$$u_p(t) = 0. \tag{5.71}$$

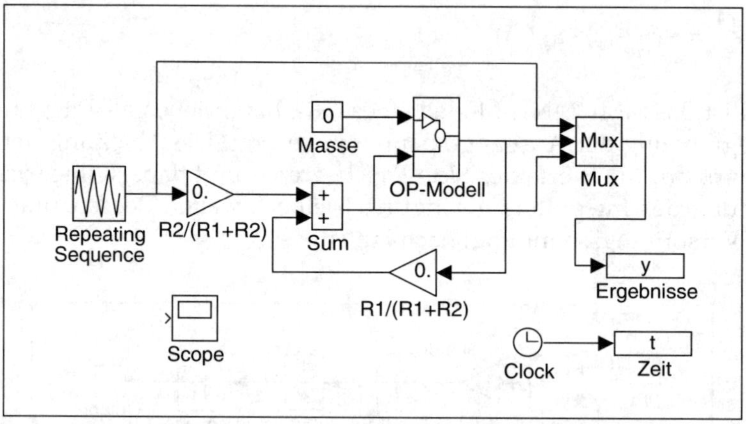

Bild 5.45 SIMULINK-Modell eines Invertierers mit OP-Modell (s_invert.m; s_invert.mdl)

Mit $u_n(t)$ und $u_p(t)$ sind die Spannung am negativen bzw. positiven Eingang bezeichnet. Das SIMULINK-Modell des invertierenden Verstärkers (kurz Invertierer) ist im Bild 5.45 gezeigt. Es ist mit folgenden Werten für die Parameter initialisiert:

$R_1 = R_2 = 2{,}2\ \mathrm{k\Omega}$; *Slew-Rate* = 10 V/µs; Transitfrequenz $= f_T = 3$ MHz;

Die Antwort auf ein dreieckiges Signal mit Spitzenwerte von ± 4 V und Frequenz gleich 50 kHz ist im Bild 5.46 gezeigt. Es entspricht genau der Messung, die anfänglich angesprochen wurde, in der das Eingangssignal des OPs rechteckig und nicht proportional zur Ausgangsspannung war.

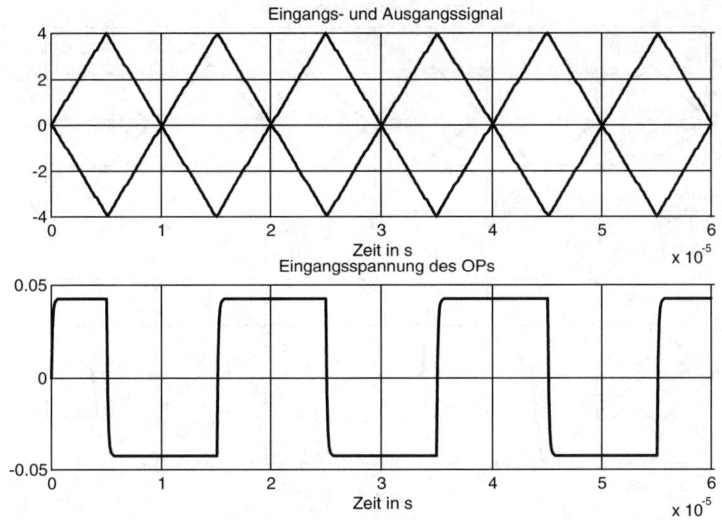

Bild 5.46 Die Antwort des Invertierers (Transit-Freq. 3 MHz und Slew-Rate von 10 V /µs; s_invert.m; s_invert.mdl; d_invert.m)

Die rechteckige Eingangsspannung des OPs ergibt sich aus dem Verhalten als Integrator mit einer bestimmten Transitfrequenz. Die Begrenzung der Geschwindigkeit und Größe der Ausgangsspannung wurden noch nicht erreicht. Bei einer *Slew-Rate* von 1 V/µs und den gleichen Spitzenwerten von ± 4 V ist das Erscheinungsbild der Verläufe identisch.

Mit Spitzenwerten von ±6 V für das dreieckige Eingangssignal würde die Geschwindigkeit der Ausgangsspannung einen Wert (2 x 6 / 10 V/µs) erreichen, der das *Slew-Rate* von 1 V/µs überschreiten würde. Diese Geschwindigkeit wird begrenzt, und weil die Rückkopplung dadurch auch begrenzt ist, steigt und verformt sich die Eingangsspannung, wie in Bild 5.47 gezeigt ist.

Für die Darstellungen der Ergebnisse der Simulationen wurde das kurze Programm `d_invert.m` geschrieben. Die Parameter des Modells des OPs werden eingestellt, nachdem der OP-Modell-Block aufgelöst wird, so daß die nötigen Blöcke sichtbar und verfügbar werden. Die Parameter können auch über ein Initialisierungsprogramm dem SIMULINK-Modell übergeben werden. Die Blöcke des Modells enthalten als Parameter die Variablen, die in diesem Programm mit Werten initialisiert sind.

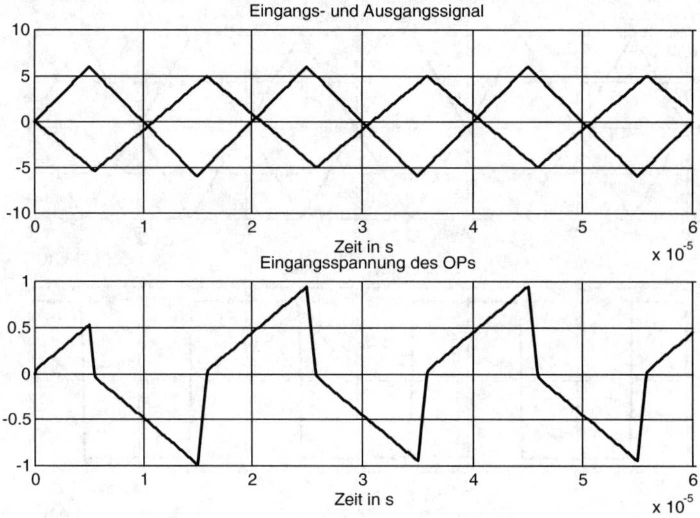

Bild 5.47 Die Antwort des Invertierers auf ein dreieckiges Eingangssignal von 6 V (s_invert.m; s_invert.mdl; d_ invert.m)

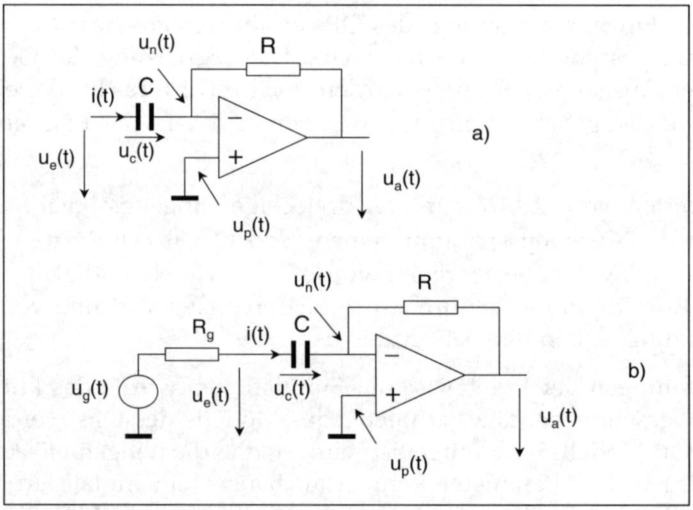

Bild 5.48 Differenzierer mit OP

Auch andere Schaltungen mit OPs können ähnlich modelliert werden. Für den Differenzierer aus Bild 5.48a müssen folgende Beziehungen dem Modell des OPs noch hinzugefügt werden:

$$u_n(t) = u_e(t) - u_c(t) \tag{5.72}$$

$$\frac{du_c(t)}{dt} = \frac{1}{C} i(t) \tag{5.73}$$

und

$$i(t) = (u_n(t) - u_a(t)) / R \tag{5.74}$$

Daraus folgt:

$$\frac{du_c(t)}{dt} = \frac{1}{RC}(u_e(t) - u_c(t) - u_a(t)) \tag{5.75}$$

Die letzte Gleichung wird in einem SIMULINK-Modell, in dem der Block des OP-Modells vorhanden ist, mit Hilfe eines Integrators und eines Addierers direkt nachgebildet. Danach kann die Spannung des negativen Eingangs mit einem zusätzlichen Addierer hinzugefügt werden, und es entsteht das SIMULINK-Modell aus Bild 5.49.

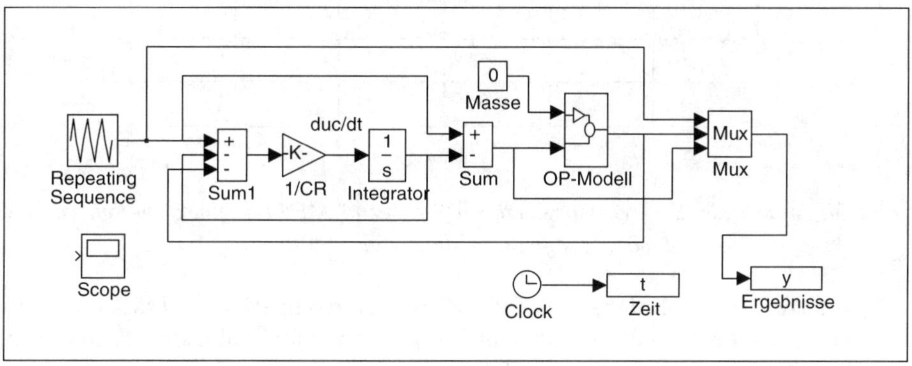

Bild 5.49 Modell eines Differenzierers mit OP-Modell (s_differ.m; s_differ.mdl)

Bei einem *Slew-Rate* von 1 V/µs, einer Transitfrequenz von 3 MHz und dreieckiger Eingangsspannung von 4 V ist die Antwort durch die Geschwindigkeitsbegrenzung schon verzerrt (Bild 5.50). Die Zeitkonstante RC der Schaltung wurde auf 10^{-7} s festgesetzt.

Eine Erhöhung der *Slew-Rate* auf z.B. 10 V/µs bringt die Schaltung in den linearen Funktionsbereich, mit linearen Verzerrungen in Form von Überschwingungen wegen der Dynamik des OPs. Die Darstellung der Signale, die in der Senke *To-Workspace* eingefangen sind, wird mit Hilfe des Programms `d_differ.m` erhalten. Für die Schaltung des Differenzierers aus Bild 5.48b, in der auch der Ausgangswiderstand der Quelle einbezogen ist, ändern sich die gezeigten Gleichungen geringfügig:

$$u_n(t) = \frac{(u_g(t) - u_c(t))R + u_a(t)R_g}{R_g + R} \tag{5.76}$$

und

$$\frac{du_c(t)}{dt} = \frac{1}{(R + R_g)C}(u_e(t) - u_c(t) - u_a(t)) \tag{5.77}$$

Das SIMULINK-Modell `s_diff2.m`; `s_diff2.mdl` simuliert diesen Fall, und die Ergebnisse können mit dem gleichen Programm d_`differ.m` dargestellt werden.

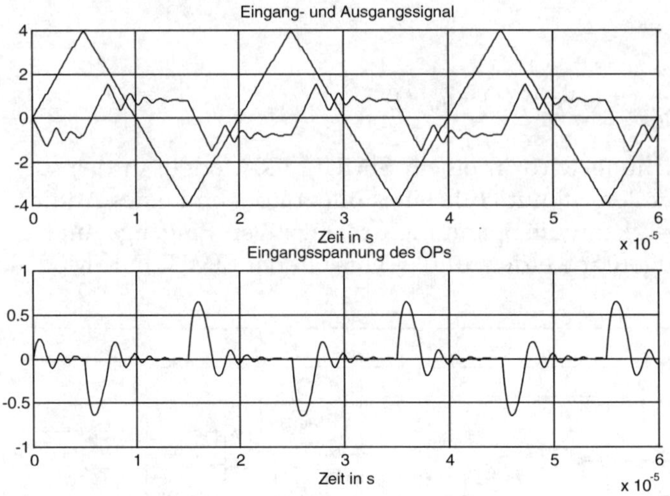

Bild 5.50 Die Antwort des Differenzierers (Transit-Freq. von 3 MHz und eine Slew-Rate von 1 V /µs besitzt; s_differ.m; s_differ.mdl; d_differ.m)

Eine Erweiterung des Modells des OPs durch eine zusätzliche Trägheit mit einer Zeitkonstante, die eine charakteristische Frequenz in der Nähe der Transitfrequenz einführt, könnte eine gute Übung darstellen.

5.9 Simulation des Synchron- oder Lock-In-Meßverfahrens

In vielen Anwendungen der Meßtechnik wird der Meßvorgang durch Rauschen und andere Störungen beeinflußt. Relativ kleine, in Störungen „versteckte" Signale kann man nicht mit herkömmlichen Methoden detektieren und messen. Wenn ein Muster des zu messenden Signals vorhanden ist, dann können über eine Korrelation dieses Musters mit dem verrauschten und gestörten Signal wichtige Parameter des Signals ermittelt werden. Das Verfahren trägt auch den Namen *Lock-In-* oder Synchronmeßverfahren [12].

Für periodische Signale wie z.B. sinusförmige Signale wird die Korrelation über einen Multiplizierer, der als „gesteuerter Gleichrichter" oder „Synchrondemodulator" bekannt ist, gebildet. Bild 5.51 zeigt die Anordnung des Verfahrens. Das Eingangssignal in Form einer cosinusoidalen Spannung mit einer Nullphase φ_1 und einer Frequenz ω_1

$$u_e(t) = U_e\sqrt{2}\cos(\omega_1 t + \varphi_1) \tag{5.78}$$

wird mit dem Mustersignal oder Referenzsignal

$$u_r(t) = U_r\sqrt{2}\cos(\omega_2 t + \varphi_2) \tag{5.79}$$

der Frequenz ω_2 und Nullphase φ_2 multipliziert.

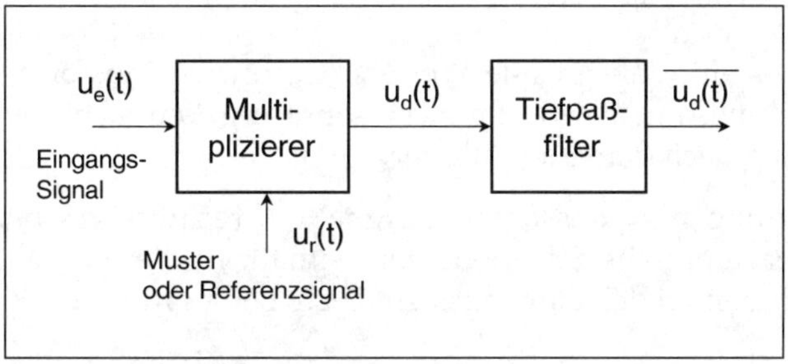

Bild 5.51 Synchronspannungsmeßverfahren

Aus

$$\begin{aligned} u_e(t)u_r(t) &= 2U_eU_r\cos(\omega_1 t + \varphi_1)\cos(\omega_2 t + \varphi_2) = \\ &U_eU_r\left[\cos((\omega_1 - \omega_2)t + \varphi_1 - \varphi_2) + \cos((\omega_1 + \omega_2)t + \varphi_1 + \varphi_2)\right] \end{aligned} \tag{5.80}$$

folgt, daß für gleiche Frequenzen des Eingangs- und Referenzsignals ($\omega_1 = \omega_2 = \omega$) die Ausgangsspannung des Mutiplizierers $u_d(t)$ folgende Form annimmt:

$$u_d(t) = k_dU_eU_r\left[\cos(\varphi_1 - \varphi_2) + \cos(2\omega t + \varphi_1 + \varphi_2)\right] \tag{5.81}$$

Wobei k_d der Übertragungsfaktor des Multiplizierers mit der Einheit 1/V ist. Der zweite Term auf der rechten Seite ist ein Signal mit doppelter Frequenz, das von dem Tiefpaßfilter unterdrückt wird, und das Signal nach dem Tiefpaßfilter ist praktisch eine Konstante:

$$\overline{u_d}(t) = U_d = k_dU_eU_r\cos(\varphi_1 - \varphi_2) \tag{5.82}$$

Es wurde angenommen, daß das Tiefpaßfilter einen Übertragungsfaktor von Eins für diese Gleichspannungskomponente besetzt. Gleichung (5.82) zeigt, daß eine Störkomponente im Eingangssignal mit der gleichen Frequenz wie das Referenzsignal und mit einer Phasenverschiebung von $\pi/2$ zum Referenzsignal unterdrückt wird, weil $\cos(\pm\pi/2) = 0$ ist. Wenn das Eingangs- und Referenzsignal dieselbe Phase haben, dann ist $\cos(0) = 1$ und die Spannung wird $U_d = k_dU_eU_r$. Alle Eingangssignale, die nicht mit dem Referenzsignal korreliert sind (nicht synchron sind), inklusive das Rauschen, erzeugen keine Gleichstromkomponenten und werden vom Tiefpaßfilter unterdrückt.

Die harmonischen Komponenten des Eingangssignals haben bei einem cosinusförmigen Referenzsignal keinen Einfluß auf die Spannung nach dem Tiefpaß. Um das zu zeigen, wird die Multiplikation für eine beliebige Harmonische $k = 2, 3, \ldots$ als

$$\begin{aligned} &u_e(t)u_r(t) = 2U_{ke}U_r\cos(k\omega t + \varphi_k)\cos(\omega t + \varphi_2) = \\ &U_{ke}U_r\left[\cos((k-1)\omega t + \varphi_k - \varphi_2) + \cos((k+1)\omega t + \varphi_k + \varphi_2)\right] \end{aligned} \tag{5.83}$$

geschrieben. Man sieht, daß für alle Werte $k > 1$ nur cosinusförmige Komponenten ohne Gleichspannungsanteile vorkommen, somit ergeben sich keine Anteile in der Ausgangsspannung nach dem Tiefpaßfilter.

In vielen Anwendungen ist das Referenzsignal ein rechteckiges phasenkorrektes Signal, das selbst harmonische Komponenten enthält. In diesem Fall können die harmonischen Komponenten des Eingangssignals zu Fehler führen.

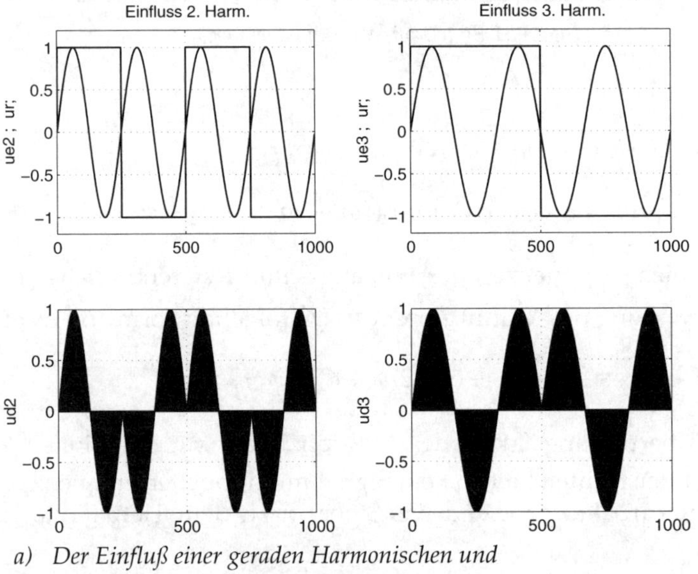

Bild 5.52 *a) Der Einfluß einer geraden Harmonischen und*
b) einer ungeraden Harmonischen im Eingangssignal auf das Ausgangssignal des Multiplizierers (lock_bld.m)

Im Bild 5.52 sind zwei Möglichkeiten gezeigt. Der erste Fall entspricht einer geraden Harmonischen (hier als Beispiel die zweite Harmonische). Das Produkt mit dem Referenzsignal ergibt ein Signal ohne Gleichspannungsanteil (ohne Fehler). Im Produktsignal gibt es die gleiche Anzahl von positiven und negativen Halbperioden. Der zweite Fall (Bild 5.52b) zeigt, daß die ungeraden Harmonischen immer zu Fehlern führen. Die Anzahl der positiven und negativen Halbperioden im Produktsignal ist nicht gleich. Für die k-te ungerade Harmonische ergibt sich ein Anteil im Mittelwert U_{dk} von

$$U_{dk} = \frac{2}{k\pi} U_k \sqrt{2}\,, \tag{5.84}$$

wobei $U_k \sqrt{2}$ die Amplitude der k-ten Harmonischen ist.

Man muß sich jetzt auch die Frage stellen: Was geschieht, wenn am Eingang Störsignale auftreten, die nicht Harmonische des Eingangssignals sind? Bild 5.53 zeigt ganz oben den Amplitudengang des Tiefpaßfilter eines *Lock-In*-Meßverfahrens und das Amplitudenspektrum des sinusförmigen Eingangssignals und des angenommenen rechteckigen Referenzsignals. Alle Störungen in Form von deterministischen oder Rauschsignalen, die Mischprodukte mit den Komponenten des Referenzsignals bilden und im Durchlaßbereich des Tiefpaßfilters (TP) liegen, führen zu Fehlern.

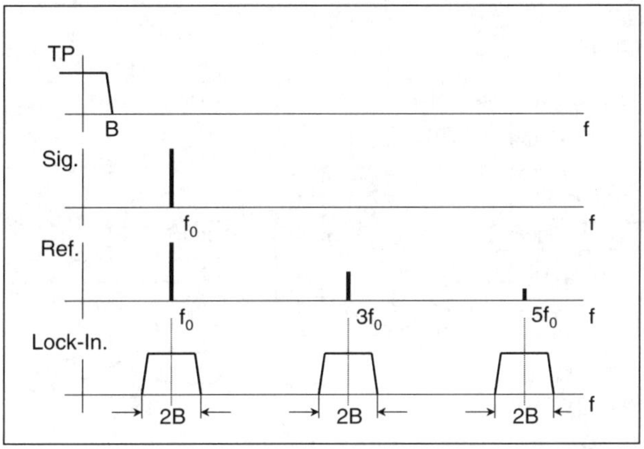

Bild 5.53 Amplitudengang des TP'es, Amplitudenspektrum des Eingangs- und des rechteckigen Referenzsignals und die äquivalenten Durchlaßbereiche des Lock-In-Verfahrens

Für das Verfahren ergeben sich somit äquivalente Durchlaßbereiche der Störungen der Form, die das Bild 5.53 im unteren Diagramm zeigt. Die Komponenten, welche in einem dieser Bände liegen, ergeben Fehler. So hängt z.B. der Einfluß eines Rauschsignals am Ausgang des Tiefpaßfilters von dem Frequenzbereich ab, in dem die Leistung dieser Störung liegt. Wenn die Leistungsspektraldichte des Rauschens signifikante Werte in den gezeigten Bändern aufweist, führt das Rauschen zu Mischprodukten, die im Durchlaßbereich des Tiefpaßfilters liegen und Fehler verursachen.

Wenn das Referenzsignal sinusförmig ist, dann fehlen die oberen Durchlaßbänder (bei $3\,f_0$, $5\,f_0$,..., etc.) und die Störanteile sind geringer. Mit f_0 wurde die Frequenz des Eingangssignals und der Referenz bezeichnet.

Der Rauschanteil in einem Signal wird oft durch den Signal-Rauschabstand (*SNR Signal to Noise Ratio*) ausgedrückt. Der Signal-Rauschabstand wird als

$$SNR = 20 \log \frac{\text{Effektivwert des Signals}}{\sqrt{\text{Varianz des Rauschens}}} \tag{5.85}$$

definiert. Das geschilderte Verfahren kann Signale, die einen SNR bis -10 dB besitzen, mit Fehlern, die unter 5 % liegen, messen. Der Frequenzbereich, in dem das Verfahren angewandt wird, liegt zwischen 1 Hz bis 100 MHz bei Spannungspegeln von 1μV bis 1 V.

5.9.1 SIMULINK-Untersuchung des Lock-In-Verfahrens

Das SIMULINK-Modell, mit dem die oben geschilderten Sachverhalte eines *Lock-In*-Meßverfahrens überprüft werden können, ist im Bild 5.54 gezeigt.

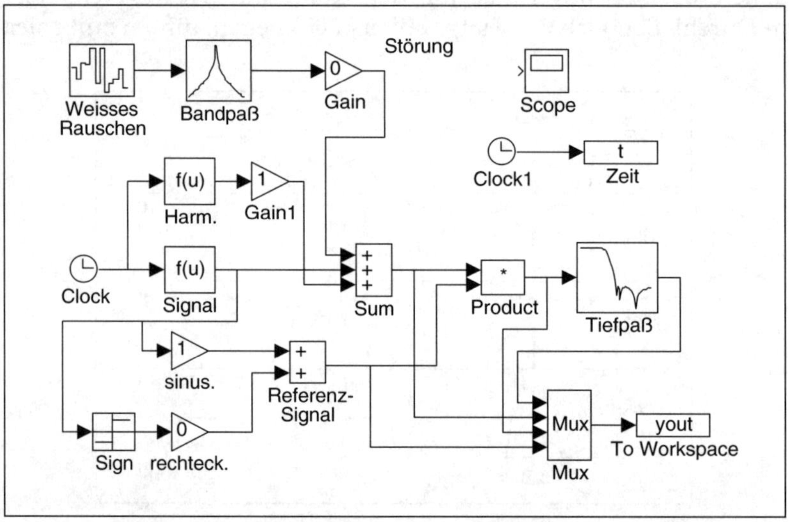

Bild 5.54 SIMULINK-Modell für die Untersuchung des Lock-In-Verfahrens (s_lock1.m; s_lock1.mdl)

Es kann auch für den Entwurf einer konkreten Schaltung erweitert werden, z.B. für die Ermittlung der nötigen Eigenschaften des eingesetzten Tiefpaßfilters. Das Signal und die harmonischen Störungen sind mit Hilfe einer *Clock*-Quelle und zwei nichtlinearen *Fcn*-Blöcken gebildet. In dieser Form sind gewünschte Phasenverschiebungen leicht einzustellen. Das Referenzsignal wird aus dem Eingangssignal erzeugt, durch *Gain*-Blöcke kann es sinusförmig oder rechteckig eingestellt werden. Mit einem zusätzlichen *Gain*-Block wird ein bandbegrenztes Rauschen zugeschaltet. Es wird durch Bandpaßfilterung des Rauschens eines *Band-Limited-White-Noise*-Generators erhalten. Dieser Generator hat den Vorteil, daß die Leistungsspektraldichte als Parameter angegeben werden kann und somit sehr leicht die Leistung des Rauschsignals in einem Frequenzbereich einzustellen ist. So wählt man z.B. für ein Rauschsignal mit einer Varianz (mittleren Leistung) von 1 Watt oder 1 V^2 im Frequenzbereich von 2900 Hz bis 3100 Hz zuerst die *Sample-Time* des Generators Ts, so daß die Abtastfrequenz als Kehrwert des *Sample-Time*-Parameters viel größer als die untersuchten Frequenzen ist. Mit der Leistungsspektraldichte (*Noise-Power*) des Generators als Wert gleich dem *Sample-Time*-Parameter erhält man weißes, bandbegrenztes Rauschen der Varianz 1 Watt und Leistungsspektraldichte Ts Watt/Hz (wenn Ts in Sekunden angegeben wird). Mit einem *Gain*-Faktor von 200 Ts und einem Bandpaßfilter, der eine Mittefrequenz von 3000 Hz und eine Bandbreite von 200 Hz besitzt, erhält man das gewünschte Rauschsignal.

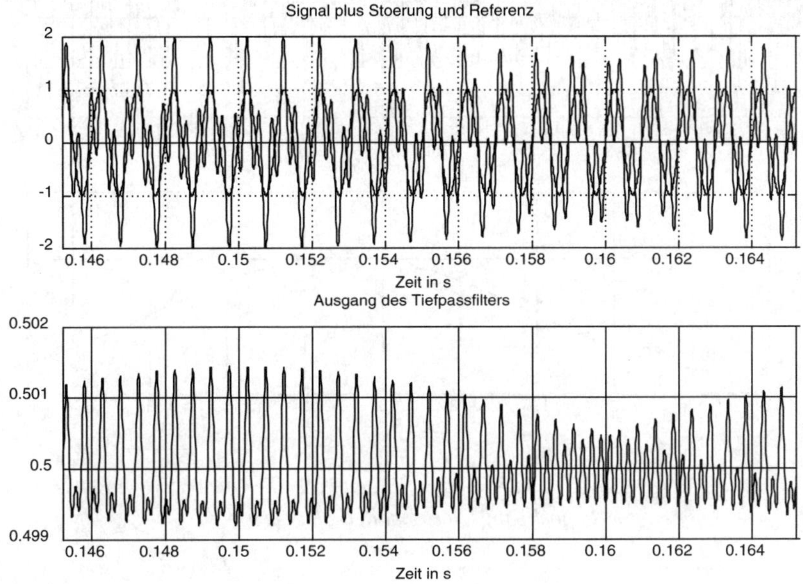

Bild 5.55 Eingangssignal von 1 kHz mit Störung von 3,05 kHz und sinusförmige Referenz (s_lock1.m; s_lock1.mdl; d_lock1.m)

Bild 5.55 zeigt die Ergebnisse eines Experiments, bei dem ein sinusförmiges Eingangssignal von 1 kHz und 1 V Amplitude, gestört durch eine sinusförmige Störung der Frequenz 3,05 kHz und 1 V Amplitude, mit sinusförmiger Referenz synchron gemessen wird. Das ideale Ausgangssignal ist für diesen Fall 0,5 V und wird annähernd erreicht. Die Schwankungen um diesen Wert sind auf das Tiefpaßfilter zurückzuführen, das eine endliche Dämpfung im Sperrbereich besitzt.

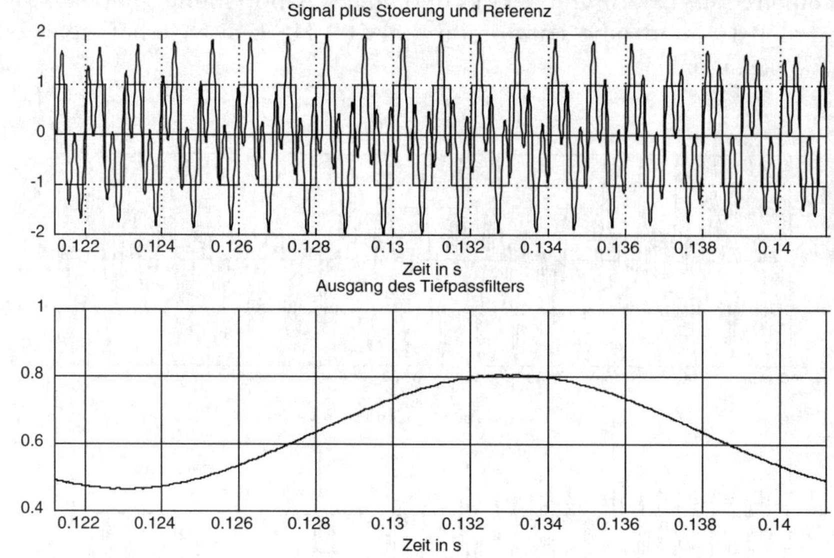

Bild 5.56 Der Einfluß einer Störung von 3,05 kHz für den Fall einer rechteckigen Referenz von 1 kHz (s_lock1.m; s_lock1.mdl; d_ lock1.m)

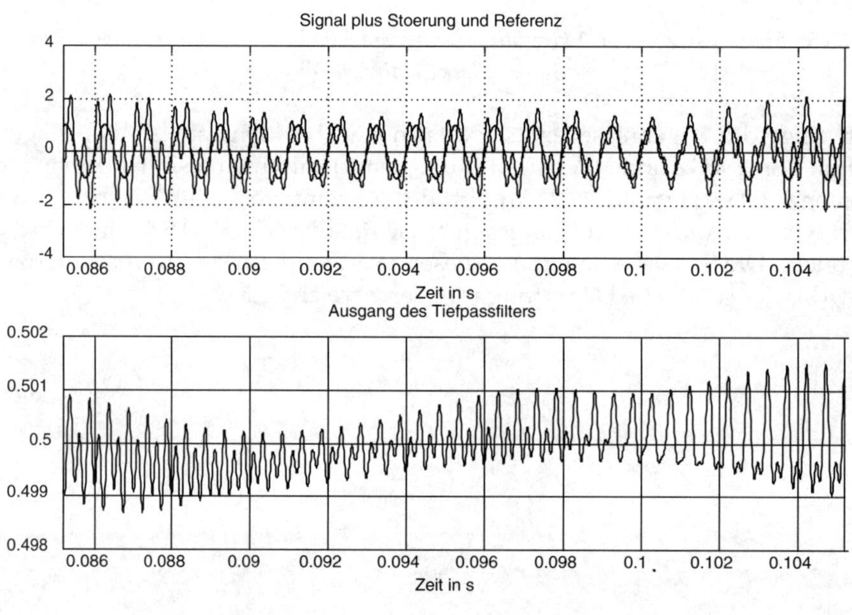

Bild 5.57 Der Einfluß eines bandbegrenzten Rauschsignals für den Fall einer sinusförmigen Referenz von 1 kHz (s_lock1.m; s_lock1.mdl; d_ lock1.m)

Die Störung hat praktisch keine Auswirkungen, weil mit sinusförmiger Referenz in der Umgebung von 3 kHz kein Durchlaß vorkommt. Ganz anders verhält sich die Anordnung, wenn die Referenz rechteckig (Tastverhältnis 1:1) ist (Bild 5.56). Die Störung von 3,05 kHz ergibt mit der Harmonische von 3 kHz der Referenz ein Mischprodukt von 50 Hz, das im Durchlaßbereich von 100 Hz des Tiefpaßfilters liegt. Der ideale Ausgangswert von $2/\pi = 0{,}6366$ für den Fall ohne Störung mit rechteckiger Referenz ist durch diese Störung verfälscht. Die Referenz von ± 1 V hat bei 3 kHz eine Harmonische mit einer Amplitude von $4/(3\pi) = 0{,}424$ V und ihr Mischprodukt bei 3,05-3 = 0,05 kHz = 50 Hz erreicht eine Amplitude von 0,5*0,424 = 0,212 V.

Der Verlauf der Ausgangsspannung des Tiefpasses (Bild 5.56) zeigt das Mischprodukt von 50 Hz mit einer Amplitude, die etwas kleiner als die zuvor theoretisch ermittelte ist, weil das Tiefpaßfilter mit Durchlaßfrequenz von 100 Hz bei 50 Hz schon eingreift.

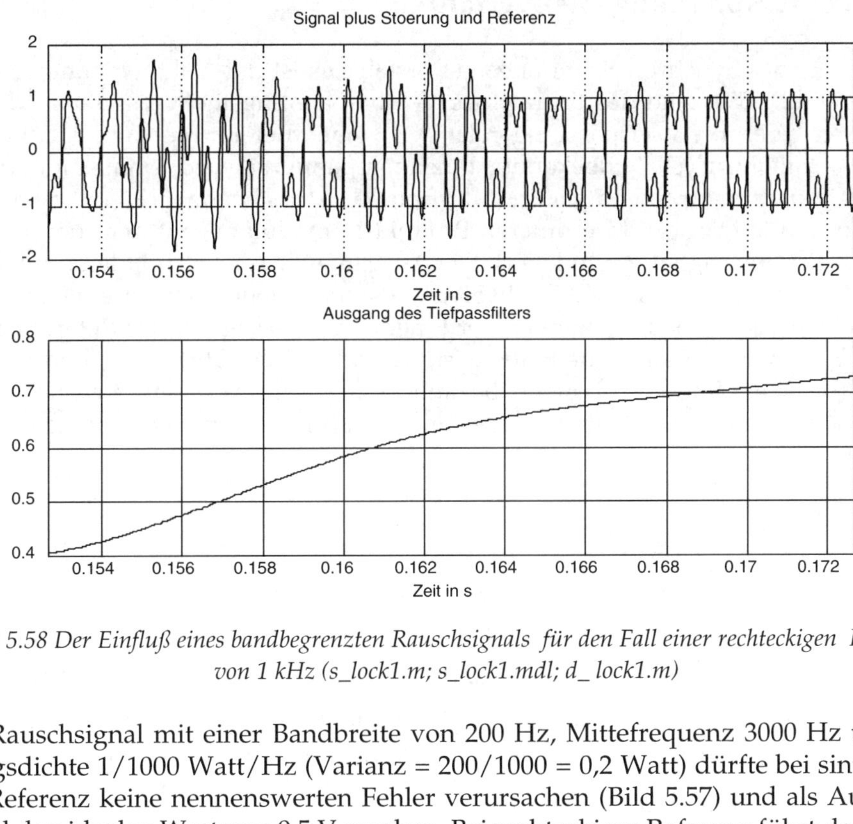

Bild 5.58 Der Einfluß eines bandbegrenzten Rauschsignals für den Fall einer rechteckigen Referenz von 1 kHz (s_lock1.m; s_lock1.mdl; d_ lock1.m)

Ein Rauschsignal mit einer Bandbreite von 200 Hz, Mittefrequenz 3000 Hz und Leistungsdichte 1/1000 Watt/Hz (Varianz = 200/1000 = 0,2 Watt) dürfte bei sinusförmiger Referenz keine nennenswerten Fehler verursachen (Bild 5.57) und als Ausgangssignal den idealen Wert von 0,5 V ergeben. Bei rechteckiger Referenz führt das gleiche Rauschsignal durch die Mischprodukte mit der Harmonische von 3 kHz der Referenz, die im Durchlaßbereich des Tiefpaßfilters liegen, zu erheblichen Fehlern.

Wenn angenommen wird, daß normal verteiltes Rauschen vorhanden ist, dann erhält man bei der mittleren Leistung (oder Varianz) von 200/1000 = 0,2 Watt eine Standardabweichung von $\sigma = \sqrt{0{,}2} = 0{,}45$ V. Der Betrag des Fehlers müßte mit sehr kleiner Wahrscheinlichkeit (0,05) den Wert $3\sigma/2 = 0{,}675$ überschreiten. Die Teilung durch zwei wurde wie bei den deterministischen Mischprodukten angewandt:

$$\cos\alpha\cos\beta = (\cos(\alpha-\beta)+\cos(\alpha+\beta))/2$$

Der Fehler ist relativ groß, da die ganze Leistung des störenden Rauschens in ein Band fällt, das Mischprodukte im Durchlaßbereich des Tiefpaßfilters ergibt. Rauschen, das seine mittlere Leistung über einen breiten Frequenzbereich verteilt, führt zu viel kleineren Fehlern. Die in *To-Workspace*-Senken eingefangenen Ergebnisse der Simulationen mit dem SIMULINK-Modell `s_lock1.m` können mit dem Programm `d_lock1.m` dargestellt werden. Die Parameter der Simulationen sind im SIMULINK-Modell zu ändern.

5.9.2 Vektorspannungsmeßverfahren

Eine Variante des Synchron-Spannungsmeßverfahrens ist das Vektorspannungsmeßverfahren. Bild 5.59a zeigt das Prinzip des Vektorspannungsmeßverfahrens, welches das Messen einer Wechselspannung relativ zu einer Referenzspannung derselben Frequenz ermöglicht. Die unbekannte Eingangsspannung wird einmal im oberen Synchron-Demodulator (hier auch Produkt-Demodulator genannt [13]) mit dem Referenzsignal multipliziert und im unteren Produkt-Demodulator mit dem um 90° verschobenen Referenzsignal multipliziert. Die Ausgänge dieser Produktdemodulatoren werden tiefpaßgefiltert, um die Gleichspannungskomponenten zu extrahieren. Diese Komponenten bilden die Projektionen der Eingangsspannung auf das Referenzsignal und auf das um 90° verschobene Referenzsignal (oder Quadratursignal) und sind als Inphase- bzw. Quadraturkomponente bekannt (Bild 5.59b). Wie beim Synchronspannungsmesser erhält man für die Inphase- und Quadraturkomponente folgende Formen:

$$U_1 = k_p U_e \cos(\varphi) \tag{5.86}$$

$$U_2 = k_p U_e \sin(\varphi) \tag{5.87}$$

Hier bildet k_p den Übertragungsfaktor der Produktmodulatoren, der auch die Amplitude der Referenzspannung enthält, und U_e ist der Effektivwert der unbekannten Eingangsspannung. Das Verhältnis $U_2/U_1 = \tan(\varphi)$ ist ein Maß für den Phasenwinkel der unbekannten Spannung relativ zur Referenzspannung, und $(\sqrt{U_1^2+U_2^2})/k_p$ ergibt U_e.

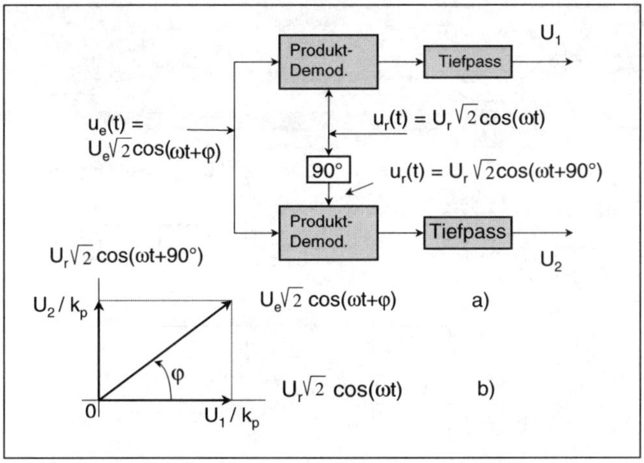

Bild 5.59 *a) Prinzip des Vektor-Spannungsmeßverfahrens,*
b) die Zerlegung der Eingangsspannung in Quadraturkomponenten

Das SIMULINK-Modell aus dem vorherigen Abschnitt kann leicht für das Vektorspannungsmeßverfahren erweitert werden, um wertvolle Erkenntnisse insbesondere bezogen auf die Störanfälligkeit zu gewinnen.

Eine konkrete Anwendung dieses Meßverfahrens, bei der viele Fragen durch Simulation geklärt werden können, ist in Bild 5.60 gezeigt. Die Anordnung dient der Messung der Schwingungsbilder eines Werkstücks. Der Erregungsgenerator wird durch eine Wobbelspannung gesteuert, so daß ein bestimmter Frequenzbereich durchgefahren wird. Die Erregungsspannung wird auch als Referenzspannung für eine vektorielle Messung der Antwort des Schwingungssensors benutzt. Die Strecke zwischen Erreger und Schwingungssensor besitzt eine Übertragungsfunktion, deren Frequenzgang gemessen wird. Für jede Position des Sensors erhält man einen Frequenzgang.

Die Wobbelspannung, die zur Frequenz proportional ist, dient als x-Eingang an einem Gerät, das wie ein xy-Schreiber arbeiten muß. Die y-Eingänge sind der Betrag und die Phase des Frequenzgangs. Die Wobbelspannung in Form eines Sägezahns muß sich so langsam ändern, daß für jede Frequenz eine korrekte Messung stattfindet. Eine Menge Probleme sind zu beantworten, die durch Simulation relativ einfach zu klären sind. Die Bestimmung der Geschwindigkeit mit der sich die Frequenz ändern darf, ohne daß signifikante Fehler auftreten, könnte eins von diesen Problemen sein.

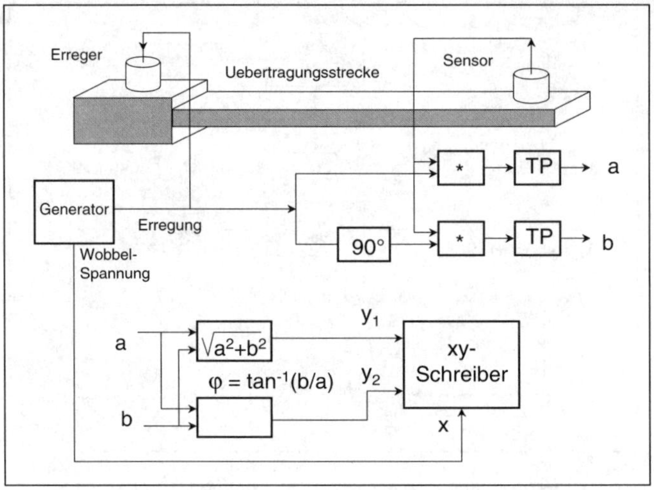

Bild 5.60 Anordnung zur Messung der Schwingungsbilder (Frequenzgänge) eines Werkstücks

5.10 Simulation von PLL-Schleifen

In einer PLL-Schleife (*Phase-Lock-Loop*) [14] wird der Phasenverlauf eines periodischen Eingangssignals durch den Phasenverlauf des periodischen Signals eines gesteuerten Oszillators verfolgt. Das Ziel ist, die Phasen der zwei periodischen Signale starr zu verbinden. Dadurch erreicht man auch, daß die Frequenz des gesteuerten Oszillators gleich der Frequenz des Eingangssignals wird.

Bild 5.61 zeigt das Blockschaltbild einer PLL-Schleife, die für Frequenzsynthese benutzt wird. Sie besteht aus einem Phasendetektor (oder Phasenvergleicher) PD, einem Schleifentiefpaßfilter TP, einem durch Spannung gesteuerten Oszillator, auch VCO (*Voltage-Controlled-Oscillator*) genannt, und einem programmierbaren Teiler N. Die Anordnung bildet eine Regelungsschleife, welche die Frequenz des VCOs so steuert, daß das Signal am Ausgang des programmierbaren Teilers eine Frequenz f_2 erhält, die gleich der Frequenz des Eingangssignals f_1 ist. Das Ausgangssignal des VCOs hat somit eine Frequenz $f_{VCO} = N.f_1$, die N mal größer als die Frequenz des Eingangssignals ist. Sie kann in Schritten von f_1 (die Rasterung) geändert werden.

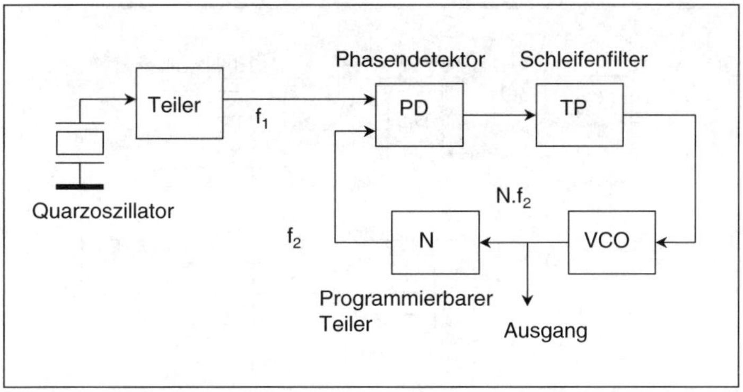

Bild 5.61 Blockschaltbild einer PLL-Schleife für Frequenzsynthese

Die Eingangsfrequenz f_1 wird aus einem sehr stabilen Quarzoszillator durch Teilung erhalten. Wenn ein UKW- oder TV-Empfänger auf einen Sender eingestellt wird, dann wird eigentlich der Faktor N des programmierbaren Teilers einer PLL-Schleife geändert.

In der Kommunikationstechnik werden PLL-Schleifen auch für andere Aufgaben eingesetzt. Häufig wird beim Empfänger durch eine PLL-Schleife der Träger des empfangenen Signals rekonstruiert, so daß dieser die gleiche Phase wie der Träger des Senders besitzt. Man bezeichnet diese Anordnungen als analoge PLL-Schleifen im Gegensatz zu den digitalen PLL-Schleifen, die zur Frequenzsynthese benutzt werden. Das Eingangssignal einer solchen analogen PLL-Schleife ist z.B. das Zwischenfrequenzsignal des Empfängers, das aus einem Nutzsignal mit überlagerten Störungen besteht. Hier wird der Bandpaßcharakter der PLL-Schleife genutzt, um den Einfluß der Störungen zu unterdrücken. Die PLL-Schleife kann auch als Demodulator für frequenz- oder phasenmodulierte Signale eingesetzt werden. Es wird der Ausgang des Schleifenfilters, der den VCO steuert, benutzt, weil dieser die Frequenz des VCOs so ändert, daß die Eingangsfrequenz verfolgt wird.

Die Simulation einer PLL-Schleife kann mit konkreten Signalen arbeiten oder sie bezieht sich nur auf die Größen, die in der Schleife geregelt werden, wie die Phase und Frequenz der Signale. Im ersten Fall, wenn konkrete periodische Signale untersucht werden, kann man feine Änderungen der Frequenz und der Phase nicht wahrnehmen. Wenn nur die geregelten Größen untersucht werden, dann ist das Verhalten der Regelungsschleife in allen Feinheiten ersichtlich.

Im Bild 5.62 ist das Blockschaltbild einer PLL-Schleife dargestellt, in der die Abweichungen der geregelten Größen gezeigt sind. Die Abweichung der Eingangsfrequenz $\Delta\omega_1$ führt über eine Integraloperation zu einer Abweichung des Phasenverlaufs der Eingangsgröße $\Delta\varphi_1$, die in einem Phasendetektor mit der Phasenänderung $\Delta\varphi_2$ des Ausgangs des VCOs verglichen wird. Eine Funktion der Differenz dieser zwei Phasenabweichungen ergibt den Phasenfehler $\Delta\varepsilon$.

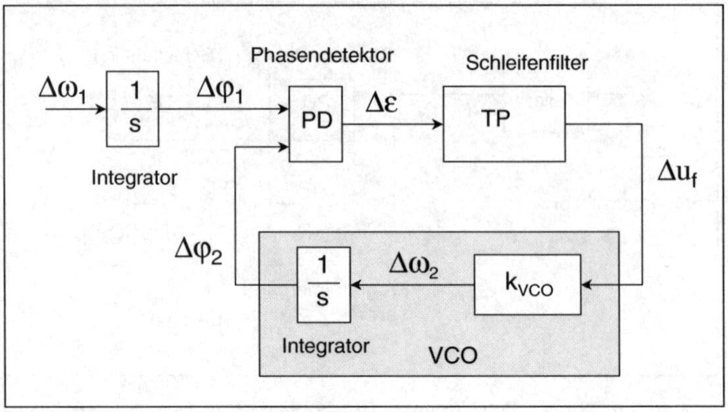

Bild 5.62 Blockschaltbild einer PLL-Schleife, in der die geregelten Größen gezeigt sind

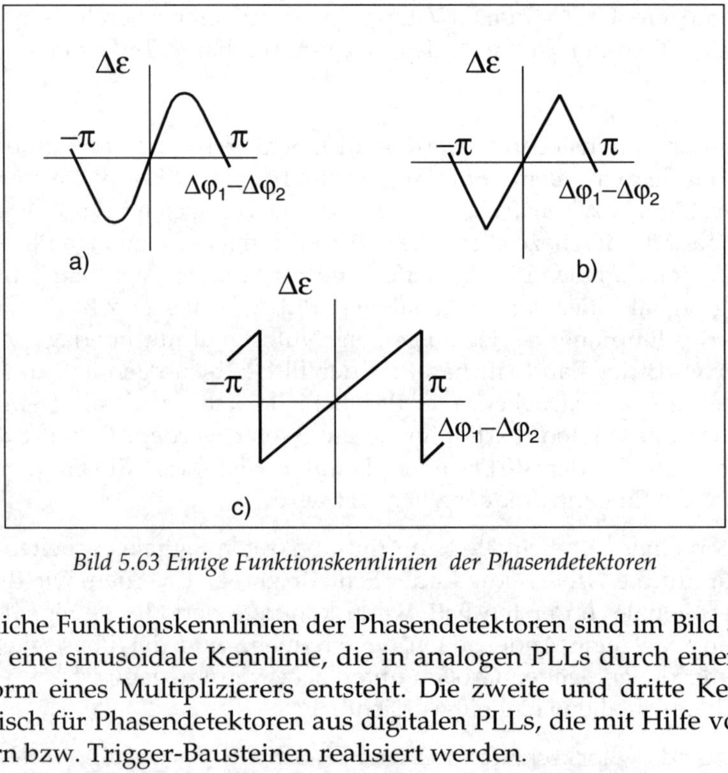

Bild 5.63 Einige Funktionskennlinien der Phasendetektoren

Einige mögliche Funktionskennlinien der Phasendetektoren sind im Bild 5.63 gezeigt. Die erste ist eine sinusoidale Kennlinie, die in analogen PLLs durch einen Phasendetektor in Form eines Multiplizierers entsteht. Die zweite und dritte Kennlinie sind charakteristisch für Phasendetektoren aus digitalen PLLs, die mit Hilfe von Exklusiv-Oder-Gattern bzw. Trigger-Bausteinen realisiert werden.

Die Abweichung des Phasenfehlers steuert über den Schleifenfilter und der Spannung Δu_f die Frequenzänderung $\Delta\omega_2$ des VCOs:

$$\Delta\omega_2 = k_{VCO}\Delta u_f\,, \tag{5.88}$$

wobei k_{VCO} der Übertragungsfaktor des VCOs ist.

Bild 5.64 zeigt das SIMULINK-Modell der PLL-Schleife aus Bild 5.62, mit dem man die Abweichungen der Größen relativ zu einem stationären Zustand untersuchen kann. Als Ursache der Abweichungen wird hier die Änderung der Eingangsfrequenz angenommen. Für den Phasendetektor kann eine der Kennlinien aus Bild 5.63 gelten. Für kleine Abweichungen des Phasenfehlers sind alle Kennlinien linear.

Um das Modell mit einer konkreten PLL-Schaltung zu verbinden, wird angenommen, daß die Eingangsfrequenz einen Sprung von 1 MHz ($\Delta\omega_1 = 2\pi 10^6\,\text{rad/s}$) hat, die Übertragungskonstante des Phasendetektors 1 V/rad und die Übertragungskonstante des VCOs $k_{VCO} = 2.10^7$ rad/s/V sind. Für das Schleifenfilter können verschiedene Übertragungsfunktionen eingesetzt werden. Bild 5.65 zeigt den Frequenzsprung am Eingang und die Frequenzänderung des VCOs zusammen mit dem Phasenfehler am Ausgang des Phasendetektors für eine Übertragungsfunktion des Schleifenfilters der Form:

$$H(j\omega) = \frac{2.10^{-8}\, j\omega + 1}{10^{-7}\, j\omega + 1} \tag{5.89}$$

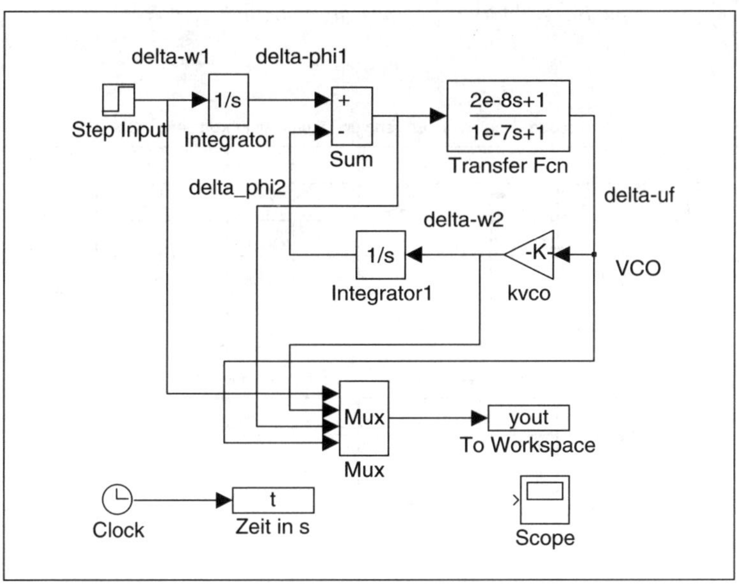

Bild 5.64 SIMULINK-Modell der PLL-Schleife nach Bild 5.62

Sie stellt ein Netzwerk mit *Lag-Lead*-Verhalten dar. Wenn in der Übertragungsfunktion im Zähler nur eine Eins bleibt und somit das Filter ein einfaches Tiefpaßfilter wird, sind die Überschwingungen der Sprungantwort größer. Das Verhalten der Schleife kann durch den Charakter und Parameter des Schleifenfilters zusammen mit dem Wert des Übertragungsfaktors des VCOs gesteuert werden.

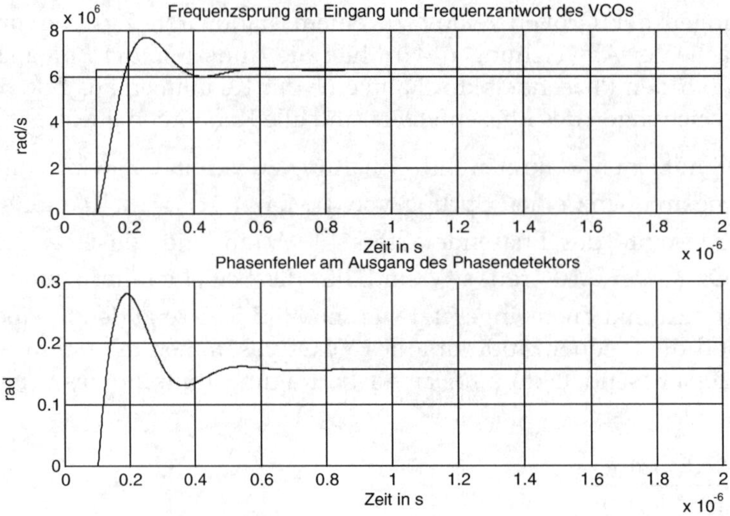

Bild 5.65 Die Sprungantwort der PLL-Schleife mit einem Lag-Lead-Schleifenfilter, ohne Integralwirkung (s_pll1.m; s_pll1.mdl; d_pll1.m)

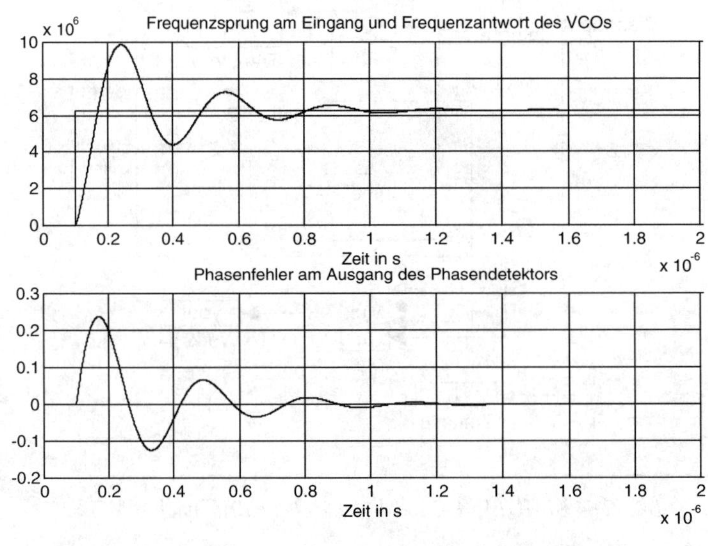

Bild 5.66 Die Sprungantwort der PLL-Schleife für einen Schleifenfilter mit Integralwirkung (s_pll1.m; s_pll1.mdl; d_pll1.m)

Die Ergebnisse der Simulation sind mit dem Programm `d_pll1.m` gezeigt. Es werden die Variablen, die in der Senke *To-Workspace* eingefangen wurden, dargestellt.

Man sollte mit den erwähnten Parametern experimentieren, um bestimmte Ziele zu erreichen, wie z.B. eine bestimmte Zeit des Einrastens. Für die Schleifenfilter, die keine Integralwirkung besitzen, entsteht immer ein Phasenfehler. Mit einer Übertragungsfunktion für das Schleifenfilter

$$H(j\omega) = \frac{2.10^{-8}\, j\omega + 1}{10^{-7}\, j\omega}, \tag{5.90}$$

die einem Integrator bei tiefen Frequenzen entspricht, entsteht am Ausgang des Phasendetektors kein Phasenfehler mehr (Bild 5.66).

Ohne den *Lead*-Faktor im Zähler, mit zwei Integratoren (der des Schleifenfilters und der des VCOs) ist die Gefahr groß, daß die PLL-Schleife instabil wird. Für die relativ kleinen Abweichungen des Phasenfehlers, die erhalten wurden, ist die Annahme einer linearen Kennlinie des Phasendetektors bestätigt.

Als nächstes Beispiel wird die Simulation einer analogen PLL-Schleife, in der effektiv die Signale auftreten, gezeigt. Als Phasendetektor wird ein Multiplizierer verwendet, dessen Ausgang durch

$$u_d(t) = k_d u_i(t) u_{vco}(t) \tag{5.91}$$

gegeben ist. Hier ist k_d ein Übertragungsfaktor mit der Einheit 1/V, so daß am Ausgang nach der Multiplikation der zwei Spannungen auch eine Spannung resultiert. Als Eingangssignal wird eine sinusförmige Spannung mit einer Grundfrequenz (Ruhefrequenz) f_0 und einer Frequenzänderung $f_1(t)$ angenommen. Der entsprechende Phasenverlauf dieser Spannung ist

$$\varphi_1(t) = 2\pi \int_0^t (f_0 + f_1(\tau))d\tau + \varphi_{01} = 2\pi . f_0 t + 2\pi \int_0^t f_1(\tau)d\tau + \varphi_{01} \tag{5.92}$$

und somit ist

$$u_i(t) = \hat{u}_1 \sin(\varphi_1(t)) = \hat{u}_1 \sin(2\pi . f_0 t + 2\pi \int_0^t f_1(\tau)d\tau + \varphi_{01}). \tag{5.93}$$

Für die Spannung am Ausgang des VCOs wird folgende ähnliche Form vorausgesetzt:

$$u_{vc0}(t) = \hat{u}_2 \cos(\varphi_2(t)) = \hat{u}_{vco} \cos(2\pi . f_0 t + 2\pi \int_0^t f_2(\tau)d\tau + \varphi_{02}), \tag{5.94}$$

wobei die Frequenz des VCOs durch die Spannung des Schleifenfilters gesteuert ist:

$$f_2(t) = k_{vco} u_f(t) \tag{5.95}$$

Der Proportionalitätsfaktor (oder Übertragungsfaktor) k_{vco} mit der Einheit Hz/V stellt die Kennlinie des VCOs dar. Zwischen der Eingangsspannung als sinusförmiges Signal und der Spannung des VCOs als cosinusförmiges Signal ist von Anfang an eine Phasenverschiebung von 90° angenommen. Beide Spannungen haben dieselbe Grundfrequenz (die beim VCO auch als Ruhefrequenz zu bezeichnen ist) und die Phasenänderungen bzw. Frequenzänderungen sind in den Nullphasen und Integraltermen enthalten. Das Produkt dieser zwei Variablen wird laut

$$\sin\alpha\cos\beta = \left(\sin(\alpha-\beta)+\sin(\alpha+\beta)\right)/2$$

in folgender Form geschrieben:

$$\begin{aligned} u_d(t) = k_d(\hat{u}_1\hat{u}_2/2)\Big[&\sin(\varphi_{01}-\varphi_{02}+2\pi\textstyle\int_0^t(f_1(t)-k_{vco}u_f(t))d\tau)+ \\ &\sin(2.2\pi.f_0t+\varphi_{01}+\varphi_{02}+2\pi\textstyle\int_0^t(f_1(t)+k_{vco}u_f(t))d\tau)\Big] \end{aligned} \qquad (5.96)$$

Der zweite Term auf der rechten Seite der obigen Gleichung ist eine Schwingung mit einer Grundfrequenz, die gleich der doppelten Grundfrequenz eines Eingangs des Phasendetektors ist. In der Annahme, daß das Schleifenfilter diese Schwingung unterdrückt, bleibt für den gefilterten Ausgang des Phasendetektors die Form

$$\overline{u}_d(t) = k_d(\hat{u}_1\hat{u}_2/2)\sin(\varphi_{01}-\varphi_{02}+2\pi\textstyle\int_0^t(f_1(t)-k_{vco}u_f(t))d\tau) \qquad (5.97)$$

Die Regelschleife der PLL-Schaltung wird versuchen, diesen Spannungsfehler zu minimieren oder gar auf Null zu bringen. In Abhängigkeit von den Parametern der Schaltung, gegeben durch die Parameter des Schleifenfilter, den Faktor k_d, bzw. k_{vco}, und der Änderungsform der Eingangsfrequenz wird dies mehr oder weniger gelingen. Die Beziehung (5.97) entspricht einem Phasendetektor mit einer Kennlinie, die im Bild 5.63a gezeigt ist.

Für das Schleifenfilter kommen Tiefpaßfilter oder Integratoren in Frage, welche die doppelte Grundfrequenzkomponente des Mischprodukts am Ausgang des Multiplizierers unterdrücken können. Um die Stabilität der Regelschleife zu verbessern, wird bei höheren Frequenzen die starke Phasenverschiebung von -90° eines Tiefpaßes oder Integrators mit einem *Lead*-Glied reduziert.

Die Untersuchung mit Hilfe eines SIMULINK-Modells kann alle angesprochenen Sachverhalte verständlich und anschaulich zeigen. Im Bild 5.67 ist das Modell (`s_pll2.m`; `s_pll2.mdl`) einer PLL-Schaltung, bei der das Eingangssignal mit einer Grundfrequenz von 10 kHz zwischen 2 kHz bis 18 kHz linear frequenzmoduliert wird. Das symmetrische dreieckförmige Wobbelsignal wird von einem *Repeating-Sequence*-Block erzeugt. Es bildet die Frequenzabweichung von ± 8000 Hz, die nach der Multiplikation durch 2π und Integration die Phasenänderung des Eingangssignals ergibt. Mit Hilfe des *Clock*-Blocks, und der Multiplikation durch $2\pi.f_0$ wird der Phasenverlauf für die Grundfrequenz erzeugt. Zusammen mit einer Nullphase ist die Eingangsspannung, in dem nichtlinearen Funktionsblock mit sin(u) bezeichnet, gebildet. Ähnlich wird die Spannung des VCOs mit einer Ruhefrequenz von 10 kHz simuliert. Hier wird eine Nullphase gleich Null angenommen.

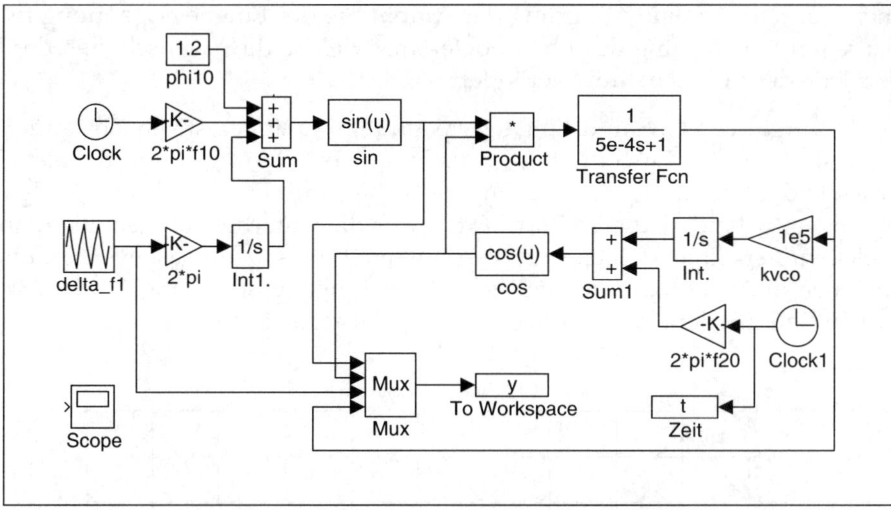

Bild 5.67 SIMULINK-Modell einer analogen PLL-Schleife, in dem effektiv die Signale auftreten (s_pll2.m; s_pll2.mdl; d_pll2.m)

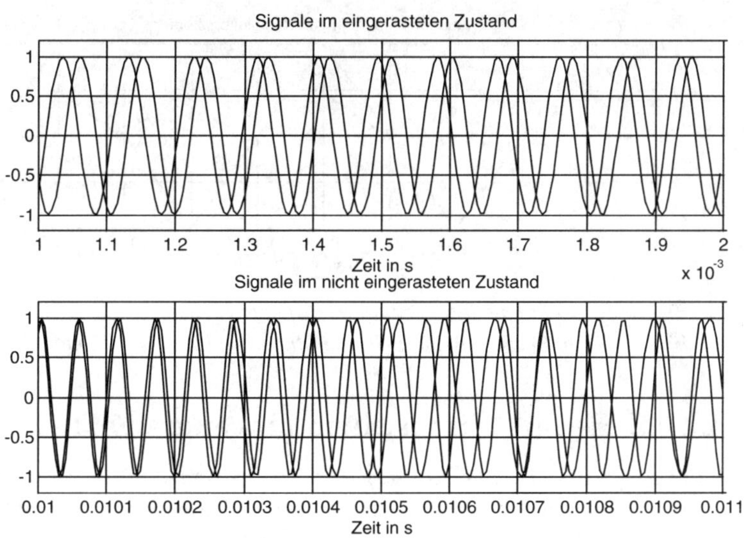

Bild 5.68 a) Eingerasteter Zustand (Phasenverschiebung von 90°)
b) nicht eingerasteter Zustand (s_pll2.m; s_pll2.mdl; d_pll2.m)

Das Modell enthält einen Tiefpaßfilter mit einer Zeitkonstante von 5.10^{-4} s, das einer Bandbreite bis ca. 300 Hz entspricht, einen Phasendetektor mit Übertragungskonstante $k_d = 1$ 1/V und einen VCO mit Übertragungskonstante $k_{vco} = 10^5 / (2\pi)$ Hz/V.

Die Amplituden der Spannung des VCOs und die der Eingangsspannung wurden 1 V gewählt. Allgemein kann die Amplitude der Spannung des VCOs als konstant angenommen werden und eine Änderung der Amplitude der Eingangsspannung führt zu einer anderen Verstärkung des Phasendetektors, welche die Eigenschaften der Regelungsschleife der PLL-Schaltung verändert.

Bild 5.68a zeigt die VCO- und Eingangsspannung im eingerasteten Zustand. Solche Zustände sind im Bild 5.69b durch die zur Frequenzänderung proportionalen, linearen Verläufe der Spannung am Ausgang des Schleifenfilters signalisiert. In den nicht eingerasteten Zuständen, die im Bild 5.69b durch die Unterbrechungen der Spannung des Schleifenfilters zu erkennen sind, verschwindet die starre Phasenverbindung von 90° zwischen der Spannung des VCOs und der Eingangsspannung (Bild 5.68b). Die Ergebnisse sind mit dem Programm `d_pll2.m` dargestellt.

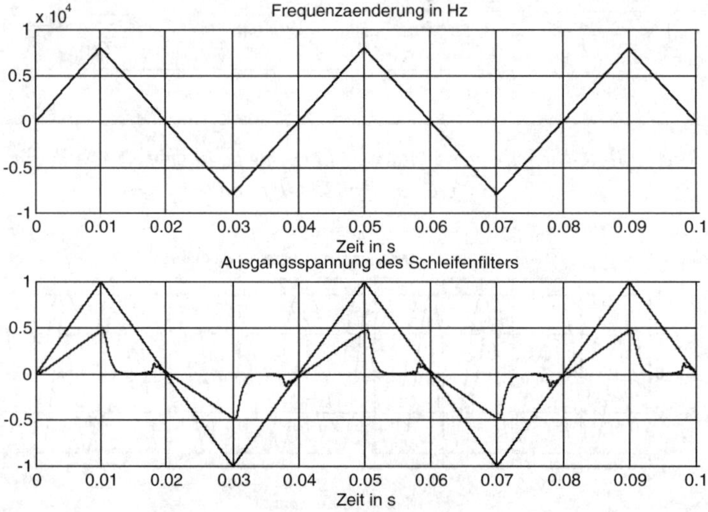

Bild 5.69 a) Frequenzänderung des Eingangssignals
b) Spannung des Schleifenfilters (s_pll2.m; s_pll2.mdl; d_pll2.m)

5.10.1 PLL-Schleife mit verrauschtem Eingangssignal

Über die Eigenschaften (z.B. „Trägheit") der Regelungsschleife kann das Verhalten der PLL-Schaltung bei verrauschtem Eingangssignal gesteuert werden. Die Theorie des Verhaltens, wenn dem Eingangssignal additives, gaußsches Rauschen mit Spektralkomponenten in einem bestimmten Frequenzbereich überlagert wird, begrenzt sich auf lineare Modelle mit sehr einfachen Schleifenfiltern. Hier kann die Simulation sehr wichtige praktische Erkenntnisse ergeben. Bild 5.70 zeigt ein einfaches Modell (`s_pll3.m`; `s_pll2.mdl`) zur Untersuchung einer analogen PLL-Schleife für verrauschte Eingangssignale. Es kann leicht auch für andere Typen von Schleifen erweitert werden.

Das Rauschen wird mit Hilfe der Quelle *Band-Limited-White-Noise* durch Filterung erzeugt. Hier wird ein Tiefpaßfilter benutzt, um ein gaußsches Rauschen der Bandbreite 200 kHz zu erhalten. Mit Bandpässen können Rauschsignale mit Spektralkomponenten in einem bestimmten Frequenzbereich generiert werden. Die Ruhefrequenz des VCOs und die Frequenz des Eingangssignals sind auf 10 kHz festgelegt. Das Schleifenfilter ist ein Tiefpaßfilter mit einer Bandbreite von 100 rad/s (oder 15,9 Hz) und *Lead*-Effekt bei 1,59 kHz. Da hier das ideale Eingangssignal auch zur Verfügung steht, kann das Phasenjitter des Signals des VCOs auch „gemessen" werden. Es wird das ideale Eingangssignal mit dem Ausgangssignal des VCOs multipliziert und das Mischprodukt gefiltert, so daß nur die Basisbandkomponenten erhalten bleiben. Die Phasenschwankungen (als Jitter bezeichnet) sind jetzt in Form einer Sinusfunktion vorhanden. Für kleine Schwankungen ist:

$$\sin(\Delta\varphi(t)) \cong \Delta\varphi(t)$$

Das Jitter ist am Ausgang des Tiefpaßfilters am oberen rechten Rand des Modells verfügbar. Nach einem Test des Modells im stationären Zustand (*Stop Time* = 999999...) mit Hilfe einer nicht angeschlossenen *Scope*-Senke können sinnvolle Erfassungszeiten für die *To-Workspace*-Senken eingestellt werden.

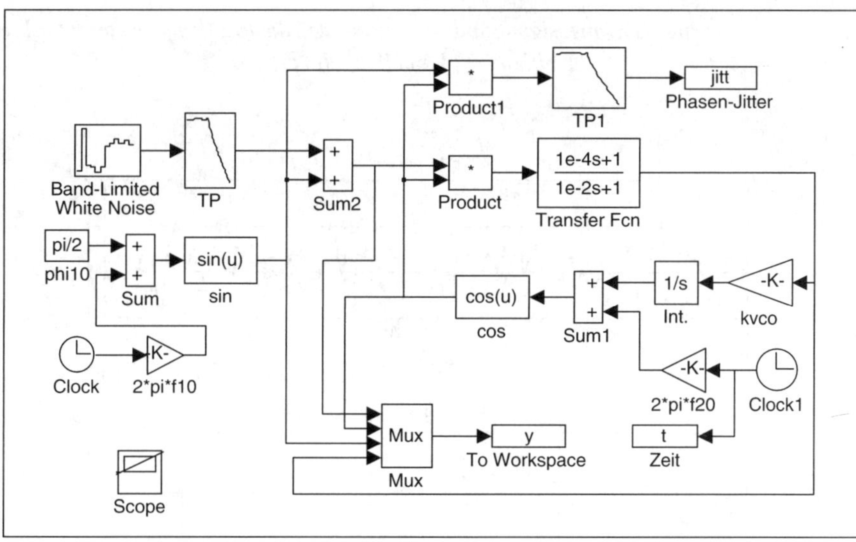

Bild 5.70 SIMULINK-Modell zur Untersuchung des Verhaltens einer analogen PLL-Schleife für verrauschte Eingangssignale (s_pll3.m; s_pll3.mdl; d_pll3.m)

Da das Jittersignal Komponenten mit relativ niedrigen Frequenzen enthält, müssen bei der Schrittweite für die restlichen Signale relativ viele Werte in der Senke Phasen-Jitter (ca. 16384 Werte) eingefangen werden. Im Darstellungsprogramm `d_pll3.m` wird dann durch Dezimation mit Faktor 8 eine Anzahl von Werten erhalten (16384 / 8 = 2048), die leicht zu untersuchen sind, z.B. mit einer FFT-Transformation.

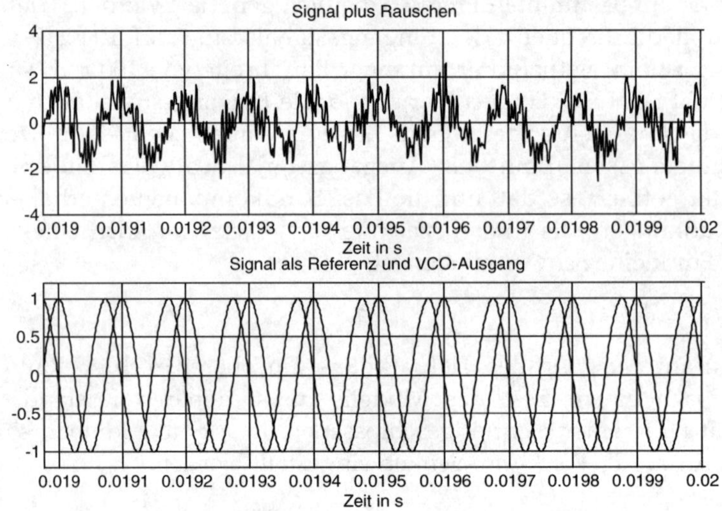

Bild 5.71 Verrauschtes Eingangssignal und der Beweis, daß die PLL-Schleife korrekt arbeitet (s_pll3.m; s_pll3.mdl; d_pll3.m)

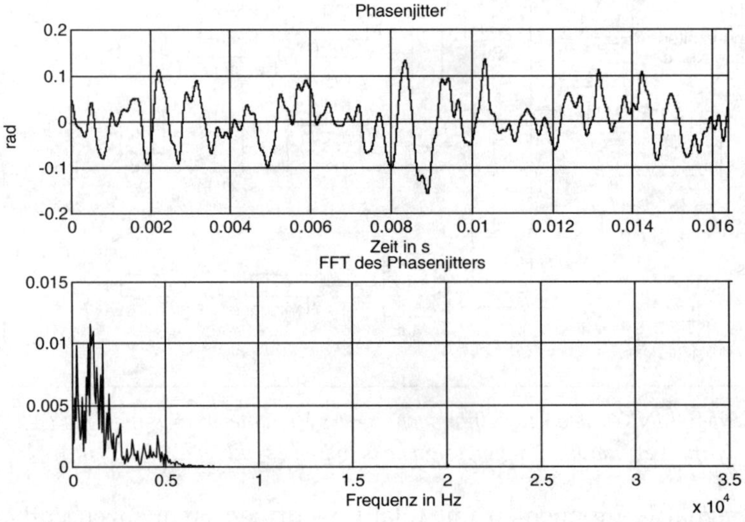

Bild 5.72a) Sequenz des Phasenjitters und dessen Amplitudenspektrum mit FFT-Transformation (abs(fft)/N) erhalten (s_pll3.m; s_pll3.mdl; d_pll3.m)

Der obere Teil im Bild 5.71 zeigt das mit gaußschem Rauschen von 200 kHz Bandbreite und Varianz 0,1 V^2 verrauschte Signal. Der Signal-Rauschabstand bei einer Amplitude des Eingangssignals von 1 V ist somit SNR = 6,99 dB.

Bild 5.72a zeigt eine Sequenz des Phasenjitters, aus der man sieht, daß die Phasenschwankungen relativ klein sind und daß die Annahme $\sin(\Delta\varphi(t)) \cong \Delta\varphi(t)$ gültig ist.

Im unteren Teil des Bildes ist das Amplitudenspektrum der Sequenz gezeigt. Der Betrag der FFT-Transformation der Sequenz ist durch die Anzahl der Werte der Sequenz N geteilt. Um die Leistungsspektraldichte des Phasenjitters zu ermitteln, müßten längere Sequenzen untersucht werden und die Funktion **psd** (*Power-Spectral-Density*) aus der *Signal-Processing-Toolbox* eingesetzt werden.

Ein Bandpaßfilter am Eingang mit einer Bandbreite, die vom Nutzsignal bedingt ist, kann auch einen großen Teil der Leistung des Rauschens unterdrücken und den Signal-Rauschabstand verbessern. Diese Vermutung ist leicht mit einem geänderten SIMULINK-Modell zu überprüfen.

5.11 Simulation eines Delta-Sigma-A/D-Wandlers

In den klassischen A/D- und D/A-Wandlern (oder A/D- und D/A-Umsetzer) gibt es einige technische Probleme, welche ihre Integration in VLSI-Chips (*Very-Large-Scale-Integrated*) sehr erschwert. Sie benötigen analoge Filter, sehr genaue analoge Schaltungen und sie sind sehr verwundbar in einer rauhen, digitalen Umgebung, wenn sie zusammen mit digitalen Teilen integriert werden. Als Beispiel sei erwähnt, daß bei einem klassischen Wandler mit 16 Bit und Bereich von ± 1 V die Quantisierungsstufe (LSB-Analogwert) [15] ca. 30 μV beträgt, und bei 20 Bit nur noch 2 μV ist. Man kann sich jetzt eine Vorstellung davon machen, wie schwer diese kleinen Werte von Störeinflüssen zu schützen sind, und wie kompliziert es ist, sie mit hoher Genauigkeit zu erzeugen.

Die *Delta-Sigma*-Wandler benutzen relativ einfache und weniger genaue analoge Schaltungen, benötigen aber komplexe digitale signalverarbeitende Stufen, deren Integration z.Z. wirtschaftlich möglich ist. Hier wird das analoge Eingangssignal in eine einbit, pulsmodulierte Sequenz (1-Bitsequenz), bei einer Abtastrate, die um mehreren Faktoren höher als die normale Nyquist-Rate ist, umgewandelt. Diese Etappe bildet einen Modulationsprozeß in dem eine hohe Zeitauflösung mit relativ ungenauen analogen Komponenten erzielt wird. Die Zeitauflösung führt später durch digitale Signalverarbeitung zu einer hohen Amplitudenauflösung. Die kleinen LSB-Analogwerte sind nicht mehr vorhanden, der Wandler ist nicht mehr störanfällig und kann leicht mit digitalen Teilen in komplexen, gemischten (*mixed*) analogen und digitalen Schaltungen intergriert werden.

Bild 5.73 zeigt die Blockschaltung eines sogenannten *Delta-Sigma*-A/D-Wandlers erster Ordnung. Höhere Ordnungen erhält man mit mehreren Rückkopplungen zu mehreren Integratoren [16]. Der Modulationsteil dehnt sich bis zum Block, der mit der Bezeichnung "Dezimation und digitale Filterung" versehen ist. Im Modulationsteil wird die pulsmodulierte Einbitsequenz mit hoher Zeitauflösung erzeugt. Der Komparator ist mit einem Takt getriggert, dessen Frequenz viel höher als die normal notwendige Abtastfrequenz für das Eingangssignal ist. Der Überabtastungsfaktor kann z.B. 64, 128 oder auch mehr sein. Die Rückkopplung über den Einbit-D/A-Wandler wird $x_r(t)$ so steuern, daß das Eingangssignal des Integrators im Mittel Null wird. Mit anderen Worten wird der Mittelwert von $x_r(t)$ über einigen Takten gleich dem Eingangssignal sein.

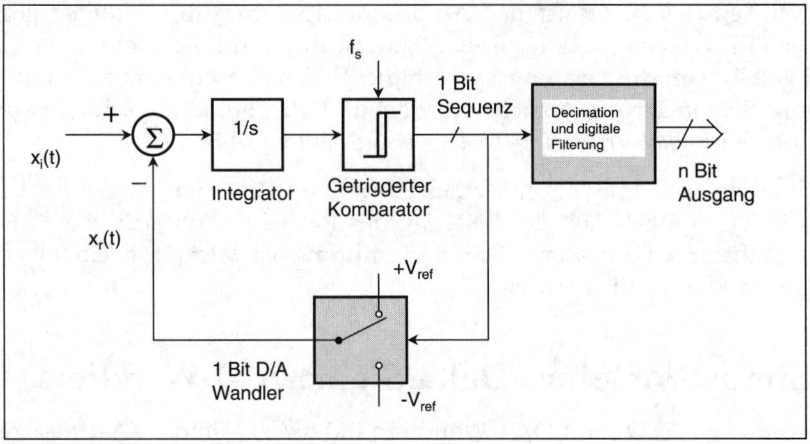

Bild 5.73 Blockschaltung eines Delta-Sigma-Wandlers erster Ordnung

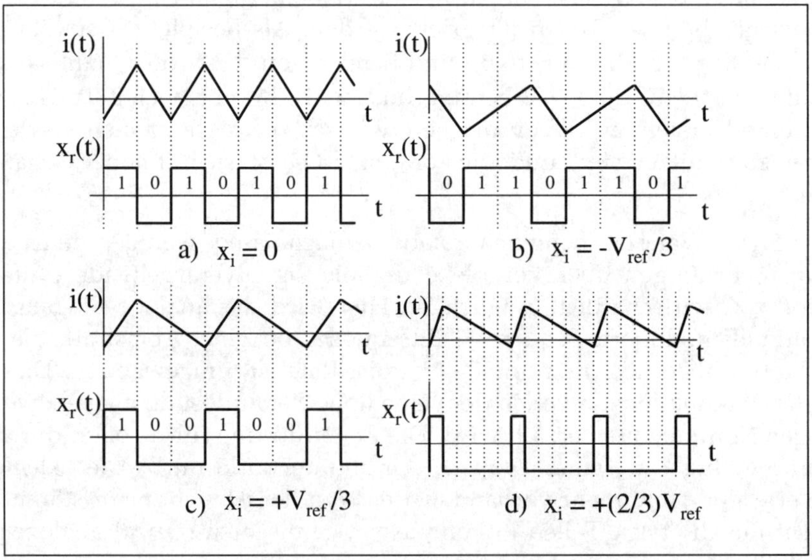

Bild 5.74 Die Spannung am Ausgang des Intergrators und die Rückkopplungsspannung eines Delta-Sigma-A/D-Wandlers erster Ordnung

Bild 5.74 zeigt die Ausgangsspannung des Integrators $i(t)$ und des Einbit-D/A-Wandlers $x_r(t)$ in der Rückkopplung für verschiedene statische Eingangssignale $x_i(t) =$ Konstant. Der Zustand aus Bild 5.74a entspricht einer Null-Eingangspannung und zeigt, wie mit einem 1:1- Tastverhältnis der Spannung am Ausgang des Komparators der Mittelwert der Spannung $x_r(t)$ auch auf Null forciert wird. Ähnlich zeigen die restlichen Fälle die Tastverhältnisse, welche einen Mittelwert der Spannung $x_r(t)$ ergeben, der gleich der Eingangsspannung ist. Die zeitliche Auflösung steigt mit der Überabtastung, die sich in der Taktrate des Komparators widerspiegelt.

Aus der Einbitsequenz mit hoher Zeitauflösung am Ausgang des Komparators wird nun eine Mehrbitsequenz durch digitale Filterung und Unterabtastung (auch Dezimation genannt) erzeugt. Wenn z.B. die binäre (1, 0) Sequenz des Komparators einfach über 4 Takte gemittelt wird, dann ist der kleinste Wert (außer Null) 1 und der höchste ist 4, was einem Dynamikbereich von 4 entspricht und eine Auflösung von 2 Bit bedeutet. Eine Mittelung über 8 Takte ergibt ähnlich eine Dynamik von 8 oder 3-Bit-Auflösung. Dieser Gedanke weitergeführt, würde bedeuten, daß für eine Auflösung von 16 Bit 65536-Werte (2^{16}) aus der Einbitsequenz gemittelt werden müssen.

Da das digitale Filter einen Tiefpaßcharakter besitzen muß (aus Gründen, die hier wegen des Platzmangels nicht erläutert werden) erhält man auch mit weniger Werten die gewünschte Auflösung. So z.B. erhält man bei einem Tiefpaß mit 64 (2^6) normierten Koeffizienten (so daß ihre Summe Eins beträgt), am Ausgang des Filters einen maximalen Wert gleich 64, wenn alle Werte der Einbitsequenz gleich 1 sind. Der kleinste Wert des Filterausgangs, in der Annahme, daß die Koeffizienten mit 8 Bit Auflösung dargestellt werden, kann 1/256 sein. Das geschieht, wenn an der Stelle des kleinsten Koeffizienten von 1/256 eine Eins vorkommt und die restlichen Werte der Einbitsequenz Null sind. Es resultiert eine theoretische Dynamik von 64/(1/256) = 64 x 256 = $2^6 2^8 = 2^{14}$ oder eine Auflösung von 14 Bit. In dieser Betrachtungsweise ist das Quantisierungsrauschen, das vom Überabtastungsfaktor abhängt, nicht einbezogen.

Für einen *Delta-Sigma*-A/D-Wandler 1. Ordnung ist der Gewinn im Signal-Rauschabstand (SNR) für jede Verdopplung der Abtastrate (oder Oktave-Überabtastung) gleich 9 dB [17]. Bei einem üblichen Überabtastungswert von 64 bedeutet dies ein Gewinn von 6 x 9 = 54 dB. Ein klassischer Wandler besitzt einen Gewinn im Signal-Rauschabstand, der durch folgende Beziehung [18] gegeben ist:

$$SNR = 6n + 1{,}8 \quad \text{dB} \tag{5.98}$$

Sie zeigt, daß jedes zusätzliche Bit einen Gewinn von 6 dB bringt. Die 54 dB Gewinn des *Delta-Sigma*-Wandlers bedeuten somit eine Auflösung von 54 / 6 = 9 Bit << 14 Bit. Bei einem *Delta-Sigma*-Wandler zweiter Ordnung ist der Gewinn erheblich besser und beträgt 15 dB für jede Verdoppelung der Abtastrate. In diesem Fall wäre bei einer Überabtastung mit Faktor 64 ein Gewinn von 15 x 6 = 90 dB zu erwarten, was einem klassischen Wandler mit 90 /6 = 15 Bit > 14 entspricht.

Alle diese Sachverhalte können in einer Simulation beobachtet und verstanden werden. Zu bemerken sei noch, daß die aktuellen *Delta-Sigma*-Wandler 5. Ordnung mit Gewinn von über 21 dB/Oktave-Überabtastung theoretisch nicht mehr untersucht werden können, und nur durch Simulationen entwickelt werden.

Bild 5.75 zeigt das SIMULINK-Modell (`s_dsig1.m`; `s_dsig1.mdl`) eines *Delta-Sigma-A/D*-Wandlers erster Ordnung mit Einbitmodulator, Überabtastung mit Faktor 64 und Dezimation in zwei Etappen, zuerst mit einem Kammfilter und Unterabtastung 1:16 gefolgt von einer Dezimation mit FIR-Filter und Unterabtastung 1:4. Das ergibt eine gesamte Unterabtastung von 64. Bei einer Taktfrequenz des Modulators von 6,4 MHz erhält man somit eine Bandbreite für das Nutzsignal gleich (6,4 MHz / 64) / 2 = 50 kHz. Es wird ein Eingangssignal mit einer Frequenz von 10 kHz durch einen *Fcn*-Block und eine Zeitvariable aus dem *Clock*-Block gebildet. Die Amplitude ist auf 0,5 V mit dem *Gain*-Block festgelegt.

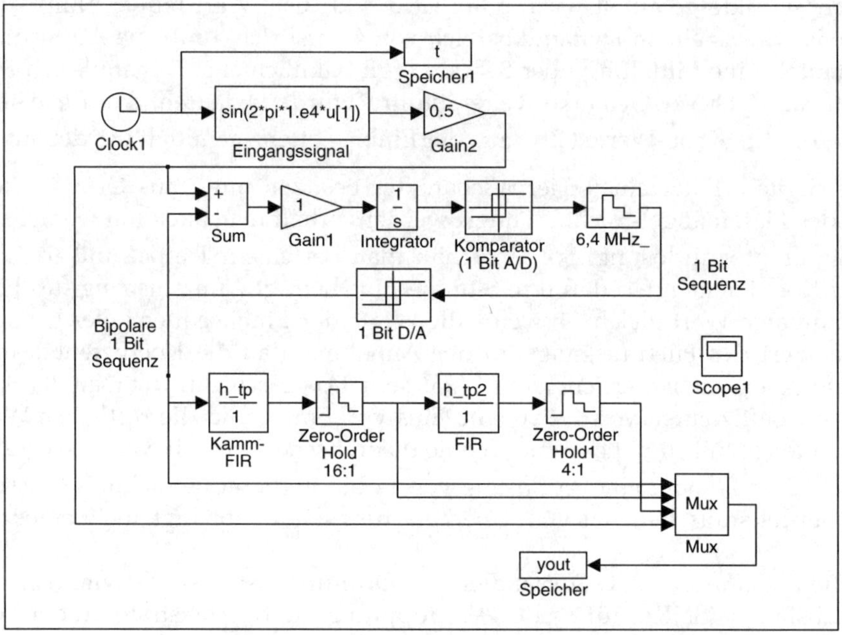

Bild 5.75 SIMULINK-Modell eines Delta-Sigma-A/D-Wandlers erster Ordnung mit Einbit-Modulator und Dezimation in zwei Etappen (s_dsig1.m; s_dsig1.mdl)

Der getriggerte Komparator ist aus einem *Relay*-Block (als Komparator) und einem *Zero-Order-Hold*-Block (als Synchronisierer) mit Taktfrequenz von 6.4 MHz gebildet. Die Lösung mit einem D-Trigger, der den Zustand des *Relay*-Blocks getaktet übernimmt, hat nicht zuverlässig funktioniert.

Die Einbit-Ausgangssequenz wird über den Einbit-D/A-Wandler, der mit einem zweiten *Relay*-Block modelliert ist, als negative Rückkopplung aus dem Eingang subtrahiert. Die Spannung $\pm V_{ref}$ dieses Einbit-D/A-Wandlers (gemäß Blockschaltbild aus Bild 5.73) ist ± 1 V, somit darf die Amplitude der Eingangsspannung diesen Wert nicht überschreiten. Bild 5.76 zeigt einen Ausschnitt der Einbitsequenz des Einbit-D/A-Wandlers aus der Rückkopplung zusammen mit der entsprechenden Eingangsspannung.

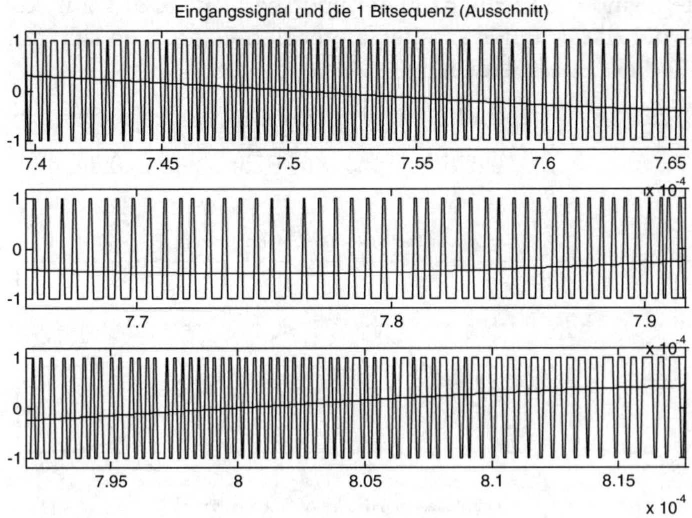

Bild 5.76 Die Einbitsequenz am Ausgang des D/A-Wandlers aus der Rückkopplung

Statt die unipolare Einbitsequenz am Ausgang des Komparators in einer Mehrbitsequenz durch Dezimation und digitale Filterung umzuwandeln, wird die bipolare Sequenz des Einbit-D/A-Wandlers dafür benutzt. Die Dezimation mit dem Faktor 64 wird in zwei Etappen erzeugt. Das erste Dezimationsfilter mit Faktor 1:16 benutzt ein Kammfilter, das einen $(\sin x/x)^4$ Amplitudengang besitzt. Es besteht aus 4 Mittelwertfiltern mit je 16 Koeffizienten. Es wird in dem Programm `p_dsig1.m`, mit folgenden Befehlen entworfen:

```
h_tp = ones(1,16);              h_tp = [0, conv(h_tp, h_tp)];
h_tp = [0, conv(h_tp, h_tp)];           h_tp = h_tp/sum(h_tp);
```

In der ersten Zeile ist ein Mittelwertfilter mit 16 Koeffizienten erzeugt, das durch eine Faltung mit sich selbst (in MATLAB wird die Faltung durch den Befehl **conv** durchgeführt) zu einem Filter mit 32 Koeffizienten und einem $(\sin x/x)^2$ – Amplitudengang führt. Eine zweite Faltung ergibt das Filter mit 64 Koeffizienten und den gewünschten Frequenzgang. In der Hardware sind die 4 Mittelwertfilter als IIR-Kammfilter mit folgender Rekursion implementiert:

$$y[k] = y[k-1] + (x[k] - x[k-16]) / 16$$

Sie enthält keine Multiplikationen und nur eine Division, die durch Verschiebung realisierbar ist. Bild 5.77 zeigt die Impulsantwort und den Amplitudengang des Kammfilters. Es besitzt Sperrbereiche bei Frequenzen, die ein Vielfaches der Frequenz von 6,4 MHz / 16 = 0,4 MHz sind. Diese Frequenz ist die erste Unterabtastfrequenz und die Sperrbereiche mit Bandbreiten von ca. 50 kHz, welche auch die Nutzbandbreite des Wandlers ist, vermeiden die Mischprodukte zwischen der Abtastfrequenz von 0,4 MHz mit ihren Vielfachen und dem Quantisierungsrauschen des *Delta-Sigma*-Modulators. Diese Mischprodukte könnten im Nutzbereich fallen.

Im Bild 5.77 (unten) sind die Frequenzen der Sperrbereiche relativ zur Abtastfrequenz von 6,4 MHz, bei der dieses Filter arbeitet, angezeigt. Es ergeben sich folgende relative Frequenzen für diese Sperrbereiche:

0,4 / 6,4 = 0,0625; 0,125; 0,1875; 0,25;

0,3125; 0,375; 0,4375; 0,5;

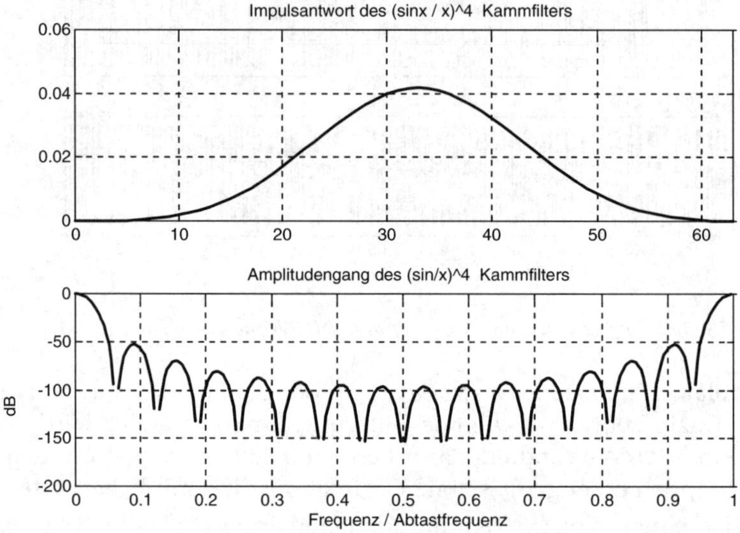

Bild 5.77 Impulsantwort und Amplitudengang des Kammfilters für die erste Dezimation mit Amplitudengang (sinx/x) ^{4} *(s_dsig1.m; s_dsig1.mdl; p_dsig1.m; d_dsig1.m)*

Für die zweite Dezimation mit Unterabtastung 1:4 ist ein FIR-Filter mit 256 Koeffizienten eingesetzt. Das Filter arbeitet mit der Abtastfrequenz von 0,4 MHz, die nach der ersten Dezimation resultiert, und muß eine Bandbreite bis 50 kHz haben. Dieser Wert ist die Hälfte der Abtastfrequenz von 6,4 MHz / 64 = 100 kHz, die nach der gesamten Dezimation mit Faktor 64 erhalten wird. Folgender Befehl ist im Programm `p_dsig1.m` für den Entwurf dieses Filters benutzt:

```
h_tp2 = fir1(256,0.25);                    % FIR-Filter
```

Die Funktion **`fir1`** aus der *Signal-Processing-Toolbox* benötigt nur zwei Argumente: die Anzahl der Koeffizienten und die gewünschte Bandbreite relativ zur Nyquist-Frequenz. Der Wert von 0,25 resultiert aus der gewünschten Bandbreite von 0,05 MHz geteilt durch die Nyquist-Frequenz nach der ersten Dezimation 0,4 MHz / 2.

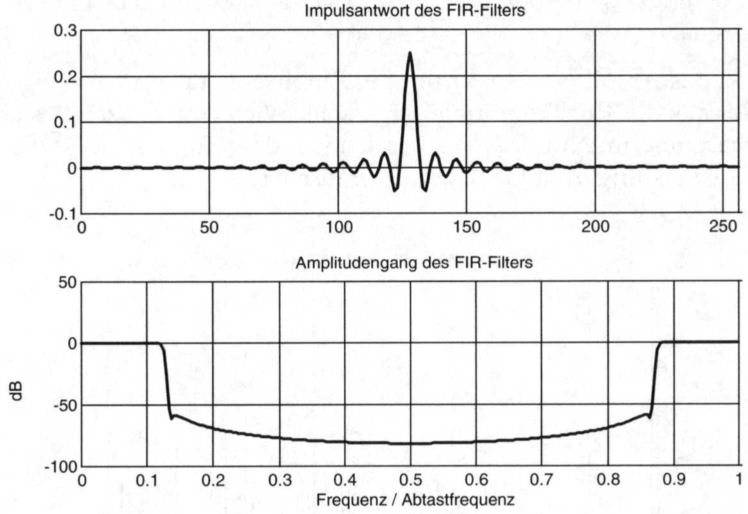

Bild 5.78 Impulsantwort und Amplitudengang des FIR-Filters für die zweite Dezimation mit Faktor 1:4 (s_dsig1.m; s_dsig1.mdl; p_dsig1.m; d_dsig1.m)

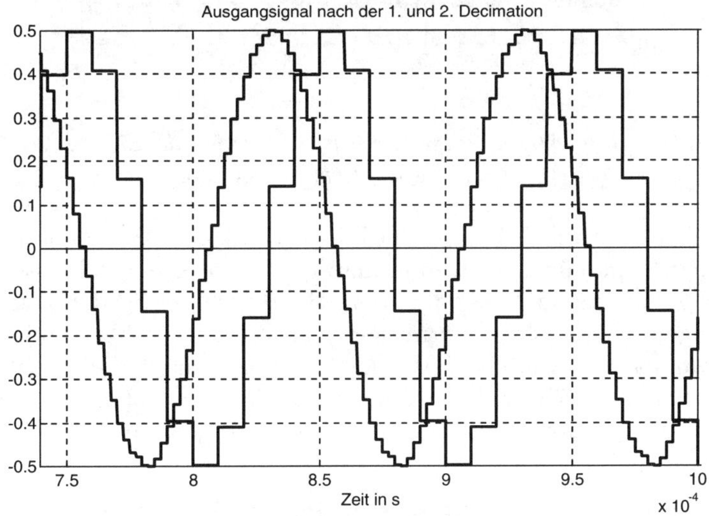

Bild 5.79 Der Ausgang des Delta-Sigma-Wandlers nach der ersten und zweiten Dezimation (s_dsig1.m; s_dsig1.mdl; p_dsig1.m; d_dsig1.m)

Diese Lösung für die Dezimation ist z.B. auch in dem AD776 *Delta-Sigma*-A/D-Wandler von Analog Devices [19] eingesetzt. Er besitzt einen Ausgang mit 12 Bit und 400 kSPS (*kilo-Sample-Per-Second*) nach der ersten Dezimation und einen Ausgang mit 16 Bit und 100 kSPS nach der zweiten Dezimation. Bild 5.79 zeigt die Ausgänge nach der ersten und zweiten Dezimation. Die Verspätung des zweiten Verlaufs ist durch das FIR-Filter bedingt. Sie beträgt ca. (256/2) x (1/400000) = 320 µs oder 3,2 Perioden des Eingangssignals.

Im Bild 5.80 ist das Amplitudenspektrum der Einbitsequenz am Ausgang des Einbit-D/A-Wandlers aus der Rückkopplung dargestellt. Wie erwartet, zeigt es einen guten Signal-Rauschabstand im Nutzfrequenzbereich von 0 bis 50 kHz und die mit der Frequenz steigende Leistung des Quantisierungsrauschens.

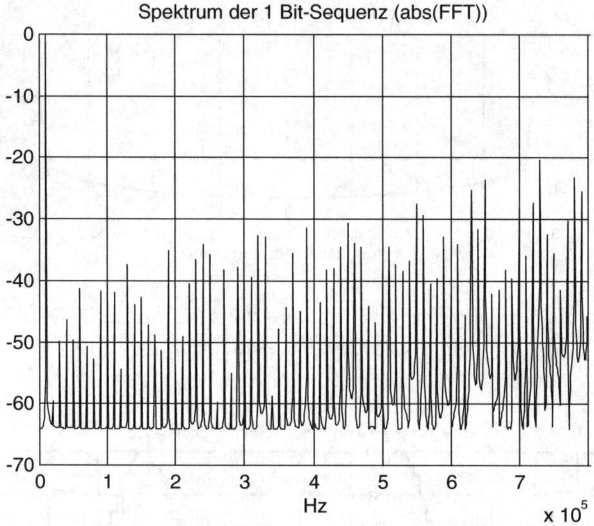

Bild 5.80 Amplitudenspektrum der Einbitsequenz am Ausgang des Einbit-D/A-Wandlers (s_dsig1.m; s_dsig1.mdl; d_dsig1.m)

Jedesmal, wenn eine Fourier-Analyse eines Signals aus einer Simulation mit Hilfe der FFT-Transformation gewünscht ist, muß man prüfen, ob die Ergebnisse mit gleichen Zeitintervallen geliefert sind. Obwohl in dem Handbuch der SIMULINK-Erweiterung Vers 1.3 c angegeben wird, daß man mit gleichen Werten für *Min-* und *Max-Step-Size* gleiche Integrationsschrittweiten erzwingen kann, geschieht dies nicht immer. Für bandbegrenzte Signale, ohne steile Sprünge, kann eine Interpolation des Signals (oder der Signale) für gleichmäßige Schrittweiten, wie im folgenden Beispiel gezeigt wird, eine Lösung sein.

Angenommen im Vektor y und t sind die in einer *To-Workspace* eingefangenen Werte einer Simulation enthalten und der Vektor t besitzt keine gleichmäßige Zeitintervalle. Dadurch kann die Sequenz y nicht über eine FFT-Transformation untersucht werden. Mit

```
t_n = t(1):d_t:t(length(t));
y_n = interp1(t, y, t_n, 'spline');
Y_n = fft(y_n);
.............
```

erhält man eine neue Sequenz `y_n` für gleiche Zeitintervalle `d_t` im gleichen Zeitbereich zwischen `t(1)` und `t(length(t))`, die mit der FFT-Transformation untersucht werden kann. Die gezeigte Interpolation ist für die Einbitsequenz wegen der steilen Flanken dieses Signals nicht geeignet.

Nach einer Simulation können aus der MATLAB-Umgebung mit `diff(t(1:20))` die Zeitintervalle des Vektors `t` überprüft werden. In diesem Fall sind sie konstant gewesen und die FFT-Analyse ist korrekt. In SIMULINK 2 forciert man mit der Option *Fixed-step* gleiche Zeitintervale für die Ergebnisse. Im Programm `d_dsig1.m` wird das Spektrum der Einbitsequenz durch folgende Befehle ermittelt und dargestellt:

```
y = yout(:,1);
ny = length(y);    H = abs(fft(y));            Hm = max(H);
nd = fix(ny/8);    % Anzahl der FFT-Bins die gezeigt werden

figure(5);         clf;
plot((0:nd-1)*6.4e6/ny, 20*log10(H(1:nd)/Hm));
L = axis;          axis([0, (nd)*6.4e6/ny , L(3), L(4)]);
title('Spektrum der Einbitsequenz (abs(FFT))');
grid;              xlabel(' Hz ');
```

5.12 Simulation eines Delta-Sigma-D/A-Wandlers für einen CD-Player mit Einbit-Technik

Die klassischen D/A-Wandler, z.B. mit 2-R-Widerstandsnetzwerken, haben dieselben Schwierigkeiten wie die klassischen A/D-Wandler, wenn eine Auflösung von 16 Bit und mehr angestrebt wird. Das Quant, als LSB-Spannung (*Least-Significant-Bit*) verstanden, ist bei diesen Auflösungen sehr klein und somit sehr störanfällig. Die digitalen Teile des Wandlers, die bei einer breiteren Intergration sogar Mikrokontroller enthalten, bilden Störungen, von denen die LSB-Spannung schwer abzuschirmen ist.

Am Beispiel eines *Delta-Sigma*-D/A-Wandlers, der in dem CD-*Player* mit Einbit-Technik vorkommt, wird das Prinzip dieses Wandler, das im Bild 5.81 gezeigt ist, simuliert und erläutert. Die Daten mit 16-Bit-Auflösung und Abtastfrequenz von 44,1 kHz werden durch Überabtastung (mit Faktor 16) und Interpolation in Daten mit gleicher Auflösung von 16 Bit und 705,6-kHz-Abtastfrequenz transformiert. Diese digitalen Daten werden dann mit einem digitalen *Delta-Sigma*-Modulator in einer Einbit-Datensequenz mit Taktfrequenz von 705,6 kHz umgewandelt. Dadurch wird die hohe Auflösung von 16 Bit im Wertebereich mit einer hohen Zeitauflösung der überabgetasteten Einbitsequenz, die jetzt nicht mehr störanfällig ist, ersetzt. Ein analoges Tiefpaßfilter ergibt das Ausgangssignal.

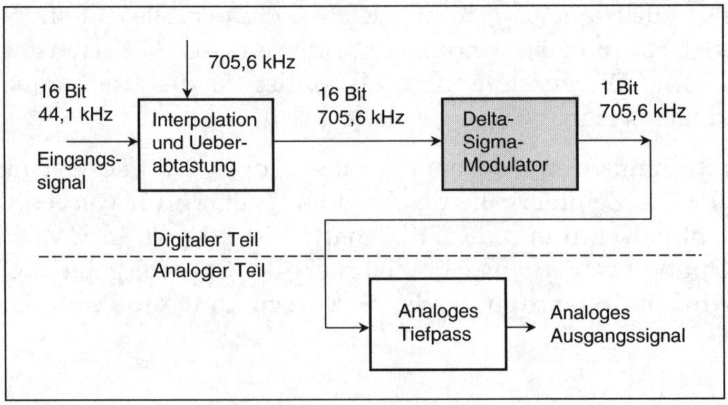

Bild 5.81 Prinzip eines Delta-Sigma-D/A-Wandlers für CD-Player mit Einbit-Technik

Das Prinzip der *Delta-Sigma*-A/D- und D/A-Wandler ist schon lange bekannt, konnte aber erst jetzt integriert und preisgünstig eingesetzt werden. Die Hauptschwierigkeiten bei der Integration waren die digitalen Filter und die analogen Teile.

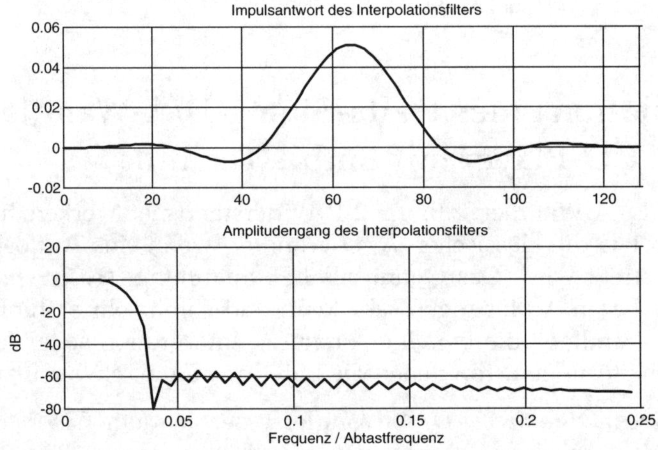

Bild 5.82 Impulsantwort und Amplitudengang des FIR-Interpolationsfilters (p_dsig2.m)

Das Interpolationsfilter muß in dieser Anwendung bei 705,6 kHz Abtastrate eine Bandbreite bis 18 (oder 20) kHz besitzen. Die zur Abtastfrequenz benötigte relative Bandbreite ist somit 18 / (705,6) ≅ 0,025. Im Programm `p_dsig2.m`, das zur Parametrierung des SIMULINK-Modells (`s_dsig2.m; s_dsig2.mdl`) dient, wird das Filter mit folgenden Befehlen entworfen:

```
% Entwerfen des Interpolationsfilters
fu = 705.6e3;                % Überabtastungsfrequenz
fb = 18e3                    % Bandbreite Nutzsignal
nk = 128;                    % Anzahl Koeffizienten FIR
h_int = fir1(nk, 2*fb/fu);
```

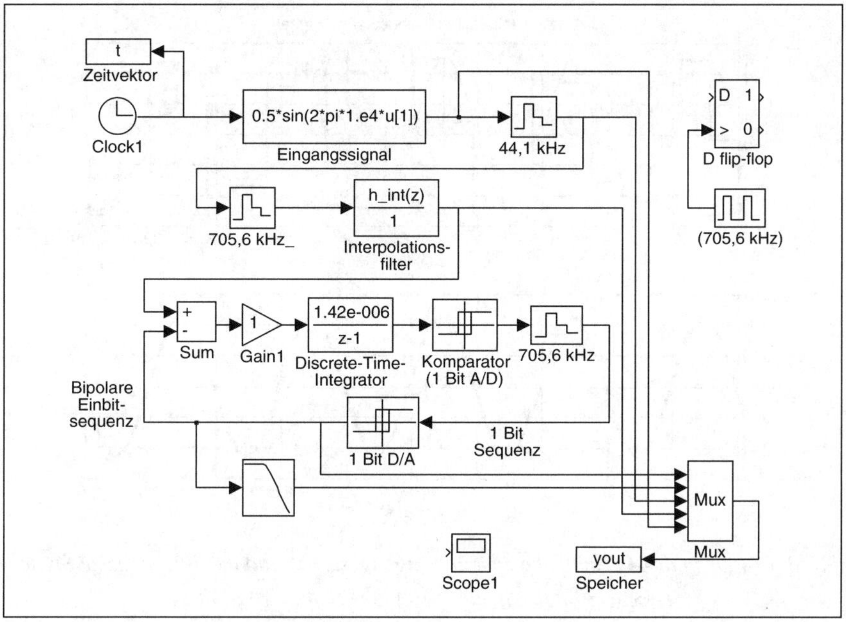

Bild 5.83 SIMULINK-Modell eines Delta-Sigma-D/A-Wandlers für einen CD-Player mit Einbit-Technik (s_dsig2.m; s_dsig2.mdl; p_dsig2.m; d_sig2.m)

Es wird die MATLAB-Funktion **`fir1`** aus der *Signal-Processing-Toolbox* benutzt. Das Programm berechnet aus der Impulsantwort `h_int` auch den Amplitudengang des Filters und stellt beide dar (Bild 5.82). Die Impulsantwort des Interpolationsfilters ist eine sinx/x gekürzte und mit einem Fenster geglättete Funktion, welche die ideale Rekonstruktion der abgetasteten Signale annähert [20].

Das SIMULINK-Modell des Prinzips eines *Delta-Sigma*-D/A-Wandlers, das in CD-Player mit Einbit-Technik vorkommt, ist im Bild 5.83 gezeigt. Das sinusförmige 10-kHz-Eingangssignal wird durch einen *Zero-Order-Hold*-Block mit einer Frequenz von 44,1 kHz abgetastet und bildet das Modell der Daten von der CD-Scheibe.

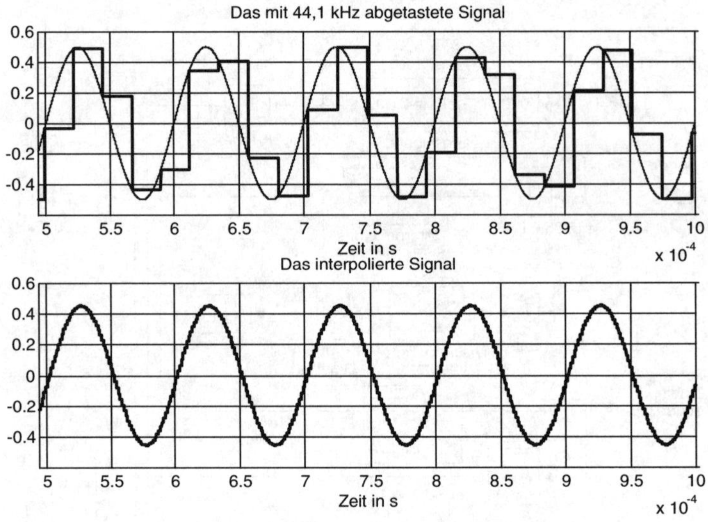

Bild 5.84 Das mit 44,1 kHz abgetastete Eingangssignal und das interpolierte Signal (s_dsig2.m; s_dsig2.mdl; p_dsig2.m; d_sig2.m)

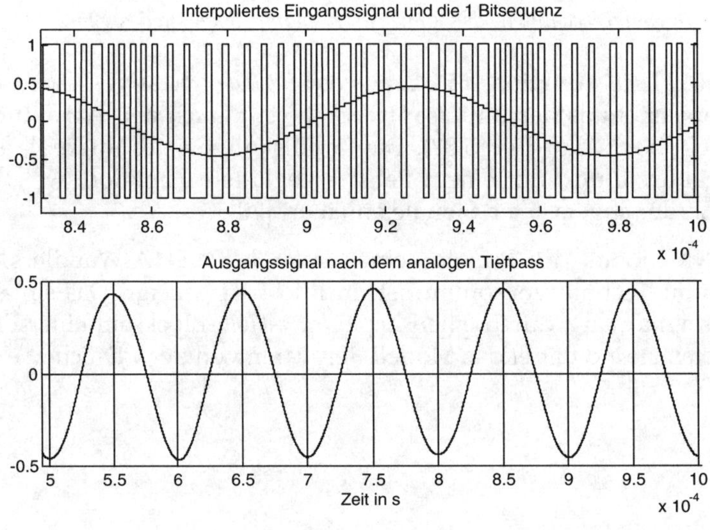

Bild 5.85 Das interpolierte und das Einbitsignal und der Ausgang des analogen Tiefpaßfilters (s_dsig2.m; s_dsig2.mdl; p_dsig2.m; d_sig2.m)

Die Überabtastung im zweiten *Zero-Order-Hold*-Block und die Interpolation mit dem FIR-Filter erhöht die Zeitauflösung der Eingangssequenz. Zwischen den Abtastwerten der ursprünglichen Sequenz werden noch 16-1 = 15 Zwischenwerte interpoliert. Das mit groben sprungartigen Treppen angenäherte Ursprungssignal wird in einem Signal mit kleineren Treppen, das einem sinusförmigen Signal näherkommt, transformiert (Bild 5.84).

In einem digitalen *Delta-Sigma*-Modulator, der genau wie der aus dem *Delta-Sigma*-A/D-Wandler aufgebaut ist, erhält man die Einbitsequenz. Diese enthält nun die hohe Auflösung von 16 Bit der Eingangssequenz in einer hohen Zeitauflösung. Sie ist nicht mehr störanfällig und ergibt das Ausgangssignal einfach über ein analoges Tiefpaßfilter mit einer Bandbreite bis ca. 20 kHz. Der analoge Integrator des A/D-Wandlers ist im digitalen Modulator mit einem digitalen Integrator, der bei einer Abtastfrequenz von 705,6 kHz arbeitet, ersetzt worden.

Bild 5.85 zeigt oben die Einbitsequenz des digitalen *Delta-Sigma*-Modulators zusammen mit dem interpolierten Signal als Eingangssignal des Modulators und unten den Ausgang des analogen Tiefpaßfilters als Ausgang des Wandlers. Für die Darstellung der Daten aus den *To-Workspace*-Senken wurde das Programm `d_dsig2.m` eingesetzt.

5.13 Projekte

Projekt 1

Man untersuche mit Hilfe eines MATLAB-Programms die Frequenzabhängigkeit der Impedanz der Ersatzschaltungen aus Bild 5.86.

a) Es soll der Betrag und der Phasenwinkel der Impedanzen graphisch in logarithmischen Koordinaten dargestellt werden.

b) Mit Hilfe der graphischen Darstellungen sollen jetzt umgekehrt die Komponenten der Ersatzschaltungen ermittelt werden. Wenn große Fehler auftreten, soll man versuchen, den Grund für die Abweichungen durch Simulation zu finden.

Hinweise und Hilfe:

a) und b) Eines der Programme `imped_1.m` oder `imped_2.m` kann für jede Ersatzschaltung geändert werden, so daß man den Betrag und Phasenwinkel der Impedanz erhält. Ein Beispiel ist das Programm `imped_3.m`, mit dessen Hilfe die Impedanz der letzten Ersatzschaltung untersucht wird.

Aus dem Frequenzbereich, in dem der Phasenwinkel negativ ist, kann die Kapazität ermittelt werden, und aus dem Frequenzbereich, in dem der Phasenwinkel positiv ist, kann die Induktivität ermittelt werden. Bei der parallelen Resonanzfrequenz müßte aus der graphischen Darstellung des Betrags der Widerstand hervorgehen.

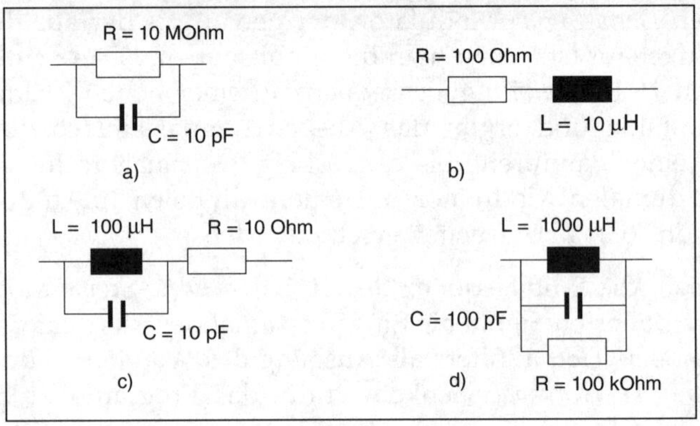

Bild 5.86 Ersatzschaltungen von passiven Komponenten: a) große Widerstände b) kleine Widerstände c) und d) Spulen

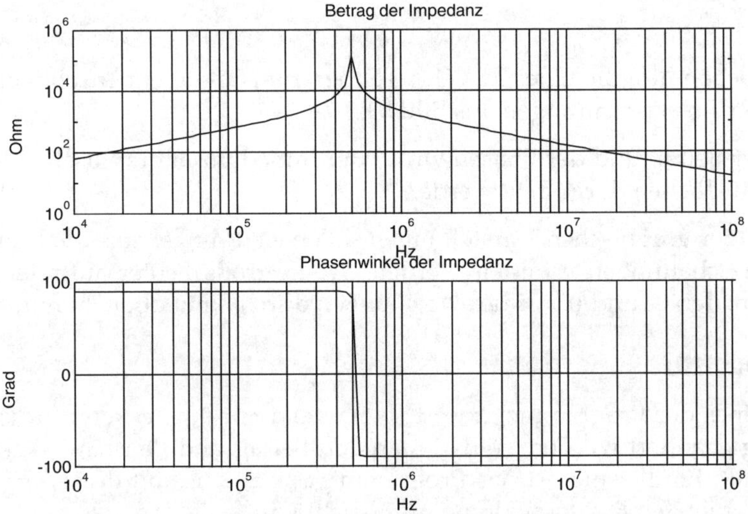

Bild 5.87 Betrag und Phasenwinkel der Impedanz der letzten Ersatzschaltung aus Bild 5.86 für R = 1000 kΩ und nur 100 Punkte für die Darstellung des Frequenzbereichs

Bei R = 100 kΩ reichen z.B. 100 Punkte für die Darstellung des Frequenzbereichs. Für R = 1000 kΩ ist der Gütefaktor so groß, daß die Auflösung mit 100 Punkten für den Frequenzbereich nicht reicht, um die Spitze des Betrags der Impedanz bei der Resonanzfrequenz mit dem korrekten Wert zu erhalten (Bild 5.87). Mit einer besseren Auflösung des Frequenzbereichs, z.B. mit 500 Punkten, zeigt die Darstellung auch den korrekten Wert des Widerstandes (von 1000 kΩ) bei der Resonanzfrequenz.

In den Funktionen `imped_4.m`, `imp_f.m` bzw. `imped_5.m`, `imp_funk.m` werden zwei Methoden gezeigt, um die Impedanzen der verschiedenen Ersatzschaltungen in Routinen zu berechnen und die Darstellungen für alle im gleichem Programm durchzuführen.

Projekt 2

Man bestimme die Impulsdauer $\Delta\tau$, die an der Quelle für die Anordnung aus Bild 5.88 resultiert, in der Annahme, daß die Leitung verlustfrei ist und die Ausbreitungsgeschwindigkeit 0,66 (66 %) der Lichtgeschwindigkeit beträgt.

a) Man stelle ein SIMULINK-Modell auf, in dem mit *Transport-Delay*-Blöcken die Verzögerungen simuliert werden, und man prüfe die berechnete Impulsdauer. Mit diesem Modell soll dann untersucht werden, wie der Impuls verformt wird, wenn bei der Quelle z.B. mit Generatorwiderstand von 75 Ω und Wellenwiderstand der Leitung von 50 Ω die Anpassung nicht genau stattfindet.

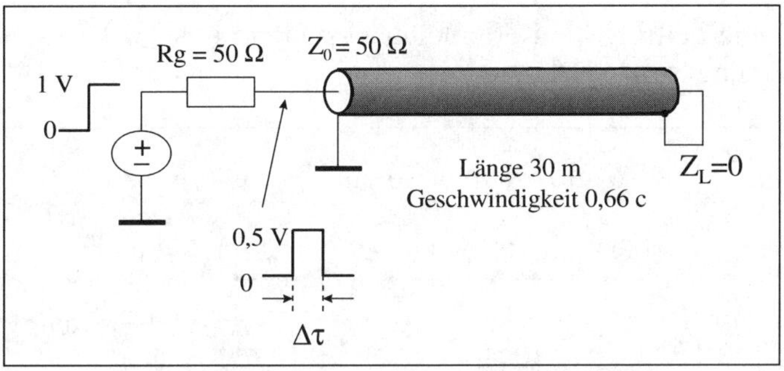

Bild 5.88 Impulsgenerator mit Verzögerungsleitung

Projekt 3

Man berechne mit einem MATLAB-Programm die Eingangsimpedanz einer kurzgeschlossenen Leitung abhängig von der Leitungslänge.

a) Es wird am Anfang eine verlustfreie Leitung mit folgenden Eigenschaften angenommen: $Z_0 = 75\,\Omega$; $v_c = 0{,}8$ c; $f = 100$ MHz; wobei Z_0 die Wellenimpedanz, v_c die Phasengeschwindigkeit und c die Lichtgeschwindigkeit sind. Mit f wurde die Frequenz bezeichnet.

b) Danach soll eine Leitung mit verschiedenen Verlusten angenommen werden. Diese sollen durch den Dämpfungskoeffizient α, für dessen Wert ein Bruchteil des Phasenkoeffizienten β gewählt wird, angegeben sein. Vereinfacht wird hier der Phasenkoeffizient der verlustfreien Leitung $\beta = 2\pi f / v_c \cong 2{,}62 \;\; 1/\text{m}$ angenommen.

Hinweise und Hilfe:

a) Die Abhängigkeit der Eingangsimpedanz kann durch folgende Beziehung berechnet werden:

$$Z_i = jZ_0 \tan(2\pi \frac{l}{\lambda})$$

Mit λ, gegeben durch $\lambda = v_c / f$, wurde die Wellenlänge bezeichnet. Es ist auch üblich, die Eingangsimpedanz als Funktion von l / λ zu berechnen und darzustellen.

b) In diesem Fall muß folgende Beziehung für die Eingangsimpedanz benutzt werden:

$$Z_i = Z_0 \tanh(\gamma . l) = Z_0 \tanh((\alpha + j\beta).l)$$

mit $\gamma = \alpha + j\beta$ als Ausbreitungskonstante.

Projekt 4

Man simuliere eine Leitung als Kettenleiter bestehend aus T-Abschnitten, die wie in Bild 5.89 zusammengesetzt sind.

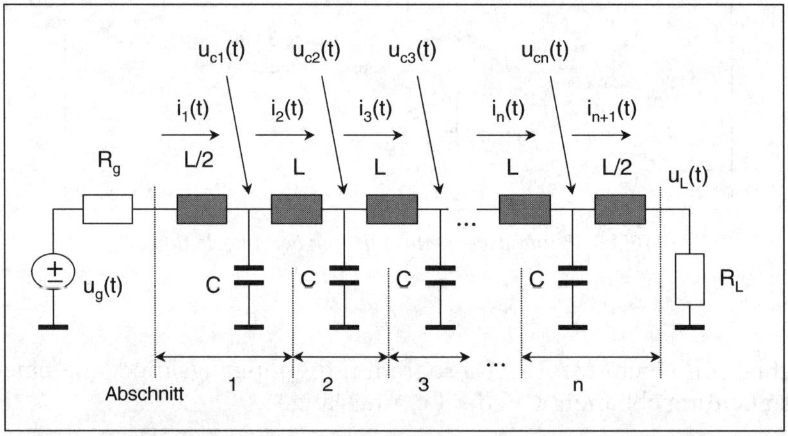

Bild 5.89 Leitung als Kettenleiter bestehend aus T-Abschnitten

a) Es soll eine MATLAB-Funktion geschrieben werden, in der die Anzahl der Abschnitte n, die Kapazität C und die Induktivität L eines Abschnitts und die Widerstände der Quelle R_g und der Belastung R_L als Argumente auftreten. Das Modell der Leitung soll in Form einer Zustandsgleichung ermittelt werden, so daß die Analyse im Frequenz- und Zeitbereich möglich ist.

b) Es soll für eine Leitung von 10 m eine Phasengeschwindigkeit von 0,8c (mit c als Lichtgeschwindigkeit) und Wellenwiderstand gleich 50 Ω angenommen werden. Mit Hilfe der MATLAB-Funktionen **`step`** und **`freqs`** soll die Sprungantwort und der Frequenzgang entlang der Leitung über die Spannungen der Kapazitäten der Abschnitte untersucht werden. Man soll verschiedene Anpassungsfälle an der Quelle und am Ende der Leitung betrachten.

Aus den gegebenen Werten der Phasengeschwindigkeit und des Wellenwiderstands können die verteilten Parameter *C*, *L* der Leitung (mit den Einheiten pF/m bzw. μH/m) geschätzt werden, um dann die Argumente für die MATLAB-Funktion zu ermitteln. Als Beispiel sei eine Leitung von 100 m mit 10 Abschnitten zu simulieren. Aus (100 m mal C pF/m)/10 erhält man die Kapazität eines Abschnitts und ähnlich aus (100 m mal L µH/m)/10 die Induktivität eines Abschnitts.

c) Das Modell soll durch T-Abschnitte mit Verlusten, die durch Reihenwiderstände R und parallele Leitwerte G simuliert sind, erweitert werden. In den Experimenten könnten dann z.B. für R Werte zwischen 0,001 und 0,1 Ω und für G Werte zwischen 10^{-6} und 10^{-3} 1/Ω gewählt werden.

Hinweise und Hilfe:

a) Um die Zustandsgleichung zu ermitteln, werden als Zustandsvariablen die Ströme durch die Induktivitäten und die Spannungen an den Kondensatoren gewählt. Für n Abschnitte erhält man n+1 Ströme durch Induktivitäten und n Spannungen an den Kondensatoren. Die Differentialgleichungen erster Ordnung für den ersten Abschnitt sind:

$$\begin{aligned} &\frac{L}{2}\frac{di_1(t)}{dt} = -i_1(t)R_g + u_g(t) - u_{c1}(t) \\ &\frac{du_{c1}(t)}{dt} = \frac{1}{C}(i_1(t) - i_2(t)) \end{aligned} \tag{5.99}$$

Alle folgenden Abschnitte sind durch gleiche Paare von Differentialgleichungen beschrieben:

$$\begin{aligned} &L\frac{di_2(t)}{dt} = u_{c1}(t) - u_{c2}(t) \\ &\frac{du_{c2}(t)}{dt} = \frac{1}{C}(i_2(t) - i_3(t)) \end{aligned} \tag{5.100}$$

$$\begin{aligned} &L\frac{di_n(t)}{dt} = u_{c(n-1)}(t) - u_{cn}(t) \\ &\frac{du_{cn}(t)}{dt} = \frac{1}{C}(i_n(t) - i_{n+1}(t)) \end{aligned} \tag{5.101}$$

Der Strom der letzten Induktivität (der Größe L/2) als zusätzliche Zustandsvariable ist durch

$$\frac{L}{2}\frac{di_{n+1}(t)}{dt} = u_{cn}(t) - i_{n+1}(t)R_L \tag{5.102}$$

gegeben. Für die Ausgangsvariablen des Modells werden die Eingangsspannung der Abschnitte (Eingangsspannung der Leitung), die Spannungen der Kondensatoren und die Spannung am Belastungswiderstand (Ausgangsspannung der Leitung) angenommen. Die Eingangs- und die Ausgangsspannung als Funktion der Spannung des Generators und der Zustandsvariablen werden durch folgende (algebraische) Gleichungen ausgedrückt:

$$u_i(t) = u_g(t) - i_1(t)R_g \tag{5.103}$$

$$u_L(t) = i_{n+1}(t)R_L \tag{5.104}$$

Die Bezeichnungen der Variablen dieser Gleichungen sind aus Bild 5.89 zu entnehmen. Um eine einfache Symmetrie zu erhalten, die es erlaubt, die Matrizen des Zustandsmodells leicht auf eine beliebige Anzahl der Abschnitte zu erweitern, sollen die Zustands- und Ausgangsvariablen in folgender Reihenfolge in dem Zustandsvektor $\mathbf{x}(t)$ bzw. Ausgangsvektor $\mathbf{y}(t)$ gewählt werden:

$$\mathbf{x}(t) = |i_1(t), i_2(t), \ldots, i_{n+1}(t), u_{c1}(t), u_{c2}(t) \ldots, u_{cn}(t)|^T \tag{5.105}$$

$$\mathbf{y}(t) = |u_i(t), u_{c1}(t), u_{c2}(t) \ldots, u_{cn}(t), u_L(t)|^T \tag{5.106}$$

Die Matrizen **A, B, C** und **D** des Zustandsmodells ergeben sich aus den vorherigen Differentialgleichungen.

Hier sind C, L, R_g, R_L die Parameter der Kettenleiter, der Quelle und der Belastung. Mit Hilfe der Funktion `kett_lt1.m` können die Experimente für die Simulation einer verlustfreien Leitung durchgeführt werden. Sie kann für viele Aufgabenstellungen geändert und erweitert werden.

b) Für eine Leitung mit Wellenwiderstand von 50 Ω und Phasengeschwindigkeit von 0,8 der Lichtgeschwindigkeit erhält man für die verteilte Kapazität und Induktivität der Leitung 83 pF/m bzw. 0,21µH/m. Wenn die Leitung mit 10 Abschnitten simuliert wird, dann sind die Parameter des Modells C = 83 pF und L = 0,21 µH. Mit dem Aufruf

```
kett_lt1(10, 50, 50, 0.21e-6, 83e-12);
```

wird die Sprungantwort (Bild 5.90) und der Frequenzgang (Bild 5.91) der Ausgangsvariablen für den Anpassungsfall berechnet und dargestellt.

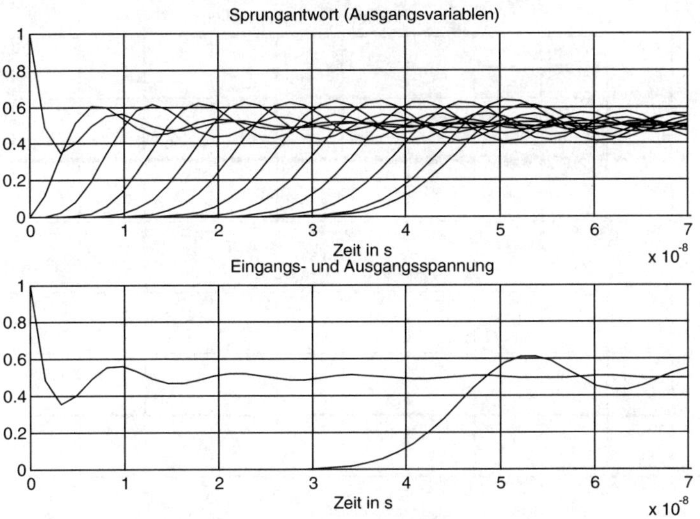

Bild 5.90 Sprungantwort der Ausgangsvariablen für den Fall der Anpassung (kett_lt1.m)

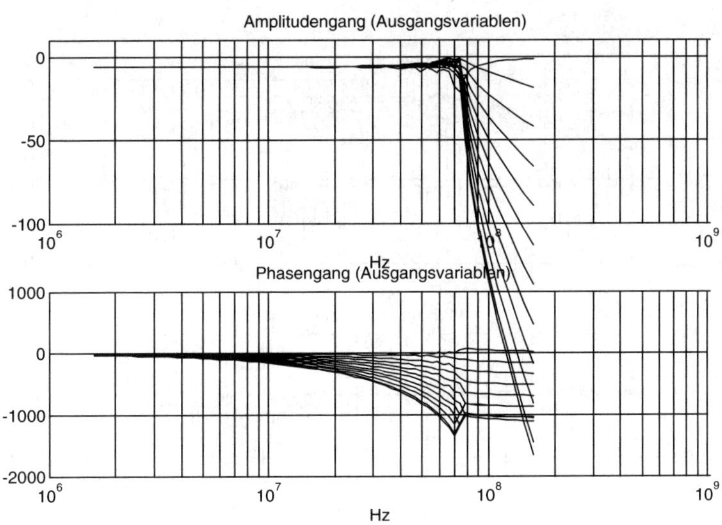

Bild 5.91 Frequenzgang der Ausgangsvariablen für den Fall der Anpassung (kett_lt1.m)

Bei der angegebenen Phasengeschwindigkeit von 0,8c = 2,4. 10^8 m/s ergibt sich eine Zeitverzögerung von (10 m / (2,4. 10^8 m/s) = 4 ns, die in der Sprungantwort für die Ausgangsspannung annähernd erhalten wurde. Der Frequenzgang ist, wie erwartet, konstant bis zu Frequenzen, für die das Modell der Leitung, angenähert durch diskrete Abschnitte, gültig ist. Diese Frequenz ist ungefähr die Resonanzfrequenz eines T-Abschnittes (ca. 54 MHz in diesem Fall).

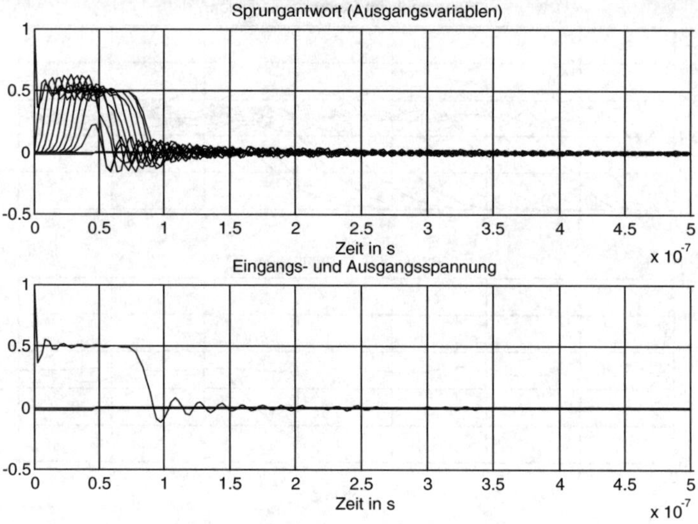

Bild 5.92 Sprungantwort für die Leitung mit Kurzschluß als Abschluß (kett_lt1.m)

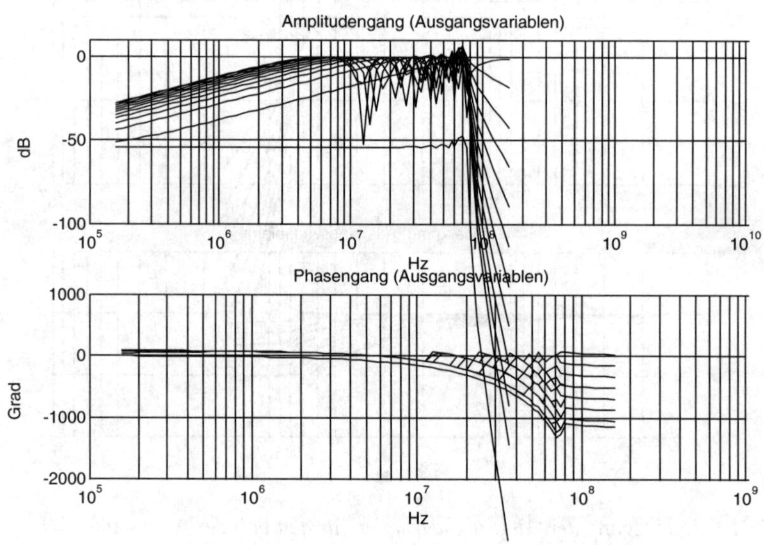

Bild 5.93 Frequenzgang der Ausgangsvariablen für den Fall der Leitung mit Kurzschluß am Ende (kett_lt1.m)

Wenn das Modell mit 20 Abschnitten die 10 m Leitung simuliert, dann sind die Werte von C und L halb so groß und der Frequenzbereich erweitert sich. Im Grenzfall mit unendlich vielen Abschnitten werden C und L infinitesimal klein und die Resonanzfrequenz wird unendlich groß.

Die Spannung am Anfang der Leitung ist im ersten Moment 1 V (gleich der Spannung der Quelle) und fällt rasch auf den Wert von 0,5 V wegen des Teilers, den der interne Widerstand der Quelle und der Wellenwiderstand bildet.

Mit einem kleinen Abschlußwiderstand `(kett_lt1(10,50,0.1,0.21e-6,83e-12);)` ist keine Anpassung vorhanden, die Spannungsreflexion ist total, und es entstehen Impulse entlang der Leitung (Bild 5.92). Die Dauer des Impulses der Spannung am Anfang der Leitung ist 0,8 ns. Der Frequenzgang (Bild 5.93) ist nicht mehr so flach wie im Falle der Anpassung und beinhaltet Einbrüche und Maxima, die den Knoten und den Bäuchen entlang der Leitung entsprechen. Die Funktion sollte so geändert werden, daß nur für einen beliebigen Abschnitt und eventuell für das Leitungsende der Frequenzgang gezeigt wird.

c) Die Erweiterung für eine Leitung mit Verlusten ändert geringfügig die Differentialgleichungen. So z.B. ändern sich die Differentialgleichungen für die inneren Abschnitte in folgender Form:

$$
\begin{aligned}
L\frac{di_n(t)}{dt} &= u_{c(n-1)}(t) - u_{cn}(t) - i_n(t)R_L \\
\frac{du_{cn}(t)}{dt} &= \frac{1}{C}(i_n(t) - i_{n+1}(t) - u_{cn}(t)G),
\end{aligned}
\tag{5.107}
$$

wobei R_L und G der Reihenwiderstand bzw. der parallele Leitwert der Abschnitte, mit denen die Verluste modelliert werden, sind.

Projekt 5

Man soll die Bedingung für die Entstehung einer Schwingung im Oszillator aus Bild 5.94, in dem ein OP mit Spannungsbegrenzung angenommen wird, bestimmen. Außer der Begrenzung der Ausgangsspannung ist der OP ideal (unendlich große, frequenzunabhängige Verstärkung, ohne *Slew-Rate* und idealer Eingangs- und Ausgangswiderstand).

a) Die Bedingung soll einerseits von der gewöhnlichen homogenen Differentialgleichung zweiter Ordnung abgeleitet sein und andererseits auf der homogenen Zustandsgleichung basieren.

b) Man soll ein SIMULINK-Modell für ein Oszillator mit folgenden Parametern bilden: $C = 100$ pF; $L = 10$ µH; $R_L = 10\ \Omega$. Der Widerstand R soll den Gütefaktor $Q = 30$ des Netzwerkes nicht wesentlich beeinflussen. Die Spannung des OPs ist auf ± 10 V begrenzt.

c) Es sollen auch die Ströme durch die Kapazität und Induktivität in Vergleich zum Strom durch R im Modell gemessen werden, um die Verhältnisse der Amplituden zu vergleichen.

Hinweise und Hilfe:

a) Für das lineare Modell des Oszillators (mit OP ohne Begrenzung) erhält man folgende Beziehungen:

$$i_L(t) + C\frac{du_c(t)}{dt} = \frac{(V-1)u_c(t)}{R} \tag{5.108}$$

$$L\frac{di_L(t)}{dt} + R_L i_L(t) = u_c(t) \tag{5.109}$$

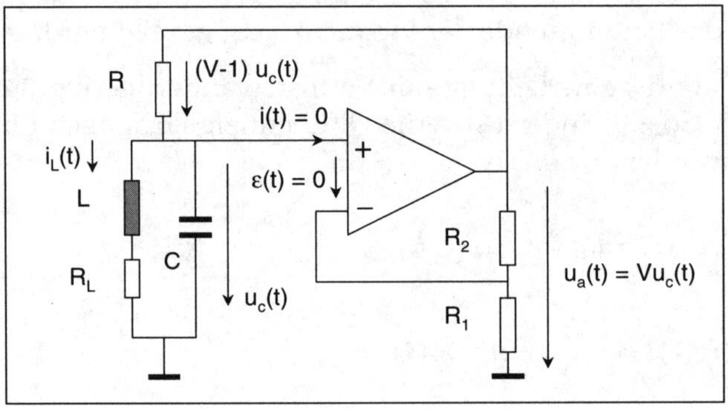

Bild 5.94 Oszillator mit parallelem Resonanzkreis und OP mit Spannungsbegrenzung

Hier ist V die Verstärkung der OP-Schaltung, gegeben durch $V = 1 + R_2 / R_1$. Das Eliminieren des Stroms $i_L(t)$ führt zu einer homogenen Differentialgleichung 2. Ordnung für $u_c(t)$:

$$LC\frac{d^2u_c(t)}{dt^2} + \left(CR_L - \frac{(V-1)}{R}L\right)\frac{du_c(t)}{dt} + \left(1 - \frac{(V-1)}{R}R_L\right)u_c(t) = 0 \tag{5.110}$$

Dieselben zwei Gleichungen können auch zur Bildung des Zustandsmodells herangezogen werden. Für die Spannung an dem Kondensator und den Strom durch die Induktivität als Zustandsvariablen ergibt sich folgendes Zustandsmodell:

$$\frac{du_c(t)}{dt} = \frac{(V-1)}{RC}u_c(t) - \frac{1}{C}i_L(t) \tag{5.111}$$

$$\frac{di_L(t)}{dt} = \frac{1}{L}u_c(t) - \frac{R_L}{L}i_L(t) \tag{5.112}$$

Damit eine ungedämpfte Schwingung entsteht, muß in der homogenen Differentialgleichung (5.110) das Glied mit der ersten Ableitung verschwinden. Daraus folgt die Bedingung für die Verstärkung der OP-Schaltung:

$$V = 1 + CR.R_L / L \tag{5.113}$$

Dieser Wert in die Differentialgleichung eingesetzt, ergibt:

$$LC\frac{d^2u_c(t)}{dt^2} + \left(1 - \frac{C}{L}R_L{}^2\right)u_c(t) = 0 \tag{5.114}$$

Die Lösung ist eine Schwingung, deren Amplitude von den Anfangsbedingungen abhängt und deren Frequenz durch

$$f_0 = \frac{1}{2\pi\sqrt{LC}}\sqrt{1 - R_L{}^2\frac{C}{L}} \tag{5.115}$$

gegeben ist. Es zeigt sich, daß noch eine Bedingung erfüllt sein muß, um eine reale Frequenz zu erhalten:

$$R_L \le \sqrt{L / C} \tag{5.116}$$

Für die vorgeschlagenen Werte der Parameter L = 10 µH und C = 100 pF ist der Grenzwert gleich 316 Ω >> 10 Ω. Ausgehend vom Zustandsmodell, gegeben durch die Gleichungen (5.111) und (5.112), erhält man dieselben Bedingungen. Die Zustandsmatrix **A** der entsprechenden homogenen Zustandsgleichung

$$\dot{\mathbf{x}}(t) = \mathbf{A}\mathbf{x}(t), \tag{5.117}$$

in welcher der Zustandsvektor durch $\mathbf{x}(t) = [u_c(t),\ i_L(t)]^T$ gegeben ist, hat die Form:

$$\mathbf{A} = \begin{vmatrix} (V-1)/(RC) & -1/C \\ 1/L & -R_L/L \end{vmatrix} \tag{5.118}$$

Die charakteristische Gleichung, definiert durch $|\mathbf{E}\lambda - \mathbf{A}| = 0$, wird:

$$LC\lambda^2 + \left(R_L C - \frac{(V-1)}{R}L\right)\lambda + \left(1 - \frac{(V-1)}{R}R_L\right) = 0 \tag{5.119}$$

Sie ist gleich der charakteristischen Gleichung, die aus der normalen homogenen Differentialgleichung (5.110) hervorgeht, und somit ergeben sich gleiche Bedingungen.

b) Das SIMULINK-Modell soll auch die Nichtlinearität, die durch die Begrenzung der Ausgangsspannung des OPs entsteht, enthalten. Dafür werden die Spannung am Ausgang der OP-Schaltung mit der Verstärkung V und mit $u_{OP}(t)$ bezeichnet, und die Differentialgleichungen entsprechend geändert. Es gilt nun:

$$C\frac{du_c(t)}{dt} = \frac{u_{OP}(t) - u_c(t)}{R} - i_L(t) \tag{5.120}$$

$$L\frac{di_L(t)}{dt} = u_c(t) - R_L i_L(t) \tag{5.121}$$

Das resultierte SIMULINK-Modell (`s_oszill.m`; `s_oszill.mdl`) ist im Bild 5.95 dargestellt. Im Programm `p_oszill.m` sind die Parameter des Modells initialisiert und nach der Simulation mit `d_oszill.m` dargestellt. Bild 5.96 zeigt die Spannung an dem Schwingungskreis (am Kondensator) und die begrenzte Spannung am Ausgang des OPs zusammen mit den Strömen durch die Induktivität und Kapazität und dem Strom, den der OP liefert. Der Strom der Kapazität und der Induktivität sind praktisch gleich und gegenphasig. Die Summe ergibt den viel kleineren Strom, den der OP liefern muß. Wegen der Begrenzung der Ausgangsspannung ist dieser Strom stark verzerrt.

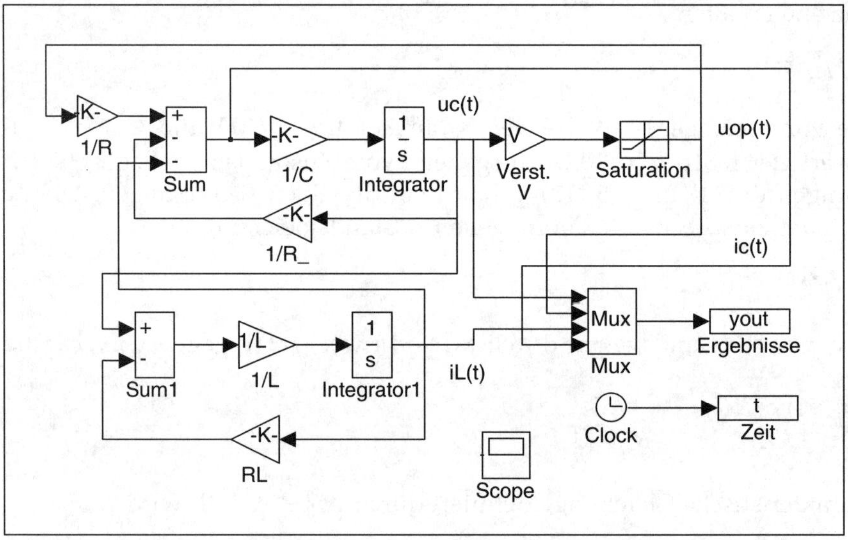

Bild 5.95 SIMULINK-Modell des Oszillators mit parallelem Schwingungskreis und Begrenzung der Spannung des OPs (s_oszill1.m; s_oszill.mdl; p_oszill.m; d_oszill.m)

Im Modell wird eine Schwingung nur dann angeregt, wenn eine Anfangsbedingung für die Kapazität oder Induktivität vorliegt. In einem realen Oszillator genügen dafür die normalen Rauschspannungen der Komponenten oder das Einschwingen beim Anlegen der Versorgungsspannung.

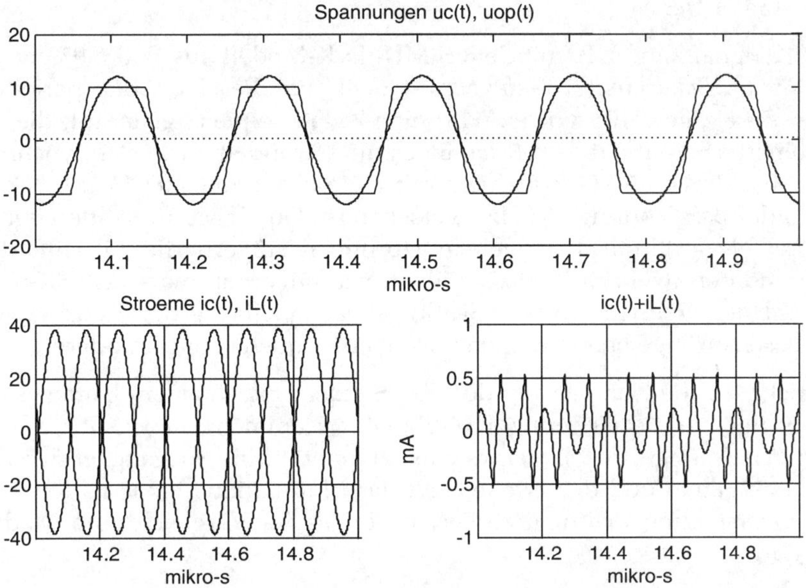

Bild 5.96 Die Spannung an dem Schwingungskreis, am Ausgang des OPs und der Strom der Induktivität und Kapazität (s_oszill.m; s_ oszill.mdl; p_oszill.m; d_oszill.m)

Projekt 6

Man soll eine PLL-Schleife, die als Phasen-Detektor ein Exklusive-Oder-Gatter (XOR) besitzt, simulieren. Die Ruhefrequenz soll 100 kHz sein, und als Eingangssignal soll ein durch eine binäre Zufallsfolge moduliertes FSK-Signal (*Frequency-Shift-Keying*) mit Bitrate von 5 kHz angenommen werden. Die PLL-Schleife spielt hier die Rolle eines FSK-Demodulators.

a) Es soll zuerst das FSK-Signal mit zwei Frequenzen, die synchron mit der Bitrate sind, gebildet werden. Es könnten z.B. die Frequenzen von 110 kHz und 90 kHz für die Darstellung der Zustände logisch "1" bzw. logisch "0" sein. Bei einer Bitrate von 5 kHz sind wenigsten $90/5 = 18$ Perioden des modulierten Signals in einem Bitintervall enthalten. Die PLL-Schaltung muß somit in einem Bruchteil des Bitintervalls von $1/5000 = 0{,}2$ ms einrasten.

b) Durch gezieltes Probieren sollen danach die Parameter der Schleife (Zeitkonstanten des Schleifenfilters und Übertragungsfaktor des VCOs) ermittelt werden. Es wird sich herausstellen, daß die Anforderungen bezüglich der Dynamik der Schleife ein Filter verlangt, das nicht genügend die Komponenten mit doppelter Frequenz am Ausgang des Phasendetektors unterdrückt und ein zusätzliches Filter außerhalb der Schleife benötigt wird, um das demodulierte Signal von diesen Komponenten zu trennen.

Hinweise und Hilfe:

a) Das FSK-Signal kann z.B. mit dem SIMULINK-Modell aus Bild 5.97 erzeugt werden. Mit der *Band-Limited-White-Noise*-Quelle, für die eine Abtastperiode von 10 kHz >> 5 kHz gewählt wurde, wird eine Zufallssequenz generiert, die weiter in einen binären Signal mit dem *Relay*-Block umgewandelt wird. Das Synchronisieren mit der Bitrate von 5 kHz geschieht mit Hilfe des *Zero-Order-Hold*-Blocks, der im Bild mit der Bezeichnung „5 kHz" versehen ist. Durch Multiplikation der Sequenz und ihrer Negierte mit den zwei sinusförmigen Trägern, die mit Hilfe der *Clock*-Quelle und der zwei *Fcn*-Blöcke gebildet werden, erhält man das FSK-Signal. Mit der Wahl der Frequenzen des FSK-Signals als Vielfache der Taktrate vermeidet man Phasensprünge beim Schalten von einer Frequenz auf die andere.

Die Blöcke für die Generierung des FSK-Signals sind in einem Untersystem (Subsystem), mit der Bezeichnung FSK-Signal, zusammengefaßt. Mit zwei *Outports* sind die Ausgänge des Untersystems definiert. Ein Ausgang ergibt das FSK-modulierte Signal und der zweite stellt das Modulationssignal als Referenzsignal für die Darstellung des demodulierten Signals im Vergleich zum Modulationssignal dar.

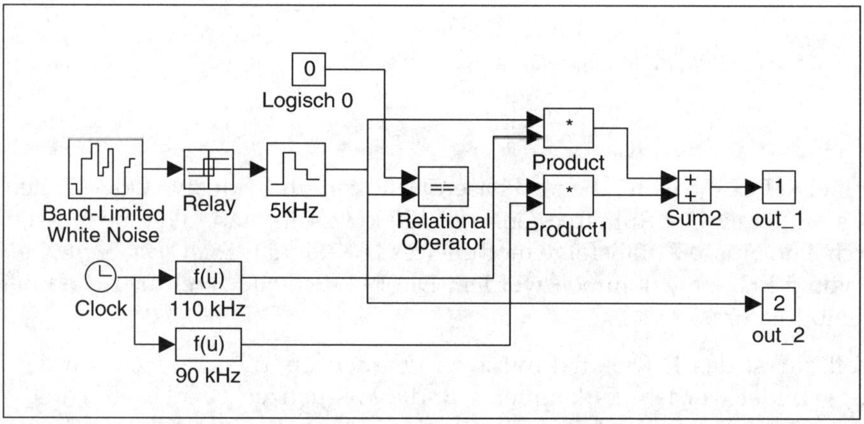

Bild 5.97 SIMULINK-Modell zur Erzeugung eines zufälligen FSK-Signals (s_pllxor.m; s_pllxor.mdl)

Das SIMULINK-Modell der PLL-Schleife ist im Bild 5.98 gezeigt. Für den Phasendetektor mit Exklusive-Oder-Gatter werden das Eingangssignal und das Signal des VCOs mit *Relay*-Blöcken in Binärsignale umgewandelt. Das Ausgangssignal des Exklusive-Oder-Gatters, mit Werten von 0 und 1 und Mittelwert von 0,5 für die Ruhefrequenz von 100 kHz, steuert den VCO über das Schleifenfilter. Der Phasenwinkel des VCOs, der die Ruhefrequenz ergibt, ist aus einem gewichteten *Clock*-Signal gebildet und wird zu dem gesteuerten Phasenwinkel, der am Ausgang des Integrators vorliegt, addiert.

Um das relativ schnelle Einrasten der PLL-Schleife auf die zwei Frequenzen des FSK-Signals zu gewährleisten, wurde ein Schleifenfilter mit *Leg-Lead*-Effekt benutzt. Durch Probieren wurden die Zeitkonstanten des Filters und der Übertragungsfaktor des VCOs so eingestellt, daß der Ausgang des zusätzlichen Tiefpaßfilters die binären Daten gut wiedergibt.

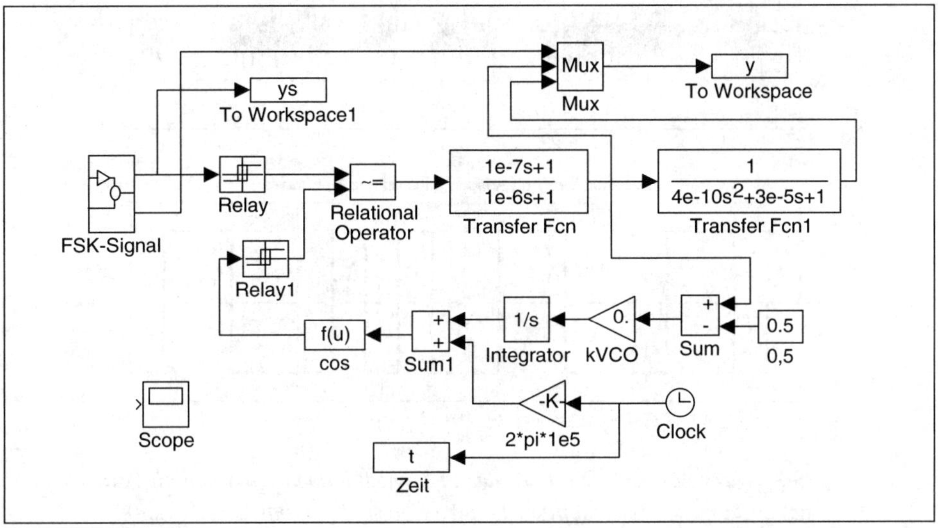

Bild 5.98 SIMULINK-Modell der PLL-Schleife mit Exklusive-Oder-Gatter als Phasendetektor und FSK-Signal am Eingang (s_pllxor.m; s_pllxor.mdl)

Bild 5.99 zeigt im oberen Teil einen Ausschnitt des Ausgangs des Schleifenfilters, aus dem hervorgeht, daß die Einstellung der Parameter des Schleifenfilters, welche die benötigte Dynamik der Schleife sichert, nicht genügend die doppelten Frequenzen am Ausgang des Phasendetektors unterdrückt. Daraus folgt die Notwendigkeit eines zusätzlichen Tiefpasses 2. Ordnung. Der Ausgang dieses Filters zusammen mit den binären Daten (Bild 5.99 unten), die als Modulationssignale bei der Bildung des FSK-Signals dienten, zeigen das korrekte Funktionieren der Schleife als FSK-Demodulator.

Das Spektrum (Leistungsspektraldichte) des FSK-Signals kann in diesem Experiment auch ermittelt werden. Es wird das FSK-Signal in einer *To-Workspace*-Senke eingefangen und nach der Simulation im gleichen Programm (d_`pllxor.m`), das zur Darstellung der oben gezeigten Signale dient, analysiert. Mit folgenden Befehlen wird die Darstellung aus Bild 5.100 erhalten:

```
% Spektrum des modulierten Signals
[Lsd, f] = psd(ys, 1024, 1e6);

figure(2);             clf;
plot(f(50:180), 10*log10(Lsd(50:180)));
title(' Spektrum des FSK modulierten Signals ');
xlabel(' Frequenz in Hz ');grid;
ylabel(' dB ');
```

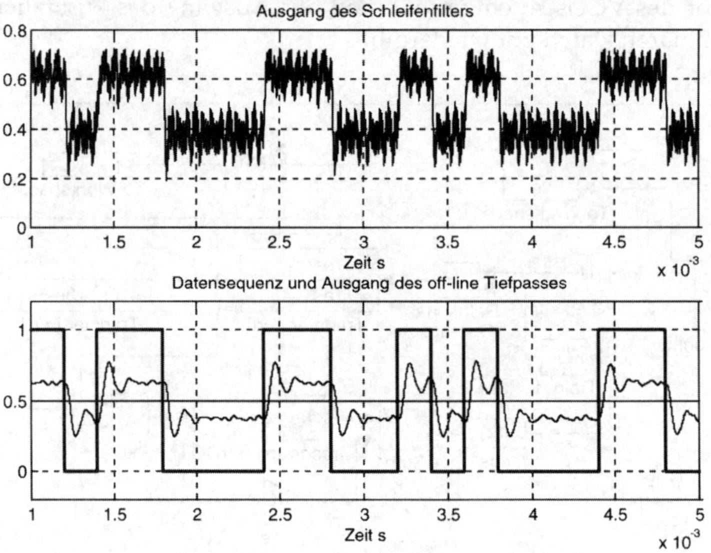

Bild 5.99 Ausgang des Schleifenfilters, das FSK-Modulationssignal und die Antwort des zusätzlichen Tiefpaßfilters (s_pllxor.m; s_pllxor.mdl; d_ pllxor.m)

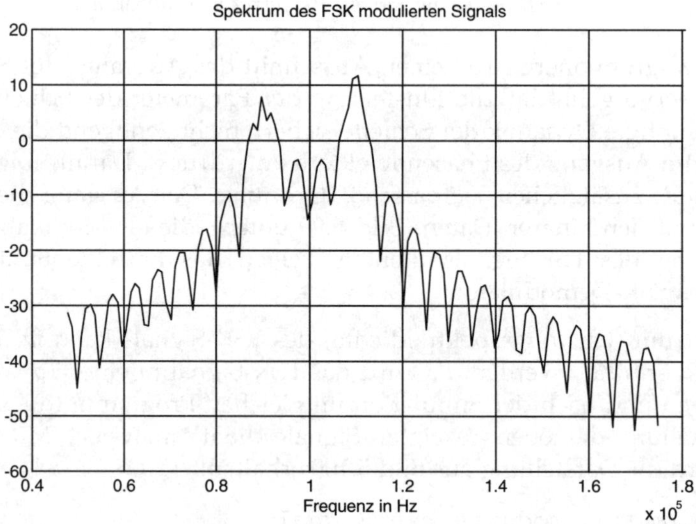

Bild 5.100 Spektrum des FSK modulierten Signals mit Frequenzen von 100 kHz für logisch „1" und 90 kHz für logisch „0" (s_pllxor.m; s_pllxor.mdl; d_ pllxor.m)

Mit dem Befehl **psd** (*Power-Spectral-Density*) aus der *Signal-Processing-Toolbox* wird die Leistungsspektraldichte ermittelt und danach dargestellt. Das Argument von 1024 in diesem Befehl bestimmt die Größe der Abschnitte, die bei der Berechnung der Leistungsspektraldichte gemittelt werden. Die Integrationsschrittweite entspricht der Abtastperiode, und die Abtastfrequenz von 1 MHz, als letztes Argument des Befehls, dient zur Skalierung der Abszisse. Immer wenn eine FFT-Analyse der Daten durchgeführt wird, muß man sich vergewissern, daß die Zeitintervalle der Simulation gleich sind. Diese Bedingung ist einfach durch Auflistung z.B. der ersten 20 Schritte des Zeitvektors t mit dem Befehl **diff**(t(1:20)) zu überprüfen.

Das Experiment könnte z.B. durch Änderung der Bitrate erweitert werden, um den Einfluß auf die Leistungsspektraldichte und Demodulation zu untersuchen. Wie das Spektrum aus Bild 5.100 zeigt, könnte die Bitrate auf 10 kHz erhöht werden, so daß die zwei Hauptzipfel (englisch *lobe*) des Spektrums nebeneinander liegen.

Nach der Erfahrung, die bis hier gemacht wurde, sollte man die Simulationen und die eventuellen weiteren Experimente über einen Aufruf aus einem MATLAB-Programm durchführen. Als Beispiel sei das Modell `s_pllx2.m` (bzw. `s_pllx2.mdl`) genannt. In der Funktion `pllx2.m` werden einige Parameter des Modells über Variablen initialisiert. Sie sind als **global** deklariert und diese Deklaration muß auch im MATLAB-Kommando-Fenster aufgerufen werden. Die Simulation für die alte Version wird durch

```
[ts,xs,ys]=rk45('s_pllx2',t_final,[],[1e-3,step_size,...
                                        step_size]);
```

durchgeführt. Die Variable `t_final` definiert die Simulationsdauer und die Variable `step_size` bestimmt die Schrittweite (*Min-* und *Max-Step-Size*). Als Ergebnisse erhält man einen Zeitvektor `ts`, eine Matrix der Zustandsvariablen des Modells `xs` und eine Matrix der Ausgangsgrößen des Modells `ys`. Obwohl die Zustandsvariablen, als Spalten der Matrix `xs`, nicht erwünscht sind, werden sie geliefert und belegen Speicher. Die Spalten der Ausgangsmatrix `ys` stellen die gewünschten Variablen der *Outports*, die im Modell auftreten, dar.

In der neuen Version von SIMULINK können über den Befehl **simset** eine Menge Optionen für den Ablauf der Simulation definiert werden. Durch

```
my_options=simset('FixedStep',step_size,'OutputVariables',...
                                            'ty');
```

wird eine konstante Schrittweite der Größe `step_size` gewählt, und mit der Option `OutputVariables` und den Wert `'ty'` (statt allgemein `'txy'`) wird eine leere Matrix für die Zustandsvariablen nach der Simulation geliefert. Die Simulation wird durch folgenden Befehl durchgeführt:

```
[ts,xs,ys]=sim('s_pllx2',[0, t_final], my_options);
```

Als Argumente treten hier der Name des Modells (`s_pllx2.mdl`) und das Simulationsintervall zwischen `0` und `t_final`. Das Programm `pllx2.m` für beide Versionen ist sehr einfach gestaltet, so daß das wesentliche dieser Art der Durchführung einer Simulation, verstanden wird. Die Matrix `xs` ist leer und belegt keinen Speicher mehr.

Kapitel 6

Anwendungen aus dem Bereich der Regelungstechnik

6.1 Einführung

Für Untersuchungen von Anwendungen der Regelungstechnik sind viele Standardfunktionen des Grundpakets von MATLAB geeignet. Die komplexe Arithmetik, die Eigenwerte, die Funktionen zur Ermittlung der Wurzeln von Polynomen, die Matrizenoperationen (inklusive die Invertierung von Matrizen) und die FFT-Analyse sind nur einige Beispiele für solche Funktionen. Die schon klassische *Control-System-Toolbox* [1] stellt dem Anwender einen Satz von Funktionen speziell für die Beschreibung und Analyse von Regelsystemen zur Verfügung. Sie bestehen hauptsächlich aus M-Dateien, die Algorithmen zur Modellbildung, Analyse und Synthese von Regelsystemen implementieren. Die Beschreibung der Systeme kann sowohl in der klassischen Art mit Übertragungsfunktionen in Form von gebrochenen rationalen Funktionen oder mit Pol- und Nullstellen als auch im Zustandsraum in Form von Differentialgleichungen erster Ordnung stattfinden. Mit den Zustandsmodellen eröffnet sich der Weg zur Anwendung der sogenannten modernen optimalen Regelungen. Es gibt Funktionen zur Konversion von einer Beschreibungsart in die andere und Funktionen, welche die Antworten im Zeitbereich (Sprungantwort, Impulsantwort etc.) und Frequenzbereich (z.B. Frequenzgang, Nichols-Diagramm etc.) ermitteln. Neben den Funktionen für die kontinuierlichen Systeme enthält die Toolbox ähnliche Funktionen für diskrete Systeme.

Inzwischen gibt es eine ganze Reihe von zusätzlichen Toolboxen für Anwendungen im Bereich der Regelungstechnik. Die drei Toolboxen: *System-Identification, Frequency-Domain-System-Identification* und *Identification-of-Continuous-Time-Dynamic-Systems* [2], [3], [4] ermöglichen es, praktisch alle z.Z. bekannten Identifikationsverfahren zu implementieren und zu testen. Die *Automatic-Controller-Design* Erweiterung der Firma Delzer Kybernetik aus Lörrach [5] stellt leistungsfähige praktische Methoden für den Entwurf von Regelsystemen zur Verfügung.

Die *Model-Predictive-Control-Toolbox* [6] dient dem Entwurf und der Analyse des Verfahrens mit dem gleichen Namen [7], das in den 70er Jahren in der Industrie eingeführt wurde. Es ist das meist eingesetzte Verfahren zur multivariablen Regelung von chemischen Prozessen.

Das in den 60er Jahren eingeführte Entwurfsverfahren im Frequenzbereich, das in den 70er Jahren neu definiert wurde und unter dem Namen *Quantitative-Feedback-Theory* (oder kurz QFT) [8] bekannt ist, wird mit Funktionen aus der *Quantitative-Feedback-Theory-Toolbox* [9] unterstützt. Das QFT-Verfahren hat als Hauptziel den Entwurf von einfachen Reglern niedriger Ordnung mit minimaler Bandbreite für bestimmte Spezifikationen und Unsicherheiten.

Die *Robust-Control-Toolbox* [10] verfolgt ähnliche Ziele für multivariable Regelsysteme. Die wichtigsten Unsicherheiten sind hier die Rausch- und Störsignale, die Fehler des Modells des Prozesses und die im Modell nicht einbezogenen Nichtlinearitäten. Die Verfahren [11] basieren auf Zielfunktionen in Form von Normen.

Die Systeme, die nichtlinear, zeitabhängig und unzureichend definiert sind, können mit herkömmlichen Methoden nur schwer geregelt werden. In den letzten Jahren wurde für solche Systeme immer mehr die *Fuzzy*-Regelung als Lösung eingesetzt. Sie basiert auf der *Fuzzy*-Logic (unscharfe Logik) des amerikanischen Wissenschaftlers Lotfi A. Zadeh. Die *Fuzzy*-Regelung [12] kann als eine zeitdiskrete Steuerungsmethode betrachtet werden, die das menschliche Denken nachahmt und die inhärenten Ungenauigkeiten einbezieht. Die Analyse und Synthese von *Fuzzy*-Systemen wird durch die *Fuzzy-Logic-Toolbox* [13] unterstützt.

Die SIMULINK-Erweiterung von MATLAB dient der komfortablen Simulation von dynamischen Systemen, zu denen auch die Regelsysteme gehören. Viele Blöcke implementieren Funktionen einiger Toolboxen und stehen somit nur dann zur Verfügung, wenn diese auch installiert sind.

Die Simulationen der Anwendungen dieses Kapitels werden meist mit einem Programm parametriert, danach wird die Simulation über das Menü des SIMULINK-Fensters (per Hand) durchgeführt und die Daten in der *To-Workspace*-Senke eingefangen. Zuletzt werden diese Daten mit einem zweiten Programm dargestellt. Die Programme für die Parametrierung sind mit `p_*.m` (z.B. `p_temp1.m`), die SIMULINK-Modelle sind mit `s_*.m` für die alte Version und `s_*.mdl` für die neue Version (z.B. `s_temp1.m` bzw. `s_temp1.mdl`) und schließlich sind die Programme zur Darstellung der Daten mit `d_*.m` (z.B. `d_temp1.m`) gekennzeichnet. Es werden häufig dieselben Simulationen über Aufrufe aus MATLAB-Programme durchgeführt. Die entsprechenden Programme sind mit einer zusätzlichen Zahl 1 am Ende des Namens identifizierbar, wie z.B. in `temp11.m` zusammen mit `s_temp11.m` bzw. `s_temp11.mdl`. Um diese Programme leicht zu finden und mit den Anwendungen zu assoziieren, werden ihre Dateien auch unter den Abbildungen in Klammern angegeben.

6.2 Einfache geregelte Prozesse als erste Erfahrung im Umgang mit Regelungssystemen

Die klassischen Bücher der Regelungstechnik beschreiben am Anfang ausführlich die Werkzeuge, die bei der Analyse und Synthese von linearen Systemen eingesetzt werden. Hier spielt z.B. die Laplace-Transformation [14], die nicht ohne weiteres zu verstehen ist, eine große Rolle. Für viele Generationen von Studierenden bildet sie ein Stolperstein, der abschreckend und distanzierend wirkt und somit nicht dem Vermitteln von Ingenieurwissen im Bereich der Regelungstechnik dient. Diese Art, die Regelungstechnik zu betrachten, ist auch traditionell bedingt. Früher gab es kein Zugang zu Rechnerleistungen der Größe, wie sie gegenwärtig verfügbar sind. Die Laplace-Transformation war das einzige Mittel, um die Dynamik komplexer (leider nur linearer) Systeme zu behandeln.

Zur Zeit stehen für PCs Werkzeuge zur Verfügung, die es erlauben, die Systeme direkt im Zeitbereich zu beschreiben und zu untersuchen. Sie basieren auf Differentialgleichungen, die auch nichtlinear sein können, und die über numerische Verfahren integriert werden. Man kann sich so auf die kreative Tätigkeit der Bildung der Modelle (Differentialgleichungen) konzentrieren, Modelle die linear oder nichtlinear sein können und der Realität näher kommen. Die Lösung einer modellierten Anwendung wird dann mit Programmpaketen wie MATLAB und SIMULINK ermittelt.

Im Unterricht kann man jetzt diese Mittel so einsetzen, daß mit Simulationsexperimenten erste Erfahrungen mit Regelsystemen den Studierenden vermittelt werden. Die Notwendigkeit der Theorie (auch wenn nur auf lineare Systeme begrenzt) wird danach verdeutlicht, wenn die Aufgabe der Synthese von Regelsystemen mit bestimmten Eigenschaften auftritt. Viele der idealisierenden Annahmen, die notwendig sind, um die Theorie anzuwenden, können danach mit Simulationen oder physikalischen Experimenten überprüft werden. Es ergibt sich eine Vermittlung der Kenntnisse, die nicht mehr abschreckt, mehr mit der Realität verbunden ist und von einfachen auf komplexe Systeme zu erweitern ist.

6.2.1 Modellbildung

Die Modellbildung von dynamischen Systemen beruht auf den physikalischen Grundprinzipien der Erhaltung von Masse, Energie, Kraft und Impuls.

Mechanische Systeme

In mechanischen Systemen wird häufig das Newtonsche Gesetz für die Bildung eines dynamischen Modells verwendet. Viele Beispiele dafür sind ausführlich im 4. Kapitel dargestellt. Als Zustandsvariablen werden hier die Geschwindigkeit und der Weg gewählt. Die externe Kraft zusammen mit den Federkräften und den Reibungskräften sind im Gleichgewicht mit der Inertialkraft (Trägheitskraft). Nur die zur Geschwindigkeit proportionale viskose Reibung führt zu einem linearen Modell. Die Coulombsche-Reibung, die nicht von der Geschwindigkeit, sondern von der Bewegungsrichtung abhängt und immer gegen diese Richtung wirkt, bildet ein nichtlineares Glied in der Differentialgleichung der Bewegung. Andere nichtlineare Glieder können von turbulenten Kräften bei Bewegungen in der Luft oder Wasser hervorgehen. Statt der Kräfte werden für Rotationsbewegungen die Momente betrachtet. Die Summe der Momente aller äußeren, auf das System einwirkende Kräften sind gleich dem kinetischen Moment des Systems. Auch hier können nichtlineare Momente auftreten, z.B. durch Coulombsche und viskose Reibung.

Elektrische Systeme

In elektrischen Systemen gibt es vom Standpunkt eines dynamischen Systems zwei Komponenten, die zu zeitabhängigem Verhalten führen: der Kondensator für die Speicherung elektrischer Energie und die Induktionsspule für die Speicherung magnetischer Energie. Die elektrische Energie ist proportional zur Spannung des Kondensators und die magnetische Energie proportional zum Strom, der durch die Spule fließt. Da die Energie im System zu einem beliebigen Zeitpunkt von der Geschichte des Systems bis zu diesem Zeitpunkt abhängt, beschreiben die Spannungen der Kondensatoren und die Ströme der Induktionsspulen den Zustand eines elektrischen Systems und werden als Zustandsvariablen gewählt. Nichtlineare Glieder können von magnetischen Kreisen mit nichtlinearen Magnetisierungskennlinien, von nichtlinearen Widerständen, von Dioden und anderen elektronischen nichtlinearen Komponenten hervorgehen. Das 5. Kapitel beinhaltet Beispiele von elektrischen Systemen, die nach diesem Schema beschrieben sind. Die Kirchhoffschen Strom- und Spannungsgesetze zusammen mit den Maxwellschen Gleichungen ergeben die Differentialgleichungen der elektrischen Systeme.

Oft muß ein System durch elektrische und mechanische Zustandsvariablen beschrieben werden. So z.B. erhält man bei der Beschreibung eines Gleichstrommotors eine Differentialgleichung für den mechanischen Teil und eine für den elektrischen Teil. Die Interaktion der beiden Teile geschieht über den Strom, der das aktive Drehmoment bildet, und über die im Läuferkreis induzierte Spannung, die proportional zur Winkelgeschwindigkeit ist. Im 4. Kapitel sind auch solche elektromechanische Systeme untersucht worden.

Modellbildung über das Gesetz der Erhaltung der Masse

In vielen industriellen Prozessen, in denen die Mengen verschiedener Komponenten die Variablen bilden, erhält man die Differentialgleichung, die den Zusammenhang dieser Variablen beschreibt, durch Gleichungen der Form:

Akkumulierte Masse = Eingangsmasse – Ausgangsmasse

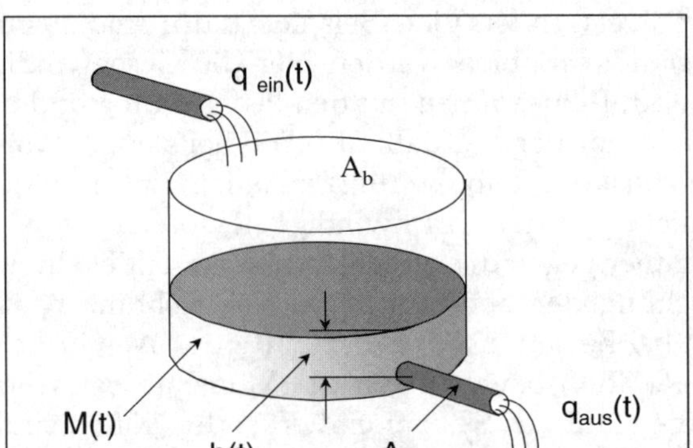

Bild 6.1 Behälter mit durchgemischter Flüssigkeit

Bild 6.1 zeigt nach [15] einen Behälter gefüllt mit einer inkompressiblen, durchgemischten Flüssigkeit, bei dem die Eingangs- und Ausgangsflußraten mit $q_{ein}(t)$, $q_{aus}(t)$ bezeichnet wurden, und deren Einheiten kg/s sind. Die Gleichung für die Erhaltung der Masse zeigt, daß die Masseänderung dM in dem Zeitintervall dt durch die Differenz der Flußraten gegeben ist:

$$\frac{dM(t)}{dt} = q_{ein}(t) - q_{aus}(t) \tag{6.1}$$

Wobei M die gesamte Masse in kg und t die Zeit in s sind. Wenn z.B. die Höhe der Flüssigkeit im Behälter zu regeln ist, dann muß die Differentialgleichung diese Größe enthalten.

Aus

$$M(t) = A_b \gamma \ h(t) \tag{6.2}$$

$$q_{aus}(t) = A_{aus} \gamma \ v(t) \tag{6.3}$$

und

$$v(t) = \sqrt{2gh(t)} \tag{6.4}$$

erhält man folgende nichtlineare Differentialgleichung für die Höhe der Flüssigkeit (mit der Eingangsflußrate als Eingangsgröße):

$$A_b \gamma \ \frac{dh(t)}{dt} = q_{ein}(t) - A_{aus} \gamma \sqrt{2gh(t)} \tag{6.5}$$

Mit A_b, A_{aus}, γ, v und g sind hier der Querschnitt des Behälters und des Austrittsrohrs in m^2, die Flüssigkeitsdichte in kg / m^3, die Austrittsgeschwindigkeit in m/s und die Erdbeschleunigung in m / s^2 bezeichnet. Wenn für kleine Änderungen in der Umgebung eines Arbeitspunktes der Höhe h_0 die Gleichung (6.4) linearisiert wird

$$\Delta v(t) = \frac{\partial v}{\partial h}\Big|_{h=h_0} \Delta h(t) = k_h \Delta h(t), \tag{6.6}$$

dann ergibt sich für diese kleinen Änderungen $\Delta h(t), \Delta v(t), \Delta q_{ein}(t)$ eine lineare Differentialgleichung der Form:

$$T_h \frac{d\Delta h(t)}{dt} + \Delta h(t) = k_q \Delta q_{ein}(t) \tag{6.7}$$

Es wird dem Leser überlassen, die neuen Koeffizienten (Zeitkonstante T_h in s und Übertragungskonstante k_q in m/kg/s) durch die schon eingeführten Parameter auszudrücken. Für die linearisierte Gleichung können alle Werkzeuge der linearen Theorie wie Laplace-Transformation, Frequenzgang, Sprung- und Impulsantwort angewandt werden. Sie geben einen ersten Einblick in das Verhalten des Systems, das mit Simulationen der nichtlinearen Differentialgleichung im Zeitbereich überprüft werden muß.

Für Systeme mit relativ einfachen nichtlinearen Differentialgleichungen mit nur wenigen Parametern können durch eine Simulation die optimalen Werte der einstellbaren Parameter bestimmt werden. Wenn das System komplex ist, und viele Parameter experimentell zu ermitteln sind, kann eine Voruntersuchung, basierend auf einem linearisierten Modell, wichtige Erkenntnisse liefern, um das Experiment optimal zu gestalten und die gewünschten Ziele zu erreichen.

Modellbildung durch die Erhaltung der Energie

In vielen Prozessen werden Temperaturen geregelt. Die dynamischen Modelle von Temperaturregelungssystemen müssen Energieflüsse und die in den Massen gespeicherte Energie berücksichtigen. Als Beispiel sei ein Ofen, wie er im Bild 6.2 dargestellt ist, angenommen. In einem kleinen Zeitintervall Δt steigt die Temperatur der Ersatzmasse M (in kg) mit $\Delta\vartheta$ und ergibt eine gespeicherte Wärmemenge von:

$$\Delta Q_m = Mc\Delta\vartheta \tag{6.8}$$

Wobei c die Wärmekapazität in Joule/(°C.kg) ist. Die Heizleistung P_a (Watt = Joule/s) liefert im selben Zeitintervall eine Energie $Q_a = P_a\Delta t$. Ein Teil dieser Energie dient der Steigerung der Temperatur durch Wärmespeicherung, der Rest geht verloren. Die Verlustwärme ist dem Temperaturunterschied auf den verschiedenen Seiten des Ofens proportional. So z.B. könnte für die obere Fläche folgende Gleichung angenommen werden:

$$\Delta Q_1 = \frac{1}{R_1}(\vartheta - \vartheta_m)\Delta t \tag{6.9}$$

Für die Seitenwände gilt eine ähnliche Form:

$$\Delta Q_2 = \frac{1}{R_2}(\vartheta - \vartheta_m)\Delta t \tag{6.10}$$

Hier sind R_1, R_2 und ϑ_m die Wärmewiderstände für die zwei Verlustflächen bzw. die Temperatur der Umgebung. Die Wärmebilanz

$$P_a\Delta t = Mc\Delta\vartheta + \left(\frac{1}{R_1} + \frac{1}{R_2}\right)(\vartheta - \vartheta_m)\Delta t \tag{6.11}$$

führt mit $\Delta t \to dt;\ \Delta\vartheta \to d\vartheta$ zu einer Differentialgleichung, die umgeformt wie folgt geschrieben werden kann:

$$T_\vartheta \frac{d\vartheta(t)}{dt} + \vartheta(t) - \vartheta_m = k_a P_a(t) \tag{6.12}$$

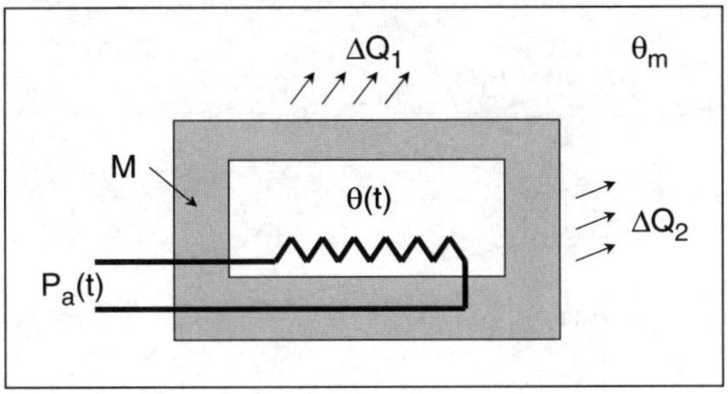

Bild 6.2 Ofensystem der Ersatzmasse M, das mit Heizleistung P_a geheizt ist und Wärmeverluste mit Wärmewiderständen R_1 bzw. R_2 besitzt

Die Einheiten der verschiedenen Größen ergeben sich aus den Zusammenhängen und die Parameter der letzten Gleichung sind leicht durch die vorher eingeführten Größen auszudrücken. Praktisch sind die Ersatzmasse und die anderen Kenngrößen nicht bekannt und die Parameter des Modells werden durch Identifikation ermittelt.

Es gibt Fälle, in denen die Modelle mit konzentrierten Parametern eine zu grobe Annäherung darstellen. Man müßte mit räumlich verteilten Parametern arbeiten. Es ergeben sich Modelle mit partiellen Differentialgleichungen, die nicht einfach in Regelungssystemen einzubinden sind. Die Verzögerung durch die Ausbreitung der Temperatur in Form einer Welle wird durch Identifikation oftmals mit einer Totzeit ersetzt. Eine andere Möglichkeit stellt die Annäherung der räumlichen Übertragung durch mehrere Abschnitte mit konzentrierten Parametern dar, ähnlich wie bei Leitungen.

Die eindimensionale Diffusion der Wärme entlang eines Stabs soll als Beispiel für diese Möglichkeit dienen. Mit der Wärmebilanz entlang der x Achse für n finite Abschnitte (Bild 6.3) erhält man n einfache Differentialgleichungen, die man in einem Zustandsmodell zusammenfassen kann.

Die Wärmebilanzen des ersten und letzten Abschnitts unterscheiden sich von den restlichen (n - 2)-Abschnitten. Für den ersten Abschnitt ist die Wärmebilanz durch

$$\begin{aligned} P_{eing}(t)\Delta t = mc\Delta\vartheta_1(t) + (1/R_{12})(\vartheta_1(t) - \vartheta_2(t))\Delta t + \\ (1/R_{10})(\vartheta_1(t) - \vartheta_0(t))\Delta t \end{aligned} \tag{6.13}$$

gegeben.

Mit $\Delta t \to dt$, $\Delta\vartheta_1(t) \to d\vartheta_1(t)$ erhält man die Differentialgleichung des ersten Abschnitts:

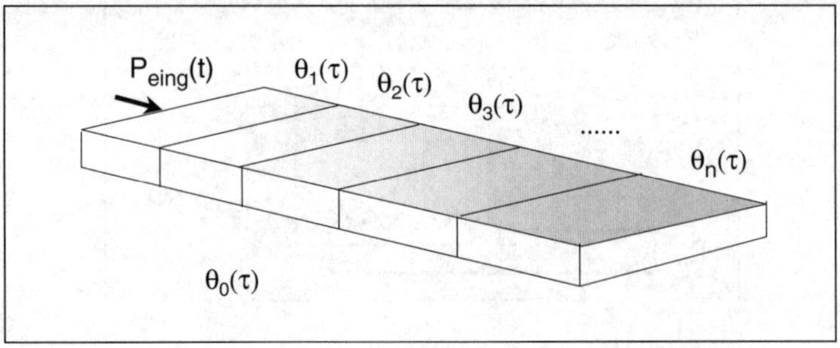

Bild 6.3 Die eindimensionale Diffusion der Wärme entlang eines Stabs, der mit finiten Abschnitten angenähert ist

$$\frac{d\vartheta_1(t)}{dt} = -\frac{1}{mc}\left(\frac{1}{R_{12}} + \frac{1}{R_{10}}\right)\vartheta_1(t) + \frac{1}{mc}\left(\frac{1}{R_{12}}\right)\vartheta_2(t) + \frac{1}{mc}\left(\frac{1}{R_{10}}\right)\vartheta_0(t) + \frac{1}{mc}P_{eing}(t) \tag{6.14}$$

Die Wärmebilanz eines beliebigen, inneren Abschnittes ist:

$$\begin{aligned}(1/R_{i-1,i})(\vartheta_{i-1}(t) - \vartheta_i(t))\Delta t = mc\Delta\vartheta_i(t) + \\ (1/R_{i,i+1})(\vartheta_1(t) - \vartheta_{i+1}(t))\Delta t + \\ (1/R_{i,0})(\vartheta_i(t) - \vartheta_0(t))\Delta t\end{aligned} \tag{6.15}$$

Die entsprechende Differentialgleichung wird:

$$\frac{d\vartheta_i(t)}{dt} = \frac{1}{mc}\left(\frac{1}{R_{i-1,i}}\right)\vartheta_{i-1}(t) - \frac{1}{mc}\left(\frac{1}{R_{i-1,i}} + \frac{1}{R_{i,i+1}} + \frac{1}{R_{i0}}\right)\vartheta_i(t) + \frac{1}{mc}\left(\frac{1}{R_{i-1,i}}\right)\vartheta_{i+1}(t) + \frac{1}{mc}\left(\frac{1}{R_{i0}}\right)\vartheta_0(t) \tag{6.16}$$

Im letzten Abschnitt entfällt die zum nächsten Abschnitt abgegebene Wärmemenge und die Bilanz ist:

$$\begin{aligned}(1/R_{n-1,n})(\vartheta_{n-1}(t) - \vartheta_n(t))\Delta t = mc\Delta\vartheta_n(t) + \\ (1/R_{n,0})(\vartheta_n(t) - \vartheta_0(t))\Delta t\end{aligned} \tag{6.17}$$

Sie führt zu einer Differentialgleichung der Form:

$$\frac{d\vartheta_n(t)}{dt} = \frac{1}{mc}\left(\frac{1}{R_{n-1,n}}\right)\vartheta_{n-1}(t) - \frac{1}{mc}\left(\frac{1}{R_{n-1,n}} + \frac{1}{R_{n0}}\right)\vartheta_n(t) + \frac{1}{mc}\left(\frac{1}{R_{n0}}\right)\vartheta_0(t) \tag{6.18}$$

Die benutzten Bezeichnungen für die Parameter des Abschnitts i sind: m = Masse in kg; c = Wärmekapazität in Joule °C/kg; $R_{i,i+1}$ = Wärmewiderstand vom Abschnitt i zum Abschnitt i + 1 in °C/Watt; $R_{i,0}$ = Wärmewiderstand vom Abschnitt i zur Umgebung. Mit $P_{ein}(t)$ ist die Leistung in Watt, die am Anfang des Stabs für die Heizung zugeführt wird, und $\vartheta_i(t)$, $\vartheta_0(t)$ sind die Temperatur der Abschnitte bzw. die der Umgebung. Für gleiche Abschnitte und mit

$$k_1 = \frac{1}{mc}(1/R_{i-1,i}); \quad k_2 = \frac{1}{mc}(1/R_{i,0}); \qquad i = 2,\ldots,n;$$

erhält man das Zustandsmodell aus Gleichung (6.19).

$$\begin{vmatrix} \dot{\vartheta}_1 \\ \dot{\vartheta}_2 \\ \dot{\vartheta}_3 \\ \dot{\vartheta}_4 \end{vmatrix} = \begin{vmatrix} -(k_1+k_2) & k_1 & 0 & 0 \\ k_1 & -(2k_1+k_2) & k_1 & 0 \\ 0 & k_1 & -(2k_1+k_2) & k_1 \\ 0 & 0 & k_1 & -(k_1+k_2) \end{vmatrix} \begin{vmatrix} \vartheta_1 \\ \vartheta_2 \\ \vartheta_3 \\ \vartheta_4 \end{vmatrix} + \begin{vmatrix} 1/(mc) & k_2 \\ 0 & k_2 \\ 0 & k_2 \\ 0 & k_2 \end{vmatrix} \begin{vmatrix} P_{eing} \\ \vartheta_0 \end{vmatrix} \tag{6.19}$$

Als Eingangsgrößen wurden die Heizungsleistung und die Temperatur der Umgebung gewählt. Die aus einigen Zeilen bestehende MATLAB-Funktion `waerme_d.m` kann zum Testen des Modells dienen. Bild 6.4 zeigt die Sprungantwort für den Fall eines Stabs von 0,1 kg, bei dem die Berechnung der Diffusion der Wärme mit 4 Abschnitten durchgeführt wurde (laut Testaufruf).

Für die Parameter der Abschnitte sind folgende Werte benutzt: m = M / n kg;

c = 400 Joule/(kg°C); $R_{i-1,i}$ = (1/n) °C/Watt; $R_{i,0}$ = (1 x n) °C/Watt;

Wobei n die Anzahl der Abschnitte und M die gesamte Masse sind.

Der Frequenzgang für die Heizleistung als Eingangsgröße ist in Bild 6.5 dargestellt. Die gesamte Phasenverschiebung des letzten Abschnitts von ca. -360 Grad und der flache Amplitudengang zeigen, daß die vier Abschnitte sich wie vier Verzögerungsglieder erster Ordnung, die in Reihe geschaltet sind, verhalten.

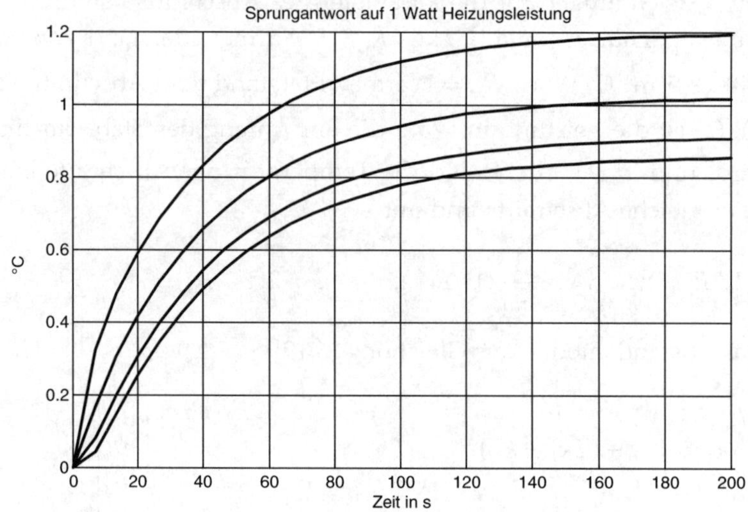

Bild 6.4 Sprungantwort auf 1 Watt Heizungsleistung für einen Stab unterteilt in 4 Abschnitte (waerme_d.m)

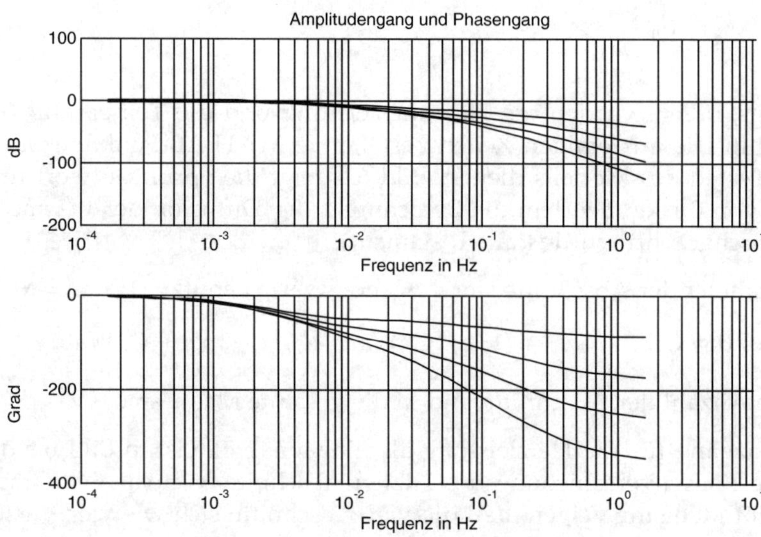

Bild 6.5 Frequenzgang des mit vier Abschnitten angenäherten Stabs mit der Heizleistung als Eingangsgröße (waerme_d.m)

Eine Annäherung des Stabs mit mehr Abschnitten ergibt bei hohen Frequenzen im Betrag größere Phasenverschiebungen, was auch zeigt, daß bei der Abschätzung der Stabilität einer Regelung mit einem Modell dieser Art die Anzahl der Abschnitte korrekt sein muß. Durch Simulation mit verschiedenen Werten für diese Anzahl können wichtige Erkenntnisse gewonnen werden.

In allen Bereichen der Technik und Wissenschaft gibt es Aufgaben, die mit dynamischen Systemen verbunden sind. Die Erstellung der Modelle bedeutet die Anwendung der gezeigten Grundprinzipien (der Erhaltung der Masse, Energie, Kraft und Impuls) mit Korrekturen, die auf Messungen, Identifikationen, heuristischen und empirischen Methoden basieren. Es ist verlockend, nach linearen Modellen für die Beschreibung der Dynamik von Systemen zu suchen. Für diese Modelle gilt das Überlagerungsprinzip, und der Einfluß mehrerer Eingänge (wie z.B. die Stellgröße und Störung) kann getrennt analysiert werden. Man soll sich aber immer vergewissern, ob die Bedingungen für eine Linearisierung vorhanden sind, da die meisten Prozesse grundsätzlich nichtlinear sind. Wenn die Nichtlinearität glatt ist, d.h. keine sprunghaften Änderungen aufweist, kann eine lineare Beschreibung für kleine Abweichungen um einen Arbeitspunkt (stabiler Gleichgewichtspunkt) angenommen werden. Ein Relais ist beispielsweise weder linear noch glatt, da es zwischen festen Zuständen springt und nicht linearisiert werden kann. Zusammen z.B. mit einer Induktionsspule eines Stellgliedes (mit großer Trägheit), das mit dem Relais pulsmoduliert gesteuert wird, kann es eine Anordnung bilden, das mit einem linearen Modell zu beschreiben ist.

6.2.2 Temperatur-Regelungssystem

Mit MATLAB und SIMULINK ist man in der Lage, einfache Regelsysteme durch Simulation zu untersuchen, ohne grundsätzliche Vorkenntnisse bezüglich der Theorie der Regelungstechnik zu besitzen. Die Simulation ermöglicht das Aneignen erster Erfahrungen im Umgang mit der Thematik der Regelungstechnik. Diese werden dann durch die Theorie bis zu ihren Grenzen ergänzt, und über die Rückkehr zur Simulation werden alle realistischen Bedingungen (Nichtlinearitäten, Unsicherheiten etc.) geklärt.

In Bild 6.6 ist die Skizze der Temperaturregelung eines Ofens gezeigt. Die gemessene Temperatur $y(t)$ als Istwert wird mit dem Sollwert $w(t)$ verglichen, und die Differenz bildet den Fehler $e(t)$ der Regelung, der das Eingangssignal des Reglers darstellt. Der Ausgang des Reglers steuert das Stellglied des Systems, das aus einem mit Spannung kontrollierten Motor besteht, der über ein Zahnrad und Zahnstange die Öffnung $u(t)$ des Zufuhrventils ändert. Wenn die Temperatur vom Sollwert abweicht, wird die Öffnung vergrößert oder verkleinert, so daß die Temperatur den Sollwert verfolgt (Führungsregelung). Das Blockschaltbild des Regelsystems ist in Bild 6.7 dargestellt. Der Prozeß ist durch eine lineare Differentialgleichung erster Ordnung der Form

$$T_p \frac{d\vartheta(t)}{dt} + \vartheta(t) = k_p q(t) \tag{6.20}$$

beschrieben.

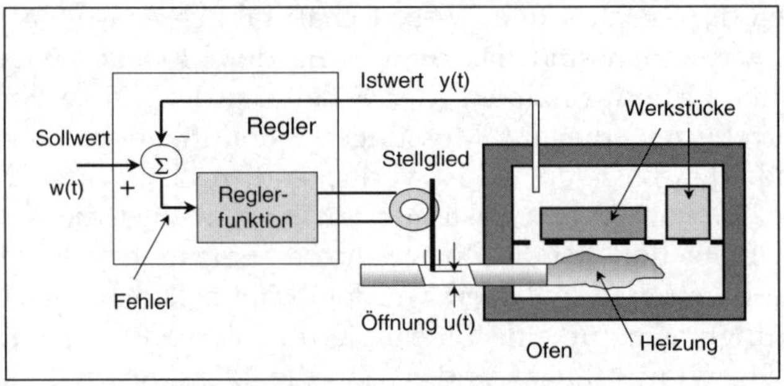

Bild 6.6 Skizze der Temperaturregelung eines Ofens

Wenn als Eingangsgröße die Heizleistung $q(t)$ angenommen wird, sind die Parameter des Prozesses die Zeitkonstante T_p in s und der Faktor (Übertragungskonstante) k_p in °C/Watt. Um die Betrachtungen zu verallgemeinern, wird die Temperatur $\vartheta(t)$ mit $y(t)$ und die Heizleistung mit $u(t)$ bezeichnet. Der Prozeß stellt ein Verzögerungsglied erster Ordnung dar. Die entsprechende Übertragungsfunktion ist:

$$\frac{Y(s)}{U(s)} = \frac{k_p}{T_p s + 1} \tag{6.21}$$

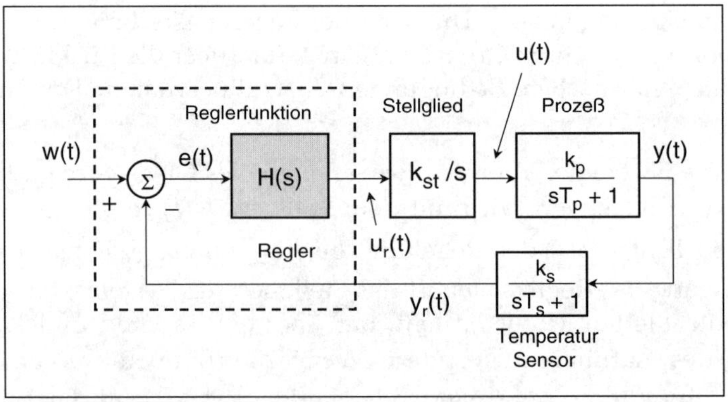

Bild 6.7 Blockschaltbild der Temperaturregelung

Die Tatsache, daß diese Übertragungsfunktion mit Hilfe der Laplace-Transformation (bei Anfangsbedingungen gleich Null) aus der Differentialgleichung zu erhalten ist, wird hier nicht ausdrücklich verfolgt. Diese Form ist wichtig nur wegen der Möglichkeit, sie in MATLAB und SIMULINK, wo sie die Beschreibung in *Transfer-Function*-Mode darstellt, zu benutzen. Viel einfacher gelangt man zu den Übertragungsfunktionen mit Hilfe der Heaviside-Operatoren [16]. In der Differentialgleichung werden der Differenzier- und Integrieroperator durch s bzw. $1/s$ ersetzt

$$\frac{d}{dt} \rightarrow s \text{ und } \int dt \rightarrow \frac{1}{s}$$

Die Verbindung Ausgangs- zur Eingangsvariablen (als *s* Funktionen geschrieben) kann danach mit Hilfe der Übertragungsfunktion ausgedrückt werden. Die Variable *s* (oft für die Heaviside-Operatoren mit *p* bezeichnet) kann jetzt als eine allgemeine komplexe Variable behandelt werden.

Der Temperatursensor ist in einem Gehäuse untergebracht, um ihn im Ofen zu schützen, und man kann sich leicht vorstellen, daß eine ähnliche Übertragungsfunktion vorliegt:

$$\frac{Y_r(s)}{Y(s)} = \frac{k_s}{T_s s + 1} \tag{6.22}$$

Wobei der Faktor k_s (im SIMULINK *Gain-Factor*) in V/ °C (oder mV/°C) die statische Kennlinie des Sensors in der Umgebung des Arbeitspunktes beschreibt. T_s ist die Zeitkonstante des Sensors, die viel kleiner als die des Ofens ist. Die entsprechende Differentialgleichung wäre:

$$T_s \frac{dy_r(t)}{dt} + y_r(t) = k_s y(t) \tag{6.23}$$

Im Stellglied, das im Bild 6.8 gezeigt ist, steuert die Spannung des Motors $u_r(t)$ (praktisch mit einer sehr kleinen Trägheit) die Kreisbewegung mit der Geschwindigkeit $\omega(t)$, die über Zahnrad und Zahnstange in einer linearen Bewegung $u_0(t)$ umgewandelt wird. Mathematisch sind diese Zusammenhänge durch folgende Gleichungen beschrieben:

$$\omega(t) = k_m u_r(t) \tag{6.24}$$

$$u_0(t) = k_z \int_0^t \omega(\tau) d\tau + u_0(0) \tag{6.25}$$

Die Zusammensetzung dieser Gleichungen führt zu:

$$\frac{du_0(t)}{dt} = k_z k_m u_r(t) \tag{6.26}$$

In der Annahme, daß die Heizleistung $q(t)$ (allgemein mit $u(t)$ bezeichnet) proportional zur Öffnung des Stellventils ist

$$q(t) = u(t) = k_q u_0(t)\,, \tag{6.27}$$

ergibt sich für das Stellventil eine Differentialgleichung der Form:

$$\frac{du(t)}{dt} = k_q k_z k_m u_r(t) = k_{st} u_r(t) \tag{6.28}$$

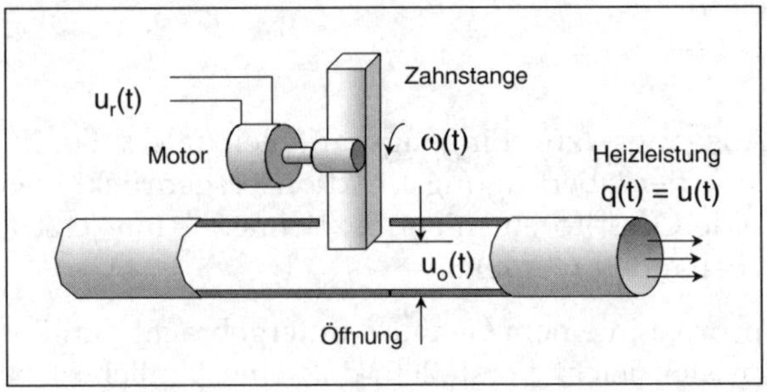

Bild 6.8 Stellglied der Temperaturregelung

Die Variablen und ihre Bezeichnungen sind auch aus Bild 6.7 und Bild 6.8 zu entnehmen. Durch Ersetzen der Differenzier- und Integrieroperatoren mit *s* bzw. *1/s* erhält man folgende Übertragungsfunktion für das Stellglied (Stellventil):

$$\frac{U(s)}{U_r(s)} = \frac{k_{st}}{s} \tag{6.29}$$

Sie stellt einen Integrierer, mit einem *Gain*-Faktor k_{st} (in W / sV), dar.

Ein SIMULINK-Modell basierend auf diesen Gleichungen kann mit verschiedenen Blöcken aufgebaut werden. Für die Untersuchung der kleinen Abweichungen in der Umgebung eines Arbeitspunktes (Gleichgewichtspunktes) können alle Anfangsbedingungen als Null angenommen werden, und man kann die *Transfer-Function*-Blöcke aus der *Linear*-Bibliothek benutzen. Bild 6.9 zeigt das SIMULINK-Modell (`s_temp1.m`; `s_temp1.mdl`), in dem für die Simulation der Dynamik des Ofens, des Stellglieds und des Temperatursensors solche Blöcke eingesetzt sind. Für den Regler ist anfänglich eine einfache P-Funktion (Proportionalität) mit Faktor k_R gewählt worden.

Im Programm `p_temp1.m` werden die Parameter des Modells initialisiert und nach der Simulation werden die Ergebnisse mit `d_temp1.m` dargestellt. Als veränderlicher Parameter wird der P-Faktor des Reglers gewählt. Durch Probieren, ausgehend von kleinen Werten, findet man heraus, daß bis zu einem Wert von 150, mit den restlichen im Programm gewählten Parameter als konstant angenommen, das System stabil bleibt. Bei diesem Grenzwert besitzt die Sprungantwort, die untersucht wird, einen starken periodischen Charakter. Bild 6.10 zeigt die Sprungantwort für k_R = 50 V/V. Wegen des Integrators, der durch das Stellventil im System vorhanden ist, gibt es keinen stationären Fehler. Der Motor des Stellventils ändert die Öffnung der Zufuhr für den Brennstoff, bis seine Steuerspannung Null wird, was auch einen Fehler gleich Null bedeutet.

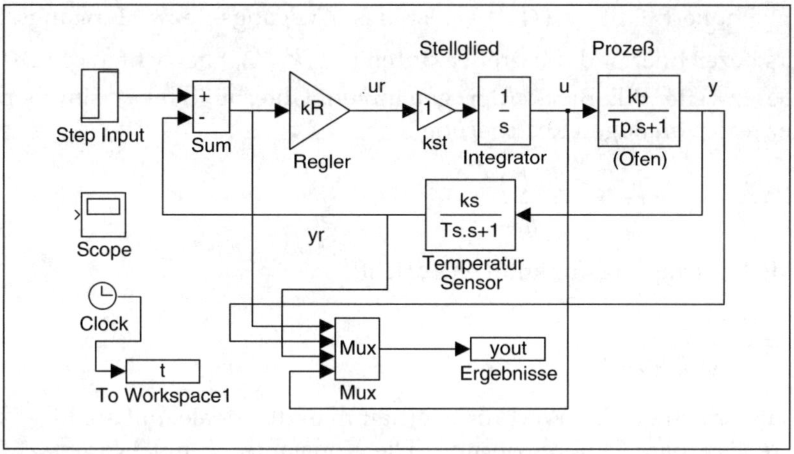

Bild 6.9 SIMULINK-Modell mit Transfer-Function-Blöcken aus der Linear-Bibliothek (s_temp1.m; s_temp1.mdl; p_temp1.m; d_ temp1.m)

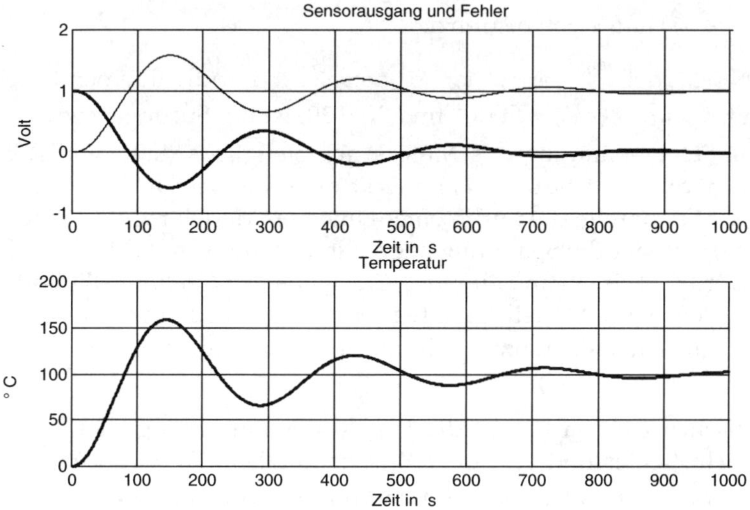

Bild 6.10 Sprungantwort der Temperaturregelung mit $k_R = 50$ *(s_temp1.m; s_temp1.mdl; p_temp1.m; d_ temp1.m; temp11.m)*

Es stellt sich jetzt die Frage, ob man die Führungsantwort so ändern kann, daß eine Übersteuerung auftritt, die nur 5-10 % beträgt. Es wird versucht, dem Regler einen D-Anteil (Differenzieranteil) zuzufügen und den P-Anteil anzupassen. In SIMULINK gibt es in der Bibliothek *Extras* (in der *PID-Controllers*-Unterbibliothek) drei PID-Blöcke [17], von denen der erste die ideale Funktion

$$y_a(t) = k_R y_e(t) + k_I \int y_e(t)dt + k_D \frac{dy_e(t)}{dt} \tag{6.30}$$

numerisch simuliert. Mit $y_a(t)$, $y_e(t)$ ist das Ausgangs- bzw. Eingangssignal des PID-Reglers bezeichnet und die drei Faktoren (k_R, k_I, k_D) gewichten die P-, I- und D-Anteile. Der zweite PID-Block (der genannten Unterbibliothek) simuliert den D-Anteil einer realen analogen Realisierung

$$\frac{1}{N}\frac{dy_{aD}(t)}{dt} + y_{aD}(t) = k_D \frac{dy_e(t)}{dt}, \tag{6.31}$$

der folgende Übertragungsfunktion entspricht:

$$\frac{Y_{aD}(s)}{Y_e(s)} = k_D \frac{s}{(s/N)+1} \tag{6.32}$$

Bei einem unendlich großen Wert für *N* erhält man die ideale, mit analogen Schaltungen nicht realisierbare Differenzierung. Die Konstante *N*, mit Werten zwischen 10 und 100, ergibt eine realisierbare Differenzierung, welche die ideale um so besser annähert, je größer *N* ist. Bei sehr großen Werten kommt die analoge Schaltung leicht in Sättigung und die Gesamtschaltung ist sehr stark rauschempfindlich. Mit begrenztem Wert für *N* wird die Verstärkungskonstante des Differenzieranteils bei hohen Frequenzen ($s \rightarrow \infty$) auf $k_D N$ begrenzt.

Das SIMULINK-Modell `s_temp2.m; s_temp2.mdl` enthält einen solchen PID-Regler und mit k_R = 150; $k_D = 5000$; und *N* = 20; ist die Sprungantwort viel steiler. Wenn jetzt die Steuerspannung des Motors des Stellglieds (Stellventils) dargestellt wird, (z.B. mit `plot(t, yout(:,4))`), merkt man die nicht realistischen, sehr großen Werte dieser Spannung, die nur in einem linearen Modell möglich sind. Praktisch ist immer der Strom oder die Spannung begrenzt und die Antwort kann nicht beliebig beschleunigt werden. Mit einem *Saturation*-Block aus der *Nonlinear*-Bibliothek ist dieser Sachverhalt leicht im Modell zu integrieren (`s_temp2.m; s_temp2.mdl`). Die Sprungantwort mit einer Begrenzung dieser Spannung auf ± 100 V ist in Bild 6.11 dargestellt.

Für den praktischen Gebrauch sind die Regeln der Einstellung der Parameter des PID-Reglers nach Ziegler und Nichols [18] sehr nützlich. Es wird zuerst nur der P-Anteil des Reglers benutzt ($k_D = k_I = 0$) und dieser wird so weit erhöht, bis man zur Grenze der Stabilität gelangt. Danach werden die Faktoren der PID-Anteile nach folgenden Beziehungen berechnet:

$$k_R = k_P = 0{,}6 k_m; \qquad k_D = (k_P \pi)/(4\omega_m); \; k_I = (k_P \omega_m)/\pi;$$

wobei k_m der P-Anteil ist, der zur Grenze der Stabilität führt, und ω_m die entsprechende Kreisfrequenz ist. Der P-Anteil wird im weiteren mit k_P statt k_R bezeichnet. Mit dem Modell `s_temp2.m` (bzw. `s_temp2.mdl`) und den Programmen `p_temp2.m` für die Parametrierung und `d_temp2.m` für die Darstellung kann das Verfahren und die Regeln überprüft werden.

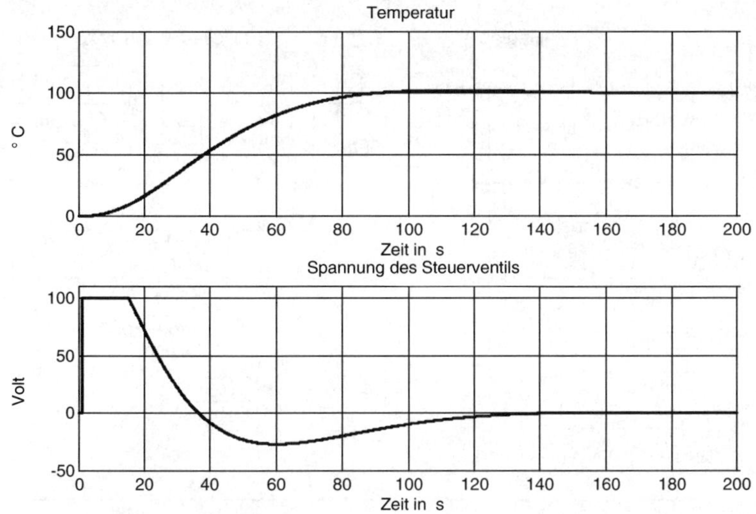

Bild 6.11 Sprungantwort der Temperaturregelung mit Begrenzung der Spannung des Stellventils (s_temp2.m; s_temp2.mdl; p_temp2.m; d_temp2.m; temp21.m)

Bei vielen praktischen Anwendungen ändert sich der Sollwert von Zeit zu Zeit sprungartig, bleibt aber in der Zwischenzeit konstant. Dies verursacht ein großes Reglerausgangssignal, das oft als Differenziersprung (*derivative kick*) bezeichnet wird. In den Simulationen ist dieser Anfangssprung auch zu erkennen. Zur Vermeidung dieser unerwünschten großen Werte, die durch den Regler begrenzt werden, kann man den Differenzierterm mit Hilfe des Meßwerts (Istwerts) ausdrücken. Aus

$$e(t) = w(t) - y(t); \quad \text{oder} \qquad \frac{de(t)}{dt} = \frac{dw(t)}{dt} - \frac{dy(t)}{dt},$$

wobei $w(t), y(t)$ und $e(t)$ die Führungsgröße (Sollwert), der Meßwert (Istwert) und Fehler sind, erhält man durch Weglassen der Ableitung des Sollwerts für den PID-Regler mit Differenzierung des Meßwertes folgende Beziehung:

$$u_r(t) = k_P e(t) + k_I \int e(t)dt - k_D \frac{dy(t)}{dt} \qquad (6.33)$$

Diese Methode zur Vermeidung des Differenziersprunges ist inzwischen zum Standardverfahren in den meisten industriellen Regelkreisen geworden.

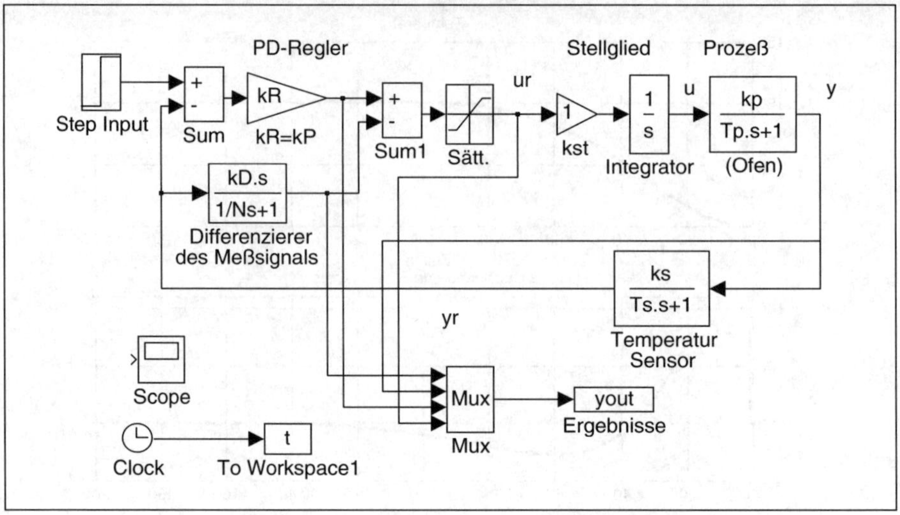

Bild 6.12 Temperaturregelung mit PD-Regler, bei dem der Differenzieranteil aus dem Meßsignal gebildet wird (s_temp3.m; s_temp3.mdl; p_temp3.m; d_temp3.m; temp31.m)

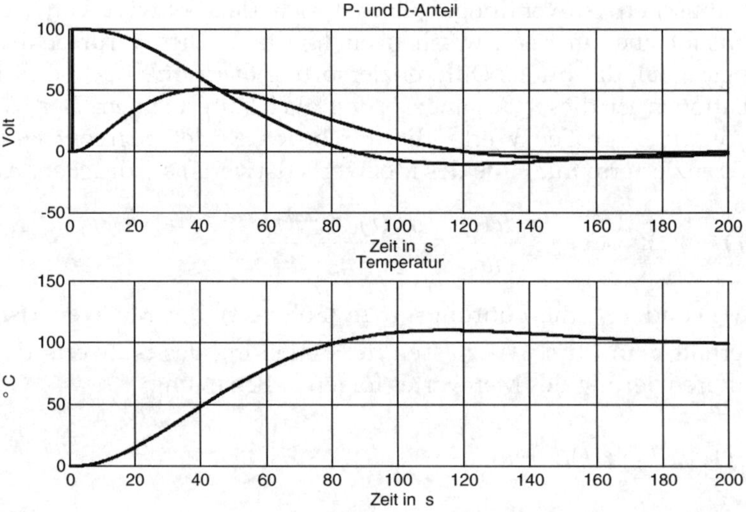

Bild 6.13 Die P- und D-Anteile, wenn der Differenzieranteil aus dem Meßsignal gebildet wird (s_temp3.m; s_temp3.mdl; p_temp3.m; d_temp3.m; temp31.m)

Das Modell `s_temp3.m` bzw. `s_temp3.mdl` aus Bild 6.12 und die Programme `p_temp3.m`, `d_temp3.m` ermöglichen das Experimentieren und Kennenlernen dieser Methode. Im Modell ist der PD-Regler aus einem *Gain*-Block für den P-Anteil und einen *Transfer-Fcn*-Block für den D-Anteil mit realer Differenzierung, die mit dem Faktor N eingestellt ist, aufgebaut. Im Bild 6.13 sind die Sprungantwort für die Führungsgröße (unten) und die P- und D-Anteile am Ausgang des Reglers (oben) gezeigt.

Der D-Anteil enthält nicht mehr den sehr schmalen und sehr hohen Impuls, den man in allen anderen Fällen für Sprünge in der Führungsgröße sieht.

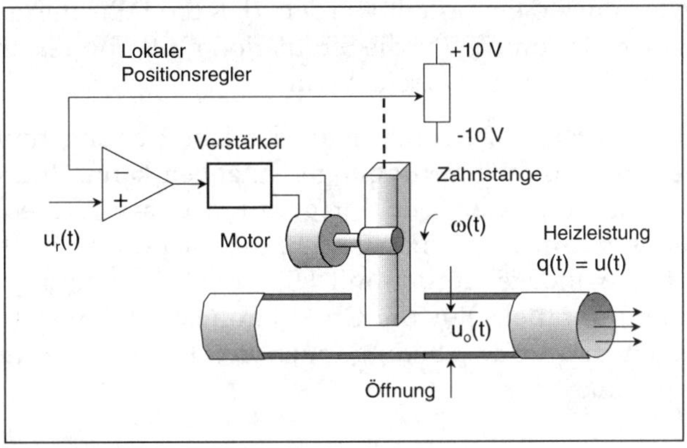

Bild 6.14 Umwandlung eines Integralstellgliedes in ein Positionsstellglied

Der Wirkungsbereich des Stellglieds ist oft begrenzt. Ein Ventil kann nicht mehr als zu 100 % geöffnet oder zu 0 % geschlossen sein. Viele Integralstellglieder (wie in der beschriebenen Temperaturregelung) können über ihre Steuerelektronik in Positionsstellglieder umgewandelt werden. Bild 6.14 zeigt die prinzipielle Lösung für das Stellglied der Temperaturregelung. Die lokale negative Rückkopplung bildet eine Positionsregelung mit einer Übertragungsfunktion:

$$\frac{U(s)}{U_r(s)} = k_{st} \frac{1}{T_{st}s+1} \tag{6.34}$$

Der Faktor k_{st} in Watt-Heizung/V und die Zeitkonstante T_{st} beschreiben die Dynamik des Stellgliedes. Durch Begrenzung der Steuerspannung $u_r(t)$ erreicht man auch die Begrenzung der Öffnung des Ventils. Um stationäre Fehler zu vermeiden, kann der Regler jetzt auch einen I-Anteil besitzen. Eins der gezeigten SIMULINK-Modelle läßt sich leicht ändern, so daß es das neue Stellglied enthält. Mit einem Faktor k_{st} = 50000 Watt/V, einer Zeitkonstante T_{st} von 2 s und einer Begrenzung der Steuerspannung $u_r(t)$ auf ± 10 V als Parameter für das neue Stellglied, können jetzt die Anteilsfaktoren des PID-Reglers, z.B. nach Ziegler-Nichols, gewählt und durch Simulation optimiert werden. Wenn Nichlinearitäten eingeführt werden, muß die Simulation für absolute Werte durchgeführt werden, anstelle der kleinen Änderungen in der Umgebung eines Arbeitspunktes.

Das Verhalten des Systems bei hohen Temperaturen, wo die Begrenzung eintreten kann, unterscheidet sich vom Verhalten bei niedrigeren Temperaturen, wo die Begrenzung weniger oder gar nicht zum Tragen kommt. Die *Transfer-Fcn*-Blöcke, die bisher eingesetzt wurden, erlauben nicht das Einstellen von Anfangsbedingungen, die einen Arbeitspunkt in einem bestimmten Bereich darstellen könnten. Als Lösung bietet sich nur die Gestaltung der Führungsgröße an, so daß am Anfang der gewünschte Arbeitspunkt erreicht wird und danach die zu untersuchende Erregung auftritt. Bild 6.15 zeigt eine solche Führungsgröße, um z.B. anfänglich den Arbeitspunkt auf 500 °C einzustellen und danach die gewünschte Änderung zu erzeugen. Die *Step*-Quelle kann so eingestellt werden, daß die Führungsgröße den Verlauf, der im Bild gezeigt ist, einnimmt. Für die Simulation muß nur gewährleistet sein, daß am Anfang der stationäre Zustand erreicht wurde.

Eine andere Lösung basiert auf dem Aufbau der Übertragungsfunktionen mit Integratoren, bei denen man Anfangsbedingungen angeben kann. Bild 6.16 zeigt die benötigten Anfangsbedingungen an den Integratoren der verschiedenen Blöcke des Temperaturregelungssystems, um einen Gleichgewichtspunkt bei 500 °C einzustellen. Die Ausgangswerte der Blöcke werden mit Hilfe der Übertragungskonstanten (oder Verstärkerkonstanten) ermittelt. Für die Übertragungsfunktionen 1. Ordnung bilden diese Ausgänge auch die Anfangsbedingungen der Integratoren aus den Modellen dieser Übertragungsfunktionen.

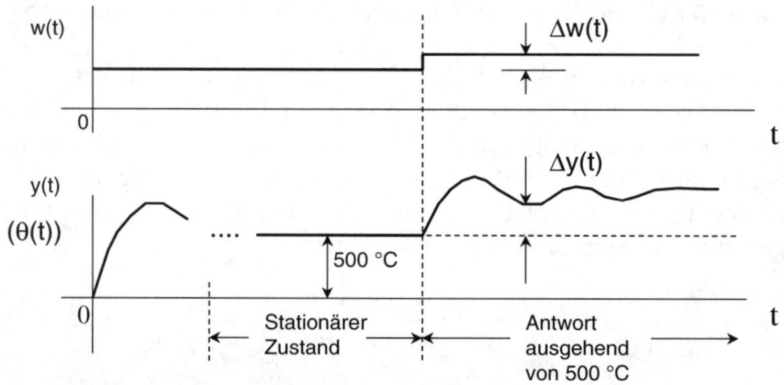

Bild 6.15 Simulation des Verhaltens ausgehend von einem stationären Gleichgewichtspunkt im Falle von Nichlinearitäten und Modell mit Transfer-Fnc-Blöcke

Der Regler mit I-Anteil sichert im stationären Zustand einen Fehler gleich Null. Der Anfangswert des Blockes, der den D-Anteil bildet, wird später erläutert. Bild 6.17 zeigt das Modell (`s_temp4.m`; `s_temp4.mdl`) der Temperaturregelung, bei dem die Übertragungsfunktionen mit Hilfe von Integratoren nachgebildet sind. Um Platz zu sparen, sind die Modelle der Übertragungsfunktionen in Untersysteme gruppiert. Durch Doppelklicken öffnet sich so ein Untersystem und der Aufbau ist ersichtlich. In diesem Zustand können die Anfangsbedingungen der Integratoren eingestellt werden.

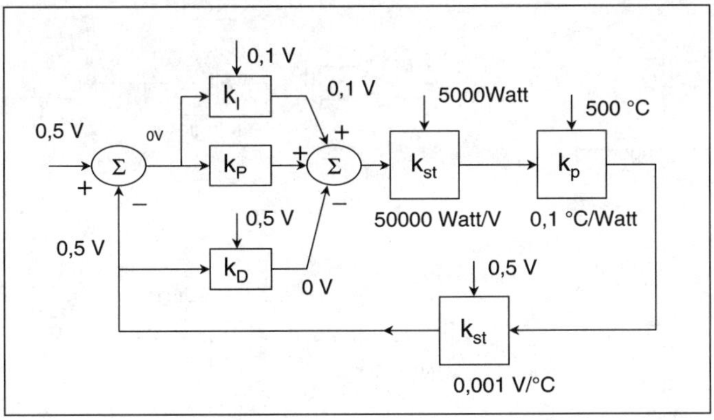

Bild 6.16 Die benötigten Anfangsbedingungen, um einen Gleichgewichtspunkt bei 500 °C einzustellen

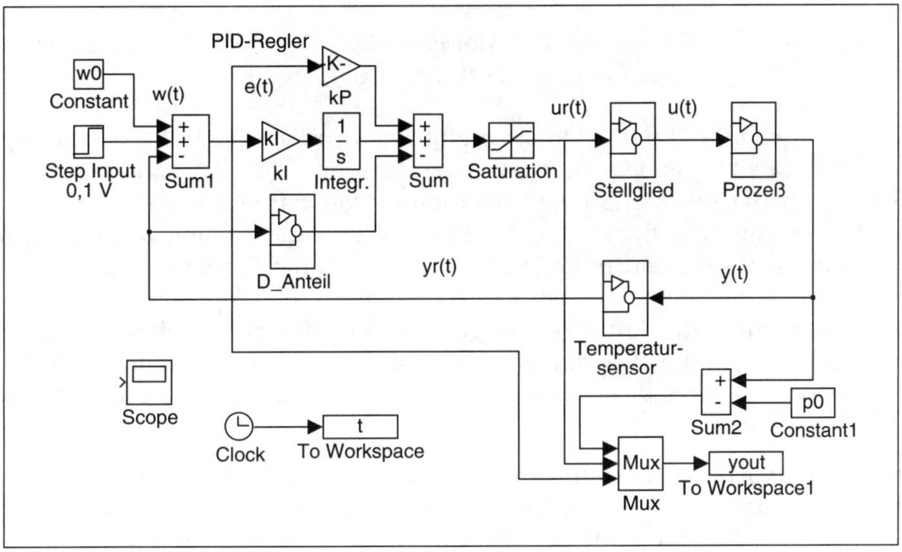

Bild 6.17 Modell der Temperaturregelung, das mit Integratoren aufgebaut ist (s_temp4.m; s_temp4.mdl; p_temp4; d_temp4; temp41.m)

Bild 6.18 zeigt die gruppierten Funktionsblöcke des SIMULINK-Modells aus Bild 6.17. Das Stellglied, der Prozeß und der Temperatursensor, als Verzögerungsglieder 1. Ordnung, sind mit der oberen Anordnung simuliert und der D-Anteil des Reglers wird mit dem unteren Modell gebildet. Damit der Ausgang des D-Anteils dem Gleichgewichtszustand entspricht und Null ist, muß die Anfangsbedingung des Integrators des D-Anteilsmodells gleich dem Eingangssignal sein. Der *Sum1*-Block (Bild 6.18) hat an beiden Eingängen denselben Wert und ergibt durch die Differenz den erwarteten Nullwert.

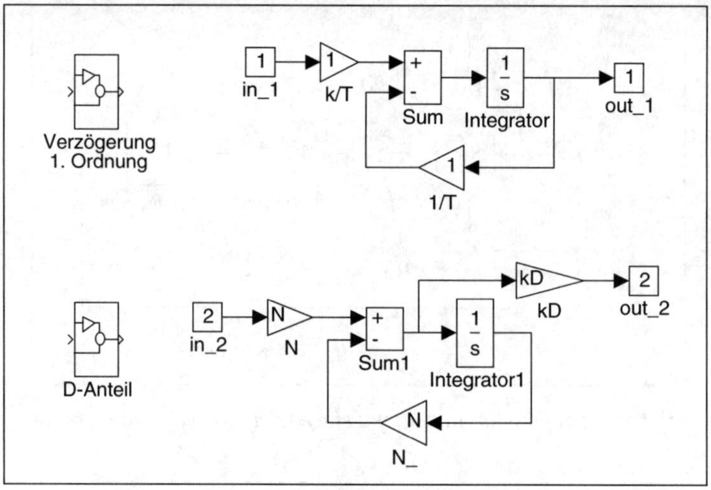

Bild 6.18 Die gruppierten SIMULINK-Modelle aus Bild 6.17 (s_tempx.m; s_tempx.mdl; s_verz1.m; s_verz1.mdl; s_differ.m; s_differ.mdl)

Am Eingang des SIMULINK-Modells ergibt der *Constant*-Block die Führungsgröße für den stationären Zustand (500 °C Temperatur), und der *Step-Input*-Block erzeugt den Sprung für die Änderung relativ zu diesem stationären Zustand. Im Programm `p_temp4.m` werden die Parameter des Modells und die Anfangsbedingungen der Integratoren initialisiert und mit `d_temp4.m` werden die Ergebnisse der Simulation dargestellt. Der Eingangssprung ist um 25 s verspätet angelegt, um den Anfangszustand, der sich durch die Anfangsbedingungen der Integratoren ohne Einschwingen einstellt, zu erzeugen. Im Programm `temp41.m` werden die Simulation mit dem SIMULINK-Modell `s_temp41.m` bzw. `s_temp41.mdl` direkt aufgerufen und die Ergebnisse dargestellt.

Im *Sum2*-Block wird die Referenztemperatur des Gleichgewichtspunktes subtrahiert, um die Änderung für die Darstellung besser zu erfassen. Die Parameter des PID-Reglers wurden anfänglich mit der Ziegler-Nichols Methode gewählt und danach durch Versuche am Modell optimiert. Dafür sind zunächst die Faktoren k_I, k_D der D- und I-Anteile auf Null gesetzt und mit dem P-Faktor k_P, ausgehend von kleinen Werten, wird das System an die Grenze der Stabilität gebracht. Der entsprechende Faktor wird mit k_m bezeichnet. Aus der stark periodischen Antwort ist die Kreisfrequenz dieser Schwingungen ω_m ermittelt und die gezeigten Formel

$$k_P = 0{,}6k_m;\; k_D = (k_P\pi)/(4\omega_m); \qquad k_I = (k_P\omega_m)/\pi;$$

angewandt worden. Bild 6.19 zeigt die Temperaturänderung um die Referenztemperatur von 500 °C und den entsprechenden absoluten Fehler. Die anderen Signale können auch in *To-Workspace*-Blöcken eingefangen und dargestellt werden. Nachdem Erfahrung mit einem Modell gesammelt wurde, kann man Programme oder Funktionen mit Argumenten, deren Einfluß zu untersuchen ist, aufbauen und das SIMU-

LINK-Modell direkt aufrufen. Als Beispiel kann das erwähnte Programm `temp41.m` mit dem entsprechenden Modell `s_temp41.m` (bzw. `s_temp41.mdl`) dienen.

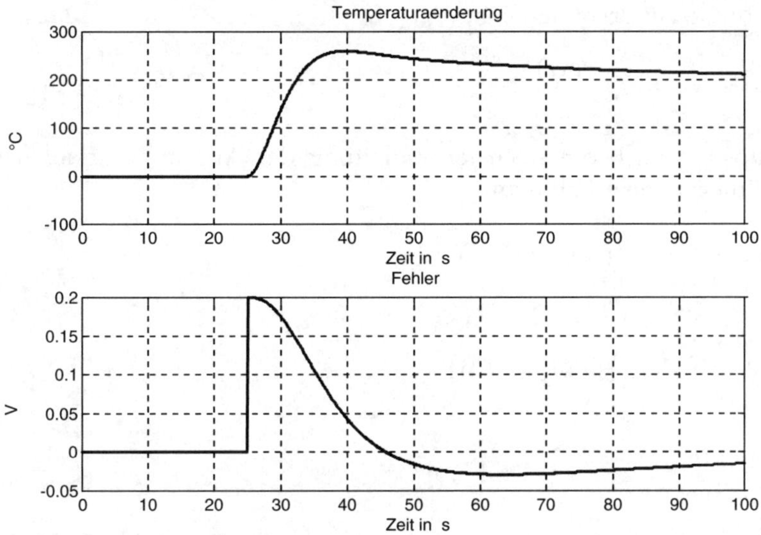

Bild 6.19 Temperaturänderung um die Referenztemperatur von 500 °C und der entsprechende absolute Fehler (s_temp4.m; s_temp4.mdl; p_ temp4.m; d_temp4.m; temp41.m)

Um zu zeigen, wie die Modelle der gruppierten Übertragungsfunktionen aus Bild 6.18 entstanden sind, geht man am besten von der Differentialgleichung aus. Für den Prozeß, den Sensor und das Stellglied ist eine Übertragungsfunktion der Form

$$\frac{Y(s)}{U(s)} = k\frac{1}{Ts+1} \tag{6.35}$$

angenommen, wobei k die Verstärkungskonstante (Übertragungskonstante) und T die Zeitkonstante der jeweiligen Teile des Systems sind. Die entsprechende Differentialgleichung ist

$$T\frac{dy(t)}{dt} + y(t) = ku(t) \tag{6.36}$$

oder nach der höchsten Ableitung aufgelöst

$$\frac{dy(t)}{dt} = (k/T)u(t) - (1/T)y(t). \tag{6.37}$$

Aus dieser Schreibweise ergibt sich direkt das erste Modell. Die höchste Ableitung wird als bekannt angenommen, und durch eine Integration erhält man die Ausgangsvariable. Die zuvor als bekannt betrachtete Ableitung ergibt sich jetzt durch eine gewichtete Summe von Variablen, die vorhanden sind. Ähnlich wird das Modell des D-Anteils des PID-Reglers gebildet. Die Übertragungsfunktion, welche diesen Anteil bildet, ist:

$$\frac{Y(s)}{U(s)} = k_D \frac{s}{s/N+1} \tag{6.38}$$

Ihr entspricht die Differentialgleichung:

$$\frac{1}{N}\frac{dy(t)}{dt} + y(t) = k_D \frac{du(t)}{dt} \tag{6.39}$$

Durch Auflösung nach der höchsten Ableitung der Ausgangsvariablen und durch einmaliges Integrieren erhält man

$$y(t) = k_D N u(t) - N\left(\int_0^t y(\tau)d\tau + y(0)\right) \tag{6.40}$$

oder

$$z(t) = Nu(t) - N\left(\int_0^t z(\tau)d\tau + z(0)\right) \tag{6.41}$$

mit

$$y(t) = k_D z(t) \tag{6.42}$$

Um das Modell für die Zwischenvariable $z(t)$ aus (6.41) zu bilden wird ihre höchste Ableitung (hier die eigentliche Variable) als bekannt angenommen. Durch Integration wird das Glied aus der Klammer gebildet. Zusammen mit dem ersten Term der Gleichung (6.41) und der Gewichtung N in einem Summierer addiert, ergibt sich die zuvor als bekannt angenommene Zwischenvariable.

Die ein bißchen kompliziertere Einstellung des Gleichgewichtspunktes über Anfangsbedingungen bei den Integratoren und über zusätzliche konstante Eingänge ist eine gute didaktische Übung, um die statischen und stationären Zustände eines Systems zu ermitteln und die Zusammenhänge der Variablen in diesen Zuständen besser zu verstehen.

6.2.3 Führungsgrößenregelung

Die Regelungsstruktur aus Bild 6.20a, die auch bei dem Beispiel der Temperaturregelung angewandt wurde, wirkt nur aufgrund des Fehlers $e(t)$ und verwendet nicht die getrennte Information der beiden Eingangssignale (Führungsgröße $w(t)$ bzw. Prozeßausgang $y(t)$). Der Fehler kann aus zwei Gründen auftreten, entweder wegen einer Änderung der Führungsgröße $w(t)$ oder wegen einer Laständerung oder einer anderen Störung im System, die sich auf das Ausgangssignal $y(t)$ auswirken würde. Die Änderung der Führungsgröße ist eine bekannte Störung und kann benutzt werden, um dem Stellsignal einen Korrekturterm hinzuzufügen, so daß das gesamte System auf eine Änderung des Sollwerts besser reagieren kann (Bild 6.20 b).

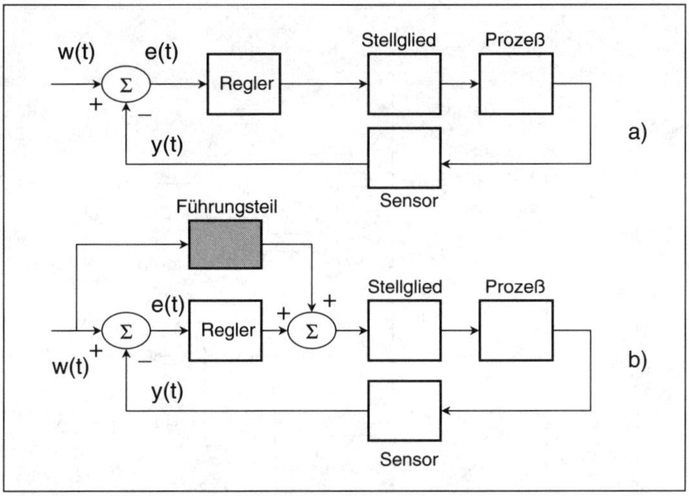

Bild 6.20 a) Einfache Regelungsstruktur b) und mit Führungsgrößenregelung

Über den Führungsteil kann das System so beeinflußt werden, daß es schneller auf Änderungen des Sollwertes reagieren kann. Für die als Beispiel gewählte Temperaturregelung könnte der Führungsteil ein Differenzierer, ähnlich dem des D-Anteils des Reglers, sein. Bei sprunghaften Führungsgrößen entstehen hohe Steuersignale, die begrenzt werden müssen. Empfehlenswert ist eine Kombination Differenzierer-Tiefpaßfilter einzusetzen. Für die oft benötigten Führungsgrößen in Form von Rampen würde ein Differenzierer die nötige Voraussage der Änderung der Führungsgröße dem Stellventil signalisieren.

Das letzte Modell `s_temp4.m` (bzw. `s_temp4.mdl`) wurde mit dem zusätzlichen Ventilsteuerungsteil ergänzt und bildet das Modell `s_temp5.m` (bzw. `s_temp5.mdl`), das im Bild 6.21 gezeigt ist. Im Programm `p_temp5.m` werden neue Parameter für die Regelungsstrecke angenommen und als Sollwert ist eine Rampe (die aufwärts und abwärts verläuft) vorgesehen. Der PID-Regler wird zuerst ohne zusätzlichen Führungsteil eingestellt und danach wird in kleinen Schritten der zusätzliche Differenzieranteil hinzugefügt.

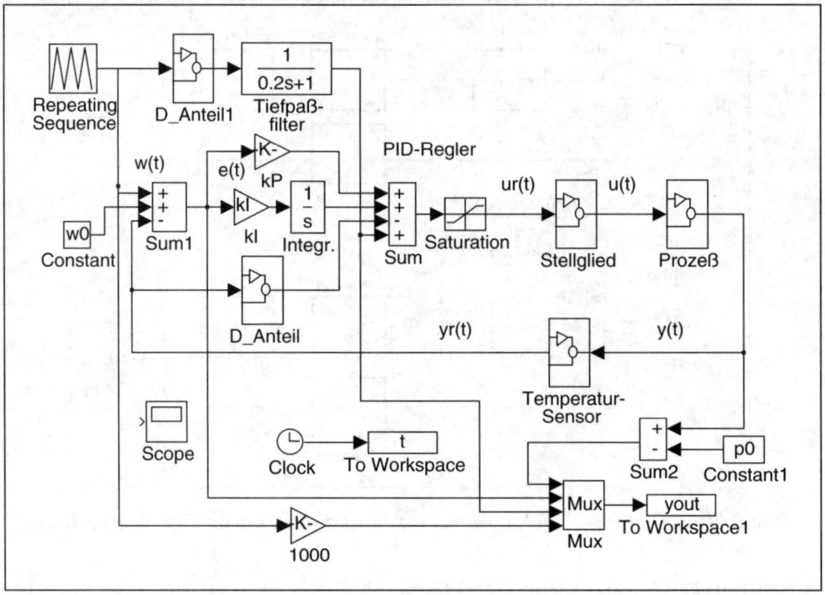

Bild 6.21 Modell der Führungsregelung (s_temp5.m; s_temp5.mdl)

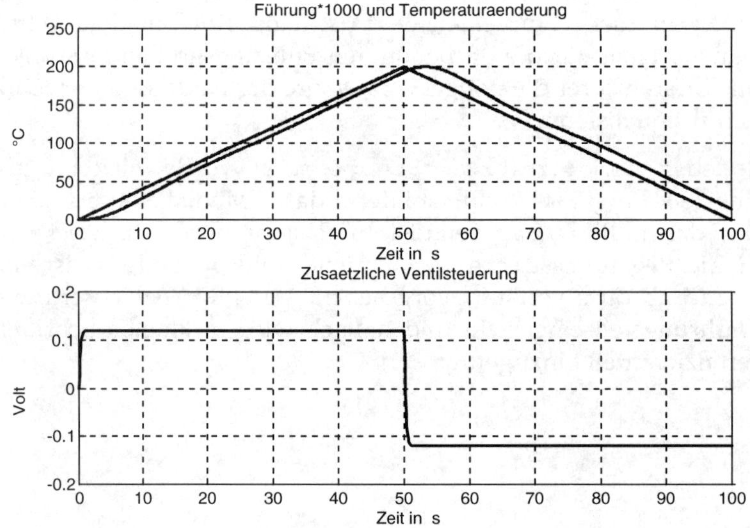

Bild 6.22 Führungssignal 1000, Temperaturänderung und zusätzliches Steuerungssignal des Stellventils (s_temp5.m; s_temp5.mdl; p_temp5.m; d_temp5.m; temp51.m)*

Bild 6.22 zeigt das Führungssignal mit Faktor 1000 skaliert, so daß es zusammen mit der entsprechenden geregelten Temperaturänderung und dem zusätzlichen Steuerungssignal des Stellventils dargestellt werden kann. Es ist eine wesentliche Verbesserung des Verhaltens zu erkennen.

6.2.4 Prozeßstörungen und Lastveränderungen

Auf einen Prozeß wirken immer Störungen ein. Im Falle des vorherigen Beispiels der Temperaturregelung könnte dies z.B. durch die Beladung des Ofens mit neuen kalten Werkstücken, welche die Temperatur stark beeinflussen, stattfinden oder durch Temperaturänderungen der Umgebung geschehen.

Wenn die Störungen, die auf einen Prozeß einwirken, bekannt sind und, was noch wichtiger ist, meßbar sind, kann man sie prinzipiell auch ausgleichen, bevor sie den Prozeßausgang beeinflussen können (Störgrößenaufschaltung). Eine derartige Korrektur könnte eine erhebliche Verbesserung der Prozeßregelung erbringen. Diese Form der Regelung hat viele Ähnlichkeiten mit der Führungsgrößenregelung aus dem vorherigen Abschnitt.

Bei vielen Prozessen kann die Störung nicht gemessen werden und ihr Einwirken wird über die Rückkopplungsregelung kompensiert. In dem angloamerikanischen Sprachgebrauch werden die Störgrößenaufschaltung bzw. die Führungsgrößenregelung als *Feedforward-Control* und die Rückkopplungsregelung mit *Feedback-Control* bezeichnet.

Laständerungen sind auch Störungen, die sich auf die Ausgänge der Prozesse auswirken. Sie können mit beiden Verfahren in ihrer Wirkung kompensiert werden. Die Aufschaltungen setzen relativ genaue Kenntnisse über das künftige Verhalten eines Systems voraus und müssen deswegen Vorhersage- (Prädiktor-) Eigenschaften besitzen. Der Aufschaltungsregler muß ein Modell der Dynamik des Systems beinhalten. Die Qualität der Störgrößenaufschaltung hängt von der Genauigkeit des Prozeßmodells ab. Die Regelung durch Rückkopplung erfordert nur relativ ungenaue Kenntnisse über die Dynamik des gesteuerten Prozesses und ist somit in vielen Fällen die einzige Lösung. In den Systemen, wo die Störgrößenaufschaltung möglich ist, bildet die Regelung mit Rückkopplung eine notwendige Ergänzung.

Es gibt viele Beispiele von Rückkopplungsregelungen mit Störgrößenaufschaltungen. Die aus dem Alltag bekannte Klimaregelung für Räume und Gebäude besitzt auch einen Sensor für die Messung der Außentemperatur. Wenn die Außentemperatur (die als Störgröße betrachtet wird) sich ändert, kann ein Steuersignal an die Regelung der Heizung gesendet werden, bevor die Außentemperatur die Innentemperatur beeinflußt hat (Störgrößenaufschaltung). Auch die Temperatur wird ständig gemessen und an den Regler gesendet, um eine Feinregelung zu gewährleisten (Rückkopplungsregelung).

Bild 6.23 zeigt das Blockschaltbild des allgemeinen Reglers mit Führungsregelung, Störgrößenaufschaltung und Rückkopplungsregelung. Für die Störgrößenaufschaltung im Falle, daß diese die einzige Kompensationsregelung wäre, ist es wichtig, daß die äquivalente Dynamik der Störung $H_s(s)$ zusammen mit der des Stellglieds und der des Prozesses genau bekannt sind, was praktisch nie möglich ist. Zusammen mit der Rückkopplungsregelung entschärft sich diese Bedingung. Im Bild 6.24 ist die ideale Übertragungsfunktion der Störgrößenaufschaltung in Abhängigkeit von der Übertragungsfunktion des Stellglieds, des Prozesses und der äquivalenten Übertragungsfunktion der Störung gezeigt. Der Einfluß der Störung auf den Ausgang ist über die Störgrößenaufschaltung kompensiert.

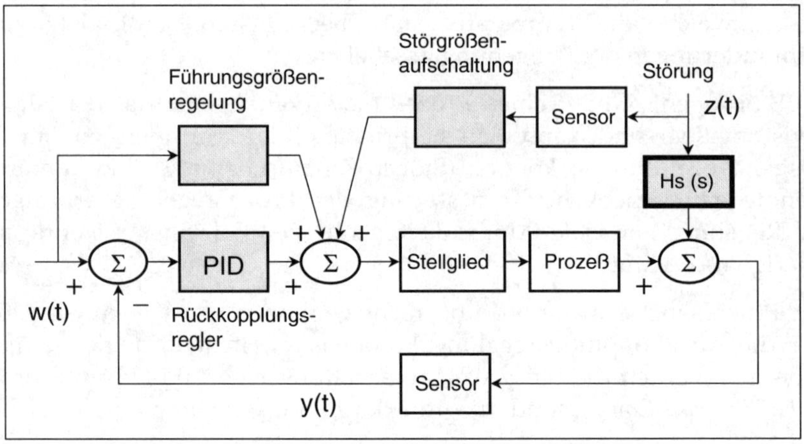

Bild 6.23 Blockschaltbild des allgemeinen Reglers mit Führungsregelung, Störgrößenaufschaltung und Rückkopplungsregelung

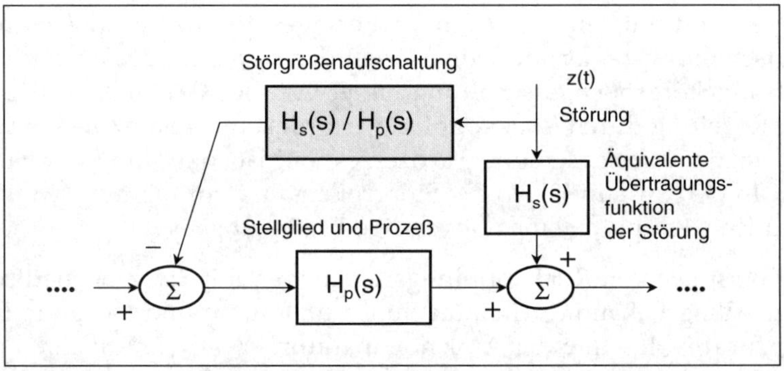

Bild 6.24 Die ideale Übertragungsfunktion der Störgrößenaufschaltung

Die gezeigte ideale Übertragungsfunktion ist gewöhnlich nicht bekannt und kann nur annähernd nachgebildet werden. Als Beispiel wird die schon bekannte Temperaturregelung unter diesem Aspekt untersucht. Es wird angenommen, daß die äquivalente Übertragungsfunktion der Störung folgende einfache Form hat:

$$H_s(s) = \frac{k_{sto}}{T_{sto}s + 1} \tag{6.43}$$

Mit der Übertragungsfunktion des Stellglieds und der des Prozesses der Form

$$H_p(s) = k_{st}\frac{1}{T_{st}s + 1}k_p\frac{1}{T_p s + 1}, \tag{6.44}$$

erhält man folgende ideale Übertragungsfunktion der Störgrößenaufschaltung:

$$H_{rs}(s) = H_s(s) / H_p(s) = \frac{k_{sto}}{k_{st}k_p} \frac{(T_{st}s+1)(T_p s+1)}{(T_{so}s+1)} \tag{6.45}$$

Da das Polynom in s im Zähler zweiten Grades und im Nenner nur ersten Grades ist, kann die Übertragungsfunktion nicht realisiert werden. Mit einer zusätzlichen Zeitkonstante eines Verzögerungsgliedes erster Ordnung T_{zus}, die viel kleiner als die kleinste Zeitkonstante der restlichen Terme ist, erzwingt man eine realisierbare Übertragungsfunktion:

$$H_{rs}(s) = \frac{k_{sto}}{k_{st}k_p} \frac{(T_{st}s+1)(T_p s+1)}{(T_{so}s+1)} \frac{1}{(T_{zus}s+1)} \tag{6.46}$$

Im Modell `s_temp6.m (bzw. s_temp6.mdl)` ist eine Störung am Ausgang zugeschaltet und ihr Effekt kann im Verlauf der Temperaturänderung verfolgt werden. Die Simulation ist über das Programm `p_temp6.m` und `d_temp6.m` oder `temp61.m` durchzuführen. Es wird dem Leser überlassen, eine Störgrößenaufschaltung zu entwerfen und zu testen. Auch mit Abweichungen von der idealen Übertragungsfunktion kann experimentiert werden.

6.2.5 Das Problem des Aufintegrierens (*Windup*) in PID-Reglern

Das Aufintegrieren erfolgt, wenn ein PI- oder PID-Regler für längere Zeit einen außerhalb des Wirkungsbereiches des Stellsignals liegenden Fehler ausgleichen muß. Die Begrenzung am Reglerausgang verhindert, daß der Regler den Fehler auf Null bringen kann. Wenn durch die Begrenzung des Stellsignals der Fehler für längere Zeit das gleiche Vorzeichen hat, wird der Integralanteil des Reglers sehr groß und im System können große Überschwingungen auftreten und chaotisches Verhalten entstehen.

Eine Möglichkeit, die Wirkung des Integralanteils zu begrenzen, ist die bedingte Integration. Grundsätzlich wird der integralwirkende Anteil zur Berechnung des Stellsignals bei großen Fehlern nicht herangezogen. Da dieser Term den Ausgleich von stationären Fehlern verursachen muß, kann der Proportional- und Differentialanteil für die Regelung außerhalb des stationären Zustandes reichen. Bei der bedingten Integration wird der Integralanteil dann eingeschaltet, wenn der Fehler unter einer bestimmten Grenze liegt. Bei großen Fehlern wirkt der PI- oder PID-Regler wie ein P- bzw. PD-Regler.

In digitalen PI-Reglern wird der integralwirkende Anteil an jedem Abtastzeitpunkt so eingestellt, daß das Reglerausgangssignal die definierten Begrenzungen für das Stellglied nicht überschreitet. Nach der Begrenzung des Ausgangssignals wird der integralwirkende Anteil im Regler neu eingestellt und entsprechend vermindert.

In der SIMULINK-Bibliothek *Extras* gibt es (wenn die *Control-System-Toolbox* vorhanden ist) eine Unterbibliothek mit PID-Controllern und unter diesen kann auch ein PID-Regler mit *Anti-Windup*-Algorithmus gewählt werden, wobei *Windup* die englische Bezeichnung des Aufintegrierens ist. Nach dem Anklicken des Blocks kann durch die Option *Unmask* und *Ungroup* aus dem Menü *Options* das Modell dieses PID-Reglers gesichtet werden. Die ursprüngliche Form (*Masked*-Block) erhält man durch Umfassen aller Blöcke mit der Maus und danach über *Group*, *Mask* und OK. Für die Verhinderung des Aufintegrierens in einem PID-Regler wird der integralwirkende Anteil mit der Größe $e_s(t) = u(t) - u_0(t)$ aktualisiert. Sie stellt den Unterschied zwischen dem aktuellen begrenzten Ausgangssignal des Stellglieds $u(t)$ und dem gewünschten Reglerausgang $u_0(t)$ dar. Das Ausgangssignal des Stellglieds wird entweder gemessen oder durch ein Modell (wie im SIMULINK-Block) berechnet. Der Fehlerterm $e_s(t)$ ist gleich Null, wenn das Stellglied das gewünschte Stellsignal erzeugen kann, ohne daß Sättigungen (Begrenzungen) auftreten.

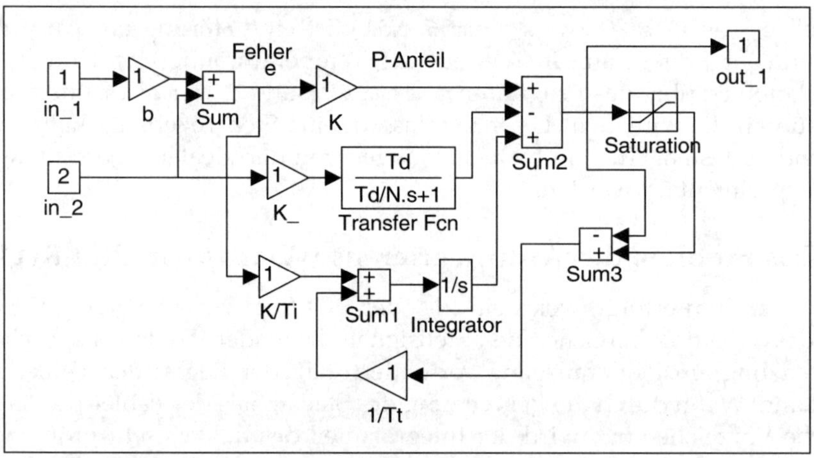

Bild 6.25 PID-Regler mit Anti-Windup-Algorithmus (s_pidwu.m; s_pidwu.mdl)

Bild 6.25 zeigt das SIMULINK-Modell eines PID-Reglers mit *Anti-Windup*-Algorithmus, mit einer Sättigung als Modell für das Stellglied, aus dem klar zu sehen ist, wie das Verfahren arbeitet. Der zweite Eingang für das Istsignal erlaubt es, den D-Anteil nur mit diesem Signal zu bilden. Der Fehler als Differenz zwischen Soll- und Istsignal wird für die Erzeugung des P- und I-Anteils benutzt. Im Addierer *Sum2* sind alle drei Anteile addiert. Die Begrenzungen im Stellglied werden durch den *Saturation*-Block modelliert. Der Ausgang dieses Blocks ist das Signal $u(t)$ und der Eingang stellt das Signal $u_0(t)$, welches das Ausgangssignal des PID-Reglers ist, dar. Am Ausgang des *Sum3*-Blocks erhält man die Korrekturgröße $e_s(t)$, die mit der Gewichtung T_t (*Tracking-Time-Konstant*) den integralwirkenden Anteil auf Null bringt. Wenn das Stellsignal gesättigt ist, verursacht die Größe $e_s(t)$ eine Änderung des integralwirkenden Anteils, bis die Sättigung nicht mehr gegeben ist und das Aufintegrieren verhindert wird. Die Differentialgleichungen des Reglers sind:

$$u_P(t) = K(b.\,y_{soll}(t) - y_{ist}(t)) \tag{6.47}$$

$$e(t) = y_{soll}(t) - y_{ist}(t) \tag{6.48}$$

$$\frac{T_D}{N}\frac{du_D(t)}{dt} + u_D(t) = KT_D\frac{dy_{ist}(t)}{dt} \tag{6.49}$$

$$u_I(t) = \frac{K}{T_I}\int_0^t e(\tau)d\tau + \frac{1}{T_t}\int_0^t\left[u(\tau) - u_0(\tau)\right]d\tau \tag{6.50}$$

$$u_0(t) = u_P(t) - u_D(t) + u_I(t) \tag{6.51}$$

$$u(t) = Sättigung(u_0(t)) \tag{6.52}$$

Mit $u_p(t), u_D(t), u_I(t)$ wurden die P-, D- und I-Anteile des Reglers und mit y_{soll}, y_{ist} bzw. $e(t)$ die Soll- und Istwerte und der Fehler des Systems bezeichnet. Die Funktion *Sättigung* bildet aus dem Eingang einen gesättigten Ausgang und modelliert die Begrenzung des Stellglieds. Die Parameter des PID-Reglers sind in diesem Fall durch den gemeinsamen Verstärkungsfaktor K, die Zeitkonstante des D-Anteils T_D (zusammen mit dem Wert N), die Integrationszeitkonstante T_I und die Nachlaufzeitkonstante T_t gegeben.

Das Beispiel eines Positioniersystems, in dem ein solcher PID-Regler eingesetzt ist, soll die Problematik besser erläutern. Bild 6.26 zeigt die Skizze des Systems. Der Gleichstrommotor steuert über das Zahnrad und die Zahnstange die gewünschte Position. Dieses Stellglied hat als Begrenzung die Spannung des Motors, die nicht beliebig groß sein kann. Das Stellglied besitzt schon eine Intergralwirkung und für die statische Position müßte man keinen integralwirkenden Regleranteil einsetzen. Mit einem I-Anteil können jetzt auch rampenförmige Führungsgrößen ohne statische Fehler verfolgt werden. Die Differentialgleichung des mechanischen Teils des Motors ist

$$J\frac{d\omega(t)}{dt} = k_m i(t), \tag{6.53}$$

wobei J das gesamte Trägheitsmoment darstellt und k_m eine vom Motor abhängige Konstante ist, die das erzeugte Drehmoment mit dem Läuferstrom $i(t)$ verbindet. Infolge der Drehungen der Läuferwindungen im magnetischen Ständerfeld wird eine Spannung $u_i(t)$ induziert, die bei einem konstanten Ständerfeld proportional zur Winkelgeschwindigkeit ω ist:

$$u_i(t) = k_g\omega(t) \tag{6.54}$$

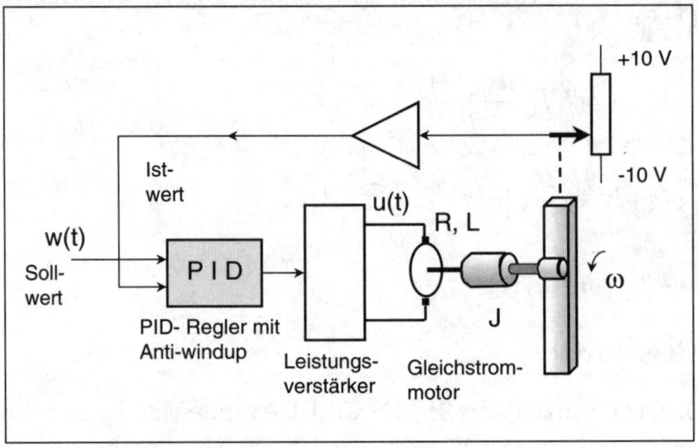

Bild 6.26 Positioniersystem mit PID-Anti-Windup-Regler

Mit dem Satz der Energieerhaltung kann man zeigen, daß $k_m = k_g$. Für den Stromkreis des Läufers, der einen Widerstand R und eine Induktivität L besitzt, ergibt das Induktionsgesetz folgende Differentialgleichung:

$$u(t) = Ri(t) + L\frac{di(t)}{dt} + u_i(t) \tag{6.55}$$

Die Winkellage $\varphi(t)$ erhält man aus der Winkelgeschwindigkeit durch Integration:

$$\varphi(t) = \int_0^t \omega(\tau)d\tau + \varphi(0) \tag{6.56}$$

Das SIMULINK-Modell, das auf diesen Differentialgleichungen basiert, ist in Bild 6.27 dargestellt (`s_winkl1.m`; `s_winkl1.mdl`). In jeder Differentialgleichung wird die höchste Ableitung nach den anderen Gliedern aufgelöst, und durch Integration erhält man die Variablen dieser Ableitungen. Die Ableitungen können danach mit Hilfe dieser Variablen gebildet werden. Als Regler ist ein PID-Regler mit Verhinderung des Aufintegrierens nach Bild 6.25 eingesetzt. Er entspricht dem PID-*Anti-Windup*-Regler aus der Bibliothek *Extras* (Unterbibliothek PID-*Controllers*), mit dem die Modelle `s_winkl2.m` bzw. `s_winkl2.mdl` aufgebaut sind. Für das Positioniersystem und den Regler sind folgende Parameter angenommen:

$k_m / J = 0{,}05$ rad/As; $L = 1$ H; $R = 1\ \Omega$; K_g=1 Vs/rad;

$K = 5$ V/V; $b = 1$ V/V; $T_I = 10$ s; $T_t = 1$ s; $T_D = 10$ s;

N = 1000; und Sättigung des Modells für die Begrenzung im Stellglied bei ± 10 V.

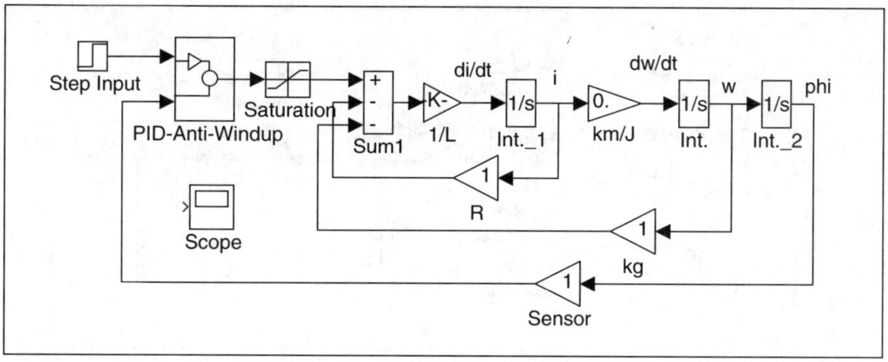

Bild 6.27 Modell des Systems mit PID-Anti-Windup-Regler (s_winkl1.m; s_winkl1.mdl)

Mit der nicht angeschlossenen *Scope*-Senke sind die Signale der Verbindungen durch Anklicken zu beobachten. Nachdem die Simulation in dieser Art korrekt abläuft, kann ein Programm oder eine Funktion geschrieben werden und das SIMULINK-Modell direkt aufgerufen werden. Die Funktion `winkel3.m` soll als einfaches Beispiel für die Gestaltung solcher Funktionen dienen:

```
function [] = winkl3(Ttrack)
% Funktion zur Simulation der Positionsregelung mit dem
% SIMULINK-Modell s_winkl3.m
% Argument: Ttrack = Nachlaufzeitkonstanten des PID-Reglers
%                    mit Anti-Windup-Algorithmus
% Testaufruf: global Tt;
%             winkel3([100, 0.01]);

set(0,'DefaultLineLineWidth', 1.2);
global Tt % Nachlaufszeitkonstante für das SIMULINK-Modell
n = length(Ttrack);

figure(1):          clf;
for k = 1:n
   Tt = Ttrack(k);

   %-------Aufruf der Simulation mit dem gear Verfahren
   [t,x,y] = gear('s_winkl3',[0, 100],[],[1.e-3,0.01,0.1]);

   %-----------------------------------------------------
   subplot(211), plot(t, y(:,2));               hold on;
   subplot(212), plot(t, y(:,4), t, y(:,3)); hold on;
end;
subplot(211), plot([],[]);
title('Begrenzter Ausgang des Stellglieds');
L = axis;       axis([L(1), L(2), -11, 11]);
grid;           xlabel('Zeit in s');    ylabel(' Volt');
hold off;
subplot(212), plot([],[]);
title('Strom und Winkellage (Anfangswinkel -20 rad)');
grid;     xlabel('Zeit in s');     ylabel(' [rad];  [A]');
hold off;
```

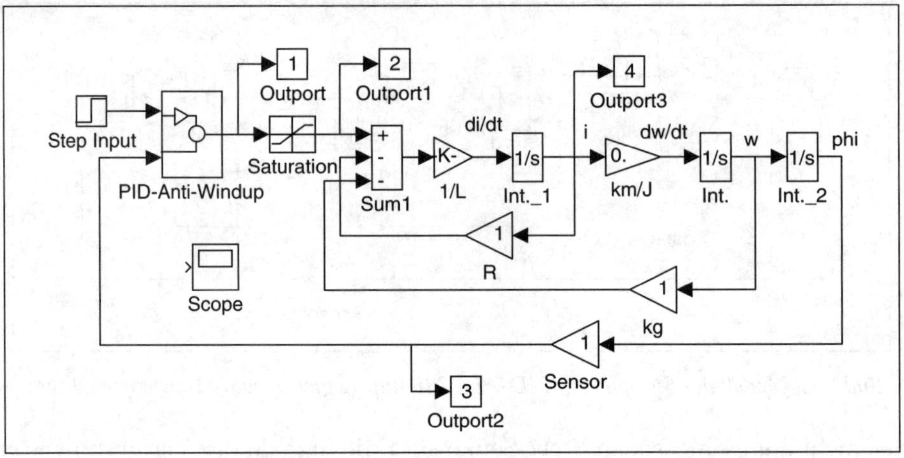

Bild 6.28 SIMULINK-Modell des Positioniersystems mit Out-Blöcken für die Variablen, die man untersuchen möchte (s_winkl3.m; s_winkl3.mdl; winkl3.m)

Die Funktion hat als Argument einen Zeilenvektor mit Werten der Nachlaufzeitkonstante T_t des PID-Reglers mit Verhinderung von Aufintegrieren. Mit dieser Funktion soll der Einfluß dieses Parameters auf die Variablen des Modells untersucht und im gleichen Graphikfenster dargestellt werden. Im SIMULINK-Modell sind die Signale, die man untersuchen möchte, mit *Outport*-Blocken verbunden (Bild 6.28). Die Simulation (für SIMULINK Version 1.3) ist mit dem Befehl

```
[t,x,y] = gear('s_winkl3',[0, 100],[],[1.e-3,0.01,0.1]);
```

aufgerufen. Als Ergebnisse erhält man im Spaltenvektor t die Zeitintervalle, in der Matrix x spaltenweise die Zustandsvariablen und in der Matrix y spaltenweise die Ausgangsvariablen, die mit Hilfe der *Outport*-Blöcke markiert wurden. Die Variable des *Outport*-Blocks 1 ist in der ersten Spalte enthalten, die des *Outport*-Blocks 2 in der zweiten Spalte usw. Die Funktion **gear** definiert das Integrationsverfahren und hat als erstes Argument den Namen des SIMULINK-Modells (der M-Datei, die das Modell enthält), in diesem Fall `s_winkl3`. Der nächste Vektor der Argumente gibt die Start- und Stoppzeit an. Mit dem leeren Vektor für die Anfangsbedingungen der Zustandsvariablen werden diese aus dem Modell angenommen. Der letzte Vektor der Argumente enthält die Toleranz und die kleinste und größte Schrittweite (*Min-* und *Max-Step-Size*) der Simulation.

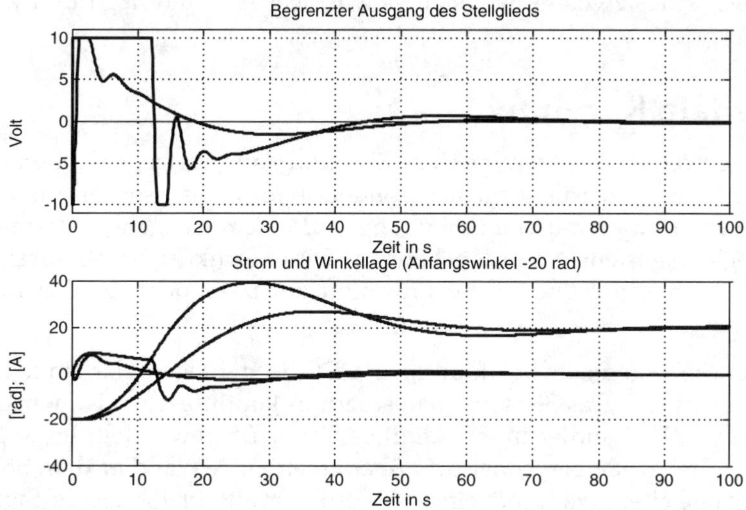

Bild 6.29 Begrenzter Ausgang des Stellglieds, die Winkellage und der Strom des Motors für zwei Werte der Nachlaufzeitkonstante (s_winkl3.m; s_winkl3.mdl; winkl3.m)

Für den Testaufruf mit zwei Werten für die Nachlaufzeitkonstante wird die Simulation in der **for**-Schleife zweimal aufgerufen und die Ergebnisse werden im gleichen Graphikfenster wegen des Befehls **hold on** dargestellt. Die Beschriftung der Darstellungen ist mit einem Trick am Ende der Schleife realisiert. Mit den *Dummy*-Plots werden die **subplots** nacheinander aktiviert und beschriftet.

Im Bild 6.29 sind einige der Signale, die über die *Outports* gewählt wurden, für den Testaufruf gezeigt. Dieser enthält zwei Werte für die Nachlaufzeitkonstante (100 bzw. 0,01). Im oberen Teil ist der begrenzte Ausgang des Stellglieds und unten sind der Strom des Gleichstrommotors und die Winkellage dargestellt. Die Führungsgröße (Sollwert) ist ein Sprung von 20 rad und die Anfangslage -20 rad. Für den Wert von 100 wird praktisch das Aufintegrieren nicht verhindert und das Stellglied ist übersteuert und begrenzt die Steuerspannung. Die Antwort zeigt eine starke Überschwingung und der Strom hat relativ hohe Werte. Mit 0,01 für die Nachlaufzeitkonstante ist der Ausgang des PID-Reglers (mit Ausnahme des ersten Moments) praktisch begrenzt, übersteuert nicht das Stellglied, und die Antwort und Stellgliedleistung sind qualitativ viel besser geworden.

In der neuen Version 2.0 von SIMULINK muß der Aufruf der Simulation aus der Funktion `winkl3.m` (im Verzeichnis `matl5_s2`) etwas anders gestaltet werden:

```
my_opt = simset('InitialStep',0.01,'OutputVariables','ty');
[t,x,y] = sim('s_winkl3', [0, 100], my_opt);
```

Mit dem Befehl **simset** wird ein Anfangswert für die Schrittweite der numerischen Integration (in diesem Fall mit variabler Schrittweite) durch die Option `InitialStep` definiert, und mit der Option `OutputVariables` werden als Ausgangsvariablen nur die Zeit und die Ausgänge der *Outports* zugelassen. Die Matrix der Zustandsvariablen x des zweiten Befehls **sim** wird leer sein und nur t und y stellen die Ergebnisse dar.

6.3 Digitale Regelung

Viele Industrieprozesse besitzen mehrere Ein- und Ausgangssignale, deren Wechselwirkung in den meisten Fällen nicht besonders relevant ist, so daß die Prozesse in einzelnen Untersystemen mit einem Eingang und einem Ausgang unterteilt und von einfachen Reglern gesteuert werden können. Diese Struktur ist als direkte digitale Regelung (DDC) bekannt und in der Praxis oft auf Basis der digitalen PID-Reglern aufgebaut.

Bild 6.30 zeigt die allgemeine Struktur einer DDC, in der als Regler ein digitaler PID-Regler eingesetzt wird. Das Sensorsignal, sofern es kontinuierlich ist, wird abgetastet und mit einem A/D-Wandler in eine digitale Größe umgewandelt. Im Regler ist die entsprechende Stellgröße berechnet und über einen D/A-Wandler dem Stellglied als Steuersignal zugeleitet. Während eines Abtastintervalls bleibt dieses Signal in der Regel konstant. In manchen Fällen wird der digitale Ausgang in einer Impulsfolge für die Steuerung besonderer Aktoren, wie z.B. Schrittmotoren, umgewandelt.

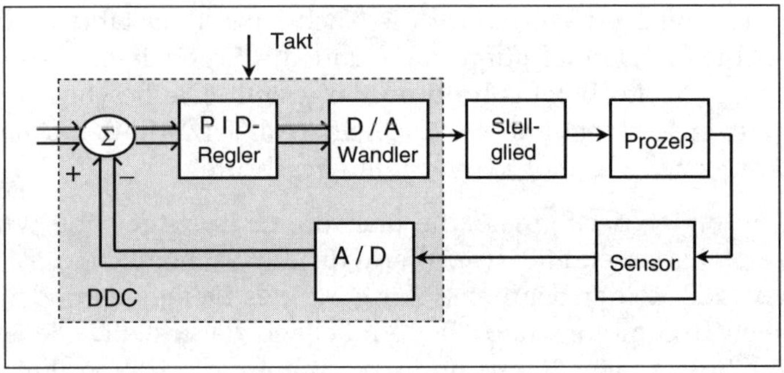

Bild 6.30 Allgemeine Struktur einer direkten digitalen Regelung (DDC), in der als Regler ein digitaler PID-Regler eingesetzt wird

Die Verarbeitung der Regelalgorithmen auf dem Rechner ist allgemein durch eine Taktuhr synchronisiert, so daß der Regelalgorithmus periodisch gestartet wird. Ist ein Regler zuerst in analoger Form entworfen und danach diskretisiert, benötigt man kleinere Abtastintervalle, und die Rechnerbelastung ist größer als beim direkten Entwurf in digitaler Form. Die digitalen PID-Regler werden in den meisten Fällen aber durch Diskretisierung der analogen Regler erhalten.

Für die Beschreibung der diskreten Zusammenhänge im Regler werden Differenzengleichungen mit konstanten Koeffizienten benutzt. Wenn mit $y(kT_s)$, $u(kT_s)$ die Aus- bzw. Eingangsgröße eines diskreten Funktionsblocks bezeichnet sind, wird seine Differenzengleichung wie folgt geschrieben:

$$a_1 y(kT_s) = -a_2 y((k-1)T_s) - a_3 y((k-2)T_s) - \ldots - a_{na+1} y((k-na)T_s) +$$
$$b_1 u(kT_s) + b_2 u((k-1)T_s) + b_3 u((k-2)T_s) + \ldots + b_{nb+1} u((k-nb)T_s) \quad (6.57)$$

Wobei T_s die Abtastperiode und kT_s der laufende diskrete Zeitpunkt sind. Die Koeffizienten a_i, b_i bestimmen die Eigenschaften dieser Differenzengleichung. Zusammengefaßt in zwei Vektoren stellen sie die Beschreibung in *Transfer-Function-Mode* von MATLAB (*Control-System- und Signal-Processing-Toolbox*) und SIMULINK für diskrete Systeme dar. In einer vereinfachten Schreibweise läßt man die Abtastperiode weg, und um zu zeigen, daß diskrete Signale gemeint sind, werden die unabhängigen Variablen (die nach dem Weglassen der Abtastperiode geblieben sind) in eckigen Klammern geschrieben:

$$a_1 y[k] = -a_2 y[k-1] - a_3 y[k-2] - \ldots - a_{na+1} y[k-na] +$$
$$b_1 u[k] + b_2 u[k-1] + b_3 u[k-2] + \ldots + b_{nb+1} u[k-nb] \quad (6.58)$$

Durch die formelle Einführung des Verzögerungsoperators z^{-1}, so daß

$$y[k-1] = y[k]z^{-1} \quad (6.59)$$

erhält man

$$y[k](a_1 z^0 + a_2 z^{-1} + a_3 z^{-2} + \ldots + a_{na+1} z^{-na}) =$$
$$u[k](b_1 z^0 + b_2 z^{-1} + b_3 z^{-2} + \ldots + b_{nb+1} z^{-nb}) \quad (6.60)$$

Der z Operator wird allgemein für die sogenannte Z-Transformation [19] benutzt, für den formellen Verzögerungsoperator wird oft q verwendet. Hier wird kein Unterschied gemacht, der Operator hilft nur, die Differenzengleichung einfacher darzustellen. Bei der Anwendung der Z-Transformation gehen die diskreten Variablen in ihre Transformierten über

$$y[k] \to Y(z); \qquad u[k] \to U(z); \text{ mit}$$

$$y[k-1] \to Y(z)z^{-1}; \quad y[k+1] \to Y(z)z^{1}; \quad u[k-1] \to U(z)z^{-1};$$
$$u[k+1] \to U(z)z^{1};$$

und man kann eine Übertragungsfunktion definieren. Für die betrachtete Differenzengleichung erhält man folgende Übertragungsfunktion:

$$H(z) = \frac{Y(z)}{U(z)} = \frac{b_1 z^0 + b_2 z^{-1} + b_3 z^{-3} + \ldots + b_{nb+1} z^{-nb}}{a_1 z^0 + a_2 z^{-1} + a_3 z^{-3} + \ldots + a_{na+1} z^{-na}} \quad (6.61)$$

Aus dieser Form ergibt sich auch umgekehrt die Differenzengleichung, die als Beschreibung der diskreten Systeme angenommen wurde. Es sind *na+1* Koeffizienten im Nenner und *nb+1* Koeffizienten im Zähler der gebrochenen, rationalen Übertragungsfunktion. Wenn die Koeffizienten in MATLAB in Vektoren zusammengefaßt werden

```
zaehler = [-2.5,        1.7];          nenner = [1, -1.5, 0.9];
```

dann stellen sie für die Funktionen der *Control-System-Toolbox* die Übertragungsfunktion

$$H(z) = \frac{-2{,}5z + 1{,}7}{z^2 - 1{,}5z + 0{,}9} \tag{6.62}$$

dar, und für die Funktionen der *Signal-Processing-Toolbox* ergeben die gleichen Vektoren die Übertragungsfunktion:

$$H(z) = \frac{-2{,}5z^0 + 1{,}7z^{-1}}{z^0 - 1{,}5z^{-1} + 0{,}9z^{-2}} = \frac{-2{,}5 + 1{,}7z^{-1}}{1 - 1{,}5z^{-1} + 0{,}9z^{-2}} \tag{6.63}$$

Nachdem die zweite Form in Zähler und Nenner mit z^2 multipliziert wird, ist es klar, daß die zwei Übertragungsfunktionen unterschiedlich sind. Wenn die zwei Vektoren der Koeffizienten immer mit der gleichen Anzahl von Elementen angegeben werden,

```
zaehler = [0, -2.5, 1.7];          nenner = [1, -1.5, 0.9];
```

dann werden die Übertragungsfunktionen der zwei Toolboxen gleich interpretiert. In der *Signal-Processing-Toolbox* stellen die Elemente der Vektoren die Koeffizienten der steigenden Potenzen von z^{-1}(beginnend mit $z^0 = 1$) dar und in der *Control-System-Toolbox* stellen die gleichen Elemente die Koeffizienten der fallenden Potenzen von z (beginnend mit z^n), wobei n die Anzahl der Koeffizienten plus 1 ist, dar.

Um sicher zu sein, daß die Funktionen beider Toolboxen korrekt benutzt werden, sollte der Vektor des Zählers mit Nullelementen vorne aufgefüllt werden, so daß dieser die gleiche Anzahl von Elementen wie der Vektor des Nenners besitzt. Im Zweifelsfall sollte die kurze Beschreibung mit der **help**-Funktion aufgerufen werden. Die Blöcke der SIMULINK-*Discrete*-Bibliothek sind mit Beispielen von einfachen Übertragungsfunktionen versehen, und die Konvention ist deutlich zu erkennen. Sie tragen auch verschiedene Namen, für die *Control-System-Toolbox*-Konvention heißen sie *Discrete-Transfer-Fcn* und für die *Signal-Processing-Toolbox*-Vereinbarung sind sie als *Filter*-Blöcke geführt.

Die Polynome in z im Zähler und Nenner einer diskreten Übertragungsfunktion können auch mit Hilfe ihrer Wurzeln (Nullstellen) beschrieben werden. Die Wurzeln des Zählers bilden die sogenannten Nullstellen, und die Wurzeln des Nenners ergeben die Polstellen der Übertragungsfunktion. Wenn keine endlichen Nullstellen oder Pollstellen vorhanden sind, dann wird in dem entsprechenden SIMULINK-Block der leere Vektor [ ] angegeben.

Die Diskretisierung der Differentialgleichung des analogen PID-Reglers, gegeben durch

$$u(t) = k_P e(t) + k_I \int_0^t e(\tau)d\tau + u_I(0) - u_D(t) \tag{6.64}$$

mit

$$\frac{1}{N}\frac{du_D(t)}{dt} + u_D(t) = k_D \frac{dy_{ist}(t)}{dt}, \tag{6.65}$$

oder in der zweiten Schreibweise gegeben durch

$$u(t) = K\left[e(t) + (1/T_I)\int_0^t e(\tau)d\tau + u_I(0)\right] - u_D(t) \tag{6.66}$$

mit

$$\frac{T_D}{N}\frac{du_D(t)}{dt} + u_D(t) = KT_D \frac{dy_{ist}(t)}{dt} \tag{6.67}$$

ist relativ einfach. Als Beispiel wird die zweite Form diskretisiert. In dem proportional wirkenden Anteil des Reglers werden die analogen Signale am k-ten Abtastzeitpunkt durch ihre abgetasteten Werte ersetzt. Aus

$$u_P(t) = Ke(t) \tag{6.68}$$

wird in der diskreten Form:

$$u_P[k] = K\, e[k] \tag{6.69}$$

Für den integralwirkenden Anteil wird das Integral durch eine Summe approximiert, und zum Zeitpunkt kT_s (mit T_s als Abtastperiode) erhält man:

$$u_I[k] = K\frac{1}{T_I}\sum_{i=0}^{k} e[i]\; T_s + u_I[0] = K\frac{T_s}{T_I}\sum_{i=0}^{k} e[i] \; + u_I[0]$$

Da die Summe bis zum Zeitpunkt *k* aus der Summe bis zum Zeitpunkt *k-1* plus den letzten Wert ausgedrückt werden kann, erhält man folgende rekursive Form:

$$u_I[k] = u_I[k-1] + K(T_s / T_I)e[k] \tag{6.70}$$

Zusammen mit dem Term, der das Verhindern des Aufintegrierens bei Begrenzungen durch das Stellglied bewirken soll, erhält man

$$u_I[k] = u_I[k-1] + K(T_s / T_I)e[k] + (T_s / T_t)\left[u[k-1] - u_0[k-1]\right], \tag{6.71}$$

wobei, wie beim analogen PID-Regler mit *Anti-Windup*-Algorithmus, die Differenz auf der rechten Seite den Unterschied zwischen dem aktuellen begrenzten Ausgangssignal des Stellglieds $u[k-1]$ und dem gewünschten Reglerausgang $u_0[k-1]$ (ohne Begrenzung) darstellt. Solange keine Begrenzung auftritt, wirkt sich der letzte Term auf den Ausgang des I-Anteils nicht aus. Mit der Nachlaufzeitkonstante T_t wird die Wirkung dieses Korrekturglieds eingestellt.

Der differenzierend wirkende Anteil kann mit Differenzen nach rückwärts diskretisiert werden. Aus (6.67) (hier wiederholt)

$$\frac{T_D}{N}\frac{du_D(t)}{dt}+u_D(t) = KT_D\frac{dy_{ist}(t)}{dt}$$

wird durch Annäherung der Differentiale durch Differenzen der diskrete D-Anteil ermittelt:

$$u_D[k]=\left[1-\frac{T_sN}{T_D}\right]u_D[k-1]+KN\big(y_{ist}[k]-y_{ist}[k-1]\big) \tag{6.72}$$

Er wird mit Minusvorzeichen zu dem P- und I-Anteil hinzugefügt. Die Beziehung zeigt auch, daß die Annäherung nur dann gültig wird und die Rekursion stabil ist, wenn der Koeffizient des ersten Terms auf der rechten Seite positiv oder Null ist, somit ergibt sich noch eine Bedingung:

$$T_s \le T_D / N \qquad \text{oder} \qquad T_D \ge T_sN \tag{6.73}$$

In Form von Übertragungsfunktionen oder mit z-Operatoren sind die Anteile durch

$$U_P(z)=KE(z) \tag{6.74}$$

$$U_I(z)=K\frac{T_s}{T_I}\frac{z}{z-1}E(z)+\frac{T_s}{T_t}\frac{1}{z-1}\big[U(z)-U_0(z)\big] \tag{6.75}$$

und

$$U_D(z)=KN\frac{z-1}{z-(1-T_sN/T_D)}Y_{ist}(z) \tag{6.76}$$

gegeben. Basierend auf diesen Übertragungsfunktionen ist das Modell des diskreten PID-Reglers (`s_pidz.m`; `s_pidz.mdl`) mit Verhinderung des Aufintegrierens (*Anti-Windup*-Algorithmus) aus Bild 6.31 aufgebaut. Im D-Anteil-Block ist der Wert beta aus der Übertragungsfunktion des D-Anteils leicht zu identifizieren. Oft wird mit beta = 0 gearbeitet oder mit $NT_s = T_D$.

6.3.1 Die Wahl der Abtastrate in Regelungssystemen

Die Wahl einer geeigneten Abtastrate für die Prozeßregelung ist nicht einfach. Eine zu niedrige Abtastrate kann die Wirksamkeit der Regelung vermindern, vor allem die Möglichkeit des Ausgleichs von Störungen [15], und auch zu Instabilität führen. Es ist wichtig, sowohl die Prozeßdynamik als auch die Störungseigenschaften bei der Wahl der Abtastrate zu berücksichtigen.

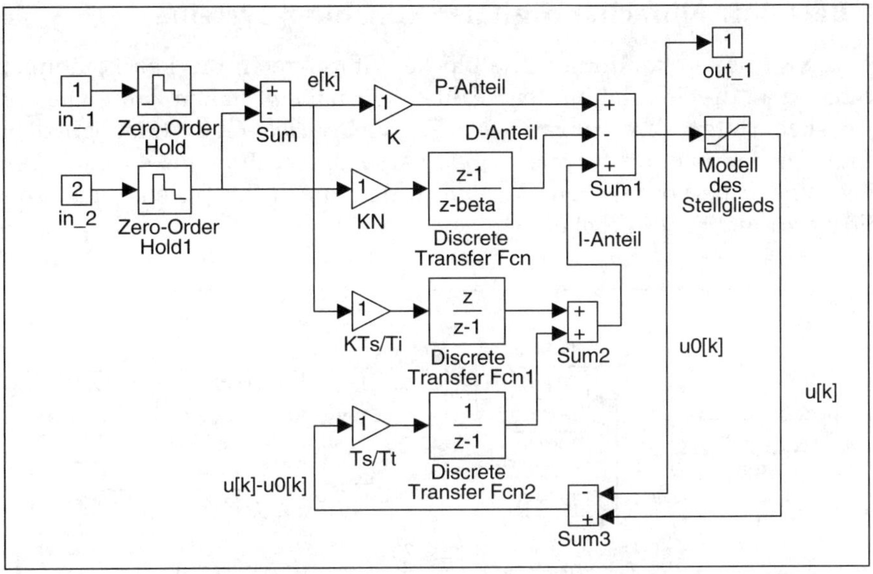

Bild 6.31 Modell des diskreten PID-Anti-Windup-Reglers (s_pidz.m; s_pidz.mdl)

Die Abtastrate darf andererseits nicht zu hoch sein, da die Rechner sonst zu belastet wären. Der Signal-Rauschabstand (SNR) der gemessenen Signale muß bei der Wahl der Abtastrate auch berücksichtigt werden. Eine unnötig hohe Abtastrate läßt auch die hochfrequenten Störungen durch, wenn die Nutzbandbreite bis zur Hälfte der Abtastfrequenz viel größer ist als die Bandbreite, die von der Dynamik des Prozesses benötigt wird.

Es ist anzunehmen, daß die geeignete Abtastrate von der Bandbreite und Anstiegszeit der geschlossenen Regelstrecke abhängt. Eine Faustregel sagt, daß die Abtastfrequenz etwa das Sechs- bis Zehnfache der Bandbreite betragen soll oder die Anstiegszeit mindestens der Dauer von fünf Abtastintervallen entsprechen sollte. In [15] ist eine einfache Regel angegeben, nach der die Abtastperiode T_s und die Bandbreite ω_c bei -3 dB des geschlossenen Regelkreises, zunächst als kontinuierlicher Kreis entworfen, durch

$$T_s\omega_c \approx 0{,}15 \div 0{,}5 \tag{6.77}$$

verbunden sein sollten. Die Bandbreite für lineare kontinuierliche Systeme kann theoretisch ermittelt werden, der Schätzwert für die Abtastperiode wird als Ausgangswert benutzt. Durch Simulation mit MATLAB und SIMULINK läßt sich dann ein der konkreten, auch nichtlinearen Anwendung angepaßter Wert bestimmen. Als Ausgangswert für die Simulation kann ein relativ kleiner Wert dienen, der allmählich erhöht wird.

6.3.2 Beispiele einfacher digitaler Regelungssysteme

In SIMULINK können kontinuierliche Blöcke mit diskreten Blöcken kombiniert werden, so daß man die Simulation der Realität sehr nahe gestalten kann. Die diskreten Blöcke besitzen intern, am Eingang, ein *Zero-Order-Hold*-Glied (Halteglied Nullter-Ordnung), für den man die Abtastperiode (Abtastintervall) angeben muß. Um diese Funktion explizit hervorzuheben, werden in den ersten Beispielen auch *Zero-Order-Hold*-Blöcke zusätzlich vorgesehen.

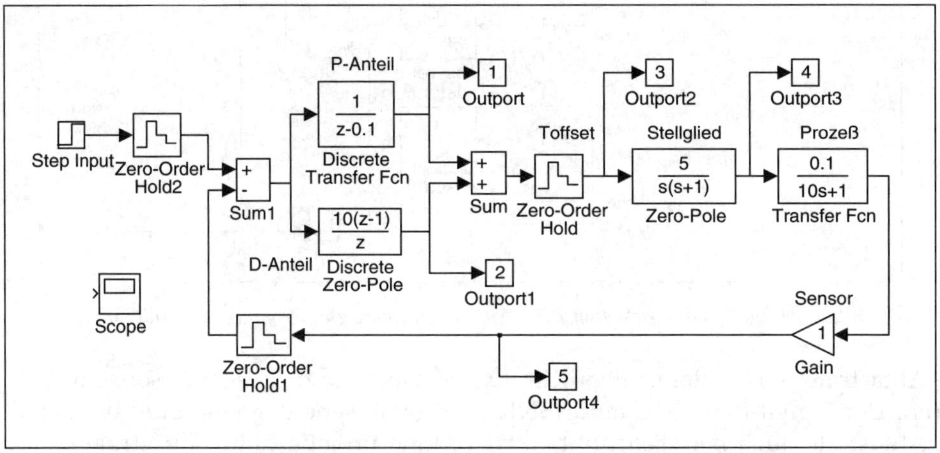

Bild 6.32 Digitales Regelungssystem (s_beisp1.m; s_beisp1.mdl; beisp1.m)

Bild 6.32 zeigt das Modell eines einfachen digitalen Regelungssystems (`s_beisp1.m`; `s_beisp1.mdl`), in dem kombinierte, kontinuierliche und diskrete (digitale) Teile vorkommen. Der Prozeß ist ein Verzögerungsglied 1. Ordnung, durch ein *Transfer-Fcn*-Block simuliert. Die Vektoren des Zählers und Nenners enthalten die Koeffizienten der Polynome in s, beginnend mit der höchsten Potenz. Für das Stellglied wurde die alternative Form gewählt, in der die Null- und Polstellen (zusammen mit einem konstanten Faktor) in zwei Vektoren angegeben werden. Wenn keine Nullstellen vorhanden sind (wie bei diesem Stellglied), wird ein leerer Vektor [ ] angegeben.

Der D/A-Wandler, der das Stellglied steuert, ist durch den *Zero-Order-Hold*-Block simuliert. Hier kann als zusätzlicher Parameter zur Abtastperiode ein *Offset* (`Toffset`) angegeben werden, der z.B. mit einem positiven Wert eine Verspätung wegen der Bearbeitung im digitalen Regler darstellen kann. Der Regler wirkt mit einem P- und D-Anteil. Für den P-Anteil ist ein *Discrete-Transfer-Fcn*-Block und für den D-Anteil ein *Discrete-Zero-Pol*-Block gewählt worden; sie dienen als Beispiele für die verfügbaren Blöcke der SIMULINK-Bibliotheken. Die Übertragungsfunktion des P-Anteils stellt ein Verzögerungsglied erster Ordnung mit einer sehr kleinen Zeitkonstanten dar. Man hätte für den P-Anteil auch einen *Gain*-Block nehmen können. In der gewählten Form entspricht der P-Anteil folgender Differenzengleichung:

$$y[k] - 0{,}1y[k-1] = u[k] \qquad (6.78)$$

Wobei $y[k]$ und $u[k]$ die Ausgangs- bzw. Eingangsgröße dieses Blocks sind. Durch Addieren und Subtrahieren von $y[k-1]$ auf der linken Seite und Umformung erhält man:

$$T_s \frac{y[k] - y[k-1]}{T_s} + 0{,}9\, y[k-1] = u[k] \tag{6.79}$$

Diese Differenzengleichung könnte als diskrete Version der Differentialgleichung

$$\frac{T_s}{0{,}9} \frac{dy(t)}{dt} + y(t) = \frac{1}{0.9} u(t) \tag{6.80}$$

angesehen werden; sie stellt ein Tiefpaßfilter erster Ordnung (oder Verzögerungsglied erster Ordnung) mit einer sehr kleinen Zeitkonstante dar. Für den D-Anteil ergibt sich eine Differenzengleichung der Form

$$y[k] = 10(u[k] - u[k-1]), \tag{6.81}$$

die einfach durch Diskretisierung folgender Differentialgleichung

$$y(t) = 10 T_s \frac{du(t)}{dt} \tag{6.82}$$

zu erhalten ist. Die zwei Halteglieder Nullter-Ordnung für den Soll- und Istwert stellen die A/D-Wandler für eine eventuelle analoge Führungsgröße und für den analogen Istwert dar. Sie können auch weggelassen werden, da die P- und D-Anteile mit diskreten Blöcken gebildet werden, die solche Halteglieder beinhalten.

Mit dem Programm `beisp1.m` wird der Einfluß der Verzögerung (`Toffset`), die man am Halteglied Nullter-Ordnung des Stellglieds einstellt, untersucht. Die Verzögerung wird zusammen mit der Abtastperiode in diesem Block angegeben, sie kann z.B. durch die Bearbeitungszeit im Regler entstehen. Wie das Bild 6.33 zeigt, verschlechtert diese Verzögerung das Verhalten der Regelung. Im Programm werden die Simulationen für die drei Werte der Verzögerung erneut über die Kommandozeile aufgerufen. Vorher wurde die Simulation in der gewohnten Art mit der *Scope*-Senke in Ordnung gebracht und die benötigte Parametrierung festgestellt.

```
% Programm (beisp1.m) zur Parametrierung und Durchführung
% der Simulation einer digitalen Regelung mit dem SIMULINK-
% Modell s_beisp1.m (SIMULINK Version 1.3 c)

% Testaufruf: beisp_1;

global Toffset                % Optional

set(0,'DefaultLineLineWidth', 1.2);
Toffset = 0;     T1 = Toffset;
[t,x,y1] = rk45('s_beisp1',[0, 30],[],[1.e-3,0.05,0.05]);

Toffset = 0.45; T2 = Toffset;
[t,x,y2] = rk45('s_beisp1',[0, 30],[],[1.e-3,0.05,0.05]);
```

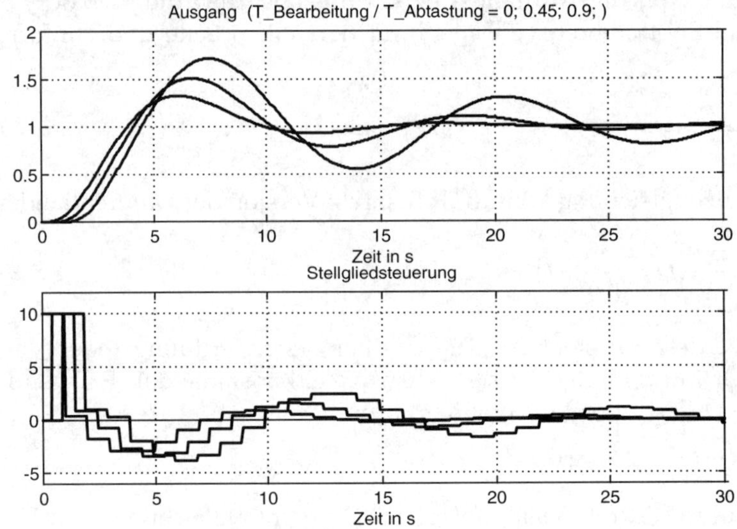

Bild 6.33 Sprungantwort für verschiedene Verzögerungen, die am Stellglied durch die Bearbeitungszeit entstehen(s_beisp1.m; s_beisp1.mdl; beisp1.m)

```
Toffset = 0.9;  T3 = Toffset;
[t,x,y3] = rk45('s_beisp1',[0, 30],[],[1.e-3,0.05,0.05]);

T_b = [num2str(T1),'; ', num2str(T2),'; ', num2str(T3),'; '];

figure(1);                  clf;
subplot(211), plot(t, [y1(:,5), y2(:,5), y3(:,5)]);
title(['Ausgang  (T_Bearbeitung / T_Abtastung = ',T_b,')']);
grid;                       xlabel('Zeit in s');
subplot(212), plot(t, [y1(:,3), y2(:,3), y3(:,3)]);
title(['Stellgliedsteuerung ']);
grid;                       xlabel('Zeit in s');
L = axis; axis([L(1), L(2), L(3)*1.2, L(4)*1.2]);
.....................................
```

Als Integrationsverfahren wurde durch den Befehl **rk45** das Runge-Kutta-Verfahren gewählt. Der Aufruf der Simulationen im Programm `beisp1.m` (im Verzeichnis `matl5_s2`) in der neuen Version von MATLAB und SIMULINK geschieht durch folgende Befehle:

```
my_opt = simset('FixedStep', 0.05,'OutputVariables','ty');
[t, x, y] = sim('s_beisp1',[0, 30], my_opt);
```

Die erste Zeile muß nur einmal vorkommen und die zweite leitet die Simulation ein und wird für jeden neuen Wert des Parameters `Toffset` aufgerufen.

Die Abtastperiode (oder das Abtastintervall) kann nach der gezeigten Regel geschätzt werden, wenn die Bandbreite des geschlossenen Regelkreises bekannt ist. Dafür ist ein kontinuierlicher PID-Regler (mit realisierbaren D-Anteil) entworfen und danach das Modell des geschlossenen Regelkreises ermittelt worden. Mit der Funktion **bode** (aus der *Control-System-Toolbox*) erhält man den Frequenzgang und die Bandbreite bei -3dB. Das SIMULINK-Modell mit dem kontinuierlichen PID-Regler ist in der Datei `s_beisp2.m (s_beisp2.mdl)` enthalten. Über `beisp2.m` wird das Abtastintervall geschätzt. Ein- und Ausgang des geschlossenen Regelkreises sind mit *In*-und *Outports* markiert. Mit dem Befehl

```
[A,B,C,D] = linmod('s_beisp2');
```

wird das Zustandsmodell des SIMULINK-Modells aus der Datei `s_beisp2.m` ermittelt, und mit dem anschließenden Befehl

```
bode(A,B,C,D);
```

wird der Frequenzgang dargestellt. Aus diesem ergibt sich eine Bandbreite bei -3dB von 0,3 rad/s. Mit der Regel (6.77) werden die Grenzen für die Abtastperiode berechnet:

$$(T_s)_{Min} = 0{,}15 / 0{,}3 = 0{,}5\,\text{s}; \qquad (T_s)_{Max} = 0{,}5 / 0{,}3 = 1{,}6\,\text{s}$$

Es wurde schließlich ein Zwischenwert von 1 s gewählt. Zu einem ähnlichen Wert kommt man auch durch Probieren mit Hilfe des Modells, ausgehend von viel kleineren Werten.

Bild 6.34 zeigt ein weiteres Modell (`s_beisp3.m`; `s_beisp3.mdl`) eines digitalen Regelungssystems, in dem der diskrete PID-Regler mit Verhinderung des Aufintegrierens aus dem vorherigen Abschnitt eingesetzt wird. Das Stellglied und der Prozeß bilden ein System mit drei Verzögerungsgliedern erster Ordnung mit verschiedenen Zeitkonstanten. Die Sättigung am Eingang des Stellglieds soll die Begrenzung des Steuersignals modellieren. Durch Doppelklicken auf den PID-Block erhält man in einem neuen Fenster das schon bekannte diskrete Modell des Reglers. Der P- und D-Anteil sind ähnlich wie im ersten Beispiel gebildet, der I-Anteil beinhaltet noch die Korrektur, um das Aufintegrieren zu verhindern. Um das Korrektursignal zu bilden, wird ein Modell der Begrenzung, die im Stellglied stattfindet, im Regler nachgebildet.

Es wird ein Abtastintervall von 0,5 s gewählt. Die Parameter des Reglers sind als Richtwerte mit dem Ziegler-Nichols-Verfahren ermittelt und dann korrigiert worden. Die Simulation ist anfänglich mit der *Scope*-Senke durchgeführt, um so die Parameter und die korrekten Einstellungen zu ermitteln. Danach sind die Signale, die man verfolgen möchte, mit *Outports* verbunden und die Simulation wird aus einem MATLAB-Programm (`beisp3.m`) ausgeführt.

In Bild 6.35 und Bild 6.36 sind einige Signale für einen Sprung von 1 und von 10 in der Führungsgröße gezeigt. Bei einem Sprung von 1 kommt der Reglerausgang noch nicht in die auf ± 20 eingestellte Sättigung. Dagegen ist beim Sprung von 10 der Reglerausgang viel höher und wird begrenzt. Der Anstieg der Antwort ist kleiner und die Einschwingszeit viel länger. Mit der Nachlaufzeitkonstante kann die Dauer der Sättigung auf Kosten der Einschwingzeit verringert werden.

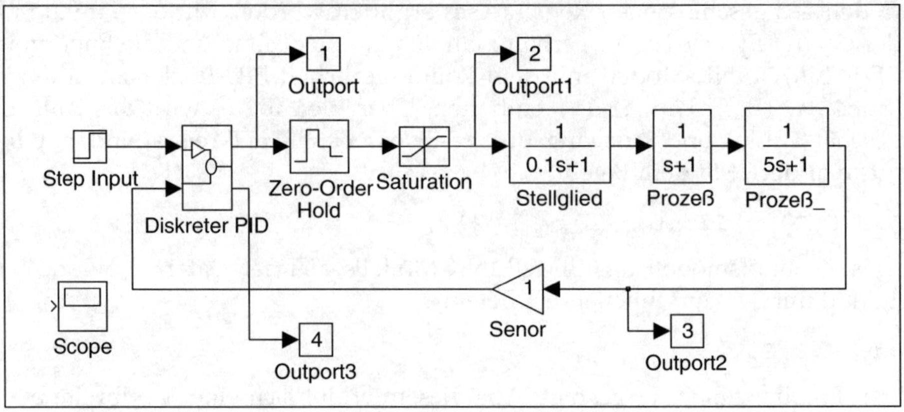

Bild 6.34 Regelungssystem mit diskretem PID-Anti-Windup-Regler (s_beisp3.m; s_beisp3.mdl; beisp3.m)

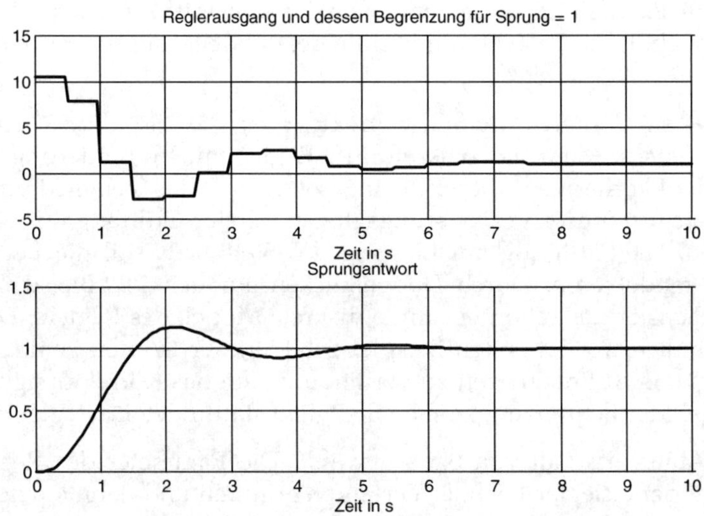

Bild 6.35 Antwort auf einen Sprung von 1 der Führungsgröße (s_beisp3.m; s_ beisp3.mdl; beisp3.m)

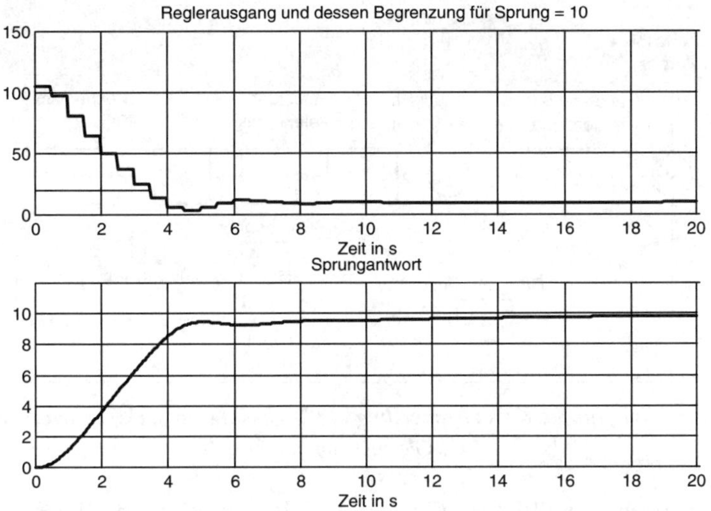

Bild 6.36 Antwort auf einen Sprung von 10 der Führungsgröße (s_beisp3.m; s_ beisp3.mdl; beisp3.m)

6.3.3 Kaskadenregelung

Ein Nachteil der üblichen Rückkopplunsregelung besteht darin, daß der Einfluß einer Störung korrigiert werden kann, wenn der Prozeßausgang vom Sollwert durch die Störung abweicht. Durch Störgrößenaufschaltung könnte Abhilfe geleistet werden, wenn man die Störung messen kann und ein möglichst genaues Modell des Prozesses bekannt ist.

Der Einsatz eines zur Hauptregelungsschleife internen Rückkopplungsreglers kann die dynamischen Eigenschaften bezüglich der Störungen und Laständerungen deutlich verbessern. Für die interne Regelungsschleife wird ein Meßpunkt gewählt, so daß die Störungen früher als über den Prozeßausgang erkannt werden, ohne daß die Störungen direkt gemessen werden.

Für die Lage- und Drehzahlregelung von elektrischen Antriebssystemen (mit Gleichstrommotoren) ist eine Kaskadenstruktur, wie sie im Bild 6.37 gezeigt ist, inzwischen zur Standardlösung geworden. Der Außenregler als Drehzahlregler berechnet den erforderlichen Strom I_{Ref} für das Drehmoment, das die Beschleunigung des Motors bewirkt. Die innere Regelschleife regelt diesen Strom und steuert die Leistungselektronik, um die erforderliche Spannung für den Motor zu erzeugen. Die innere Rückkopplung für den Läuferstrom kann auch einem anderen Zweck dienen. Da der Strom begrenzt sein muß, kann die innere Regelung dies erzwingen und überwachen.

Wenn zusätzlich die Lage der Motorachse zu regeln ist, dann wird ein äußerer Regelkreis hinzugefügt und die Drehzahlregelung bildet eine zweite interne Schleife. Die Dynamik der internen, sekundären Schleifen muß bedeutend schneller als die der externen Kreise sein.

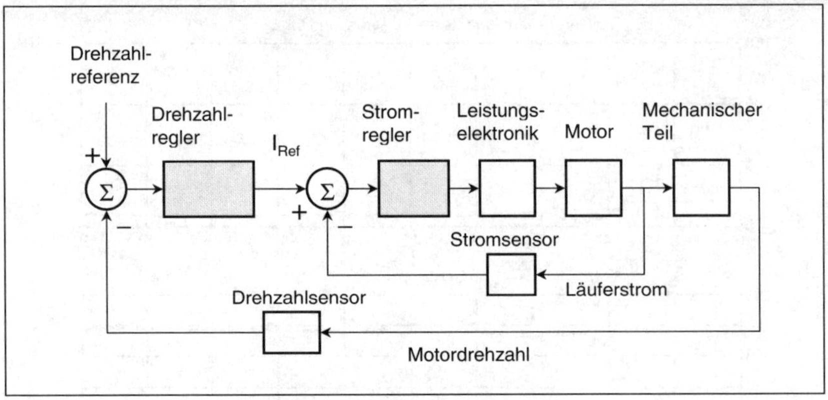

Bild 6.37 Blockschaltbild für die Kaskadenregelung der Drehzahl eines elektrischen Antriebssystems (mit Gleichstrommotor)

Aufgrund ihrer unterschiedlichen Geschwindigkeiten können die Regler auch bei verschiedenen Abtastfrequenzen arbeiten, wobei die Abtastfrequenz der sekundären Kreise höher als die des primären Reglers sein muß. Die diskreten Blöcke von SIMULINK können bei verschiedenen Abtastraten arbeiten und erleichtern die Simulation solcher digitaler Kaskadenregelungen.

Bild 6.38 zeigt das Modell (`s_kask1.m`; `s_kask1.mdl`) einer Drehzahlregelung eines elektrischen Antriebssystems mit Gleichstrommotor in Form einer Kaskadenregelung. Die Differentialgleichung des elektrischen Teils des Motors ist

$$L\frac{di(t)}{dt} + i(t)R = u(t) - k_g\omega(t), \tag{6.83}$$

wobei $i(t)$ und $u(t)$ der Strom bzw. die Spannung des Stromkreises des Läufers sind, $\omega(t)$ die Winkelgeschwindigkeit des Motors, L, R der Widerstand und Induktivität des Läufers und k_g die Konstante, welche die induzierte Spannung (durch die Drehung des Läufers) definiert. Das SIMULINK-Modell muß als Eingänge die Spannung und die Winkelgeschwindigkeit haben und als Ausgangsgröße den Strom ergeben. Bild 6.39 zeigt zwei Möglichkeiten für den Aufbau des Modells. Die erste Form ergibt sich direkt aus der Differentialgleichung, die zweite (die auch im Modell aus Bild 6.38 eingesetzt ist) erhält man, wenn ein Teil des ersten Modells in einer Übertragungsfunktion zusammengefaßt wird.

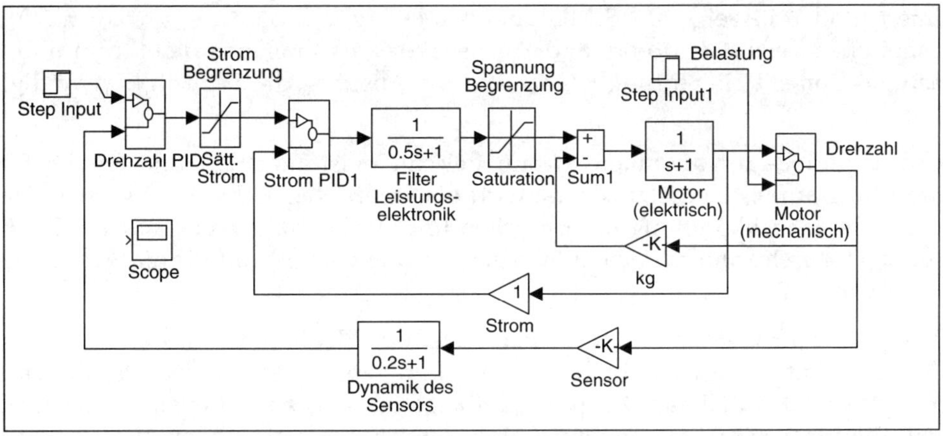

Bild 6.38 Drehzahlregelung eines elektrischen Antriebssystems mit Gleichstrommotor (s_kask1.m; s_kask1.mdl; d_kask1.m; s_kask11.m; s_kask11.mdl; kask11.m)

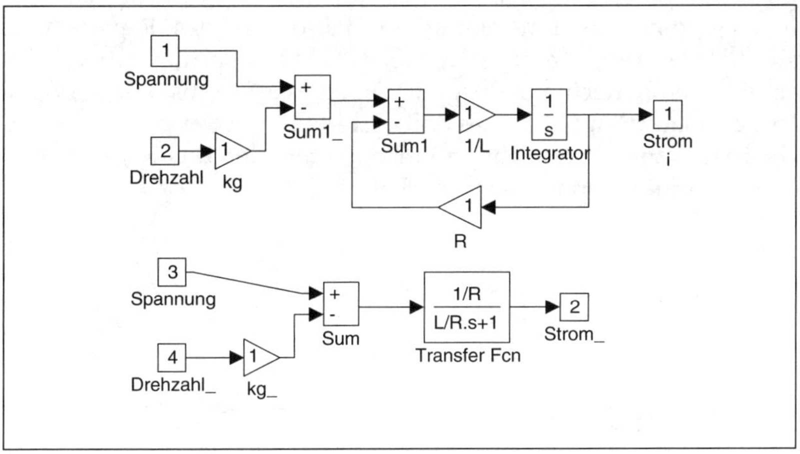

Bild 6.39 Der elektrische Teil des Gleichstrommotors (s_motore.m; s_motore.mdl)

Für den mechanischen Teil des Antriebs gilt die Differentialgleichung

$$J\frac{d\omega(t)}{dt} + f(\omega(t)) = k_m i(t) - m_L(t) \tag{6.84}$$

mit J als Gesamtmotor- und Lastträgheitsmoment, $k_m = k_g$ als Konstante, welche das zum Strom proportionale Antriebsmoment definiert, und $m_L(t)$ als Lastmoment oder Störung. Über $f(\omega(t))$ wird ein nichtlineares Reibungsmoment, z.B. als turbulentes Moment gegeben durch

$$f(\omega(t)) = k_\omega \omega(t)\ abs(\omega(t)), \tag{6.85}$$

definiert. Bild 6.40 zeigt das SIMULINK-Modell (`s_motor.m`; `s_motor.mdl`) des mechanischen Teils des Motors und Antriebs, das als Eingänge den Strom und das Belastungsmoment als Störung besitzt und als Ausgang die Winkelgeschwindigkeit bildet.

Die Abtastperiode für die innere Stromregelschleife ist auf 0,05 s und die der Drehzahlregelung auf 0,2 s gesetzt. Zuerst wird die innere Regelschleife eingestellt. Dafür ist die äußere Rückkopplung unterbrochen und im Drehzahlregler nur ein P-Anteil aktiviert. Dadurch kann mit einem Führungssprung ein Sollwert für die Stromschleife erzeugt werden.

In dieser Struktur werden zuerst die Parameter des PID-Reglers für den Strom eingestellt. Der P-Anteil wird erhöht, bis eine stark ungedämpfte Antwort stattfindet. Danach wird der D-Anteil zur Dämpfung hinzugefügt und zuletzt eventuell auch ein I-Anteil. Die innere Schleife kann auch ohne I-Anteil benutzt werden, weil die äußere Schleife die Kompensation des statischen Fehlers übernehmen kann.

Nach dem Schließen der Drehzahlrückkopplung wird der Hauptregler eingestellt. Wegen der viel größeren Trägheit des mechanischen Teils ist hier eine größere Abtastperiode eingesetzt. Die Einstellung der Parameter des Reglers wird ähnlich durchgeführt. Als Führungsgröße ist ein relativ kleiner Sprung (z.B. 0,1) benutzt, um zunächst im linearen Bereich ohne Begrenzungen (des Stroms und der Spannung) zu bleiben. Bei der nominalen Größe des Sollwertes z.B. von 1 werden beim Einschwingen auch die Begrenzungen erreicht und man kann in den PID-Reglern bei Bedarf das Vermeiden des Aufintegrierens auch einschalten.

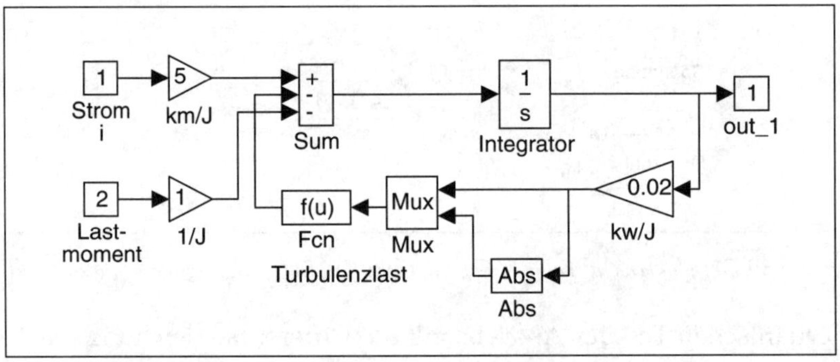

Bild 6.40 Der mechanische Teil des Motors und Antriebs (s_motor.m; s_motor.mdl)

Das Kompensieren einer Störung wird durch Hinzuschalten eines Lastmoments, nachdem der eingeschwungene Zustand wegen der Führungsgröße eingetreten ist, untersucht.

Bild 6.41 zeigt die Antwort auf eine Führungsgröße von 1 (V) bei $t = 0$ und eine Laststörung von 50 (Nm) bei $t = 10\ s$, die hinzugeschaltet wird. Im oberen Teil sieht man den Verlauf der Drehzahl und im unteren Teil ist die Stromführungsgröße für die innere Regelungsschleife zusammen mit der Antwort dieser Schleife dargestellt. Die Laständerung bewirkt eine Änderung in der Drehzahl, die durch den höheren Strom kompensiert wird.

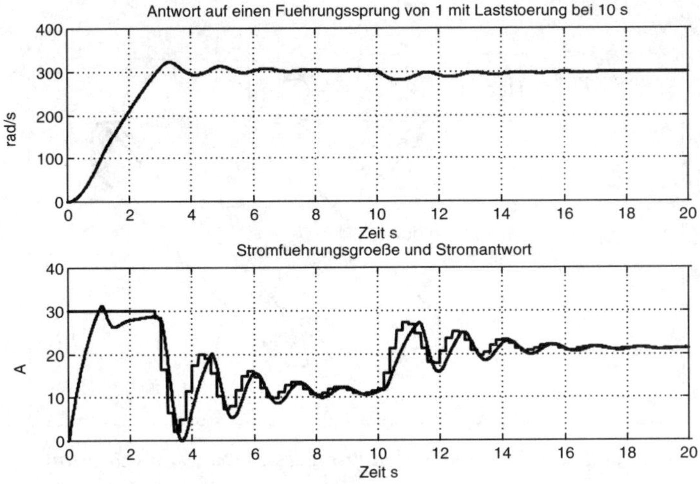

Bild 6.41 Antwort auf einen Führungssprung von 1 bei t = 0 und Laststörung von 50 (Nm) bei t = 10 s (s_kask1.m; s_kask1.mdl; d_ kask1.m; s_kask11.m; s_kask11.mdl; kask11.m)

Die Stromführungsgröße für die innere Regelungsschleife ist auf ± 30 A und die Spannung der Motorsteuerung auf ± 50 V begrenzt. Beide Begrenzungen (die des Stroms ist im Bild klar ersichtlich) werden beim Eingangssprung erreicht. Aus wirtschaftlichen Gründen kann man sich nicht erlauben, die Regelung so auszulegen, daß sie immer im linearen Bereich arbeitet. Beim Einschwingen und bei Stößen treten Begrenzungen auf und nur der stationäre Zustand entspricht dem linearen Funktionsbereich.

6.4 Leistungsgrenzen der PID-Regler

PID-Regler werden seit vielen Jahren erfolgreich für die Lösung verschiedenster industrieller Prozeßregelungen eingesetzt. Für alle Prozesse, die eine Dynamik besitzen, welche mit Modellen zweiter Ordnung dargestellt werden kann, sind sie bestens geeignet. Sie sind ungeeignet für Prozesse mit Zeitverzögerungen, mit nicht gedämpften, bedeutenden Schwingungen, mit Änderungen der Parameter und mit mehreren Ein- und Ausgängen.

6.4.1 Smith-Regler für Prozesse mit Verzögerungen

Zeitverzögerungen kommen in der Fertigungstechnik häufig vor. Sie resultieren aus den größeren Entfernungen, den Zeitverzögerungen durch Analyseverfahren oder durch Annäherung des Verhaltens eines Systems mit einer relativ einfachen Dynamik und Verzögerung.

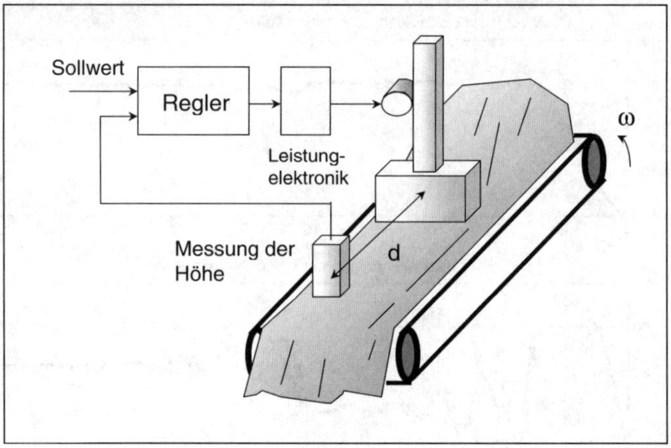

Bild 6.42 Beispiel eines Fertigungsprozesses mit Zeitverzögerung

Bild 6.42 zeigt einen Fertigungsprozeß, bei dem die Höhe der Masse auf einem Förderband zu regeln wäre. Wegen der Entfernung zwischen Meßpunkt und Steuerglied entsteht eine Verzögerung. Es ist schwierig, solche Systeme mit einfachen Reglern zu steuern. Eine Lösung des Problems wurde von Smith (von der Berkeley-Universität) schon 1957 [20] vorgeschlagen und ist im Bild 6.43 prinzipiell dargestellt.

Der Ausgang des Reglers wird über ein Modell des Prozesses und ein Block mit der Übertragungsfunktion

$$G(s) = e^{-sT} - 1 \tag{6.86}$$

zurückgeführt. Der erste Term auf der rechten Seite der Gleichung stellt die Verzögerung mit dem Zeitintervall T dar, in der üblichen Schreibweise, die aus der Laplace-Transformation einer Verzögerung hervorgeht. Es ist die gleiche Verzögerung, die auch für den Prozeß mit der Übertragungsfunktion $H_p(s)$ angenommen wurde. Ohne diese Rückkopplung wäre das Eingangssignal des Reglers (der Fehler) als Transformierte durch

$$E(s) = W(s) - U(s)e^{-sT} H_p(s) \tag{6.87}$$

gegeben.

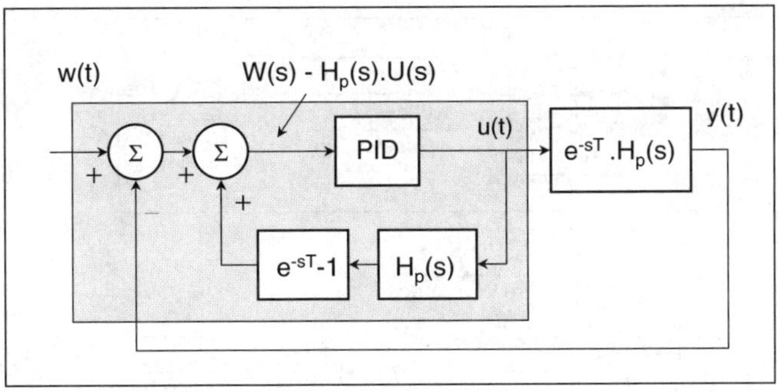

Bild 6.43 Das Prinzip des Smith-Reglers

Mit der Smith-Struktur enthält dasselbe Signal den Verzögerungsfaktor nicht mehr:

$$E(s) = W(s) - U(s)H_p(s) \tag{6.88}$$

Dieses Fehlersignal entspricht einem Regelungskreis, in dem der Prozeß keine Verzögerung enthält und somit mit einem klassischen Regler kompensiert werden kann. Voraussetzung ist, daß die Dynamik des Prozesses $H_p(s)$ durch einen klassischen Regler geregelt werden kann.

Bild 6.44 zeigt oben das Modell (`s_smith1.m`; `s_smith1.mdl`) eines Regelungssystems eines Prozesses mit Verzögerung und klassischem PID-Regler. Es wird eine Übertragungsfunktion des Prozesses zweiter Ordnung

$$H_p(s) = \frac{1}{100s^2 + 14s + 1} \tag{6.89}$$

und eine Verzögerung von 10 s angenommen. Die Verzögerung ist durch den *Transport-Delay*-Block aus der nichtlinearen Bibliothek gebildet.

Alle Anstrengungen, eine vernünftige Antwort zu erhalten, sind mißglückt. Die Schleife duldet nur einen kleinen P-Anteil, der einen zu großen stationären Fehler verursacht (siehe Bild 6.45 oben). Mit einem guten Modell des Prozesses in der Smith-Rückführung erhält man eine sehr gute verspätete Antwort.

Kleine Abweichungen des Modells des Prozesses können verkraftet werden. Bild 6.45 zeigt (unten) die Antwort der Smith-Lösung mit einem Modell (Bild 6.44 unten), das kleine Abweichungen aufweist. Wie man sieht, konnte auch ein I-Anteil eingesetz werden, um den stationären Fehler zu kompensieren. Der Eingangssprung ist so programmiert, daß er bei 10 s erscheint, wegen der Verzögerung von 10 s des Prozesses ist die Antwort zusätzlich mit 10 s verzögert.

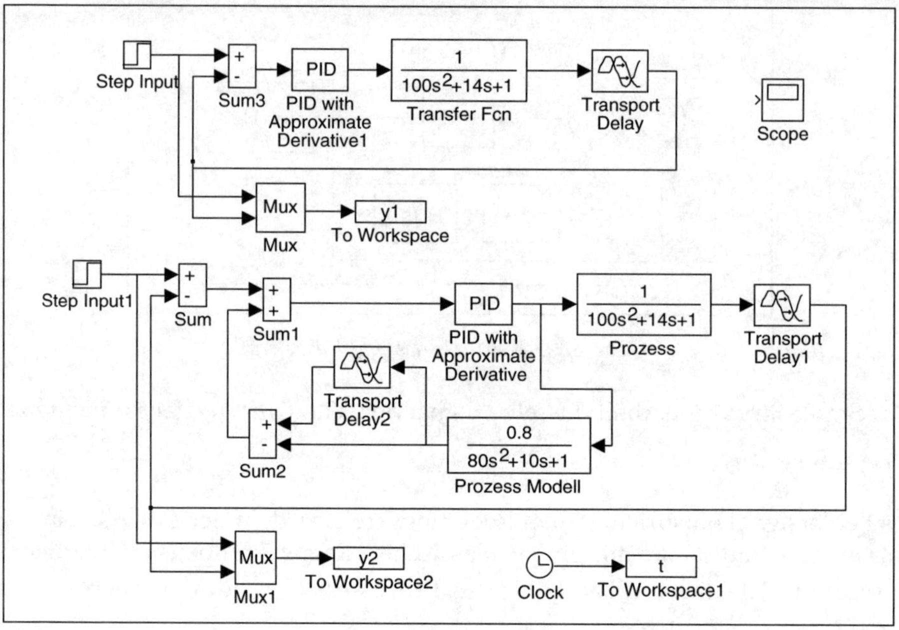

Bild 6.44 Modell eines Regelungssystems für einen Prozeß mit Verzögerung (oben) und mit Smith-Regler (s_smith1.m; s_ smith1.mdl; d_ smith1.m)

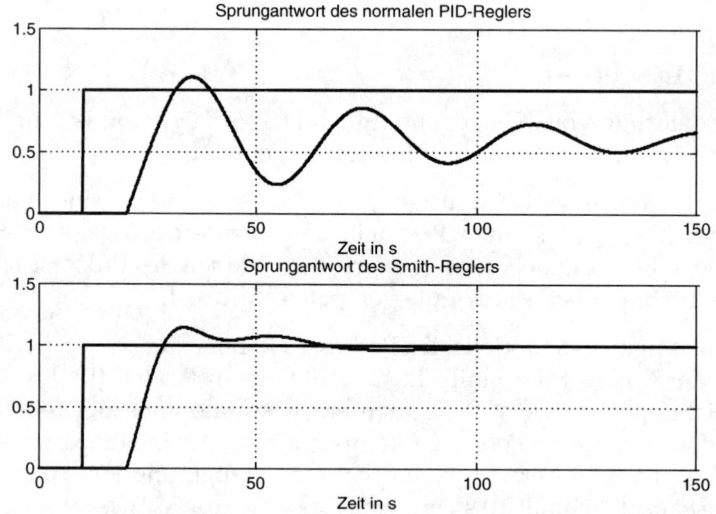

Bild 6.45 Sprungantwort mit normalem PID-Regler und mit Smith-Regler (s_smith11.m; s_smith11.mdl; smith11.m)

Die Realisierung des Smith-Reglers (oder Smith-Prädiktors) war zu der Zeit, als Smith dieses Konzept erfand, kompliziert, da in der damaligen analogen Technik, analoge

Werte für längere Zeiten zu verzögern, nicht möglich war. In der gegenwärtigen digitalen Technik ist die Verzögerung durch Zwischenspeicherung unproblematisch.

In SIMULINK kann auch die diskrete Version dieser Regelung simuliert werden. Zuerst muß ein diskretes Modell des Prozesses gefunden werden. Dafür benötigt man schon die Abtastperiode. Aus dem Verlauf der Antwort der kontinuierlichen Regelung ergibt sich mit 6 bis 10 Abtastperioden für den Anstieg der Antwort ein Wert von 1 s für die Abtastperiode. Um die Übertragungsfunktion (6.89) in einer Diskreten umzuwandeln, werden folgende MATLAB-Befehle benutzt:

```
Ts = 1;             % Abtastperiode von 1 s
num = 1;            % Zähler und Nenner der kontinuierlichen
denum = [ 100, 14, 1];      % Übertragungsfunktion
[numd, denumd] = c2dm(num, denum, Ts, 'tustin');
```

Die Funktion **c2dm**, aus der *Control-System-Toolbox* berechnet mit dem Verfahren von Tustin (auch als Bilineare-Transformation [19] bekannt) die Koeffizienten der Polynome des Zählers und Nenners der diskreten Übertragungsfunktion aus den Koeffizienten der Polynome der kontinuierlichen Übertragungsfunktion. Das SIMULINK-Modell, in dem das so berechnete diskrete Modell des Prozesses eingesetzt wurde, ist im Bild 6.46 dargestellt.

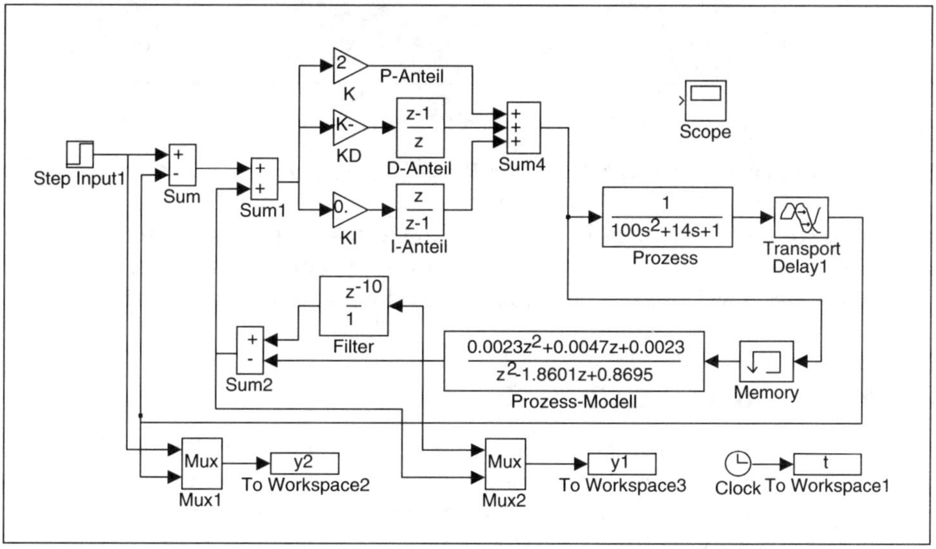

Bild 6.46 Modell mit diskretem Smith-Regler (s_smith2.m; s_ smith2.mdl; d_smith2.m)

Die diskrete Verzögerung aus der Smith-Rückkopplung wird mit einem diskreten Filter-Block erzeugt, der für den Zähler die Koeffizienten [0 0 0 0 0 0 0 0 0 0 1] und für den Nenner den Koeffizient 1 benutzt. Sie stellen die Koeffizienten von Polynomen in z^{-1} dar und führen somit zu der gewünschten diskreten Übertragungsfunktion der Form:

$$D(z)=\frac{0z^{0}+0z^{-1}+0z^{-2}+...+1z^{-10}}{1}=\frac{z^{-10}}{1}, \tag{6.90}$$

Bei einer Abtastperiode von einer Sekunde stellt die Übertragungsfunktion eine Verspätung von 10 s dar, die auch für den kontinuierlichen Prozeß angenommen wurde. Die Antwort der diskreten Smith-Regelung ist im Bild 6.47 dargestellt und zeigt ein sehr gutes Verhalten, das mit einfachem Regler nicht erreicht werden kann. Es wird auch die Antwort des Prozeßmodells und die der gesamten Smith-Rückkopplung dargestellt.

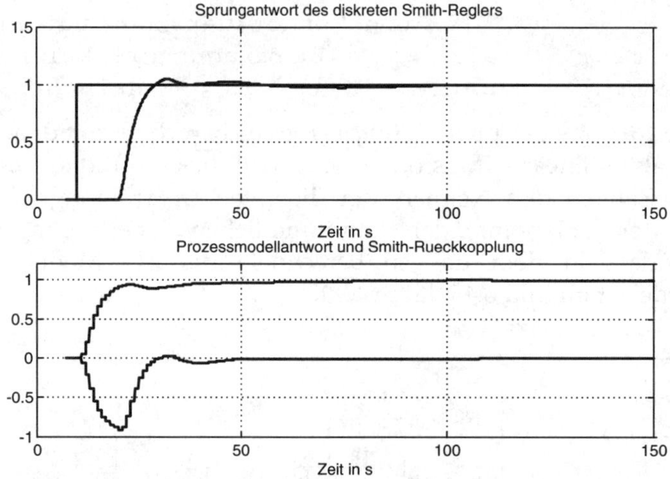

Bild 6.47 Sprungantwort mit diskretem Smith-Regler (s_smith21.m; s_ smith21.mdl; smith21.m)

Vor dem diskreten Modell des Prozesses in der Rückkopplung ist ein *Memory*-Block eingeführt worden, da SIMULINK eine algebraische Schleife, die nicht gelöst werden konnte, gemeldet hat. Die Simulation ist durch das Programm `smith21.m` durchgeführt.

6.4.2 Komplexe Dynamik

Mit der relativ kleinen Anzahl der Parameter eines PID-Reglers können Prozesse mit komplexer Dynamik nicht mehr geregelt werden. Für Prozesse mit nicht gedämpften Schwingungen in der Sprungantwort ist der Einsatz von Reglern höherer Ordnung eine Notwendigkeit. Beim Einstellen der Parameter dieser Regler muß man auf theoretische Erkenntnisse zurückgreifen, die leider häufig nur für lineare Systeme vorliegen. Die schon besprochene Kaskadenregelung stellt für einige Fälle eine mögliche Lösung dar.

Bei vielen Prozessen müssen die Parameter der Regelungsstrecke aufgrund der laufenden Betriebsbedingungen geändert werden. Sind z.B. die Änderungen der Prozeßverstärkung für verschiedene Betriebspunkte bekannt, können sie in einer Tabelle gespeichert werden und die Reglereinstellung nachführen. Dieses Verfahren ist als *Gain-Scheduling* bekannt und bei vielen Anwendungen verbreitet. Als Beispiele sind die Regelung der Dampfkessel mit Reglereinstellung, die von der nötigen Leistung abhängt, oder die Regelung der Triebwerke eines Flugzeugs in Abhängigkeit von der Flughöhe zu erwähnen.

Um zu zeigen, wie man in SIMULINK komplexe nichlineare, eventuell durch Messungen ermittelte Zusammenhänge nachbilden kann, wird das Modell eines Vergasermotors simuliert. Vom Motorenhersteller werden die Lastkennlinien in Form von Tabellen zur Verfügung gestellt. Sie beschreiben das aktive Drehmoment (Nm) abhängig von der Öffnung der Drosselklappe (Grad) und von der Drehzahl des Motors (1/min). Als Beispiel soll folgende Tabelle [21] dienen:

	1000 1/min	1500 1/min	2000 1/min	2500 1/min	3000 1/min	3500 1/min	4000 1/min	4500 1/min	5000 1/min	5500 1/min	6000 1/min
15°	35	54	46	25	0	0	0	0	0	0	0
30°	67	81	83	79	69	50	31	13	0	0	0
45°	92	104	108	108	102	92	79	63	48	33	19
60°	115	123	125	127	125	119	110	100	88	77	65
75°	123	131	135	137	137	134	129	123	115	106	97
90°	131	140	146	148	150	150	148	146	142	135	129

In der SIMULINK-Bibliothek für nichtlineare Funktionen gibt es den 2-D-*Look-Up-Table*-Block, mit dem die gemessene Abhängigkeit von zwei Variablen simuliert werden kann. Zwischen den gemessenen Stützpunkten, die der Tabelle entsprechen, wird die Funktion linear interpoliert. Der Block wird mit den zwei Vektoren der Variablen und mit einer Matrix mit den Werten der Funktion (Drehmoment) parametriert. Mit folgenden Befehlen werden die drei Variablen, die den Block initialisieren, erzeugt:

```
% Kennlinie eines Vergasermotors
global alpha1 drehz1 moment1
alpha = [15, 30, 45, 60, 75, 90];

drehz = [1000, 1500,...
      2000, 2500, 3000, 3500, 4000, 4500, 5000, 5500, 6000];
moment = [35, 54, 46, 25, 0, -25, -50, -70, -100, -120, -130;
     67, 81, 83, 79, 69, 50, 31, 13, 0, -15, -30;
     92, 104, 108, 108, 102, 92, 79, 63, 48, 33, 19;
     115, 123, 125, 127, 125, 119, 110, 100, 88, 77, 65;
     123, 131, 135, 137, 137, 134, 129, 123, 115, 106, 97;
     131, 140, 146, 148, 150, 150, 148, 146, 142, 135, 129];
```

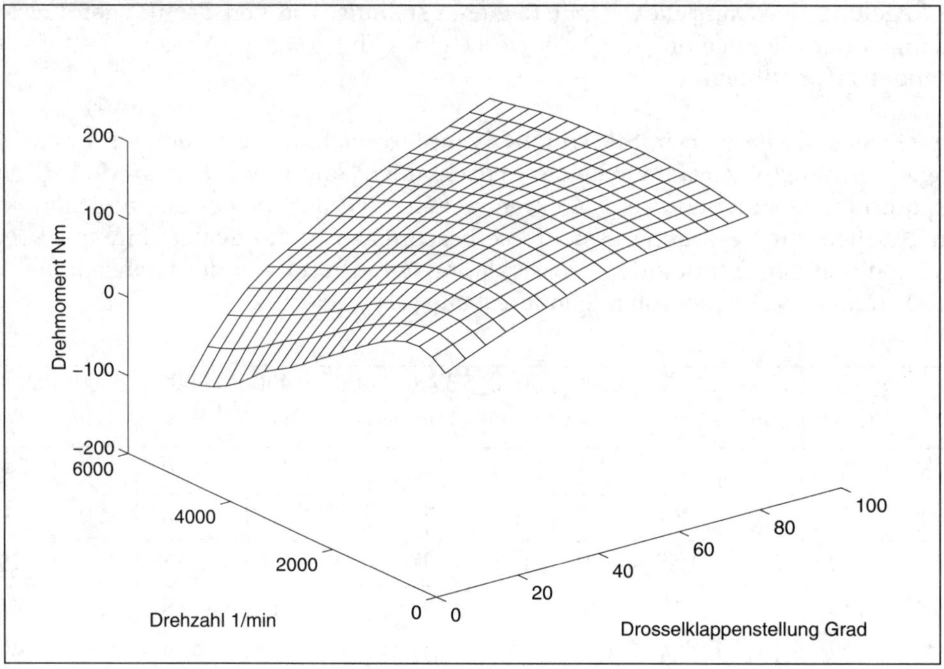

Bild 6.48 3-D-Darstellung der Abhängigkeit des Drehmoments (Nm) von der Drehzahl (1/min) und dem Winkel(Grad) der Drosselklappe eines Vergasermotors (vergas1.m)

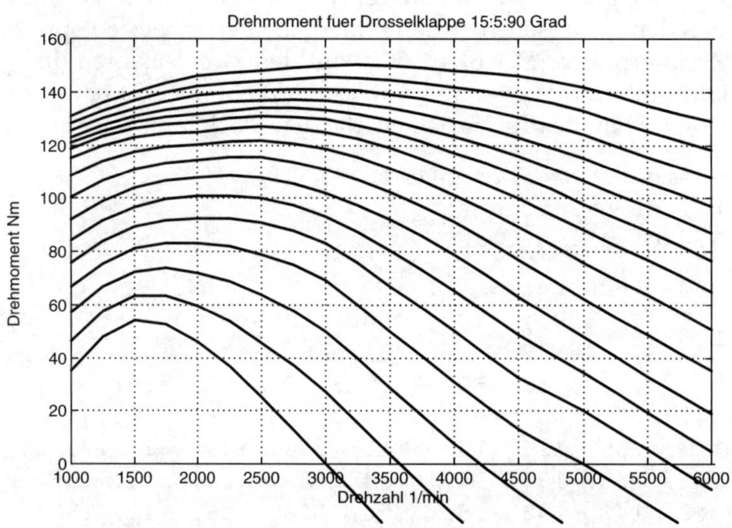

Bild 6.49 2-D-Darstellung der Abhängigkeit des Drehmoments mit dem Winkel der Drosselklappe als Parameter (vergas1.m)

```
% Die negativen Werte sind nur für die Interpolation
alpha1 = 15:5:90;                    drehz1 = 1000:250:6000;
moment1=interp2(alpha',drehz,moment',alpha1',drehz1,'cubic');
..........
```

Für den Winkel der Drosselklappe ist mit der Funktion **interp2** ein neuer Vektor mit einer höheren Auflösung (in Schritten von 5 °) erzeugt worden. Die Variablen `alpha1`, `drehz1` und `moment1` werden in den entsprechenden Zeilen des Parametrierfensters des Blocks eingetragen. Durch die Befehle

```
mesh(alpha1, drehz1, moment1);
xlabel('Drosselklappenstellung Grad');
ylabel('Drehzahl 1/min');zlabel('Drehmoment Nm');
La = axis; axis([La(1), La(2), 0, La(4), La(5), La(6)]);
```

erhält man eine dreidimensionale 3-D-Darstellung der Funktion (Bild 6.48); mit

```
title(' Drehmoment für Drosselklappe 15:5:90 ');
plot(drehz1, moment1');        grid;
xlabel('Drehzahl 1/min');ylabel('Drehmoment Nm');
La = axis; axis([La(1), La(2), 0, 160]);
```

ergibt sich eine 2-D-Darstellung (Bild 6.49) mit dem Winkel der Drosselklappe (von 15° bis 90° in Schritten von 5°) als Parameter.

Für den Vergasermotor kann folgende Differentialgleichung geschrieben werden:

$$J_m \frac{d\omega(t)}{dt} = m_{Motor}(t) - m_{Last}(t) \tag{6.91}$$

Wobei J_m das gesamte Trägheitsmoment (kg m^2) ist und $\omega(t)$, $m_{Motor}(t)$, $m_{Last}(t)$ die Winkelgeschwindigkeit (rad/s), das aktive Drehmoment bzw. das Lastmoment (Nm) des Motors sind. Das Drehmoment des Motors hängt von der Drehzahl und vom Winkel der Drosselklappe, wie oben beschrieben, ab.

Zwischen dem Soll- und Istwinkel der Drosselklappe des Vergasers wird noch eine Trägheit in Form eines Verzögerungsglieds 1. Ordnung mit der Zeitkonstante T_m eingeführt, um die Verzögerung des Drehmomentes des Motors zu simulieren:

$$T_m \frac{d\alpha(t)}{dt} + \alpha(t) = \alpha_{steuer}(t) \tag{6.92}$$

Das sich ergebende SIMULINK-Modell (`s_verg2.m`; `s_vergs2.mdl`) des Motors ist im Bild 6.50 gezeigt. Der nichlineare Block, der die Abhängigkeit des Drehmomentes von dem Winkel der Drosselklappe und von der Drehzahl des Motors simuliert, ist im Modell mit Motor1 bezeichnet. Der eine Eingang entspricht dem Istwinkel der Drosselklappe und der andere der Drehzahl. Über einen *Gain*-Block wird die Winkelgeschwindigkeit mit der Einheit rad/s in eine Drehzahl in Umdrehungen/min umgewandelt.

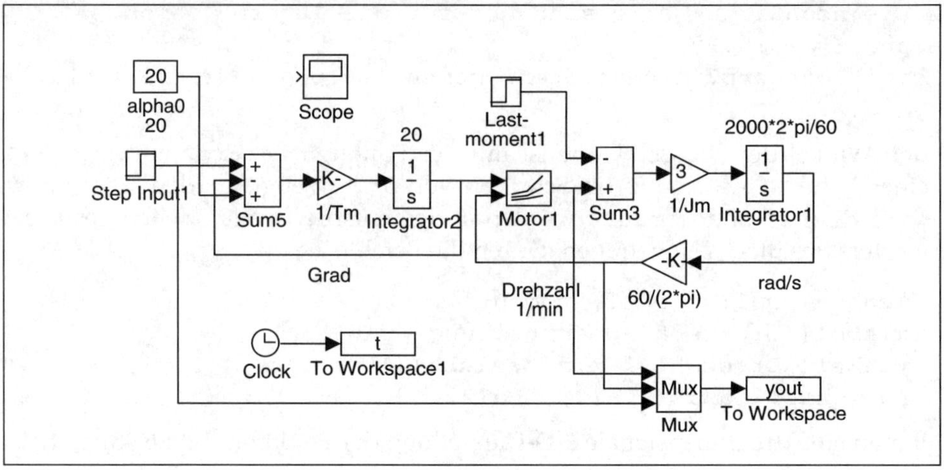

Bild 6.50 Modell des Vergasermotors (s_vergs2.m; s_vergs2.mdl; p_vergs2.m; d_vergs2.m)

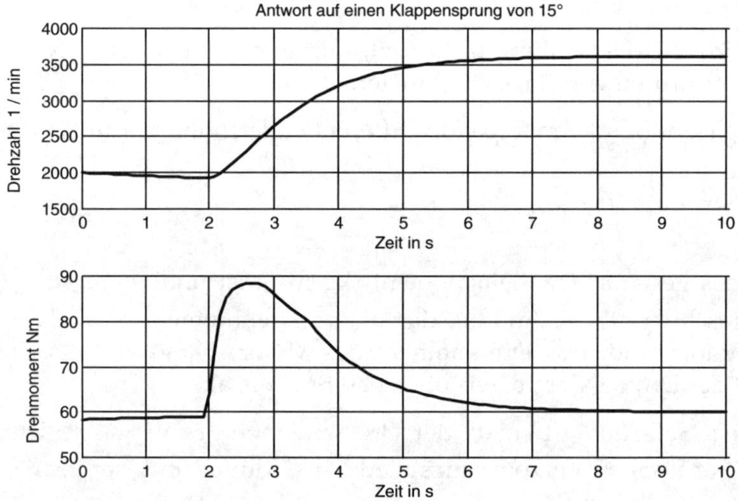

Bild 6.51 Drehzahl- und Drehmomentsänderung für einen Steuerwert des Winkels der Drosselklappe von 15° (s_verg21.m; s_verg21.mdl; vergs21.m)

Wegen des nichtlinearen Blocks muß die Simulation mit absoluten Werten der Variablen ausgehend von einem Arbeitspunkt durchgeführt werden. Die Einstellung des Arbeitspunktes geschieht mit Hilfe der Anfangsbedingungen der Integratoren und mit zusätzlichen konstanten Signalen. Für eine Drehzahl von 2000 1/min bei einem Winkel der Drosselklappe von 20° erhält man laut Kennlinien aus Bild 6.49 ein Lastmoment von ca. 60 Nm. Diese Werte bilden den Ausgangspunkt. Der Integrator 1 des Modells wird mit einer Anfangsbedingung von 2000*2*pi/60 rad/s, die einer Drehzahl von 2000 1/min entspricht, initialisiert und für den zweiten Integrator, der als Ausgang den Winkel der Drosselklappe hat, setzt man eine Anfangsbedingung von 20° ein. Der *Step*-Block für das Lastmoment erzeugt einen Sprung von 60 Nm bei t = 0, ein Moment das ebenfalls dem Arbeitspunkt entspricht. Hier hätte eine Konstante von 60 Nm, gegeben durch einen *Constant*-Block, dieselbe Funktion erfüllt. Der Steuerwert des Winkels der Drosselklappe besteht aus dem konstanten Wert von 20° (für den Arbeitspunkt) und aus einem Sprung von 15°, der mit Hilfe des *Step*-Blocks bei t = 2 s als Steuerung erzeugt wird. Für $T_m = 0{,}2$ s und $J_m = 0{,}33$ Nm^2 ist die Drehzahl und das Antriebsmoment in Bild 6.51 gezeigt.

Der Verlauf der Änderungen in der Schar der Kennlinien ist in Bild 6.52 dargestellt. Vom Anfangspunkt (links), der auf der Kennlinie des Winkels von 20° bei 2000 Umdrehungen/min und Lastmoment von 60 Nm liegt, steigt das Drehmoment des Motors bis ca. 90 Nm auf die Kennlinie für 35°, um danach die neue Drehzahl von ca. 3600 1/min für dieselbe Belastung von 60 Nm einzunehmen.

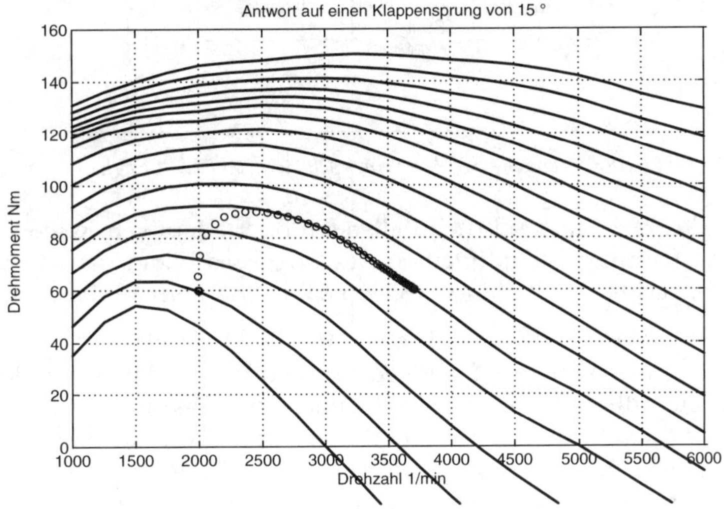

Bild 6.52 Änderungen in der Schar der Kennlinien (s_verg21.m; s_verg21.mdl; verg21.m)

Die Änderungen der Übertragungskonstanten (Prozeßverstärkung) des Motors, die aus den gezeigten nichtlinearen Kennlinien hervorgehen und abhängig vom Arbeitspunkt sind, können in die Einstellung des Drehzahlreglers einbezogen werden.

6.4.3 Selbsteinstellende Regler

Wenn die Dynamik eines Prozesses konstant ist, oder anders ausgedrückt, wenn sie durch konstante Parameter zu beschreiben ist, dann kann eine Identifikation diese Parameter ermitteln und in dem Entwurf des Reglers angewendet werden. Viele Systeme weisen eine Prozeßdynamik mit Parametern auf, die sich im Laufe der Zeit, meist langsam, ändern. Hier muß man die Parameter der Regler nachjustieren. Der sogenannte selbsteinstellende Regler (*auto-tunner*) erzeugt geringfügige Störungen im Prozeß, um dessen Dynamik zu identifizieren und seine Parameter (z.B. die des PID-Reglers) neu einzustellen. Dieser Zustand wird von Zeit zu Zeit durch den Prozeßingenieur eingeleitet.

Wenn die Parameter der Regler die ganze Zeit automatisch eingestellt werden, dann spricht man von einer adaptiven Regelung. Sie enthält die ständige Identifikation des Prozesses durch Messungen als schwierigste Aufgabe im Rahmen dieser Art von Regelung. Für die Identifikation der Prozesse gibt es in MATLAB mehrere Toolboxen [2], [3], [4], die Funktionen für praktisch alle bekannten Identifikationsverfahren enthalten.

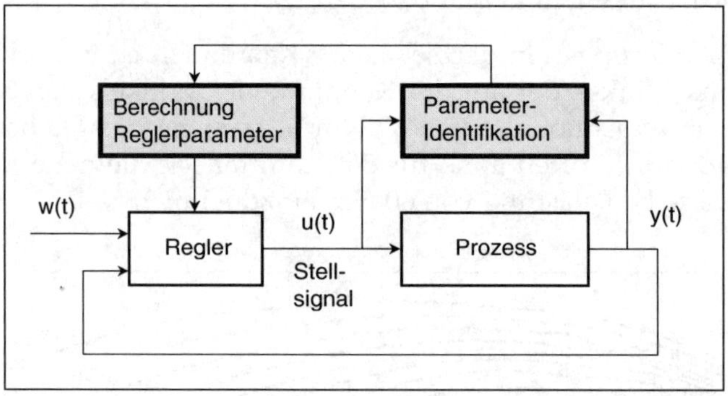

Bild 6.53 Allgemeine Struktur eines selbsteinstellenden Reglers

Die allgemeine Struktur eines selbsteinstellenden oder adaptiven Reglers ist in Bild 6.53 gezeigt. Die Parameter-Identifikation des Prozesses bildet das Hauptproblem. Ein Simulationsexperiment soll dieses Problem näher erläutern.

Bild 6.54 zeigt das SIMULINK-Modell einer Regelschleife eines Prozesses zweiter Ordnung mit Integralwirkung des Stellgliedes, von dem Meßdaten zur Identifikation erfaßt werden. Mit Nullwerten in den *Gain1*- und *Gain2*-Faktoren und Wert Eins für den Faktor des *Step-Inputs* wurde der PID-Regler optimal für einen Sprung der Führungsgröße eingestellt. Danach wird der Sprungeingang gesperrt und eine der zwei Quellen (Störungen), die zur Identifikation dienen, wird geöffnet. Es sind Generatoren für Zufallssignale, deren Komponenten mit Hilfe der *Zero-Order-Hold*-Blöcke eine bestimmte Bandbreite einnehmen. Der zweite Generator erzeugt eine binäre Zufallsfolge (Pseudozufallsfolge), die oft in Identifikationsaufgaben eingesetzt wird [22]. Gemessen werden der Ausgang des Stellglieds und der des Prozesses. Um diese Simulation relativ einfach zu gestalten, werden die Daten mit der Schrittweite der Simulation erfaßt. In einer zweiten Variante könnten die Daten mit einer Abtastperiode entnommen werden, die der Dynamik des Prozesses angepaßt ist.

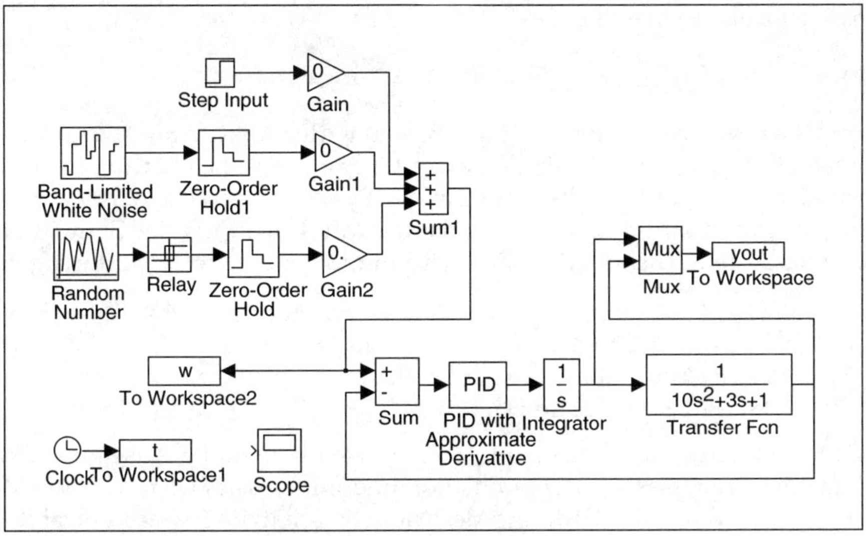

Bild 6.54 Modell der Meßdatenerfassung eines Prozesses, um ein selbsteinstellendes System zu realisieren (s_ident1.m; s_ident1.m; d_ ident1.m)

Mit den erfaßten Daten als Ein- und Ausgänge des Prozesses wird die Identifikation durchgeführt. Dafür stehen eine Vielfalt von Modellen und Verfahren zur Verfügung, die als Funktionen in den zuvor erwähnten Toolboxen verfügbar sind. Für dieses Beispiel wird ein ARX-Modell [23] aus der *System-Identification-Toolbox* angewandt, das mit folgender Differenzengleichung definiert ist:

$$y(t)+a_1 y(t-1)+\ldots+a_{na}\,y(t-na)=b_1 u(t-nk)+$$
$$b_2 u(t-nk-1)+\ldots+b_{nb}u(t-nk-nb+1)+e(t) \qquad (6.93)$$

Der Einfachheit halber (wie in der Toolbox) ist die Abtastperiode gleich Eins angenommen worden. Hier ist $y(t)$, $u(t)$ der Aus- bzw. Eingang des Modells, und $e(t)$ ist weißes Rauschen, das z.B. die Differenz zwischen Modell- und Prozeßausgang beschreiben kann. Die Parameter na, nb bestimmen die Anzahl der Koeffizienten der Differenzengleichung, und nk zeigt die Anzahl der Abtastintervalle für die eventuelle Verzögerung zwischen Ein- und Ausgang.

Mit Hilfe des Verzögerungsoperators q (ähnlich dem z Operators), kann das Modell als gebrochene rationale Funktion geschrieben werden:

$$y(t)=G(q)u(t)+H(q)e(t) \qquad (6.94)$$

Wobei

$$G(q)=q^{-nk}\frac{B(q)}{A(q)} \quad \text{und} \quad H(q)=\frac{1}{A(q)} \qquad (6.95)$$

mit

$$A(q) = 1 + a_1 q^{-1} + ... + a_{na} q^{-na}$$
$$B(q) = b_1 + b_2 q^{-1} + ... + b_{nb} q^{-nb+1} \tag{6.96}$$

Der Name ARX-Modell ist eine Zusammensetzung der Abkürzung AR für den Autoregressiventeil *A(q) y(t)* und X für den extra Eingang *B(q) u(t)*. Für die Identifikation der Koeffizienten dieses Modells gibt es in der *System-Identification-Toolbox* die Funktion **arx**. Im Programm `d_ident1.m` werden die Daten aus der Simulation bearbeitet und dargestellt. Die Identifikation wird mit folgenden Befehlen durchgeführt:

```
z = [yout(:,2),yout(:,1)];% Ein- und Ausgang des Prozesses
na = 4;            nb = 2;            nk = 0;
th_i = arx(z(200:800,:),[na,nb,nk]);
[a1,b1,c1,d1,f1] = th2poly(th_i);
```

Die Spaltenvektoren `yout(:,2)` und `yout(:,1)` enthalten die Ausgangs- bzw. Eingangsdaten des Prozesses aus der Simulation und mit diesen Daten wird die Matrix `z` gebildet. Es wird dann die Ordnung des Modells schätzungsweise gewählt, indem die Anzahl `na` der Koeffizienten des A(q) Polynoms im Nenner und die Anzahl `nb` der Koeffizienten des B(q) Polynoms im Zähler festgelegt werden. Anfänglich ist ein Modell ohne Verzögerung angenommen und somit ist `nk` = 0.

Die Funktion **arx** hat als erstes Argument ein Teil der Matrix `z`, oder anders gesagt, es werden nicht alle 1000 Meßdaten aus der Simulation benutzt, sondern nur die Ein- und Ausgänge mit Indizes zwischen 200 und 800 (nur 500 Meßwerte). Als zweites Argument werden die geschätzten Parameter `na`, `nb` und `nk` in einem Zeilenvektor angegeben. Die Ergebnisse der Identifikation sind in der Matrixvariablen `th_i` in einem Format enthalten (Theta-Format), das für diese Toolbox definiert wurde. Für den Anwender muß das Format nicht bekannt sein, da Funktionen zur Verfügung stehen, mit denen man die gewünschten Informationen extrahieren kann. Das geschieht in dem nächsten Befehl, das die Koeffizienten eines allgemeineren Modells als die des ARX-Modells, das hier vorausgesetzt wurde, liefert. Für das ARX-Modell sind nur die Vektoren `a1` und `b1` relevant.

Bild 6.55 zeigt oben die binäre Zufallsführungsgröße und der sich ergebende Prozeßeingang und -ausgang, die als Meßdaten in der Identifikation benutzt werden. Im Bild 6.56 ist oben die Impulsantwort des (realen) Prozesses dargestellt, die mit der Funktion **impulse** aus der *Control-System-Toolbox* ermittelt und über folgende Befehle auch dargestellt wurde:

```
num = [0, 0, 1];                    denum = [10, 3, 1];
subplot(211), impulse(num,denum);
```

Im unteren Teil ist zum Vergleich die diskrete Impulsantwort des identifizierten Modells gezeigt. Sie wurde mit folgenden Befehlen erhalten:

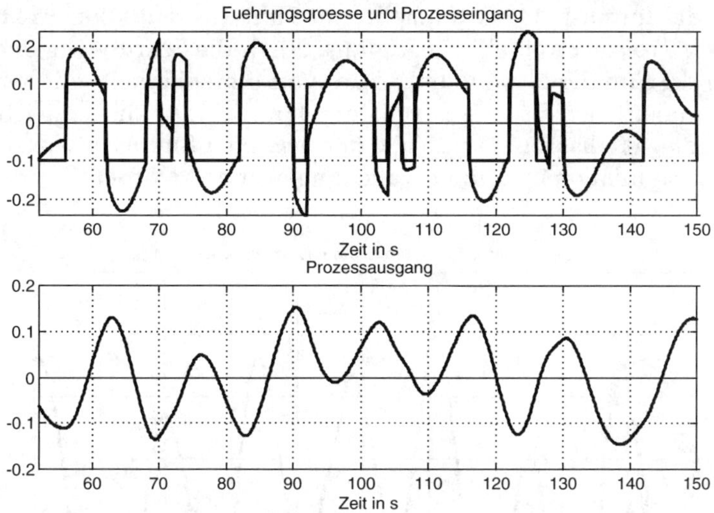

Bild 6.55 Die binäre Zufallsführungsgröße und die resultierten Meßdaten für die Identifikation (s_iden11.m; s_iden11.mdl; iden11.m)

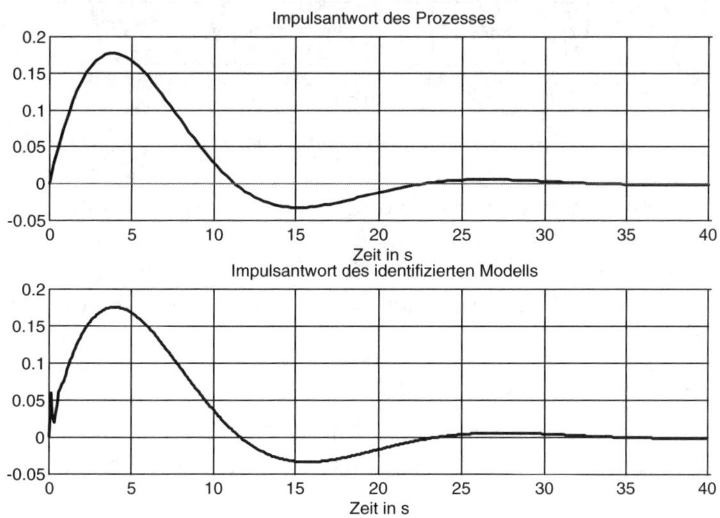

Bild 6.56 Impulsantwort des realen kontinuierlichen Prozesses und die des identifizierten diskreten Modells (s_iden11.m; s_iden11.mdl; iden11.m)

```
u = [1, zeros(1,399)];                % Diskreter Impuls
dimp = filter(b1, a1, u);             % Die Antwort auf u

d_t = 0.1;                  % Schrittweite der Simulation
subplot(212), plot((0:399)*d_t, dimp/d_t);
```

Es wird zuerst ein Vektor u mit einem Element gleich Eins (als Impuls) und die restlichen Elemente gleich Null gebildet. Mit diesem Vektor als Eingangssignal wird der

Ausgang, der die Impulsantwort darstellt, mit Hilfe der Funktion **filter** aus der *Signal-Processing-Toolbox* ermittelt. Die Teilung durch die Schrittweite der Simulation ist hier notwendig, um die diskrete Impulsantwort (ohne Einheit) mit der Impulsantwort des kontinuierlichen Prozesses (mit der Einheit 1/s) zu vergleichen. Für die Zeitachse sind die 400 diskreten Intervalle der diskreten Impulsantwort auch mit der Schrittweite der Simulation in Zeitintervalle umgewandelt worden.

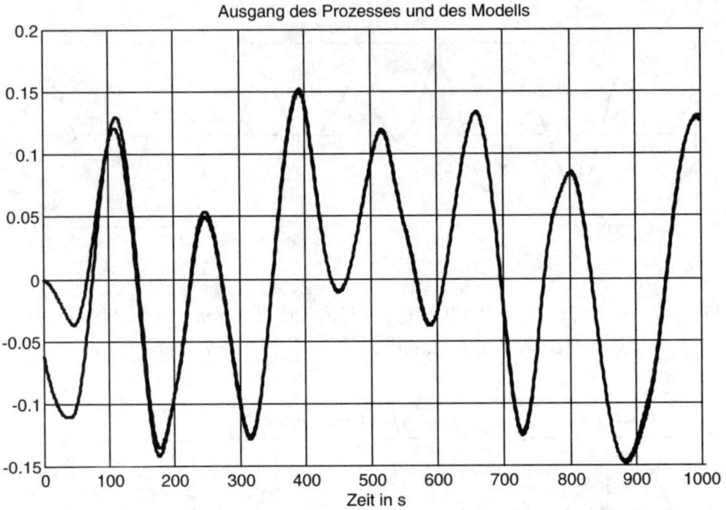

Bild 6.57 Der Ausgang des Prozesses und des Modells (s_iden11.m; s_ iden11.mdl; iden11.m)

Zum Testen ist die Antwort des Modells und die des Prozesses in Bild 6.57 dargestellt und man sieht, daß nach dem Einschwingen die Übereinstimmung sehr gut ist. Die Antwort des Modells kann mit der Funktion **idsim** aus der *System-Identification-Toolbox* direkt aus den Ergebnissen der Identifikation im Theta-Format bestimmt werden:

```
ysim = idsim(yout(:,1), th_i);
```

Diese Antwort könnte auch über die Funktion **filter** aus der *Signal-Processing-Toolbox* mit Hilfe der Koeffizienten des Zählers (`b1`) und des Nenners (`a1`) des identifizierten Modells berechnet werden:

```
ysim = filter(b1, a1, yout(:,1));
```

Hier ist `yout(:,1)` das aus der Simulation erhaltene Eingangssignal des Prozesses. Wenn die Differenzengleichung (6.93) des angenommenen ARX-Modells

$$y(t) + a_1 y(t-1) + \ldots + a_{na} y(t-na) = b_1 u(t-nk) + \\ b_2 u(t-nk-1) + \ldots + b_{nb} u(t-nk-nb+1) + e(t)$$

exakt den Prozeß darstellt, dann kann die Rauschkomponente $e(t) = 0$ gesetzt werden, und die Identifikation reduziert sich auf die Lösung eines Gleichungssystems.

Als Beispiel für das Vorgehen sei ein einfaches Modell mit `na` = 2, `nb` = 2 und `nk` = 0 angenommen. Es enthält somit nur 4 unbekannte Koeffizienten. Mit vier Gleichungen, welche die Ein- und Ausgangssignale verbinden, können diese Koeffizienten berechnet werden. Aus

$$\begin{aligned} y(t) &= -a_1 y(t-1) - a_2 y(t-2) + b_1 u(t) + b_2 u(t-1) \\ y(t-1) &= -a_1 y(t-2) - a_2 y(t-3) + b_1 u(t-1) + b_2 u(t-2) \\ y(t-2) &= -a_1 y(t-3) - a_2 y(t-4) + b_1 u(t-2) + b_2 u(t-3) \\ y(t-3) &= -a_1 y(t-4) - a_2 y(t-5) + b_1 u(t-3) + b_2 u(t-4) \end{aligned} \tag{6.97}$$

kann folgendes Gleichungssystem geschrieben werden:

$$\begin{vmatrix} -y(t-1) & -y(t-2) & u(t) & u(t-1) \\ -y(t-2) & -y(t-3) & u(t-1) & u(t-2) \\ -y(t-3) & -y(t-4) & u(t-2) & u(t-3) \\ -y(t-4) & -y(t-5) & u(t-3) & u(t-4) \end{vmatrix} \begin{vmatrix} a_1 \\ a_2 \\ b_1 \\ b_2 \end{vmatrix} = \begin{vmatrix} y(t) \\ y(t-1) \\ y(t-2) \\ y(t-3) \end{vmatrix} \tag{6.98}$$

Dieses System in einer Matrixform zusammengefaßt ergibt:

$$\Phi(y,u)\ \Theta = Y(y) \tag{6.99}$$

Die Bezeichnungen der Matrizen sind leicht durch einen Vergleich der Gleichungen zu verstehen. Für die unbekannten Koeffizienten könnte die Lösung durch

$$\Theta = \Phi^{-1}(y,u)\ Y(y) \tag{6.100}$$

gegeben sein, vorausgesetzt die Inverse aus dieser Gleichung existiert. Diese Bedingung ist stark mit der Form der Signale, die bei der Erregung des Systems eingesetzt wurden, verbunden. Die binären Pseudozufallssequenzen sind ein sehr gutes Eingangssignal für Identifikationen und im Falle einer begrenzten Länge, wie es in der Praxis üblich ist, können die Übergänge so gestaltet werden, daß das Spektrum der Sequenz alle charakteristischen Frequenzen des Systems erregt [24].

Wenn das Modell (6.93) nur annähernd den Prozeß darstellt, dann ist das als weißes Rauschen bezeichnete Glied *e(t)* der Fehler zwischen dem Ausgang des Modells und dem Ausgang des Prozesses. Die Koeffizienten des Modells müssen jetzt so berechnet werden, daß der mittlere quadratische Fehler für eine längere Ein-Ausgangssequenz minimiert wird. Für das gleiche einfache Modell mit 4 unbekannten Koeffizienten würde das bedeuten, daß man die Fehler aus dem Gleichungssystem (6.101) minimieren muß.

$$\begin{vmatrix} -y(t-1) & -y(t-2) & u(t) & u(t-1) \\ -y(t-2) & -y(t-3) & u(t-1) & u(t-2) \\ -y(t-3) & -y(t-4) & u(t-2) & u(t-3) \\ -y(t-4) & -y(t-5) & u(t-3) & u(t-4) \\ \dots & \dots & \dots & \dots \\ -y(t-N) & -y(t-N-1) & u(t-N+1) & u(t-N) \end{vmatrix} \begin{vmatrix} a_1 \\ a_2 \\ b_1 \\ b_2 \end{vmatrix} - \begin{vmatrix} y(t) \\ y(t-1) \\ y(t-2) \\ y(t-3) \\ \dots \\ y(t-N+1) \end{vmatrix} = \begin{vmatrix} e(t) \\ e(t-1) \\ e(t-2) \\ e(t-3) \\ \dots \\ e(t-N+1) \end{vmatrix} \qquad (6.101)$$

Diese Gleichung in der Matrixform

$$\Phi_N(y,u)\ \Theta - Y_N(y) = E_N \qquad (6.102)$$

geschrieben führt durch Minimierung des mittleren, quadratischen Fehlers zu den Unbekannten aus dem Vektor Θ. Die Minimierung des mittleren quadratischen Fehlers, gegeben durch

$$\frac{1}{N} E_N{}^T E_N = \frac{1}{N}\left[\Phi_N(y,u)\ \Theta - Y_N(y)\right]^T \left[\Phi_N(y,u)\ \Theta - Y_N(y)\right], \qquad (6.103)$$

ergibt die sogenannte Normalgleichung [23]

$$\left[\Phi^T{}_N(y,u)\ \Phi_N(y,u)\right] \Theta = \Phi^T{}_N(y,u)\ Y_N(y), \qquad (6.104)$$

aus der die unbekannten Koeffizienten, die im Vektor Θ enthalten sind, durch

$$\Theta = \left[\Phi^T{}_N(y,u)\ \Phi_N(y,u)\right]^{-1} \Phi^T{}_N(y,u)\ Y_N(y) \qquad (6.105)$$

erhalten werden. Die Inverse aus dieser Matrixgleichung ist als Pseudoinverse oder Moore-Penrose-Inverse [25] der nicht quadratischen Matrix $\Phi_N(y,u)$ bekannt. Das Gleichungssystem (6.101) wird gewöhnlich überbestimmt (mehr Gleichungen als Unbekannte), da mehr Meßdaten als Unbekannte verwendet werden. Für die Pseudoinverse kann der MATLAB-Befehl **`pinv`** eingesetz werden, der auch in der Funktion **`arx`** aus der *System-Identification-Toolbox* für die Ermittlung der Koeffizienten des ARX-Modells benutzt wird.

Wenn in der Datenerfassung auch Meßrauschen vorkommt, z.B. bei der Messung des Prozeßausgangs, dann ist das ARX-Modell nicht mehr geeignet. Im Programm `d_ident2.m` ist das Ausgangssignal des Prozesses, das aus der Simulation mit `s_ident1.m` bzw. `s_ident1.mdl` vorhanden ist, mit weißem Meßrauschen überlagert, und für die Identifikation wird das ARMAX-Modell mit der **`armax`**-Funktion identifiziert. Dieses Modell ist durch folgende Differenzengleichung (geschrieben mit dem q-Verzögerungsoperator) gegeben:

$$A(q)y(t) = B(q)u(t-nk) + C(q)e(t) \qquad (6.106)$$

Das ARMAX-Modell beinhaltet zusätzlich zum ARX-Modell die gleitende Mittelwertbildung (*Moving-Average*) $C(q)e(t)$ bezogen auf das weiße Rauschen $e(t)$.

Mit $C(q) = A(q)$ beschreibt das Modell ein Prozeß mit weißem Meßrauschen am Ausgang. Da in der Simulation weißes Rauschen als Meßrauschen benutzt wird, müßte die Identifikation gleiche Koeffizienten für die Polynome $A(q)$ und $C(q)$ ergeben. Das Verrauschen des Ausgangs und die Identifikation wird mit folgenden Befehlen durchgeführt:

```
noise = 0.03;           randn('seed',1234);
rausch = noise*randn(length(yout(:,2)),1);
yout_r = yout(:,2) + rausch;

z = [yout_r, yout(:,1)];
na = 5;   nb = 2;       nc = 5;       nk = 0;
th_i = armax(z,[na, nb, nc, nk]);
[a2,b2,c2,d2,f2] = th2poly(th_i);
```

Die Intensität des Rauschens wird mit der Konstante `noise` eingestellt. Das Modell benötigt jetzt auch den Parameter `nc`, der die Anzahl der Koeffizienten des Polynoms $C(q)$ angibt. Die signifikanten Parameter der Identifikation aus der Matrix `th_i` im Theta-Format werden mit der Funktion **`th2poly`** extrahiert.

Bild 6.58 zeigt den idealen Prozeßausgang und den Ausgang mit überlagertem weißen Meßrauschen, der für die Identifikation benutzt wird. Bild 6.59 stellt als Test der Identifikation den mit dem identifizierten Modell ermittelten Ausgang im Vergleich zu den idealen Ausgang des Prozesses dar. Im Programm `ident21.m` werden auch andere Eigenschaften verglichen, wie z.B. die Impulsantworten.

Das SIMULINK-Modell, von dem die Prozeßdaten erfaßt werden, bietet eine Menge Variationen für Identifikationsexperimente. Es ist bekannt, daß nicht alle Verfahren zur Identifikation eines Prozesses mit Daten von geschlossenen Regelungsschleifen arbeiten können. Um herauszufinden, ob die Daten von einer geschlossenen Regelungsschleife stammen, kann die Funktion **`cra`** (*System-Identification-Toolbox*) benutzt werden. Mit dieser Funktion wird die Kreuzkorrelation geschätzt. Die Werte bei positiver Abszisse der Kreuzkorrelation entsprechen dem Einfluß vom Eingang zu späteren Werten des Ausgangs und signifikante Werte der Korrelation für die negative Abszisse zeigen eine Rückkopplung vom Ausgang zum Eingang.

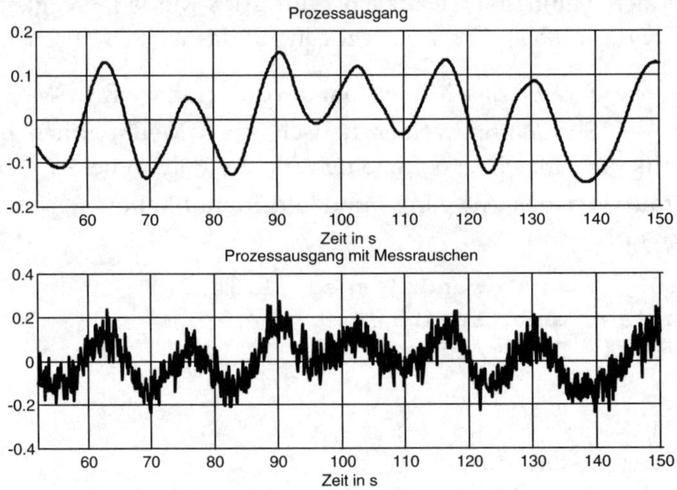

Bild 6.58 Idealer Prozeßausgang und Ausgang mit überlagertem weißem Meßrauschen (s_ident1.m; s_ident1.mdl; d_ ident2.m; s_iden21.m; s_iden21.mdl; iden21.m)

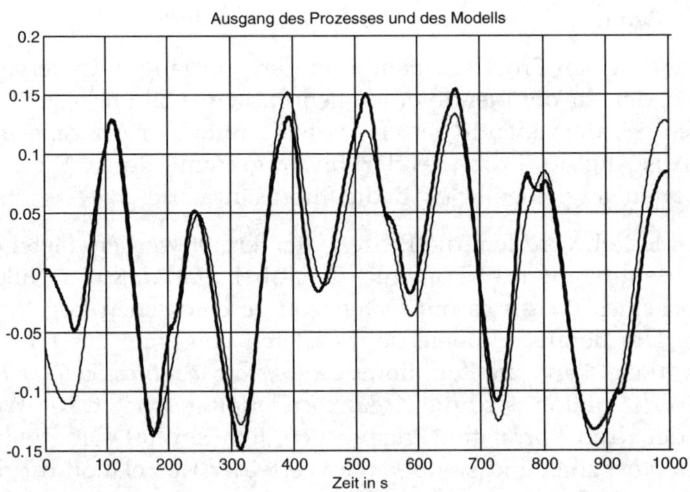

Bild 6.59 Der ideale Ausgang des Prozesses zusammen mit dem Ausgang des identifizierten Modells, als Test dieses Modells (s_iden11.m; s_iden11.mdl; ident21.m)

Im Verzeichnis `mat15_s2` sind die Varianten der Programme (`s_ident2.m`; `s_ident2.mdl`; `d_ident2.m`; ... u.s.w.) für die neue Version 5.0 von MATLAB und 2.0 von SIMULINK gezeigt.

6.5 Zweipunktregler mit Hysterese und verzögerter und nachgebender Rückführung

Zweipunktregler sind für einfache Regelungsanwendungen unkomplizierte und preiswerte Lösungen. In Haushaltsgeräten, wo die geregelte Größe nicht sehr genau einem Sollwert entsprechen muß, trifft man sie häufig an. Es sind z.B. der Thermostat des Kochherdes, des Kühlschranks oder der Heizanlage.

In Verbindung mit elektronischen Schaltern können die Zweipunktregler auch gewisse Genauigkeiten sichern. Als Beispiel sei die Spannungsregelung der Lichtmaschinen von PKWs oder LKWs erwähnt, wo Genauigkeiten von zehntel Volt eingehalten werden. Die Zweipunktsteuerung von Stellgliedern ist in vielen Fällen technisch viel einfacher als eine kontinuierliche Steuerung. Vielmals nutzt man die Trägheit z.B. einer Wicklung, um die Steuerung mit Pulsen in eine annähernd kontinuierliche Regelung umzuwandeln.

Um die Eigenschaften dieser Art Regelung zu ändern, wird oft eine lokale Rückkopplung durch ein Tief- und Hochpaßfilter über das Relaisglied hinzugefügt (Bild 6.60). Dadurch verhält sich der Regler annähernd wie ein PID-Regler. Das Tiefpaßfilter ergibt eine verzögernde und das Hochpaßfilter eine nachgebende Wirkung.

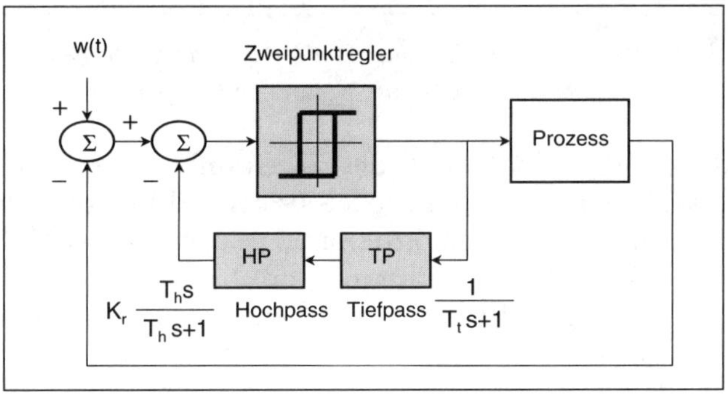

Bild 6.60 Zweipunktregler mit Hysterese und verzögerter und nachgebender Rückführung

Es wird durch Simulation das Verhalten dieser Regelung für einen Prozeß bestehend aus drei Verzögerungsgliedern 1. Ordnung untersucht. Die Übertragungsfunktion des Prozesses

$$H(s) = \frac{1}{(T_1 s + 1)(T_2 s + 1)(T_3 s + 1)} \tag{6.107}$$

beinhaltet als Parameter drei Zeitkonstanten. In der Rückkopplung des Relais führt das Tief- und Hochpaßfilter zusammen mit einer Übertragungskonstanten zu einer Übertragungsfunktion der Form

$$G(s) = K_r \frac{T_h s}{(T_h s + 1)} \frac{1}{(T_t s + 1)}, \tag{6.108}$$

die nochmals drei Parameter enthält. Beim Relais kann die mit *hy* bezeichnete Hysterese und die Größe $\pm u_{zw}$ der zwei Ausgangszustände in der Annahme, daß eine bipolare Steuerung möglich ist, eingestellt werden. Wenn der Ausgang nur Null oder u_{zw} sein kann, spricht man von einer unipolaren Zweipunktsteuerung.

Bei einem Prozeß mit Übertragungskonstante Eins stellt der Relaisausgang den höchst- bzw. kleinstmöglichen Ausgang des Prozesses, der erreicht werden kann, dar.

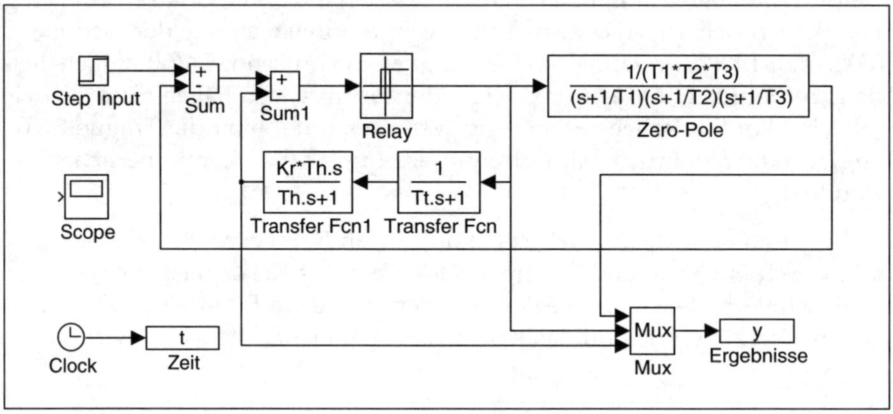

Bild 6.61 Modell des Zweipunktreglers mit verzögerter und nachgebender Rückführung (s_zpkt1.m;s_ zpkt1.mdl; p_ zpkt1.m; d_zpkt1.m)

In Bild 6.61 ist das SIMULINK-Modell des Zweipunktreglers mit verzögerter und nachgebender Rückführung für einen Prozeß bestehend aus drei Verzögerungsgliedern erster Ordnung gezeigt. Mit dem Programm `p_zpkt1.m` sind die Parameter des Modells initialisiert und mit dem Programm `d_zpkt1.m` können nach der Durchführung der Simulation die Ergebnisse dargestellt werden. Für folgende Parameter des Prozesses und des Reglers

$$T_1 = 1\text{ s}; \quad T_2 = 5\text{ s}; \quad T_3 = 10\text{ s};$$
$$T_h = 2\text{ s}; \quad T_t = 4\text{ s}; \quad K_r = 1\text{ s}; \quad h_y = 0.1;$$

ist die Sprungantwort zusammen mit dem bipolaren Ausgang des Zweipunktreglers und das Rückführungssignal über das Tiefpaß- und Hochpaßfilter im Bild 6.62 gezeigt. Die relativ hohe Schaltfrequenz des Relais überträgt sich nicht bis zum Ausgang des Prozesses, der einen starken Tiefpaßcharakter besitzt. Die Parameter der verzögerten und nachgebenden Rückführung und die der Größe der Hysterese bestimmen die Schaltfrequenz und dadurch auch die Genauigkeit des Ausgangswertes.

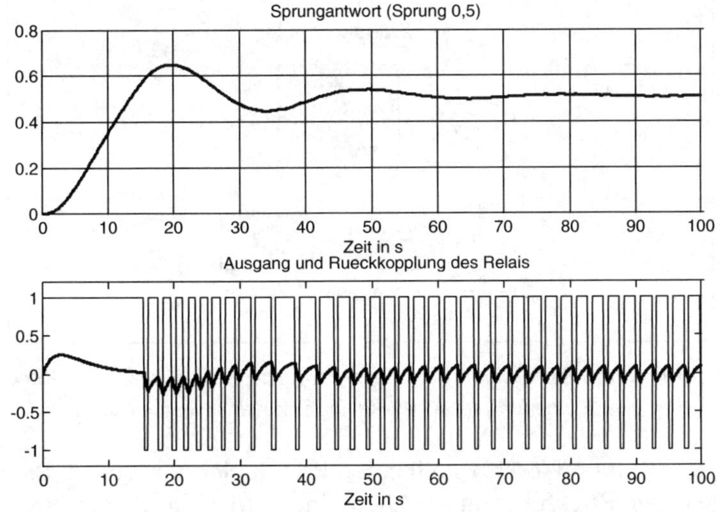

Bild 6.62 Sprungantwort, Ausgang des bipolaren Zweipunktreglers und die Rückführungsgröße über das Tief- und Hochpaßfilter(s_zpkt11.m;s_ zpkt11.mdl; zpkt11.m)

Bei der Wahl der Parameter der Rückführung ist eine Annäherung dieses Zweipunktreglers durch einen Ersatz-PID-Regler sehr nützlich. Die Ersatzübertragungsfunktion wird mit Hilfe der Struktur, die im Bild 6.63 gezeigt ist, ermittelt. Es wird angenommen, daß keine Hysterese vorhanden ist und das Relais im Übergang eine sehr hohe Verstärkung besitzt. Die Übertragungsfunktion der so linearisierten Struktur des Reglers ist jetzt durch

$$\frac{E_{aus}(s)}{E_{ein}(s)} = \frac{V}{1+V.G(s)} \cong \frac{1}{G(s)} \tag{6.109}$$

gegeben, wobei V die Verstärkung des linearisierten Relais ist und $G(s)$ die Übertragungsfunktion der Rückführung, gegeben durch (6.108), darstellt. Die Vereinfachung ergibt sich wenn $VG(s) >> 1$ ist. Durch Einsetzen der Übertragungsfunktion (6.108) und Gruppierung der Terme erhält man:

$$\frac{E_{aus}(s)}{E_{ein}(s)} = K(1+T_d s+\frac{1}{T_i s}) \tag{6.110}$$

mit

$$K = \frac{1}{K_r}(1+T_t / T_h) \cong \frac{1}{K_r} \qquad \text{wenn} \quad T_t << T_h \tag{6.111}$$

$$T_d = (T_t T_h) / (T_t + T_h) \cong T_t \qquad \text{wenn} \quad T_t << T_h \tag{6.112}$$

$$T_i = T_t + T_h \cong T_h \qquad \text{wenn} \quad T_t << T_h \tag{6.113}$$

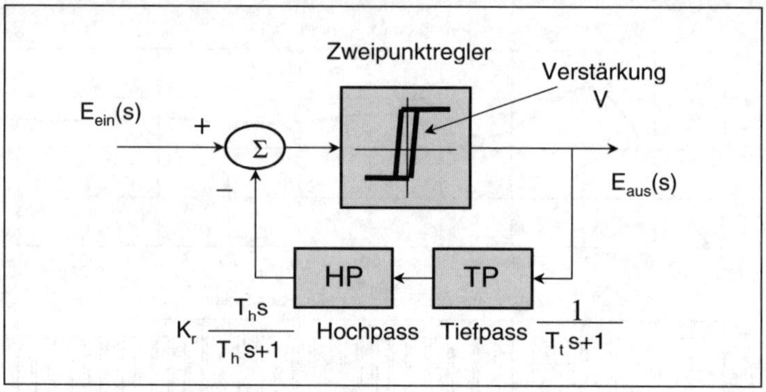

Bild 6.63 Struktur des Zweipunktreglers mit verzögerter und nachgebender Rückführung, die mit einem Ersatz-PID-Regler angenähert werden kann

Die Übertragungsfunktion (6.110) stellt einen PID-Regler dar, dessen Parameter durch die Kenngrößen der Rückführung gegeben sind. Mit Hilfe dieser Bestimmungsgleichungen können Anfangswerte für die Kenngrößen der Rückführung gewählt werden; Werte, die man danach durch die Simulation optimiert.

Um die Zweipunktregelung zu verstehen, sollte die Simulation in mehreren Etappen durchgeführt werden. Am Anfang sollte das System mit dem Relais als Regler ohne Rückführung untersucht werden. Es wird sich herausstellen, daß ohne Hysterese der Ausgang des Prozesses um den gewünschten Wert mit großen Abweichungen schwingt und die Schaltfrequenz zu niedrig ist. In der nächsten Etappe soll nur das Tiefpaßfilter in der Rückführung eingesetzt sein, um einen PD-Regler annähernd zu bilden. Diese Struktur erlaubt schon das Einstellen einer guten Sprungantwort und zusammen mit der Größe der Hysterese das Steuern einer gewünschten Schaltfrequenz. Es bleibt aber ein stationärer Fehler, der beim Hinzufügen des nachgebenden Hochpasses in die Rückführung kompensiert wird. Der Regler verhält sich tatsächlich wie ein PID-Regler.

6.6 Projekte

Projekt 1

Man bestimme ein vereinfachtes Modell für die Position y des Kranhakens abhängig von der Position u der Laufkatze eines Krans, der im Bild 6.64a dargestellt ist. Der Haken steht auch unter dem Einfluß einer Störkraft F_y.

a) In der Annahme, daß die Auslenkungen des Hakens relativ klein sind, soll das linearisierte Modell ermittelt werden.

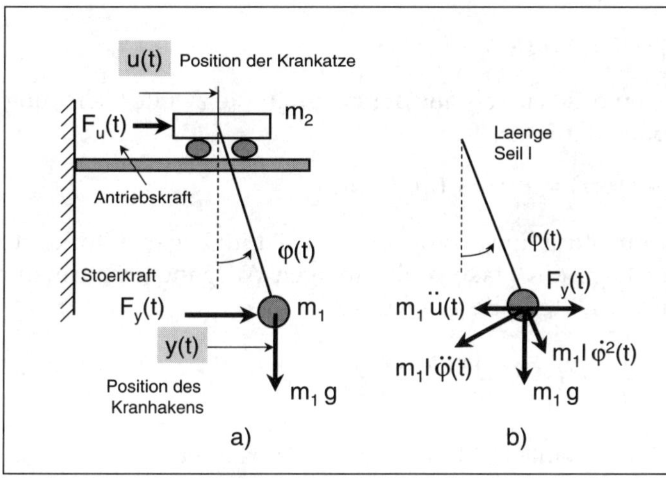

Bild 6.64 a) Kran mit Laufkatze und Kranhaken b) Bilanz der Kräfte

b) Für das lineare System sollen die Null- und Polstellen, die Sprung- und Impulsantwort und der Frequenzgang ermittelt werden.

c) Es soll ein PID-Regler entworfen werden, der über die Lage der Katze eine gewünschte Position des Hakens so rasch wie möglich einstellt. Aus dem praktisch ungedämpften Prozeß soll durch die Regelung ein System mit technisch vertretbarer Antwort entstehen. Es wird angenommen, daß die Lage des Hakens gemessen werden kann und als Istwert in der Regelung eingesetzt wird. In einer realen Anwendung werden die Lage der Katze und der Auslenkungswinkel des Seils gemessen und daraus die Lage des Hakens berechnet.

Für die Simulation müssen konkrete, sinnvolle Werte gewählt werden, wie z.B.

$m_1 = 100$ kg; $l = 10$ m; g = 10 m/s^2 etc.

Hinweise und Hilfe:

a) Aus den geometrischen Gegebenheiten ist

$$y(t) = u(t) + l\sin(\varphi(t)), \tag{6.114}$$

wobei l die Länge des Seils ist, an dem der Haken und die Last hängen. Die Bilanz der Kräfte, welche auf die Masse des Hakens und der Last einwirken (Bild 6.64b), führt zu:

$$m_1\ddot{u}(t)\cos(\varphi(t)) + m_1\ddot{\varphi}(t)l + m_1 g\sin(\varphi(t)) = F_y(t)\cos(\varphi(t)) \tag{6.115}$$

Für kleine Auslenkungen in der Umgebung der Ruhelage gilt:

$$\cos(\varphi(t)) \cong 1; \qquad \sin(\varphi(t)) \cong 0;$$

Man erhält das linearisierte Modell:

$$\begin{aligned} y(t) &= u(t) + l\varphi(t) \\ m_1\ddot{u}(t) + m_1\ddot{\varphi}(t)l + m_1 g\varphi(t) &= F_y(t) \end{aligned} \tag{6.116}$$

Durch Einsetzen des Winkels aus der ersten in die zweite Gleichung ergibt sich ein einfaches Modell der Form:

$$m_1\ddot{y}(t) + (m_1 / l)y(t) = F_y(t) + (m_1 / l)u(t) \tag{6.117}$$

Die Übertragungsfunktionen von den zwei Eingängen (Störkraft und Lage der Katze) zu der Lage des Hakens als einzigen Ausgang erhält man aus der Transformierten dieser Differentialgleichung:

$$Y(s) = \frac{(g/l)}{s^2 + (g/l)}U(s) + \frac{(1/m_1)}{s^2 + (g/l)}F_y(s) \tag{6.118}$$

b) Nullstellen gibt es keine. Die Pole sind direkt erhältlich:

```
p1 = +j*sqr(g/l);                p2 = -j*sqrt(g/l);
```

Sie zeigen ein ungedämpftes System 2. Ordnung. Die Sprung- und Impulsantwort können z.B. für die Störung als Eingang mit folgenden Befehlen berechnet werden:

```
zaehler = [1/m1];                nenner = [1, g/l];
[ys, xs, t] = step(zaehler, nenner);
[yi, xi, t] = impulse(zaehler, nenner);
[betrag, phase, w] = bode(zaehler, nenner, w);
```

Mit **plot**-Befehlen, die für jede dieser Eigenschaften sinnvoll gestaltet sind, werden diese Beschreibungseigenschaften dargestellt.

c) Man muß zuerst das SIMULINK-Modell für das System erstellen. Aus der *Extras*-Bibliothek wählt man ein PID-Regler und durch Simulation werden die Parameter des Reglers eingestellt. Für die Steuergröße als Lage der Katze soll eine Geschwindigkeitsbegrenzung vorgesehen sein, die der Tatsache entspricht, daß die Einstellung dieser Lage nicht beliebig schnell sein kann.

Projekt 2

Wie ändert sich das Modell der vorherigen Aufgabe, wenn statt der Lage der Katze als Eingangsgröße eine Kraft $F_u(t)$, welche auf die Katze einwirkt, angenommen wird?

a) Es soll das nichtlineare SIMULINK-Modell aufgebaut und mit Hilfe des Befehls **`linmod`** soll ein lineares Modell ermittelt werden.

b) Es sollen der Frequenzgang, die Sprung- und Impulsantwort für die zwei Eingänge (Steuerkraft $F_u(t)$ und Störkraft $F_y(t)$) ermittelt und dargestellt werden.

c) Es soll ein Regelungssystem für die Positionierung des Kranhakens mit PID-Regler aufgebaut und simuliert werden. Gemessen werden die Lage und Geschwindigkeit der Katze und der Auslenkungswinkel des Hakens. Gesteuert wird über die Kraft $F_u(t)$.

d) Die Regelung soll weiter als Kaskadenregelung gestaltet werden, mit einer inneren Schleife für die Lage der Katze und einer äußeren Schleife für die Lage des Hakens.

Die Parameter des Systems werden wie zuvor mit beliebigen, sinnvollen Werten angenommen.

Projekt 3

Bild 6.65 zeigt ein System bestehend aus drei Tanks, für das eine Regelung des Füllstands in einem der drei Tanks (z.B. im dritten) zu entwerfen sei. Es wird angenommen, daß die Querschnitte der Tanks A_1, A_2 und A_3 viel größer sind als die Querschnitte A_{12}, A_{23} und A_{30} der Verbindungskanäle zwischen den Tanks, so daß der Durchfluß zwischen den Tanks die Beziehung von Toricelli [26] erfüllt. Der Durchfluß $Q_{12}(t)$ zwischen Tank 1 und 2 ist z.B. durch

$$Q_{12}(t) = A_{12} sign(h_1(t) - h_2(t))\sqrt{2g|h_1(t) - h_2(t)|} \tag{6.119}$$

gegeben. Der Abstrom kann mit einer ähnlichen Formel berechnet werden, in der die zweite Höhe wegen der Lüftungsöffnung Null ist:

$$Q_{30}(t) = A_{30} sign(h_3(t))\sqrt{2g|h_3(t)|} \tag{6.120}$$

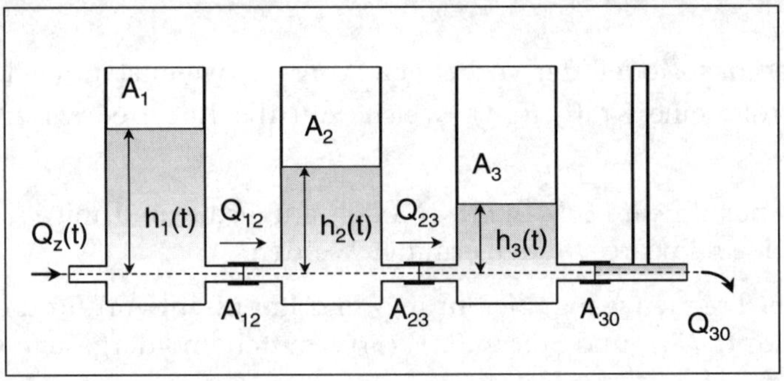

Bild 6.65 Prozeß bestehend aus drei Tanks als Anwendung für eine Füllstandsregelung

Der Zustrom $Q_z(t)$ wird als Steuergröße benutzt und ist wie auch der Abstrom und Durchfluß in Volumen pro Zeit gegeben.

a) Bestimmen Sie die nichtlinearen Differentialgleichungen, welche die Höhen der Füllstände mit dem Zustrom verbinden.

b) Es soll das SIMULINK-Modell des hydraulischen Systems gebildet und die Antwort auf einen Einheitssprung ermittelt und dargestellt werden.

c) Das relativ umfangreiche Modell soll in einem Untersystem umgewandelt werden, das als Ausgänge die Höhen der Füllstände und die Durchflußwerte besitzt.

d) Die Höhe des letzten Tanks soll mit Hilfe eines PID-Reglers geregelt werden. Es soll das SIMULINK-Modell aufgebaut und die Parameter des Reglers durch gezieltes Probieren eingestellt werden. Um sehr große Zustromwerte (der Steuergröße) zu vermeiden, die wegen des D-Anteils entstehen könnten, soll man die Geschwindigkeit der Führungsgröße begrenzen.

e) Es soll danach eine Zweipunktregelung für den Füllstand des dritten Tanks entworfen werden, mit Abweichungen die kleiner als 5 % vom gewünschten Wert sind. Die Abweichungen und die Frequenz der Ein- und Ausschaltungen des Relais sollen durch die Hysterese und durch eine über das Relais verzögernde Rückführung einstellbar sein.

Hinweise und Hilfe:

a) Mit Hilfe des Grundprinzips der Erhaltung der Masse ergibt sich für den ersten Tank eine Bilanz der Form:

$$A_1 \frac{dh_1(t)}{dt} = Q_z(t) - A_{12} sign(h_1(t) - h_2(t)) \sqrt{2g|h_1(t) - h_2(t)|} \tag{6.121}$$

Für die restlichen zwei Tanks erhält man ähnlich:

$$A_2 \frac{dh_1(t)}{dt} = A_{12} sign(h_1(t) - h_2(t))\sqrt{2g|h_1(t) - h_2(t)|} - A_{23} sign(h_2(t) - h_3(t))\sqrt{2g|h_2(t) - h_3(t)|} \quad (6.122)$$

$$A_3 \frac{dh_3(t)}{dt} = A_{23} sign(h_2(t) - h_3(t))\sqrt{2g|h_2(t) - h_3(t)|} - A_{30} sign(h_3(t))\sqrt{2g|h_3(t)|} \quad (6.123)$$

b) Die nichtlinearen Differentialgleichungen können direkt in einem SIMULINK-Modell nachgebildet werden. Für die Nichtlinearitäten sollen *Fcn*-Blöcke eingesetzt werden. Der Betrag und die *Sign*-Funktion der Höhendifferenzen sollen außerhalb mit entsprechenden Blöcken aus der *Nonlinear*-Bibliothek erzeugt werden, da die *Fcn*-Blöcke diese Operationen nicht durchführen können. Bild 6.66 zeigt eine Lösung für dieses Modell (`s_torce1.m` bzw. `s_torce1.mdl`). Es enthält auch die nötigen *In*- und *Outports*, um eine Gruppierung des Modells in Form eines Untersystems zu ermöglichen. Bild 6.67 zeigt die Antwort des hydraulischen Systems auf einen Einheitssprung ohne Regelung.

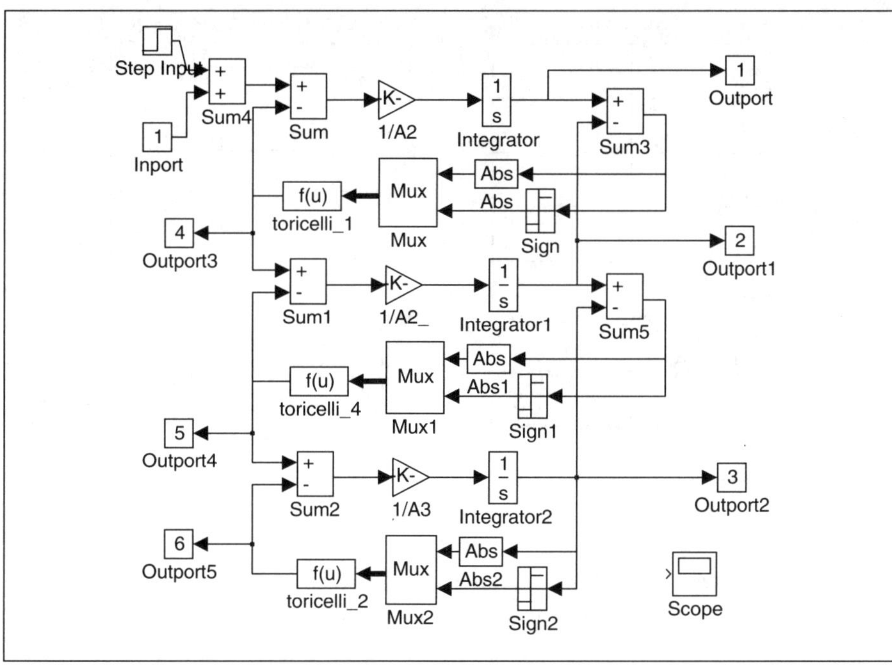

Bild 6.66 Nichtlineares SIMULINK-Modell des hydraulischen Prozesses, bei dem der Füllstand geregelt werden muß (s_torce1.m; s_torce1.mdl)

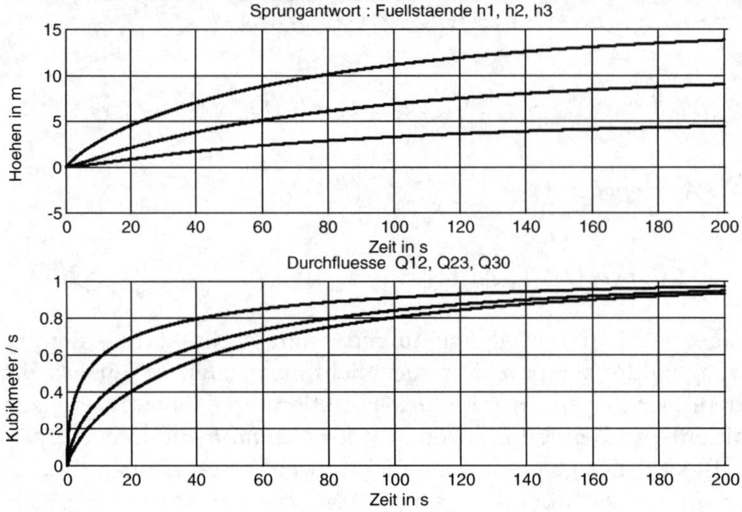

Bild 6.67 Sprungantwort des nicht geregelten hydraulischen Prozesses (s_torce1.m; s_torce1.mdl; torce11.m)

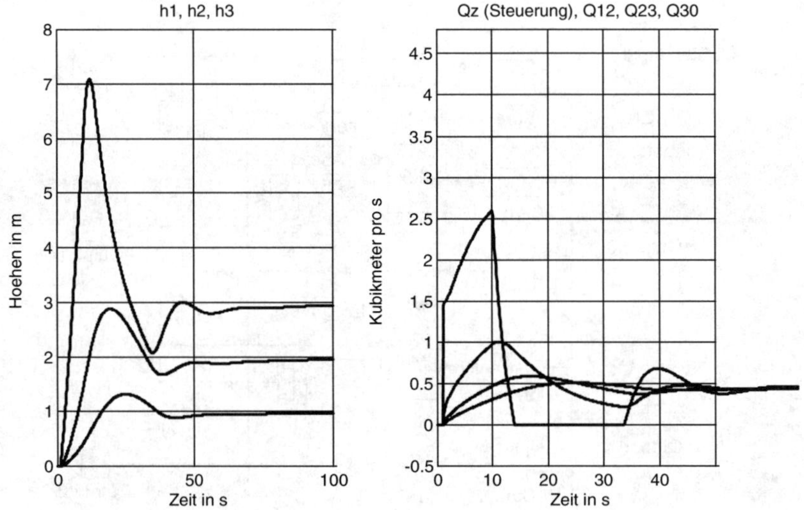

Bild 6.68 Sprungantwort bei der Regelung der Höhe des Füllstands des dritten Tanks (s_torce2.m; s_torce2.mdl; torce11.m)

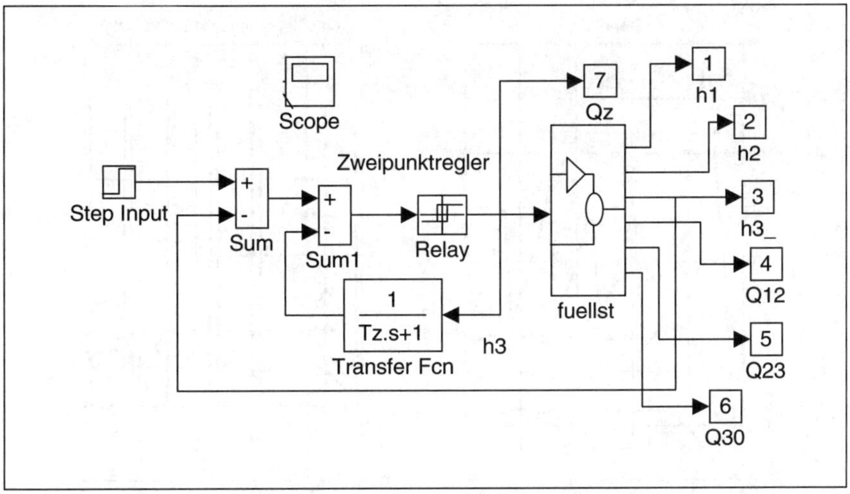

Bild 6.69 Zweipunktregler des Füllstands im dritten Tank (s_torce3.m; s_torce3.mdl)

c) Die Gruppierung kann sehr einfach über die entsprechende Option aus dem Menü erzielt werden. Das SIMULINK-Modell `s_fuell.m (s_fuell.mdl)` zeigt das Ergebnis der Gruppierung des Aufbaus aus `s_torce1.m`.

d) Mit einem PID-Regler aus der Bibliothek *Extras* und dem gruppierten Modell des Prozesses ist ein neues Modell leicht aufzubauen (`s_torce2.m` bzw. `s_torce2.mdl`). Die Geschwindigkeit der Führungsgröße ist mit Hilfe einer typischen, sehr einfachen Lösung begrenzt. Die Steigung bei sprungartigen Sollwerten ist durch den Sättigungspegel des Blocks mit Sättigung gegeben. Bild 6.68 zeigt die Sprungantwort des Regelungssystems. Die Höhen der Füllstände stellen sich so ein, daß die Durchflüße von einem Tank zum nächsten und der Abstrom gleich dem Zustrom (als Steuergröße) sind. Der Zustrom wurde auf den positiven Bereich begrenzt, so als hätte man nur die Möglichkeit zu pumpen und nicht auch zu saugen. Das Programm kann geändert werden, so daß auch das Saugen aus den Tanks zugelassen wird.

e) Das SIMULINK-Modell für die Zweipunktregelung ist in Bild 6.69 gezeigt und im Bild 6.70 ist die Sprungantwort dargestellt. Alle drei SIMULINK-Modelle werden über das Programm `torce11.m` aufgerufen.

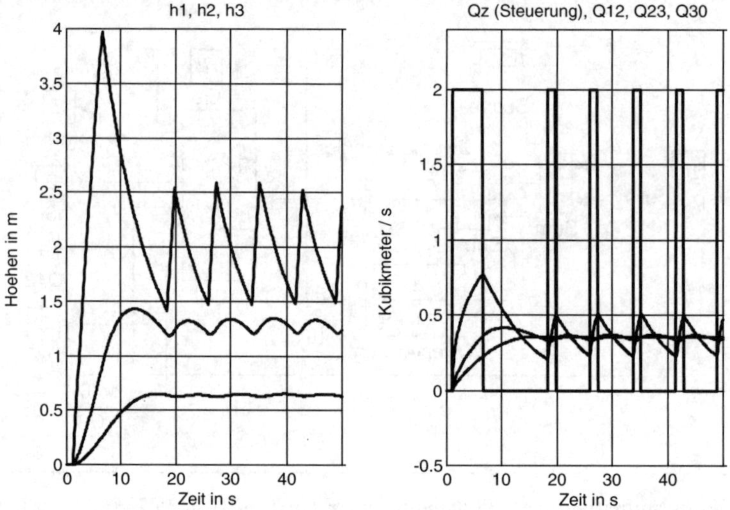

Bild 6.70 Sprungantwort für den Zweipunktregler des Füllstands des dritten Tanks (s_torce3.m; s_torce3.mdl; torce11.m)

Projekt 4

Es gibt viele Meßgeräte, die nach dem Kompensationsprinzip arbeiten. Statt direkt die Meßgröße für eine Anzeige oder zur weiteren Bearbeitung heranzuziehen, wird sie über eine Kompensationsgröße ausgeglichen und der Kompensationswert als Ausgang des Meßsystems benutzt.

Als Beispiel für ein solches System soll die hypothetische weglose Waage aus Bild 6.71 dienen. Die Lastmasse würde die Tauchspule nach unten drücken. Mit dem Nullpositionssensor wird diese Abweichung detektiert, und über einen PID-Regler mit entsprechender Leistung wird die Tauchspule so gesteuert, daß die Schale der Waage in die ursprüngliche Lage gebracht wird. Dafür ist eine elektrische Kompensationskraft notwendig, die durch den Strom (oder die Spannung) der Spule erzeugt wird. Dieser Strom kann dann als Ausgangsgröße dienen. Das Feder-Masse-System muß so gestaltet werden, daß der Gleichgewichtszustand (ohne Lastmasse) keinen Strom in der Tauchspule benötigt.

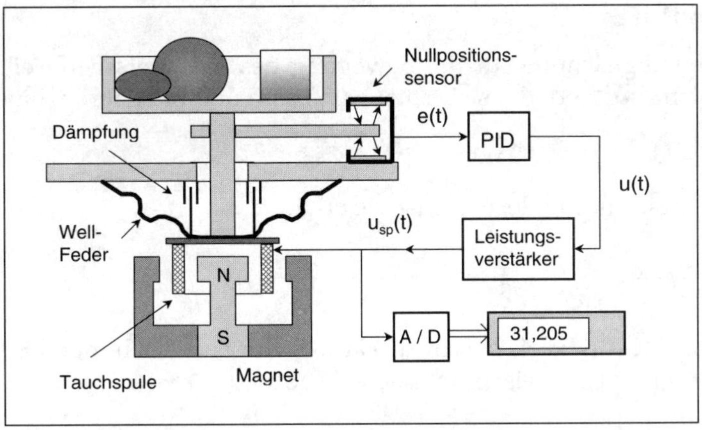

Bild 6.71 Weglose Waage als Beispiel für ein Kompensationsmeßgerät

a) Es sollen die Differentialgleichungen des Systems basierend auf den Ersatzdarstellungen aus Bild 6.72 ermittelt werden.

b) Es soll eine PID-Regelung entworfen werden, und man soll den Einfluß verschiedener Lastmassen untersuchen.

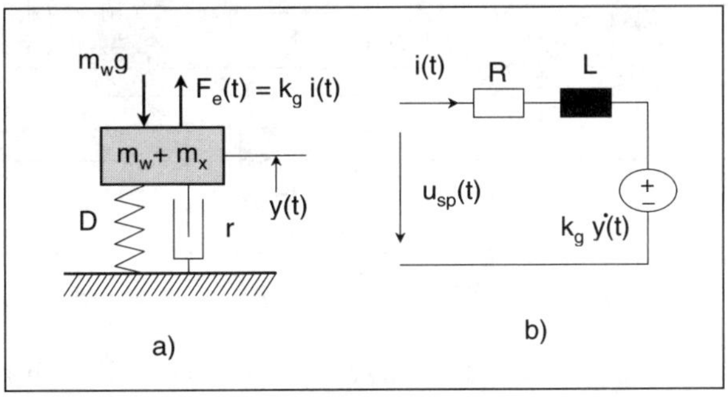

Bild 6.72 Ersatzdarstellungen für den mechanischen und elektrischen Teil

Für die Simulation soll man z.B. mit folgenden Parametern experimentieren: Masse ohne Last des Feder-Masse-Systems der Waage $m_w = 0{,}1$ kg; Lastmasse $m_x = 0$ bis 5 kg; Steifigkeit der Feder D = 1000 N/m; Dämpfungsfaktor r = 50 Ns/m; Konstante für die induzierte Spannung und für die elektrische Kraft $k_g = 5$ Vs/m; Widerstand der Tauchspule R = 10 Ω; Induktivität der Tauchspule L = 0,6 mH;

Hinweise und Hilfe:

a) Die Differentialgleichung für die Bewegung des mechanischen Teils relativ zum Gleichgewichtszustand, der sich ohne Lastmasse und ohne Strom einstellt, ist

$$(m_w + m_x)\ddot{y}(t) + r\dot{y}(t) + Dy(t) = k_g i(t) - m_x g \tag{6.124}$$

Für die Ersatzschaltung der Tauchspule erhält man:

$$u_{sp}(t) = R\, i(t) + L\frac{di(t)}{dt} + k_g \dot{y}(t) \tag{6.125}$$

b) Das SIMULINK-Modell läßt sich direkt aus diesen Gleichungen bilden. Zusammen mit dem PID-Regler ist es in Bild 6.73 gezeigt.

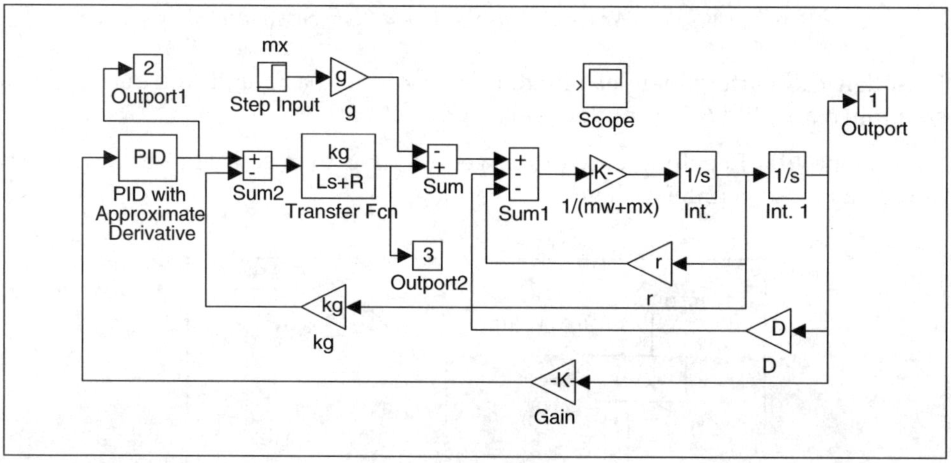

Bild 6.73 Modell der weglosen Waage (s_waag11.m; s_waag11.mdl; waag11.m)

Im Programm `waag11.m` werden die Parameter des Modells initialisiert und die Simulation aus dem Programm durchgeführt. Da die Lastmasse nicht nur als Störung, sondern auch in der Trägheitskraft auftritt, ist das Verhalten bei kleinen und großen Lastmassen verschieden. Für eine Lastmasse von 5 kg ist die Antwort der Waage im Bild 6.74 gezeigt. Die Auslenkung wird über die Regelungsschleife kompensiert und die Steuerspannung der Tauchspule kann als Meßausgang benutzt werden.

Die Parameter des PID-Reglers wurden durch Experimentieren festgelegt. Es dauert ein bißchen, bis man mit dem System vertraut ist, und die richtigen Werte findet. Mit mehreren Seiten Formeln und etwas Theorie könnte man sicher eine Strategie für die Wahl der Parameter des Reglers begründen. Die Anwendung der Theorie der linearen Systemen ist mit vielen Funktionen aus der *Control-System-Toolbox* unterstützt. Um zu zeigen, wie diese für die vorliegende Waage einzusetzen sind, wird der Einfluß der Parameter des PID-Reglers auf die Wurzelortskurven des Systems untersucht.

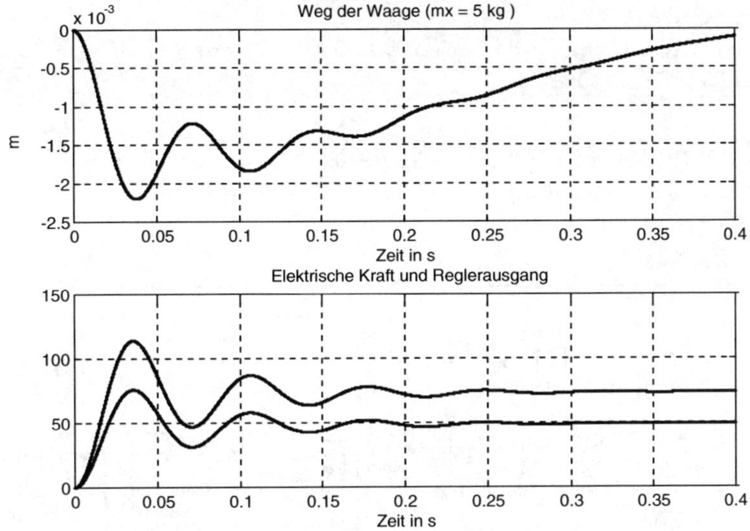

Bild 6.74 Antwort der weglosen Waage auf eine Lastmasse von 5 kg (s_waag11.m; s_waag11.mdl; waag11.m)

Die Übertragungsfunktionen der geöffneten Schleifen mit und ohne PID-Regler kann man aus einem SIMULINK-Modell, in dem die äußere Schleife geöffnet wurde, erhalten. Dafür sind am Eingang zwei *Inport*-Blöcke angeschlossen, die den Eingang ohne und mit PID-Regler definieren und mit einem *Outport*-Block wird der gewünschte Ausgang des geöffneten Systems definiert (Bild 6.75). Das SIMULINK-Modell ist in der Datei `s_waage2.m` bzw. `s_waage2.mdl` enthalten und die ganze Untersuchung läuft über das Programm `waage2.m` ab. Mit dem Befehl:

```
[As,Bs,Cs,Ds] =linmod('s_waage2');
```

ist man in der Lage, ein Zustandsmodell für das Modell des geöffneten Systems zwischen den zwei Eingängen und dem einzigen Ausgang zu ermitteln. Daraus werden die Null- und Polstellen der Strecke ohne und mit PID-Regler durch

```
[z1, p1, k1] = ss2zp(As,Bs,Cs,Ds,1);
[z2, p2, k2] = ss2zp(As,Bs,Cs,Ds,2);
```

erhalten. Die Zahl 1 identifiziert die Strecke mit dem *Inport*-Block Nr. 1 als Eingang und ähnlich definiert die Zahl 2 die Strecke mit dem *Inport*-Block Nr. 2 als Eingang des PID-Reglers. Die Funktion **ss2zp** ergibt für alle Teilstrecken, die sich von mehreren Eingängen zu einem Ausgang bilden, die gleichen Pole, und der Unterschied ist durch die entsprechenden Nullstellen gegeben. Das bedeutet, daß einige Pole, die bei einer Strecke nicht vorhanden sein sollten, mit Nullstellen gekürzt werden. So z.B. erhält man für die zwei Strecken (ohne und mit PID-Regler) folgende Null- und Polstellen:

```
z1 = [ 0,   -20.0000];
p1 = [-10.1307 + 9.6668i,  -10.1307 - 9.6668i, 0,  -20.0000];
k1 = 0.1307;

z2 = [ -5.0000 + 6.4550i,  -5.0000 - 6.4550i ]
p2 = [-10.1307 + 9.6668i,  -10.1307 - 9.6668i, 0,  -20.0000];
k2 = 39.2157
```

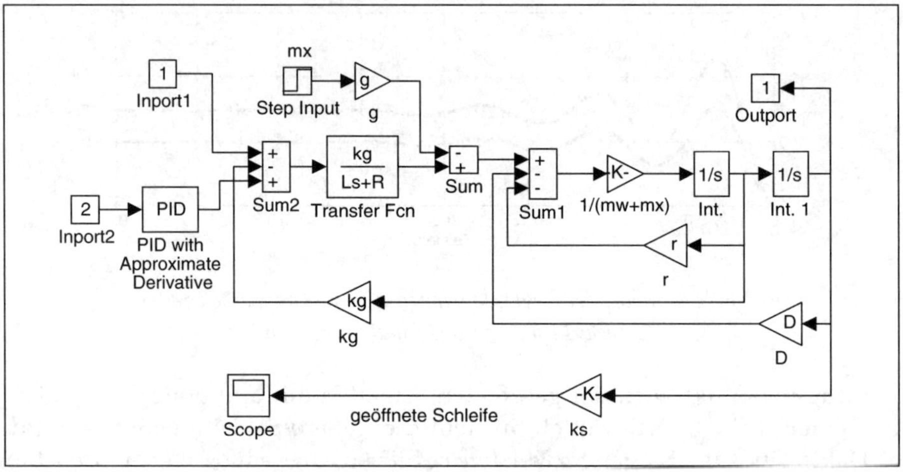

Bild 6.75 SIMULINK-Modell zur Ermittlung der Eigenschaften der geöffneten Regelungsschleife (s_waage2.m; s_waage2.mdl; waage2.m)

Die zwei reellen Nullstellen der ersten Strecke (0 und -20) sind den letzten zwei Polen gleich und kürzen sich in der Übertragungsfunktion aus, so daß diese Strecke keine Nullstellen und nur ein Paar komplex konjugierte Pole besitzt.

Der PID-Regler mit bestimmten Parametern, die im Programm `waage2.m` angegeben sind, ergibt zusätzlich zu der Strecke ohne Regler zwei Pole (0 für die Integralwirkung und -20 vom realen Differenzierer) und die zwei komplex konjugierten Nullstellen aus `z2`. Der Befehl

```
[num2, den2] = zp2tf(z2,p2,k2);
```

bildet die Übertragungsfunktion (Koeffizienten des Zählers und des Nenners) für die geöffnete Strecke mit dem Regler, und der Befehl

```
rlocus(num2, den2, [0:ks/4, ks/4:10:ks]);
```

stellt die Wurzelortskurve der geschlossenen Schleife mit `ks` als Parameter dar, wobei `ks` die Verstärkung der Schleife, z.B. die des Sensors (Nullpositionssensors der Waage), ist. Dadurch wird angenommen, daß der PID-Regler zusammen mit dem Sensor durch folgende Übertragungsfunktion beschrieben ist:

$$G(s) = k_s\left[k_p + k_i / s + k_d s / (s / N + 1)\right] \tag{6.126}$$

Hier sind k_p, k_i, k_d und N die Parameter des Reglers, k_s ist der Parameter der Ortskurve. Bild 6.76 zeigt die Ortskurve für folgende Parameter des Reglers

$$k_p = 100; \quad k_i = 1000; \quad k_d = 10; \quad N = 20;$$

mit k_s zwischen 0 und 200. Für verschiedene Parameter des Reglers kann mit Hilfe der Wurzelortskurve das Verhalten für die geschlossene Strecke vorausgesagt werden. Zum Programm `waage2.m` sollte man als Übung den Abschnitt aus dem Programm `waag11.m`, der die Sprungantwort für gegebenen Parameter des Reglers und Sensors ermittelt, hinzufügen, um das vorausgesagte Verhalten zu überprüfen.

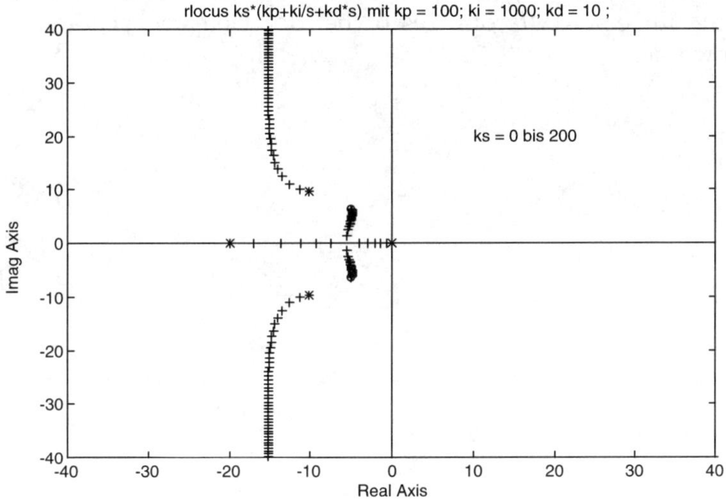

Bild 6.76 Wurzelortskurve der Waage (s_waage2.m; s_waage2.mdl; waage2.m)

Zu bemerken sei, daß bei der Untersuchung der Wurzelortskurve der Pol wegen der Induktivität der Tauchspule, durch Einsetzen von $L = 0$, weggelassen wurde. Er ist relativ zu den anderen Polen im Betrag sehr groß und beeinflußt die Ortskurve nur bei extrem großen Werten der Schleifenverstärkung `ks`. Mit $L = 6$ mH und R = 7,5 Ω erhält man für den Kreis der Tauchspule eine Zeitkonstante von 0,8 ms und der entsprechende Pol als Kehrwert mit Minuszeichen wird -1250 [1/s] << -10 [1/s].

Für diese Anwendung kommen auch andere Übertragungsfunktionen für den Regler in Frage. Im Programm `waage3.m` wird ein Regler mit der Übertragungsfunktion

$$G(s) = k_r \frac{(s - z_{r1})(s - z_{r2})(s - z_{r3})}{s(s - p_{r2})(s - p_{r3})}, \tag{6.127}$$

die drei Null- und drei Polstellen besitzt, untersucht. Die Nullpolstelle ergibt die Integralwirkung, welche die Waage in die ursprüngliche Position bringt und somit die Kompensation erzwingt. Es werden die gleichen Etappen durchlaufen, bis man zur Wurzelortskurve gelangt. Zusätzlich wird hier auch die Sprungantwort durch Simulation ermittelt und dargestellt. Im Programm werden mehrere SIMULINK-Modelle aufgerufen. Das Modell `s_waage3.m` bzw. `s_waage3.mdl` enthält die geöffnete Schleife, um die Startpunkte der Ortskurve (oder Null- und Polstellen der geöffneten Schleife) zu bestimmen. Mit dem Modell `s_waage4.m` bzw. `s_waage4.mdl` wird die entsprechende Sprungantwort ermittelt. Zuletzt wird der kontinuierliche Regler in einen diskreten Regler umgewandelt, und mit dem Modell `s_waage5.m` bzw. `s_waage5.mdl` die Sprungantwort durch Simulation ermittelt und dargestellt. An dieser Stelle kann man mit der Größe der Abtastperiode experimentieren. Bei großen Lastmassen für die Waage ist das System sehr träge, und die Abtastperiode kann größer sein (z.B. 5 ms). Wenn eine viel kleinere Belastungsmasse aufgelegt wird, dann ist das System viel rascher und die Abtastperiode muß entsprechend kleiner sein (z.B. 1 ms). Der digitale Regler hat im Zähler und im Nenner je vier Koeffizienten und kann leicht auf einen Mikroprozessor bei der kleinsten benötigten Abtastrate implementiert werden.

Kapitel 7

Simulation von Zustandsreglern

7.1 Einführung

Die Beschreibung der Prozesse mit Hilfe der Zustandsmodelle stellt die Basis für den Entwurf von Mehreingang-Mehrausgangssystemen dar. Sie hat neue Verfahren und Problemformulierungen in der Regelungstechnik ermöglicht, die man in drei Klassen zusammenfassen kann.

Die erste Klasse enthält die Verfahren zur Polplazierung [1], um ein gewünschtes dynamisches Verhalten zu erreichen. Über Rückkopplungen von den Zustandsvariablen wird die Dynamik des Systems beeinflußt. Da bei den meisten Systemen nicht alle Zustandsvariablen zugänglich und somit nicht meßbar sind, können diese Verfahren nur mit einem zusätzlichen Werkzeug eingesetzt werden. Es handelt sich um die sogenannten Beobachter [2], die aus den zugänglichen Zustandsvariablen und Ausgängen alle Zustandsvariablen, die man für die Rückkopplungen benötigt, ermitteln.

In der zweiten Klasse sind die sogenannten deterministischen, optimalen Regelungssysteme zusammengefaßt. Die Bezeichnung optimal kommt von der Bedingung, die beim Entwurf gestellt wird. Die Regelung soll den Minimalwert einer Zielfunktion (*Performance-Index*) sichern. Aus der Vielzahl der optimalen Systeme werden hier nur die Systeme mit konstanten Parametern und einer quadratischen Zielfunktion der Form

$$J = \int_0^\infty (\mathbf{x}^T(t)\mathbf{Q}\mathbf{x}(t) + \mathbf{u}^T(t)\mathbf{R}\mathbf{u}(t))dt \tag{7.1}$$

untersucht. Mit $\mathbf{x}(t)$ ist der Zustandsvektor oder dessen Abweichung vom idealen Zustandsvektor (als Fehler bezeichnet) und mit $\mathbf{u}(t)$ ist der Steuervektor, der die Stellglieder des Mehreingangssystems steuert, bezeichnet. Die Matrizen $\mathbf{Q}$ und $\mathbf{R}$ bilden Gewichtungen der Glieder der Zielfunktion und werden als spezifische Kostenwerte interpretiert. Mit einer geschickten Wahl dieser Matrizen können die Fehler, die im ersten Glied der Zielfunktion enthalten sind, stärker beeinflußt werden, ohne daß die Steuerleistung, die durch das zweite Glied gegeben ist, bestimmte Grenzen überschreitet. Die quadratische Zielfunktion wird vorausgesetzt, weil sie zu einer analytischen Lösung führt. In MATLAB und SIMULINK gibt es eine Reihe von Funktionen für die Implementierung der Verfahren zur Bestimmung der Rückkopplungsmatrix und des Beobachters, der hier auch notwendig ist, für den üblichen Fall, daß nicht alle Zustandsvariablen zugänglich sind.

In der dritten Kategorie können die optimalen Regelungen angesiedelt werden, die mit stochastischen Signalen arbeiten und bei denen die Zielfunktion ein Erwartungswert ist. Hier ist der Beobachter ein optimales Filter (oder Kalman-Filter) [3], das eine wichtige Rolle auch in der Signalschätzung z.B. in der Kommunikationstechnik, spielt. Zwischen dieser Klasse und der vorherigen gibt es Ähnlichkeiten, und es wurde gezeigt, daß mit Substitutionen die Lösungen einer Klasse in die der anderen übergehen.

7.2 Einfaches Beispiel für die Polplazierung

Die Polplazierung ist eine gute Einführung im Umgang mit den Techniken der Zustandsregelung. Am Anfang wird ein einfaches System untersucht, bei dem man die Lösung noch per Hand berechnen kann. Es besteht aus zwei Verzögerungsgliedern erster Ordnung (Bild 7.1a), wobei das erste Glied einen positiven instabilen Pol besitzt. Dieser Prozeß könnte auch mit einem PID-Regler stabilisiert und geregelt werden.

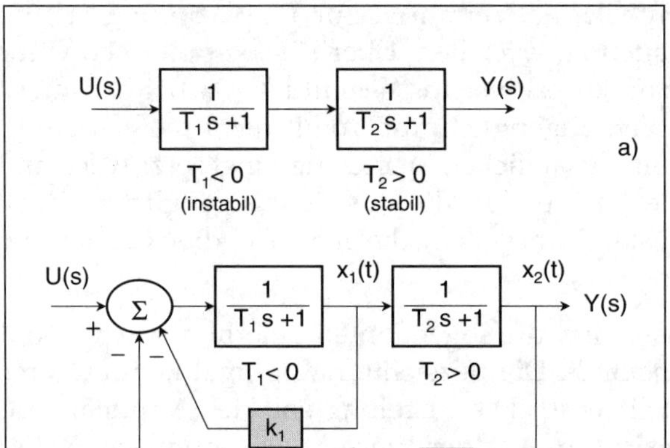

Bild 7.1 a) Beispiel für ein Prozeß, dessen Pole mit Hilfe der Struktur b) an beliebiger Stelle zu plazieren sind

Für die angenommenen Glieder stellen die Ausgänge auch die Zustandsvariablen dieser Glieder dar. Es wird nun mit Hilfe zweier Rückkopplungen von den Zustandsvariablen zu dem Eingang (Bild 7.1 b) versucht, das System zu stabilisieren und die Pole des Systems an beliebige Stellen zu bringen. Die Übertragungsfunktion der Struktur aus Bild 7.1 b ist leicht zu berechnen. Man beginnt mit der Übertragungsfunktion des ersten Gliedes mit seiner Rückkopplung:

$$G_1(s) = \frac{1/(T_1 s + 1)}{1 + k_1(1/(T_1 s + 1))} = \frac{1}{T_1 s + (k_1 + 1)} \tag{7.2}$$

Die gesamte Übertragungsfunktion läßt sich nun durch

$$H(s) = \frac{Y(s)}{U(s)} = \frac{G_1(s)(1/(T_2 s + 1))}{1 + k_2 G_1(s)(1/(T_2 s + 1))} = \frac{1}{T_1 T_2 s^2 + (T_1 + T_2 + k_1 T_2)s + (k_1 + k_2 + 1)} \tag{7.3}$$

ausdrücken. Angenommen, man möchte, daß die Pole dieser Übertragungsfunktion die Werte $p_{1,2} = (a \pm jb)$ mit $a < 0$ annehmen. Mit anderen Worten, gewünscht ist, daß:

$$H(s) = \frac{1}{k(s-(a+jb))(s-(a-jb))} \tag{7.4}$$

Der Vergleich der zwei Übertragungsfunktionen ergibt die Unbekannten k_1, k_2 und k abhängig von den bekannten Parametern T_1, T_2 und a, b:

$$k = T_1 T_2 \tag{7.5}$$

$$k_1 = -2aT_1 - (T_1 / T_2) - 1 \tag{7.6}$$

$$k_2 = (a^2 + b^2)T_1 T_2 - k_1 - 1 \tag{7.7}$$

Die statische Verstärkung des Systems mit den Rückführungen für die Polplazierung erhält man aus (7.3) mit $s \to 0$:

$$H(0) = 1 / (k_1 + k_2 + 1) \tag{7.8}$$

Damit die ursprüngliche und die durch Polplazierung korrigierte Übertragungsfunktion die gleiche statische Verstärkung besitzen, muß im korrigierten System noch eine Übertragungskonstante der Größe $(k_1 + k_2 + 1)$ in Reihe hinzugefügt werden. Diese beeinflußt nur die Größe der Antwort und nicht die Form, die durch die Dynamik bestimmt ist.

Im Programm `pol1.m` sind die konstanten Faktoren der Rückführungen für einen Prozeß mit $T_1 = -5$ und $T_2 = 10$ über die gezeigten Gleichungen berechnet und das Verhalten des ursprünglichen und korrigierten Systems dargestellt. Das SIMULINK-Modell (`s_pol1.m`; `s_pol1.mdl`) des korrigierten Systems ist in Bild 7.2 gezeigt; die Simulation wird direkt aus dem Programm aufgerufen:

```
[t,x,y] = rk45('s_pol1', 20, [], [1e-3, 0.1, 0.1]);
```

Für die neue Version von MATLAB und SIMULINK (im Verzeichnis `mat15_s2`) wird der Aufruf durch folgende zwei Befehle hervorgerufen:

```
my_opt = simset('InitialStep', 0.1,'OutputVariables', 'ty');
[t, x,y] = sim('s_pol1',[0, 20], my_opt);
```

Im Modell sind die zwei Verzögerungsglieder erster Ordnung leicht zu erkennen. Mit zwei *Outport*-Blöcken sind die Ausgänge, die auch die Zustandsvariablen bilden, gekennzeichnet, um sie dem Programm in der Matrix `y` zur Verfügung zu stellen. Die erste Spalte dieser Matrix bildet den Ausgang des *Outports* 1 und die zweite die des *Outports* 2. Die Darstellung kann z.B. durch folgende Befehle erfolgen:

```
plot(t,y(:,1));plot(t,y(:,2));
```

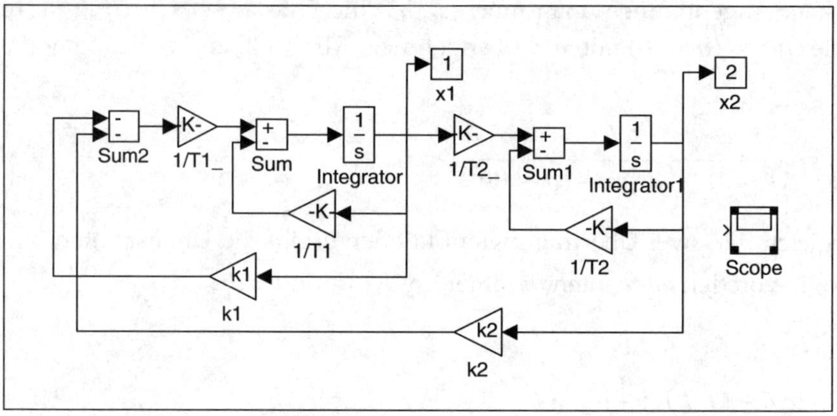

Bild 7.2 Modell des durch Polplazierung korrigierten Systems (s_pol1.m; s_pol1.mdl; pol1.m)

Die *Outports* in der neuen SIMULINK-Version sind multidimensional, so daß man hier die Signale mit einem *Mux*-Block zuerst zusammenfassen und einem einzigen *Output*-Block übergeben kann (`pol1.m` im Verzeichnis `mat15_s2`).

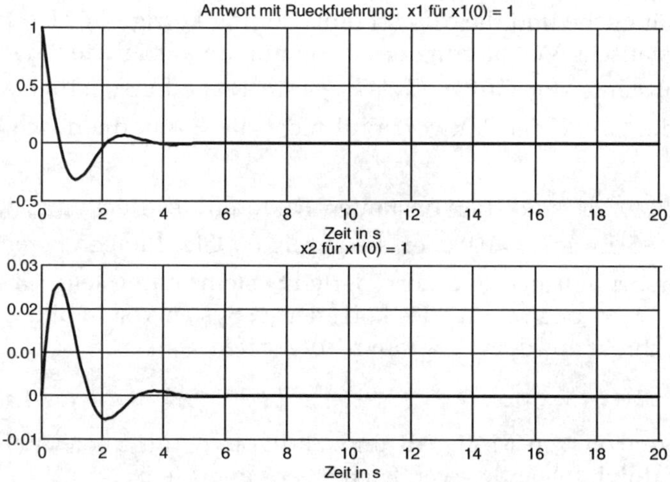

Bild 7.3 Natürliche Antwort des korrigierten Systems ausgehend von einer Anfangsbedingung der ersten Zustandsvariablen von +1 (s_pol1.m; s_pol1.mdl; pol1.m)

Die negative Zeitkonstante ergibt einen instabilen Pol und dies führt dazu, daß die homogene Antwort ausgehend von einer Anfangsbedingung der ersten Zustandsvariablen unbegrenzt wächst. Für folgende gewünschte stabile Pole:

`p1 = -1+j*2;` und `p2 = -1-j*2;`

die eine relativ schnelle und gedämpfte natürliche Antwort sichern, erhält man folgende Konstanten für die Rückführungen:

`k1 = -10,5;` `k2 = -240,5;` und `k1 + k2 + 1 = -250`

Bild 7.3 zeigt die natürliche Antwort des durch Polplazierung korrigierten Systems ausgehend von einer Anfangsbedingung der ersten Zustandsvariablen von + 1. Der relativ große Wert der Gewichtung in der Rückführung der zweiten Zustandsvariablen zeigt die große Steuerleistung, die notwendig ist, um das ursprünglich träge System auf diese Dynamik oder Reaktionszeit zu bringen. Es lohnt sich hier ein bißchen zu experimentieren, um zu sehen, daß mit angemessenen Wünschen, was die Reaktionszeit anbelangt, auch die Steuerleistung in Grenzen bleibt.

Durch eine zusätzliche, in Reihe mit dem korrigierten System geschaltete Verstärkungskonstante der Größe `(k1 + k2 + 1)` erhält dieses System dieselbe statische Verstärkung wie das ursprüngliche und kann als *Open-Loop*-System gesteuert werden. Das Programm `pol2.m` zusammen mit dem SIMULINK-Modell `s_pol2.m` (bzw. `s_pol2.mdl`) zeigen diese Möglichkeit. Es ist kein geschlossenes Regelungssystem und hat somit alle Nachteile der geöffneten Systeme. Es kann keine Störung, die z.B. den Ausgang beeinflußt, kompensieren. Um ein Regelungssystem zu erhalten, könnte man die Lösung aus Bild 7.4 anwenden. Wenn keine Führungsgröße vorhanden ist (*u(t) = 0*) erkennt man die Struktur der Korrektur mit Rückführung von den Zustandsvariablen. Dadurch erreicht man dasselbe natürliche Verhalten wie zuvor.

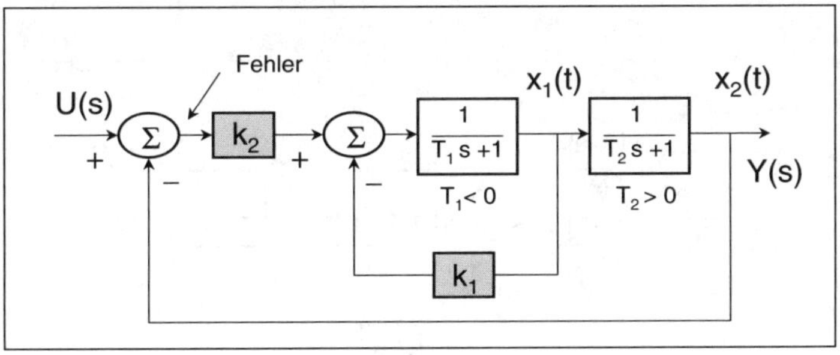

Bild 7.4 Das durch Polplazierung korrigierte System als Regelungssystem aufgebaut (s_pol3.m; s_pol3.mdl; pol3.m)

Mit der Führungsgröße als Erregung ändert sich die Dynamik nicht, bloß die Übertragungskonstante von der Führungsgröße bis zur zweiten Zustandsvariablen, die hier als Ausgangsgröße fungiert. Die Übertragungskonstante ist nicht Eins, und es entsteht ein statischer Fehler. Mit dem SIMULINK-Modell `s_pol3.m` (bzw. `s_pol3.mdl`) und dem Programm `pol3.m` kann man Experimente zu dieser Lösung durchführen.

Die statische Verstärkung dieses geschlossenen Systems ist jetzt `k2/(k1+k2+1)`, daraus folgt der statische Fehler, der in Bild 7.5 klar ersichtlich ist. Er hängt von den Gewichtungen der Rückführungen ab, und kann somit kleiner oder größer werden.

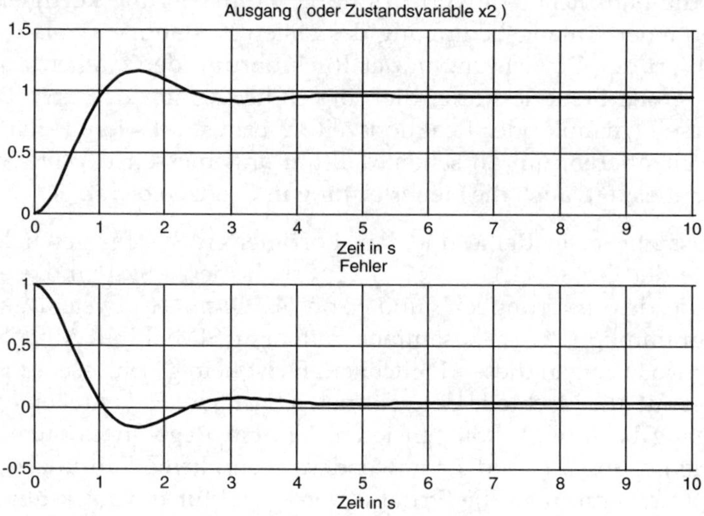

Bild 7.5 Ausgang und Fehler des nach Bild 7.4 aufgebauten Regelungssystems (s_pol3.m; s_pol3.mdl; pol_3.m)

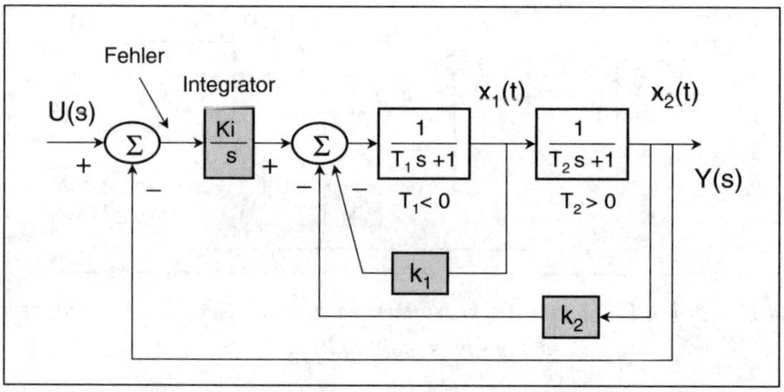

Bild 7.6 Das durch Polplazierung korrigierte System aufgebaut als Regelungssystem mit Integralwirkung (s_pol4.m; s_pol4.mdl; pol4.m)

Mit der Lösung aus Bild 7.6 kann der statische Fehler wie in klassischen Regelungssystemen durch eine Integralwirkung kompensiert werden. Die Dynamik des geschlossenen Systems ändert sich jetzt, weil das korrigierte System in einer Schleife mit PI-Regler eingeschlossen ist. Durch Probieren, ohne die Konstanten `k1` und `k2` zu ändern, kann eine Verstärkung `ki` für die Gewichtung der Integralwirkung ermittelt werden, für die das Verhalten noch gut ist.

Bild 7.7 zeigt die Antwort und den Fehler dieses Systems für einen Faktor `ki`, der durch Simulation gewählt wurde. Wenn alle Parameter `k1`, `k2` und `ki` neu eingestellt werden (nach einem Verfahren, das im nächsten Abschnitt gezeigt wird), können die Pole des geschlossenen Systems die gewünschten Werte einnehmen.

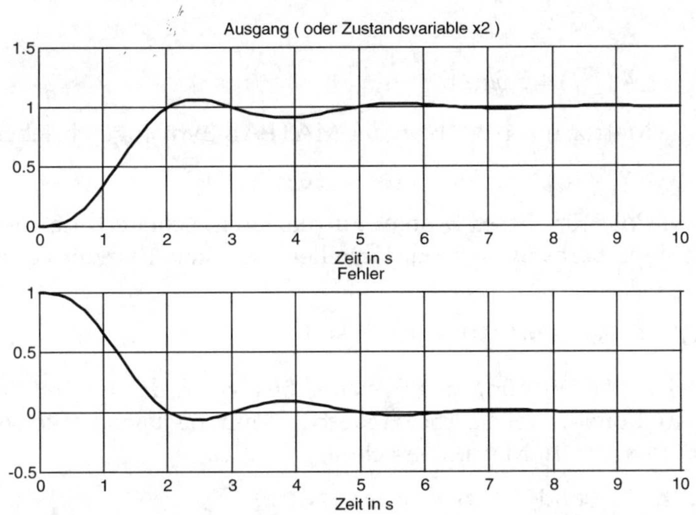

Bild 7.7 Ausgang und Fehler des durch Polplazierung korrigierten Systems, das als Regelungssystem mit Integralwirkung aufgebaut wurde (s_pol4.m; s_pol4.mdl; pol4.m)

7.3 Polplazierung für ein Servosystem

Bei Systeme höherer Ordnung sind die Bestimmungsgleichungen für die Rückführungen nicht mehr so einfach zu lösen und man setzt Matrixrechnungen ein. Ein Modell der Ordnung n oder mit n Zustandsvariablen benötigt für die Rückführungen dieselbe Anzahl von Konstanten, die man prinzipiell durch die Angabe der n gewünschten Pole bestimmen kann. In MATLAB gibt es zwei Funktionen für die Plazierung der Pole eines Systems, das durch ein Zustandsmodell beschrieben wird. Ausgehend von einem Modell der Form

$$\dot{\mathbf{x}}(t) = \mathbf{A}\mathbf{x}(t) + \mathbf{B}\mathbf{u}(t), \tag{7.9}$$

erhält man durch die Rückführungen

$$\mathbf{u}(t) = -\mathbf{K}\mathbf{x}(t) \tag{7.10}$$

ein homogenes Differentialgleichungssystem erster Ordnung

$$\dot{\mathbf{x}}(t) = (\mathbf{A} - \mathbf{B}\mathbf{K})\mathbf{x}(t), \tag{7.11}$$

dessen Pole (oder Wurzeln der charakteristischen Gleichung) durch die Matrix **K** beliebig plaziert werden können, wenn die Matrizen **A** und **B** bestimmte Bedingungen erfüllen. Die MATLAB-Funktionen (aus der *Control-System-Toolbox*) sind sehr einfach:

`K = place(A,B,p);` oder `K = acker(A,B,p);`

Sie ergeben die Rückführungsmatrix K, wenn im Vektor p die gewünschten Pole angegeben werden, so daß `p = eig(A-B*K);` ist. Als Beispiel sei das System zweiter Ordnung, beschrieben durch folgendes Zustandsmodell:

$$\dot{x}_1(t) = 2x_1(t)$$
$$\dot{x}_2(t) = 3x_1(t) - 4x_2(t) + 3{,}5u(t) \tag{7.12}$$

Daraus folgen die Matrizen A bzw. B, in der MATLAB-Syntax geschrieben:

```
A = [-2, 0; 3, -4];          B = [0; 3.5];
```

Der Versuch, die Pole für dieses System zu plazieren, scheitert, da die Matrizen A und B ein nicht steuerbares System [2] darstellen. Die Steuerbarkeit verlangt, daß die Matrix

$$\mathbf{Co} = [\mathbf{B},\ \mathbf{AB},\ \mathbf{A}^2\mathbf{B},\ \ldots\ \mathbf{A}^{n-1}\mathbf{B}] \tag{7.13}$$

den Rang n, gleich der Ordnung des Systems, besitzt. In der *Control-System-Toolbox* gibt es zwei Funktionen, welche die Steuerbar- und Beobachtbarkeitsmatrix (*Controllability-* und *Observability-*Matrix) berechnen:

`Co = **ctrb**(A,B);` und `Ob = **obsv**(A,C);`

Die Beobachtbarkeitsmatrix [2] definiert durch

$$\mathbf{Ob} = [\mathbf{C},\ \mathbf{CA},\ \mathbf{CA}^2,\ \ldots\ \mathbf{CA}^{n-1}]^T \tag{7.14}$$

stellt eine wichtige Eigenschaft dar, die in Verbindung mit der Ermittlung des Zustandsvektors aus dem Ausgangsvektor mit dem sogenannten Beobachter Verwendung findet. Für die gezeigten Matrizen A und B erhält man eine Steuerbarkeitsmatrix

```
Co = [0, 0; 3.5, -14];
```

die den Rang (ermittelt durch die MATLAB-Funktion **`rank`**`(Co)`) gleich 1 < n = 2 besitzt und somit die Bedingung für die Polplazierung nicht erfüllt. Aus dem Zustandsmodell (7.12) ist klar ersichtlich, daß die Zustandsvariable $x_1(t)$ durch den Eingang $u(t)$ nicht zu beeinflussen ist. Es gibt keine Möglichkeit, mit einer Rückführung die Dynamik, die durch die erste Differentialgleichung des Systems aus (7.12) gegeben ist, zu ändern.

Wenn z.B. der Ausgang des Systems proportional zur ersten Zustandsvariablen ist, oder die C-Matrix des Zustandsmodells `C = [1,0];` ist, dann enthält dieser Ausgang keinerlei Information über die zweite Zustandsvariable und das System ist nicht beobachtbar. Umgekehrt, wenn `C = [0,1];`, dann enthält der Ausgang Information sowohl über die erste als auch über die zweite Zustandsvariable, und das System wird beobachtbar.

Als Beispiel für die Modalität mit der durch Polplazierung ein Servosystem geregelt und mit beliebiger Dynamik versehen werden kann, soll der Prozeß aus Bild 7.8 a dienen. Er besteht aus drei Teilsystemen zweiter Ordnung mit Eigenfrequenzen ω_{0i} und Dämpfungskonstanten ς_i.

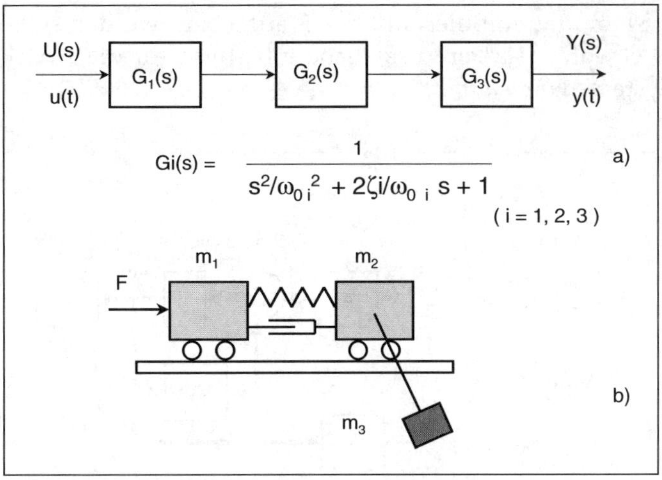

Bild 7.8 Prozeß für ein Servosystem, das durch Polplazierung stabilisiert und geregelt wird

Bild 7.8 b zeigt ein System, dessen Übertragungsfunktion diese Form besitzen kann. Es sind im Grunde drei Feder-Masse-Schwingungssysteme, die aber gekoppelt sind. Im Kapitel 4 wurden Beispiele von Systemen dieser Art untersucht und die Ermittlung des Zustandsmodells dokumentiert. Hier erspart man sich aus Platzmangel die Ableitung des Modells und geht von der viel einfacheren nicht gekoppelten Struktur aus, die im Bild 7.8a dargestellt ist. Im Programm `pol5.m` wird am Anfang das Zustandsmodell des Prozesses ermittelt, ausgehend von den Eigenfrequenzen und Dämpfungskonstanten der drei Abschnitte:

```
% Eigenfrequenzen und Dämpfungskonstanten
w01 = 1;        zeta1 = 0.1;      % Erster Abschnitt
w02 = 0.8;      zeta2 = 0.1;      % Zweiter Abschnitt
w03 = 0.6;      zeta3 = 0.1;      % Dritter Abschnitt

% Übertragungsfunktionen der Abschnitte
zaehler1 = 1;  nenner1 = [1/(w01^2), 2*zeta1/w01, 1];
zaehler2 = 1;  nenner2 = [1/(w02^2), 2*zeta2/w02, 1];
zaehler3 = 1;  nenner3 = [1/(w03^2), 2*zeta3/w03, 1];

% Übertragungsfunktion des Systems
zaehler = conv(conv(zaehler1, zaehler2),zaehler3);
nenner = conv(conv(nenner1,nenner2),nenner3);
[A,B,C,D] = tf2ss(zaehler, nenner);     % Zustandsmodell
```

Nachdem die Polynome der Zähler und Nenner der Teilübertragungsfunktionen definiert sind, wird das gesamte Polynom des Zählers und des Nenners mit Hilfe der MATLAB-Funktion **conv** berechnet. Zuletzt ist das Zustandsmodell mit der Funktion **tf2ss** (aus der *Control-System-Toolbox*) ermittelt. Es wird dem Leser überlassen, die Steuerbarkeit (und eventuell Beobachtbarkeit) zu überprüfen.

Für das Servosystem, daß mit diesem Prozeß aufgebaut werden soll, wird die Struktur aus Bild 7.9 gewählt [4]. Der zusätzliche Integrator für die I-Wirkung erhöht die Ordnung des Systems von 6 auf 7.

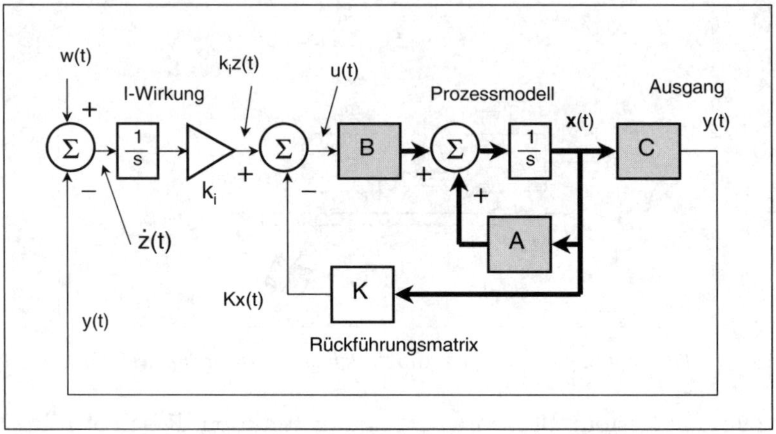

Bild 7.9 Servosystem mit Polplazierung durch Rückführungsmatrix und I-Wirkung

Aus der gewählten Struktur, wenn die explizite Zeitabhängigkeit der Variablen der Einfachheit halber weggelassen wird, kann man folgendes Modell bilden:

$$\begin{aligned} \dot{\mathbf{x}} &= \mathbf{\Lambda x} + \mathbf{B}u \\ y &= \mathbf{Cx} \\ u &= -\mathbf{Kx} + k_i z \\ \dot{z} &= w - y = w - \mathbf{Cx} \end{aligned} \tag{7.15}$$

Daraus wird ein erweitertes Zustandsmodell erzeugt

$$\begin{vmatrix} \dot{\mathbf{x}}(t) \\ \dot{z}(t) \end{vmatrix} = \begin{vmatrix} \mathbf{A} & \mathbf{0} \\ -\mathbf{C} & 0 \end{vmatrix} \begin{vmatrix} \mathbf{x}(t) \\ z(t) \end{vmatrix} + \begin{vmatrix} \mathbf{B} \\ 0 \end{vmatrix} u(t) + \begin{vmatrix} \mathbf{0} \\ 1 \end{vmatrix} w(t), \tag{7.16}$$

das im stationären Zustand konstante Werte für $\mathbf{x}(\infty)$, $z(\infty)$ und $u(\infty)$ ergeben soll. Der Eingang des Integrators wird im stationären Zustand $\dot{z}(\infty) = 0$, somit erhält man den gewünschten Effekt $y(\infty) = w(\infty)$. Für diesen Zustand ergibt die letzte Differentialgleichung folgenden Zusammenhang:

$$\begin{vmatrix} \dot{\mathbf{x}}(\infty) \\ \dot{z}(\infty) \end{vmatrix} = \begin{vmatrix} \mathbf{A} & \mathbf{0} \\ -\mathbf{C} & 0 \end{vmatrix} \begin{vmatrix} \mathbf{x}(\infty) \\ z(\infty) \end{vmatrix} + \begin{vmatrix} \mathbf{B} \\ 0 \end{vmatrix} u(\infty) + \begin{vmatrix} \mathbf{0} \\ 1 \end{vmatrix} w(\infty) \tag{7.17}$$

Mit einer Führungsgröße in Form eines Sprunges ist $w(\infty) = w(t) = w$ eine Konstante für $t > 0$, und das Subtrahieren von (7.17) aus (7.16) ergibt:

$$\begin{vmatrix} \dot{\mathbf{x}}(t) - \dot{\mathbf{x}}(\infty) \\ \dot{z}(t) - \dot{z}(\infty) \end{vmatrix} = \begin{vmatrix} \mathbf{A} & \mathbf{0} \\ -\mathbf{C} & 0 \end{vmatrix} \begin{vmatrix} \mathbf{x}(t) - \mathbf{x}(\infty) \\ z(t) - z(\infty) \end{vmatrix} + \begin{vmatrix} \mathbf{B} \\ 0 \end{vmatrix} (u(t) - u(\infty)) \tag{7.18}$$

Es können jetzt neue Zustandsvariablen definiert werden

$$\begin{aligned} \mathbf{x_e}(t) &= \mathbf{x}(t) - \mathbf{x}(\infty) \\ z_e(t) &= z(t) - z(\infty) \\ u_e(t) &= u(t) - u(\infty) \end{aligned} \tag{7.19}$$

für welche folgendes Zustandsmodell gültig ist

$$\begin{vmatrix} \dot{\mathbf{x}}_e(t) \\ \dot{z}_e(t) \end{vmatrix} = \begin{vmatrix} \mathbf{A} & \mathbf{0} \\ -\mathbf{C} & 0 \end{vmatrix} \begin{vmatrix} \mathbf{x}_e(t) \\ z_e(t) \end{vmatrix} + \begin{vmatrix} \mathbf{B} \\ 0 \end{vmatrix} u_e(t), \tag{7.20}$$

wobei

$$u_e(t) = -\mathbf{K}\mathbf{x_e}(t) + k_i z_e(t) \,. \tag{7.21}$$

Mit der Definition eines neuen Fehlervektors

$$\mathbf{e}(t) = \begin{vmatrix} \mathbf{x_e}(t) \\ z_e(t) \end{vmatrix} \tag{7.22}$$

kann schließlich ein neues Zustandsmodell aufgebaut werden:

$$\dot{\mathbf{e}}(t) = \mathbf{A_n}\mathbf{e}(t) + \mathbf{B_n} u_e(t) \tag{7.23}$$

Mit den Matrizen

$$\mathbf{A_n} = \begin{vmatrix} \mathbf{A} & \mathbf{0} \\ -\mathbf{C} & 0 \end{vmatrix} \qquad \mathbf{B_n} = \begin{vmatrix} \mathbf{B} \\ 0 \end{vmatrix} \tag{7.24}$$

und

$$u_e(t) = -\mathbf{K_n}\mathbf{e}(t), \tag{7.25}$$

wobei

$$\mathbf{K_n} = \left| \mathbf{K} \ - k_i \right|. \tag{7.26}$$

Für das Modell (7.23) kann man die Polplazierung in üblicher Art anwenden, und sie sichert dann, daß aus einem beliebigen Anfangszustand des Fehlers $\mathbf{e}(0)$ (gegeben durch eine Führungsgröße- oder Störungsänderung) das System mit gewünschter Dynamik in den Ruhezustand $\mathbf{e}(t) \to 0$ gelangt. Im Programm `pol5.m` sind alle oben gezeigten Operationen in einigen Zeilen gelöst:

```
% Rückführungsmatrix Kn des erweiterten Systems
[n,m] = size(A);
An = [A, zeros(n,1); -C, 0];       % Erweiterte A-Matrix
Bn = [B; 0];                       % Erweiterte B-Matrix
% Gewünschte Pole für das erweiterte System
p1 = -0.5+j*1;              p2 = conj(p1);
p3 = -0.3+j*0.6;            p4 = conj(p3);
p5 = -0.2+j*0.4;            p6 = conj(p5);
p7 = -2;
p = [p1; p2; p3; p4; p5; p6; p7];
```

```
% Erweiterte Rückführungsmatrix
Kn = place(An, Bn, p)
K = Kn(1:n)                          % Teil-Rückführungsmatrix
ki = -Kn(n+1)                        % I-Gewichtung

% Antwort des Servosystems
[t,x,y] = rk45('s_pol5', 50, [], [1e-3, 0.1, 0.1]);

% my_opt = simset('InitialStep',0.1,'OutputVariables','ty');
% [t,x,y] = sim('s_pol5',[0,50],my_opt);     % SIMULINK 2.0
```

Aus den Matrizen `A`, `B` und `C` des ursprünglichen Systems werden am Anfang die Matrizen des erweiterten Systems `An` und `Bn` gebildet. Mit den gewünschten Polen des neuen Systems wird die erweiterte Rückführungsmatrix `Kn` mit dem Befehl **`place`** berechnet. Aus dieser wird dann die Teilrückführungsmatrix `K` für die Zustandsvariablen des ursprünglichen Systems und die Gewichtung `ki` für die Integralwirkung extrahiert.

Mit dem letzten Befehl des gezeigten Ausschnittes des Programms `pol5.m` wird die Simulation mit dem SIMULINK-Modell durchgeführt. Die Ergebnisse werden mit den restlichen Befehlen des Programms dargestellt. Das SIMULINK-Modell ist im Bild 7.10 gezeigt, und wie man sieht, entspricht es der Struktur aus Bild 7.9. Die dikken Verbindungslinien stellen Vektorsignale in beiden Bildern dar. Bild 7.11 zeigt die Sprungantwort des ursprünglichen Prozesses, aus dem das ungedämpfte Schwingungsverhalten hervorgeht, das schwer in einer klassischen Regelung zu beruhigen ist. Das Verhalten des Servosystems, das mit diesem Prozeß aufgebaut ist, kann durch Polplazierung stark beeinflußt werden. Bei der Wahl der gewünschten Pole und somit der gewünschten Dynamik muß man bedenken, daß eine angestrebte schnelle Antwort immer mit einer Steigerung der nötigen Steuerleistung verbunden ist. Dies bedeutet auch viel größere Werte für die Rückkopplungssignale und für das I-Wirkungssignal.

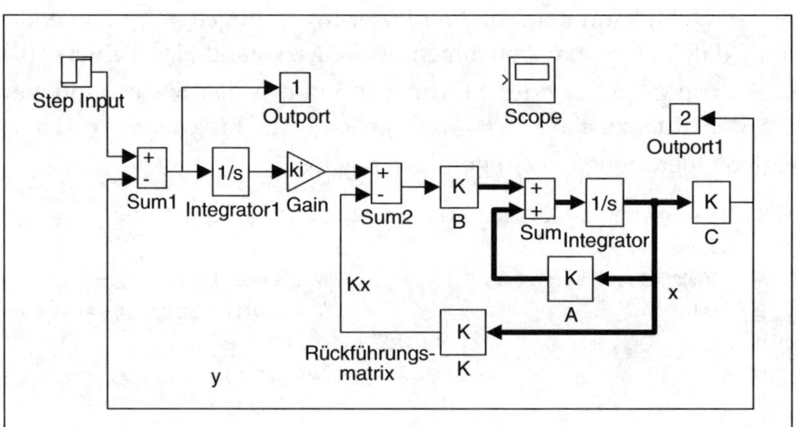

Bild 7.10 SIMULINK-Modell des Servosystems mit Polplazierung und I-Wirkung (s_pol5.m; s_pol5.mdl; pol5.m)

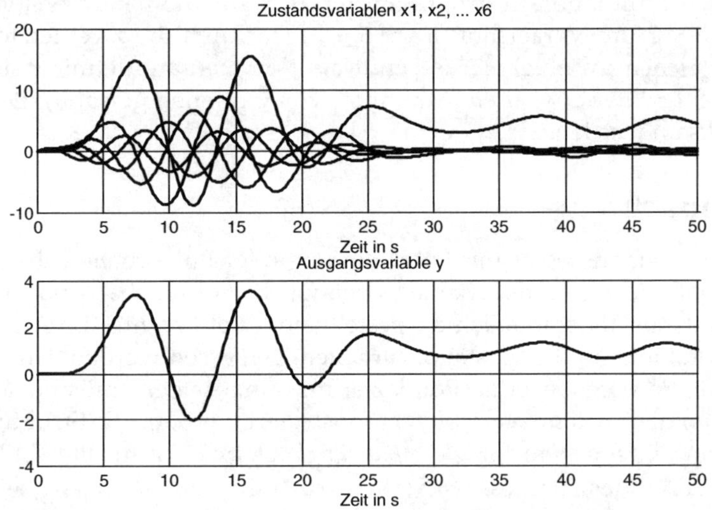

Bild 7.11 Sprungantwort des ursprünglichen Prozesses (s_pol5.m; s_pol5.mdl; pol5.m)

Die gewünschten Pole für das Servosystem können im Programm einfach geändert werden, z.B. für eine viel schnellere Reaktion, und man wird gleich sehen, daß die Rückführungskonstanten größere Werte einnehmen. In den optimalen Regelungen, wo die Steuerung eine Zielfunktion minimiert, kann die Wichtigkeit der Steuerleistung relativ zur Wichtigkeit der Fehler (oder Abweichungen) gesteuert werden.

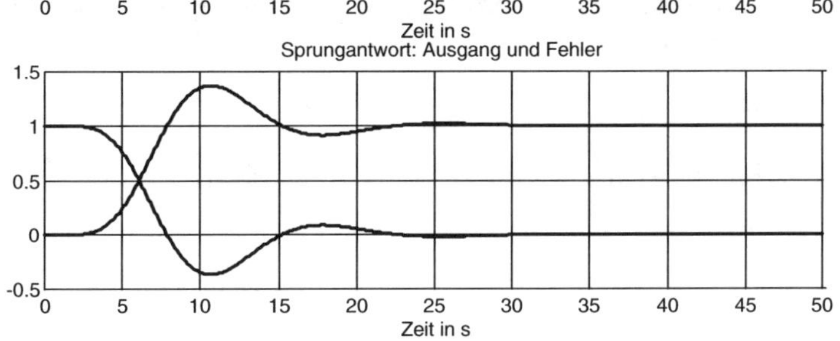

Bild 7.12 Sprungantwort des Servosystems nach der Polplazierung (s_pol_5.m; s_pol5.mdl; pol5.m)

Der Aufruf der Simulation in Programm `pol5.m` für die neue Version MATLAB 5 und SIMULINK 2 (im Verzeichnis `matl5_s2`) ist durch die zwei letzten Zeilen, die mit dem %-Zeichen im obigen Ausschnitt als Kommentare definiert sind, realisiert. Mit dem Befehl **`simset`** wird ein Minimum von Optionen gewählt, die dann im Befehl **`sim`** wirksam werden.

7.4 Beobachter

Die gezeigten Zustandsregler mit Polplazierung oder Polvorgabe gehen von der Annahme aus, daß die Zustandsvariablen zugänglich und meßbar sind. Bei vielen Prozessen, die mit Zustandsmodellen dargestellt sind, können nur die Ausgangsgrößen, als lineare Kombination der Zustandsvariablen, gemessen werden. Um die gezeigten Lösungen mit Polvorgabe oder Polplazierung einzusetzen, müssen aus den Ausgangsvariablen die Zustandsvariablen rekonstruiert werden. Die Struktur eines Beobachters für ein SISO-System (*Single-Input-Single-Output*) ist in Bild 7.13 gezeigt. Die Ausgangsvariable des Prozesses $y(t)$ wird mit dem Ausgang eines Modells $\tilde{y}(t)$ verglichen und die Differenz beeinflußt über die Rückführungsmatrix des Beobachters das Modell. Wenn das Modell den Prozeß genau darstellt, und beide die gleichen Anfangsbedingungen haben, dann bewirkt der gemeinsame Eingang gleiche Zustands- und Ausgangsvariablen und die Rückführung hat keinen Einfluß. Da im allgemeinen auch bei Übereinstimmung des Prozesses und des Modells die Anfangsbedingungen des Prozesses nicht bekannt sind, geschieht eine Korrektur des Zustandes des Beobachters über die Rückführung. Der Zustandsvektor des Beobachters $\tilde{\mathbf{x}}(t)$ ist der rekonstruierte Zustandsvektor des Prozesses, der dann in einer Regelung mit Polvorgabe eingesetzt werden kann. Mit der Rückführungsmatrix des Beobachters wird die Dynamik oder die Lage der Pole des Beobachters so eingestellt, daß die Rekonstruktion von einem beliebigen Fehler (Abweichung des Zustandes des Prozesses von dem des Beobachters) ausgehend, schnell ohne große Abweichungen geschieht.

Auch hier reduziert sich die Lösung für den Beobachter auf eine Polplazierung einer homogenen Differentialgleichung für den Fehler des Beobachters. Für ein SISO-Prozeß mit einem Eingang und einem Ausgang ist der Prozeß und der Beobachter durch folgende Differentialgleichungen beschrieben:

$$\begin{aligned} &\dot{\mathbf{x}}(t) = \mathbf{A}\mathbf{x}(t) + \mathbf{B}u(t); && y(t) = \mathbf{C}\mathbf{x}(t) \\ &\dot{\tilde{\mathbf{x}}}(t) = \mathbf{A}\tilde{\mathbf{x}}(t) + \mathbf{B}u(t) + \mathbf{K}_e(y(t) - \tilde{y}(t)); && \tilde{y}(t) = \mathbf{C}\tilde{\mathbf{x}}(t) \end{aligned} \tag{7.27}$$

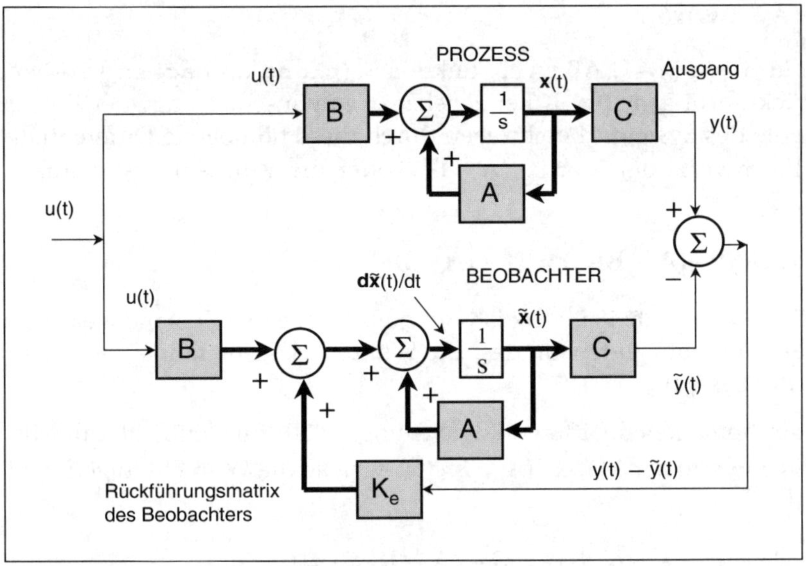

Bild 7.13 Struktur eines Beobachters

Die Bezeichnungen der Variablen und Matrizen entsprechen der Struktur aus Bild 7.13. Aus diesen Gleichungen läßt sich eine Differentialgleichung für die Differenz der Zustandsvariablen des Prozesses und die des Beobachters ableiten:

$$\begin{aligned} \dot{\mathbf{x}}(t) - \dot{\tilde{\mathbf{x}}}(t) &= \mathbf{A}(\mathbf{x}(t) - \tilde{\mathbf{x}}(t)) - \mathbf{K}_e(\mathbf{C}\mathbf{x}(t) - \mathbf{C}\tilde{\mathbf{x}}(t)) \\ \dot{\mathbf{x}}(t) - \dot{\tilde{\mathbf{x}}}(t) &= (\mathbf{A} - \mathbf{K}_e\mathbf{C})(\mathbf{x}(t) - \tilde{\mathbf{x}}(t)) \end{aligned} \tag{7.28}$$

Die Differenz zwischen dem Zustandsvektor des Prozesses und dem des Beobachters

$$\mathbf{e}(t) = \mathbf{x}(t) - \tilde{\mathbf{x}}(t) \tag{7.29}$$

bildet den Fehler des Beobachters, der laut (7.28) durch folgende Differentialgleichung beschrieben ist:

$$\dot{\mathbf{e}}(t) = (\mathbf{A} - \mathbf{K}_e\mathbf{C})\mathbf{e}(t) \tag{7.30}$$

Diese homogene Differentialgleichung erinnert an das ursprüngliche Problem der Polplazierung, bei der ausgehend von einem Prozeß beschrieben durch

$$\dot{\mathbf{x}}(t) = \mathbf{A}\mathbf{x}(t) + \mathbf{B}u(t) \tag{7.31}$$

mit einer Rückführung der Zustandsvariablen

$$u(t) = -\mathbf{K}\mathbf{x}(t) \tag{7.32}$$

die Pole des resultierten Systems an die vorgegebenen Stellen gebracht werden. Durch Einsetzen von (7.32) in (7.31) wurde eine homogene Differentialgleichung des neuen Systems der Form

$$\dot{\mathbf{x}}(t) = (\mathbf{A} - \mathbf{BK})\mathbf{x}(t) \tag{7.33}$$

erhalten, für die in MATLAB zwei Funktionen (**place** und **acker**) vorhanden sind, um die Rückführungsmatrix **K** bei gegebener gewünschter Lage der Pole zu berechnen. Die Pole des Systems, beschrieben durch diese homogene Differentialgleichung, sind die Eigenwerte der Matrix $(\mathbf{A} - \mathbf{BK})$ oder die Wurzeln des charakteristischen Polynoms

$$P(s) = \det(s\mathbf{I} - (\mathbf{A} - \mathbf{BK})) = |s\mathbf{I} - (\mathbf{A} - \mathbf{BK})| = 0, \tag{7.34}$$

wobei **I** die (n x n)-Einheitsmatrix ist, mit n als Größe des Zustandsvektors, und s die Variable des Polynoms n-ten Grades. Die Wurzeln des Polynoms sind die Eigenwerte oder Pole des Systems.

Die Pole der homogenen Differentialgleichung (7.30) für den Fehler des Beobachters sind die Eigenwerte der Matrix $(\mathbf{A} - \mathbf{K}_e\mathbf{C})$, welche die Wurzeln folgenden Polynoms sind:

$$P(s) = \det(s\mathbf{I} - (\mathbf{A} - \mathbf{K}_e\mathbf{C})) = |s\mathbf{I} - (\mathbf{A} - \mathbf{K}_e\mathbf{C})| = 0 \tag{7.35}$$

Da die Determinante einer Matrix gleich die der Transponierten ist, sind die Wurzeln auch aus

$$P(s) = \det(s\mathbf{I} - (\mathbf{A}^T - \mathbf{C}^T\mathbf{K}_e{}^T)) = |s\mathbf{I} - (\mathbf{A}^T - \mathbf{C}^T\mathbf{K}_e{}^T)| = 0 \tag{7.36}$$

zu berechnen. Wenn diese Gleichung mit der Gleichung (7.34) verglichen wird, dann sieht man, daß die Rückführungsmatrix für den Beobachter mit denselben MATLAB-Funktionen (**place** und **acker**) berechnet werden kann, wenn die entsprechenden transponierten Matrizen eingesetzt werden. In MATLAB kann dies z.B. mit folgendem Befehl (aus der *Control-System-Toolbox*) geschehen

```
Ke = (place(A', C', p))';
```

Der Spaltenvektor `p` muß die n gewünschten Pole des Beobachters enthalten. Es wird an dieser Stelle klar, daß es abhängig von der Wahl dieser Pole, eine Vielzahl von Lösungen für den Beobachter gibt. Die Pole des Beobachters müssen eine schnelle Reaktion sichern und werden somit 5 bis 10 mal größer als die Pole des Prozesses, der beobachtet wird, gewählt. Die Simulation kann in diesem Zusammenhang wichtige Erkenntnisse liefern.

Ein Prozeß, beschrieben durch ein Zustandsmodell, muß beobachtbar sein, um den Zustandsvektor aus dem Ausgangsvektor mit Hilfe eines Beobachters zu rekonstruieren. Die Beobachtungsmatrix (*Observability*-Matrix) gegeben durch

$$\mathbf{Ob} = |\mathbf{C} \quad \mathbf{CA} \quad \mathbf{CA}^2 \quad \ldots \quad \mathbf{CA}^{n-1}|^T$$

muß den Rang n besitzen, mit n als Ordnung des Systems oder Größe des Zustandsvektors. Die MATLAB-Funktion **obsv** aus der *Control-System-Toolbox* berechnet diese Matrix, und mit der Funktion **rank** kann der Rang überprüft werden.

Im Programm `pol6.m` wird ein Beobachter für den gleichen Prozeß, der in den Simulationen der Regelungen mit Polvorgabe eingesetzt wurde, entwickelt und simuliert. Der erste Teil des Programms, in dem das Modell des Prozesses berechnet wird, ist der gleiche wie z.B. im `pol5.m`. Als nächstes werden Werte für die Pole des Beobachters gewählt. Die im Programm gezeigten Werte sind nach einigen Versuchen durch Simulation festgelegt worden. Danach wird die Beobachtbarkeit überprüft, und es wird die Rückführungsmatrix des Beobachters ermittelt:

```
[A,B,C,D] = tf2ss(zaehler, nenner);      % Zustandsmodell

% -----Bestimmung der Rückführungsmatrix Ke des Beobachters
% -----Gewünschte Pole für den Beobachter
p1 = -0.9+0.5*j*sqrt(3);    p2 = conj(p1);
p3 = -1.0+0.5*j*sqrt(3);    p4 = conj(p3);
p5 = -1.1+0.5*j*sqrt(3);    p6 = conj(p5);
p = [p1; p2; p3; p4; p5; p6];

% -----Beobachtbarkeitsmatrix
Ob = obsv(A,C);
if rank(Ob) < 6
   disp('Das System ist nicht beobachtbar !!!');    return;
end;
K = place(A',C',p);   % Rückführung für den
Ke = K'               % Beobachter
e = eig(A-Ke*C) % Eigenwerte des Beobachters als Probe

% -----Antwort des Systems und des Beobachters
[t,x,y] = rk45('s_pol6', 100, [], [1e-3, 0.1, 0.1]);

% my_opt = simset('InitialStep',0.1,'OutputVariables','ty');
% [t,x,y] = sim('s_pol6',[0,100],my_opt);     % SIMULINK 2.0
```

Als Probe werden die Eigenwerte der Matrix der homogenen Differentialgleichung für den Fehler des Beobachters berechnet. Sie müssen mit den gewünschten Polen gleich sein. Schließlich wird die Simulation vom Programm aus durchgeführt und die Ergebnisse dargestellt. Das SIMULINK-Modell `s_pol6.m` (bzw. `s_pol6.mdl`) des Beobachters ist in Bild 7.14 gezeigt und es spiegelt die Struktur des Beobachters aus Bild 7.13 wider.

In Bild 7.15 sind die Ergebnisse für die im Programm gezeigten Pole des Beobachters dargestellt. Es sind die erste und sechste Zustandsvariable des Prozesses und die gleichen, durch den Beobachter rekonstruierten Zustandsvariablen gezeigt. Der Prozeß ist mit Anfangsbedingungen für die Zustandsvariablen versehen und am Eingang wird ein Einheitssprung angelegt. Wie man sieht, gibt es bei der ersten Zustandsvariable ein Einschwingen des Beobachters, während dessen sich die Variablen noch unterscheiden, um danach eine gute Übereinstimmung der rekonstruierten Zustandsvariablen zu sichern.

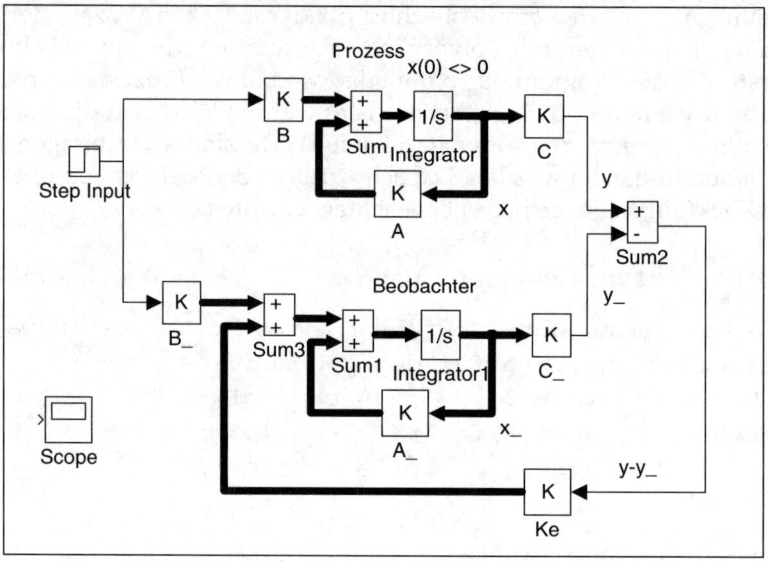

Bild 7.14 SIMULINK-Modell eines Beobachters für ein SISO-Prozeß (s_pol6.m; s_pol6.mdl; pol6.m)

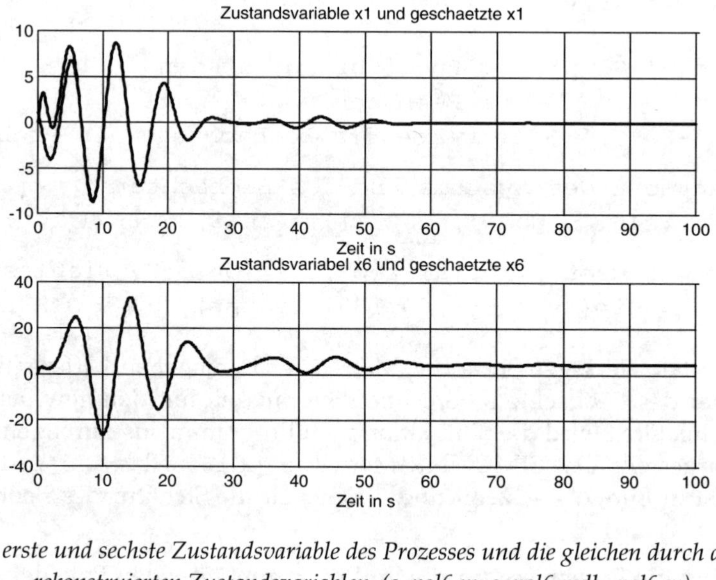

Bild 7.15 Die erste und sechste Zustandsvariable des Prozesses und die gleichen durch den Beobachter rekonstruierten Zustandsvariablen (s_pol6.m; s_pol6.mdl; pol6.m)

Bei der letzten Zustandsvariable ist das Einschwingen sehr kurz und die beiden zu vergleichenden Variablen überdecken sich im Bild. Das Programm `pol61.m` enthält ein zweites Verfahren [4], um die Rückführungsmatrix des Beobachters zu bestimmen.

Die rekonstruierten Zustandsvariablen können dann in einer Regelung mit Polplazierung angewandt werden.

7.5 Optimale LQR-Regelung

Die optimale LQR-Regelung (*Linear-Quadratic-Regulator*) basiert auf einer Technik, welche schon in den 60er Jahren entwickelt wurde [5]. Die Rechnerleistung der damaligen Zeit war zu schwach, um die Verfahren dieser Regelung zu implementieren. Sie haben einen großen Aufschwung in Verbindung mit den Raumforschungsprojekten und den gesteuerten Marschflugkörpern in den 70er bis späten 80er Jahren erfahren. Obwohl die Verfahren z.Z. gereift anzusehen sind, gab es zu Beginn der 90er Jahren noch wenig industrielle Entwicklungen, die auf der LQR-Technik aufbauten. Ein Grund dafür ist in den Lehrbüchern vermerkt, und zwar die nicht so leicht zugänglichen mathematischen Grundlagen der Verfahren. Mangels entsprechender Werkzeuge, wie z.B. MATLAB, SIMULINK und Toolboxen, mit denen man Experimente und konkrete Untersuchungen mit einem Minimum an Programmieraufwand durchführen kann, sind die LQR-Techniken bei den Studierenden und Entwicklungsingenieuren aus der Industrie nicht angekommen und werden nur in speziellen Bereichen eingesetzt.

Im vorliegenden Text wird nur das einfache LQR-Regelungsproblem angesprochen, um zu zeigen, wie leicht mit nur einigen MATLAB-Programmzeilen und anschaulichen SIMULINK-Modellen das Experimentieren mit diesen Techniken ist. Die einfachste optimale LQR-Regelung für ein SISO-System ermittelt die optimale Rückführungsmatrix **K** einer Zustandsregelung, so daß die Rückkopplung

$$u(t) = -\mathbf{Kx}(t) \tag{7.37}$$

eine Zielfunktion (oder Kostenfunktion)

$$J = \int_0^\infty \left[\mathbf{x}^T(t)\mathbf{Qx}(t) + \mathbf{u}^T(t)\mathbf{Ru}(t)\right]dt = \int_0^\infty \left[\mathbf{x}^T(t)\mathbf{Qx}(t) + Ru^2(t)\right]dt \tag{7.38}$$

minimiert, unter der Nebenbedingung

$$\dot{\mathbf{x}}(t) = \mathbf{Ax}(t) + \mathbf{B}u(t)\,, \tag{7.39}$$

die das Modell des geregelten Prozesses darstellt. Für diesen relativ einfachen Fall ist die gesuchte Rückführungsmatrix durch

$$\mathbf{K} = \mathbf{R}^{-1}\mathbf{B}^T\mathbf{P} = \mathbf{B}^T\mathbf{P}\,/\,R \tag{7.40}$$

gegeben. Die Gewichtungsmatrix **R** muß allgemein positiv definit und invertierbar sein und im angenommenen Fall eines SISO-Systems, bei dem die Gewichtung ein Skalar ist, muß $R > 0$ sein. Die Matrix P ist die positiv definite Lösung der sogenannten algebraischen Riccati-Gleichung [5], für den allgemeinen Fall durch

$$\mathbf{A}^T\mathbf{P} + \mathbf{PA} + \mathbf{Q} - \mathbf{PBR}^{-1}\mathbf{B}^T\mathbf{P} = \mathbf{0} \tag{7.41}$$

ausgedrückt. Die Bedingungen, daß diese Lösung für die Rückführungmatrix existiert, lauten: das Matrixpaar (**A, B**) des Prozeßmodells muß stabilisierbar sein; $\mathbf{R} > 0$ (positiv definit); und die Gewichtungsmatrix $\mathbf{Q} \geq 0$ (positiv semidefinite) muß als $\mathbf{Q} = \mathbf{C}_q^T\mathbf{C}_\mathbf{q}$ darstellbar sein, wobei das Paar $(\mathbf{C}_\mathbf{q}, \mathbf{A})$ detektierbar ist. Die Stabilisier- und

Detektierbarkeit sind eine Erweiterung (im Sinne der Lockerung) der Bedingungen der Steuer- und Beobachtbarkeit. Es müssen nur die instabilen Pole des Systems steuer- und beobachtbar sein.

Wenn die Zielfunktion nicht von Null bis Unendlich definiert ist, sondern nur für ein Zeitintervall T, dann ist die Rückführungsmatrix zeitabhängig und wird mit Hilfe einer Matrix **P**(t), welche eine Riccati-Differentialgleichung erfüllt, definiert.

In der *Control-System-Toolbox* gibt es für die LQR-Regelung die Befehle **`lqr`**, **`lqr2`** und **`lqry`**. Der zweite Befehl löst das gleiche Problem wie der erste mit dem Unterschied, daß es auf dem Schur-Verfahren [6] basiert. Der letzte Befehl geht von einer Zielfunktion aus, die statt der Zustandsvariablen die Ausgangsvariablen enthält. Für das Beispiel eines SISO-Systems wäre eine solche die Zielfunktion durch

$$J = \int_0^\infty (\mathbf{y}(t)^T \mathbf{Q}\mathbf{y}(t) + Ru^2(t))dt \tag{7.42}$$

gegeben. Mit der **`help`**-Funktion können kurze Beschreibungen der Funktionen dieser Befehle erhalten werden.

Im Bild 7.16 ist eine LQR-Regelung für ein SISO-System 6. Ordnung dargestellt. Die Ausgangsgröße wird als proportional zu einer Zustandsvariablen, in diesem Fall zur letzten, angenommen. Die Rückführungsmatrix ist in zwei Teile zerlegt. Ein Teil bildet mit den ersten 5 Zustandsvariablen die Rückführung, die direkt zum Eingang des Systems führt, und ein Teil ergibt die Rückführung für die letzte Zustandsvariable, die in der Ausgangsgröße enthalten ist. Diese Ausgangsgröße wird mit der Führungsgröße verglichen und ergibt einen Fehler im üblichen Sinne einer Führungsregelung.

Für die LQR-Regelung wird vorerst die Führungsgröße gleich Null angenommen dadurch gibt es von allen Zustandsvariablen die übliche Rückführung. Sie soll jetzt die Zielfunktion minimieren und nicht eine Polvorgabe erzwingen. Indirekt erreicht man dadurch eine Polplazierung, die zu einer Dynamik führt, die das Minimum der Zielfunktion sichert.

Im Programm `lqr1.m` ist am Anfang der gleiche Prozeß 6. Ordnung gebildet, der auch in den Beispielen des Beobachters und der Polplazierungsaufgabe benutzt wurde. Er kann leicht geändert werden, um andere Prozesse zu simulieren.

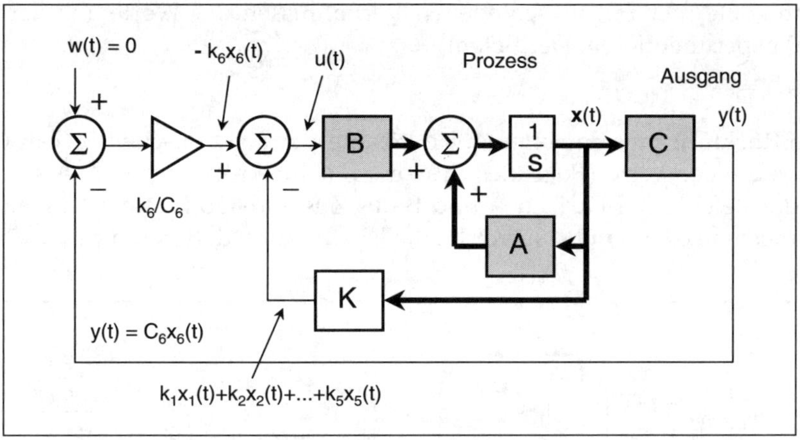

Bild 7.16 LQR-Regelung eines Prozesses 6. Ordnung, bei dem die letzte Zustandsvariable die Ausgangsgröße ist

```
.........
[A,B,C,D] = tf2ss(zaehler, nenner);             % Zustandsmodell
[n,m]= size(A);

%-------Gewichtungen für den Fehler (Zustand) und Steuerung
Q = eye(n,n);   Q(6,6) = 500;      % Preis der Abweichungen
% der Zustandsvariablen; die sechste Variable ist der Ausgang
R = 0.1;                    % Preis der Steuerleistung
%-------Optimale Rückführung
[K, S, E] = lqr(A,B,Q,R);
k15 = [K(1:n-1),0];    % Rückführung für die ersten 5 Var.
k6 = K(n);                     % Rückführung für die 6. Var.
K, S, E,                    % LQR-Matrizen

%-------Antwort des Systems
[t,x,y] = rk45('s_lqr1', 20, [], [1e-3, 0.1, 0.1]);

% my_opt = simset('InitialStep',0.1,'OutputVariables','ty');
% [t,x,y] = sim('s_lqr1',[0,20],my_opt);     % SIMULINK 2.0
```

Die Preise der Abweichungen der Zustandsvariablen (wenn die Zielfunktion als eine Kostenfunktion angesehen wird) sind in der `Q`-Matrix (symmetrisch und positiv definit) enthalten. Der Preis der Abweichung der letzten Variablen, die den Ausgang bildet, ist verglichen mit dem Preis der Abweichungen der restlichen Variablen, relativ hoch (im Verhältnis 500/1). Dadurch erhält diese Variable kleinere Abweichungen. Die Steuerleistung ist mit dem Preis, der in R (allgemein eine positiv definite Matrix für Systeme mit Mehreingängen) enthalten ist, gewichtet. Ein großer Wert für diesen Preis wird das System mit Rückführung so einstellen, daß die verbrauchte Leistung klein bleibt. Dadurch ergibt sich eine größere Trägheit für das System. Man

stem. Man sollte hier mit verschiedenen Verhältnissen der Werte aus der Q-Matrix und aus R experimentieren. Der Befehl

```
[K, S, E] = lqr(A,B,Q,R);
```

ergibt die Rückführungsmatrix in `K`, die Lösung der algebraischen Riccati-Gleichung in `S` und die Eigenwerte (Pole) des Systems mit Rückführung in `E`. Als Argumente benötigt der Befehl die Matrizen A und B des Zustandsmodells des Systems und die Gewichtungsmatrizen `Q` und `R`, welche die Zielfunktion definieren.

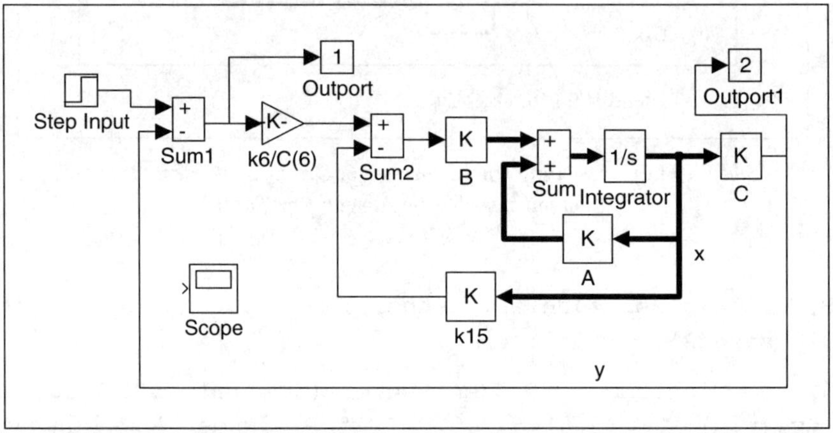

Bild 7.17 Modell der LQR-Regelung (s_lqr1.m; s_lqr1.mdl; lqr1.m)

Das SIMULINK-Modell (`s_lqr1.m; s_lqr1.mdl`) aus Bild 7.17, welches die Struktur aus Bild 7.16 nachbildet, wird über die Variablen des Programms parametriert, die Simulation ist direkt aus dem Programm mit dem letzten Befehl des gezeigten Ausschnittes des Programms angesteuert. Für die neue Version von MATLAB und SIMULINK werden die Zeilen mit den Befehlen **`simset`** bzw. **`sim`** eingesetzt.

Im Bild 7.18 ist oben die Ausgangsgröße und der Fehler der LQR-Regelung gezeigt, unten sind alle Zustandsvariablen dargestellt. Für die gewählten Gewichtungen aus `Q`, welche die Abweichung der sechsten Zustandsvariablen mit einem sehr hohen Preis (relativ zu den anderen) bewerten, erhält man ein gutes Verhalten dieser Variablen und relativ große Abweichungen für die restlichen Variablen.

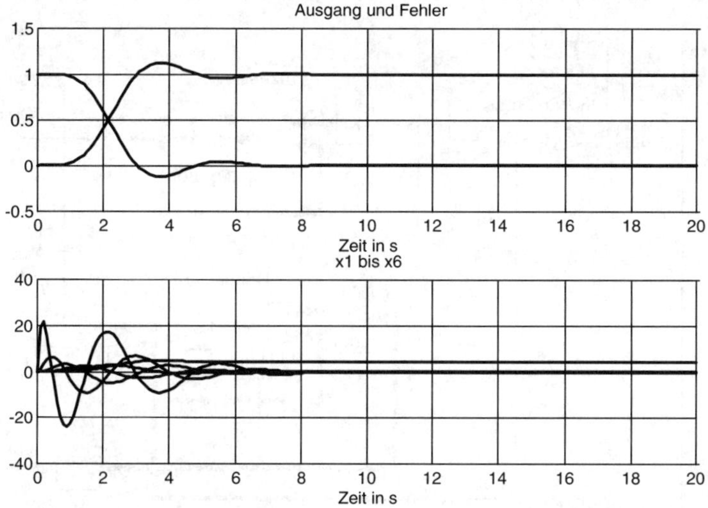

Bild 7.18 Ausgang und Fehler der LQR-Regelung (oben) und die Zustandsvariablen des Systems für einen Einheitssprung als Führungsgröße (s_lqr1.m; s_lqr1.mdl; lqr1.m)

Für Systeme, bei denen nicht alle Zustandsvariablen zugänglich und meßbar sind, wird der LQR-Regler mit einem Beobachter kombiniert. Bild 7.19 zeigt das SIMULINK-Modell (`s_lqr2.m`; `s_lqr2.mdl`) der LQR-Regelung für das gleiche System mit Beobachter. Die Parameter des Modells werden im Programm `lqr2.m` berechnet und nach der Simulation, die aus dem Programm gestartet wird, stellt das Programm auch die Ergebnisse dar.

Wenn kein Unterschied zwischen dem Prozeß und dem Modell des Prozesses, welches im Beobachter benutzt ist, vorkommt, dann verhält sich das System, als könnte man alle Zustandsvariablen messen. Nur wenn z.B. der Prozeß mit anderen Anfangsbedingungen angenommen wird, muß der Beobachter eingreifen und so rasch wie möglich den korrekten Zustand des Prozesses ermitteln und verfolgen.

Für folgende zufällige Anfangsbedingungen:

```
x0 = [-0.0244,-0.6929,-0.2256,-1.3098, 2.6528, 0.5888];
```

ist die Antwort der LQR-Regelung im Bild 7.20 dargestellt. Im oberen Teil ist der Ausgang und der Fehler dargestellt und im unteren Teil sind die Zustandsvariablen des Prozesses und die des Beobachters gezeigt. Es sind kaum Unterschiede in den Zustandsvariablen zu erkennen, die Verläufe überlappen sich und das deutet auf ein sehr schnelles Einpendeln des Beobachters.

Die gezeigten Programme bilden eine Basis für ein breites Spektrum von Experimenten. Man kann z.B. untersuchen, inwieweit Abweichungen im Modell des Prozesses, das im Beobachter benutzt wird, das Verhalten beeinflussen.

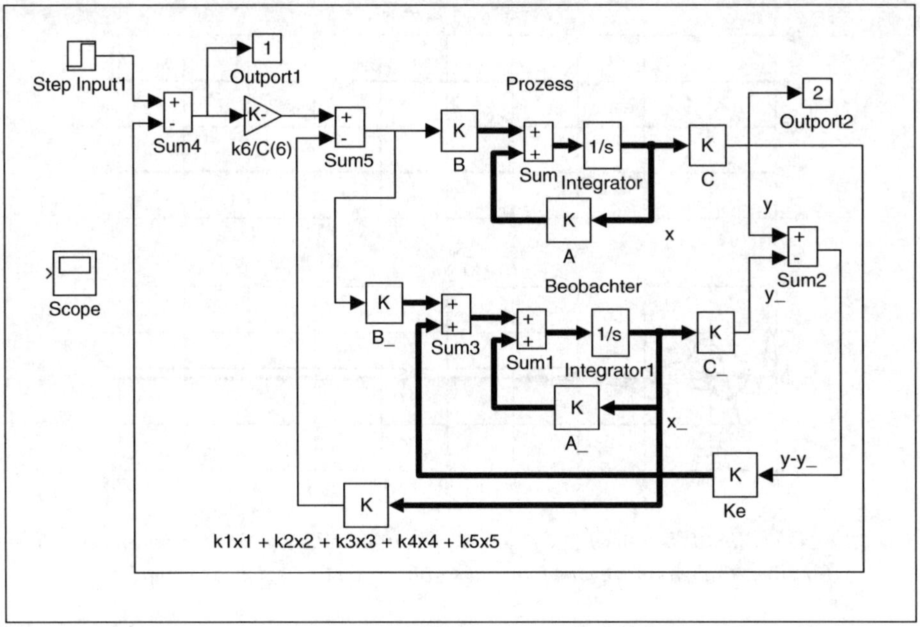

Bild 7.19 SIMULINK-Modell der LQR-Regelung für ein System mit Beobachter (s_lqr2.m; s_lqr2.mdl; lqr2.m)

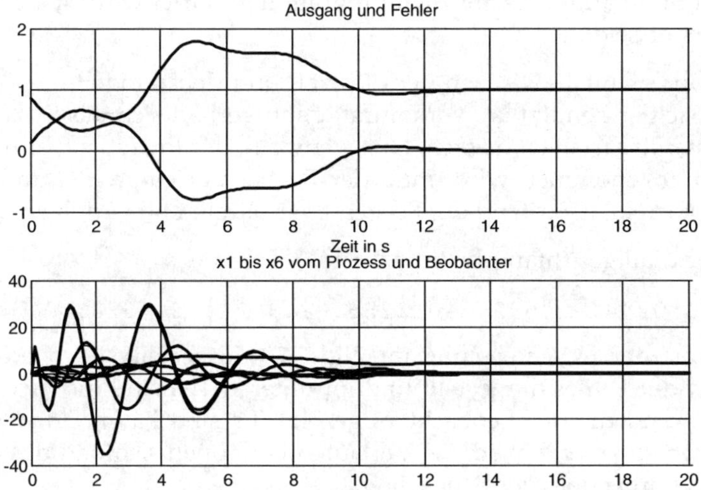

Bild 7.20 Antwort des LQR-Reglers mit Beobachter, wenn der Prozeß einen bestimmten Anfangszustand besitzt (s_lqr2.m; s_lqrt.mdl; lqr2.m)

Zufällige Abweichungen können durch

```
zaehler = zaehler + randn(1, length(zaehler))*0.1;
nenner  = nenner  + randn(1, length(nenner)) *0.1;
[Ab,Bb,Cb,Db] = tf2ss(zaehler, nenner);
```

eingeführt werden; das Experiment mit dem Modell `s_lqr3.m` und Programm `lqr3.m` zeigt, daß das Verhalten noch recht gut ist. Größere Fehler in den Parametern des Prozesses führen zu Instabilitäten. Die Empfindlichkeit gegenüber den Abweichungen des Modells ist sehr hoch, auch wegen des ungedämpften Charakters des Prozesses. Nach solchen Experimenten ergibt sich klar die Notwendigkeit der Entwicklung von robusten Regelungen, die mit Ungenauigkeiten fertig werden.

Bei vielen Prozessen sind mehrere Zustandsvariablen zugänglich und meßbar, und der Beobachter kann auch ein Beobachter minimaler Ordnung sein (*Minimum-Order-State-Observer*) [4], mit dem nur die fehlenden Zustandsvariablen ermittelt werden.

7.6 Kalman-Filter für die Schätzung der Zustandsvariablen

In der Praxis treten häufig Meßstörungen auf, die man als überlagerte Rauschsignale betrachten kann. Auch die Störungen von Prozessen haben oft einen zufälligen Charakter und können durch Modelle für Rauschsignale angenähert werden. Wenn solche zusätzliche Prozeßstörungen vorkommen, liefert das sogenannte Kalman-Filter [3], [7], [8] optimale Schätzwerte für die Zustands- bzw. Ausgangsgrößen. Sie können sowohl zur Schätzung der nicht meßbaren Zustandsvariablen als auch zur Filterung der stark verrauschten Meßwerte eingesetzt werden.

Bild 7.21 zeigt die Struktur eines Kalman-Filters zur Schätzung der Zustandsvariablen eines SISO-Prozesses mit Prozeßrauschen als Störung und Meßrauschen, das der Ausgangsgröße überlagert ist. Zu bemerken ist die große Ähnlichkeit mit dem Beobachter für den Fall deterministischer Signale. Das Modell des Prozesses ist jetzt durch folgende Differentialgleichungen beschrieben:

$$\begin{aligned} \dot{\mathbf{x}}(t) &= \mathbf{A}\mathbf{x}(t) + Bu(t) + \mathbf{G}\mathbf{w}(t) \\ y(t) &= \mathbf{C}\mathbf{x}(t) + v(t) \end{aligned} \tag{7.43}$$

Wobei durch $\mathbf{w}(t)$ das Prozeßrauschen und durch $v(t)$ das Meßrauschen bezeichnet sind. Besonders einfache Lösungen ergeben sich, wenn diese Rauschsignale als „weißes Rauschen" mit Mittelwerten oder Erwartungswerten gleich Null

$$E[\mathbf{w}(t)] = \mathbf{0}; \qquad E[v(t)] = 0 \tag{7.44}$$

und Kovarianzen gegeben durch

$$\begin{aligned} &E[\mathbf{w}(t)\mathbf{w}^T(\tau)] = \mathbf{Q}\delta(t-\tau); \qquad E[v(t)v^T(\tau)] = R\delta(t-\tau) \\ &E[\mathbf{w}(t)v(\tau)] = \mathbf{0} \end{aligned} \tag{7.45}$$

angenommen werden. Es wurde ein SISO-System mit unabhängigem Prozeß- und Meßrauschen (wie die letzte Gleichung zeigt) vorausgesetzt.

Das kontinuierliche weiße Rauschen besitzt eine konstante Leistungsspektraldichte in einem Frequenzbereich von Null bis Unendlich, was eine Varianz (oder mittlere Leistung) gleich Unendlich bedeutet. Es ist klar, daß diese Rauschsignale ideale, nicht realisierbare Signalmodelle der realen zufälligen Störungen sind, die eingeführt wurden, um eine einfache Lösung für das Schätzungsproblem zu erhalten.

Die Delta-Funktion $\delta(t-\tau)$, die keine Funktion im mathematischen Sinne ist, wurde eingeführt, um zu zeigen, daß die Kovarianz des Signals nur mit sich selbst, oder anders gesagt für $t=\tau$, einen von Null verschiedenen Wert ergibt. Für alle anderen Zeitpunkte ist das Signal statistisch unabhängig, und der Erwartungswert der Kovarianz ist Null.

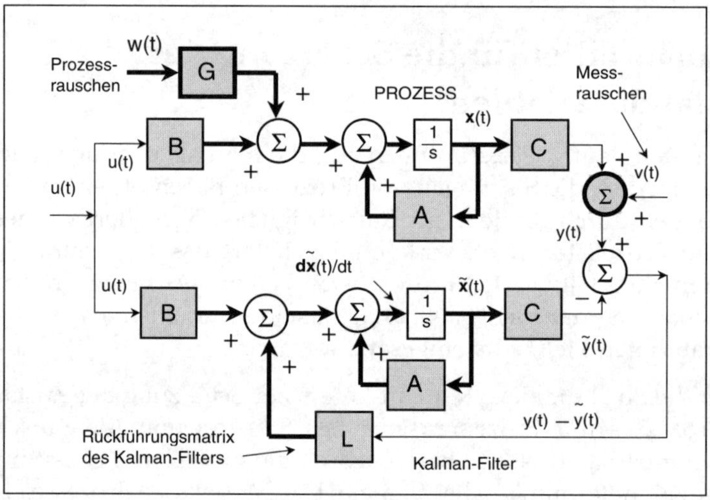

Bild 7.21 Struktur eines Kalman-Filters zur Schätzung der Zustandsvariablen eines SISO-Prozesses

Diese mathematisch idealisierten Rauschsignale müssen in MATLAB oder SIMULINK annähernd erzeugt werden. In den Ableitungen, die zur gewünschten Rückführungsmatrix des Kalman-Filters führen, wird die Extraktionseigenschaft der Delta-Funktion angewandt, die durch folgende Gleichung definiert ist:

$$f(\tau)=\int_{-\infty}^{+\infty} f(t)\delta(t-\tau)dt \tag{7.46}$$

Daraus ergibt sich für die Delta-Funktion eine Einheit gleich 1/s. Nur mit dieser Einheit läßt sich das Ergebnis des gezeigten Integrals korrekt interpretieren. Da die Kovarianzterme $E[w_i(t)w_j(\tau)]$ die Einheit einer Leistung besitzen, müssen die Elemente der Matrix $\mathbf{Q}$ und der Skalar R aus (7.45) als Faktoren der Delta-Funktion, Leistungsspektraldichten mit der Einheit gleich Leistung mal Sekunde oder Leistung / Hz sein. Dadurch ergibt sich folgende Vorgehensweise, um in MATLAB- oder SIMU-

LINK-Simulationen, die mit einer bestimmten Schrittweite kontinuierliche Prozesse simulieren, weißes Rauschen mit gegebener Leistungsspektraldichte zu erzeugen. Es sei dt die Integrationsschrittweite der Simulation und t die Simulationsdauer, z.B. gegeben durch:

```
dt = 0.01;        t = 0:dt:1024;
```

Eine normal verteilte Rauschsequenz w, die ein kontinuierliches Rauschen mit Leistungsspektraldichte q (mit der Einheit Leistung mal Sekunde) bei dieser Schrittweite annähert, wird mit folgendem Befehl gebildet:

```
w = sqrt(q/dt)*randn(1,length(t));
```

Für dieses Rauschen gilt dann im kontinuierlichen Zeitbereich:

$$E[w(t)w(\tau)] = q\delta(t-\tau) \tag{7.47}$$

In SIMULINK gibt es einen Block in der Quellen-Bibliothek, genannt *Band-Limited-White-Noise*, mit dem solches Rauschen erzeugt werden kann. Der erste Parameter des Blocks ist die Leistungsspektraldichte (als *Power* bezeichnet), der zweite stellt die Schrittweite der Simulation oder die Abtastperiode im Falle diskreter Simulationen dar. Sicher kann auch der Quelle-Block mit der Bezeichnung *Random-Number* benutzt werden. Er generiert bei jedem Schritt einen normal verteilten Zufallswert mit Mittelwert gleich Null und Varianz gleich Eins. Daraus läßt sich leicht die gewünschte Annäherung für ein kontinuierliches weißes Rauschen mit gewünschter Leistungsspektraldichte, z.B. q, erzeugen. Der Ausgang dieses Blocks wird einfach mit einem *Gain*-Block, der eine Verstärkung von $\sqrt{q\,/\,dt}$ besitzt, gewichtet. Hier ist *dt* wieder die Schrittweite der Simulation.

Das Problem des Schätzens der Zustandsvariablen eines Systems mit Prozeß- und Meßrauschen, wie es im Bild 7.21 dargestellt ist, bedeutet die Bestimmung der Rückführungsmatrix **L**, so daß der geschätzte Zustandsvektor durch

$$\dot{\tilde{\mathbf{x}}}(t) = \mathbf{A}\tilde{\mathbf{x}}(t) + \mathbf{B}u(t) + \mathbf{L}(y(t) - \tilde{y}(t)) \tag{7.48}$$

gegeben ist. Auf die Herleitung der Beziehungen zur Berechnung der optimalen Kalman-Matrix muß hier aus Platzmangel verzichtet werden. Obwohl dem Filterproblem ein statistischer Ansatz zugrunde liegt, ist die Lösung von gleicher Art wie beim Beobachter. Man sieht, daß mit der gleichen Struktur wie beim Beobachter das Filterproblem gelöst wird. Die optimale Rückführungsmatrix für das SISO-System ist durch

$$\mathbf{L} = \mathbf{P}\mathbf{C}^{\mathrm{T}}\mathbf{R}^{-1} = \mathbf{P}\mathbf{C}^{\mathrm{T}}\,/\,R \tag{7.49}$$

definiert. Im allgemeinen Fall mit mehreren Ausgängen muß die positiv definite Kovarianzmatrix **R** des Meßrauschens invertierbar sein. Die Matrix **P** ist die positiv definite Lösung einer algebraischen Filter-Riccati-Gleichung der allgemeinen Form:

$$\mathbf{AP} + \mathbf{PA}^{\mathrm{T}} - \mathbf{P}^{\mathrm{T}}\mathbf{C}^{\mathrm{T}}\mathbf{R}^{-1}\mathbf{CP} + \mathbf{Q} = \mathbf{0} \tag{7.50}$$

mit **A** und **C** als Matrizen des Zustandsmodells. Es müssen bestimmte Voraussetzungen erfüllt sein, um die Existenz einer optimalen Kalman-Filtermatrix zu sichern. Die Kovarianzmatrix **Q** muß positiv semi-definit sein ($\mathbf{Q} \geq \mathbf{0}$), die Kovarianz Matrix **R** muß positiv definit sein ($\mathbf{R} > \mathbf{0}$) und das Paar **A**, **C** sollte beobachtbar sein.

In der *Control-System-Toolbox* gibt es die Befehle **lqe**, **lqe2** und **lqew** für die Berechnung der Kalman-Matrix **L** bei Prozessen beschrieben durch Zustandsgleichungen der Form (7.43). Im Programm `kalm1.m` wird ein Kalman-Filter für einen SISO-Prozeß berechnet und danach mit dem SIMULINK-Modell `s_kalm1.m` (bzw. `s_kalm1.mdl`) simuliert. Es wird der gleiche Prozeß 6. Ordnung angenommen, der auch in den anderen Abschnitten als Beispiel diente. Im Programm kann der Anfangsteil, der diesen Prozeß ermittelt, auch für andere Prozeßmodelle geändert werden. Nach der Definition des Prozesses wird die Stärke des Prozeß- und Meßrauschens durch die Kovarianzmatrizen **Q**, R (Skalar) und durch die Matrix **G** gewählt. In diesem Fall stellt die Wahl eine Prozeßrauschquelle bestehend aus 6 (die Ordnung des Systems) unabhängigen Quellen dar, die weißes Rauschen mit Leistungsspektraldichte gleich 0,1 erzeugen. Für das Meßrauschen ist eine Rauschquelle mit Leistungsspektraldichte von 0,2 angenommen und für die Gewichtungsmatrix **G** ist die Einheitsmatrix vorausgesetzt:

```
.........
ns = size(nenner)-1; % Ordnung des Systems
[A,B,C,D] = tf2ss(zaehler, nenner);    % Zustandsmodell
%--------Prozeßrauschen und Meßrauschen
Q = eye(ns,ns)*0.1;  R = 0.2;    G = eye(ns,ns);
%--------Kalman-Filter
[L, P, E] = lqe(A, G, C, Q, R)
% ------Antwort des Systems und des Kalman-Filters
[t,x,y] = rk45('s_kalm1', 100, [], [1e-3, 0.1, 0.1]);

% my_opt = simset('InitialStep',0.1,'OutputVariables','ty');
% [t,x,y] = sim('s_lqr1',[0,20],my_opt);    % SIMULINK 2.0
```

Das Kalman-Filter ist mit der Funktion **lqe** ermittelt. Sie liefert die Kalman-Matrix L, die Lösung der Riccati-Gleichung in der Matrix P und die Eigenwerte (oder Pole) des geschlossenen Systems des Schätzers in E. Die Matrix P stellt die Kovarianzmatrix des Fehlers des Schätzers dar

$$P = E\left[(\mathbf{x}(t) - \tilde{\mathbf{x}}(t)).(\mathbf{x}(t) - \tilde{\mathbf{x}}(t))^T\right] \tag{7.51}$$

und zeigt praktisch dessen Güte an.

Das SIMULINK-Modell des Kalman-Filters (`s_kalm1.m`; `s_kalm1.mdl`) ist im Bild 7.22 gezeigt, und wie man sieht, ist die Struktur aus Bild 7.21 nachgebildet. Die Simulation ist aus dem Programm `kalm1.m` gestartet, und die Ergebnisse sind über dasselbe Programm dargestellt.

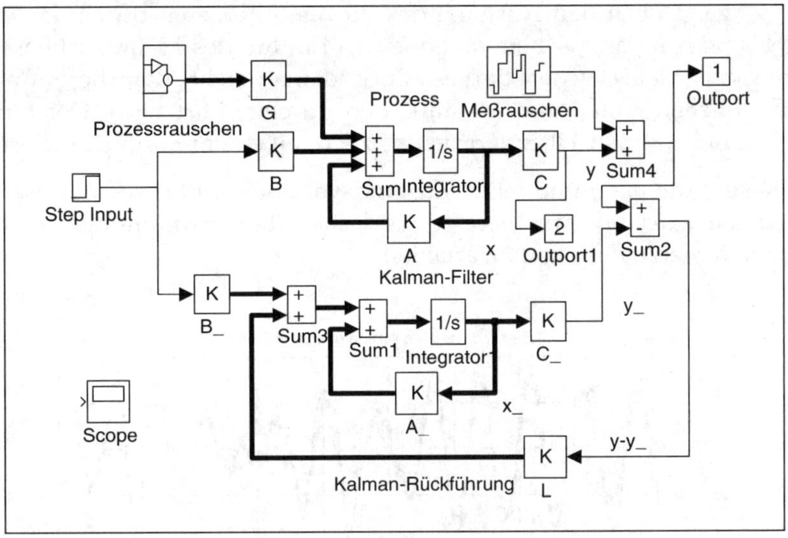

Bild 7.22 SIMULINK-Modell des Kalman-Filters für ein SISO-Prozeß (s_kalm1.m; s_kalm1.mdl; kalm1.m)

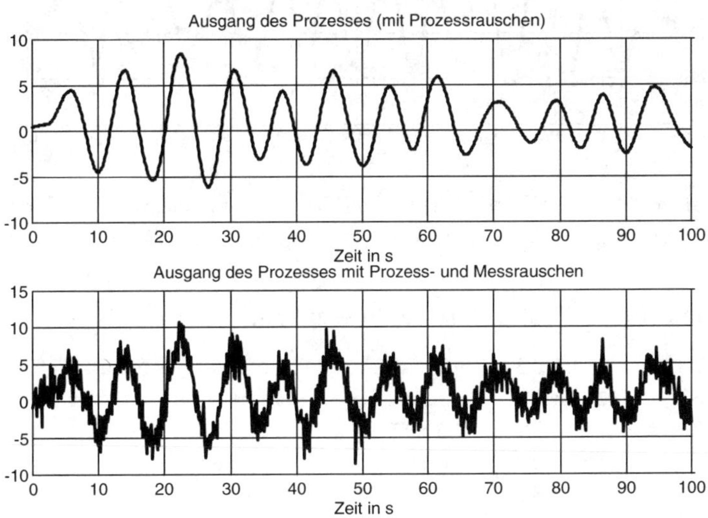

Bild 7.23 Ausgang des Prozesses wegen des Prozeßrauschens ohne Meßrauschen (oben) und mit Meßrauschen (unten) (s_kalm1.m; s_kalm1.mdl; kalm1.m)

Das Prozeßrauschen im Modell, das hier die Rolle der Störungen des Prozesses einnimmt, wird mit Hilfe von 6 Quellen vom Typ *Band-Limited-White-Noise* mit verschiedenen Seed-Werten im gruppierten Block, der den Namen Prozeßrauschen trägt, gebildet. Für das Meßrauschen ist eine ähnliche Quelle benutzt. Die Leistungsspektraldichten dieser Quellen und die Schrittweite (oder Abtastperiode) entsprechen den Werten, die im Programm bzw. in der Parametrierung der Simulation gewählt wurden. Bild 7.23 zeigt oben den Ausgang des Prozesses, erzeugt durch das Prozeßrauschen, das als Störung anzusehen ist, ohne den Einfluß des Meßrauschens. Unten ist der Ausgang mit Meßrauschen dargestellt, und man sieht, daß die Simulation mit einem beträchtlichen Anteil von Meßrauschen durchgeführt wird. Der Eingang des Prozesses und des Kalman-Filters wird zusätzlich mit einem Sprung betrieben.

Im Bild 7.24 sind die erste und letzte Zustandsvariable des Prozesses zusammen mit den geschätzten Zustandsvariablen gezeigt. Die Übereinstimmung ist relativ gut, besonders bei der letzten Zustandsvariablen.

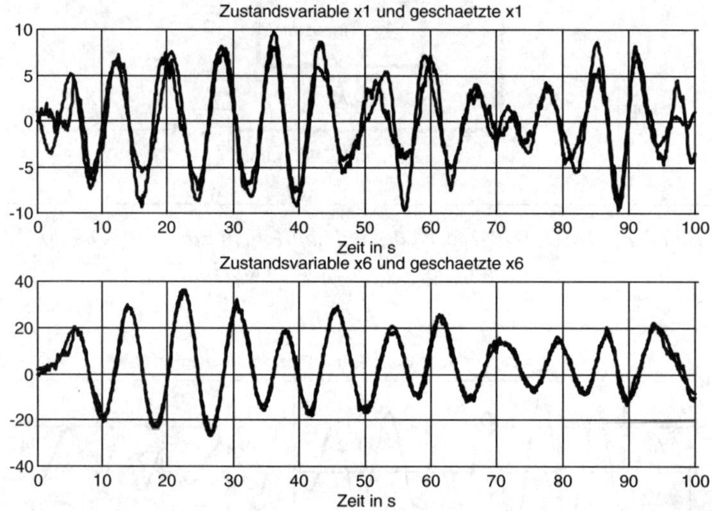

Bild 7.24 Die erste und letzte Zustandsvariable des Prozesses zusammen mit den durch das Kalman-Filter geschätzten Zustandsvariablen (s_kalm1.m; s_kalm1.mdl; kalm1.m)

Die Kovarianzmatrix des Fehlers P ist in diesem Fall:

```
P = 3.7973    0.0225   -3.3927   -1.2741    2.4575    2.5614
    0.0225    4.0475    1.4279   -3.2609   -3.6580   -0.7393
   -3.3927    1.4279    3.9551    0.0315   -4.2104   -3.3371
   -1.2741   -3.2609    0.0315    3.3587    2.1747   -0.7837
    2.4575   -3.6580   -4.2104    2.1747    6.8565    4.0943
    2.5614   -0.7393   -3.3371   -0.7837    4.0943    5.5882
```

Die Diagonalelemente dieser Matrix stellen die Varianzen (mittlere Leistungen) der Fehler der geschätzten Zustandsvariablen dar. Um den relativen Fehler zu bestimmen, müssen die Leistungen der Zustandsvariablen berechnet werden. Mit

```
leistung = sum(x(:,1:6).*x(:,1:6))/length(x(:,1))
```

erhält man die Leistung der sechs Zustandsvariablen:

```
leistung = 19.7869  27.4790  40.8453  64.5123  107.0864  207.5482
```

Die relative Leistung der Fehler ergibt sich mit dem Befehl:

```
r_leistung = diag(P)'./leistung;
```

Es werden folgende Werte ermittelt:

```
r_leistung =  0.1919  0.1473  0.0968  0.0521  0.0640  0.0269
```

Bei der letzten Variablen ist der relative Fehler sehr klein, weil sie auch die Ausgangsgröße bildet, und für die anderen wird der Fehler um so größer, je weiter sie vom Ausgang sind. Diese Aussage bezieht sich auf die Struktur des betrachteten Prozesses, der aus drei in Reihe geschalteten Blöcken zweiter Ordnung besteht.

Nachdem die Zustandsvariablen mit Hilfe des Kalman-Filters geschätzt sind, können sie in einem Zustandsregler, der wie im Falle der deterministischen Signale nach dem LQR-Verfahren arbeitet, eingesetzt werden.

7.7 Diskretes Kalman-Filter

In MATLAB gibt es auch einen Befehl, mit dem man ein diskretes Kalman-Filter für einen kontinuierlichen Prozeß entwickeln kann. Das ist auch der übliche praktische Fall, wenn ein Prozeß durch einen Rechner, in dem die Algorithmen implementiert sind, gesteuert wird. Die Ausgänge der Sensoren werden abgetastet und über A/D-Wandler in digitale, diskrete Größen konvertiert, die dann dem Prozeßrechner zur Verfügung gestellt werden. Nachdem mit Hilfe der Algorithmen die diskreten Stellgrößen berechnet wurden, werden sie den Stellgliedern über D/A-Wandler als kontinuierliche Größen übergeben.

Der Befehl **lqed** aus der *Control-System-Toolbox* geht von einem kontinuierlichen Modell des Prozesses der Form

$$\begin{aligned} \dot{\mathbf{x}}(t) &= \mathbf{A}\mathbf{x}(t) + \mathbf{B}\mathbf{u}(t) + \mathbf{G}\mathbf{w}(t) \\ \mathbf{y}(t) &= \mathbf{C}\mathbf{x}(t) + \mathbf{D}\mathbf{u}(t) + \mathbf{v}(t) \end{aligned} \tag{7.52}$$

aus, wobei das Prozeß- und Meßrauschen $\mathbf{w}(t)$ bzw. $\mathbf{v}(t)$ folgende Eigenschaften besitzen:

$$\begin{aligned} &E\left[\mathbf{w}(t)\right] = E\left[\mathbf{v}(t)\right] = \mathbf{0} \\ &E\left[\mathbf{w}(t)\mathbf{w}^{\mathrm{T}}(\tau)\right] = \mathbf{Q}\delta(t-\tau) \\ &E\left[\mathbf{v}(t)\mathbf{v}^{\mathrm{T}}(\tau)\right] = \mathbf{R}\delta(t-\tau) \\ &E\left[\mathbf{w}(t)\mathbf{v}^{\mathrm{T}}(\tau)\right] = \mathbf{0} \end{aligned} \tag{7.53}$$

Die Kovarianzmatrizen **Q** und **R** müssen die gleichen Bedingungen wie im vorherigen Fall erfüllen ($\mathbf{Q} \geq 0$; $\mathbf{R} > 0$). Die letzte Beziehung zeigt, daß das Prozeß- und das Meßrauschen unabhängig angenommen werden. Mit dem Befehl

```
[L, M, P, E] = lqed(A, G, C, Q, R, Ts);
```

wird die Kalman-Rückführungsmatrix **L** berechnet, um die diskreten geschätzten Zustandsvariablen $\hat{\mathbf{x}}(t)$ mit folgendem Algorithmus zu ermitteln:

$$\begin{aligned}\hat{\mathbf{x}}[n] &= \overline{\mathbf{x}}[n] + \mathbf{L}(\mathbf{y}[n] - \mathbf{C}_\mathrm{d}\overline{\mathbf{x}}[n] - \mathbf{D}_\mathrm{d}\mathbf{u}[n]) \\ \overline{\mathbf{x}}[n+1] &= \mathbf{A}_\mathrm{d}\hat{\mathbf{x}}[n] + \mathbf{B}_\mathrm{d}\mathbf{u}[n]\end{aligned} \tag{7.54}$$

Das diskrete Modell des Prozesses, das durch die Matrizen $\mathbf{A}_\mathrm{d}, \mathbf{B}_\mathrm{d}, \mathbf{C}_\mathrm{d}, \mathbf{D}_\mathrm{d}$ beschrieben ist, erhält man aus dem kontinuierlichen Modell, beschrieben durch die Matrizen **A**, **B**, **C**, **D**, mit Hilfe des Befehls **c2d** (*continuous to discrete*)

```
[Ad, Bd] = c2d(A, B, Ts);
Cd = C;  Dd = D;
```

Mit Ts ist in den Befehlen **lqed** und **c2d** die Abtastperiode des diskreten Modells bezeichnet. Die Schätzung laut (7.54) erfolgt in zwei Etappen. Es wird zuerst der Schätzwert $\hat{\mathbf{x}}[n]$ und danach der vorausgesagte Zustand des Modells $\overline{\mathbf{x}}[n]$ aktualisiert. Die Matrizen M und P, die der Befehl zusätzlich liefert, sind die Kovarianzen folgender Fehler:

$$\begin{aligned}\mathbf{M} &= E\left[(\mathbf{x}(t) - \overline{\mathbf{x}}(t))(\mathbf{x}(t) - \overline{\mathbf{x}}(t))^T\right] \\ \mathbf{P} &= E\left[(\mathbf{x}(t) - \hat{\mathbf{x}}(t))(\mathbf{x}(t) - \hat{\mathbf{x}}(t))^T\right]\end{aligned} \tag{7.55}$$

Bild 7.25 zeigt das Blockschaltbild eines diskreten Kalman-Filters für das Schätzen der Zustandsvariablen eines SISO-Prozesses basierend auf einem diskreten Modell des Prozesses. Das Blockschaltbild stellt praktisch die Zusammenhänge, beschrieben durch die obigen Gleichungen, dar. Der mit Meßrauschen kontaminierte Ausgang wird diskretisiert (hier angedeutet durch den A/D-Wandler) und mit dem geschätzten Ausgang des diskreten Modells verglichen. Über die Kalman-Matrix L wird der Zustand des Modells in den gezeigten zwei Etappen aktualisiert. Das Modell und der Prozeß werden mit diskretem Eingangssignal gesteuert.

Als Beispiel für die Anwendung dieses Kalman-Filters wird der gleiche SISO-Prozeß aus dem vorherigen Beispiel betrachtet. Das Programm `kalm2.m` parametriert das SIMULINK-Modell `s_kalm2.m`; `s_kalm2.mdl` (Bild 7.26), in dem das Blockschaltbild aus Bild 7.25 nachgebildet ist, und führt die Simulation durch.

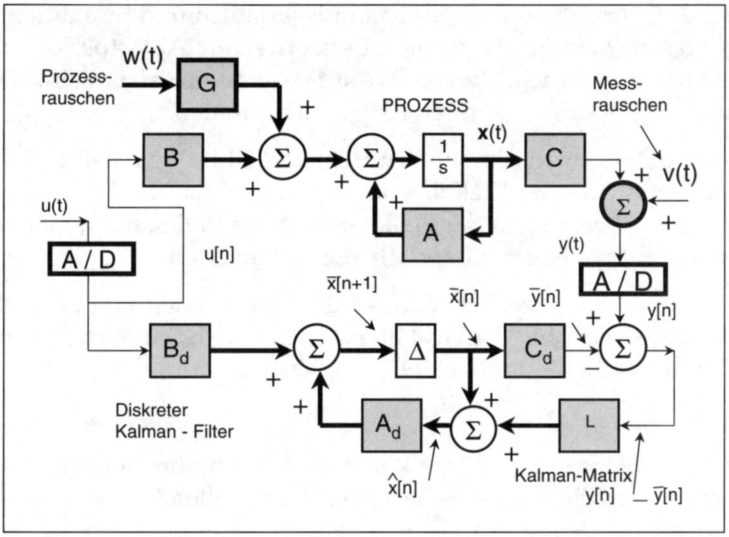

Bild 7.25 Diskretes Kalman-Filter zum Schätzen der Zustandsvariablen eines kontinuierlichen SISO-Prozesses

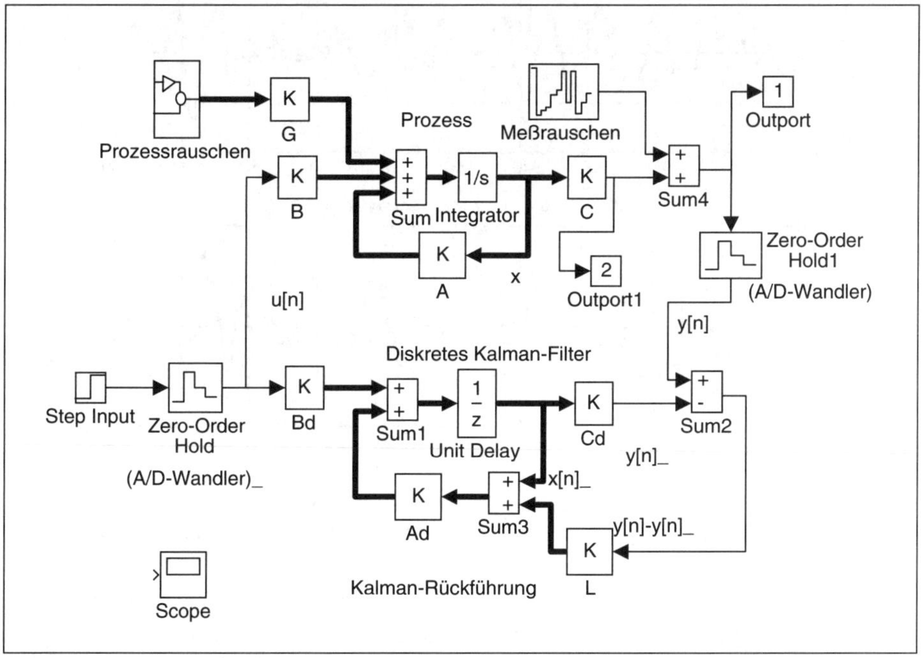

Bild 7.26 Modell für ein diskretes Kalman-Filter zur Schätzung der Zustandsvariablen mit Hilfe eines diskreten Modells (s_kalm2.m; s_kalm2.mdl; kalm2.m)

In Bild 7.27 sind die erste und sechste Zustandsvariablen und ihre durch das diskrete Kalman-Filter geschätzten Werte gezeigt. Es wurde eine Abtastperiode von 0,5 s gewählt, die restlichen Parameter (wie z.B. die Kovarianzmatrizen) sind dem kontinuierlichen Kalman-Filter des vorherigen Abschnittes ähnlich.

Das Programm `kalm2.m` zusammen mit dem SIMULINK-Modell `s_kalm_2.m` bilden die Grundlagen für eine Vielfalt von Experimenten. Mit Hilfe der Matrizen M und P kann man die Leistungen der Fehler berechnen und somit quantitative Größen einführen, um die Ergebnisse der Experimente zu bewerten.

In dem Argument E liefert der Befehl **`lqed`** die Eigenwerte (oder Pole) der geschlossenen Schleife des diskreten Kalman-Filters. Die Schleife ist leicht zu identifizieren, diese Pole könnten auch mit dem Befehl

```
E = eig(Ad-Ad*L*Cd);
```

berechnet werden. Sie müssen in der komplexen Ebene im Inneren des Kreises mit Radius Eins liegen, um ein stabiles Schätzfilter darzustellen.

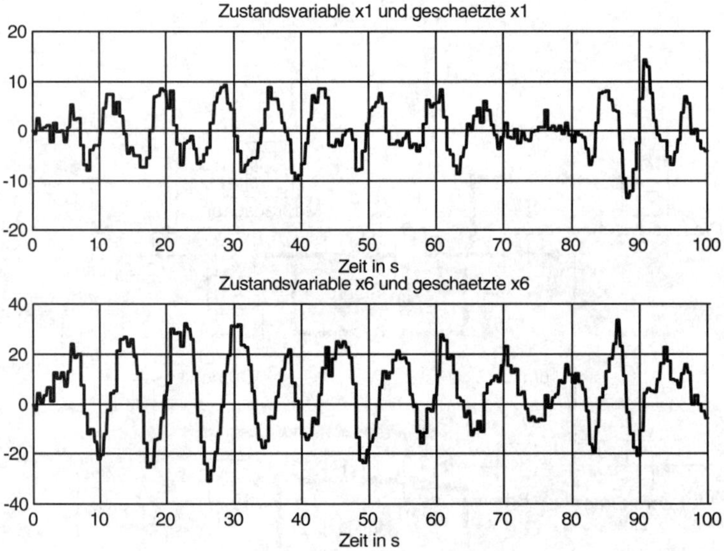

Bild 7.27 Die erste und die sechste Zustandsvariable zusammen mit den durch das diskrete Kalman-Filter geschätzten Zustandsvariablen (s_kalm2.m; s_kalm2.mdl; kalm2.m)

Wie im deterministischen Fall können die geschätzten Zustandsvariablen für eine optimale Regelung basierend auf einer quadratischen Zielfunktion eingesetzt werden. Da sich die Struktur des optimalen Zustandsreglers für den vorliegenden Fall der Gaußschen-Prozeßstörungen und des Gaußschen-Meßrauschens nicht ändert, bleibt das Entwurfsverfahren für den optimalen Regler gültig. Es wird nur als LQG-Regler (*Linear-Quadratic-Gaussian*) bezeichnet.

7.8 LQG-Regelungsexperiment

Im Programm `kalm3.m` wird die Rückführungsmatrix für den optimalen Regler des SISO-Prozesses ermittelt und dem SIMULINK-Modell (`s_kalm3.m`; `s_kalm3.mdl`) übergeben. Für die Schätzung der Zustandsvariablen wird das Kalman-Filter eingesetzt und über die LQG- oder LQR-Matrix ein Regelungssystem gebildet. Das optimale Regelungssystem ohne Führungsgröße wird die quadratische Zielfunktion minimieren und somit die Wirkung des Prozeßrauschens, das hier als Störung anzusehen ist und Abweichungen der Zustandsvariablen ergibt, kompensieren. Im folgenden Ausschnitt des Programms wird die LQR-Regelung entworfen:

```
%-------LQR-Regelung
Qr = eye(ns,ns)*1;   % Gewichtungen für den Fehler (Zustand)
Qr(ns,ns) = 100;     % Die sechste Variable ist der Ausgang
Rr = 1;              % Gewichtung für die Steuerung
[K, S, E] = lqrd(A,B,Qr,Rr,Ts); % Optimale Rückführung
% -------Antwort des Kalman-Filters und der LQG-Regelung
[t,x,y] = rk45('s_kalm3', 100, [], [1e-3, 0.1, 0.1]);

% my_opt = simset('InitialStep',0.1,'OutputVariables','ty');
% [t,x,y] = sim('s_kalm3',[0,100],my_opt);     % SIMULINK 2.0
```

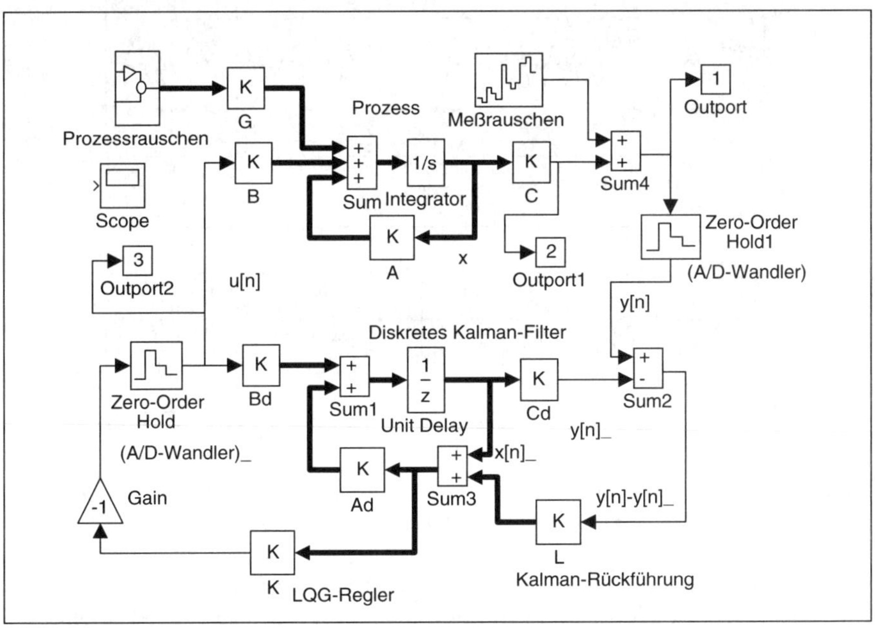

Bild 7.28 Modell des diskreten Kalman-Filters als Zustandsschätzer und die LQR- oder LQR-Regelung (s_kalm3.m; s_kalm3.mdl; kalm3.m)

Im Befehl **`lqrd`** wird die diskrete Rückführungsmatrix ermittelt. Sie sichert ein Verhalten des kontinuierlichen Systems, wie wenn eine kontinuierliche Rückführungsmatrix das System regeln würde. Im Argument S liefert der Befehl die Lösung der diskreten Riccati-Gleichung und in E die Eigenwerte (oder Pole) des geschlossenen diskreten Regelungssystems. Diese könnten auch mit dem Befehl `E = eig(Ad-Bd*K);` ermittelt werden, wobei die Matrizen Ad und Bd über die **c2d**-Funktion und der angegebenen Abtastperiode zu berechnen sind. Im vorliegendem Beispiel sind die diskreten Matrizen für das Kalman-Filter schon eingesetzt worden. Zu bemerken sei, daß bei diskreten Prozessen und diskreten Zielfunktionen (statt mit einem Integral mit einer Summe definiert) der Befehl **dlqr** für die Bestimmung der optimalen Rückführungsmatrix einzusetzen ist.

Bild 7.28 zeigt das SIMULINK-Modell des diskreten Kalman-Filters zusammen mit der LQR- oder LQG-Regelung. Für eine Führungsgröße kann die Struktur wie beim deterministischen LQR-Regler geändert werden. In Bild 7.29 oben ist der Ausgang des Prozesses ohne Meßrauschen mit und ohne LQG-Regelung dargestellt. Unten ist das entsprechende Steuersignal gezeigt, wie man sieht, ist der Steueraufwand für die gewählten Gewichtungsmatrizen der LQR-Zielfunktion relativ groß. Durch Ändern der Werte dieser Matrizen kann der Aufwand auf Kosten der Abweichungen reduziert werden.

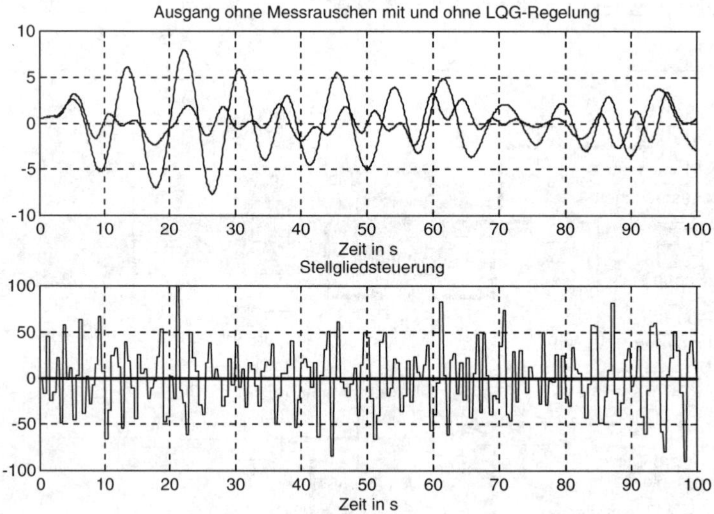

Bild 7.29 Ausgang des Prozesses ohne Meßrauschen für den Fall mit und ohne LQG-Regelung (s_kalm3.m; s_kalm3.mdl; kalm3.m)

Alle bisherigen Beispiele, sowohl für die deterministischen als auch für die stochastischen (mit Prozeß- und Meßrauschen) Fälle beziehen sich auf SISO-Prozesse. Um die Problematik im Übergang von der klassischen zu der Zustandsregelung besser zu verstehen, ist diese Wahl begründet. Folgendes MIMO-System mit mehreren Ein- und Ausgängen soll zeigen, daß sich die Befehle und Entwurfsmethoden kaum von den SISO-Systemen unterscheiden.

Im Bild 7.30 ist das System dargestellt, das aus einem Schwingungssystem mit drei Massen besteht. Die Differentialgleichungen, die das System beschreiben sind:

$$\begin{aligned} &m_1\ddot{z}_1 + r_{12}(\dot{z}_1 - \dot{z}_2) + D_{12}(z_1 - z_2) = F_1 + w_1 \\ &m_2\ddot{z}_2 + r_{12}(\dot{z}_2 - \dot{z}_1) + r_{23}(\dot{z}_2 - \dot{z}_3) + D_{12}(z_2 - z_1) + \\ &\qquad D_{23}(z_2 - z_3) = F_2 + w_2 \\ &m_3\ddot{z}_3 + r_{23}(\dot{z}_2 - \dot{z}_3) + D_{23}(z_3 - z_2) = F_3 + w_3 \end{aligned} \tag{7.56}$$

Die Zeitabhängigkeit der Variablen wurde der Einfachheit halber weggelassen. Die Bezeichnungen der Parameter und Variablen entsprechen dem Bild 7.30 und werden nicht mehr kommentiert. Um ein Zustandsmodell zu erhalten, werden die Lagen und Geschwindigkeiten der Massen als Zustandsvariablen gewählt und ein System von Differentialgleichungen erster Ordnung für diese Variablen gebildet:

$$x_1 = z_1; \qquad x_2 = z_2; \qquad x_3 = z_3; \qquad x_4 = \dot{z}_1; \qquad x_5 = \dot{z}_2; \qquad x_6 = \dot{z}_3;$$

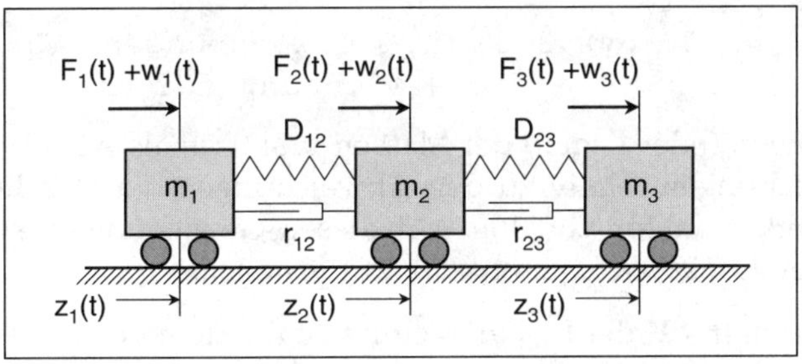

Bild 7.30 Beispiel eines MIMO-Prozesses

Als meßbare Ausgangsvariablen werden die Lagen x_1, x_2, x_3 der drei Massen (relativ zu einem Gleichgewichtszustand) angenommen. Die drei deterministischen Kräfte F_1, F_2, F_3 bilden die Steuergrößen, und die zufälligen Kräfte w_1, w_2, w_3 stellen das Prozeßrauschen dar und können als Störungen, deren Effekt zu unterdrücken sei, angesehen werden. Im Programm `kalm4.m` werden die Matrizen **A**, **B**, **C** und **D** des Zustandsmodells gebildet:

```
% -------Das Schwingungssystem
D12 = 1;            D23 = 1;        r12 = 0.1;      r23 = 0.1;
m1 = 1;             m2 = 1.2;       m3 = 2;
%-------Zustandsmatrizen
A = zeros(6,6); A(1:3,4:6) = eye(3,3);
A(4,1) = -D12/m1;          A(4,2) = -A(4,1);
A(4,4) = -r12/m1;          A(4,5) = -A(4,4);
A(5,1) = D12/m2;           A(5,2) = -(D12+D23)/m2;
A(5,3) = D23/m2;           A(5,4) = r12/m2;
A(5,5) = -(r12+r23)/m2; A(5,6) = r23/m2;
```

```
A(6,2) = D23/m3;          A(6,3) = -A(6,2);
A(6,5) = r23/m3;          A(6,6) = -r23/m3;

B = [zeros(3,3); 1/m1, 0, 0; 0, 1/m2, 0; 0, 0, 1/m3];

C = [eye(3,3), zeros(3,3)];D = zeros(3,3);
```

Danach ist das diskrete Modell des Systems, das in dem Kalman-Filter benutzt wird, ermittelt und die Kovarianzmatrizen des Prozeß- und Meßrauschens festgelegt. Da die Störkräfte wie die Steuerkräfte auf den Prozeß einwirken, ist die Matrix **G** des Modells laut (7.52) gleich der Steuermatrix **B**.

Mit diesen Parametern wird dann die Rückführungsmatrix des Kalman-Filters über

```
[L, M, P, E] = lqed(A, G, C, Q, R, Ts)
```

ermittelt. Weiter wird die LQR- oder LQG-Rückführungsmatrix berechnet. Dafür sind die Gewichtungsmatrizen der kontinuierlichen Zielfunktion gewählt. Mit

```
[ns,ns] = size(A);
Qr = eye(ns,ns)*1;
Qr(1:3,1:3) = 100*eye(3,3);   % Gewichtungen für die Fehler
Rr = eye(3,3)*1;              % Gewichtung für die Steuerleistung
```

sind die Bewegungen (oder Lagen) der Massen praktisch als Ausgangsvariablen definiert. Ihre Abweichungen relativ zu den Abweichungen der Geschwindigkeiten haben einen Wichtigkeitsfaktor von 100. Mit diesen Gewichtungen sollte man experimentieren und den Effekt auch quantitativ untersuchen.

Die Rückführungsmatrix **K** der LQG-Regelung ist mit dem Befehl

```
[K, S, E] = lqrd(A,B,Qr,Rr,Ts);
```

berechnet. Der Befehl liefert auch die Lösung der Riccati-Gleichung und die Eigenwerte der geschlossenen Regelschleife mit einem diskretisierten Modell für den Prozeß. Dadurch müssen alle Eigenwerte im Einheitskreis liegen. Für die effektive Untersuchung wird das SIMULINK-Modell aus Bild 7.31 (`s_kalm4.m`; `s_kalm4.mdl`) benutzt und die Simulation ist direkt aus dem Programm `kalm4.m` durchgeführt.

Das Regelungssystem ist mit Führungsgröße gestaltet worden, und zwar für die Bewegung der letzten Masse. Aus Bild 7.30 sieht man, daß eine neue Lage der letzten Masse mit neuen Lagen für die anderen Massen am leichtesten zu erhalten ist. Wenn nur die Lage der letzten Masse mit dem Sollwert verglichen wird, erhält man einen stationären Zustand, in dem die Steuerkräfte im Mittel verschieden von Null sind und die ersten zwei der letzten entgegengesetzt sind. Wenn alle drei Massen in die gleichen neuen Lagen gebracht werden, dann sind die Mittelwerte der Steuerkräfte gleich Null. Diese Kräfte zeigen im stationären Zustand einen zufälligen Charakter um den Mittelwert, weil die LQG-Regelung die zufällige Prozeßstörung zu kompensieren versucht.

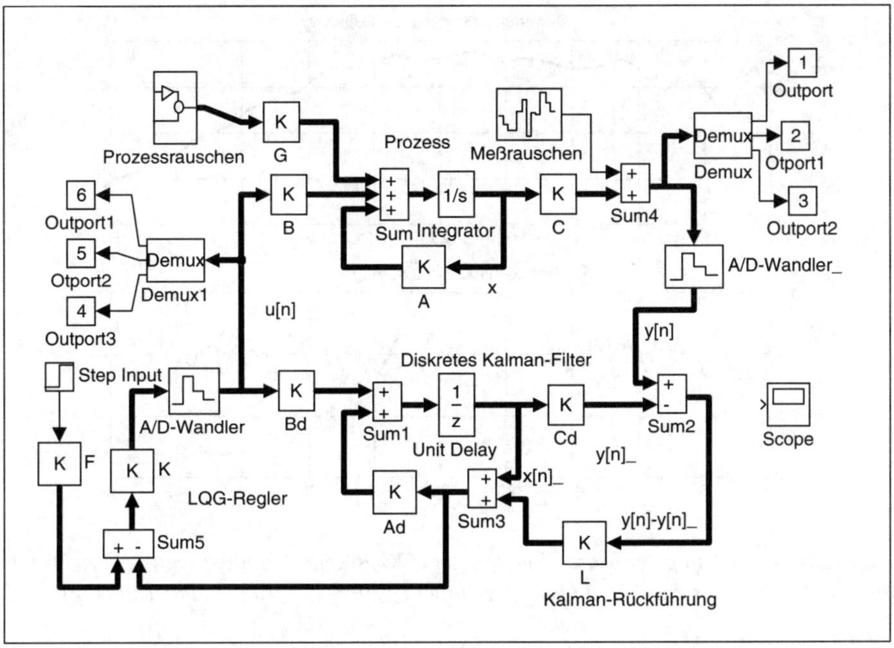

Bild 7.31 Modell eines MIMO-Systems mit Kalman-Filter für die Schätzung des Zustands und mit LQG- oder LQR-Regelung (s_kalm4.m; s_kalm4.mdl; kalm4.m)

Aus diesem Sachverhalt ergibt sich eine Struktur für die Führungsregelung, in der die Lagen der Massen, gegeben durch die ersten drei Zustandsvariablen, mit dem gleichen Sollwert verglichen werden, und die Differenzen statt Zustandsvariablen in der Rückführungsmatrix benutzt werden. Diese Funktion wird mit Hilfe der Matrix F

```
F = [1, 1, 1, 0, 0, 0]';
```

und des `Sum5` Addierers erhalten. Bild 7.32 zeigt oben die Bewegung der letzten Masse ohne LQG-Regelung, die sich unter dem Einfluß des Prozeßrauschens ergibt. Da dieses Rauschen auch die Geschwindigkeiten der Massen beeinflußt, ergibt sich ein zufälliger Drift der Massen, der zu sehr großen zufälligen Abweichungen der Lagen führen kann.

Mit einer LQG-Regelung und dem Sollwert Eins erhält man für die Bewegung der Massen einen Verlauf, wie im Bild 7.32 (unten) exemplarisch für die Bewegung der letzten Masse gezeigt ist. Im Bild 7.33 ist im oberen Teil die Bewegung der letzten Masse wiederholt gezeigt, um im unteren Teil die entsprechende Steuerkraft, die auf die letzte Masse einwirkt, zu zeigen. Die Kraft hat am Anfang signifikante Werte, um die Masse in die neue Lage zu bringen, und danach zeigt sie einen zufälligen Charakter um den Mittelwert Null wegen des Prozeßrauschens. Die Schätzung der angenommenen unzugänglichen Geschwindigkeiten mit Hilfe des Kalman-Filters ist unabhängig von der LQR-Regelung. Sie funktioniert mit oder ohne diese Regelung, wie das Bild 7.34 durch die gute Übereinstimmung der Verläufe der geschätzten und der realen Geschwindigkeiten beweist.

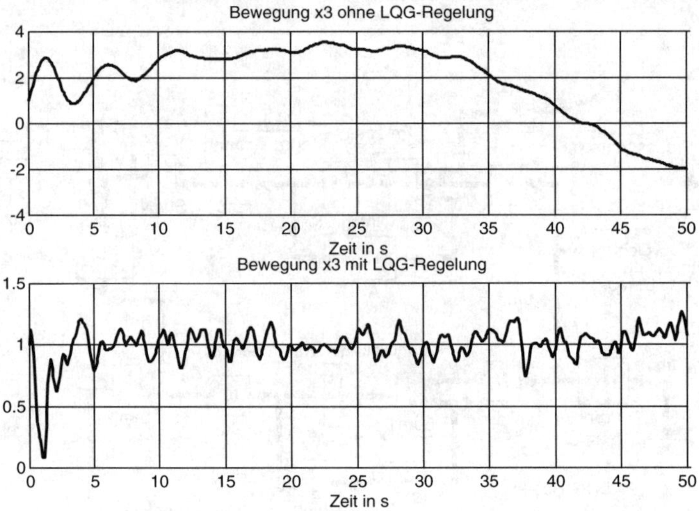

Bild 7.32 (Oben) Bewegung der letzten Masse ohne LQG-Regelung und Bewegung derselben Masse mit Führungssprung und LQG-Regelung (s_kalm4.m; s_kalm4.mdl; kalm4.m)

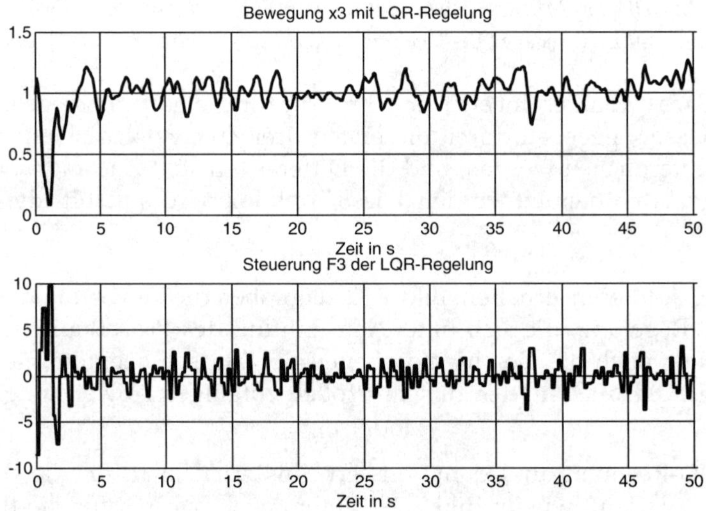

Bild 7.33 Die Bewegung der letzten Masse mit LQG-Regelung zusammen mit der Steuerkraft, die auf diese Masse wirkt (s_kalm4.m; s_kalm4.mdl; kalm4.m)

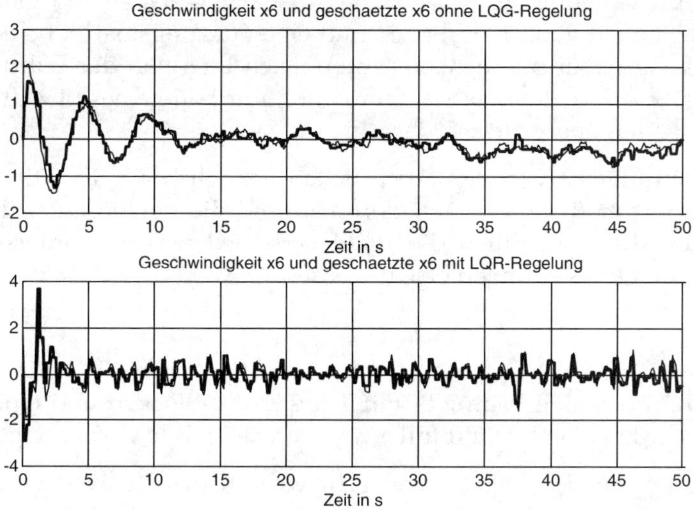

Bild 7.34 Die Geschwindigkeit der letzten Masse und ihr geschätzter Wert ohne LQG-Regelung und dieselben Größen mit LQG-Regelung (s_kalm4.m; s_kalm4.mdl; kalm4.m)

7.9 Projekte

Projekt 1

Ein Prozeß mit folgender Übertragungsfunktion

$$H(s) = \frac{1}{s(s+0.2)(s^2+0.1s+1)} \tag{7.57}$$

soll durch Polplazierung zu einem System gebracht werden, das beliebige, gewünschte Pole besitzt, z.B.:

```
p = [-1+2*j, -1-2*j, -2, -3];
```

a) Man soll zuerst ein SIMULINK-Modell des Prozesses aufbauen und daraus das Zustandsmodell mit der Funktion **linmod** ermitteln. Die Steuerbarkeitsmatrix soll mit dem Befehl **ctrb** ermittelt werden, und man soll den Rang dieser Matrix überprüfen. Er muß gleich 4 sein, da das System vierter Ordnung ist.

b) Es soll danach die Rückführungsmatrix K für die Polplazierung berechnet werden. Die Pole sollen durch die Berechnung der Eigenwerte (Wurzeln der charakteristischen Gleichung) des neuen Systems überprüft werden.

c) Es soll ein SIMULINK-Modell für das System mit der berechneten Rückführung gebildet werden, und man soll das Verhalten ausgehend von verschiedenen Anfangsbedingungen untersuchen und darstellen.

d) Man soll ein Regelungssystem für die Ausgangsvariable (die gleich einer Zustandsvariablen ist) danach aufbauen und eine Führungsmatrix berechnen, um eine Verstärkung (Übertragungskonstante) gleich Eins von der Führungsgröße bis zum Ausgang zu erhalten. Durch Simulation mit Hilfe eines SIMULINK-Modells soll das Verhalten überprüft werden.

e) Die Steuerleistung ist von den Ansprüchen bezüglich der Reaktionszeit des Systems abhängig und diese ist wiederum durch die gewünschten Pole gegeben. Dieser Sachverhalt soll durch die Wahl verschiedener Pole untersucht und mit entsprechenden Darstellungen belegt werden.

Hilfe und Hinweise:

a) Das SIMULINK-Modell kann z.B. mit *Transfer-Fcn*-Blöcken und einem Integrator aufgebaut werden oder nur mit Integratoren, wie im Bild 7.35 gezeigt ist.

Aus dieser letzten Form kann man sehr einfach das Zustandsmodell auch per Hand ermitteln, da die Zustandsvariablen die Ausgänge der Integratoren sind. Für die Zustandsvariablen in der Reihenfolge vom Ausgang zum Eingang erhält man:

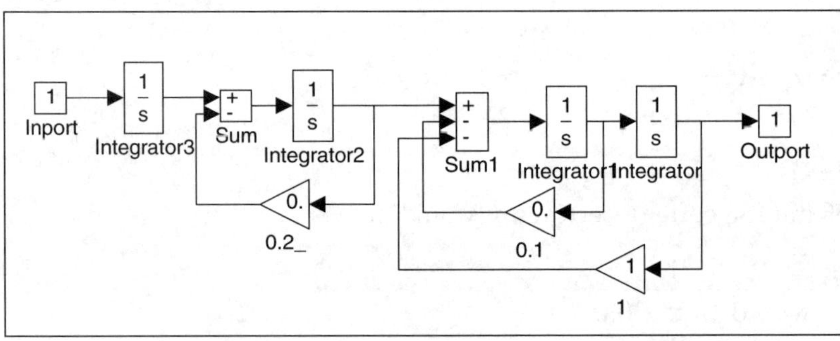

Bild 7.35 Modell des Prozesses (s_proz1.m; s_proz1.mdl)

$$
\begin{aligned}
\dot{x}_1(t) &= x_2(t) \\
\dot{x}_2(t) &= -x_1(t) - 0{,}1x_2(t) + x_3(t) \\
\dot{x}_3(t) &= -0{,}2x_3(t) + x_4(t) \\
\dot{x}_4(t) &= u(t) \\
y(t) &= x_1(t)
\end{aligned}
\tag{7.58}
$$

Daraus ergeben sich die Matrizen des Zustandsmodells:

```
A = [0, 1, 0, 0; -1, -0.1, 1, 0; 0, 0, -0.2, 1; 0, 0, 0, 0];
B = [0, 0, 0, 1]';                    C = [1, 0, 0, 0];
D = 0;
```

Da der Eingang und Ausgang des Prozesses mit *Inport*- und *Outport*-Blöcken gekennzeichnet sind, kann das Zustandsmodell auch mit folgendem Befehl ermittelt werden:

```
[A, B, C, D] = linmod('s_proz1');
```

Die Zustandsvariablen sind durch diesen Befehl in einer anderen Reihenfolge genommen worden. Als Beispiel erhält man für die Anordnung aus dem SIMULINK-Modell `s_proz1.m` (bzw. `s_proz1.mdl`) folgende Matrizen:

```
A = [0, 0, 0, 1; 0, 0, 0, 0; 0, 1, -0.2, 0; -1, 0, 1, -0.1];
B = [0, 1, 0, 0]';          C = [1, 0, 0, 0];
D = 0;
```

Sie zeigen, daß hier die vierte und die zweite Zustandsvariable aus der ursprünglichen Reihenfolge (vom Ausgang zum Eingang) vertauscht sind. Es gibt in der *Control-System-Toolbox* die Funktion **ss2ss,** mit deren Hilfe das eine Modell in das andere transformiert werden kann. Die Transformation des mit **linmod** Befehl ermittelten Modells in das Modell, das per Hand berechnet wurde, kann mit der Transformationsmatrix

```
T = [1, 0, 0, 0; 0, 0, 0, 1; 0, 0, 1, 0; 0, 1, 0, 0];
```

durchgeführt werden.

Das Überprüfen der Steuerbarkeit geschieht mit den Befehlen:

```
Co = ctrb(A,B);
if rank(Co) ~= 4
    disp(' Das System ist nicht Steuerbar !!!');     return;
end;
```

b) Die Rückführungsmatrix für die Polplazierung ergibt sich aus

```
p = [-1+j*2, -1-j*2, -1.5, -2];
K = place(A, B, p);   % oder K = acker(A,B,p);
```

Das mit Rückführung korrigierte System ist durch folgendes Differentialgleichungssystem beschrieben:

$$\begin{aligned} \dot{\mathbf{x}}(t) &= \mathbf{A}\mathbf{x}(t) + \mathbf{B}u(t) \\ u(t) &= -\mathbf{K}\mathbf{x}(t) \end{aligned} \tag{7.59}$$

Die zweite Gleichung in die erste eingesetzt ergibt ein homogenes Differentialgleichungssystem der Form

$$\dot{\mathbf{x}}(t) = \mathbf{A}\mathbf{x}(t) + \mathbf{B}(-\mathbf{K}\mathbf{x}(t)) = (\mathbf{A} - \mathbf{B}\mathbf{K})\mathbf{x}(t), \tag{7.60}$$

das die gewünschten Pole besitzen muß. Diese erhält man mit **eig**`(A-B*K);`

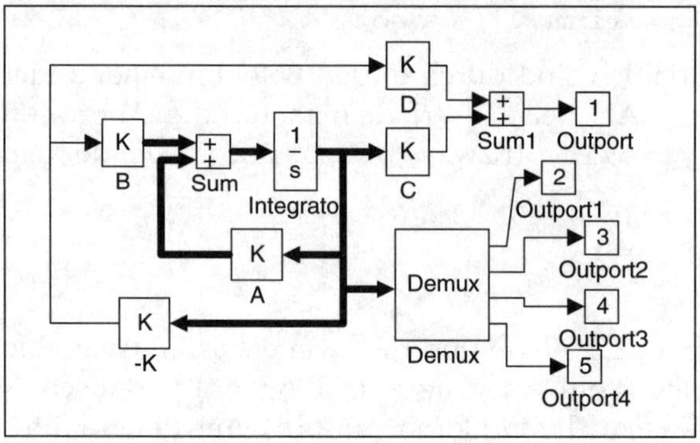

Bild 7.36 Modell des mit Polplazierung korrigierten Systems (s_apol1.m; s_apol1.mdl; apol1.m)

c) Das SIMULINK-Modell (`s_apol1.m`; `s_apol1.mdl`) des korrigierten Systems ist in Bild 7.36 gezeigt und das Verhalten ausgehend von dem Anfangszustand [5 0 0 0] für die Zustandsvariablen in Bild 7.37 dargestellt. Wie erwartet werden alle Zustandsvariablen gegen Null abklingen. Im Programm `apol1.m` sind alle Funktionen, die bis jetzt beschrieben wurden, und das ganze Experiment enthalten.

d) Die erste Zustandsvariable ist auch die Ausgangsvariable (C = [1 0 0 0]) und eine Regelung wird mit einer Führungsgröße so aufgebaut, daß ohne Führungsgröße die Rückführung wie vorgesehen für die Polplazierung wirkt. Dafür wird die Rückführungsmatrix zerlegt, so daß ein Teil (für die Zustandsvariablen 2,3 und 4) direkt eine Rückführung bildet und ein Teil (für die erste Zustandsvariable) die Differenz zwischen Führungsgröße und Ausgangsgröße als Rückführung ergibt (Bild 7.38). Das so gebildete geschlossene System besitzt noch nicht die Verstärkung Eins von der Führungsgröße bis zum Ausgang. Um das zu korrigieren, ist der Eingang noch mit der Konstante F gewichtet (`s_apol2.m`; `s_apol2.mdl`). Sie kann auch durch Simulation oder mit folgenden Überlegungen ermittelt werden. Für eine Führungsgröße von Eins sind die Endwerte der Zustandsvariablen durch

$$\begin{aligned} \dot{\mathbf{x}}(\infty) &= 0 = \mathbf{A}\mathbf{x}(\infty) - \mathbf{BK}\mathbf{x}(\infty) + \mathbf{B}Fk_1 \\ \mathbf{x}(\infty) &= -inv(\mathbf{A} - \mathbf{BK})\mathbf{B}Fk_1 \end{aligned} \tag{7.61}$$

gegeben.

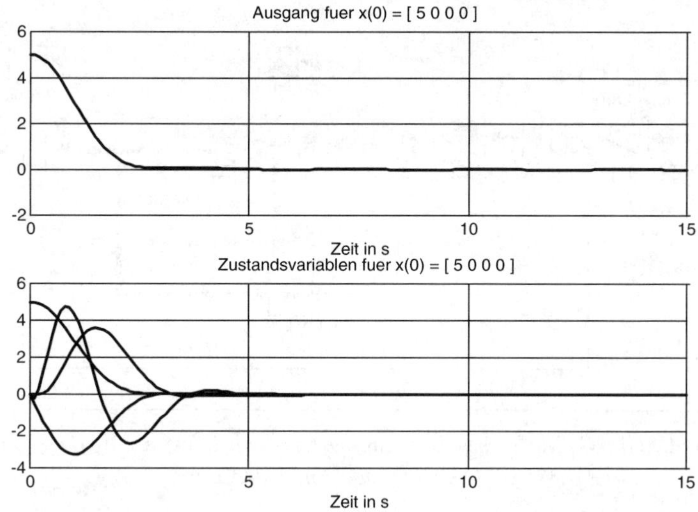

Bild 7.37 Das Verhalten des durch Polplazierung korrigierten Systems, ausgehend von dem Anfangszustand [5 0 0 0] für die Zustandsvariablen(s_apol1.m; s_apol1.mdl; apol1.m)

Es wurde angenommen, daß C(1) = 1 ist. Durch Teilen mit $x_1(\infty)$, die den Endwert des Ausgangs darstellt, erhält man die Endwerte der Zustandsvariablen, die einem Ausgang gleich Eins entsprechen. Da $\mathbf{B}^T\mathbf{B} = 1$ ist, kann der gesuchte Faktor F aus

$$F = -\mathbf{B}^T(\mathbf{A} - \mathbf{BK})\mathbf{x}(\infty) / (x_1(\infty)\, k_1) \tag{7.62}$$

ermittelt werden.

Im Programm `apol1.m` werden auch andere Methoden, um diesen Faktor zu bestimmen, gezeigt. In Anbetracht der Tatsache, daß hier auch $\mathbf{B}^T\mathbf{A} = 0$ ist, ergibt sich eine sehr einfache Form für diesen Faktor

$$F = -\mathbf{Kx}(\infty) / (x_1(\infty)\, k_1) \tag{7.63}$$

Bild 7.39 zeigt oben die Sprungantwort mit einem Eingangssprung, der nach 2,5 s anliegt. Unten im Bild ist das Steuersignal, das aus der Rückführung am Eingang des Prozesses entsteht. Mit erhöhten Ansprüchen bezüglich der Schnelligkeit der Antwort, die mit im Betrag höheren Werten der Pole zu erhalten sind, steigt das Steuersignal auf Werte, die praktisch nicht mehr vertretbar sind.

Als Anregung für ein weiteres Experiment wäre zuerst der Versuch einen nicht stabilen Pol oder ein nicht stabiles Polpaar (mit positiven realen Teilen) des ursprünglichen Prozesses durch diese Polplazierung zu stabilisieren. Als nächstes Experiment sollte die Reihenfolge der Blöcke des Prozesses in `s_proz1.m` geändert und die Folgen beobachtet und erklärt werden.

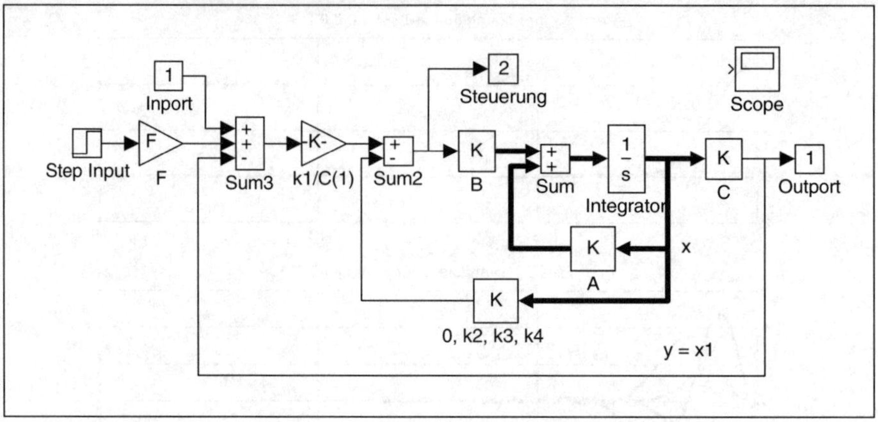

Bild 7.38 SIMULINK-Modell des Regelungssystems mit Rückführung für Polplazierung (s_apol2.m; s_apol2.mdl; apol1.m)

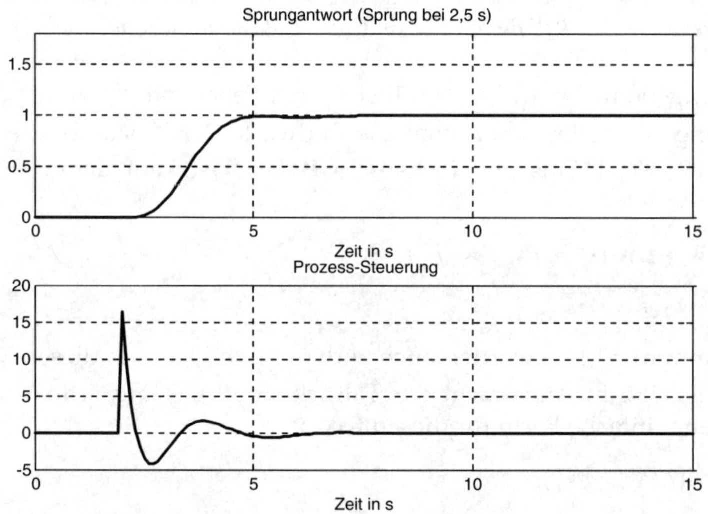

Bild 7.39 Sprungantwort für das Regelungssystem mit Polplazierung (s_apol2.m; s_apol2.mdl; apol1.m)

Wie sich das Regelungssystem bei Störungen verhält, die an verschiedenen Stellen (z.B. am Ausgang oder im Prozeß selbst) auftreten können, ist eine wichtige Frage, die einfach durch Simulation geklärt werden kann. Störungen, die sich den Zustandsvariablen überlagern, können als Anfangszustände dieser Variablen angenommen werden und das Modell kann direkt dieses Verhalten wiedergeben. Im Grunde ist das Modell ohne Regelungsschleife `s_apol1.m (s_apol1.mdl)` für diese Frage bestens geeignet. Bild 7.37 kann auch als Antwort auf eine Störung am Ausgang angesehen werden, da es die Zustandsvariablen für einen Anfangszustand der ersten Zustandsvariable, die auch den Ausgang darstellt, zeigt.

Projekt 2

Für den Prozeß des vorherigen Projekts soll die Rückführungsmatrix mit Hilfe des Verfahrens der LQR-Regelung ermittelt werden.

a) Das Programm `apol1.m` soll geändert werden (z.B. in `alqr1.m`), so daß ähnliche Vorgaben und Problemstellungen für diesen Fall gelöst werden. Die SIMULINK-Modelle, die aufgerufen werden (`s_proz1.m`, `s_apol1.m` und `s_apol2.m` bzw. mit der Erweiterung `*.mdl` für die neue Version), können die gleichen bleiben, es ändert sich nur die Matrix K.

Hinweise und Hilfe:

a) Es müssen die Gewichtungsmatrizen **Q** und **R** (eigentlich ein Skalar für den vorliegenden SISO-Prozeß) für die quadratische Zielfunktion gewählt und dann der Befehl **`lqr`** angewandt werden. Das Programm `alqr1.m` ist aus `apol1.m` abgeleitet und enthält die nötigen Änderungen.

Projekt 3

Für den gleichen Prozeß soll nun ein diskreter LQR-Regler mit dem Befehl **`lqrd`** entworfen werden. Dafür muß eine Abtastperiode gewählt werden. Die Simulation des kontinuierlichen Falls kann für diesen Zweck wichtige Anhaltspunkte liefern.

a) Auch hier soll das Programm `apol1.m` geändert werden, um ähnliche Experimente zu ermöglichen.

Hinweise und Hilfe:

a) Die Wahl des Abtastintervalls oder der Abtastperiode kann z.B. auf dem Verlauf der Sprungantwort aus Bild 7.39 basieren. Der Aufstieg dauert ca. 2,5 s woraus sich als Ausgangswert eine Abtastperiode von 2,5/10 = 0,25 s schätzen läßt.

   Das Programm `alqrd1.m` enthält den Entwurf dieses Reglers. Es werden neue SIMULINK-Modelle (`s_alqrd1.m` und `s_alqrd2.m` bzw. mit Erweiterung `*.mdl`) aus den Modellen des vorherigen Projekts aufgebaut, so daß hier die diskreten Steuerungen vorkommen. Praktisch werden Halteglieder Nullter-Ordnung eingebaut, um den Abtastprozeß zu simulieren.

Projekt 4

Für den Prozeß mit dem SIMULINK-Modell `s_proz2.m` (`s_proz2.mdl`) soll ein diskreter Beobachter entworfen und mit einem Modell getestet werden. Danach soll eine diskrete LQR-Regelung aufgebaut werden, welche die durch den Beobachter geschätzten Zustandsvariablen für die Rückführung benutzt.

a) Der diskrete Beobachter soll mit Hilfe der Funktion **`place`** (oder **`acker`**) über die homogene Differentialgleichung des Fehlers des Beobachters berechnet werden.

b) Die LQR-Regelung soll wie zuvor mit dem Befehl **`lqrd`** ermittelt werden.

Hinweise und Hilfe:

a) Der Prozeß mit dem SIMULINK-Modell `s_proz2.m` (bzw. `s_proz2.mdl`) ist dem Prozeß aus `s_proz1.m` (bzw. `s_proz2.mdl`) ähnlich, bloß ist der Integrator durch ein Verzögerungsglied erster Ordnung ersetzt, um den Beobachter in geöffneter Schleife leichter zu testen.

Das Programm `abeob1.m` enthält am Anfang den Entwurf des Beobachters. Es wird ein diskretes Modell des Prozesses ermittelt und die Beobacht- und Steuerbarkeit getestet. Mit den Befehlen

```
%------Pole des dikreten Beobachters
p1 = 0.8+j*0.8;          p2 = conj(p1);
p3 = 0.85;               p4 = 0.9;
p = [p1; p2; p3; p4]*0.5;
K = place(Ad', Cd', p);      % Beobachter Rückführungsmatrix
Ke = K'
%------Überprüfung der neuen Pole
eig(Ad-Ke*Cd)
```

wird die Rückführungsmatrix `Ke` des Beobachters erhalten. Über den letzten Befehl werden die erzielten Pole überprüft. Es sind die Pole eines diskreten Systems, sie sollen im Einheitskreis liegen. Man muß ein bißchen Experimentieren, bis man einen Satz von Polen findet, die das rasche Einschwingen des Beobachters gewährleisten. Hier kann man mit verschiedenen Werten und Typen (reale oder komplexe) probieren und so ein Gefühl für das Verhalten des Beobachters erhalten.

Mit dem SIMULINK-Modell `s_abeob1.m`, das aus dem Programm `abeob1.m` aufgerufen wird, kann das Verhalten ermittelt und anschaulich dargestellt werden. Bild 7.40 zeigt für die Pole, die im vorherigen Programmabschnitt angegeben sind, die Zustandsvariablen des Prozesses (oben) und die durch den Beobachter geschätzten Zustandsvariablen (unten) für einen Sprung am Eingang und Anfangszustand des Prozesses gleich [5 0 0 0]. Für eine andere Wahl der Pole kann es vorkommen, daß die geschätzten Anfangswerte viel größer sind als die, die sich nach dem Einrasten einstellen und aus deren Darstellung keine Schlußfolgerungen über die Güte des Beobachters möglich sind. Dann sollte man die Variablen nur von einem bestimmten Index aus darstellen und vergleichen.

b) Nachdem der Beobachter korrekt funktioniert, kann die LQR-Regelung entworfen und in einem SIMULINK-Modell aufgebaut werden. Mit

```
Q = eye(4,4);   Q(1,1) = 100;           R = 1;
K = lqrd(A, B, Q, R, Ts);

kq1 = K(1); kq2 = K(2); kq3 = K(3); kq4 = K(4);
%-----Bestimmung der Führungsmatrix
x_un = inv(A-B*K)*(-B*kq1);       F = K*(x_un/x_un(1))/kq1;
```

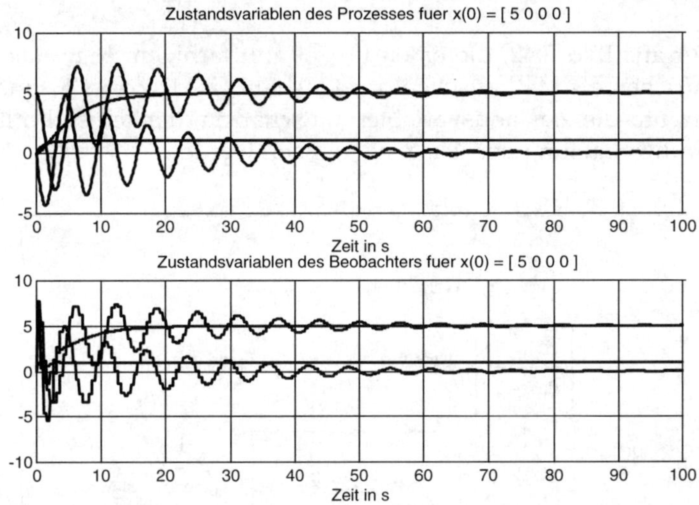

Bild 7.40 Sprungantwort des Prozesses und des diskreten Beobachters, wenn der Prozeß aus einem Anfangszustand ausgeht (s_abeob1.m; s_abeob1.mdl; abeob1.m)

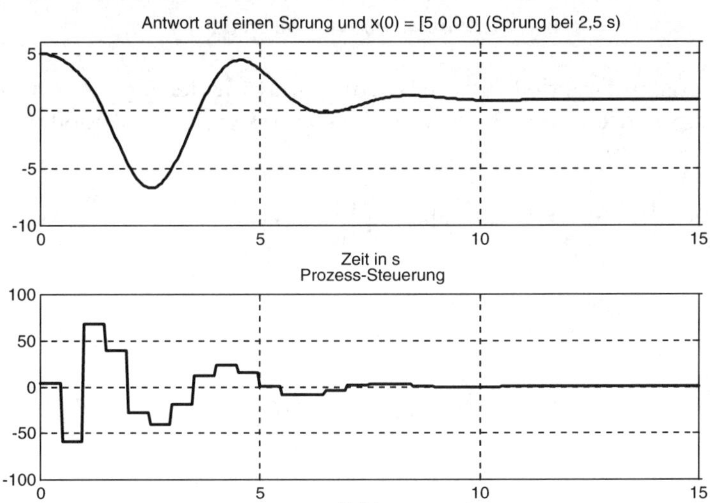

Bild 7.41 Sprungantwort der LQR-Regelung mit diskretem Beobachter, wenn der Prozeß vom Anfangszustand [5 0 0 0] ausgeht (s_abeob2.m; s_abeob2.mdl; abeob1.m)

werden die Kostenmatrizen (**Q** und R) der quadratischen Zielfunktion festgelegt und die Rückführungsmatrix und die Führungskonstante für den Eingang berechnet. Das Modell der LQR-Regelung ist in der Datei `s_abeob2.m (s_abeob2.mdl)` enthalten, es wird direkt aus dem Programm `abeob1.m` aufgerufen.

Bild 7.41 zeigt die Antwort auf einen Einheitssprung am Eingang mit dem Prozeß ausgehend von einem Anfangszustand gegeben durch folgende Werte für die Zustandsvariablen: `x0 = [5 0 0 0];`

Projekt 5

Für die Struktur aus Bild 7.42, die einen Prozeß mit farbigem Rauschen als Störung und weißes Rauschen als Meßrauschen darstellt, soll ein diskretes Kalman-Filter entwickelt werden, um die Zustandsvariablen zu schätzen; danach soll mit einer LQR- oder LQG-Führungsregelung der Ausgang geregelt werden.

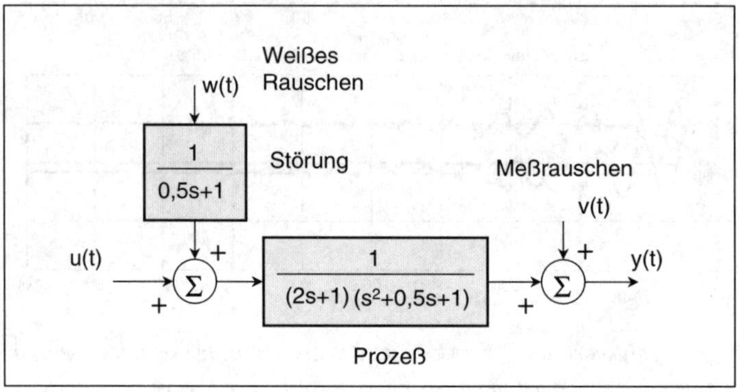

Bild 7.42 Modell eines Prozesses mit farbigem Prozeßrauschen als Störung und weißem Rauschen als Meßrauschen

a) Es soll ein Zustandsmodell für die Störung und für den Prozeß ermittelt werden. Durch Zusammensetzung dieser Modelle soll das gesamte Modell ermittelt und in folgende Form gebracht werden:

$$\begin{vmatrix} \dot{\mathbf{x}}_p(t) \\ \dot{\mathbf{x}}_s(t) \end{vmatrix} = \begin{vmatrix} \mathbf{A}_p & \mathbf{B}_p\mathbf{C}_s \\ \mathbf{0} & \mathbf{A}_s \end{vmatrix} \begin{vmatrix} \mathbf{x}_p(t) \\ \mathbf{x}_s(t) \end{vmatrix} + \begin{vmatrix} \mathbf{B}_p \\ \mathbf{0} \end{vmatrix} u(t) + \begin{vmatrix} \mathbf{0} \\ \mathbf{B}_s \end{vmatrix} w(t)$$

$$y(t) = \begin{vmatrix} C_p & 0 \end{vmatrix} \begin{vmatrix} \mathbf{x}_p(t) \\ \mathbf{x}_s(t) \end{vmatrix} + v(t) \tag{7.64}$$

$$E\left[w(t)w(\tau)\right] = Q\delta(t-\tau); \quad E\left[v(t)v(\tau)\right] = R\delta(t-\tau)$$

$$E\left[w(t)v(\tau)\right] = 0 \tag{7.65}$$

Hier sind die Variablen und Matrizen mit Indizes p für den Prozeß und mit Indizes s für die Störung bezeichnet.

b) Man soll zeigen, daß das gesamte Modell relativ zum Steuereingang *u(t)* nicht steuerbar ist, aber das es beobachtbar ist.

c) Das Kalman-Filter soll für das gesamte System entwickelt werden und die LQR-Regelung soll nur die Zustandsvariablen des Prozesses, die steuerbar sind, benutzen.

Hinweise und Hilfe:

a) Im Programm `akalm1.m` wird am Anfang gezeigt, wie die zwei Zustandsmodelle für die Störung und für den Prozeß ermittelt werden

b) Die Steuerbarkeitsmatrix, berechnet mit **ctrb**`(A,B)`, besitzt nicht den Rang gleich 4, der für dieses System nötig wäre, um steuerbar zu sein. Die Beobachtbarkeitsmatrix dagegen, über die Funktion **obsv**`(A,C)` erhalten, besitzt den Rang gleich 4 und signalisiert so, daß das System beobachtbar ist. Diese Eigenschaften lassen sich auch aus der Darstellung des Systems im Bild 7.42 erahnen. Vom Steuereingang können die Zustandsvariablen der Störung nicht beeinflußt werden (nicht steuerbare Zustände). In der Ausgangsgröße des Prozesses sind alle Zustandsvariablen des gesamtem Systems spürbar und somit beobachtbar.

c) Das diskrete Kalman-Filter kann mit der Funktion **lqed** entwickelt werden, nachdem die Kovarianzen Q und R der Rauschprozesse *w(t)* und *v(t)* gewählt wurden.

```
%--------Prozeßrauschen und Meßrauschen
qp = 0.01;  qm = 0.01; % Leistungsdichten der Rauschsignale

Q = qp;                  R = qm;
%--------Diskretes Kalman-Filter
[L, M, P, Ek] = lqed(A, G, C, Q, R, Ts)
```

Für die LQR-Rückführung werden aus dem geschätzten gesamten Zustandsvektor nur die ersten drei Elemente, die dem Zustandsmodell des steuerbaren Prozesses gehören, benutzt. Im SIMULINK-Modell aus `s_akalm1.m` (bzw. `s_akalm1.mdl`), in dem das Kalman-Filter und die Regelung aufgebaut sind, wird diese Trennung der Variablen für die Regelung in dem Matrix *Gain*-Block, der mit `Extr_p` bezeichnet ist, durchgeführt. Das diskrete Kalman-Filter ist mit einem diskreten Modell aufgebaut, das mit dem Befehl **c2d** erhalten wird:

```
[Ad, Bd] = c2d(A,B,Ts);          % Diskretes Modell
Cd = C;          Dd = D;
```

Das SIMULINK-Modell des Systems ist in Bild 7.43 gezeigt und die Antwort auf einen Einheitssprung (der bei 2.5 s anliegt) in Bild 7.44.

Die Führungsmatrix F am Eingang wird so berechnet, daß eine Verstärkung gleich Eins im stationären Zustand für eine konstante Führungsgröße resultiert. Bild 7.45 zeigt eine Skizze, aus der die Größen im stationären Zustand, die bei der Bestimmung der Matrix F eine Rolle spielen, hervorgehen. Mit Hilfe des Zustandsmodells des Prozesses und der Skizze sind die Zustandsvariablen und der Ausgang im stationären Zustand, den eine Führungsgröße von Eins ergibt, durch

$$\begin{aligned}&\dot{\mathbf{x}}_\mathbf{p}(\infty) = \mathbf{0} = \mathbf{A}_\mathbf{p}\mathbf{x}_\mathbf{p}(\infty) + \mathbf{B}_\mathbf{p}u_p(\infty)\\&y_p(\infty) = \mathbf{C}_\mathbf{p}\mathbf{x}_\mathbf{p}(\infty); \qquad u_p(\infty) = \mathbf{K}(\mathbf{F} - \mathbf{x}_\mathbf{p}(\infty))\end{aligned} \tag{7.66}$$

gegeben.

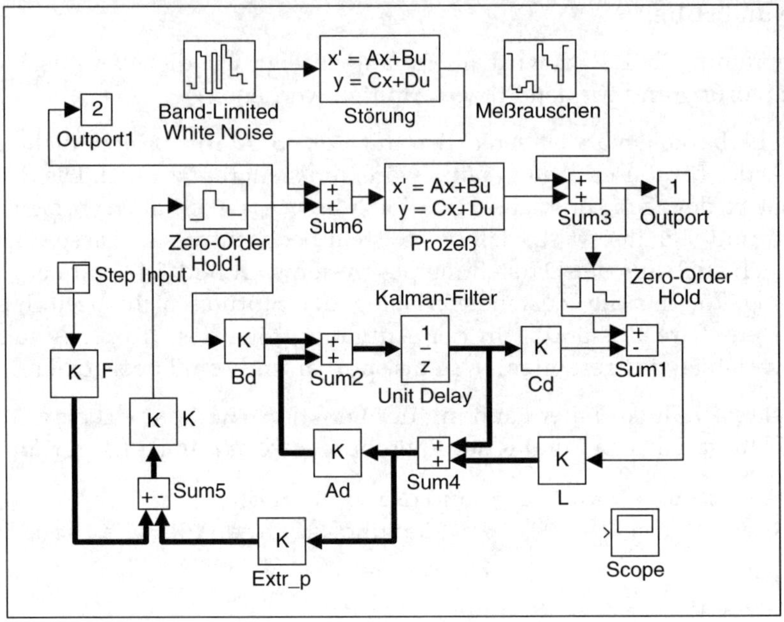

Bild 7.43 SIMULINK-Modell des Systems mit diskretem Kalman-Filter und LQR-Regelung (s_akalm1.m; s_akalm1.mdl; akalm1.m)

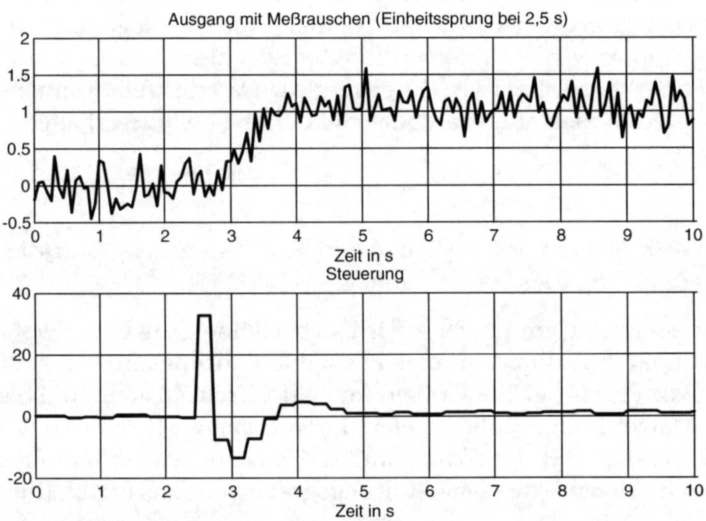

Bild 7.44 Ausgang für einen Einheitssprung am Eingang (bei 2,5 s angelegt) und die Steuergröße (s_akalm1.m; s_akalm1.mdl; akalm1.m)

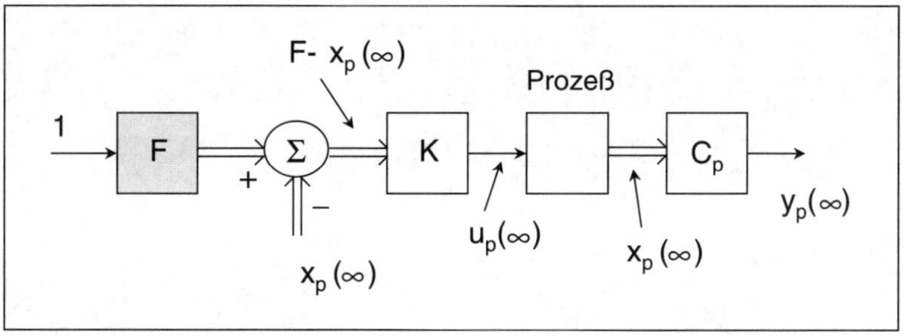

Bild 7.45 Der Zusammenhang der Variablen im stationären Zustand, der sich bei einer Führungsgröße von Eins einstellt

Um eine Lösung für die Führungsmatrix zu finden, wird der Ansatz

$$\mathbf{F} = \alpha\, \mathbf{x_p}(\infty) \tag{7.67}$$

gemacht. Für die Bedingung $y_p(\infty) = 1$ kann der Eingang und der Zustandsvektor des Prozesses im stationären Zustand durch

$$\begin{aligned} u_p(\infty) &= y_p(\infty) / (-\mathbf{C_p} inv(\mathbf{A_p})\mathbf{B_p}) \\ \mathbf{x_p}(\infty) &= (-\mathbf{C_p} inv(\mathbf{A_p})\mathbf{B_p}) \end{aligned} \tag{7.68}$$

berechnet werden. Aus

$$\mathbf{K}(\mathbf{F} - \mathbf{x_p}(\infty)) = u_p(\infty) \tag{7.69}$$

mit dem gezeigten Ansatz für **F** wird die Konstante α durch

$$\alpha = 1 / (\mathbf{K}\mathbf{x_p}(\infty)) + 1 \tag{7.70}$$

berechnet und danach **F** ermittelt. Der Programmabschnitt, in dem diese Berechnungen stattfinden, ist:

```
yp_un = 1;                  up_un = yp_un/(Cp*(-inv(Ap)*Bp));
xp_un = (-inv(Ap)*Bp)*up_un;
alpha = up_un/(K*xp_un)+1;  F = xp_un*alpha
```

Die Aufgabe kann erweitert werden, z.B. in Form eines Mehrgrößensystems. Auch wenn es anfänglich erstaunlich ist, gibt es eine Lösung für das Kalman-Filter, nur wenn Meßrauschen vorhanden ist. Die Kovarianzmatrix des Meßrauschens muß positiv definit sein ($\mathbf{R} > \mathbf{0}$). Es wäre interessant, durch Experimentieren zu sehen, bis zu welchem minimalen Wert für die Intensität des Meßrauschens, eine brauchbare Lösung für das Kalman-Filter in diesem Fall existiert.

Kapitel 8

Anwendungen aus dem Bereich der Signalverarbeitung für die Regelungstechnik

8.1 Einführung

Nach der Aufnahme durch die Sensoren werden an die Steuerrechner analoge bzw. binäre Signale sowie Impulsfolgen geliefert, die physikalische Größen abbilden. Im Rechner werden diese Daten dann verarbeitet. Im Kern steht die Signalabtastung und die Bedingungen, daß die Abtastwerte die ganze Nutzinformation der analogen Signale enthalten und keine falschen Anteile, die durch den Abtastungsprozeß entstehen können, beinhalten.

Die analoge und digitale Signalverarbeitung wird mit Funktionen aus der *Signal-Processing-Toolbox* [1] unterstützt. Die Funktionen dienen hauptsächlich der Entwicklung und Analyse von analogen und digitalen Filtern. Zusätzlich werden Hilfsmittel zur Verfügung gestellt für statistische Verarbeitung (wie z.B. die Ermittlung der Leistungsspektraldichte, der Korrelationsfunktion, des Cepstrums etc.), für 2-D-Operationen und für die Generierung von Signalen.

Auch bei der Verarbeitung der Signale aus der Regelungstechnik können diese Funktionen eingesetzt werden. Die Entwicklung in der Signalverarbeitung geht immer mehr zu digitalen Lösungen über. In der Regelungstechnik, wo in vielen Anwendungen relativ langsame Vorgänge vorkommen, ist die gegenwärtige digitale Elektronik in der Lage, alle Algorithmen in einer digitalen Version auszuführen. Die Natur ist und bleibt analog und daher wird die Schnittstelle Prozeß-Regelungssystem auch analoge Bearbeitung, meist in Form von analoger Filterung, beinhalten. Im vorliegenden Kapitel werden exemplarisch einige Aspekte der analogen und digitalen Filterung mit Hilfe der Funktionen von MATLAB, SIMULINK und *Signal-Processing-Toolbox* erläutert. Es gibt eine umfassende Literatur, die sich mit dem Thema der digitalen Signalverarbeitung befaßt, aus der einige einen besonders didaktischen Charakter haben [2], [3], [4] und in vielen werden die Ausführungen und Zahlenbeispiele mit MATLAB Funktionen unterstützt [5], [6], [7].

8.2 Die Abtastung analoger Signale

Die Wahl der Abtastrate für ein kontinuierliches Signal ist von großer Bedeutung. Sie muß möglichst klein sein, damit die kontinuierlichen Signaländerungen durch das diskrete Zeitsignal korrekt dargestellt werden können. Laut Abtasttheorem muß die Abtastfrequenz gleich oder größer als das Doppelte des höchsten Frequenzanteils im Originalsignal sein. Wenn das Abtastintervall zu lang, d.h., die Abtastfrequenz zu niedrig ist, bekommt der Rechner eine falsche Darstellung des Originalsignals. Ein zu kurzes Abtastintervall bringt auch Schwierigkeiten mit sich, denn die vielen Daten und die damit verbundenen Berechnungen belasten den Rechner unnötig. Darüber hinaus muß betont werden, daß schnelle Abtastsysteme und die entsprechende Elektronik auch teurer sind.

Mit MATLAB und SIMULINK können anschauliche Experimente bezüglich des Abtastprozesses mit minimalem Programmieraufwand durchgeführt werden. Die Funktion `abtas0.m` benötigt drei Argumente, die Signalfrequenz (`f0`), die Abtastfrequenz (`fs`) und die Anzahl (`n_s`) der Perioden des Signals, die darzustellen sind. Sie bildet drei Bilder, wobei das erste Bild das kontinuierliche und abgetastete Signal darstellt, das zweite zeigt das mit Halteglied Nullter-Ordnung erzeugte abgetastete Signal und im dritten Bild schließlich wird das Amplitudenspektrum des kontinuierlichen und diskreten Signals (ohne Halteglied Nullter-Ordnung) gezeigt.

MATLAB kann direkt kein analoges, kontinuierliches Signal darstellen. Es stellt ein derartiges Signal mit Hilfe der Werte des Signals an diskreten Zeitmomenten dar. Bei der Simulation von abgetasteten analogen Signalen muß man mit zwei Zeitintervallen arbeiten. Ein kleines Intervall (`dt`) dient der annähernden Darstellung des kontinuierlichen Signals und ein zweites Intervall (`1/fs`) bildet die Abtastperiode für den simulierten Abtastprozeß. Mit den folgenden Befehlen werden die zwei Signale erzeugt:

```
t_final = n_s/f0;            dt = 1/f0/50;
t = 0:dt:t_final;            ts = 0:(1/fs):t_final;
y = sin(2*pi*t*f0);          y_s = sin(2*pi*ts*f0);
```

Die Größe der Zeitachse (`t_final`) ergibt sich aus der Anzahl der Perioden (`n_s`) mal Periodendauer (`1/f0`). Für die Darstellung des kontinuierlichen Signals wählt man ein Intervall `dt`, das 50 mal kleiner als die Periode des Signals ist. Der eine Zeitvektor `t` enthält die Zeitintervalle für die Simulation des kontinuierlichen Signals `y`, der zweite Vektor `ts` beinhaltet weniger Elemente und stellt die Intervalle für das abgetastete Signal `ys` dar. Mit

```
subplot(211), plot(t,y);
```

wird das kontinuierliche Signal dargestellt und durch

```
subplot(212), plot(t,y,'.');            hold on;
stem(ts,y_s);
```

werden erneut mit Punkten das kontinuierliche Signal und mit vertikalen Linien die Abtastwerte dargestellt. Für die Darstellung der Abtastwerte wird hier der MATLAB-Befehl **stem** verwendet. Bild 8.1 zeigt diese Darstellung für den Testaufruf mit `fs` = 300 Hz; `f0` = 1000 Hz und `n_s` = 10.

Da in vielen Fällen die Rekonstruktion eines abgetasteten Signals aus den mit Halteglied Nullter-Ordnung gebildeten abgetasteten Signal stattfindet, erzeugt die Funktion auch so ein Signal (Bild 8.2). Dazu dienen die Befehle

```
subplot(212), plot(t,y,'.');      hold on;
stairs(ts,y_s);                   plot(ts, y_s,'o');
```

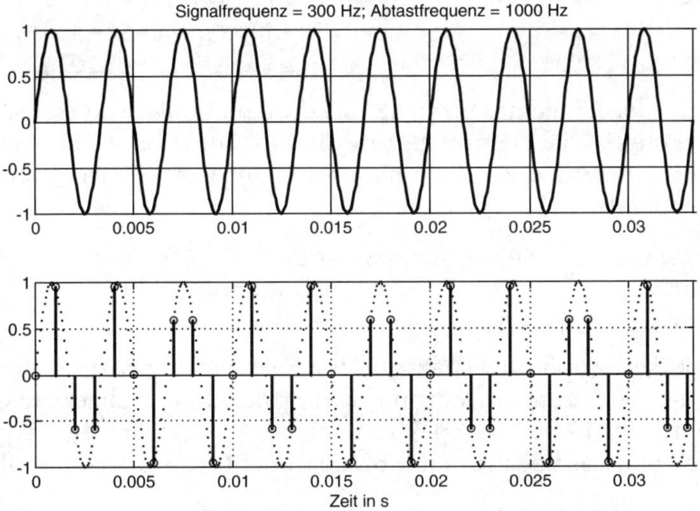

Bild 8.1 Signal und abgetastetes Signal (abtas0.m)

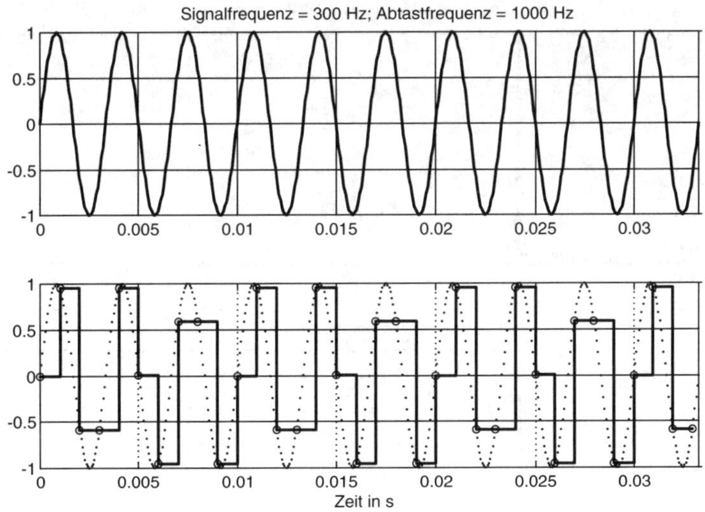

Bild 8.2 Signal und abgetastetes Signal, das mit Halteglied Nullter-Ordnung gebildet wurde (abtas0.m)

Die typischen Treppen sind mit dem Befehl **stairs** erzeugt worden. Um das Spektrum der zwei Signale zu ermitteln, wird eine fünfmal längere Zeitdauer für die Untersuchung angesetzt.

```
t_final = 5*n_s/f0;            % Längere Sequenz
t = 0:dt:t_final;              ts = 0:(1/fs):t_final;
y = sin(2*pi*t*f0);            y_s = sin(2*pi*ts*f0);
```

Danach wird aus der Länge der Sequenz, die das kontinuierliche Signal darstellt, die nächste ganze Potenz von 2 ermittelt, um die FFT-Funktion zu beschleunigen. Das Signal wird beim Aufruf der FFT-Funktion bis zu dieser Potenz automatisch mit Nullwerten aufgefüllt.

```
%--------Spektrum des kontinuierlichen Signals
ny = length(y);                Ny = nextpow2(ny);
Y = abs(fft(y,Ny))/ny;
```

Im Vektor Y ist das Amplitudenspektrum für Frequenzen bis zu `1/dt >> fs` enthalten. Um dieses Spektrum leichter mit dem Spektrum des abgetasteten Signals zu vergleichen, wird der Index des Spektrumvektors `Y`, welcher der Frequenz `fs` entspricht, ermittelt und das Spektrum nur bis zu dieser Frequenz dargestellt.

```
ny_darst = fix(fs*dt*Ny);          % Bereich der dargestellt wird
ffy = (0:ny_darst-1)/(Ny*dt);      % Frequenzbereich
```

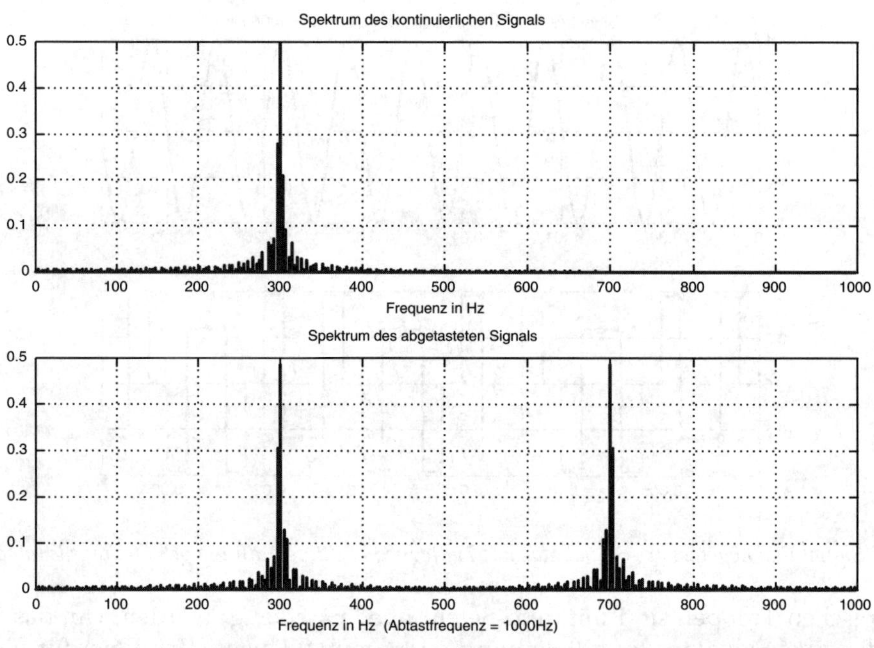

Bild 8.3 Amplitudenspektrum des kontinuierlichen und des abgetasteten Signals (abtas0.m)

Ähnlich ist das Amplitudenspektrum des diskreten Signals über die FFT-Transformation ermittelt und für den ganzen Frequenzbereich von Null bis `fs` dargestellt:

```
%--------Spektrum des diskreten Signals
ny_s = length(y_s);                 Ny_s = nextpow2(ny_s);
Y_s = abs(fft(y_s,Ny_s))/ny_s;
ffy_s = (0:Ny_s-1)*fs/Ny_s;         % Frequenzbereich
```

Mit folgenden Befehlen werden die Spektren der beiden Signale aufgebaut:

```
subplot(211), plot_mt(ffy, Y(1:ny_darst));
title(' Spektrum des kontinuierlichen Signals');
grid;         xlabel('Frequenz in Hz');
subplot(212), plot_mt(ffy_s, Y_s);
title(' Spektrum des abgetasteten Signals');
grid;     xlabel(['Frequenz in Hz  (Abtastfrequenz = ',...
                      num2str(fs), 'Hz)']);
```

Die sich daraus ergebenden Spektren sind im Bild 8.3 dargestellt. Die eigene M-Funktion **plot_mt** stellt vertikale Linien dar, ähnlich der Funktion **stem**, nur ohne den kleinen Kreis am Ende der Linie. Die **stem**-Funktion als M-Funktion kann auch leicht geändert werden, um den Markierungskreis wegzulassen.

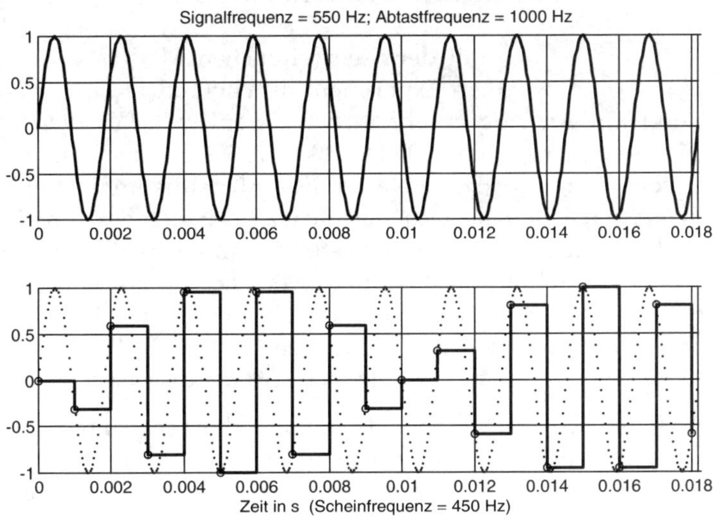

Bild 8.4 Signal der Frequenz von 550 Hz abgetastet mit 1000 Hz (abtas0.m)

Mit dieser einfachen Routine (`abtas0.m`) können sehr aufschlußreiche Experimente in Verbindung mit dem Abtastprozeß durchgeführt werden. Beispielweise wird mit `f0` = 550 Hz bei `fs` = 1000 Hz das Abtasttheorem verletzt. Es entsteht *Aliasing* (Verschiebung der Frequenz) mit einer falschen Komponente im Nutzfrequenzbereich des abgetasteten Signals von Null bis `fs/2`. Die falsche Komponente hat eine Frequenz von 1000 - 550 = 450 Hz. Bei der Rekonstruktion abgetasteter Signale wird ein Tiefpaßfilter mit der Bandbreite bis `fs/2` (500 Hz) eingesetzt, dadurch ergibt sich ein rekonstruiertes Signal von 450 Hz statt 550 Hz (Bild 8.4, Bild 8.5).

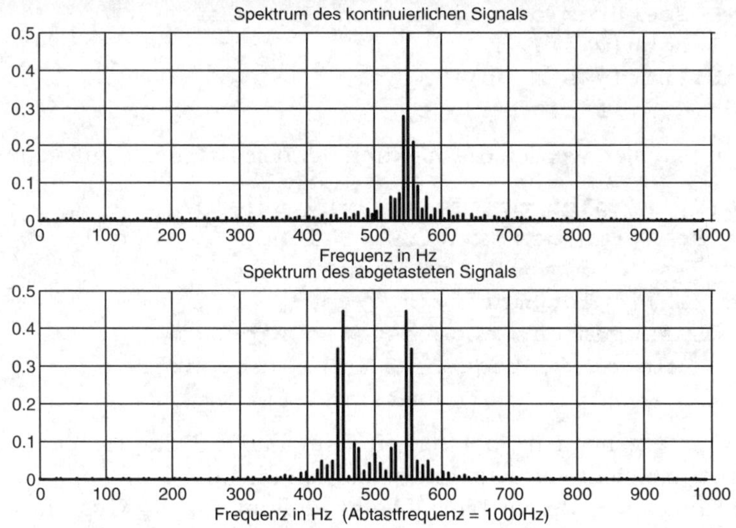

Bild 8.5 Spektrum des Signals mit der Frequenz von 550 Hz abgetastet mit einer Abtastfrequenz von 1000 Hz (abtas_1.m)

Im Programm `abtas1.m`, das mit dem sehr einfachen Modell `s_abtas1.m` (bzw. `s_abtas1.mdl`) arbeitet, wird ein Experiment durchgeführt, das den korrekten Fall ohne Aliasing und mit Aliasing anschaulich widerspiegelt. Es werden zuerst vier Signale, welche die Frequenzen von 100 Hz, 200 Hz, 300 Hz und 400 Hz besitzen, mit einer Abtastfrequenz von 4000 Hz abgetastet. Das Abtasttheorem ist erfüllt - die Darstellung der abgetasteten Signale und die dazugehörigen Spektren dokumentieren dies. Danach werden mit der gleichen Abtastfrequenz von 4000 Hz Signale mit Frequenzen von 3600 Hz, 3700 Hz, 3800 Hz und 3900 Hz abgetastet, bei denen das Abtasttheorem verletzt wird. Den *Aliasing*-Effekt sieht man dadurch, daß die abgetasteten Signale falsche Komponenten mit Frequenzen von 400 Hz (4000-3600), 300 Hz (4000-3700), 200 Hz (4000-3800) und 100 Hz (4000-3900) aufweisen.

Im SIMULINK-Modell werden die Signale mit verschiedenen Frequenzen aus einer Sinusquelle (*Sine-Wave*) erhalten, die mit den entsprechenden Frequenzen parametriert wird. Die Abtastung geschieht mit dem *Zero-Order-Hold*-Block, in dem die Abtastperiode von `1/fs` parametriert ist. Da hier das ursprüngliche kontinuierliche Signal nicht dargestellt wird, und die Abtastwerte ohne Halteglied mit der FFT-Transformation zu untersuchen sind, muß man die Schrittweite der Simulation gleich der Abtastperiode wählen. Im *Zero-Order-Hold*-Block wird für jede Abtastperiode nur ein Wert aufgenommen, somit könnte dieser Block auch weggelassen werden.

Mit dem SIMULINK-Modell `s_abtas2.m` bzw. `s_abtas2.mdl` (Bild 8.6) und dem entsprechenden Programm `abtas2.m` können weitere Experimente bezüglich des Abtastprozesses durchgeführt werden. Das Modell simuliert das *Antialiasing*-Filter, das Halteglied Nullter-Ordnung und das Rekonstruktionsfilter einer üblichen Signalerfassung. Als Quellen können drei sinusförmige Signale und ein weißes Rauschsignal am Eingang kombiniert werden. Die Filter (*Antialiasing*- und Rekonstruktionsfilter) sind vom gleichen Typ mit der gleichen Bandbreite `fs/2`. Im Bild 8.7 sind folgende Signale für eine Abtastfrequenz von 4000 Hz gezeigt: y1 = Eingangssignal (500 Hz, 600 Hz und 700 Hz); y2 = Signal nach dem *Antialiasing*-Filter; y3 = Signal nach dem Halteglied Nullter-Ordnung; y4 = Signal nach dem Rekonstruktionsfilter. Wie man sieht, ist das rekonstruierte Signal gleich dem Eingangssignal, bloß zeitlich verschoben wegen der Tiefpässe.

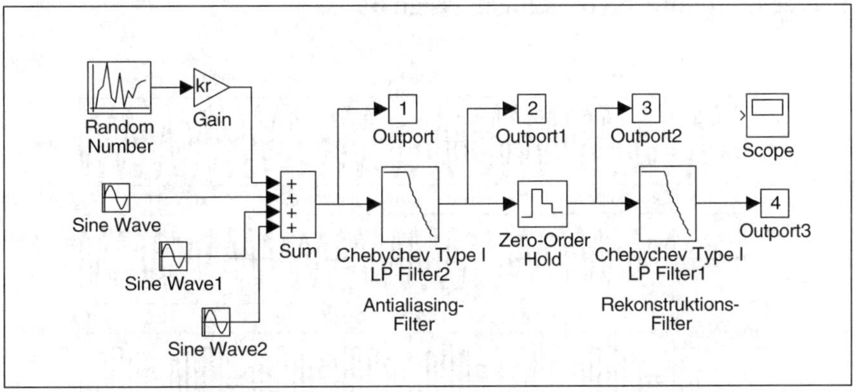

Bild 8.6 SIMULINK-Modell der Abtastung mit Antialiasing-Filter, Halteglied Nullter-Ordnung und Rekonstruktion über Tiefpaßfilter (s_abtas2.m; s_abtas2.mdl; abtas2.m)

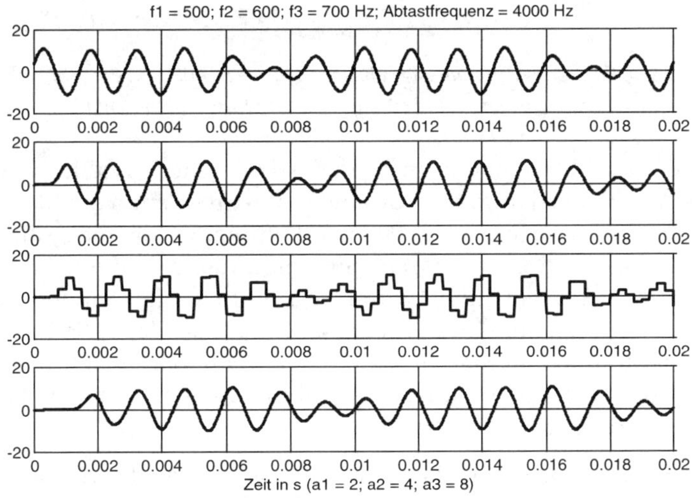

Bild 8.7 Eingangssignal, Signal nach dem Antialiasing-Filter, nach dem Halteglied Nullter-Ordnung und nach dem Rekonstruktionsfilter (s_abtas_2.m; s_abtas2.mdl; abtas2.m)

Ein Signal mit einer Frequenz in der Nähe der Nyquist-Frequenz, die gleich der Hälfte der Abtastfrequenz ist und hier 2000 Hz beträgt, z.B. 1800 Hz, ergibt ein Bild des abgetasteten Signals mit einer Schwebung der Frequenz von 4000/2 -1800 = 200

Hz, die aber nach dem Rekonstruktionsfilter verschwindet (Bild 8.8). Für Signale mit einer Frequenz, die so nahe an der Grenze des Durchlaßbereichs des Eingangs- und Ausgangsfilters liegt, ergeben sich auch Verzerrungen wegen der Phasenverschiebungen dieser Filter. Hinzu kommt noch die Amplitudenverzerrung, die vom Halteglied Nullter-Ordnung hervorgeht. Dies ist am besten zu sehen, wenn die ersten zwei Signale mit Frequenzen, die weit weg von 2000 Hz sind, mit dem dritten Signal der Frequenz 1800 Hz kombiniert werden. Das Signal nach dem Rekonstruktionsfilter unterscheidet sich deutlich vom Eingangssignal.

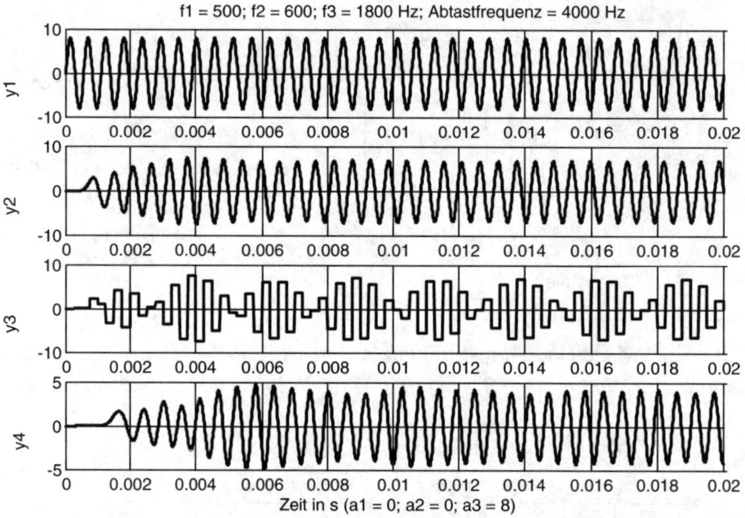

Bild 8.8 Der Fall eines Eingangssignals der Frequenz 1800 Hz, die sehr nahe an der Nyquist-Frequenz von 2000 Hz liegt (s_abtas2.m; s_abtas2.mdl; abtas2.m)

Die Amplituden- und Phasenverzerrungen des Halteglieds Nullter-Ordnung ergeben sich aus seinem Frequenzgang, das für eine Abtastfrequenz von 4000 Hz im Bild 8.9 gezeigt ist. Bei einer Frequenz von 1800 Hz erhält man schon eine Amplitudenverzerrung von ca. 20 %. Der lineare Phasengang zeigt, daß nur Verzerrungen wegen des Amplitudengangs auftreten. Eine Lösung, die immer öfter eingesetzt wird, ist die Überabtastung mit digitalem Interpolationsfilter. Das Halteglied Nullter-Ordnung vor dem Rekonstruktionsfilter arbeitet mit einer viel höheren Abtastrate und dadurch wird der typische (sinx/x)-Verlauf des Amplitudengangs stark ausgedehnt und die Amplitudenverzerrungen verringern sich.

Der Frequenzgang des Halteglieds Nullter-Ordnung wurde mit der sehr einfachen Routine `halt_0.m` berechnet und dargestellt. Hier wird zuerst die kontinuierliche Impulsantwort durch eine diskrete Sequenz angenähert. Für die Dauer von `Ts = 1/fs` des Pulses der Höhe Eins, der die Impulsantwort darstellt, werden `tau` = 10 diskrete Integrationsschritte (der Größe `Ts/tau = 1/(fs*tau)`) für seine Annäherung gewählt. Bis zu einer ganzen Potenz von 2 (z.B. N = 128) wird die Annäherung mit Nullwerten erweitert:

```
h = [ones(1,tau), zeros(1,N-tau)];      % Impulsantwort
```

Die FFT-Transformation dieser angenäherten Impulsantwort müßte noch mit `Ts/tau` multipliziert werden [8], um eine Annäherung der Fourier-Transformation der kontinuierlichen Impulsantwort darzustellen. Wenn der Amplitudengang mit seinem Höchstwert normiert wird, dann können diese Skalierungsfaktoren weggelassen werden:

```
H = fft(h);
betrag = abs(H)/max(abs(H));          % Frequenzgang
```

Es wurde nur die Hälfte der FFT-Transformation dargestellt, die dem Nyquist-Bereich entspricht. Das geschieht durch:

```
n_2 = 0:N/2;            % Die Hälfte der Bins der FFT
ff = n_2*tau*fs/N;      % Frequenzbereich für die FFT
........
subplot(211), plot(ff, betrag(n_2+1));
title('Amplitudengang des Halteglieds Nullter-Ordnung');
........
```

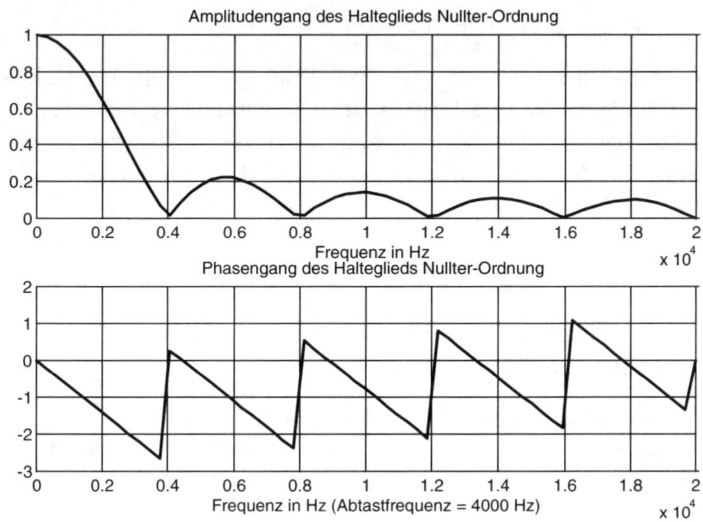

Bild 8.9 Frequenzgang des Halteglieds Nullter-Ordnung für eine Abtastfrequenz von 4000 Hz (halt_0.m)

Der Frequenzbereich ergibt sich aus den Indizes `n_2` und der Schrittweite der Diskretisierung des Pulses `Ts/tau`, der die Impulsantwort annähert. Diese Schrittweite entspricht nun der Abtastfrequenz der Simulation der Größe `tau/Ts` oder `tau*fs` (die nicht mit der Abtastfrequenz `fs` des Signals zu verwechseln ist). Daraus resultiert die Skalierung der Frequenzachse der FFT.

8.3 Analoge Filterung

Filter werden allgemein eingesetzt, um bestimmte Frequenzanteile eines Signals zu dämpfen. Es gibt analoge Filter, wie z.B. das *Antialiasing*-Tiefpaßfilter vor der A/D-Wandlung und digitale Filter, die mit abgetasteten, zeitdiskreten Daten arbeiten. Die Grundvoraussetzung für die Wirksamkeit der Filterung ist, daß sich die Frequenzbereiche der zu trennenden Signale voneinander unterscheiden. Am häufigsten wird die Filterung zur Eliminierung von Störungen und zur Rückgewinnung eines sauberen Originalsignals verwendet.

In MATLAB und SIMULINK mit der *Signal-Processing-Toolbox* verfügt man über eine umfangreiche Sammlung von Funktionen, die für den Entwurf, für die Untersuchung und für die Simulation von Filtern gedacht sind. Für den analogen Bereich gibt es Prototyp-Tiefpaßfilter mit normierter Bandbreite, die über Frequenztransformationen in einen gewünschten Frequenzbereich gebracht werden können, oder man kann sie in Hoch- oder Bandpaßfilter umwandeln. Als Beispiel soll ein Tschebyscheff-Tiefpaßfilter Typ I, 5. Ordnung (n = 5) dienen, das für eine Bandbreite von `f0` = 10 kHz, mit Welligkeit Rp = 3 dB im Durchlaßbereich mit der Funktion **cheb1ap** entworfen wird. Der Aufruf

```
[z, p, k] = cheb1ap(n, Rp);
```

liefert einen leeren Vektor `z` (für Typ I), die Pole des Filters im Vektor p und die Übertragungskonstante in k. Die Pole `p` und Konstante `k` entsprechen einer normierten Bandbreite von 1 rad/s. Aus diesen werden die Pole `pe` und Konstante `ke` erhalten, welche durch die elektronische Schaltung des Filters die gewünschte Bandbreite von 10 kHz ergeben:

```
pe = (2*pi*f0)*p;
ke = ((2*pi*f0)^n)*ke;
```

Um zu prüfen, ob das Filter den erwarteten Frequenzgang besitzt, wird dieser mit der Funktion **freqs** ermittelt und dargestellt:

```
[zaehler, nenner] = zp2tf(z, ke, pe);
f = logspace(3,5);              % Frequenzbereich 1kHz bis 100kHz
w = 2*pi*f;                     % Frequenzbereich in rad/s
H = freqs(zaehler, nenner, w);
subplot(211), semilogx(f, 20*log10(abs(H)));
subplot(212), semilogx(f, angle(H)*180/pi);
```

Die Funktion `cheb1_tp.m` berechnet die Pole und die Übertragungskonstante von Tschebyscheff-Tiefpässen Typ I, wenn die Ordnung, Welligkeit und Bandbreite gegeben sind. Dieser Typ Filter ist durch folgende Übertragungsfunktion gegeben:

$$H(s) = \frac{k}{(s-p(1))(s-p(2))\ldots(s-p(n))} \qquad (8.1)$$

Wenn die Pole und die Übertragungskonstante für die normierte Bandbreite gegeben sind, dann erhält man die Pole und Konstante für eine beliebige Bandbreite durch:

$$p_e(i) = \omega_0 p(i); \qquad k_e = k(\omega_0)^n \tag{8.2}$$

Diese Transformation ist auch durch die Funktion **lp2lp** unterstützt. Ähnliche Transformationsfunktionen (z.B. **lp2hp**, **lp2bp**, etc.) können eingesetzt werden, um ein Prototyp-Tiefpaßfilter in ein Hoch- oder Bandpaßfilter zu umwandeln. Die Funktionen benötigen ein *Transfer-Function-* oder Zustandsmodell des Prototyp-Tiefpaßfilters.

Als Beispiel wird eine Funktion geschrieben (bnd_sp1.m), die zum Berechnen von Bandsperrfiltern dienen soll. Als Argumente werden die Mittenfrequenz f0, die Bandbreite Bf, der Typ des Tiefpaßprototyps ('bessel','butter', etc.), die Zahl n, die mit 2*n die Ordnung bestimmt, die Welligkeit oder maximale Abweichung im Durchlaßbereich Rp und Dämpfung im Sperrbereich Rs (in dB) benutzt. Nachdem der gewünschte Typ identifiziert wird, sind mit der entsprechenden Funktion die Null- und Polstellen des Prototyptiefpaßfilters ermittelt:

```
.........
elseif typ_tp == 'cheby1'
   [z, p, k] = cheb1ap(n, Rp);
```

Die Beschreibung mit Null- und Polstellen wird in die *Transfer-Function*-Form umgewandelt:

```
[zaehler, nenner] = zp2tf(z, p, k);
```

Danach wird das Prototyp-Tiefpaßfilter in das gewünschte Bandsperrfilter transformiert.

```
w0 = 2*pi*f0;           Bw = 2*pi*Bf;
[num, den] = lp2bs(zaehler, nenner, w0, Bw);
```

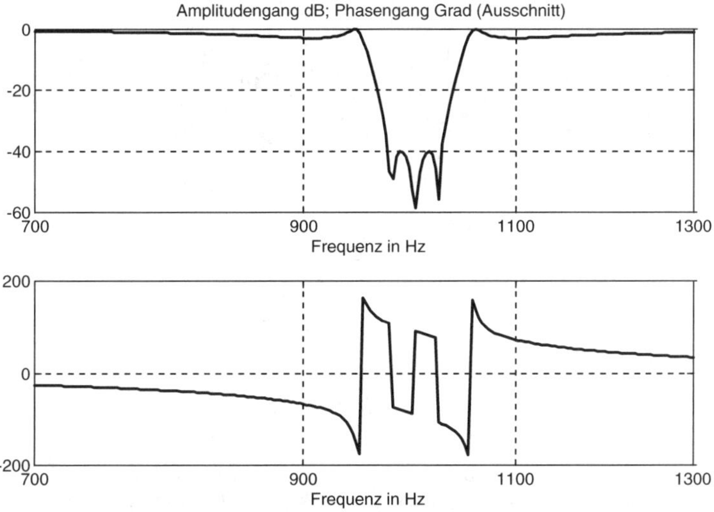

Bild 8.10 Frequenzgang eines Bandsperrfilters (bnd_sp1.m)

Im Bild 8.10 ist der Frequenzgang eines elliptischen Bandsperrfilters gezeigt, das mit dem Testaufruf der Funktion `bnd_sp1.m` erhalten wurde. Das Filter cheby2 (Tschebyscheff Typ II) ergibt das Sperrband bei Rs. Um das Filter in einer elektronischen Schaltung zu implementieren, werden die Null- und Polstellen der Übertragungsfunktion des berechneten Filters ermittelt. Mit **`roots`**`(num)` und **`roots`**`(den)`, wobei `num` und `den` die Vektoren der Koeffizienten des Zählers und Nenners des berechneten Filters sind, erhält man die Null- und Polstellen des Filters. In diesem Fall sind es 6 komplex konjugierte Paare sowohl für die Nullstellen als auch für die Polstellen. Daraus sind 3 biquadratische Terme mit Übertragungsfunktionen der Form

$$H_i(s) = \frac{s^2 + 2\varsigma_{1i}\omega_{1i}s + \omega_{1i}^{\;2}}{s^2 + 2\varsigma_{2i}\omega_{2i}s + \omega_{2i}^{\;2}} \tag{8.3}$$

zu bilden. Die Dämpfungsfaktoren und charakteristischen Frequenzen im Zähler und Nenner sind einfach mit Hilfe der Null- und Polstellenpaare zu berechnen. Für jede Teilübertragungsfunktion gibt es eine Lösung mit OP (Operationsverstärker), wenn der Frequenzbereich, in dem das Filter arbeitet, den Einsatz von OPs erlaubt. Ansonsten muß eine Lösung mit passiven Komponenten gefunden werden. Bild 8.11 zeigt eine Schaltung für einen biquadratischen Term des Bandsperrfilters. Aus der Übertragungsfunktion, geschrieben als

$$H_i(s) = \frac{Y(s)}{U(s)} = \frac{b_1 s^2 + b_2 s + b_3}{s^2 + a_2 s + a_3}, \tag{8.4}$$

wird, wie bei einem SIMULINK-Programm, ein Modell mit Integratoren, Summatoren und Übertragungskonstanten gebildet. Danach werden diese Komponenten mit OPs realisiert, und man erhält die Schaltung aus Bild 8.11.

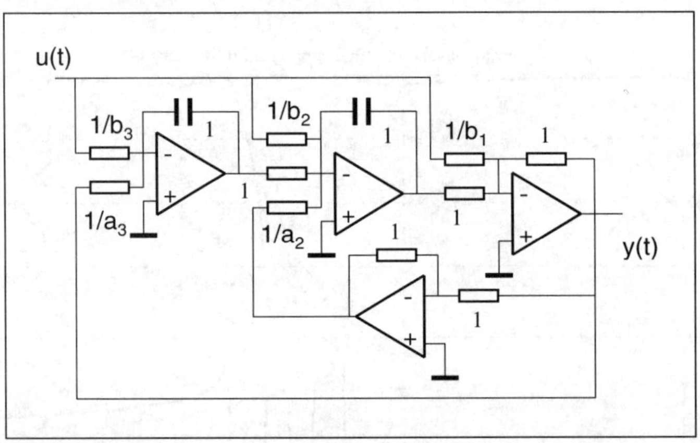

Bild 8.11 Lösung mit OPs für ein biquadratischen Term des Bandsperrfilters

Zusätzlich zu dem Verfahren mit Prototyptiefpaßfilter gibt es in MATLAB Funktionen für die Berechnung von analogen Filtern, die auch für den Entwurf der digitalen

IIR *(Infinite-Impulse-Response)* geeignet sind. Mit dem Argument `'s'` wird der MATLAB-Funktion der analoge Bereich signalisiert.

Für die Tschebyscheff-Filter berechnen die Funktionen **cheb1ord** und **cheb2ord** die minimale Ordnung n der Filter mit gewünschten Spezifikationen, welche die Durchlaßfrequenzen, die Grenzen der Sperrbereiche und die Welligkeit im Durchlaßbereich und Dämpfung im Sperrbereich enthalten. Die Routine `cheb2_bp.m` soll als Beispiel für den Entwurf eines Tschebyscheff-Bandpaßfilters Typ II dienen, das nur im Sperrbereich Welligkeit aufweist. Der Testaufruf

```
cheb2_bp([100, 200], [50, 250], 3, 40);
```

bedeutet einen Durchlaßbereich von 100 bis 200 Hz, ein Sperrbereich von 0 bis 50 Hz und von 250 Hz bis Unendlich eine maximale Dämpfung im Durchlaßbereich von 3 dB und 40 dB Dämpfung im Sperrbereich. Er führt zu einem Filter mit dem Frequenzgang aus Bild 8.12. Das Programm zeigt noch in einem Ausschnitt den Durchlaßbereich und stellt auch die Null- und Polstellen des Filters dar.

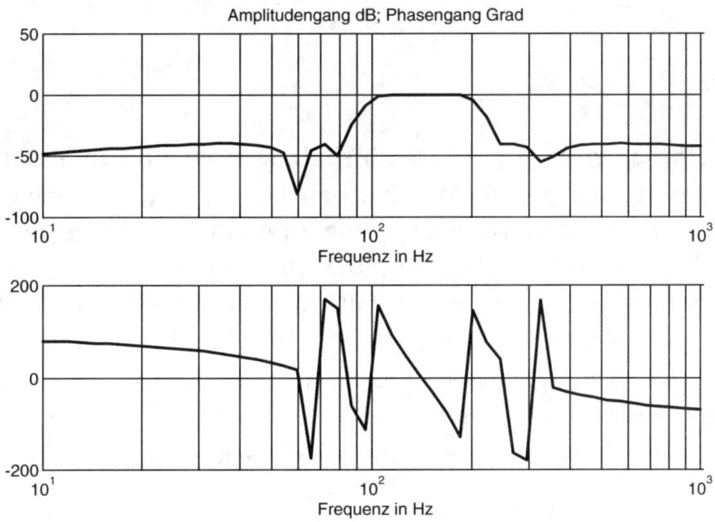

Bild 8.12 Analoges Tschebyscheff-Bandpaßfilter Typ II (cheb2_bp.m)

In SIMULINK (Vers. 1.3) in der Bibliothek *Extras* gibt es eine Unterbibliothek für analoge Filter, in der die meist gebrauchten Filter vorhanden sind. Voraussetzung dafür ist, daß in MATLAB die *Signal-Processing-Toolbox* installiert ist. Für die Version 2 wurde eine ähnliche Bibliothek gebildet und als `filters.mdl` im Verzeichnis des Anhangkapitels abgelegt.

Die Integration der analogen Schaltungen hat in den letzten Jahren große Fortschritte erfahren und dazu geführt, daß analoge integrierte Filter höherer Ordnung erhältlich sind [9], insbesondere für *Antialiasing*- und Rekonstruktionsfilter im Zusammenhang mit der A/D- und D/A-Wandlung.

8.4 Digitale Filterung

Die digitale Filterung weist große Flexibilität auf, da die Filterparameter mit der Einstellung einiger Rechenparameter einfach geändert werden können. In der Regelungstechnik gibt es Grenzen für den Einsatz von analogen Filtern bei sehr langsamen Prozessen z.B. in der Chemie- und Verfahrenstechnik. Die digitalen Filter können auch für Vorgänge, die mit sehr langen Zeitkonstanten stattfinden, ohne Schwierigkeiten benutzt werden.

Es gibt zwei Arten von digitalen Filtern: FIR (*Finite-Impulse-Response*), nichtrekursive Filter und IIR (*Infinite-Impulse-Response*) oder rekursive Filter. Ein digitales lineares Filter hat die allgemeine Form:

$$\begin{aligned} y[k] &= -a_2 y[k-1] - a_3 y[k-2] - \ldots - a_{na+1} y[k-na] + \\ &\quad b_1 u[k] + b_2 u[k-2] + \ldots + b_{nb+1} u[k-nb] \end{aligned} \tag{8.5}$$

Als diskrete Übertragungsfunktion mit dem Verzögerungsoperator z^{-1} dargestellt erhält man:

$$Y(z) = \frac{b_1 + b_2 z^{-1} + b_3 z^{-2} + \ldots + b_{nb+1} z^{-nb}}{1 + a_2 z^{-1} + a_3 z^{-2} + \ldots + a_{na+1} z^{-na}} U(z) \tag{8.6}$$

Wenn die Koeffizienten a_i für $i > 1$ Null sind, dann erhält man ein FIR-Filter, das auch als *Moving-Average*-Prozeß (MA) bekannt ist. Der Fall mit einigen oder allen Koeffizienten a_i für $i > 1$ verschieden von Null und die Koeffizienten b_i für $i > 1$ gleich Null, bezeichnet man als *Auto-Regressive*-Prozeß (AR), der in der Kategorie der IIR-Filter anzusiedeln ist. Das allgemeine Filter nach der obigen Gleichung wird *Auto-Regressive-Moving-Average*-Prozeß (ARMA) genannt und bildet ein IIR-Filter.

Die Bezeichnung der Koeffizienten und deren Anzahl entspricht der *Signal-Processing-Toolbox*. In der *Control-System-Toolbox* wird die diskrete Differenzengleichung mit Hilfe des Operators z^1 als Übertragungsfunktion wie folgt dargestellt:

$$Y(z) = \frac{b_1 z^{nb-1} + b_2 z^{nb-2} + b_3 z^{nb-3} + \ldots + b_{nb}}{a_1 z^{na-1} + a_2 z^{na-2} + a_3 z^{na-3} + \ldots + a_{na}} U(z) \tag{8.7}$$

Da man Funktionen aus beiden Toolboxen gleichzeitig benutzt, muß man gewährleisten, daß die Vektoren der Koeffizienten des Polynoms im Zähler und Nenner korrekt interpretiert werden. Die einfachste Lösung besteht darin, daß man immer den Vektor des Zählers vorne mit Nullwerten erweitert, um die gleiche Anzahl Elemente in den zwei Vektoren zu haben.

Für die Analyse und Synthese der Filter stehen in MATLAB in den zwei Toolboxen (*Signal-Processing-* und *Control-System-Toolbox*) sehr viele Funktionen zur Verfügung, sowohl für den Zeitbereich als auch für den Frequenzbereich. Die gegenwärtige rasante Entwicklung in der Integration und Steigerung der Geschwindigkeit der digitalen Schaltungen eröffnet neue Möglichkeiten in der Signalverarbeitung generell und sicherlich auch im Bereich der Regelungstechnik. Hier gibt es noch viele Prozesse, die relativ langsam, z.B. im Vergleich zur Kommunikationstechnik, sind. Dadurch werden immer mehr FIR-Filter eingesetzt, obwohl diese, durch die höhere Anzahl der benötigten Koeffizienten, einen größeren Aufwand mit sich bringen. Sie können mit linearer Phase entworfen werden und sichern so kleinere Verzerrungen in der Gegenüberstellung zu den IIR-Filtern. Die FIR-Filter sind immer stabil, so daß begrenzte Eingangssignale zu begrenzten Ausgangssignalen führen.

Der rekursive Charakter der IIR-Filter kann zu Instabilität führen. Die Pole der charakteristischen Gleichung der homogenen Differenzengleichung

$$y[k]+a_2 y[k-1]+a_3 y[k-2]+\ldots+a_{na+1} y[k-na]=0, \tag{8.8}$$

die ein Polynom Grades *na* in *z* ist

$$\begin{aligned} &z^0+a_2 z^{-1}+a_3 z^{-2}+\ldots+a_{na+1} z^{-na}=0 \qquad \text{oder} \\ &z^{na}+a_2 z^{na-1}+a_3 z^{na-2}+\ldots+a_{na+1} z^0=0 \end{aligned} \tag{8.9}$$

müssen im Betrag kleiner als Eins sein, oder sie müssen in der komplexen Ebene im Inneren des Einheitskreises liegen. Wie man sieht, sind die Wurzeln der charakteristischen Gleichung gleich der Wurzeln des Polynoms im Nenner der diskreten Übertragungsfunktion (oder die Pole der Übertragungsfunktion).

8.4.1 FIR-Filterentwurf

Es gibt mehrere Funktionen für den Entwurf von FIR-Filtern, basierend auf verschiedenen Verfahren. Die Funktionen **fir1** und **fir2** benutzen das Fensterverfahren [10], das in allen Standardwerken über digitale Signalverarbeitung beschrieben ist. In der Funktion **firls** wird das Verfahren des minimalen quadratischen Fehlers (*Least-Square*) [11] eingesetzt, um den gewünschten Frequenzgang mit minimalem Fehler und linearer Phase anzunähern. Mit der Funktion **remez** kann man FIR-Filter mit linearer Phase basierend auf dem Parks-McClellan-Algorithmus [12] entwerfen. Dazu kann die Ordnung des Filters, die bestimmte Spezifikationen erfüllt, mit dem Befehl **remezord** ermittelt werden.

Die Anwendung der Funktion **remez** soll als Beispiel für einen Entwurf dienen. Gefragt ist ein Tiefpaßfilter mit Durchlaßbereich bis 10 Hz und Welligkeit unter 3 dB, Sperrbereich beginnend bei 20 Hz, der mindestens 60 dB Dämpfung aufweist. Im Bild 8.13 a und b sind die üblichen Definitionen der Welligkeit im Durchlaßbereich und Dämpfung im Sperrbereich gezeigt. Aus der Welligkeit in dB (Rp > 0) kann die Abweichung von dem idealen Betrag (gleich 1) für den Fall a) durch

$$\delta_p = 1 - 10^{-Rp/20} \tag{8.10}$$

und für den Fall b) durch

$$\delta_p = 10^{Rp/20} - 1 \tag{8.11}$$

berechnet werden. In dem Beispiel, das im *Reference*-Teil der *Signal-Processing-Toolbox* in Verbindung mit dem Befehl **remezord** gezeigt ist, wird die maximale Abweichung durch

$$\delta_p = dev\_p = (10^{Rp/20} - 1) / (10^{Rp/20} + 1) \qquad (8.12)$$

angegeben. Wenn Rp gleich Null ist, dann ist wie erwartet auch die Abweichung Null. Für Rp relativ klein, so daß der Nenner der Abweichung annähernd gleich Zwei ist, erhält man für diese Abweichung die Hälfte des Wertes für den Fall b). Diese Ungewißheiten bezüglich der Definition der Abweichung im Durchlaßbereich sind kein Hindernis, da man ohne Schwierigkeiten den Frequenzgang mit gewünschter Auflösung darstellen und untersuchen kann, und gegebenenfalls die Welligkeitswerte entsprechend ändert.

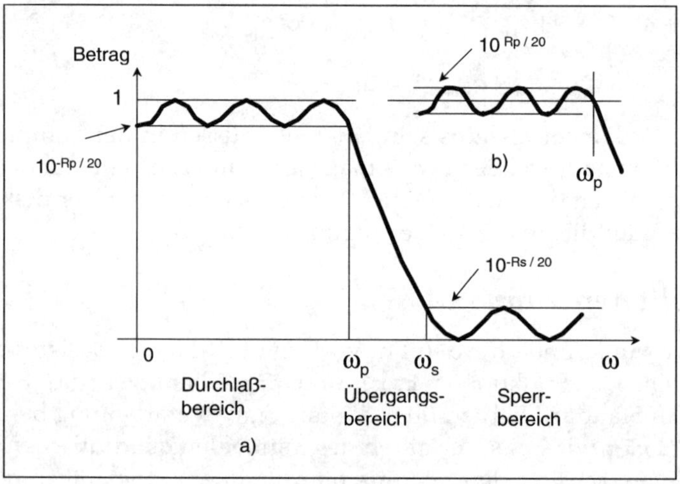

Bild 8.13 Definition der Welligkeit Rp im Durchlaßbereich und der Dämpfung Rs im Sperrbereich in dB

Im Sperr- oder Stoppbereich gibt es nur eine Art, die Abweichung aus der Angabe der Dämpfung Rs in dB (wobei Rs > 0) zu bestimmen, und zwar mit:

$$\delta_s = 10^{-Rs/20} \qquad (8.13)$$

Das Programm `remez_tp.m` entwirft das Filter und stellt seine Eigenschaften (Frequenzgang und Impulsantwort) dar. Der Ausschnitt zeigt den Kern des Programms.

```
Rp = 3;          % Welligkeit im Durchlaßbereich dB
Rs = 60;         % Dämpfung im Sperrbereich dB
fd = 10;         % Durchlaßfrequenz Hz
fsp = 15;        % Anfangsfrequenz des Sperrbereichs Hz
fs = 100;        % Abtastfrequenz Hz

%------Definition der Parameter für den remezord Befehl
f = [fd, fsp]; % Eckfrequenzen des Frequenzgangs
```

```
m = [1, 0]; % Die entsprechenden Werte des Amplitudengangs

%--Berechnung der Abweichungen im Durchlaß- und Sperrbereich
dev_p = (10^(Rp/20)-1)/(10^(Rp/20)+1); % Maximale Abweichung
dev_s = 10^(-Rs/20); % im Durchlaß- und Sperrbereich
dev = [dev_p, dev_s];% Vektor mit den Abweichungen

%------Ordnung des FIR-Filters
[n, f0, m0, w] = remezord(f, m, dev, fs);

%------Impulsantwort des Filters
b = remez(n, f0, m0, w);

%------Darstellung des Frequenzgangs
[H, f] = freqz(b, 1, 512, fs);
...............
```

Der Befehl **remezord** benötigt als Argumente den Vektor `f`, der die Eckfrequenzen des gewünschten Frequenzgangs enthält, den Vektor `m`, der die entsprechenden Werte des Amplitudengangs (Betrags) an den Eckpunkten angibt, den Vektor `dev` mit den Abweichungen im Durchlaß- und Sperrbeich und schließlich die Abtastfrequenz. Er liefert die Ordnung des Filters `n`, den Vektor `f0` und `m0` mit den Frequenzen bzw. Beträgen, welche die Spezifikationen erfüllen. In w sind Gewichtungswerte berechnet, so daß bestimmte Teile des Frequenzgangs an Wichtigkeit höher bewertet sind. Für das Beispiel des Tiefpaßfilters erhält man z.B.:

```
f0 =    0  0.2000    0.3000      1.0000
m0 =    1  1         0           0

w =       1.0000                170.9974
```

Die Vektoren `f0` und `m0` stellen eine stückweise lineare Annäherung des Amplitudengangs dar, wobei die Frequenzen relativ zur Nyquist-Frequenz (gleich der halben Abtastfrequenz) angegeben sind. So ergibt sich z.B. der Wert 0,2 aus 10 Hz (Durchlaßfrequenz) geteilt durch 50 Hz (Abtastfrequenz von 100 Hz geteilt durch 2), und der Wert 0,3 ist die Sperrfrequenz von 15 Hz gleichfalls geteilt durch 50 Hz (die Nyquist-Frequenz). Die Bedeutung der Werte des Vektors `m0` ist eng verbunden mit den Werten des Vektors `f0`. Bei der relativen Frequenz gleich Null ist ein Betrag von 1 für den Amplitudengang erwünscht. Dieser soll bis zur relativen Frequenz von 0,2 konstant bleiben (wegen der stückweisen linearen Annäherung). Danach folgt ein Übergangsbereich zwischen den relativen Frequenzen 0,2 und 0,3, in dem der Amplitudengang linear von 1 auf 0 fallen muß. Der Sperrbereich dehnt sich zwischen den Frequenzen 0,3 und 1, der ideale Betrag soll hier Null bleiben. Die Werte des Vektors w (immer als Anzahl gleich der Hälfte der Werte von `f0` oder `m0`) zeigen die relativ kleine Gewichtung von 1 des Durchlaßbereichs und die viel höhere Wichtigkeit des Sperrbereichs, die aus dem Wert 170,9974 für diesen Bereich hervorgeht.

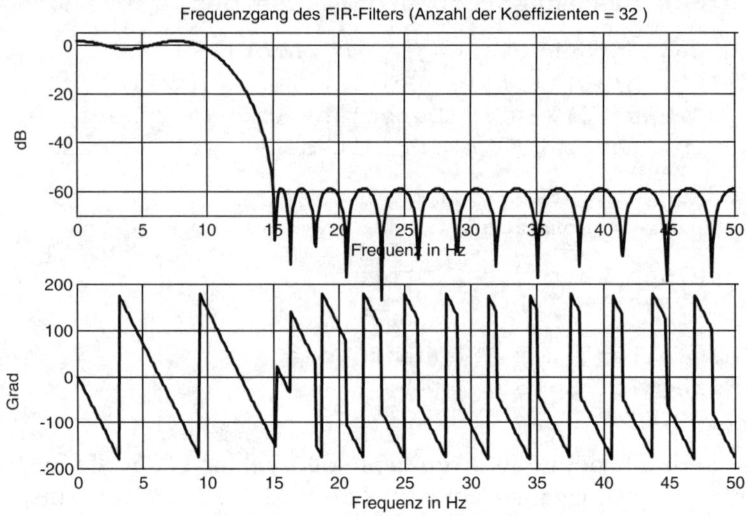

Bild 8.14 Frequenzgang des digitalen Tiefpaßfilters (remez_tp.m)

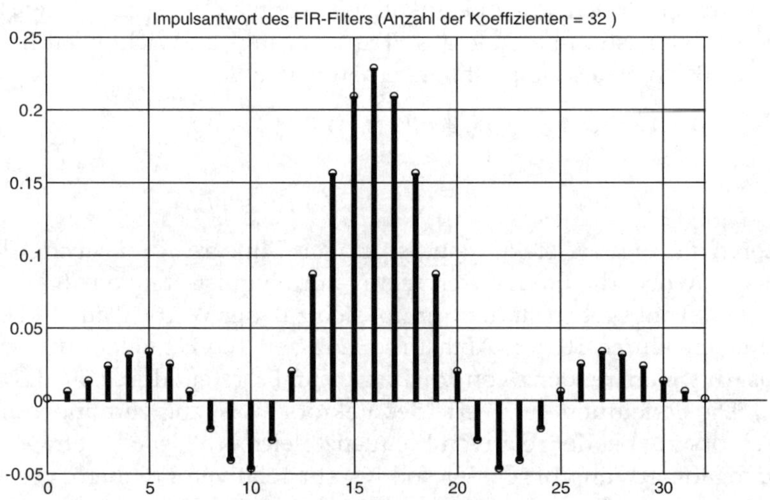

Bild 8.15 Impulsantwort des digitalen Tiefpaßfilters (remez_tp.m)

Bild 8.14 und Bild 8.15 zeigen den Frequenzgang und die Impulsantwort des Tiefpaßfilters berechnet mit der Funktion **`remezord`** und **`remez`**. Die Symmetrie der Impulsantwort sichert den linearen Verlauf der Phasenverschiebung des Filters. Mit gelockerten Bedingungen, z.B. bezüglich der Dämpfung, erhält man ein Filter kleinerer Ordnung und somit mit weniger Koeffizienten.

Für eine SIMULINK-Simulation können die Koeffizienten des im MATLAB entworfenen Filters einem *Filter*-Block aus der *Discrete*-Bibliothek übertragen werden. Wenn sie in einer Routine (Funktion) berechnet wurden, dann muß der Vektor der Koeffizienten in der Routine und in der MATLAB-Umgebung als **global** deklariert werden.

8.4.2 IIR-Filterentwurf

Der klassische IIR-Filterentwurf geht von einem normierten analogen Prototyp-Tiefpaßfilter aus, das mit einer Frequenztransformation zu einem bestimmten Typ (Hochpaß, Bandpaß etc.) umgewandelt und in einen bestimmten gewünschten Frequenzbereich gebracht wird. Danach kann dieses analoge Filter diskretisiert werden. In der *Signal-Processing-Toolbox* gibt es Funktionen, die all diese Etappen unterstützen. Wenn der Entwurf des analogen Filters nicht durch die Anwendung bedingt ist, kann man andere Funktionen benutzen (**butter**, **cheby1**, **cheby2**, **ellip** und **besself**), bei denen diese *Lower-Level*-Etappen für den Anwender transparent sind. Diese sind einfach zu bedienen, als Beispiel wird das gleiche Filter in Form eines IIR-Tschebyscheff-Filters Typ I entworfen. Mit dem Programm cheb3_d1.m wird das Filter berechnet und der Frequenzgang und die Impulsantwort dargestellt. Der folgende Ausschnitt zeigt die nötigen Befehle für den Entwurf:

```
Rp = 2;            % Welligkeit im Durchlaßbereich dB
fd = 10;  fs = 100;   % Durchlaß- und Abtastfrequenz in Hz
n = 8;             % Filterordnung
[b, a] = cheby1(n, Rp, fd*2/fs)  %------Filter Entwurf
[H, f] = freqz(b, a, 512, fs);   % Frequenzgang
........
[h,t] = impz(b, a, 101);         % Impulsantwort
stem(t, h);            %------Darstellung der Impulsantwort
```

Durch gezieltes Probieren wurde die Welligkeit im Durchlaßbereich und die Ordnung des Filters so lange geändert, bis annähernd die gleichen Eigenschaften im Amplitudengang wie beim vorherigen FIR-Filter erreicht wurden. Mit der Ordnung n = 8, was 9 Koeffizienten für den Zähler und nochmals 9 Koeffizienten für den Nenner (wobei hier ein Koeffizient gleich Eins ist) bedeutet, und mit einer Welligkeit Rp = 2 dB erhält man die Eigenschaften, die im Bild 8.16 und Bild 8.17 dargestellt sind.

Die Impulsantwort des IIR-Filters, die mit der Funktion **impz** berechnet wurde, dehnt sich bis Unendlich, wie auch der Name dieser Art von Filtern *Infinite-Impulse-Response* suggeriert. Um den gleichen Amplitudengang wie beim FIR-Filter zu erhalten, sind hier 17 (2*9-1) Koeffizienten statt 32 Koeffizienten nötig. Das Ersparnis ist ca. 50 %, das relativ groß erscheint, wenn man den Hauptvorteil der symmetrischen FIR-Filter mit linearer Phase nicht berücksichtigt.

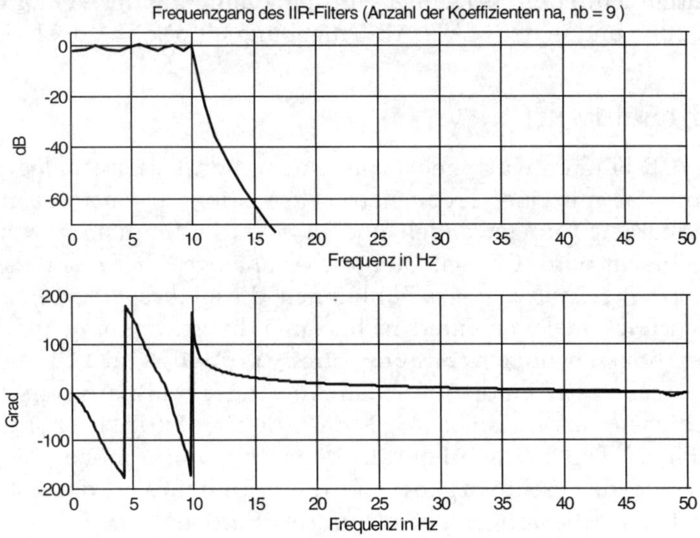

Bild 8.16 Frequenzgang des IIR-Filters (cheb3_d1.m)

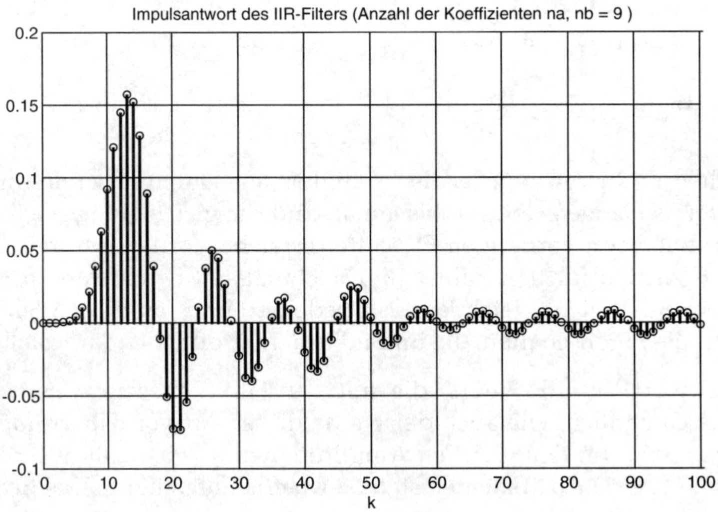

Bild 8.17 Impulsantwort des IIR-Filters (cheb3_d1.m)

Wie schon erwähnt, ist bis zu bestimmten Abtastfrequenzen die gegenwärtige Elektronik in der Lage, FIR-Filter mit sehr vielen Koeffizienten (z.B. bis 4096 Koeffizienten im professionellen Audiobereich) zu integrieren, somit werden für diese Fälle grundsätzlich FIR-Filter eingesetzt.

Zum Schluß dieser kurzen Beschreibung der Befehle der *Signal-Processing-Toolbox*, die mit Filtern verbunden sind, wird noch ein Beispiel für die Anwendung von *Filter-*

Blöcken in SIMULINK beschrieben. Bild 8.18 zeigt das Modell (`s_filte1.m`; `s_filte1.mdl`), bestehend aus drei sinusförmigen Quellen und einer Rauschquelle, die über vier *Gain*-Faktoren und einem Summierer das Eingangssignal der Filter bilden. Auf *Zero-Order-Hold*-Blöcke als Abtastvorrichtungen am Eingang der diskreten Filter wurde verzichtet, da alle diskreten Blöcke implizit solche Halteglieder beinhalten.

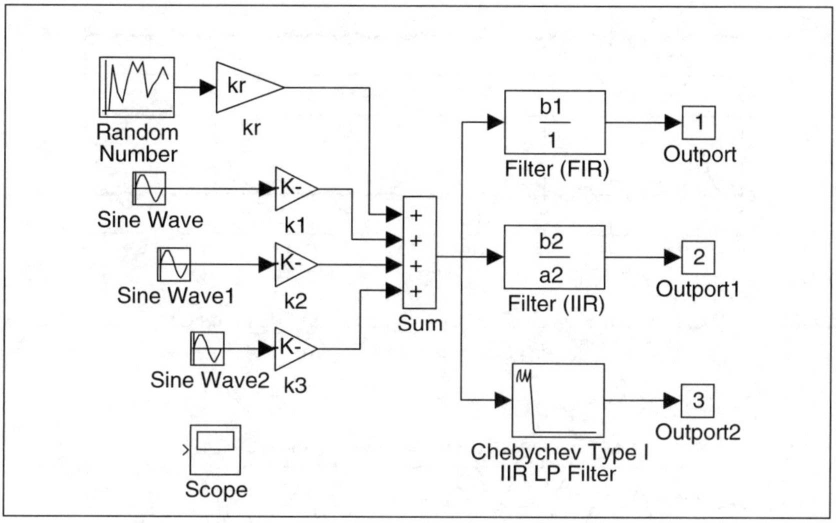

Bild 8.18 Modell mit FIR- und IIR-Filtern (s_filte1.m; s_filte1.mdl; filte1.m)

In der Funktion `filte1.m` werden alle Parameter oder Variablen des Modells initialisiert. Diese Variablen sind als **`global`** sowohl in der Funktion als auch in der MATLAB-Umgebung (MATLAB-Kommando-Fenster) deklariert. Das erste Filter des Modells ist ein FIR-Filter, das im `remez_tp.m` entwickelt wurde. Für das zweite wurde das IIR-Filter aus `cheb3_d1.m` genommen, das den gleichen Amplitudengang wie das erste FIR-Filter aufweist, bloß hat es keinen linearen Phasengang. Als letztes Filter ist ein IIR-Filterblock aus der *Extras*-Bibliothek genommen, vom Tschebyscheff Typ I und Parametrierung, die gleich mit der des zweiten IIR-Filters ist. Es ist zu erwarten, daß die zwei letzten Filter identisch sind.

Bild 8.19 zeigt die Antwort der drei Filter auf ein Signal von 20 Hz, das im Sperrbereich mit einer Dämpfung von mindestens 60 dB liegt. Die Einschwingzeit ist beim FIR-Filter viel kürzer als bei den IIR-Filtern. Sie ist ungefähr gleich der Ordnung des Filters mal Abtastperiode. Das könnte ein zusätzlicher Grund sein, um FIR-Filter, dort wo es möglich ist, einzusetzen. Bild 8.20 zeigt die Antwort auf weißes Rauschen, und wie man sieht, unterscheiden sich die Antworten des FIR- und der IIR-Filter erheblich.

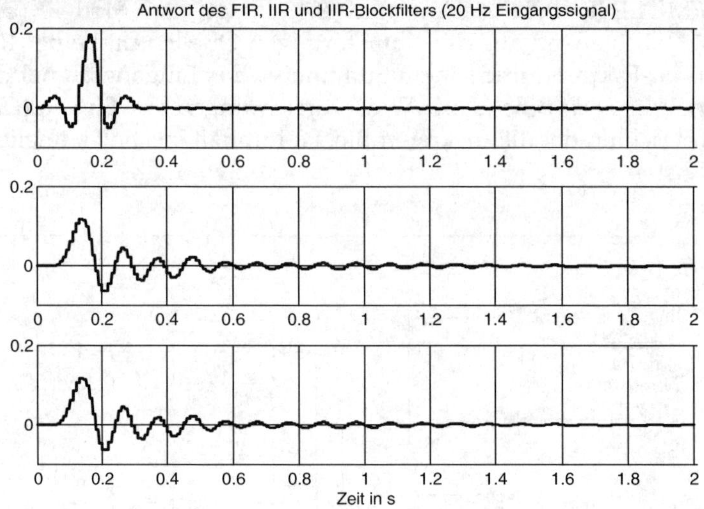

Bild 8.19 Antwort auf ein Signal mit einer Frequenz von 20 Hz, das im Sperrbereich liegt (s_filte1.m; s_filte1.mdl; filte1.m)

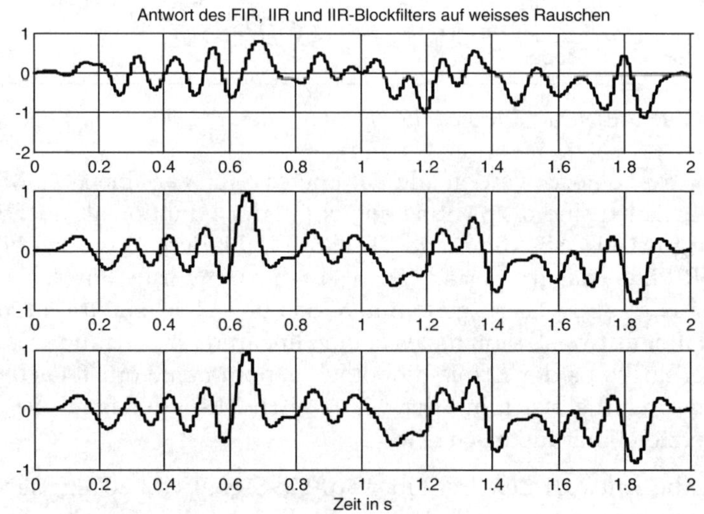

Bild 8.20 Antwort auf ein Rauschsignal (s_filte1.m; s_filte1.mdl; filte1.m)

Das FIR-Filter stellt die Komponenten des Eingangssignals, die im Durchlaßbereich liegen, am Ausgang des Filters in der korrekten Zeitrelation wieder zusammen. Das geschieht wegen des linearen Phasenverlaufs dieses Filters. Bei den IIR-Filtern, die keinen linearen Phasenverlauf aufweisen, werden die Komponenten aus dem Durchlaßbereich zeitlich nicht mehr korrekt zusammengestellt und so entsteht der Unterschied. Wenn nur einzelne sinusförmige Signale untersucht werden, merkt man den Unterschied nicht, da die Amplituden korrekt wiedergegeben werden.

8.5 Implementierung in Fest-Komma-Format

Die gezeigten Regelungs- und Filterungsalgorithmen müssen in Hardware implementiert werden. Sehr verbreitet sind dafür die DSPs (*Digital-Signal-Prozessoren*), wenn hohe Geschwindigkeit benötigt wird. Meist sind die Algorithmen in DSPs in Fest-Komma-Format mit begrenzter Wortlänge implementiert. Das bedeutet eine Begrenzung in der Auflösung und im Wertebereich, die sich aus der begrenzten Anzahl von Bits (8, 16, 24 oder 32) für die Daten ergibt und zu zusätzlichen Problemen führt.

Als erstes muß das zusätzliche Quantisierungsrauschen erwähnt werden. Die analogen Daten werden nach dem A/D-Wandler durch die Darstellung mit begrenzter Auflösung mit Fehlern behaftet sein, Fehler die sich annähernd wie Rauschen verhalten. Das zweite Problem entsteht durch die Quantisierung der Koeffizienten der Filter oder Regleralgorithmen. Bezogen auf die Filter bedeutet dies, daß eventuell die erwarteten Eigenschaften nicht mehr vorhanden sind, oder noch schlimmer, das Filter kann, wie bei den IIR-Filtern, instabil werden. Wegen der Quantisierung der Koeffizienten können die Pole eines IIR-Filters den Einheitskreis verlassen und führen zu der erwähnten Instabilität.

Die verschiedenen Algorithmen benötigen auch arithmetische Operationen, bei denen Rundungsfehler auftreten können. Nach einer Multiplikation werden die letzten *Least-Significant-Bits* weggelassen, um das Ergebnis erneut auf die Wortlänge des Prozessors zu bringen. In vielen DSPs ist die Länge des Akkumulators das Doppelte eines Wortes, so daß die Rundung nach mehreren Multiplikationen durchführbar ist und dieser Fehler reduziert wird.

Ein gravierender Fehler ist auch der arithmetische Überlauf, der vorkommt, wenn partielle Summen oder Filterausgänge die vorhandene Wortlänge überschreiten. Man muß die Koeffizienten der Filter skalieren, so daß der Überlauf nicht stattfinden kann. Die DSP Befehle haben auch einen Schutz gegen grobe Fehler, wie z.B. die Änderung des Vorzeichens wegen des Überlaufs, indem bei Überlauf der Wert auf den höchsten oder kleinsten Wert abhängig vom Vorzeichen begrenzt wird.

Mit MATLAB können alle erwähnten Probleme untersucht und die Ergebnisse anschaulich dargestellt werden. Für ein FIR-Filter wird zuerst der Einfluß der Quantisierung der Koeffizienten gezeigt. In der Routine `quant_1.m` ist ein Tiefpaßfilter mit dem Remez-Verfahren entworfen und dessen Frequenzgang dargestellt, einmal für den Fall genauer Koeffizienten (ohne Quantisierung) und einmal mit Quantisierung. Als Argument der Routine dient die Anzahl der Bits für die Quantisierung. Das Filter hat folgende Spezifikationen: Rp = 0.2 (Welligkeit im Durchlaßbereich in dB); Rs = 90 (Dämpfung im Sperrbereich in dB); fd = 10 (Durchlaßfrequenz Hz); fsp = 15 (Anfangsfrequenz des Sperrbereichs Hz); fs = 100 (Abtastfrequenz Hz);

Folgende Tabelle zeigt einige der 69 Koeffizienten des Filters vor und nach der Quantisierung mit 8 Bit:

```
-------------------------------------
   k            b                  bq
-------------------------------------

   1       -0.0000116333         0
   2        0.000120193          0
   3        0.000476121          0
   4        0.00114594           0
.......................
   16       0.00817079           0.0078125
   17       0.00561118           0
   18      -0.000996244          0
   19      -0.00892701          -0.0078125
   20      -0.0138579           -0.0078125
.......................
```

Wenn durch `nB` die Anzahl der Bits für die Quantisierung, `b` der Vektor der Koeffizienten ohne und `bq` der Vektor der Koeffizienten mit Quantisierung bezeichnet sind, dann ist die Quantisierung mit folgenden Befehlen realisiert:

```
bereich = 2^(nB-1);
bq = fix(b*bereich)/bereich;
```

Um zu zeigen, wie sich die Werte durch Quantisierung ändern, wird der Koeffizient mit Index 20 für eine Wortlänge von 8 Bit quantisiert. Da $2^{8-1} = 128$ ist der skalierte Wert 128*(-0,0138579) = -1,7738. Für die binäre Darstellung werden die Dezimalstellen weggelassen und die gebliebene ganze Zahl wird binär geschrieben. Man erhält -0000 0001 oder in 2-Komplement (Zweierkomplement) 1111 1111 = FF hex. Für die Simulation muß diese binäre Form in einer reellen Zahl durch Division mit 128 zurückgewandelt werden, und man erhält -1/128 = -0,0078125.

Durch die Quantisierung sind eine Menge Koeffizienten gleich Null geworden. Bild 8.21 zeigt den Frequenzgang des Tiefpaßfilters mit genauen und mit 8 Bit quantisierten Koeffizienten. Es ist ersichtlich, daß diese relativ grobe Darstellung der Koeffizienten mit nur 8 Bit sowohl im Durchlaßbereich (Paßband) als auch im Sperrbereich einen großen Einfluß bringt. Wenn die Routine für 16 Bit aufgerufen wird, ergibt sich nur noch eine Dämpfung im Sperrbereich von 70 dB statt 90 dB und praktisch keinen Unterschied im Durchlaßbereich. Bei 24 Bit, die in einigen DSPs vorkommen, ist keine Abweichung mehr sichtbar.

In [13] gibt es sehr nützliche Formeln, um Grenzwerte für die Abweichungen im Frequenzgang abhängig von der Anzahl der Bit (oder Wortlänge) zu bestimmen. So z.B. ist die maximale Dämpfung im Sperrbereich auf

$$Rs_{\max} \leq -20\log_{10}(2^{-nB}N) \tag{8.14}$$

begrenzt. Hier sind nB die Wortlänge, und N ist die Anzahl der Koeffizienten des Filters. Für das Beispiel des Tiefpasses wäre dieser Wert ca. 11,4 dB, ein viel zu konservativer Wert, wenn man das Bild 8.21 analysiert. Mit einigen Befehlen und den leistungsfähigen Darstellungsmöglichkeiten von MATLAB sind solche Sachverhalte leicht zu klären.

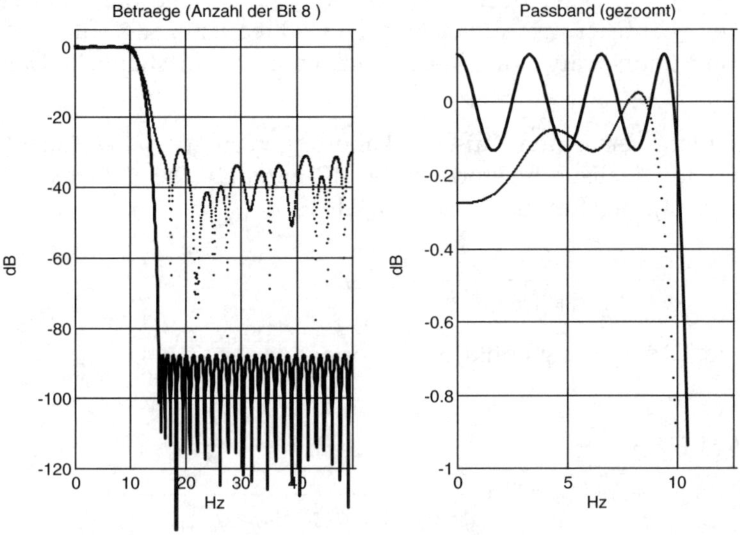

Bild 8.21 Frequenzgang mit genauen und mit 8 Bit quantisierten Koeffizienten (quant_1.m)

Überlauf kommt vor, wenn die Summe von zwei Zahlen, die gewöhnlich zu groß sind und gleiche Vorzeichen haben, die Wortlänge überschreitet. In der Differenzengleichung eines FIR-Filters

$$y[k] = b_1 u[k] + b_2 u[k-2] + \ldots + b_{nb+1} u[k-nb] \qquad (8.15)$$

kann Überlauf bei der Implementierung auftreten, z.B. bei der Addition der zwei ersten Produkte. Wenn durch entsprechende Maßnahmen gesichert ist (z.B. durch Skalierung der Koeffizienten), daß der Ausgang die erlaubte Wortlänge nicht überschreitet, dann ist der Überlauf der partiellen Summen nicht wichtig. Dies ist eine erwünschte Eigenschaft der 2-Komplement-Arithmetik. Es werden zwei Arten der Skalierung der Koeffizienten angewandt:

$$b_i = \frac{b_i}{\sum_{k=1}^{nb+1} |b_k|}; \qquad b_i = \frac{b_i}{\left[\sum_{k=1}^{nb+1} b^2{}_k\right]^{1/2}} \qquad (8.16)$$

Bei der ersten Skalierung kann nie Überlauf auftreten, sie ist aber zu streng und berücksichtigt nur den *Worstcase*, der praktisch nie vorkommt. Diese Art ergibt gegenüber der zweiten Form, bei der gelegentlich Überlauf vorkommen kann, auch zusätzliches Quantisierungsrauschen für die Koeffizienten des Filters. Vielmals werden die Eingangsdaten ähnlich wie die Koeffizienten skaliert. Das Programm `quant_1.m` ist leicht geändert worden (`quant_2.m`), um den Einfluß dieser Normierungen zusammen mit der Quantisierung auf den Frequenzgang des Beispielfilters zu ermitteln.

Bei den IIR-Filtern treten ähnliche Probleme wie bei den FIR-Filtern auf, nur daß hier die Auswirkungen drastischer sind. Wenn die Koeffizienten eines IIR-Filters quantisiert werden, kann es vorkommen, daß das Filter instabil wird. Bei den Wortlängen von mehr als 8 Bit, die gegenwärtig benutzt werden, bleiben die Filter stabil, auch wenn durch die Quantisierung Abweichungen im Frequenzgang auftreten. Ähnliche kurze Programme können auch hier klare Ergebnisse und anschauliche Darstellungen ergeben.

Um den Überlauf zu vermeiden, müssen Skalierungen eingesetzt werden. Die Lösungen hängen von den Realisierungsformen der IIR-Filter ab. Die einfachste Form ergibt sich aus der Übertragungsfunktion eines IIR-Filters

$$Y(z) = \frac{b_1 + b_2 z^{-1} + b_3 z^{-2} + \ldots + b_{nb+1} z^{-nb}}{1 + a_2 z^{-1} + a_3 z^{-2} + \ldots + a_{na+1} z^{-na}} U(z), \tag{8.17}$$

die in zwei Teile (Übertragungsfunktionen) zerlegt wird:

$$\begin{aligned} \frac{Y(z)}{U(z)} &= \frac{Y(z)}{W(z)} \frac{W(z)}{U(z)} = \\ &(b_1 + b_2 z^{-1} + b_3 z^{-2} + \ldots + b_{nb+1} z^{-nb}) \frac{1}{1 + a_2 z^{-1} + a_3 z^{-2} + \ldots + a_{na+1} z^{-na}} \end{aligned} \tag{8.18}$$

Die erste Übertragungsfunktion ist ein MA-Prozeß oder FIR-Filter, und die zweite bildet ein IIR-Filter oder AR-Prozeß. Aus der zweiten Übertragungsfunktion erhält man für die Zwischenvariable w[k] folgende Differenzengleichung

$$w[k] = u[k] - a_2 w[k-1] - a_3 w[k-2] - \ldots - a_{na+1} w[k-na] \tag{8.19}$$

Wenn $w[k]$ als bekannt angenommen wird, können die verspäteten Variablen $w[k-1]$, $w[k-2]$,... etc. durch Verzögerungsglieder gebildet werden. Danach ist die ursprünglich als bekannt betrachtete Variable aus dem Eingang und den gewichteten verspäteten Zwischenvariablen zu bilden. Bild 8.22 zeigt im unteren Teil die Blockschaltung, die diese Operation darstellt.

Aus der ersten Übertragungsfunktion der vorherigen Zerlegung kann nun die Ausgangsgröße als Funktion der Zwischenvariablen wie folgt

$$y[k] = b_1 w[k] + b_2 w[k-1] + b_3 w[k-2] + \ldots + b_{nb+1} w[k-nb] \tag{8.20}$$

geschrieben werden. Da jetzt schon alle Zwischenvariablen bekannt sind, ist diese Differenzengleichung leicht im Modell zu bilden und in der Blockschaltung aus Bild 8.22 ist diese Zusammensetzung im oberen Teil gezeigt.

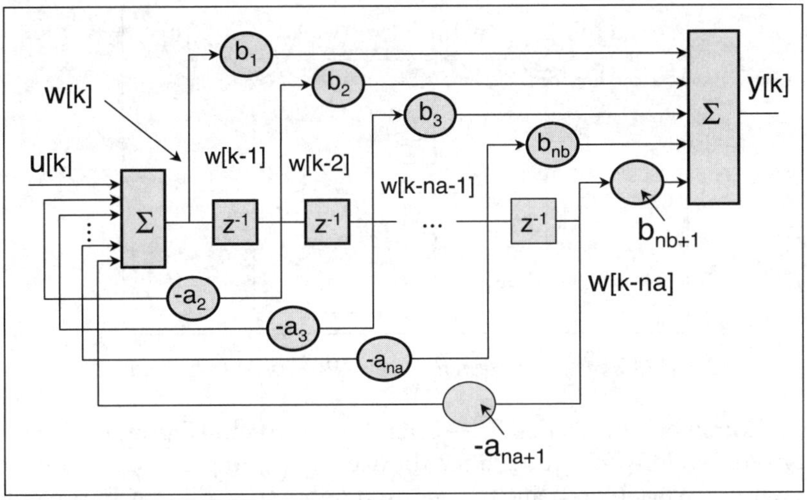

Bild 8.22 Kanonische Form eines IIR-Filters (na = nb)

Diese Form bildet die sogenannte kanonische Form eines IIR-Filters. Aus der Blockschaltung sind die Reihenfolgen der Operationen ersichtlich, die z.B. in einem DSP-Programm durchzuführen sind, um die Filterfunktion zu erzeugen. In der Praxis werden die Filter höherer Ordnung durch Kaskaden oder Parallelschalten von einfacheren Übertragungsfunktionen erster und zweiter Ordnung realisiert.

Für die Lösung als Kaskade wird die Übertragungsfunktion des Filters in ein Produkt von Übertragungsfunktionen zweiter Ordnung zerlegt

$$H(z) = \prod_{k=1}^{N/2} \frac{Y_k(z)}{U_k(z)} = \prod_{k=1}^{N/2} \left[\frac{b_{1k} + b_{2k} z^{-1} + b_{3k} z^{-2}}{1 + a_{2k} z^{-1} + a_{3k} z^{-2}} \right], \tag{8.21}$$

wobei durch N die Ordnung des Filters bezeichnet ist. Wenn N ungerade ist, dann ist ein Term ersten Grades vorhanden. Jedes Glied zweiter Ordnung kann in der kanonischen Form aufgebaut werden (Bild 8.23), die gesamte Übertragungsfunktion erhält man durch Reihenschaltung dieser Glieder. Im Bild 8.23 sind die Gewichtungen durch die Koeffizienten entlang der Verbindungslinien angegeben, um die Zeichnung zu vereinfachen.

Drei Schwierigkeiten treten bei dieser Lösung auf: (1) wie sollen die Faktoren des Zählers mit den Faktoren des Nenners gepaart werden; (2) in welcher Reihenfolge sollen die Glieder danach geschaltet sein; (3) wie sollen die Signale in jedem Abschnitt skaliert sein, um zu vermeiden, daß die Signale zu groß oder zu klein werden.

Eine Daumenregel besagt, daß man einen Zählerfaktor mit einem Nennerfaktor paaren soll, so daß die zwei Nullstellen des Zählerfaktors nahe den zwei Polen des Nennerfaktors liegen. So vermeidet man die hohen Amplituden bei den Frequenzen, die den Polen entsprechen. Als letzter Abschnitt wird derjenige gewählt, der die Pole am Einheitskreis nächstliegend besitzt. Die günstigste Reihenfolge kann auch durch Simulation festgestellt werden.

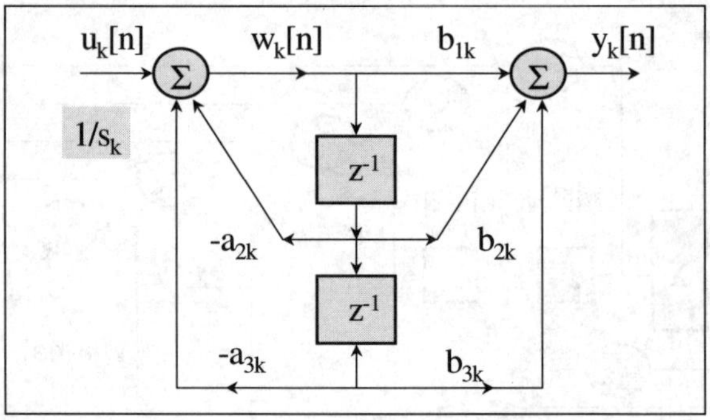

Bild 8.23 Kanonische Form für einen IIR-Abschnitt 2. Ordnung

Wegen der rekursiven Form jedes IIR-Abschnittes wird ein Überlauf der Zwischenvariablen zum laufenden Zeitpunkt über die Rückkopplung bei der Berechnung der nächsten Zwischenvariablen benutzt. Dadurch kann ein Überlauf in die entgegengesetzte Richtung auftreten und letztlich in Selbstschwingungen ausrasten.

In der Annahme, daß der Eingang jedes Abschnitts auf ± 1 begrenzt ist, wird für jeden Abschnitt ein Skalierungsfaktor s_k am Eingang eingeführt (Bild 8.23), so daß die Zwischenvariable nach dem ersten Summierer keinen Überlauf erfährt. Man kann folgende drei Formen benutzen:

$$s_k = \sum_{n=0}^{\infty} |h_k(n)|; \qquad s_k = \left[\sum_{n=0}^{\infty} h_k^{\,2}(n) \right]^{1/2}; \qquad s_k = \max |F(\omega)|; \tag{8.22}$$

Sie sind auch als L_1-, L_2- bzw. L_∞-Norm bekannt. Durch $h_k(n)$ wurde die Impulsantwort vom Eingang bis zur Zwischenvariablen des Abschnitts bezeichnet. Diese Impulsantwort ist wegen des IIR-Charakters bis Unendlich ausgedehnt. $F(\omega)$ aus der letzten Form stellt den maximalen Wert des Amplitudengangs der Übertragung vom Eingang bis zur Zwischenvariablen dar und wird oft benutzt, da man den Effekt der Skalierung auch leicht experimentell mit sinusförmigen Signalen testen kann. Für die gezeigten kanonischen Abschnitte zweiter Ordnung gibt es auch eine Formel für die Berechnung der L_2-Norm [13]

$$s_k^{\,2} = \frac{1}{1 - a_{k3}^{\,2} - a_{k2}^{\,2}(1 - a_{k3})/(1 + a_{k3})} \tag{8.23}$$

Jeder kanonische Abschnitt des IIR-Filters 2. Ordnung kann in zwei Teile geteilt werden. Vom Eingang zur Zwischenvariablen (als Ausgang des ersten Summierers) ergibt sich ein rekursiver IIR-Teil, und von der Zwischenvariablen zum Ausgang des Abschnitts liegt ein FIR-Teil vor. Die gezeigte Skalierung wird für den IIR-Teil benutzt. Bei der Skalierung des FIR-Teils setzt man Normen ein, die bei den FIR-Filtern beschrieben wurden.

Mit dem Programm `iirsk1.m`, das zusammen mit dem Modell `s_iirsk1.m` (bzw. `s_iirsk1.mdl`) arbeitet, wird ein Experiment zur Skalierung eines IIR-Filters 5.

Ordnung durchgeführt. Das Modell ist in Bild 8.24 gezeigt. Man erkennt zwei kanonische Abschnitte zweiter Ordnung gefolgt von einem Abschnitt erster Ordnung.

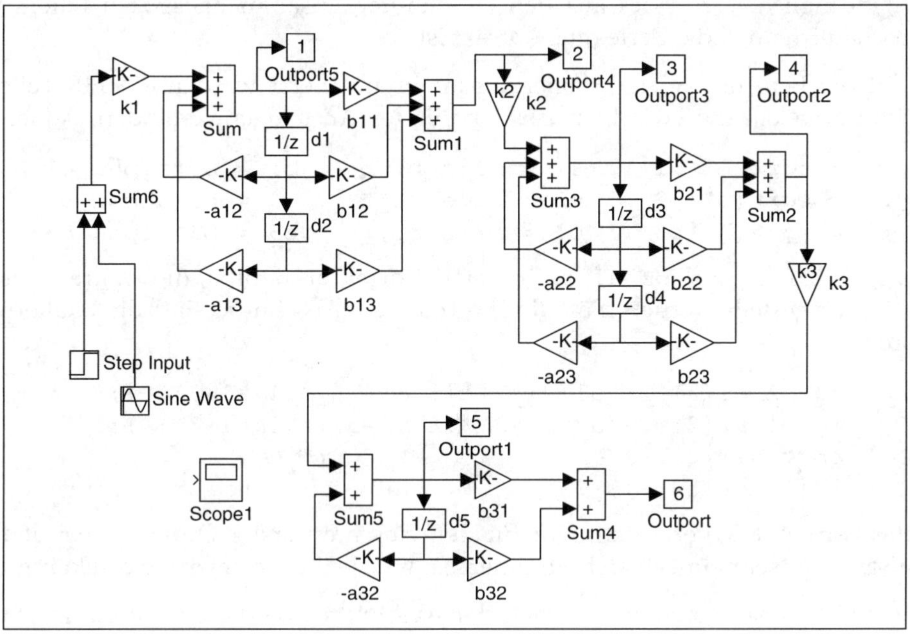

Bild 8.24 Modell eines IIR-Filters 5. Ordnung (s_iirskl.m; s_iirsk1.mdl; iirsk1.m)

Das Filter ist im Programm mit dem Befehl

```
[b, a] = cheby1(n, Rp, fd*2/fs);
```

berechnet worden, wobei `n` die Ordnung, `Rp` die Welligkeit im Durchlaßbereich und `fd` bzw. `fs` die Durchlaß- und Abtastfrequenz sind. Mit

```
z = roots(b);          p = roots(a);
```

werden danach die Nullstellen und Pole des IIR-Filters ermittelt, die gepaart nach der erwähnten Daumenregel, die Abschnitte bilden:

```
z1 = [z(3); z(4)];   p1 = [p(1); p(2)];   % Abschnitt 1
z2 = [z(1); z(2)];   p2 = [p(4); p(5)];   % Abschnitt 2
z3 = z(5);           p3 = p(3);           % Abschnitt 3
```

Um die Koeffizienten der kanonischen Abschnitte aus ihren Null- und Polstellen zu erhalten werden die Befehle **zp2tf**

```
[b1, a1] = zp2tf(z1, p1, 1);    [b2, a2] = zp2tf(z2, p2, 1);
[b3, a3] = zp2tf(z3, p3, 1);
```

eingesetzt. Um zu prüfen, ob diese Abschnitte das ursprüngliche Filter darstellen, wurden die Abschnitte wieder mit

```
az = conv(a1,conv(a2,a3)); bz = b(1)*conv(b1,conv(b2,b3));
```

zusammengesetzt. Der Faktor `b(1)` ist notwendig, um aus dem Polynom im Zähler das ursprüngliche Polynom, das nicht mit einem Koeffizient gleich Eins für die höchste Potenz des Operators z war, zu erhalten. Durch Darstellung der Frequenzgänge des ursprünglichen und des aus den Abschnitten zusammengesetzten Filters wird veranschaulicht, daß die Zerlegung korrekt ist.

Es folgt die Berechnung der Skalierungsfaktoren. Zuerst werden die FIR-Teile der Abschnitte, welche die Zwischenvariablen mit den Ausgängen verbinden, skaliert:

```
s_b1 = sqrt(b1*b1'); b1 = b1/s_b1;     b1 = b1*alpha_b1;
s_b2 = sqrt(b2*b2'); b2 = b2/s_b2;     b2 = b2*alpha_b2;
s_b3 = sqrt(b3*b3'); b3 = b3/s_b3;     b3 = b3*alpha_b3;
```

Die `alpha_b1`, `alpha_b2`, `alpha_b3` sind Korrekturfaktoren, die während der Simulation eingestellt werden. Für die IIR-Teile der Abschnitte sind die Skalierungsfaktoren

```
s1 = 1/( 1-a1(3)^2-(a1(2)^2)*(1-a1(3))/(1+a1(3)) );
s2 = 1/( 1-a2(3)^2-(a2(2)^2)*(1-a2(3))/(1+a1(3)) );
s1 = sqrt(s1);                s2 = sqrt(s2);
s3 = 1/(1-abs(a3(2)));        % Aus der Impulsantwort
```

mit der Formel (8.23) ermittelt. Nur für den Abschnitt erster Ordnung, bei dem die Impulsantwort sehr einfach zu bestimmen ist, wurde die Normierung direkt ermittelt.

Die Verstärkungsfaktoren am Eingang der Abschnitte, die diese Skalierungsfaktoren darstellen, sind ebenfalls mit Korrekturfaktoren, die mit Hilfe der Simulation ermittelt werden, versehen:

```
k1 = (1/s1)*alpha_a1;k2 = (1/s2)*alpha_a2;
k3 = (1/s3)*alpha_a3;
```

Es wurde anfänglich ohne diese Korrekturfaktoren untersucht, ob die Ausgänge und Zwischenvariablen der Abschnitte keinen Überlauf (im Betrag größer als Eins) erfahren. In kurzer Zeit war klar, daß ohne Simulation die Skalierung nicht zu beherrschen ist. Mit den Korrekturfaktoren und einem systematischen Vorgehen in der Simulation konnten in kürzester Zeit alle Ausgänge und Zwischenvariablen so skaliert werden, daß sie optimal den verfügbaren Bereich einnahmen.

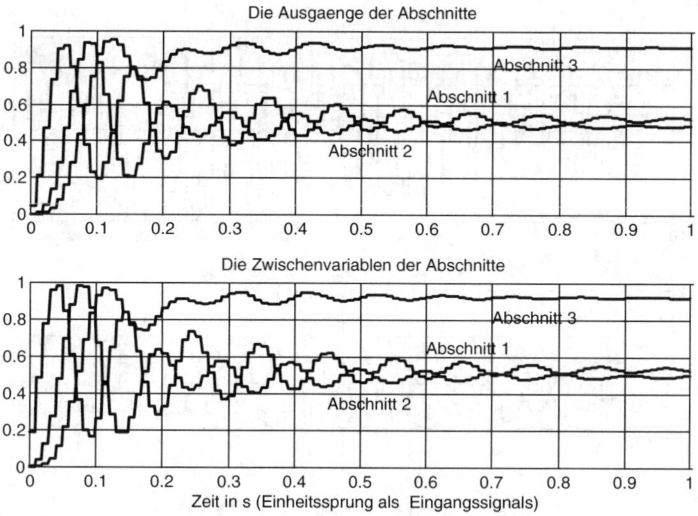

Bild 8.25 Skalierte Antwort der Abschnitte des IIR-Filters auf einen Einheitssprung (s_iirskl.m; s_iirskl.mdl; iirsk1.m)

Wie zu erwarten war, muß die Skalierung mit der Form des Eingangssignals verbunden werden. Die Skalierung für die Sprungantwort war für sinusförmige Erregung nicht mehr gültig und dieser Sachverhalt erschwert in der Praxis die Skalierung, wenn keine Simulation möglich ist. Bild 8.25 zeigt das Ergebnis der Skalierung für einen Einheitssprung. Keine Ausgänge und keine Zwischenvariablen überschreiten den gewünschten Bereich. Mit anderen Korrekturfaktoren konnte auch die Antwort auf eine sinusförmige Erregung skaliert werden. Da die Frequenzgänge der Abschnitte verschieden sind (um in der Zusammensetzung den Tschebyscheff-Filter Typ I zu ergeben) muß die Skalierung für die ungünstigsten Fälle eingestellt werden. Diese Fälle entsprechen der Maxima im Frequenzgang, welche durch die Welligkeit gegeben sind.

Das Programm ermöglicht die Einstellung der Frequenz der sinusförmigen Erregung, somit ist diese Tatsache leicht zu überprüfen. Im Bild 8.26 sind die Variablen für eine Frequenz von 9 Hz gezeigt, da bei 9 Hz im Frequenzgang ein Maximum ersichtlich ist.

Aus diesem Beispiel geht hervor, daß die IIR-Filter auch von der Skalierung her mehr Probleme als die FIR-Filter aufweisen, und das könnte ein zusätzlicher Grund sein, weshalb die FIR-Filter mit der Entwicklung der elektronischen Integrationstechnologie immer mehr eingesetzt werden. Die Skalierung eines beliebigen Regelungsalgorithmus, z.B. eines PID-Reglers, bringt ähnliche Schwierigkeiten wie beim IIR-Filter und kann mit Simulationen besser als direkt in der Implementierungssprache (wie z.B. in Assembler oder C) eingestellt und überprüft werden.

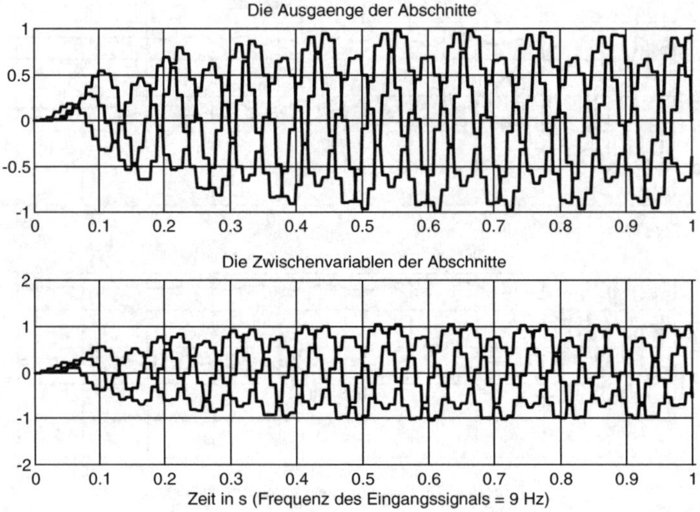

Bild 8.26 Skalierte Antwort der Abschnitte des IIR-Filters auf ein sinusförmiges Eingangssignal (s_iirskl.m; s_iirskl.mdl; iirsk1.m)

MATLAB unterstützt mit den Funktionen der *Fixed-Point-Blockset-Toolbox* [14] die praktischen Probleme, die in Zusammenhang mit der Implementierung auf einer Hardware auftreten. Sie stellt, unter der SIMULINK-Erweiterung, eine Bibliothek von Funktionsblöcken zur Verfügung, mit denen alle Fragen bezüglich der Implementierung in Fest-Komma-Format durch Simulation zu beantworten sind. Diese Blöcke können mit den SIMULINK-Blöcken kombiniert werden, um realistische Modelle zu simulieren. Das Fest-Komma-Format kann für jeden Block eine Wortlänge von 8, 16 oder 32 Bit haben und die Stelle des binären Punktes (binäres Komma) kann von Null bis zur Wortlänge beliebig sein. Einfache Experimente ergeben anschaulich, was bei Operationen mit Fest-Komma-Zahlen geschieht und die Skalierungslösungen können konkret überprüft werden. Es ist eine nützliche Toolbox sowohl in der Lehre als auch in der Entwicklung. So schnell wie mit diesem Werkzeug kann eine Problemstellung in der Implementierung eines Algorithmus in Assembler oder in C nicht gelöst werden.

8.6 Projekte

Projekt 1

Es sollen verschiedene Typen von analogen Tiefpaßfiltern mit den Funktionen **besself**, **butter**, **cheby1**, **cheby2** und **ellip** aus der *Signal-Processing-Toolbox* entwickelt und untersucht werden.

a) In der Analyse soll zuerst der Frequenzgang untersucht und dargestellt werden. Um die Definitionen der charakteristischen Frequenzwerte (Bandbreite, Sperrfrequenz etc.) aus den Darstellungen ersichtlich zu machen, sollen bestimmte Bereiche vergrößert und mit allen Feinheiten dargestellt werden. Das gilt z.B. für den Tschebyscheff-Filter Typ I mit Welligkeiten im Durchlaßbereich, bei dem dieser Bereich gezoomt darzustellen ist.

b) Danach sollen die Pol- und Nullstellen mit der Funktion **rlocus** aus der *Control-System-Toolbox* dargestellt werden, um den Einfluß auf den Frequenzgang prinzipiell zu verstehen. Die leistungsfähigen graphischen Funktionen von MATLAB sollen weiter eingesetzt werden, um den Betrag der Übertragungsfunktion in der komplexen linken Ebene darzustellen. Die 3-D-Darstellung soll den Bereich umfassen, in dem die Pol- und Nullstellen liegen. Dafür sollen die Funktionen **meshgrid**, **polyval**, **mesh** und **view** eingesetzt werden. Mit **view** soll die 3-D-Darstellung so gedreht werden, daß der Amplitudengang, als Schnitt der 3-D-Darstellung mit der imaginären Achse im Vordergrund liegt.

c) Das Zeitverhalten der Filter, beschrieben durch die Impuls- und Sprungantwort, soll ermittelt und dargestellt werden. Dafür können die Funktionen **step**, **impulse** oder **lsim** benutzt werden. Bei der Ermittlung der Impulsantwort mit **lsim** muß man einen sehr kurzen Impuls als Eingangssignal nehmen und die Antwort mit der Fläche des Impulses normieren.

d) Mit einem einfachen SIMULINK-Modell soll man das Zeitverhalten für ein Gemisch von sinusförmigen Eingangssignalen untersuchen. Zuerst soll man die Signale weit weg von der Durchlaßfrequenz wählen, wo der Phasengang noch keine großen Verzerrungen bewirkt und die Zusammensetzung am Ausgang des Filters sehr gut ist. Danach soll eine Komponente in der Nähe der Durchlaßfrequenz gewählt werden, um die Verzerrungen durch die Phasenverschiebung dieser Komponente ersichtlich zu machen.

Hinweise und Hilfe:

a) Als Beispiele für einen Teil der vorgeschlagenen Untersuchungen sollen die Funktionen `an_filt1.m` und `an_filt2.m` dienen. Es werden Tschebyscheff-Filter Typ I (mit Welligkeit im Durchlaßbereich) und Typ II (mit Welligkeit im Sperrbereich) untersucht. Der Entwurf wird für das erste Filter mit den Befehlen

```
%-------Filter Entwurf mit cheby1
[b, a] = cheby1(n, Rp, wb, 's')
b = b(n+1);              % Für Tschebyscheff Typ 1
```

erhalten. Die numerischen Fehler bei der Berechnung der Koeffizienten des Polynoms b des Zählers werden durch den zweiten Befehl korrigiert. Aus der Theorie ist bekannt [15], daß dieser Typ von Filter keine endliche Nullstellen besitzt, und somit ist nur der Koeffizient des Gliedes mit der kleinsten Potenz signifikant. Die anderen Koeffizienten sind relativ klein und können vernachlässigt werden. Ohne diese Korrektur erhält man falsche Nullstellen mit sehr großen Werten, die das Verhalten, wie erwartet, nicht beeinflussen.

Ähnlich muß man beim zweiten Filter (aus `an_filt2.m`) die Koeffizienten des Polynoms des Zählers korrigieren:

```
[b, a] = cheby2(n, Rs, wb, 's')
if n-fix(n/2)*2 == 0          % n gerade
    b(2:2:length(b)) = zeros(1,n/2)
else                          % n ungerade
    b(1:2:length(b)) = zeros(1,(n+1)/2)
end;
```

Die Tschebyscheff-Filter Typ II mit Welligkeit im Sperrbereich besitzen komplex konjugierte Nullstellen auf der imaginären Achse (ohne Realteile) [15], so daß das Polynom im Zähler nur die geraden Potenzen der komplexen Variablen enthalten darf. Der Frequenzgang in einem bestimmten Bereich kann mit der Funktion **bode** oder **freqs** ermittelt werden. Um die Darstellungen nach eigenen Wünschen zu gestalten, ist die zweite Funktion besser geeignet:

```
H = freqs(b,a,w);
betrag = 20*log10(abs(H));
..........
in = find(betrag > -2*Rp);
subplot(222), semilogx(f(in), betrag(in));
title('Durchlassbereich'); grid;       ylabel('dB');
La = axis;  axis([La(1), f(in(length(in)))*1.2, La(3), Rp]);
..........
```

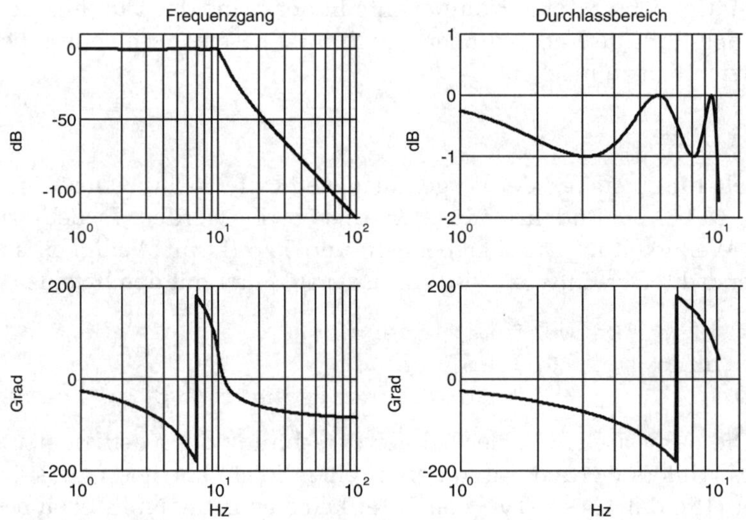

Bild 8.27 Frequenzgang eines analogen Tschebyscheff-Tiefpaßfilters 1. Ordnung Typ I mit Welligkeit im Durchlaßbereich (an_filt1.m)

Mit dem Befehl **find** werden die Indizes der Elemente des Vektors ermittelt, die einen Betrag kleiner als der doppelte Wert der zugelassenen Abweichung Rp in dB für den Durchlaßbereich enthalten. Die Darstellung der Elemente mit diesen Indizes ergibt einen gezoomten Durchlaßbereich (Bild 8.27 rechts).

b) Die Darstellung der Pol- und Nullstellen in der komplexen Ebene kann per Hand programmiert werden oder mit Hilfe des Befehls **rlocus** aus der *Control-System-Toolbox*, indem als Schleifenverstärkung der Wert 0 eingesetzt wird, weil man die Übertragungsfunktion des Filters nicht mit einer Rückführung schließt:

```
rlocus(b, a, 0);
```

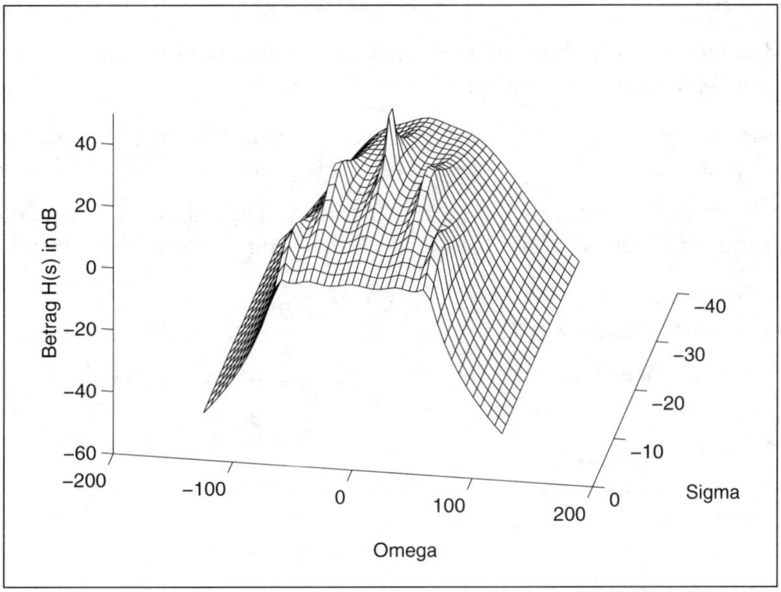

Bild 8.28 3-D Darstellung des Betrags der Übertragungsfunktion eines Tschebyscheff-Tiefpaßfilters 5. Ordnung Typ I (an_filt1.m)

Der Betrag der Übertragungsfunktion *H(s)* des Filters als Funktion der komplexen Variablen $s = \sigma + j\omega$ ergibt eine Gebirgslandschaft, mit Spitzen an den Polstellen und Tälern an den Nullstellen. Der vertikale Schnitt dieser Landschaft entlang der imaginären Achse bei $s = j\omega$ ergibt den Amplitudengang, der für positive Werte der Frequenz den meßbaren physikalischen Amplitudengang darstellt. Um diese Darstellung zu erhalten, muß zuerst der Bereich der komplexen Ebene festgelegt werden, in dem die Pole und Nullstellen liegen:

```
r_min = min([real(p)]);          % Ausdehnung des komplexen
i_max = max([imag(p)]);          % Bereichs
```

Danach wird dieser Bereich gerastert, anfänglich für den realen und imaginären Teil getrennt:

```
sigma = 2*r_min:-r_min/10.5:0;  % Raster für den Realteil
omega = 2*i_max:-i_max/10.5:-2*i_max;  % und Imaginärteil
```

Mit der Funktion **meshgrid** werden alle Paare der Rasterung der Real- und Imaginärteile vorbereitet:

```
[S,O] = meshgrid(sigma, omega);
```

S ist eine Matrix, deren Spalten gleich den Werten von `sigma` sind, und O ist eine Matrix deren Zeilen gleich den Werten von `omega` sind. Wenn man sich die zwei Matrizen überlagert vorstellt, dann ergeben sich alle möglichen Paare der Elemente der zwei Vektoren `sigma` und `omega`, die zu komplexen Variablen zusammengefaßt sind:

```
s = S+j*O;              % Komplexe Variable
```

Es werden weiter die Polynome des Zählers und Nenners für die Werte der Variablen in den Matrizen P und Q berechnet:

```
P = polyval(b,s);       % Nenner der Übertragungsfunktion
Q = polyval(a,s);       % Zaehler der Übertragungsfunktion
```

Danach kann die Übertragungsmatrix H ermittelt werden, die in jedem Element den komplexen Wert für einen Punkt der Rasterung der komplexen Ebene enthält:

```
H = P./(Q+eps); % Übertragungsfunktion
betrag = 20*log10(abs(H));
```

Mit der Funktion **mesh** wird schließlich die 3-D-Darstellung erhalten:

```
figure(3);              clf;
mesh(S, O, betrag);
La = axis;  axis([La(1), La(2), La(3), La(4), La(5), 50]);
view(+100, 30);         xlabel('Sigma');
ylabel('Omega');        zlabel('Betrag');
set(gca, 'Position', [0.2, 0.3, 0.6, 0.8]);
```

Die Lage und der Blickwinkel für die 3-D-Darstellung sind über die Funktion **view** so eingestellt, daß der Schnitt dieser Gebirgslandschaft, der den Amplitudengang darstellt, im Vordergrung erscheint (Bild 8.28). Man erkennt den Tiefpaßcharakter mit 0 dB in der Umgebung der Frequenz von 0 rad/s und die Welligkeit im Durchlaßbereich wegen der 5 Pole, die durch die Spitzen ersichtlich sind.

c) Die Impulsantwort mit dem Befehl **impulse** zu ermitteln ist sehr einfach. Vom didaktischen Standpunkt aus ist aber die Berechnung der Impulsantwort mit dem Befehl **lsim** lehrreicher. Dieser Befehl ist für die Ermittlung der Antwort auf einen beliebigen Eingang vorgesehen. Um die Impulsantwort mit **lsim** zu erhalten, muß zuerst ein realer Impuls, z.B. der Größe Eins und Dauer eines Zeitintegrationsschritts, gebildet werden. Die Antwort auf diesen Eingang muß dann mit der Fläche des Impulses normiert werden, um daraus die Impulsantwort zu erhalten:

```
%------Impulsantwort
tf = 50/(2*pi*fb);    d_t = tf/200;
t = 0:d_t:tf;
[y1,x,t] = impulse(b, a, t);           % Befehl impulse
u = [1,zeros(1,length(t)-1)];          % Realer Impuls der Dauer
d_t
[y2,x] = lsim(b,a,u,t);             % Befehl lsim
```

```
y2 = y2/(d_t); % Normierung mit der Fläche des Impulses
subplot(211), plot(t,y1);
............
subplot(212), plot(t,y2);
............
```

Die Bedingung, daß dieses Verfahren die korrekte Impulsantwort als Antwort auf einen Dirac-Stoß ergibt, ist verbunden mit der Dauer des Impulses. Diese Dauer muß viel kleiner als die kleinste Zeitkonstante oder kleinste Periode der Eigenschwingungen des Systems (oder Filters) sein. Durch Probieren läßt sich leicht ein Wert finden. Wenn durch Halbieren kein Unterschied nach der Normierung hervorgeht, ist die Bedingung erfüllt. Bild 8.29 zeigt die Impulsantwort, die mit diesen zwei Befehlen ermittelt wurde.

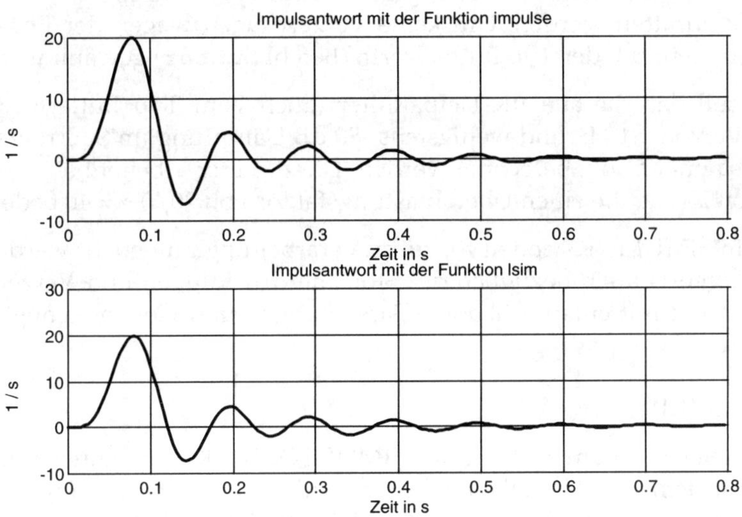

Bild 8.29 Impulsantwort des Tschebyscheff-Tiefpaßfilters 5. Ordnung Typ I, mit der Funktion **`impulse`** *und* **`lsim`** *ermittelt (an_filt1.m)*

Ähnlich aufgebaut ist auch die Funktion `an_filt2.m` für die Untersuchung von Tschebyscheff-Tiefpässen Typ II. Hier ist als Argument die Sperrfrequenz `fsp` anzugeben, von der an die Dämpfung unter der Grenze Rs (die ebenfalls als Argument anzugeben ist) liegt. Für die Realisierung dieser Filter könnte die Lösung aus Bild 8.11 angepaßt werden.

Projekt 2

Es sollen in der gleichen Art, wie in der vorherigen Aufgabe, digitale IIR-Filter entwickelt und ihre Eigenschaften sinnvoll dargestellt werden. Dafür sollte man teilweise die gleichen Befehle (**`besself`**, **`butter`**, **`cheby1`**, **`cheby2`**, **`ellip`**, **`yulewalk`**) benutzen.

Projekt 3

Die gegenwärtigen Sensoren der Regelungstechnik werden immer intelligenter, und sie sind mit Rechenleistungen versehen, die auch die Verbindung zu dem Leitrechner sichert. Bei so einer Struktur kann die Filterung zur Unterdrückung der Störungen auch digital sein. In dieser Aufgabe soll eine solche Lösung untersucht werden. Es wird angenommen, daß für einen Sensor mit Signalen der Bandbreite von 0,1 Hz eine Abtastfrequenz von 0,5 Hz hinreichend wäre. Es soll eine Lösung gefunden werden, um Störungen mit Frequenzen oberhalb der Nyquist-Frequenz von 0,25 Hz zu unterdrücken. Da bei diesen relativ kleinen Frequenzen analoge Filter höherer Ordnung wegen der großen Zeitkonstanten, die man realisieren muß, nicht so einfach integrierbar sind, sollte die Lösung aus Bild 8.30 mit Überabtastung, digitale Filterung und Dezimation entwickelt und untersucht werden.

a) Es soll zuerst ein analoges *Antialiasing*-Tiefpaßfilter 3. Ordnung mit der Bandbreite von 1 Hz ermittelt werden. Um keine Verzerrungen wegen der Phasenverschiebung zu bilden, soll der Typ Butterworth (Befehl **`butter`**) gewählt werden.

b) Danach soll das digitale IIR-Tiefpaßfilter (auch vom Typ Butterworth) mit der Bandbreite von 0,1 Hz und wenigstens -80 dB Dämpfung im Sperrbereich, der bei 0,25 Hz beginnen soll, berechnet werden. Dieses Filter arbeitet bei einer Abtastfrequenz von 20 Hz, die einen Überabtastungsfaktor von 20/0,5 = 40 bedeutet.

c) Es soll ein SIMULINK-Modell für diese Verarbeitung aufgebaut werden und man soll die Eigenschaften bezüglich der Störunterdrückungen und Verzerrungen untersuchen und mit entsprechenden Darstellungen und Gewinnkenngrößen dokumentieren.

Hinweise und Hilfe:

a) Man soll hier mit dem Aufbau des SIMULINK-Modells beginnen. Über ein Programm, in dem das Modell initialisiert wird, sollen auch die Eigenschaften der Filter (analog und digital) dargestellt und überprüft werden.

   Das Programm `astoe_1.m` zusammen mit dem SIMULINK-Modell `s_astoe1.m` bzw. `s_astoe1.mdl` (Bild 8.31) soll als Gerüst betrachtet werden, auf dem die Untersuchung erweitert und durchgeführt werden kann. Das Eingangssignal des Modells wird aus einer sinusförmigen Quelle und einer Rauschquelle erzeugt, die über *Gain*-Faktoren in gewünschte Anteile zusammenzusetzen sind. Der *Zero-Order-Hold*-Block (Halteglied Nullter-Ordnung) symbolisiert den A/D-Wandler mit Abtastfrequenz von 20 Hz. Man hätte ihn auch weglassen können, da das digitale Filter ein solches Halteglied schon enthält. Das Halteglied am Ausgang bewirkt die Unterabtastung der Dezimation (mit Abtastfrequenz von 0,5 Hz).

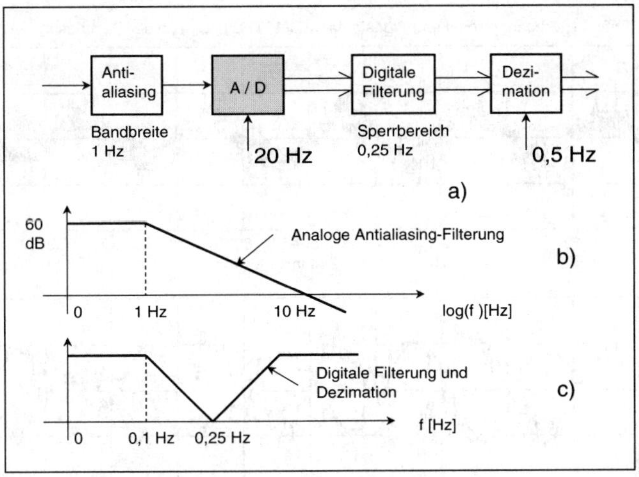

Bild 8.30 Lösung zur Störunterdrückung eines Signals der Bandbreite 0,1 Hz, das mit 0,5 Hz abzutasten ist

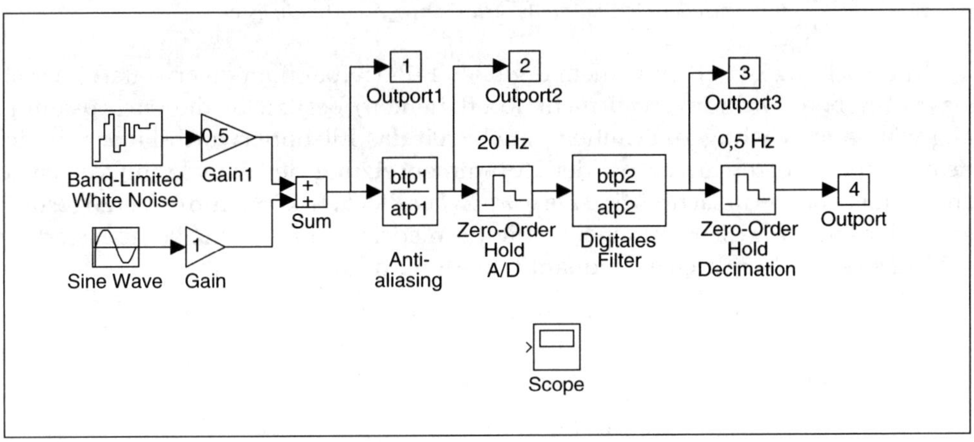

Bild 8.31 Modell der Störunterdrückung mit Überabtastung, digitale Filterung und Dezimation (s_astoe1.m; s_astoe1.mdl; astoe1.m)

Bild 8.32 zeigt die Variablen entlang der Bearbeitungskette für ein Signal der Frequenz 0,05 Hz und einen bestimmten Rauschpegel, den man aus den Parametern der Rauschquelle und dem Wert des *Gain*-Faktors ermitteln kann.

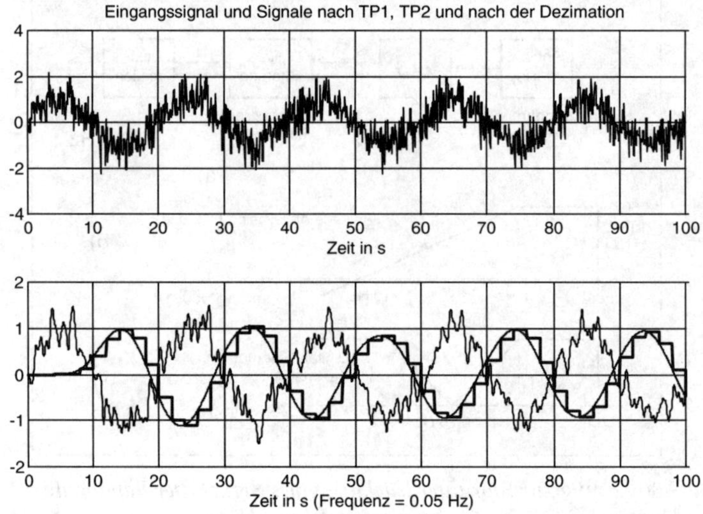

Bild 8.32 Eingangssignal und Signale nach dem Antialiasing_Filter, nach dem digitalen Filter und nach der Dezimation (s_astoe1.m; s_astoe1.mdl; astoe1.m)

Die Untersuchung ist z.B. mit einem digitalen FIR-Tiefpaßfilter zu erweitern, der aber eine viel höhere Ordnung (viel mehr Koeffizienten) besitzt. In diesem Zusammenhang wäre auch wichtig zu ermitteln, inwieweit das IIR-Butterworth-Filter mit nichtlinearer Phase Verzerrungen bei der Zusammensetzung der Signale mit verschiedenen Frequenzen verursacht. Mit *Transport-Delay*-Blöcken können die Verzögerungen wegen der Filter für die Komponente mit der niedrigsten Frequenz kompensiert werden und so einen Vergleich auch quantitativ durchführen.

Anhang

A.1 Der Gebrauch der Begleitprogramme

Die Begleitprogramme sind für jedes Kapitel in einem separaten Verzeichnis abgelegt. So z.B. sind die Programme des 4. Kapitels im Verzeichnis `kap_4` in zwei Unterverzeichnissen enthalten. Im Unterverzeichnis `matl_sim` sind die Begleitprogramme für die Vers. 4.2 und 1.3 von MATLAB bzw. SIMULINK abgelegt und im Unterverzeichnis `mat5_s2` die Begleitprogramme für die Version 5 von MATLAB und 2 von SIMULINK.

Die SIMULINK-Modelle (oder -Programme) der älteren Version haben die gleiche Erweiterung wie die MATLAB-Programme und zwar *.m (M-Dateien). Dadurch kann man über die Erweiterung die SIMULINK-Modelle von den MATLAB-Programmen nicht unterscheiden. Um diesen Nachteil zu vermeiden, werden die SIMULINK-Modelle für die Kapitel 4 bis 8, welche die Anwendungen enthalten, mit dem Vorspann s_... (s_*.m) gekennzeichnet. Diese Konvention ist für die neue Version beibehalten, obwohl hier die SIMULINK-Modelle die Erweiterung mdl (*.mdl) haben und sich dadurch von den MATLAB-Programmen implizit unterscheiden. Bei den Programmen des Kapitels 2 und 3, die für die neue Version gedacht und im Unterverzeichnis `matl_sim` enthalten sind, wird diese Konvention nicht angewandt.

Bei den ersten Anwendungen wird das Modell (SIMULINK-Programm) direkt mit Werten parametriert und die Simulation per Hand (über die Menüleiste) durchgeführt. Die Daten werden in *To-Workspace*-Senken eingefangen und danach über ein MATLAB-Programm dargestellt. Dieses Programm ist mit dem Vorspann `d_...` (`d_*.m`) bezeichnet. Später werden die Modelle über Variablen aus einem MATLAB-Programm mit dem Kennzeichen `p_...` (`p_*.m`) parametriert, danach die Simulation mit dem Modell `s_...` (`s_*.m` oder `s_*.mdl`) über das Menü durchgeführt und anschließend werden die Ergebnisse mit dem Programm `d_...` (`d_*.m`) bearbeitet und dargestellt. Um diese Programme leichter zu finden, tragen sie als Namen (nach den gezeigten Vorspannen) eine Abkürzung der Bezeichnung der Anwendung und sind im Buch auch in der Beschriftung der Bilder, die durch diese Programme entstanden sind, angegeben. Der Name beinhaltet am Ende auch eine Ziffer, gewöhnlich 1, um nachfolgende Erweiterungen leicht mit 2, 3,... usw. zu versehen und sie mit derselben Anwendung zu verbinden. Die Programme sind auch im Stichwortverzeichnis vermerkt. Als Beispiele dienen die Programme (aus Kapitel 6) `p_temp3.m` zur Parametrierung des Modells `s_temp3.m` (bzw. `s_temp3.mdl`) und `d_temp3.m` für die Darstellung und Bearbeitung der Ergebnisse nach der Simulation.

A.2 Setzen des Pfades

Um mit den Programmen und Modellen eines Kapitels zu arbeiten, kopiert man diese in ein Verzeichnis, das z.B. `d:\arbeit\kap_5\mat5_s2` für die neue Version oder `d:\arbeit\kap_5\matl_sim` für die alte Version sein kann. Aus der MATLAB bzw. SIMULINK-Umgebung erreicht man dann die Programme dieses Verzeichnisses am einfachsten über den alten DOS-Befehl:

```
>> cd d:\arbeit\kap_5\mat5_s2
```

Er wird im MATLAB-Kommandofenster nach dem *Prompt*-Zeichen eingegeben. Dadurch wird der Suchpfad (*Search-Path*) mit diesem Verzeichnis erweitert. Diese Methode ist auch beim Arbeiten mit den Studenten in einem vernetzten Rechnerpool zu empfehlen. Die Studentengruppen sind sehr einfallsreich in der Wahl der Verzeichnisse, in welchen sie arbeiten wollen, und in dieser Form kann jeder selbständig sein.

Es gibt auch andere Möglichkeiten, den Suchpfad zu erweitern. Mit der Funktion

```
path('c:\my_files', path);
```

wird die Suche mit diesem Verzeichnis beginnen, durch

```
path(path, 'c:\my_files');
```

wird das Verzeichnis an das Ende des Suchpfades gesetzt. Der Aufruf `path;` allein zeigt den laufenden Suchpfad an.

Wenn man eigene Funktionen oder Modelle, die eine Bibliothek bilden sollten, in einem Verzeichnis ablegen will und dieses Verzeichnis im Suchpfad einbinden möchte, dann kann in der alten Version die Datei `matlabrc.m` benutzt werden. Sie befindet sich im Verzeichnis, in dem die MATLAB-Software installiert ist, die Eintragung muß den schon vorhandenen (z.B. Toolboxen) entsprechen. In der neuen Version gibt es ein *Path-Browser*, der über die Menüleiste *File* und *Set-Path* zu erreichen ist und mit dem der Suchpfad geändert werden kann.

Als Quellen für MATLAB- und SIMULINK-Programme, die sich lohnen in einer Bibliothek zusammenzufassen, gelten die Programme aus Büchern, aus dem Internet und die eigenen, die allgemein als Werkzeuge (*Tools*) einzusetzen sind. Als Übung sollte man z.B. die Filtermodelle aus der Datei `filters.m` (bzw. `filters.mdl`) in einem Verzeichnis (`my_tools`) ablegen und im Suchpfad einbinden. Diese Modelle enthalten analoge und digitale typische Filter, die als maskierte Blöcke realisiert wurden.

A.3 Kleine Tips und Tricks

Auch wenn man in die *Low-Level*-Programmierung im Rahmen dieses Buchs nicht einsteigen kann, sind einige Funktionen aus dieser Kathegorie sehr nützlich und können ohne Vorkenntnisse über diese Möglichkeiten mit Hilfe einiger Beispiele angewandt werden. Mit den objektorientierten Graphikfunktionen (als *Handle-Graphics* bekannt), die in der Kathegorie der *Low-Level*-Funktionen anzusiedeln sind, können Darstellungen praktisch beliebig gestaltet werden. Über diese Funktionen können auch Bedienoberflächen, die übliche Elemente wie Menüs, Bedienknöpfe, Textfelder etc. enthalten, mit Hilfe der GUI-Schnittstellen (*Graphic-User-Interface*) aufgebaut werden. Dieser kleine Einblick soll als Anregung verstanden werden, um sich auch mit diesen Möglichkeiten zu befassen.

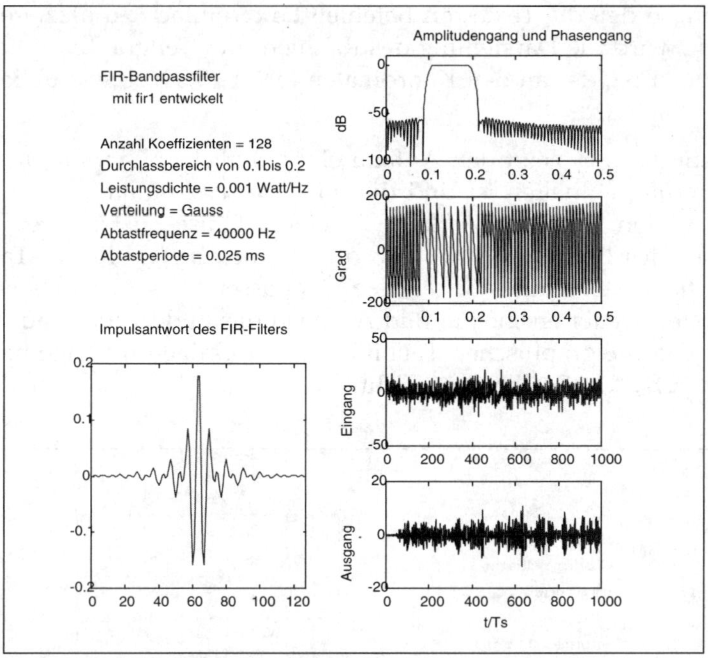

Bild A.1 Einfügen von zusätzlichem Erläuterungstext in eine Darstellung (beschr_1.m)

Als erstes wird gezeigt, wie man die Parameter, welche für eine Darstellung relevant sind, mit Erläuterungstext in die Graphik einbringt. Die Idee stammt von Herrn Dipl. Ing. FH M. Lust von der Fachhochschule Aalen und benutzt noch keine besondere Befehle. Bild A.1 zeigt das Ergebnis, das mit dem Programm `beschr_1.m` erhalten wurde. Das Feld der Teilgraphik, das durch den Befehl `subplot(2,2,1)` kreiert wird, soll für die Einfügung des Textes „mißbraucht" werden. Folgender Programmausschnitt zeigt die Befehle, die notwendig sind, um dies zu erhalten:

```
figure(1);                         clf;
subplot(2,2,1);
axis([1 100 0 100]);               axis('off');
text(5, 90, 'FIR-Bandpaßfilter ');
text(5, 80, '   mit fir1 entwickelt');
text(5, 60, ['Anzahl Koeffizienten = ',num2str(n)]);
text(5, 50, ['Durchlassbereich von ',num2str(fmin),'bis ',...
                                     num2str(fmax)]);
text(5, 40, ['Leistungsdichte = ',num2str(q),' Watt/Hz']);
text(5, 30, ['Verteilung = Gauss']);
text(5, 20, ['Abtastfrequenz = ',num2str(fs),' Hz']);
text(5, 10, ['Abtastperiode = ',num2str(Ts*1e3),' ms']);
```

Das graphische Fenster wird mit dem Befehl `figure(1)` aufgerufen und mit `clf` (*Clear-Figure*) wird der Inhalt bei jedem Aufruf gelöscht. Mit dem *High-Level*-Befehl `subplot(2,2,1);` wird der Aufbau dieser Teilgraphik als *Axes*-Objekt vorbereitet. Der nächste Befehl stellt den Wertebereich der Abszisse und der Ordinate für die

Teilgraphik ein, so daß die Texte mit Befehlen **`text`** einfach zu plazieren sind. Über **`axis`**`('off');` wird die Darstellung des Rahmens der Teilgraphik unterdrückt und es bleibt nur der Text, der an den Koordinaten (5,90), (5,80),..., wie üblich mit *String*-Vektoren eingefügt wird.

Programm `beschr_2.m` zeigt den Aufbau einer ähnlichen Graphik, in der zusätzliche Texterläuterung enthalten ist und die mit *Low-Level*-Funktionen realisiert wird. Nach jeder Funktion kann die Wirkung in einem Pause-Zustand gesehen werden. Nach dem Start des Programms muß so oft auf die *Carriage-Return*-Taste gedrückt werden (um die vielen Pause-Zustände zu verlassen), bis das *Prompt*-Zeichen im MATLAB-Fenster wieder erscheint. Bild A.2 zeigt das Endergebnis, aus dem ersehen werden kann, daß die graphischen Teilbilder in der Größe und Lage nicht mehr der Teilung durch **`subplot`**-Befehle entspricht.

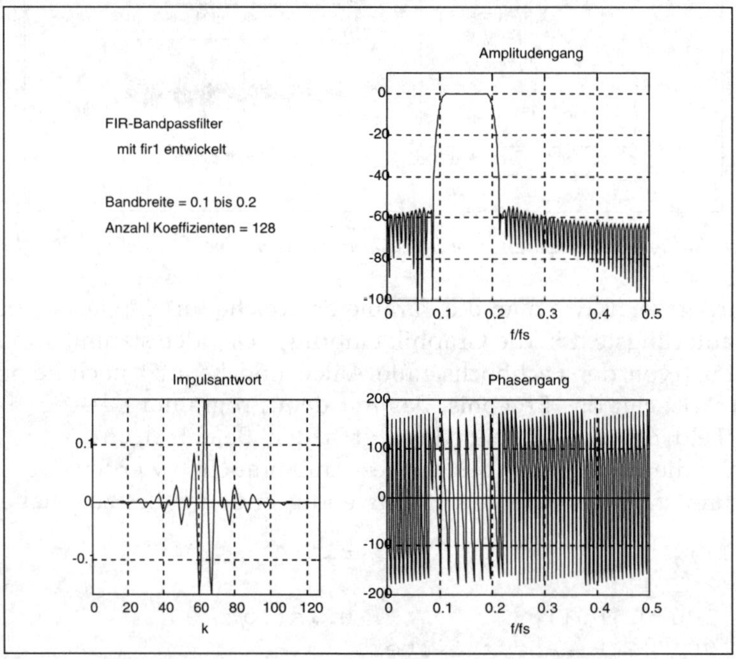

Bild A.2 Text und Teilbilder einfügen, mit Low-Level-Befehlen gestaltet (beschr_2.m)

Das Programm enthält am Anfang die Berechnung eines FIR-Bandpaßfilters, danach wird ein neues Bild mit `figure(1);` geöffnet. Der Befehl `h1 =` **`axes`**`;` erzeugt ein Objekt vom Typ *Axes* (Koordinaten eines Teilbildes) und liefert einen Zeiger `h1` (*Handle*), über den man dieses Objekt erreichen kann. Mit **`get`**`(h1)` können alle eingestellten Eigenschaften des Objekts aufgelistet werden. Der nächste Befehl

```
set(h1,'Position', [0.06, 0.55, 0.4, 0.4]);
```

ändert eine dieser Eigenschaften (die Position). Der Vektor mit vier Komponenten bestimmt die x, y-Koordinate der linken unteren Ecke und die Breite bzw. Höhe des Objekts relativ zu einem Koordinatensystem, das den Ursprung links unten hat. Für das Gesamtbild sind die Koordinaten maximal Eins. Mit **set**(h1,'Box','on'); wird eine *Box* um das Objekt gelegt. Der Befehl

```
set(h1,'Xlim',[0, 100],'Ylim',[0,100]);
```

bestimmt die Skalierung der Achsen für das Objekt *Axes* mit dem Zeiger h1. Es folgt das Einfügen des Textes an bestimmten Stellen, mit dem jetzt schon bekannten Befehl **text**. Zuletzt wird mit **set**(h1,'Visible','off'); die Eigenschaft *Visible* auf *off* geschaltet, so daß die Achsen des Objekts unsichtbar gemacht werden und nur der Text sichtbar bleibt. Die Textobjekte sind „Kinder" (*Children*) des Objektes h1 und können auch über Zeiger manipuliert werden.

Die Darstellung des Amplitudengangs soll weiter die Erzeugung der Graphiken erläutern. Mit h2 = **axes**; wird ein neues Objekt vom Typ *Axes* mit dem Zeiger h2 erhalten, dessen Größe und Position über den Befehl

```
set(h2,'Position',[ 0.55, 0.55, 0.4, 0.35]);
```

definiert wird. Das Kind vom Typ **line** erzeugt die Darstellung mit Hilfe des Vektors, der die Frequenzen enthält, und des Vektors, der die Beträge des Amplitudengangs beinhaltet:

```
l2 = line(w/(2*pi), 20*log10(abs(H)));
```

Über den Zeiger l2 können die Eigenschaften dieses Objekts, die man mit **get**(l2) sichten kann, auch geändert werden. Sinnvoll wäre es z.B., eine andere Stärke der Linie z.B. mit

```
set(l2,'LineWidth', 1.2);
```

einzustellen. Die restlichen Befehle und ihre Wirkung müßten jetzt bekannt sein. Bei den anderen Teilbildern werden Befehle ähnlich eingesetzt.

A.4 SIMULINK-Konstruktionsbefehle

Über Konstruktionsbefehle kann ein SIMULINK-Modell aus der MATLAB-Umgebung aufgebaut und parametriert werden. Ohne hier näher darauf einzugehen, kann gezeigt werden, wie mit zwei dieser Befehle, und zwar **set_param** und **get_param**, die Parameter eines Blocks gesetzt oder ermittelt werden können. Im Programm set_par1.m werden die Befehle, welche die Blöcke des Modells set_p1.mdl (Bild A.3) parametrieren, gezeigt. Leider stimmen die Bezeichnungen der Parameter aus dem Dialogfenster, das einem Block gehört, nicht immer mit den Namen dieser Parameter, die im Befehl **set_param** zu setzen sind, überein. Als Beispiel kann hier der erste Erregung-Block (vom Typ *Step*) dienen. Im Parametrierungsfenster müßten die Parameter *Step time; Initial value; Final value* gesetzt werden, während für den **set_param**-Befehl dieselben Parameter andere Bezeichnungen haben: *Time; Befor; After*. Der entsprechende Befehl ist somit:

```
set_param('set_p1/Erregung','Time','1','Before','0',...
                                       'After','10');
```

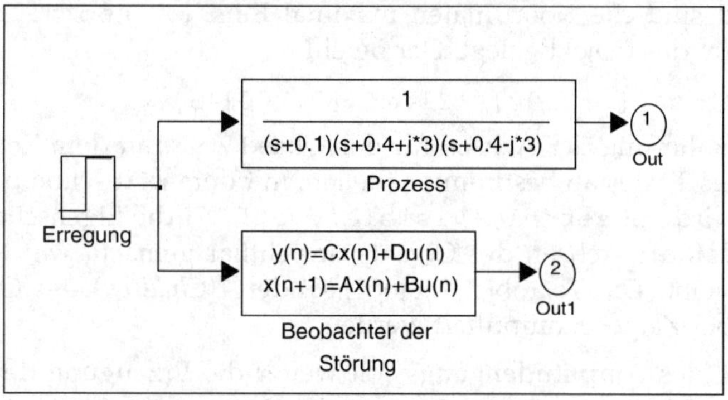

Bild A.3 Modell, parametriert mit dem Befehl set_param (set_p1.mdl; set_par1.m)

Als Argumente treten zuerst der Name des Modells und der des entsprechenden Blocks (`'set_p1/Erregung'`) auf. Es folgen die Parameter und ihre Werte. Die genaue Syntax ist ersichtlich, und mit **`help set_param`** erhält man zusätzliche Erläuterungen. Die Parameter des Dialogfensters des Prozesses (vom *Zero-Pole* Typ) besitzen dieselben Namen wie die Namen der Parameter des Befehls **`set_param`**:

```
set_param('set_p1/Prozess','Zeros','[]','Poles',...
                  '[-0.1, -0.4+j*3, -0.4-j*3]','Gain','1');
```

Wenn der Name des Blocks über zwei Zeilen geschrieben ist, wie beim dritten Block dieses Modells, dann ist der Aufruf etwas aufwendiger:

```
cr = sprintf('\n');
set_param(['set_p1/Beobachter der',cr,'Störung'],...
'A','[A]','B','[B]','C','[C]','D','[D]','SampleTime','Ts');
```

Die Matrizen [A], [B],[C] und [D] müssen an dieser Stelle mit Werten definiert sein. Für den Übergang zu einer neuen Zeile im Namen des Blocks wird das Zeichen `cr`, das über **`sprintf`** initialisiert ist, eingesetzt. So wie aus dem Programm `set_p1.mdl` ersichtlich ist, kann nach der Parametrierung des Modells die Simulation durchgeführt werden.

Die Bezeichnungen der Parameter, die in den Befehlen **`set_param`** für die verschiedenen Blöcke einzusetzen sind, können aus dem Anhang A des Handbuchs *Using SIMULINK Version 2,* das im Lieferumfang dieses Pakets dabei ist, entnommen werden. Der Befehl **`get_param`** wird ähnlich eingesetzt und hier nicht mehr weiter kommentiert.

Literaturverzeichnis

Kapitel 1

[1] *MATLAB 5 New Features (Version 5)*: The MathWorks (1997)

[2] *SIMULINK, Using SIMULINK* (Version 2): MathWorks (1997)

[3] *MATLAB, Application Program Interface Guide (Version 5)*: The MathWorks (1997)
MATLAB, External Interface Guide (Version 4): The MathWorks (1997)

[4] *MATLAB, Using MATLAB Graphics* (Version 5): The MathWorks (1997)

[5] *MATLAB, Building GUIs with MATLAB (Version 5)*: The MathWorks (1997)
MATLAB, Building a Graphical User Interface (Version 4): The MathWorks (1993)

[6] *MATLAB, Notebook User's Guide (Version 5)*: The MathWorks (1997)
MATLAB, Notebook Suite User's Guide (Version 4): The MathWorks (1995)

[7] Hanselman, D., Littlefield B.: *Mastering MATLAB*: Prentice Hall (1996)

Kapitel 2

[1] *MATLAB User's Guide* (Version 4): MathWorks (1992)

[2] *MATLAB, Getting Started with MATLAB* (Version 5): MathWorks (1997)

[3] *MATLAB, Using MATLAB* (Version 5): MathWorks (1997)

[4] *The Student Edition of MATLAB* (DOS-PC): Prentice Hall (1992)

[5] *The Student Edition of MATLAB, User's Guide* (Version 4): Prentice Hall (1995)

[6] Biran, A., Breiner, M.: *Matlab für Ingenieure*: Addison Wesley (1995)

[7] Kreyszig, E.: *Advanced Engineering Mathematics*: John Wiley (1993)

[8] Ogata, K.: *Modern Control Engineering*: Prentice Hall (1990)

[9] Clarke, R. J.: *Transform Coding of Images*: Academic Press (1985)

[10] Garcia, A. L.: *Probability and Random Processes for Electrical Engineering*: Addison Wesley (1994)

[11] Azizi, S. A.: *Entwurf und Realisierung digitaler Filter*: R. Oldenburg (1981)

[12] Strum, R. D., Donald, E. K.: *Contemporary Linear Systems, Using MATLAB*: PWS Publishing Company (1994)

[13] Brigham, E. O.: *FFT Schnelle Fourier-Transformation*: R. Oldenburg (1982)

[14] Buerger, D. J.: *LATEX for Scientists and Engineers*: McGraw-Hill (1989)

Kapitel 3

[1] *SIMULINK, Dynamic System Simulation Software* (Version 1.3): MathWorks (1995)

[2] *SIMULINK, Using SIMULINK* (Version 2): MathWorks (1997)

[3] Garcia, A. L.: *Probability and Random Processes for Electrical Engineering*: Addison Wesley (1994)

[4] Ogata, K.: *Modern Control Engineering*: Prentice Hall (1990)

[5] Ogata, K.: *Solving Control Engineering Problems with MATLAB*: Prentice Hall (1994)

[6] Ingle, V. K., Proakis, J. G.: *Digital Signal Processing, Using MATLAB V.4*: PWS Publishing Company (1997)

[7] Inman, D.: *Engineering Vibration*: Prentice Hall (1994)

[8] Tietze, U., Schenk, C.: *Halbleiter Schaltungstechnik*: Springer (1993)

[9] Ljung, L.: *System Identification: Theory for the User*: Prentice Hall (1987)

Kapitel 4

[1] French, A. P.: *Newtonsche Mechanik*: de Gruyter (1996)

[2] Klepp, H., Lehmann, Th.: *Technische Mechanik*, Band 2: Hüthig (1987)

[3] Horneber, E. H.: *Simulation elektrischer Schaltungen auf dem Rechner*: Springer (1985)

[4] Scott, D. E.: *An Introduction to Circuit Analysis, A Systems Approach*: McGraw-Hill (1985)

[5] Dally, J. W., Riley, W. F., McConnell K. G.: *Instrumentation for Engineering Measurements*: John Wiley (1993)

[6] Waller, H.: *Schwingungslehre für Ingenieure, Theorie, Simulation, Anwendungen*: BI Wissenschaftsverlag (1989)

[7] Bremer, H.: *Dynamik und Regelung mechanischer Systeme*: Teubner (1988)

[8] Parzen, B.: *Design of Crystal and other Harmonic Oscillators*: John Wiley (1983)

[9] Magnus, K.: *Schwingungen*: Teubner (1976)

[10] Bohl, W.: *Technische Strömunglehre*: Vogel Buchverlag (1989)

[11] Pfeiffer, F.: *Einführung in die Dynamik*: Teubner (1989)

[12] Brigham, E. O.: *FFT Schnelle Fourier-Transformation*: R. Oldenburg (1982)

[13] Schmidt, G., Todl, A.,: *Non-Linear Vibration*: Cambridge University Press (1985)

[14] Kessler, R., Schultz, M.: „Tephys", *Technisch-Physikalisches-Simulationsprogramm*: Fachhochschule Karlsruhe (1987)

[15] Goloskokow, E. G., Filippow, A. P.: *Instationäre Schwingungen mechanischer Systeme*: Akademie-Verlag Berlin (1971)

[16] Christ, H.,: *Stationärer und instationärer Betrieb eines federnd gelagerten unwuchtigen Motors*: Dissertation der Technischen Hochschule Karlsruhe, (1966)

Kapitel 5

[1] Erhardt, D., Schulte, J.: *Simulieren mit PSPICE, Eine Einführung in die analoge Schaltkreissimulation*: Vieweg (1992)

[2] Honda, M.: *The Impedance Measurement Handbook, A Guide to Measurement Technology and Techniques*: Hewlett-Packard LTD. (1989)

[3] Zverev, A. I., Blinchikoff, H. J.: *Filtering in the Time and Frequency Domains*: John Wiley (1976)

[4] Kessler, R.: *Physikalische Meßtechnik, Skript*: Fachhochschule Karlsruhe Fachbereich Mechatronik (1994)

[5] Herter, E., Lörcher, W.: *Nachrichtentechnik, Übertragung-Vermittlung-Verarbeitung*: Hanser (1987)

[6] Ramo, S., Whinnery, J. R., Duzer, Th.: *Fields and Waves in Communication Electronics*: John Wiley (1994)

[7] *S-Parameters, Circuit Analysis and Design*: Hewlett Packard, Application Note 95 (1968)

[8] Lancaster, D.: *Das Aktiv-Filter-Kochbuch*: ITW (1985)

[9] *1992 Amplifier Application Guide*: Analog Devices (1992)

[10] Irvine, R. G.: *Operational Amplifier Characteristics and Applications*: Prentice Hall (1987)

[11] Hufault, J. R.: *Op Amp Network Design*: John Wiley (1986)

[12] Meade, M. L.: *Lock-In-Amplifiers, Principles and Applications*: Peregrinus LDT (1983)

[13] Horowitz, P., Winfield, H.: *The Art of Electronics*: Cambridge University Press (1989)

[14] Best, R.: *Theorie und Anwendungen des Phase-Locked-Loop*: Springer (1975)

[15] *Handbuch der Datenwandlung, Einführung in die Technik der A/D-D/A-Umsetzung und ihre praktische Anwendung*: DATEL GmbH (1990)

[16] Candy, J. C., Temes, G. C.: *Oversampling Methods for A/D and D/A Conversion*: Oversampling Delta-Sigma Data Converters, Edited by Candy J.C., Temes G.C.: IEEE Press (1992)

[17] Candy, J. C., Benjamin, O. J.: *„The structure of quantisation noise from sigma-delta modulation“*: IEEE Trans. Commun., COM-29, Seite 1316-1323 (1981)

[18] Mäusel, R.: *Digitale Modulationsverfahren*: Hüthig (1991)

[19] *System Application Guide*: Analog Devices (1993)

[20] Gerdsen, P., Kröger, P.: *Digitale Signalverarbeitung in der Nachrichtenübertragung*: Springer (1993)

Kapitel 6

[1] Grace, A. und andere *Control System Toolbox, User's Guide*: The MathWorks (1992); *Control System Toolbox, User's Guide (neue Version)*: The MathWorks (1996);

[2] Ljung, L.: *System Identification Toolbox, User's Guide*: The MathWorks (1991)

[3] Kollar, I.: *Frequency Domain System Identification Toolbox, User's Guide*: The MathWorks (1994)

[4] *Identification of Continuous Time Dynamic Systems Toolbox, User's Guide*: Delzer Kybernetik Lörach (1995)

[5] *Automatic Controller Design, Extension for MATLAB und SIMULINK*, User's Guide: Delzer Kybernetik Lörach (1995)

[6] Morari, M., Ricker, N. L.: *Model Predictive Control Toolbox*, User's Guide: The MathWorks (1994)

[7] Morari, M., und andere: *Model Predictive Control*: Prentice Hall (1994)

[8] Horowitz, I. M.: *Quantitative Feedback Theory*: QFT Publication (1992)

[9] Borghesani, C., und andere: *Quantitative Feedback Theory Toolbox, User's Guide*: The MathWorks (1994)

[10] Chiang, R. Y., Safonov, M. G.: *Robust Control Toolbox, User's Guide*: The MathWorks (1992)

[11] Müller, K.: *Entwurf robuster Regelungen*: Teubner (1996)

[12] Kahlert, J., Hubert, F.: *Fuzzy-Logik und Fuzzy-Control*: Vieweg (1994)

[13] Jang, R., Gulley, N.: *Fuzzy Logic Toolbox*: The MathWorks (1995)

[14] Föllinger, O.: *Regelungstechnik*: Hüthig (1990)

[15] Olsson, G., Piani, G.: *Steuern, Regeln, Automatisieren*: Hanser & Prentice Hall (1993)

[16] Kullstam, P. A.: „Heviside's Operational Calculus: Oliver's Revenge: IEEE Trans. on Education 34, Seite 155-185 (1991)

[17] Shahian, B., Hassul, M.: *Control System Design Using MATLAB*: Prentice Hall (1993)

[18] Ziegler, J. G., Nichols, N. B.: *„Optimum Setting of Automatic Controllers"*: Trans. ASME, Seite 759-768, (1942)

[19] Isermann, R.: *Digitale Regelsysteme*, 1. Band: Springer (1987)

[20] Smith, O.: *„Close Control of Loops with Deadtime"*: Chem. Eng. Progr., 53, Seite 217-219 (1957)

[21] Scherf, H.: *Regelungstechnik, Skript*: Fachhochschule Karlsruhe, Fachbereich Mechatronik (1996)

[22] Isermann, R.: *Identifikation dynamischer Systeme*: Springer (1988)

[23] Ljung, L.: *System Identification: Theory for the User*: Prentice Hall (1987)

[24] Godfrey, K.: *Perturbation Signals for System Identification*: Prentice Hall (1993)

[25] Hämmerlin, G., Hoffmann K. H.: *Numerische Mathematik*: Springer (1991)

[26] Albring, W.: *Angewandte Strömungslehre*: Akademie-Verlag Berlin (1978)

Kapitel 7

[1] Freund, E.: *Regelungssysteme im Zustandsraum I und II, Struktur und Analyse bzw. Synthese*: R. Oldenburg (1987)

[2] Müller, K.: *Entwurf robuster Regelungen*: Teubner (1996)

[3] Brown, R. G.: *Introduction to Random Signal Analysis and Kalman Filtering*: John Wiley (1993)

[4] Ogata, K.: *Designing Linear Control Systems with MATLAB*: Prentice Hall (1994)

[5] Ogata, K.: *Modern Control Engineering*: Prentice Hall (1990)

[6] Franklin, G. F., Powell, J. D.: *Digital Control of Dynamic Systems*: Addison Wesley (1980)

[7] Brammer, K., Siffling, G.: *Kalman-Bucy-Filter: Deterministische Beobachtung und stochastische Filterung*: R. Oldenburg (1975)

[8] Föllinger, O. und Sartorius, H. (Herausgeber): *Anwendungen der Kalman-Filter-Technik, Anleitung und Beispiele*: Oldenburg (1977)

Kapitel 8

[1] Thomas, P. K.,Loren, Sh., John, N. L.: *Signal Processing Toolbox* (Version 3): The MathWorks Inc. (1993) *Signal Processing Toolbox* (Version 4): The MathWorks Inc. (1997)

[2] Götz, H.: *Einführung in die digitale Signalverarbeitung*: Teubner (1995)

[3] Oppenheim, A. V., Willsky, A. S.: *Signale und Systeme, Lehr- und Arbeitsbuch*, VCH (1989)

[4] Lyons, R. G.: *Understanding Digital Signal Processing*: Addison Wesley (1996)

[5] Grünigen, D. Ch.: *Digitale Signalverarbeitung, Grundlagen und Anwendungen, Beispiele und Übungen mit MATLAB*: AT Verlag (1993)

[6] Ingle, V. K., Proakis, J. G.: *Digital Signal Processing Using MATLAB V.4*:PWS (1997)

[7] Burrus, C. S., und andere: *Computer-Based Exercises for Signal Processing using MATLAB*: Prentice Hall (1994)

[8] Roberts, R. A., Mullis, C. T.: *Digital Signal Processing*: Addison Wesley (1987)

[9] Maxim Katalog

[10] Oppenheim, A. V., Schafer, R. W.: *Discrete-Time Signal Processing*: Prentice Hall (1989)

[11] Parks, T. W., Burrus, C. S.: *Digital Filter Design*: John Wiley (1987)

[12] Rabiner, L. R., McClellan, J. H., Parks, T.W.: *FIR Digital Filter Design Techniques Using Weighted Chebyshev Approximation*: Proc. IEEE 63, (1975)

[13] Ifeachor, E. C., Jervis, B. W.: *Digital Signal Processing, A Practical Approach*: Addison Wesley (1993)

[14] Ciolfi, J. E.: *Fixed-Point Blockset For Use with SIMULINK, User's Guide*: The MathWorks Inc. (1995)

[15] Proakis, J. G., Manolakis, D. G.: *Digital Signal Processing, Principles, Algorithms and Applications*: Prentice Hall (1996)

Index

Q, R

S